民航信息技术丛书

Signal Analysis and Processing

信号分析与处理

韩萍 何炜琨 冯青 许明妍◎编著

清華大学出版社
北京

内 容 简 介

中国民航大学电子信息工程专业根据 CDIO 大纲和标准制订了新的培养计划，将“信号与系统”“数字信号处理”“随机信号分析”三门信号类课程进行课程间的整合、课程内容的更新和调整，形成一门新的课程——“信号分析与处理”。新的课程内容包括信号描述与分析方法、系统描述与分析方法、信号经系统的处理方法以及典型系统设计与实现方法，逐层深入，对比讲解。本书加强物理概念的解释，加入民航通信与电子技术领域的应用案例，课后练习既有理论分析和计算练习，又有软件、硬件实践练习，通过一个“信号采集、分析与处理”的综合设计项目串联全书知识点。

图书在版编目(CIP)数据

信号分析与处理/韩萍等编著. —北京：清华大学出版社，2020.2（2020.12重印）
（民航信息技术丛书）
ISBN 978-7-302-54441-8

Ⅰ. ①信… Ⅱ. ①韩… Ⅲ. ①信号分析 ②信号处理 Ⅳ. ①TN911

中国版本图书馆 CIP 数据核字(2019)第 264296 号

责任编辑：文 怡
封面设计：李召霞
责任校对：李建庄
责任印制：吴佳雯

出版发行：清华大学出版社
网 址：http://www.tup.com.cn，http://www.wqbook.com
地 址：北京清华大学学研大厦 A 座 **邮 编**：100084
社 总 机：010-62770175 **邮 购**：010-83470235
投稿与读者服务：010-62776969，c-service@tup.tsinghua.edu.cn
质量反馈：010-62772015，zhiliang@tup.tsinghua.edu.cn
课件下载：http://www.tup.com.cn，010-83470236
印 装 者：北京鑫海金澳胶印有限公司
经 销：全国新华书店
开 本：185mm×260mm **印 张**：27.75 **字 数**：665 千字
版 次：2020 年 2 月第 1 版 **印 次**：2020 年 12 月第 2 次印刷
定 价：79.00 元

产品编号：059234-01

前言

FOREWORD

中国民航大学(以下简称我校)于2010年3月被教育部批准加入全国第二批“CDIO工程教育模式”试点学校,电子信息工程专业是一个改革试点专业。学校人才培养模式改革小组组织该专业教师根据CDIO大纲和标准制订了新的培养计划,并在2010级学生中开始实施。培养计划中的一个重要内容是课程体系和教学内容的设置,在我校电子信息工程专业以往的专业基础课设置中,信号类课程包括“信号与系统”“数字信号处理”“随机信号分析”三门课程。在新的培养计划中,从保证知识的系统性、完整性、工程性、不重复性,支持学生的基于项目的自主学习和实践锻炼,以及有效地压缩课程学时等几方面考虑,进行了课程间的整合、课程内容的更新和调整,将上述三门课程整合为一门课程,即“信号分析与处理”。经过近几年的教学实践、成果积累,教学内容不断完善与更新,形成了较为系统的课程体系与教学内容。

新的课程内容包括信号描述与分析方法、系统描述与分析方法、信号经系统的处理方法、典型系统设计与实现方法,逐层深入、对比讲解;对信号采用连续和离散、确知和随机、周期和非周期的对比分析,并分别从时域、频域和复频域进行介绍;系统分析主要针对线性系统,同样采用连续与离散的对比分析方法,重点介绍系统在不同域内的特性及其相互关系。众所周知,信号与系统是密不可分的,失去其中任何一个,都将失去存在的意义,因此,需要讲解信号经过系统的变化在各个域内的分析方法。本书最后介绍典型的线性系统——滤波器的设计及实现方法。另外,为了使学生更好地理解课程内容,不但加强了物理概念的解释,而且在各章都加入了民航通信与电子技术领域的应用案例;在课后练习中既有理论分析和计算练习,又有软件、硬件实践练习,通过一个“信号采集、分析与处理”的综合设计项目把本书涉及的相关知识点串接起来并进行应用。

本书由中国民航大学韩萍主持编写,其中,第1章、第7～9章以及3.5节～3.8节、3.11节、10.3节～10.5节由何炜琨编写,第2章、第4～6章、3.1节～3.4节、3.9节、3.10节、10.1节、10.2节由冯青编写,第11～13章由许明妍编写,焦卫东老师参与后期校对工作,桑威林承担了图表的编辑工作。

由于编者学识有限,书中难免存在不妥之处,敬请读者批评指正。

本书在编写过程中参考了国内外多部教材等资料,在此一并向其作者表示感谢!

编　者

2019年12月

目录

CONTENTS

第三部分 线性系统分析基础

第四部分 线性系统设计与实现

第一部分　绪　　论

第1章

绪　　论

1.1　信号分析与处理

1.1.1　信号的概念

信号指载有一定信息的物理量函数，是某种消息或信息的一种表现形式，比如语言、文字、图像、声、光、电、振动等都是信号。远古时代，人们就用烟火和鼓声来传送情报，开始用“信号”来描述视觉或听觉能感觉到的消息或情报。

描述信号的物理量有多种形式，本书将以随时间变化的电压、电流、电荷、磁通或电磁波等作为研究对象，并将其称为电信号。

由前面信号的定义可知，信号是包含有一定内容或信息的物理量。人们要获得信息，首先要获取信号，通过对信号的分析与处理，才能获取需要的信息。例如，医生要获得一个病人是否有心脏病的信息，通常先给病人做一个心电图。心电图是生物电位随时间变化的函数，并以曲线图表示。医生通过对心电图信号所呈现的波形特征进行分析，得出病人是否有心脏病的结论。本书将研究信号的一般分析与处理方法。

1.1.2　信号分析

信号分析是分析信号在某变量域内具有的特点和规律等。通常根据需要将一个复杂的信号分解为若干简单信号分量的叠加，通过分析这些简单信号分量的组成及特点来研究原信号的特性，便于后期的处理和传输，使复杂问题简单化。

信号分析可以在不同的变换域内进行，如时间域、频率域和复频率域等，分别简称为时域、频域和复频域。针对不同的应用需要可选择不同的域内进行分析。本书将分别在第 2 章～第 4 章中介绍上述 3 种域的信号分析方法。

1.1.3　信号处理

信号处理是对信号进行的某种加工或变换，如滤波、转换、增强、压缩、估计、识别等。

信号处理的目的是根据实际需要削弱信号中多余的内容，滤除混杂的噪声和干扰，将信号转换成容易分析与识别的形式，便于提取它的特征参数等。例如，当领航员与地面空中交通管制塔台通信时，语音通信信号可能会受到飞机驾驶舱内严重背景噪声的影响，需要采用噪声抑制技术去除不需要的信号——噪声，保证通话清晰，安全飞行。含有噪声的图像可根据噪声的特点采用相应的滤波技术将有用信号增强，得到清晰的图像，也可以根据实际应用需要将清晰的图像进行模糊处理。心电图、脑电图的分析，人工智能中的人脸识别、指纹识别以及语音识别等都属于信号处理领域。同样，对信号的处理可以在时域内进行，也可以在频域或复频域内进行，它们各有特点。

信号的分析与处理是相互关联的两个方面，它们的侧重面不同，处理的手段也不同。但是它们又是密不可分的。一方面，信号分析是信号处理的基础，只有通过对信号的分析，充分了解其特征，才能有效地对它进行加工和处理；另一方面，通过对信号进行一定的加工和变换，可以突出信号的特征，便于有效地认识信号的特性。从这一意义上说，信号处理又可认为是信号分析的手段。但是，认识信号也好，改造信号也好，共同的目的都是为了充分地从信号中获取有用信息并实现对这些信息的有效利用。

信号分析与处理方法及技术已经广泛应用于通信、航空航天、自动控制、生物医学、遥感遥测、语音处理、图像处理、故障诊断、振动学、气象学等各种技术领域，是各门学科发展的技术基础和有力工具。

1.2 信号的描述和分类

1.2.1 信号的描述

描述信号的基本方法有解析法、图形法和列表法。

(1) 解析法就是用数学表达式描述信号的变化规律，如 $f(t)=e^{-2t}$，$f(x,y)=x+5y$，$x(n)=2n+1(n=0,1,2,\cdots)$等。

(2) 图形法就是用图形的方式描述信号的变化规律，对应的图形称为信号的波形图，图 1-1 所示为指数信号 $f(t)=e^{-2t}$ 的波形。用图形描述信号的变化规律更直观，更有助于分析信号的特点和处理过程，在以后的各章节中会发现图形描述法的优势，希望引起读者的重视并会使用。

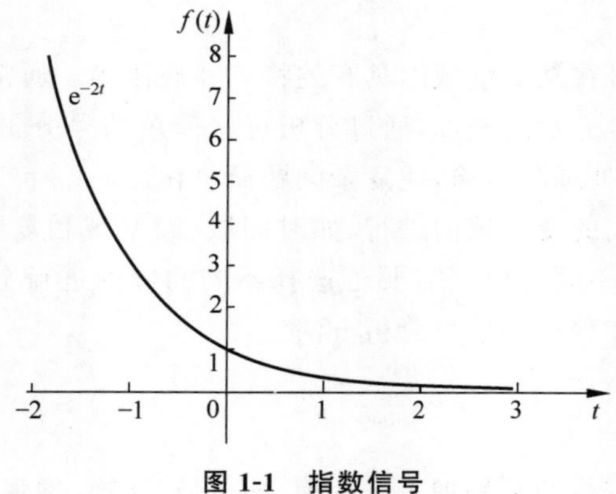

图 1-1 指数信号

(3) 对于自变量是离散取值的信号，还可以用列表形式表示。例如，一离散序列 $x(n)$ 的列表形式为

$$x(n)=\{0,2,0,1,3,1,0\} \qquad (n=-2,-1,0,1,2,3,4)$$

其对应的图形描述如图 1-2 所示。

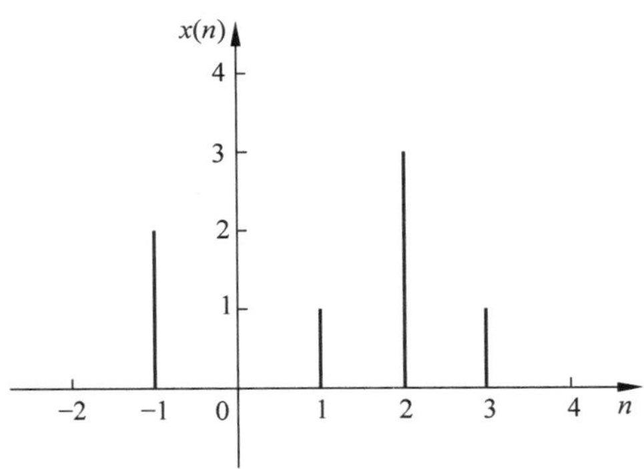

图 1-2 序列 $x(n)$ 的图形表示

1.2.2 信号的分类

根据信号的变化特点和规律，可从不同角度对信号进行分类。

以下对信号的描述自变量设为时间，对应每一时间点处信号的取值称为函数值，即信号与函数可以互用。

1. 确定性信号和随机信号

如果在确定的时间点上，信号的取值是确定的，可以观测的，能够用一个确定的时间函数来描述其变化规律，则称这种信号为确定性信号。例如正弦信号就可以表示为

$$f(t)=\sin(t)$$

如果在确定的时间点上，信号的取值是不确定的，则称为随机信号。这种信号不能用确定的时间函数描述其变化规律，只能用其统计特性描述，如均值、方差等。

确定性信号和随机信号有着密切的联系，在一定条件下，随机信号也会表现出某种确定性。后面章节将会看到许多确定性信号的分析方法可以用于随机信号的分析中。

2. 连续时间信号和离散时间信号

如果在定义域内，除个别不连续点之外，对于任意时间取值函数都有定义，这类信号就称为连续时间信号。需要注意的是，连续时间信号的幅值可以是连续的，也可以是离散的(只取某些规定值)。当连续信号的自变量和函数取值均为连续时，称为模拟信号。

如果在定义域内，信号只在离散的时间点上有定义，称此类信号为离散时间信号，也称为离散时间序列。离散时间间隔可以是均匀的，也可以是不均匀的。常见的离散时间信号大多是均匀间隔的。离散时间信号的函数值可以是连续的，也可以是离散的，当自变量和函数值均为离散取值时，称为数字信号。图 1-3 和图 1-4 分别给出了连续时间信号和离散时间信号的示意图。实际上，连续时间信号与离散时间信号的区别在于自变量的取值不同，简单地说就是一个是连续取值，一个是离散取值。另外，通常将连续时间信号与离散时间信号相对应，模拟信号与数字信号相对应。

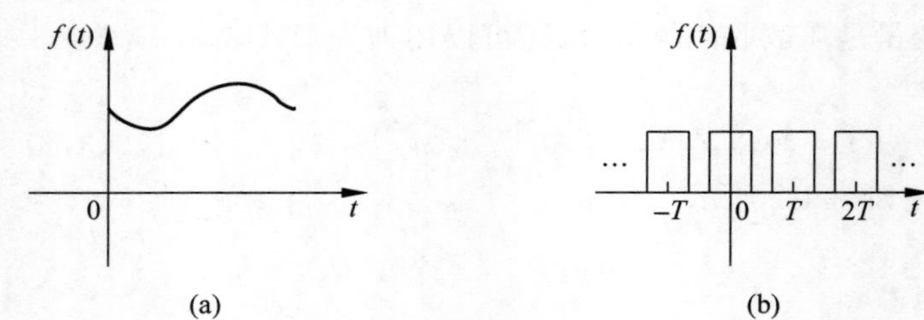

图 1-3　连续时间信号

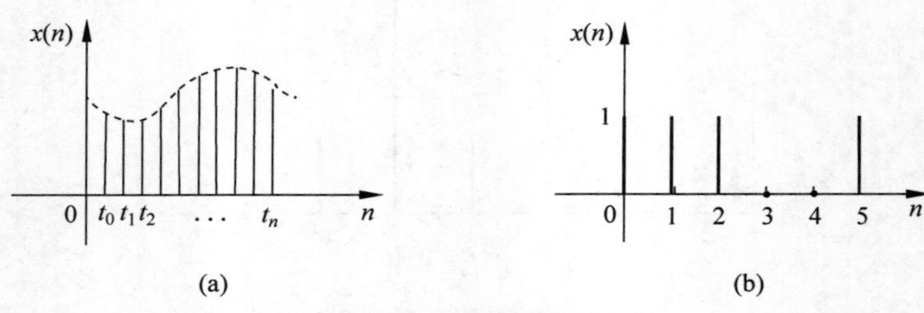

图 1-4　离散时间信号

3. 周期信号和非周期信号

如果信号在时间域内以相同的时间间隔重复变化，称为周期信号，对于连续的周期信号可以表示为

$$f(t)=f(t+kT)\qquad(k=0,\pm 1,\pm 2,\cdots)$$

式中，T 称为信号的周期。

对于离散的周期信号，可以表示为

$$x(n)=x(n+kM)\qquad(k=0,\pm 1,\pm 2,\cdots;\ n\text{ 取整数})$$

式中，M 为信号的周期。因此，只要给出信号在一个周期内的变化情况，便可确定它在任意时刻的数值，如图 1-5 所示。不符合上述特征的信号，就称为非周期信号，如图 1-6 所示，也可以将非周期信号理解为周期趋于无穷大的周期信号。

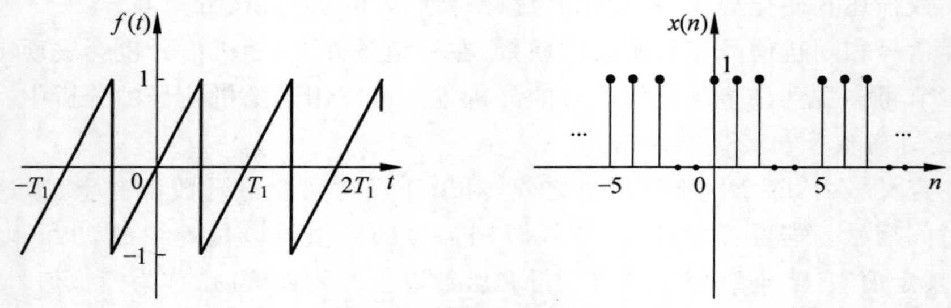

图 1-5　周期信号

需要说明的是，虽然周期信号的定义是 $t\in(-\infty,+\infty)$ 或 $n\in(-\infty,+\infty)$，但在实际应用时，通常研究从 0 开始周期变化的信号，这样更有实际意义。

4. 能量信号和功率信号

如果信号的能量是有限的，则称为能量信号，即

$$E=\int_{-\infty}^{+\infty}|f(t)|^2\mathrm{d}t<\infty\quad(\text{连续时间信号})$$

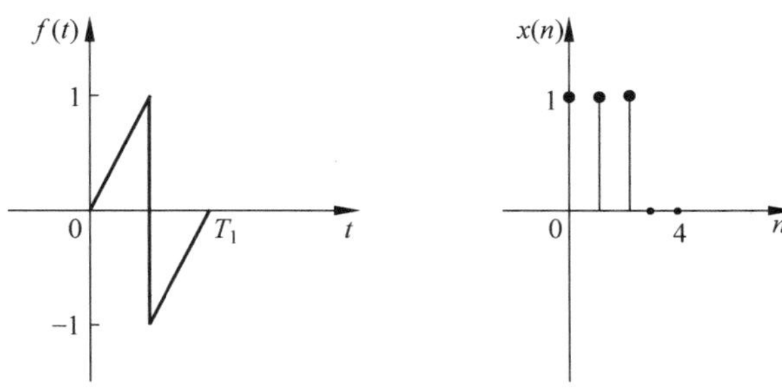

图 1-6　非周期信号

$$E=\sum_{n=-\infty}^{+\infty}|x(n)|^2<\infty\quad（离散时间信号）$$

如果信号的功率是有限的，则称为功率信号，即

$$P=\lim_{T\to\infty}\frac{1}{T}\int_0^T|f(t)|^2\mathrm{d}t<\infty\quad（连续时间信号）$$

$$P=\lim_{N\to\infty}\frac{1}{N}\sum_{n=-\infty}^{N}|x(n)|^2<\infty\quad（离散时间信号）$$

周期信号、随机信号都属于功率信号，而非周期的绝对可积（加）的信号通常都属于能量信号。

5. 实信号和复信号

如果信号在各时刻的取值均为实数，称为实信号。物理可实现的信号常常是时间的实函数（序列）。

若信号在各时间点的取值均为复数，称为复信号。最常用的复信号是复指数信号，如连续复指数信号可以表示为

$$f(t)=\mathrm{e}^{st}$$

式中，$s=\sigma+\mathrm{j}\omega$ 为复变量。根据欧拉公式，上式可展开为

$$f(t)=\mathrm{e}^{(\sigma+\mathrm{j}\omega)t}=\mathrm{e}^{\sigma t}\cos(\omega t)+\mathrm{j}\mathrm{e}^{\sigma t}\sin(\omega t)$$

需要说明的是，复信号在实际中很少直接存在。引入复信号的目的是简化对实际问题的描述，便于理论分析，后面章节中将会看到其在实际中的应用。

6. 因果信号和非因果信号

如果以某一时间点（如坐标原点）为参考点，当 $f(t)\neq 0, t>0$ 且 $f(t)=0, t<0$，则该信号称为因果信号，反之则称为非因果信号（对离散情况也是如此）。

7. 一维信号和多维信号

从数学表达式来看，信号可以表示为一个或多个变量的函数。若信号表示为一个变量的函数，称为一维信号，如语音信号可以表示为声音随时间变化的函数。若信号表示为两个或两个以上变量的函数，则称为多维信号，如图像信号是一个二维信号，其中每个像素点是二维平面坐标中两个变量的函数，是二维信号。

以上从不同角度并根据信号的特点对信号进行分类，实际上一个信号通常具有多个名称。如连续的周期信号，这里既包含了周期信号的含义，又包含了连续信号的含义。本书将研究各种分类情况下的一维信号的分析与处理方法，它是二维及多维信号分析与处理的基础。

第二部分　确定性信号分析基础

第2章

确定性信号的时域分析

信号分析通常可以分为时域分析、频域分析和复频域分析。本章主要研究信号的时域分析,关于频域分析和复频域分析在后续章节进行讲解。时域分析即分析信号在时域内的变化规律及特征。本章首先介绍一些常用的典型信号及信号的基本运算,之后讲解信号的一些常用分解方式。

2.1 典型的连续时间信号与离散时间信号

2.1.1 典型的连续时间信号

1. 指数信号

指数信号的表达式为

$$f(t)=K\mathrm{e}^{\sigma t}$$

式中,K 为常数;σ 为实数,决定信号 $f(t)$是增函数还是减函数。若 $\sigma>0$,则信号 $f(t)$为增函数;若 $\sigma<0$,则 $f(t)$为减函数;而当 $\sigma=0$ 时,$f(t)$为一个常数 K,不随时间变化,成为直流信号。图 2-1 分别给出了 σ 取不同值时的指数信号波形。

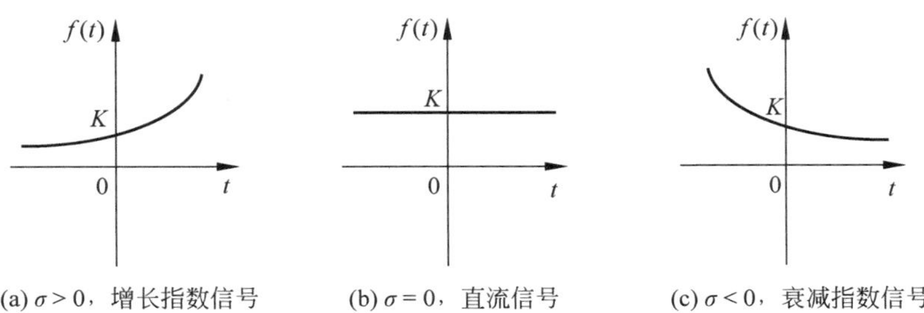

(a) $\sigma>0$,增长指数信号　(b) $\sigma=0$,直流信号　(c) $\sigma<0$,衰减指数信号

图 2-1 σ 取不同值时的指数信号波形

另外,信号 $f(t)$的增长或衰减速率取决于$|\sigma|$,$|\sigma|$越大,增长或衰减速率就越快。通常把 $\tau=1/|\sigma|$称为指数信号的时间常数,τ 越大(即$|\sigma|$越小),指数信号增长或衰减的速率越慢。

2. 正弦信号和余弦信号(正余弦信号)

一个正弦信号和余弦信号可表示为

$$f(t)=K\sin(\omega t+\theta)$$
$$f(t)=K\cos(\omega t+\theta)$$

式中,K 为振幅;ω 为角频率(rad/s);θ 为初始相位角(rad)。正弦信号和余弦信号的波形如图 2-2 所示。

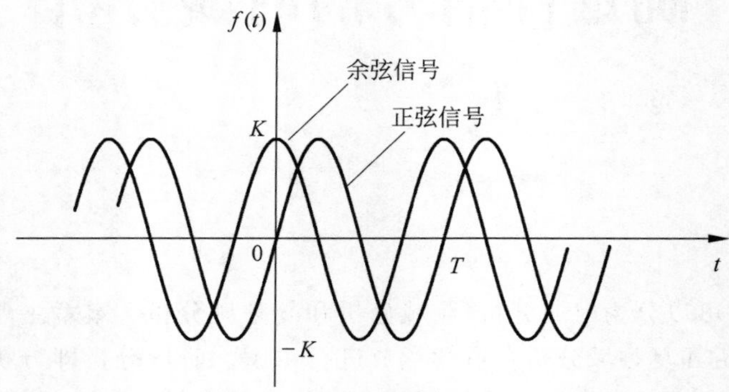

图 2-2　正弦信号和余弦信号的波形

正余弦信号均是周期信号,其周期 T 与角频率以及频率 f(Hz)的关系为

$$T=\frac{2\pi}{\omega}=\frac{1}{f}$$

由于正弦信号与余弦信号只是在相位上相差$\frac{\pi}{2}$,所以通常将它们统称为正弦型信号。正余弦信号的微分和积分仍然是同频率的正弦型信号。

另外,实际应用中,经常会遇到按指数规律变化的正余弦信号,即正余弦信号的振幅是呈指数函数变化规律的。下面给出按指数规律变换的余弦信号表达式,其波形如图 2-3 所示。

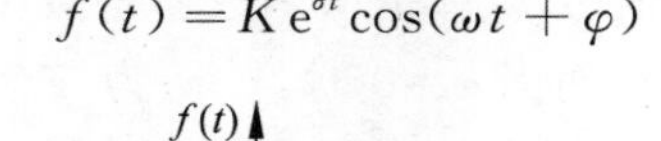

$$f(t)=K\mathrm{e}^{\sigma t}\cos(\omega t+\varphi)$$

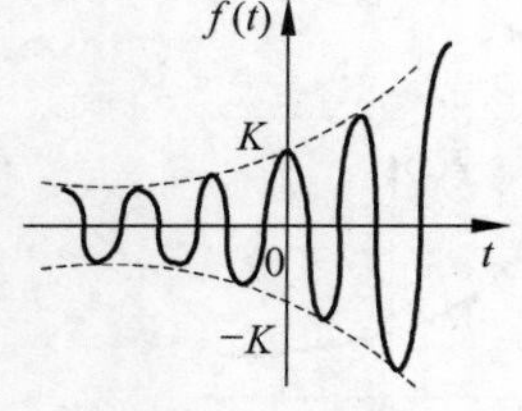

(c) $\sigma>0$,增幅正弦振荡

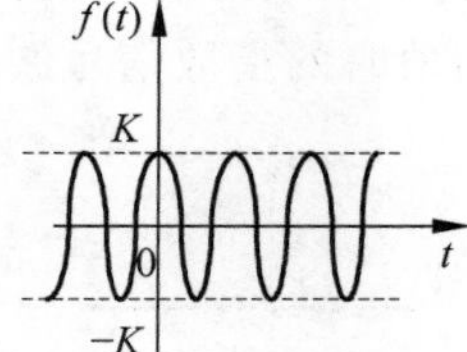

(b) $\sigma=0$,等幅正弦振荡

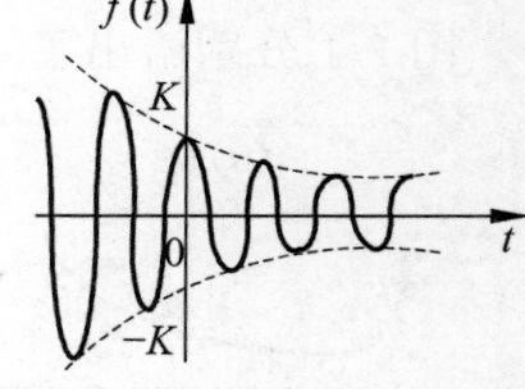

(c) $\sigma<0$,衰减正弦振荡

图 2-3　按指数规律变化的余弦信号波形

3. 复指数信号

如果指数信号的指数因子为复数,则称其为复指数信号,表示为

$$f(t)=K\mathrm{e}^{st}$$

式中

$$s=\sigma+\mathrm{j}\omega$$

σ 为 s 的实部；ω 为 s 的虚部。由欧拉公式可得

$$f(t)=K\mathrm{e}^{st}=K\mathrm{e}^{(\sigma+\mathrm{j}\omega)t}=(K\mathrm{e}^{\sigma t}\cos\omega t)+\mathrm{j}(K\mathrm{e}^{\sigma t}\sin\omega t)$$

上式表明，一个复指数信号可以分解为实部按指数规律变换的余弦信号 $K\mathrm{e}^{\sigma t}\cos\omega t$ 和虚部按指数变化规律的正弦信号 $K\mathrm{e}^{\sigma t}\sin\omega t$ 两部分。s 的实部 σ 表示正弦信号与余弦信号振幅随时间的变化情况，虚部 ω 表示它们随时间的振荡情况。当 $\sigma=0,\omega=0$ 时，复指数信号 $f(t)=K$ 变成一个直流信号，既无增长或衰减，也无振荡。

虽然实际上并无复指数信号，但是它可以将各种基本信号(如直流信号、指数信号、正弦型信号以及指数增长或衰减的正弦型信号)统一起来，从而使许多运算和分析得以简化，因此，复指数信号在信号分析理论中占据着重要的位置。

4. 抽样信号

抽样信号用 $\mathrm{Sa}(t)$ 表示，其函数的表达式为

$$\mathrm{Sa}(t)=\frac{\sin t}{t}$$

其波形如图 2-4 所示。

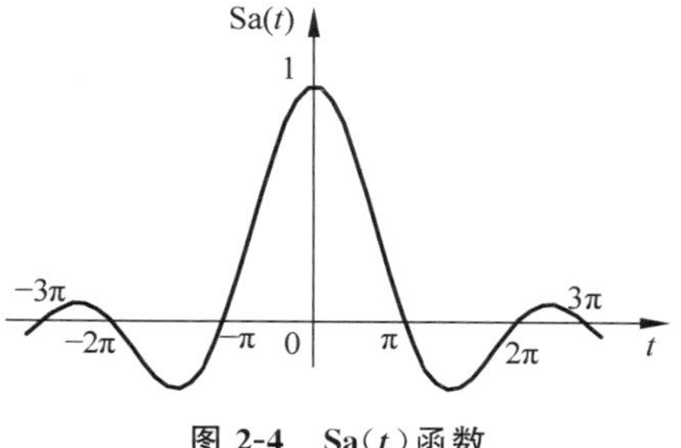

图 2-4　Sa(t)函数

该信号具有以下特点。

(1) $t=0$ 时，函数取得最大值 1。$t=\pm k\pi(k\neq 0$，且取整数)时，函数值为零。

(2) 该函数是 t 的偶函数，即有 $\mathrm{Sa}(t)=\mathrm{Sa}(-t)$。

(3) $\int_{-\infty}^{+\infty}\mathrm{Sa}(t)\mathrm{d}t=\pi$。

与 $\mathrm{Sa}(t)$ 类似的是 $\mathrm{sinc}(t)$ 函数，称为“辛格”函数，它的表达式为

$$\mathrm{sinc}(t)=\frac{\sin(\pi t)}{\pi t}$$

在实际应用中，sinc 函数较 Sa 函数而言更加常见一些。例如，雷达每个天线单元辐射的波束方向图就是一个 sinc 函数，其表达式为

$$p(\theta)=L\,\mathrm{sinc}\left(\frac{L\theta}{\lambda}\right)$$

式中，L 代表天线长度；θ 代表地表目标与天线中心的地面法线间的夹角；λ 代表波长。另外，在雷达接收信号中，经过接收和下变频后，再经过脉冲压缩就被转换成一个近似的 sinc 函数。

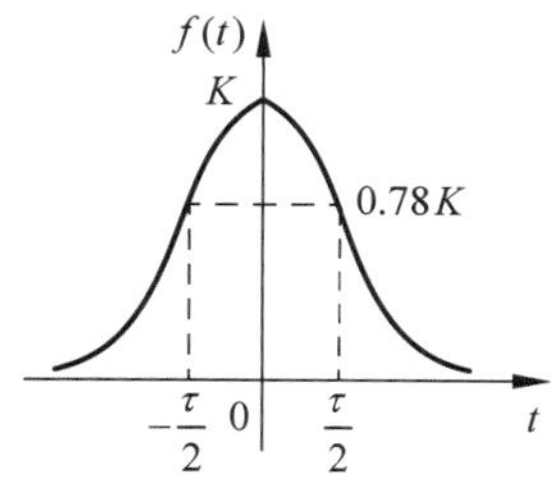

图 2-5　高斯信号

5. 高斯信号

高斯信号的表达式为

$$f(t)=K\mathrm{e}^{-\left(\frac{t}{\tau}\right)^2}$$

其波形如图 2-5 所示。

当 $t=\dfrac{\tau}{2}$ 时，$f\left(\dfrac{\tau}{2}\right)=K\mathrm{e}^{-\frac{1}{4}}\approx 0.78K$，高斯信号中的参数 τ 是当信号由最大值 K 下降为 $0.78K$ 时所占据的时间宽度。由

图 2-5 可以看出，高斯信号的形状像一口钟，故有时也称其为钟形脉冲信号，其在随机信号分析中占有重要地位。

6．单位阶跃信号

单位阶跃信号的表达式为

$$u(t)=\begin{cases}0, & t<0\\ 1, & t>0\end{cases}$$

其波形如图 2-6(a)所示。该信号在 $t=0$ 处有跳变点，且在 $t=0$ 处对应的函数值不定义或定义为$\frac{1}{2}$。若将单位阶跃信号平移 $t_0(t_0>0)$，并用符号 $u(t-t_0)$表示，则

$$u(t-t_0)=\begin{cases}0, & t<t_0\\ 1, & t>t_0\end{cases}$$

其波形如图 2-6(b)所示。

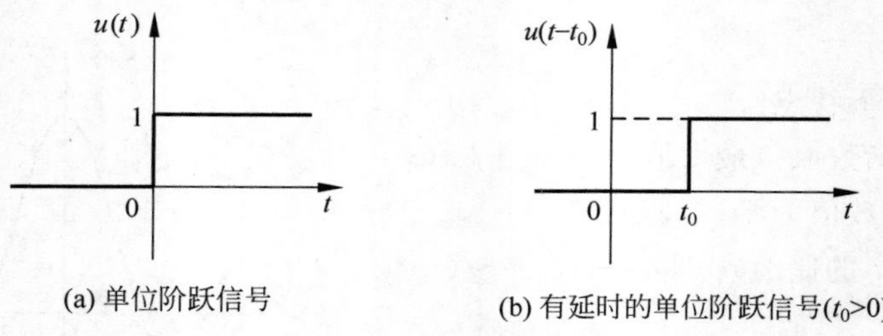

(a) 单位阶跃信号　　(b) 有延时的单位阶跃信号($t_0>0$)

图 2-6　阶跃信号

利用阶跃信号及其延时信号，可以表示任意分段信号。例如，图 2-7 中(a)～(c)所示的波形可写作 $f_1(t)=tu(t)$，$f_2(t)=\mathrm{e}^{-t}[u(t)-u(t-\tau)]$，$G_\tau(t)=u\left(t+\frac{\tau}{2}\right)-u\left(t-\frac{\tau}{2}\right)$。

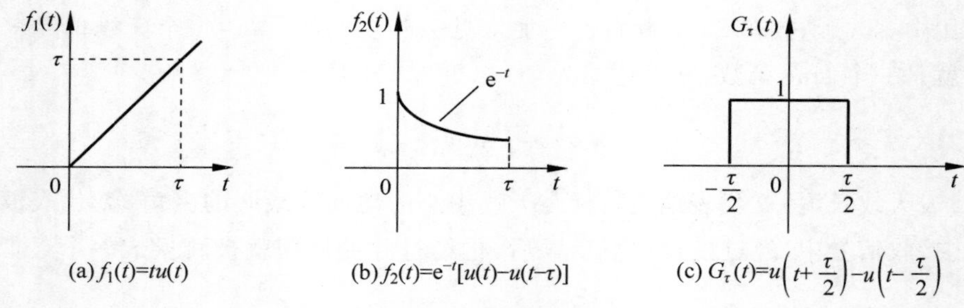

(a) $f_1(t)=tu(t)$　　(b) $f_2(t)=\mathrm{e}^{-t}[u(t)-u(t-\tau)]$　　(c) $G_\tau(t)=u\left(t+\frac{\tau}{2}\right)-u\left(t-\frac{\tau}{2}\right)$

图 2-7　利用阶跃信号表示任意的分段信号

7．符号函数

符号函数的表达式为

$$\operatorname{sgn}(t)=\begin{cases}1, & t>0\\ -1, & t<0\end{cases}$$

其波形如图 2-8 所示。

符号函数在 $t=0$ 处有跳变，主要用来表示自变量的符号特性，其和单位阶跃函数的关

系为

$$\mathrm{sgn}(t)=2u(t)-1$$

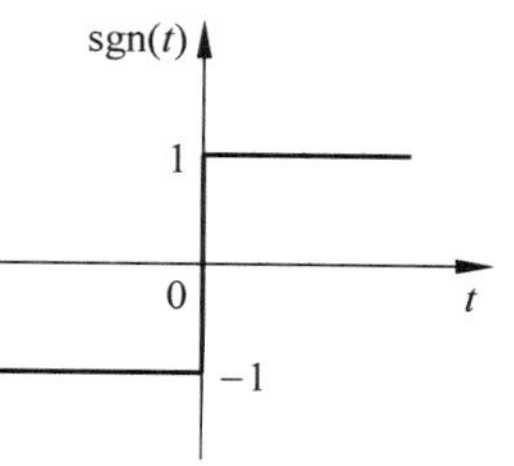

图 2-8　符号函数

8. 单位冲激信号

1）单位冲激信号的定义

单位冲激信号是用来描述自然界中存在时间极短且作用力极大的物理现象，比如雷雨天气时出现的闪电或电路中电容电流的突变等。它有不同的定义方式，最常采用的是狄拉克(Dirac)定义，即

$$\delta(t)=\begin{cases}\infty \text{ 且}\int_{-\infty}^{+\infty}\delta(t)\mathrm{d}t=1, & t=0\\ 0, & t\neq 0\end{cases} \tag{2-1}$$

冲激信号用箭头表示，如图 2-9(a)所示。由 $\delta(t)$的定义可知，该信号只在 $t=0$ 处存在，且幅值为∞，在其他时间点上的值为 0，但该信号在时间轴上的积分是常数且为 1。冲激信号对于时间的定积分值表示冲激强度，通常在图中用括号标明，以与普通信号的幅值相区分。

实际上，由 $\delta(t)$的狄拉克定义式，还可以将其写成如下等效形式，即

$$\delta(t)=\begin{cases}\infty \text{ 且}\int_{0^-}^{0^+}\delta(t)\mathrm{d}t=1, & t=0\\ 0, & t\neq 0\end{cases}$$

上式说明，含有 $\delta(t)$的积分中只要积分限内包含 $\delta(t)$，其积分结果即为 1。

将单位冲激信号平移 t_0 个单位得 $\delta(t-t_0)$，表示为

$$\delta(t-t_0)=\begin{cases}\infty \text{ 且}\int_{-\infty}^{+\infty}\delta(t-t_0)\mathrm{d}t=1, & t=t_0\\ 0, & t\neq t_0\end{cases}$$

$$=\begin{cases}\infty \text{ 且}\int_{t_0^-}^{t_0^+}\delta(t-t_0)\mathrm{d}t=1, & t=t_0\\ 0, & t\neq t_0\end{cases}$$

其波形如图 2-9(b)所示。

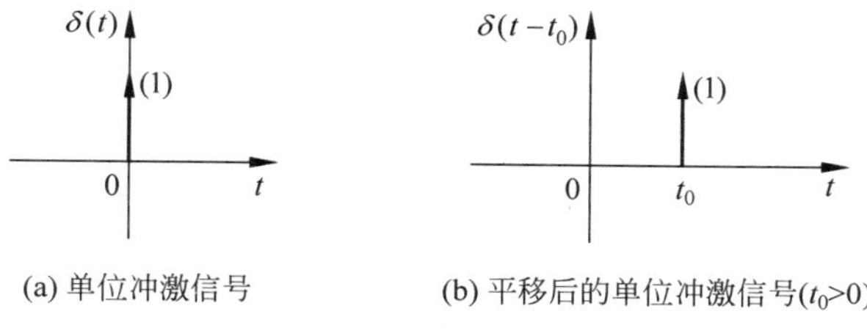

(a) 单位冲激信号　(b) 平移后的单位冲激信号($t_0>0$)

图 2-9　冲激信号

单位冲激信号可以较直观地理解为某些典型信号的极限情况。例如，一个矩形脉冲信号的脉宽为 τ，幅度为$\frac{1}{\tau}$，面积为 1，当保持其面积始终为 1，而使脉宽 $\tau\to 0$，则必然有脉冲幅

度$\frac{1}{\tau}\to\infty$，此极限情况即为单位冲激函数，此过程如图 2-10 所示。

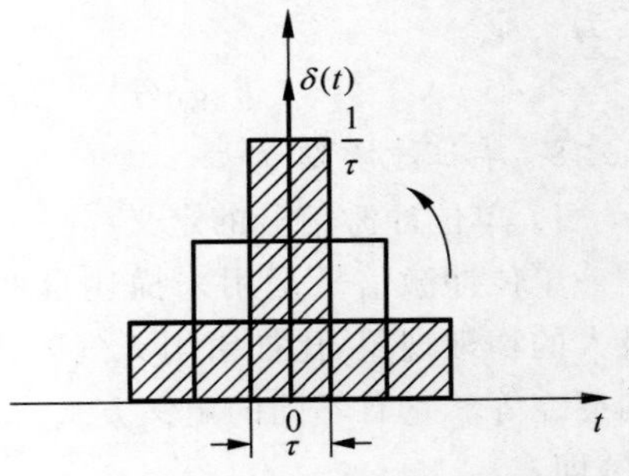

图 2-10　矩形脉冲演变为冲激信号

上述过程，得到的冲激函数 $\delta(t)$ 可以用下列极限来表示

$$\delta(t)=\lim_{\tau\to 0}\frac{1}{\tau}\left[u\left(t+\frac{\tau}{2}\right)-u\left(t-\frac{\tau}{2}\right)\right] \tag{2-2}$$

从以上分析可见，$\delta(t)$是一个理想化的信号，实际中并不存在。但是读者将在后面会看到，引入该信号可以简化问题的分析，是一个非常重要的信号，它将贯穿于本书的各个章节。

2）冲激信号的性质

(1) 筛选特性。

如果信号 $f(t)$ 在 $t=t_0$ 处连续，则

$$f(t)\delta(t-t_0)=f(t_0)\delta(t-t_0) \tag{2-3}$$

式(2-3)表明，连续时间信号 $f(t)$ 与冲激信号 $\delta(t-t_0)$ 相乘，其结果是将信号 $f(t)$ 在 $t=t_0$ 处的函数值 $f(t_0)$ 筛选出来，这是由于冲激信号 $\delta(t-t_0)$ 在 $t\neq t_0$ 处的值均为零，所以二者相乘，结果仍然是一个冲激信号，只是冲激强度由 1 变为 $f(t_0)$，其波形如图 2-11 所示。

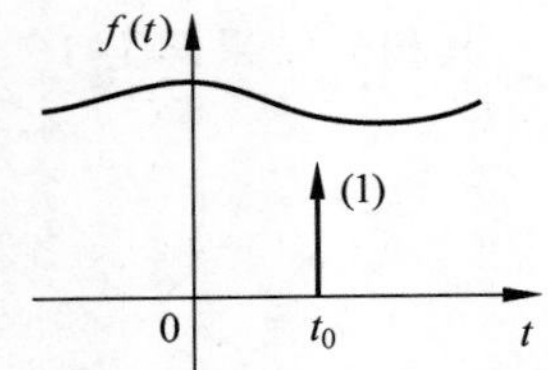

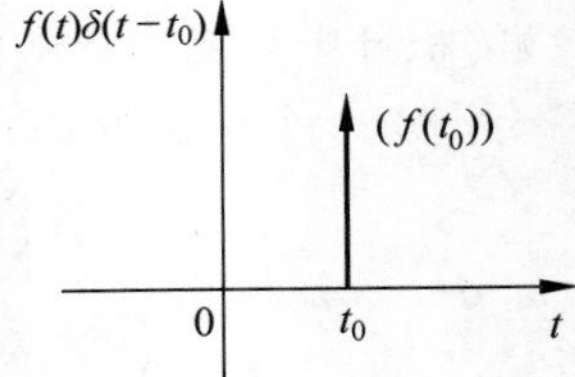

图 2-11　冲激信号的筛选特性

如果信号 $f(t)$ 在 $t=t_0$ 处连续，则有

$$\int_{-\infty}^{+\infty}f(t)\delta(t-t_0)\mathrm{d}t=f(t_0)\int_{-\infty}^{+\infty}\delta(t-t_0)\mathrm{d}t=f(t_0) \tag{2-4}$$

式(2-4)表明，一个连续时间信号 $f(t)$ 与冲激信号 $\delta(t-t_0)$ 相乘，并在区间$[-\infty,+\infty]$对时间变量进行积分，其结果为信号 $f(t)$ 在 $t=t_0$ 时的函数值 $f(t_0)$。相当于提取出 $f(t)$ 在 $t=t_0$ 处的函数值，故 $\delta(t)$ 具有取样特性。

冲激信号是偶函数，即 $\delta(t)=\delta(-t)$。

证明

$$\begin{aligned}\int_{-\infty}^{+\infty}\delta(-t)f(t)\mathrm{d}t&=\int_{+\infty}^{-\infty}\delta(\tau)f(-\tau)\mathrm{d}(-\tau)\\&=\int_{-\infty}^{+\infty}\delta(\tau)f(0)\mathrm{d}\tau\\&=f(0)\end{aligned}$$

而

$$\int_{-\infty}^{+\infty}\delta(t)f(t)\mathrm{d}t=\int_{-\infty}^{+\infty}f(0)\delta(t)\mathrm{d}t=f(0)$$

即可得出 $\delta(t)=\delta(-t)$ 的结论。

(2) 与阶跃函数 $u(t)$ 的关系。

$\delta(t)$ 与 $u(t)$ 互为导数和积分的关系，即

$$\begin{cases}\int_{-\infty}^{t}\delta(\tau)\mathrm{d}\tau=u(t)\\ \dfrac{\mathrm{d}}{\mathrm{d}t}u(t)=\delta(t)\end{cases}$$

根据式(2-1)可得

$$\begin{cases}\int_{-\infty}^{t}\delta(\tau)\mathrm{d}\tau=1, & t>0\\ \int_{-\infty}^{t}\delta(\tau)\mathrm{d}\tau=0, & t<0\end{cases}$$

由此可知，在 $t=0$ 处 $u(t)$ 的函数值垂直跳变，此处的导数是 $\delta(t)$。这一结果也可以推广到任意信号，当信号在 t_0 处垂直跳变时，其导数将在 t_0 处出现冲激。

例如 $f(t)=u(t-t_0)$，则 $f'(t)=\delta(t-t_0)$，如图 2-12 所示。

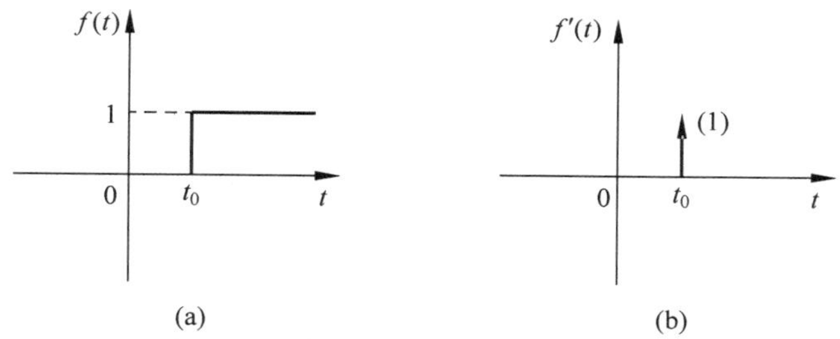

图 2-12　$f(t)$ 及其导数 $f'(t)$

9. *冲激偶信号*

冲激信号的一阶导数称为冲激偶信号，表达式为

$$\delta'(t)=\frac{\mathrm{d}}{\mathrm{d}t}\delta(t)$$

其波形如图 2-13 所示。

如果将冲激信号 $\delta(t)$ 看作矩形窄脉冲，则图 2-13 同样可以用一个矩形窄脉冲的导数来理解，如图 2-14 所示。

冲激偶信号 $\delta'(t)$ 有时也称为二次冲激，以此类推，$\delta''(t)$ 也称为三次冲激。

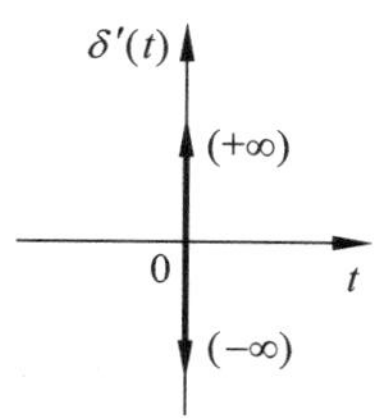

图 2-13　冲激偶信号

冲激偶信号的一个性质是

$$\int_{-\infty}^{+\infty}\delta'(t)\mathrm{d}t=0$$

这表明它在时间轴上覆盖的面积为 0。

冲激偶信号的另一个重要性质是

$$\int_{-\infty}^{+\infty}\delta'(t)f(t)\mathrm{d}t=-f'(0)$$

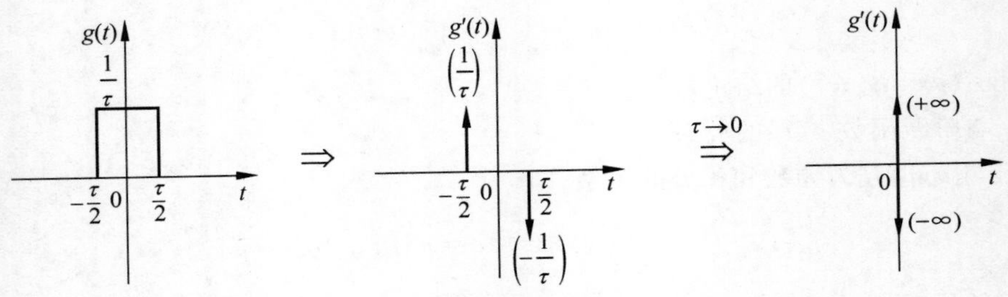

图 2-14 由矩形脉冲的导数获得冲激偶信号

这里 $f'(t)$在 0 点连续，$f'(0)$是 $f(t)$的导数在 $t=0$ 处的取值。关于此关系式的证明可以由分部积分法进行，请读者自行证明。

10. 单位斜变信号

单位斜变信号的表达式为

$$R(t)=\begin{cases} t, & t\geqslant 0 \\ 0, & t<0 \end{cases}$$

其波形如图 2-15 所示。

$R(t)$的导数是单位阶跃信号 $u(t)$，即

$$\frac{\mathrm{d}R(t)}{\mathrm{d}t}=u(t)$$

在实际应用中，经常遇到在时间 τ 以后被切平的斜变信号，称其为“截平的”单位斜变信号，其表达式为

$$R_1(t)=\begin{cases} \dfrac{K}{\tau}R(t), & t<\tau \\ K, & t\geqslant \tau \end{cases}$$

其波形如图 2-16 所示。

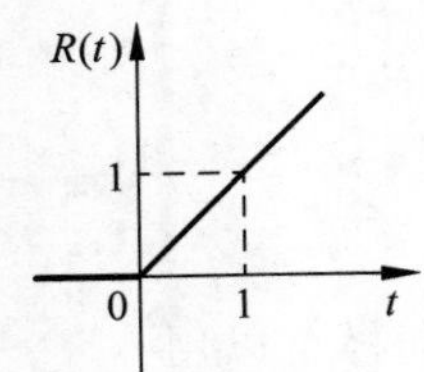

图 2-15 单位斜变信号

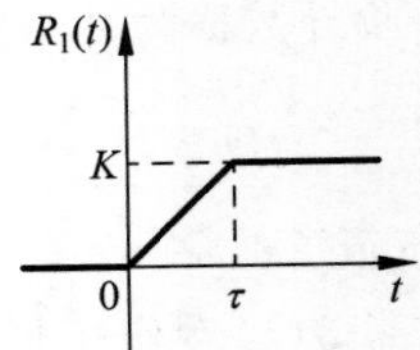

图 2-16 “截平的”单位斜变信号

2.1.2 典型的离散时间信号

1. 单位样值信号

单位样值信号的表达式为

$$\delta(n)=\begin{cases} 1, & n=0 \\ 0, & n\neq 0 \end{cases}$$

序列只在 $n=0$ 处取值为 1，其余点上取值都为零，其图形如图 2-17(a)所示。将 $\delta(n)$平移

n_0 个单位，则其图形如图 2-17(b)所示。需要注意的是它和 $\delta(t)$ 的区别，$\delta(t)$ 可理解为在 $t=0$ 点脉宽趋于零，幅度为无限大的信号，而 $\delta(n)$ 在 $n=0$ 点取有限值 1。

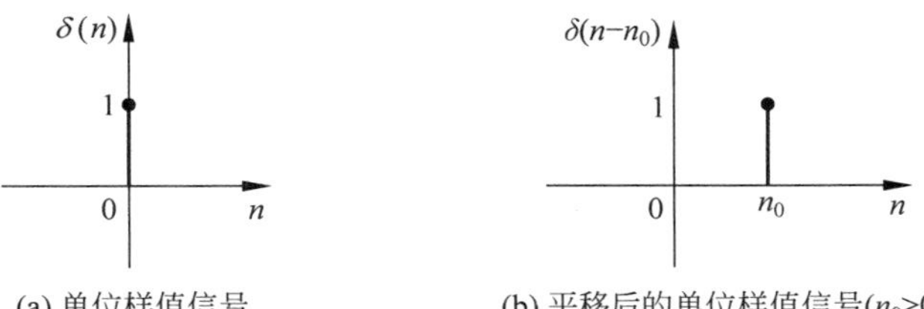

(a) 单位样值信号　(b) 平移后的单位样值信号($n_0>0$)

图 2-17　单位样值信号

2. 单位阶跃序列

单位阶跃序列的表达式为

$$u(n)=\begin{cases}1, & n\geqslant 0\\ 0, & n<0\end{cases}$$

其图形如图 2-18 所示。单位阶跃序列类似于连续时间系统中的单位阶跃信号 $u(t)$，可用来描述有始有终的时间序列或者有始无终的等分段时间序列。但应注意它们在 0 处取值的区别。

$\delta(n)$ 和 $u(n)$ 之间存在如下关系

$$\delta(n)=u(n)-u(n-1)$$

$$u(n)=\sum_{m=0}^{+\infty}\delta(n-m)$$

3. 矩形序列

矩形序列的表达式为

$$G_N(n)=\begin{cases}1, & 0\leqslant n\leqslant N-1\\ 0, & n<0, n>N-1\end{cases}$$

上式表明，矩形序列从 $n=0$ 开始，到 $n=N-1$ 共有 N 个幅度为 1 的数值，其余各点均为零，其图形如图 2-19 所示。

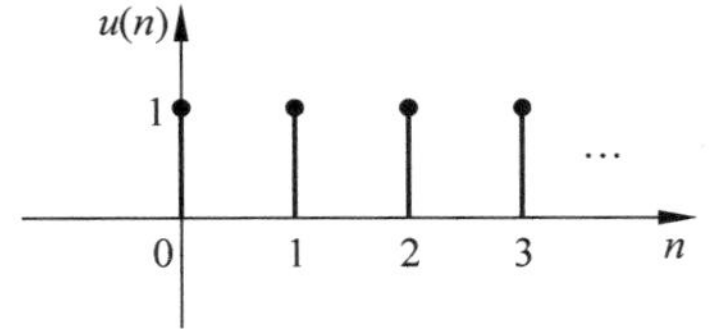

图 2-18　单位阶跃序列

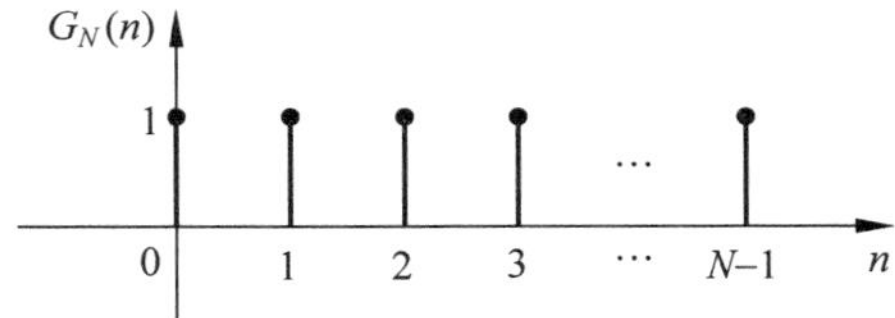

图 2-19　矩形序列

其中 $G_N(n)$ 和 $u(n)$ 的关系为

$$G_N(n)=u(n)-u(n-N)$$

4. 单位斜变序列

单位斜变序列的表达式为

$$R(n)=nu(n)$$

其图形如图 2-20 所示。

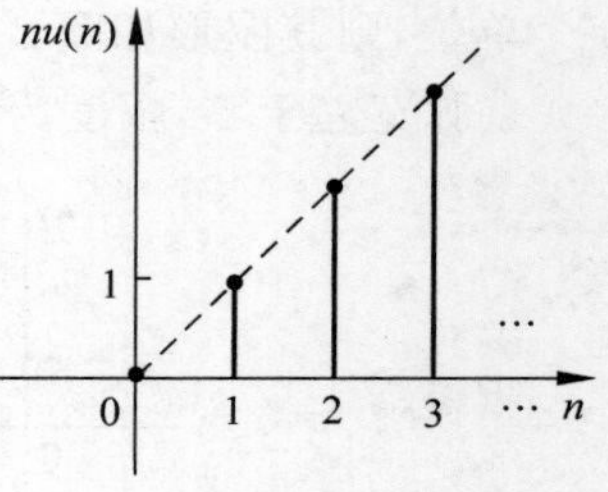

图 2-20 $nu(n)$序列

5. 指数序列

指数序列的表达式为

$$x(n)=a^{n}u(n)$$

式中，a 为实数，指数序列随着 a 取值的不同而不同，当$|a|>1$时序列是发散的，$|a|<1$ 时序列是收敛的。图 2-21 分别给出了 a 取不同值情况下的指数序列波形。

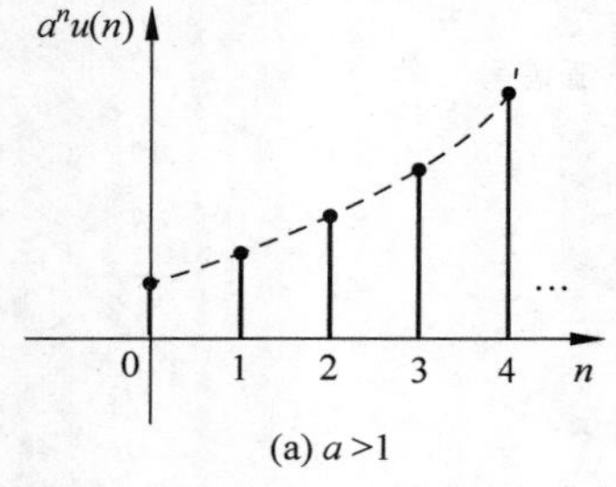

(a) $a>1$

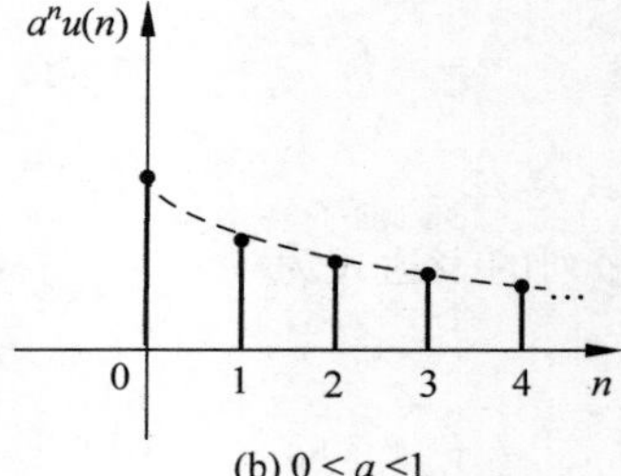

(b) $0<a<1$

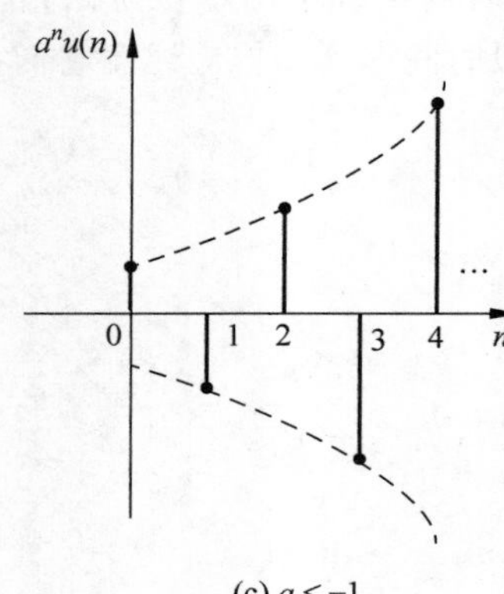

(c) $a<-1$

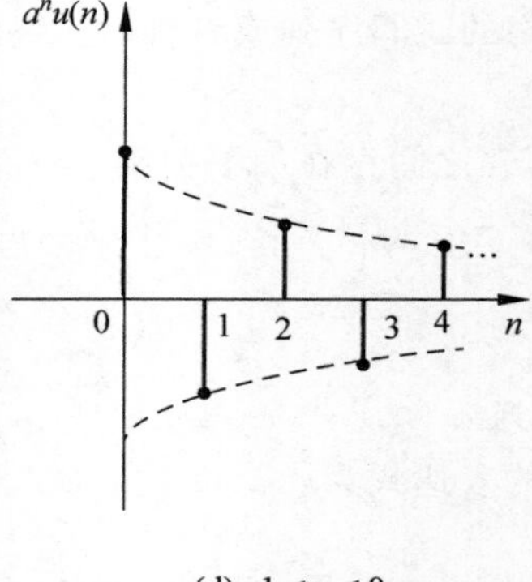

(d) $-1<a<0$

图 2-21 指数序列

6. 正弦序列

正弦序列的表达式为

$$x(n)=A\sin(\omega_0 n)$$

式中，ω_0 称为正弦序列的角频率，它反映序列值依次周期性重复的速率。

需要注意的是，不是所有的正弦序列都具有周期性。只有当$\frac{2\pi}{\omega_0}=N$，且 N 为整数时，此序列才是周期性的，且周期为 N。或者当$\frac{2\pi}{\omega_0}=\frac{N}{M}$，且 M、N 均为整数时，此序列也是周期的，周期为 $N=\frac{2\pi}{\omega_0}M$，表示 M 个正弦包络中含有 N 个取样值。除了上述两种情况外，序列是非周期性的。

可通过对连续正弦信号离散化得到离散的正弦序列，设

$$f(t)=A\sin\Omega_0 t$$

式中，Ω_0 是 $f(t)$ 的模拟角频率，单位为 rad/s。令 $t=nT_s$（n 为整数，即 $n=0,\pm1,\pm2,\cdots$；T_s 表示序列点之间的间隔，为常数），则

$$f(t)\mid_{t=nT_s}=f(nT_s)=A\sin(\Omega_0 nT_s)=A\sin(\omega_0 n)$$

式中，$\omega_0=\Omega_0 T_s$ 称为正弦序列的数字角频率，单位为 rad。

$$\omega_0=\Omega_0 T_s=\frac{\Omega_0}{f_s}$$

与正弦序列相对应的还有余弦序列，即

$$x(n)=A\cos(\omega_0 n)$$

7. 复指数序列

复指数序列的表达式为

$$\begin{aligned}x(n)&=|x(n)|\,\mathrm{e}^{\mathrm{j}(\omega_0 n+\phi)}\\&=|x(n)|\cos(\omega_0 n+\phi)+\mathrm{j}\,|x(n)|\sin(\omega_0 n+\phi)\\&=|x(n)|\,\mathrm{e}^{\mathrm{j}\arg[x(n)]}\end{aligned}$$

式中，$\arg[x(n)]$ 称为复指数序列的相角。

2.2 信号的基本运算

无论是连续信号还是离散信号，所涉及的基本运算包括加、减、乘、除、翻转、平移、尺度变换、卷积、相关等，本节重点讲卷积与相关运算。

2.2.1 连续信号的基本运算

1. 信号的加、减、乘、除

信号的加、减、乘、除运算是指参加运算的信号在相同时间点上的函数值对应加、减、乘、除运算。图 2-22 给出两个信号相加的例子，即 $f(t)=f_1(t)+f_2(t)$。

2. 信号的平移、翻转与尺度

1）信号平移

信号的平移是指将信号 $f(t)$ 沿自变量 t 轴平移一段时间形成信号 $f(t-t_0)$。当 $t_0>0$ 时，信号向右平移 t_0 个单位；当 $t_0<0$ 时，信号向左平移 t_0 个单位，如图 2-23 所示。信号的左移，在实际应用中也称为信号的超前，右移也称为信号的延时（迟）或滞后。

2）信号的翻转

信号的翻转是指将信号 $f(t)$ 变化为 $f(-t)$ 的运算，即将 $f(t)$ 以纵轴为中心做 180°翻转，如图 2-24 所示。

3）尺度变换

信号的尺度变换是指将信号 $f(t)$ 在时间轴上压缩或扩展，形成 $f(at)$ 的运算。若 $0<a<1$，则 $f(at)$ 是将 $f(t)$ 以该信号纵轴中心扩展 $\frac{1}{a}$ 倍。若 $a>1$，则 $f(at)$ 是以该信号纵轴

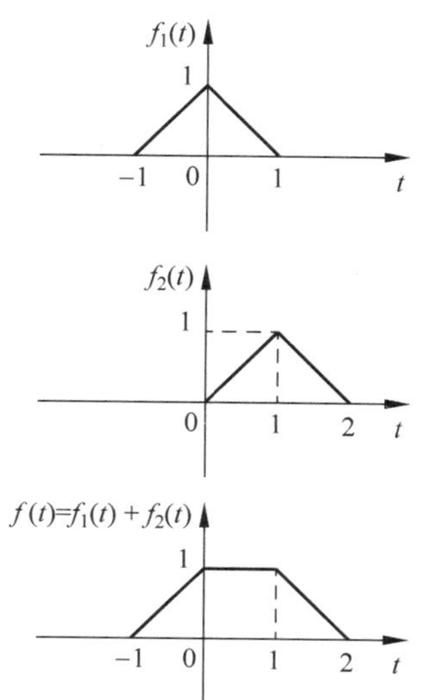

图 2-22　信号的相加运算

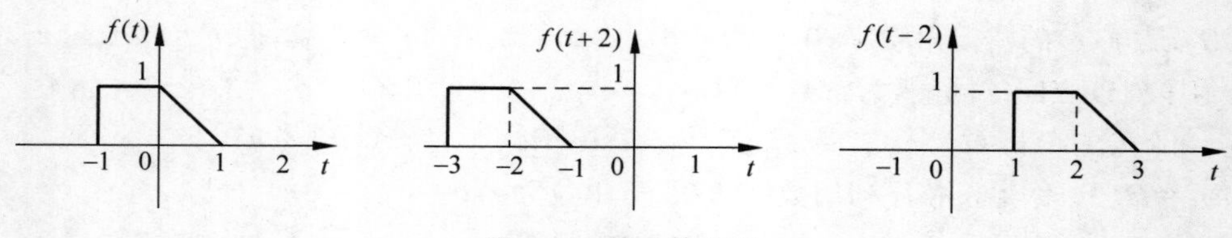

图 2-23 信号的平移

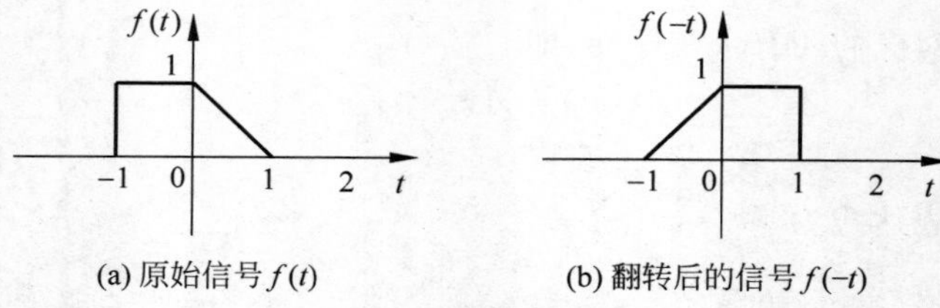

(a) 原始信号 $f(t)$ (b) 翻转后的信号 $f(-t)$

图 2-24 信号的翻转运算

为中心压缩 a 倍。图 2-25(a)～(c)分别给出了信号 $f(t)$、$f(2t)$和 $f\left(\frac{1}{2}t\right)$的波形图。

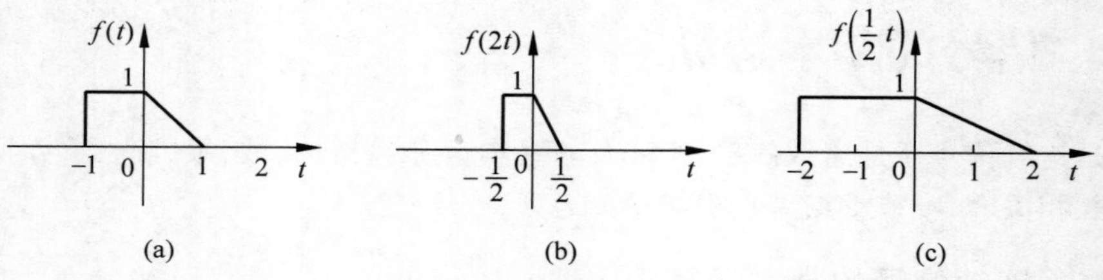

(a) (b) (c)

图 2-25 信号的尺度变换运算

例 2-1 信号 $f(t)$的波形如图 2-26 所示，画出信号 $f(-2t+4)$的波形。

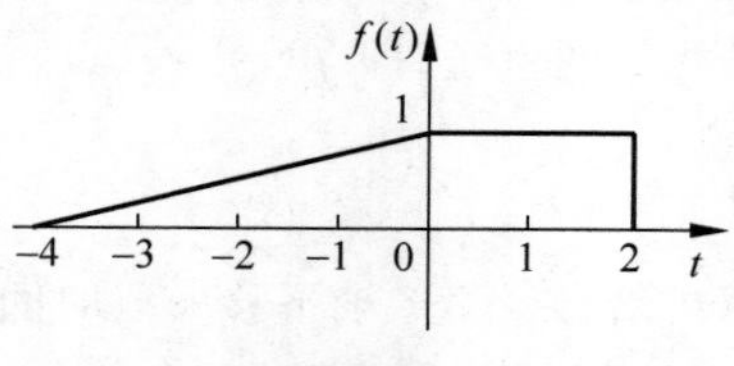

图 2-26 例 2-1 图

解 方法一：压缩→翻转→平移，即

$$f(t)\xrightarrow{\text{压缩}}f(2t)\xrightarrow{\text{翻转}}f(-2t)\xrightarrow{\text{右移 2}}f(-2t+4)=f[-2(t-2)]$$

其详细过程如图 2-27(a)～(c)所示。

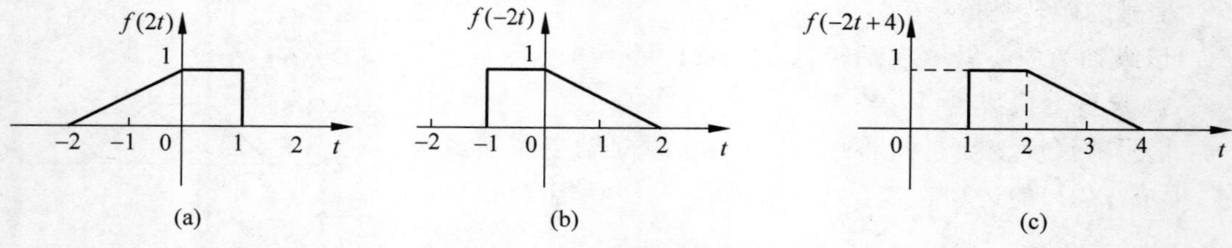

(a) (b) (c)

图 2-27 $f(t)$经过压缩、翻转、平移

方法二：平移→压缩→翻转，即

$$f(t)\xrightarrow{\text{左移 }4}f(t+4)\xrightarrow{\text{压缩}}f(2t+4)\xrightarrow{\text{翻转}}f(-2t+4)$$

其详细过程如图 2-28(a)～(c)所示。

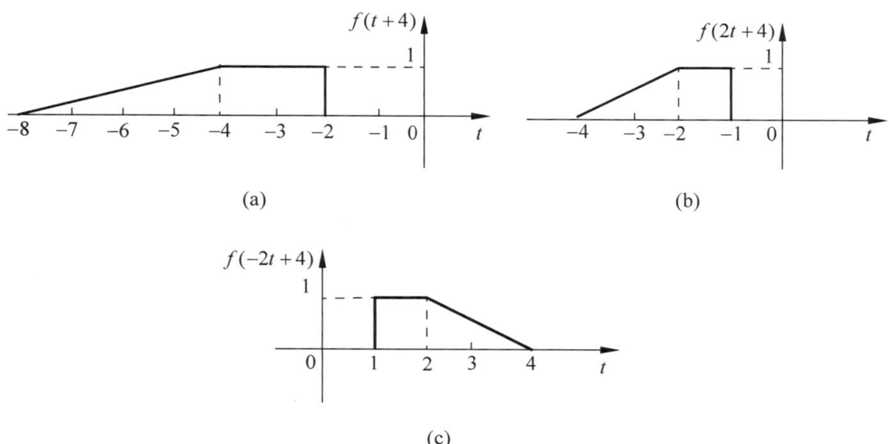

图 2-28　$f(t)$经过平移、压缩、翻转

注意：在上述每一步运算中，时间轴 t 不变，即所有的平移、翻转及尺度变换均对 t 做运算。

3. 信号的微分和积分

1) 信号的微分

信号的微分是指信号对时间的导数，可表示为

$$f'(t)=\frac{\mathrm{d}}{\mathrm{d}t}[f(t)]$$

n 阶导数可表示为

$$f^{(n)}(t)=\frac{\mathrm{d}^n[f(t)]}{\mathrm{d}t^n}$$

例 2-2　已知 $f(t)=\mathrm{e}^{-t}u(t)$，求 $f'(t)$。

解　由导数公式可知

$$f'(t)=\frac{\mathrm{d}f(t)}{\mathrm{d}t}=-\mathrm{e}^{-t}u(t)+\mathrm{e}^{-t}\delta(t)=-\mathrm{e}^{-t}u(t)+\delta(t)$$

例 2-3　已知 $f(t)$的波形如图 2-29(a)所示，求 $f'(t)$。

解　由于

$$f(t)=u(t+t_1)-u(t-t_1)$$

可得

$$f'(t)=\delta(t+t_1)-\delta(t-t_1)$$

$f'(t)$的波形如图 2-29(b)所示。

实际上，由 $f(t)$的波形可见，$f(t)$在 $t=t_1$ 和 $t=t_2$ 处有垂直跃变，跃变值分别为 1 和 −1，故对 $f(t)$求导时，在 $t=t_1$ 处会出现冲激强度为 1 的冲激，在 $t=t_2$ 时会出现冲激强度为 −1 的冲激。在信号运算中，通常结合图形运算会很方便并可帮助理解信号的特点。

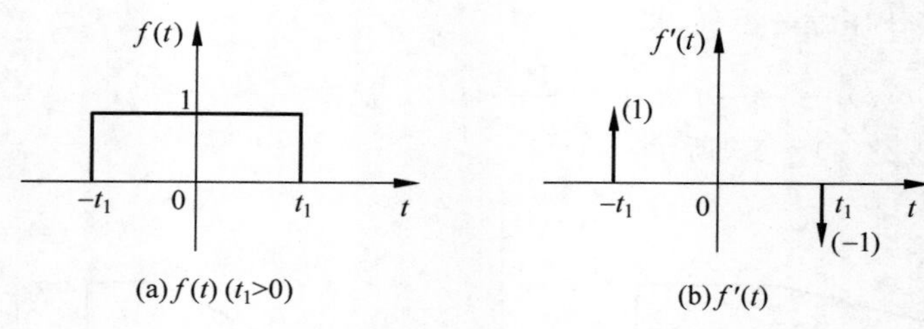

(a) $f(t)$ $(t_1>0)$　　(b) $f'(t)$

图 2-29　例 2-3 图

2）信号的积分

信号的积分是指信号在区间$(-\infty,t)$上的变上限积分，可表示为

$$f^{(-1)}(t)=\int_{-\infty}^{t}f(\tau)\mathrm{d}\tau$$

n 次积分可表示为 $f^{(-n)}(t)=\int_{-\infty}^{t}\int_{-\infty}^{\tau}\cdots f(\lambda)\mathrm{d}\lambda$。

例 2-4　已知 $f(t)$的波形如图 2-30(a)所示，求 $f^{(-1)}(t)$。

解　由于 $f(t)=u(t+t_1)-u(t-t_1)$，则

$$f^{(-1)}(t)=\int_{-\infty}^{t}f(\tau)\mathrm{d}\tau=\begin{cases}0, & t<t_1\\ \int_{-t_1}^{t}1\cdot\mathrm{d}\tau=t+t_1, & -t_1\leqslant t<t_1\\ \int_{-t_1}^{t_1}1\cdot\mathrm{d}\tau=2t_1, & t\geqslant t_1\end{cases}$$

其波形如图 2-30(b)所示。

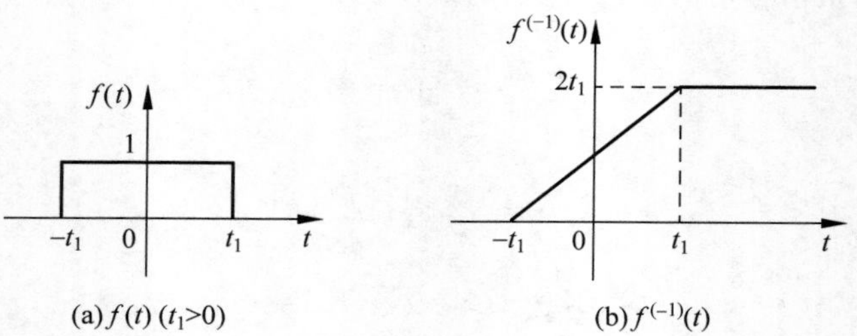

(a) $f(t)$ $(t_1>0)$　　(b) $f^{(-1)}(t)$

图 2-30　例 2-4 图

上述积分结果同样也可以借助于图形求解。

4. 信号的卷积与相关

1）信号的线性卷积

连续时间信号线性卷积是计算线性时不变连续时间系统零状态响应的重要工具。因此，它是时域分析中非常重要的运算，下面详细介绍卷积积分的定义、性质及其计算方法。

(1) 线性卷积的定义。

对于任意两个信号 $f_1(t)$和 $f_2(t)$，二者都是 t 的连续函数，其线性卷积定义为

$$f_1(t)*f_2(t)=\int_{-\infty}^{+\infty}f_1(\tau)f_2(t-\tau)\mathrm{d}\tau$$

式中，$*$ 表示线性卷积运算。注意，在卷积计算过程中，积分变量是 τ，卷积结果仍是 t 的函数。

(2) 卷积的性质。

线性卷积积分具有一些非常好的性质，利用这些性质可以简化卷积积分的运算过程。

① 交换律。

$$f_1(t)*f_2(t)=f_2(t)*f_1(t)$$

证明

$$f_1(t)*f_2(t)=\int_{-\infty}^{+\infty}f_1(\tau)f_2(t-\tau)\mathrm{d}\tau$$

令 $\tau=t-\lambda$，代入上式，于是有

$$\begin{aligned}f_1(t)*f_2(t)&=\int_{-\infty}^{+\infty}f_2(\lambda)f_1(t-\lambda)\mathrm{d}\lambda\\&\xlongequal{令\lambda=\tau}\int_{-\infty}^{+\infty}f_2(\tau)f_1(t-\tau)\mathrm{d}\lambda\\&=f_2(t)*f_1(t)\end{aligned}$$

交换律得证。

② 分配律。

$$f(t)*[h_1(t)+h_2(t)]=f(t)*h_1(t)+f(t)*h_2(t)$$

③ 结合律。

$$[f(t)*h_1(t)]*h_2(t)=f(t)*[h_1(t)*h_2(t)]$$

④ 微分特性。

$$\frac{\mathrm{d}[f_1(t)*f_2(t)]}{\mathrm{d}t}=f_1(t)*\frac{\mathrm{d}f_2(t)}{\mathrm{d}t}=\frac{\mathrm{d}f_1(t)}{\mathrm{d}t}*f_2(t)$$

该性质表明：两个函数卷积后的导数等于其中一函数的导数与另一函数的卷积。由卷积的定义可证明此式，即

$$\begin{aligned}\frac{\mathrm{d}[f_1(t)*f_2(t)]}{\mathrm{d}t}&=\frac{\mathrm{d}}{\mathrm{d}t}\int_{-\infty}^{+\infty}f_1(\tau)f_2(t-\tau)\mathrm{d}\tau\\&=\int_{-\infty}^{+\infty}f_1(\tau)\frac{\mathrm{d}f_2(t-\tau)}{\mathrm{d}t}\mathrm{d}\tau\\&=f_1(t)*\frac{\mathrm{d}f_2(t)}{\mathrm{d}t}\end{aligned}$$

同理可证

$$\frac{\mathrm{d}[f_1(t)*f_2(t)]}{\mathrm{d}t}=\frac{\mathrm{d}f_1(t)}{\mathrm{d}t}*f_2(t)$$

⑤ 积分特性。

$$\int_{-\infty}^{t}[f_1(\lambda)*f_2(\lambda)]\mathrm{d}\lambda=\int_{-\infty}^{t}f_1(\lambda)\mathrm{d}\lambda*f_2(t)=f_1(t)*\int_{-\infty}^{t}f_2(\lambda)\mathrm{d}\lambda$$

该性质表明：两个函数卷积后的积分等于其中一函数的积分与另一函数的卷积。证明过程为

$$\int_{-\infty}^{t}[f_1(\lambda)*f_2(\lambda)]\mathrm{d}\lambda=\int_{-\infty}^{t}\left[\int_{-\infty}^{+\infty}f_1(\tau)f_2(\lambda-\tau)\mathrm{d}\tau\right]\mathrm{d}\lambda$$

$$
\begin{aligned}
&=\int_{-\infty}^{+\infty} f_1(\tau)\left[\int_{-\infty}^{t} f_2(\lambda-\tau)\mathrm{d}\lambda\right]\mathrm{d}\tau \\
&=\int_{-\infty}^{+\infty} f_1(\tau)\left[\int_{-\infty}^{t-\tau} f_2(\lambda-\tau)\mathrm{d}(\lambda-\tau)\right]\mathrm{d}\tau \\
&=f_1(t) * \int_{-\infty}^{t} f_2(\lambda)\mathrm{d}\lambda
\end{aligned}
$$

根据卷积的交换律，同样可以获得 $f_2(t)$ 和 $f_1(t)$ 的积分相卷积的形式，则积分特性全部得证。

⑥ 微积分特性同时应用。

若 $s(t)=f_1(t) * f_2(t)$，推广到 n 阶微积分，即

$$s(t)=f_1^{(n)}(t) * f_2^{(-n)}(t)$$

上式表明，相卷积的两个函数微积分次数相等，则卷积结果不变。当微积分都取一阶时，则有

$$f_1(t) * f_2(t)=\frac{\mathrm{d}f_1(t)}{\mathrm{d}t} * \int_{-\infty}^{t} f_2(\lambda)\mathrm{d}\lambda=\left[\int_{-\infty}^{t} f_1(\lambda)\mathrm{d}\lambda\right] * \frac{\mathrm{d}f_2(t)}{\mathrm{d}t} \tag{2-5}$$

需要注意的是，式(2-5)应用的前提条件是 $f_1(-\infty)=f_2(-\infty)=0$。

⑦ 与 $\delta(t)$ 的卷积。

$$f(t) * \delta(t)=f(t) \tag{2-6}$$

上式表明，任意信号与冲激信号 $\delta(t)$ 卷积结果仍然是原信号。证明过程为

$$
\begin{aligned}
f(t) * \delta(t) &=\int_{-\infty}^{+\infty} f(\tau)\delta(t-\tau)\mathrm{d}\tau \\
&=\int_{-\infty}^{+\infty} f(\tau)\delta(\tau-t)\mathrm{d}\tau \\
&=f(t)
\end{aligned}
$$

由于 $\delta(t)$ 是偶函数，所以有 $\delta(t-\tau)=\delta(\tau-t)$。同理可证

$$f(t) * \delta(t-t_0)=f(t-t_0)$$

上式表明，函数与 $\delta(t-t_0)$ 相卷积，相当于把函数延迟 t_0 个单位。进一步有

$$f(t-t_1) * \delta(t-t_0)=f(t-t_1-t_0)$$

$$\delta(t-t_1) * \delta(t-t_2)=\delta(t-t_1-t_2)$$

这里要注意 $f(t)\cdot\delta(t)$ 或 $f(t)\cdot\delta(t-t_1)$ 与上述性质的区别。

⑧ 与冲激偶信号 $\delta'(t)$ 的卷积。

$$f(t) * \delta'(t)=f'(t)$$

上式可利用式(2-6)和卷积的微分特性来获得。这说明，函数与冲激函数的一阶导数(冲激偶信号)相卷积，其结果等于函数的一阶导数。推广到一般情况，则有

$$f(t) * \delta^{(k)}(t)=f^{(k)}(t)$$

$$f(t) * \delta^{(k)}(t-t_0)=f^{(k)}(t-t_0)$$

⑨ 与阶跃信号 $u(t)$ 的卷积。

$$f(t) * u(t)=\int_{-\infty}^{t} f(\lambda)\mathrm{d}\lambda$$

这说明，函数与阶跃信号(冲激信号 $\delta(t)$ 的一阶积分)的卷积相当于对函数求一阶积分。

(3) 卷积的计算方法。

卷积的计算方法包括公式法、图解法，还可以利用卷积的性质。需要注意的是，无论采用哪种方法，都需要正确地确定积分区间。

① 公式法：直接利用卷积的定义式计算两个信号的线性卷积。

例 2-5　已知 $f_1(t)=\mathrm{e}^{-3t}u(t)$，$f_2(t)=\mathrm{e}^{-5t}u(t)$，计算卷积 $f_1(t)*f_2(t)$。

解　根据卷积积分的定义，可得

$$
\begin{aligned}
f_1(t)*f_2(t) &= \int_{-\infty}^{+\infty} f_1(\tau)f_2(t-\tau)\mathrm{d}\tau \\
&= \int_{-\infty}^{+\infty} \mathrm{e}^{-3\tau}u(\tau)\mathrm{e}^{-5(t-\tau)}u(t-\tau)\mathrm{d}\tau \\
&= \begin{cases} \int_0^t \mathrm{e}^{-3\tau}\mathrm{e}^{-5(t-\tau)}\mathrm{d}\tau, & t>0 \\ 0, & t\leqslant 0 \end{cases} \\
&= \begin{cases} \dfrac{1}{2}(\mathrm{e}^{-3t}-\mathrm{e}^{-5t}), & t>0 \\ 0, & t\leqslant 0 \end{cases} \\
&= \frac{1}{2}(\mathrm{e}^{-3t}-\mathrm{e}^{-5t})u(t)
\end{aligned}
$$

② 图解法。

根据卷积积分的定义式，可得卷积的计算过程分解为以下几个步骤。

步骤 1：变量替换。将 $f_1(t)$ 和 $f_2(t)$ 中的自变量由 t 变为 τ，即 $f_1(t)\to f_1(\tau)$，$f_2(t)\to f_2(\tau)$。

步骤 2：翻转。把其中的一个信号翻转，如将 $f_2(\tau)$ 翻转得 $f_2(-\tau)$。

步骤 3：平移。把 $f_2(-\tau)$ 平移 t，成为 $f_2(t-\tau)$，当 $t>0$ 时，图形右移，当 $t<0$ 时，图形左移。

步骤 4：相乘。将 $f_1(\tau)$ 与 $f_2(t-\tau)$ 相乘。

步骤 5：积分。在乘积不为零的区间上对乘积函数进行积分。

以上每一步都需要借助 $f_1(t)$ 和 $f_2(t)$ 的图形运算，故称为图解法。

例 2-6　已知 $f(t)=\mathrm{e}^{-t}u(t)$，$h(t)=u(t)$，计算 $y(t)=f(t)*h(t)$。

解　(1) 首先给出 $f(t)$ 和 $h(t)$ 的波形，并将二者的自变量由 t 改为 τ，如图 2-31(a)、(b)所示。

(2) 将 $h(\tau)$ 翻转得 $h(-\tau)$，如图 2-31(c)所示。

(3) 将 $h(-\tau)$ 平移 t，根据 $f(\tau)$ 与 $h(t-\tau)$ 的重叠情况，分段讨论。

当 $t<0$ 时，$f(\tau)$ 与 $h(t-\tau)$ 波形没有重叠部分，如图 2-31(d)所示，可得

$$
y(t)=f(t)*h(t)=\int_{-\infty}^{+\infty} f(\tau)h(t-\tau)\mathrm{d}\tau=0
$$

当 $t>0$ 时，$f(\tau)$ 与 $h(t-\tau)$ 有重叠，重叠区间为 $[0,t]$。随着 t 增加，重叠区间增大，但始终为 $[0,t]$，如图 2-31(e)所示，可得

$$
\begin{aligned}
y(t) &= f(t)*h(t) \\
&= \int_{-\infty}^{+\infty} f(\tau)h(t-\tau)\mathrm{d}\tau
\end{aligned}
$$

$$=\int_0^t e^{-\tau}\cdot 1\mathrm{d}\tau$$
$$=1-e^{-t},\quad t>0$$

卷积结果如图 2-31(f)所示。

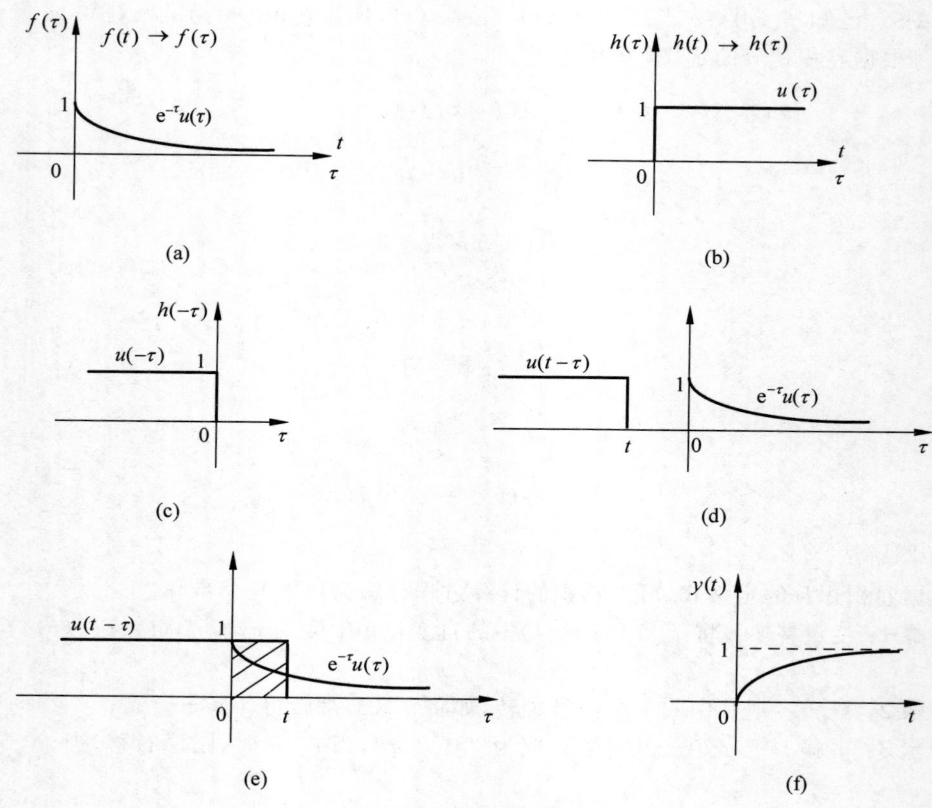

图 2-31 例 2-6 图

例 2-7 已知信号 $f(t)=u(t+1)-u(t-1)$，$h(t)=u(t)-u(t-1)$，计算卷积 $y(t)=f(t)*h(t)$。

解 (1) 首先给出 $f(t)$、$h(t)$波形，并将自变量由 t 改为τ，如图 2-32(a)、(b)所示。

(2) 再将 $h(\tau)$翻转得到 $h(-\tau)$，如图 2-32(c)所示。平移 $h(-\tau)$，平移量为 t，根据 t 的变化确定积分区间，计算过程如下。

① 当 $t<-1$ 时，$h(t-\tau)$的波形与 $f(\tau)$的波形没有重叠，如图 2-32(d)所示。因此 $f(\tau)h(t-\tau)=0$，可得

$$y(t)=f(t)*h(t)=\int_{-\infty}^{+\infty}f(\tau)h(t-\tau)\mathrm{d}\tau=0$$

② 当$-1\leqslant t<0$ 时，$h(t-\tau)$的波形与 $f(\tau)$的波形有重叠，如图 2-32(e)所示。其重叠区间为$[-1,t]$，有

$$y(t)=f(t)*h(t)$$
$$=\int_{-\infty}^{+\infty}f(\tau)h(t-\tau)\mathrm{d}\tau$$

$$=\int_{-1}^{t}1\cdot 1\mathrm{d}\tau=t+1$$

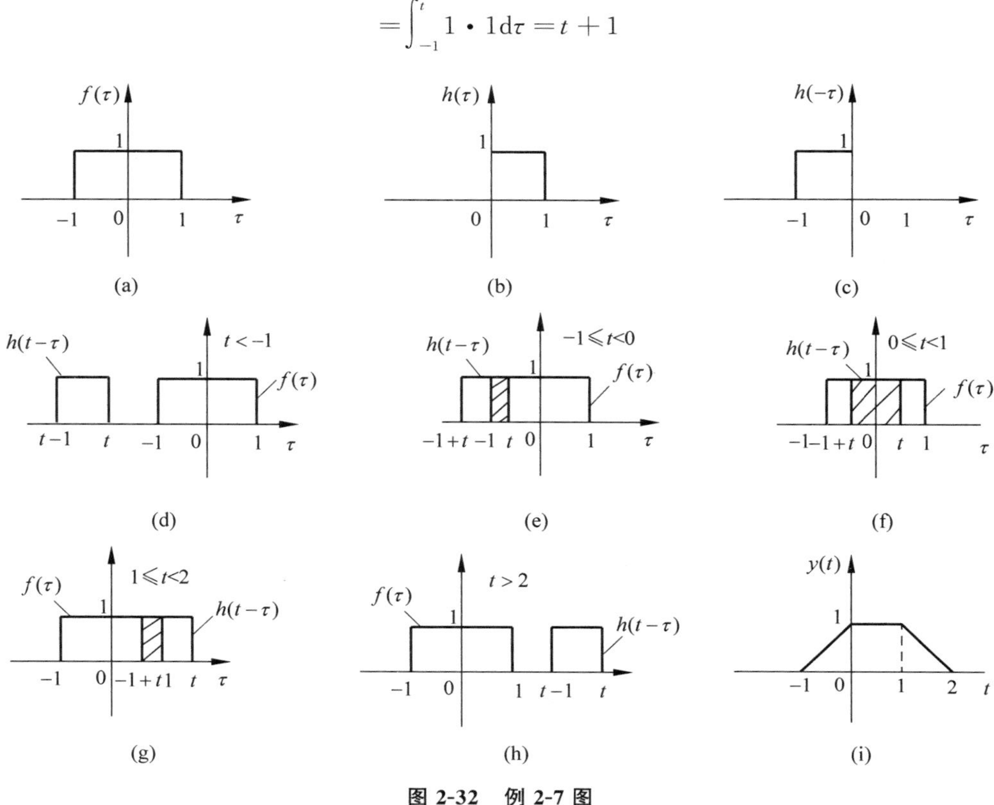

图 2-32　例 2-7 图

③ 当 $0\leqslant t<1$ 时，$h(t-\tau)$的波形与 $f(\tau)$的波形有重叠，重叠区间为$(-1+t,t)$，有

$$\begin{aligned}y(t)&=f(t)*h(t)\\&=\int_{-\infty}^{+\infty}f(\tau)h(t-\tau)\mathrm{d}\tau\\&=\int_{-1+t}^{t}1\cdot 1\mathrm{d}\tau\\&=1\end{aligned}$$

④ 当 $1\leqslant t<2$ 时，$h(t-\tau)$的波形与 $f(\tau)$的波形有重叠，重叠区间为$[-1+t,t]$，有

$$\begin{aligned}y(t)&=f(t)*h(t)\\&=\int_{-\infty}^{+\infty}f(\tau)h(t-\tau)\mathrm{d}\tau\\&=\int_{-1+t}^{1}1\cdot 1\mathrm{d}\tau=2-t\end{aligned}$$

⑤ 当 $t\geqslant 2$ 时，$h(t-\tau)$的波形与 $f(\tau)$的波形没有重叠，如图 2-32(h)所示。此时 $f(\tau)h(t-\tau)=0$，有

$$y(t)=f(t)*h(t)=\int_{-\infty}^{+\infty}f(\tau)h(t-\tau)\mathrm{d}\tau=0$$

卷积的各段积分结果如图 2-32(i)所示。

可见，两个不等宽的矩形脉冲的卷积为一个等腰梯形。

(3) 利用卷积微积分性质计算卷积。

例 2-8 已知信号 $f(t)$的波形如图 2-33(a)所示，$h(t)=\sin t\cdot u(t)$，利用卷积的性质求解 $g(t)=f(t)*h(t)$。

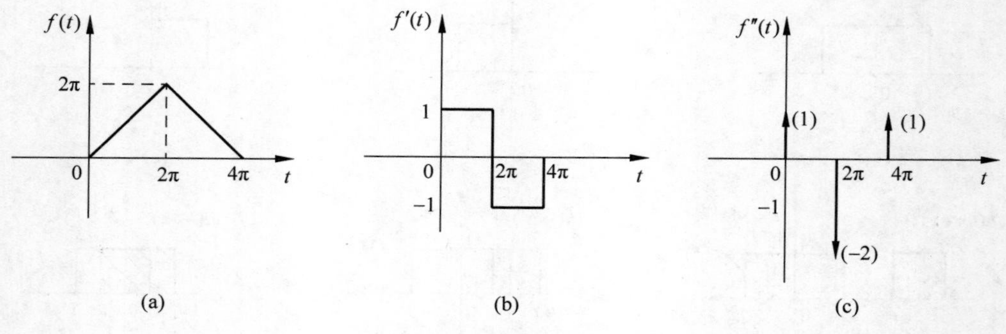

图 2-33 例 2-8 图

解 由题已知

$$f(t)=t[u(t)-u(t-2\pi)]+(-t+4\pi)[u(t-2\pi)-u(t-4\pi)]$$

根据卷积的微积分特性则有

$$g(t)=f''(t)*h^{(-2)}(t)$$

而

$$f'(t)=[u(t)-u(t-2\pi)]-[u(t-2\pi)-u(t-4\pi)]$$
$$f''(t)=\delta(t)-2\delta(t-2\pi)+\delta(t-4\pi)$$

其波形如图 2-33(b)、(c)所示。

$$\begin{aligned}h^{(-1)}(t)&=\int_{-\infty}^{t}\sin\tau u(\tau)\mathrm{d}\tau\\&=\int_{0}^{t}\sin\tau\mathrm{d}\tau\\&=(1-\cos t)u(t)\\h^{(-2)}(t)&=\int_{-\infty}^{t}(1-\cos\tau)u(\tau)\mathrm{d}\tau\\&=\int_{0}^{t}(1-\cos\tau)\mathrm{d}\tau\\&=(t-\sin t)u(t)\end{aligned}$$

所以

$$\begin{aligned}g(t)&=[\delta(t)-2\delta(t-2\pi)+\delta(t-4\pi)]*(t-\sin t)u(t)\\&=(t-\sin t)u(t)-2[(t-2\pi)-\sin(t-2\pi)]u(t-2\pi)+\\&\quad[(t-4\pi)-\sin(t-4\pi)]u(t-4\pi)\\&=(t-\sin t)u(t)-2(t-\sin t-2\pi)u(t-2\pi)+(t-\sin t-4\pi)u(t-4\pi)\end{aligned}$$

关于卷积积分计算的小结：卷积积分计算的关键是积分上下限的确定，不同的信号卷积可采用不同的计算方法。

① 相卷积的两个信号都是无限长信号时，可直接用公式法计算。

② 相卷积的两个信号之一是时间有限信号的，可优先考虑图解法。当采用图解法计算信号的卷积时，一定需要结合图形进行计算。

③ 相卷积的两个信号有一个是由折线段组成的信号时，可优先考虑结合卷积的微积分性质。这是因为，由折线段组成的信号，最多经两次微分，即可变成冲激信号，此时，利用冲激信号与任意信号的卷积仍是原信号这一特点来简化卷积运算。

最后，给出几种情况下卷积计算的总结。

① 两个时间有限信号做卷积，如 $x_1(t),t\in[t_1,t_2]$，$x_2(t),t\in[t_3,t_4]$，则 $x(t)=x_1(t)*x_2(t)$ 仍是时间有限信号，其中 $x(t)$ 的左端点为 t_1+t_3，右端点为 t_2+t_4，$x(t)$ 存在区间为 $t\in[t_1+t_3,t_2+t_4]$，且宽度会大于相卷积的任何一个信号的宽度。

② 两个宽度相等的矩形脉冲相卷积，卷积结果是三角脉冲，如图 2-34 所示。

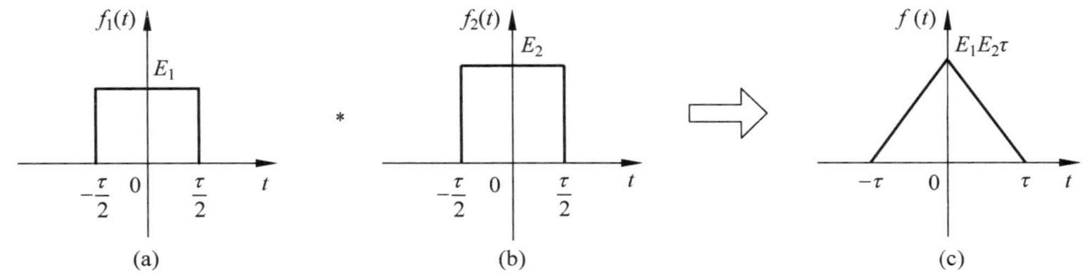

图 2-34　两个宽度相等的矩形脉冲相卷积的结果

③ 两个宽度不等($\tau_2>\tau_1$)的矩形脉冲相卷积，卷积结果是梯形，如图 2-35 所示。

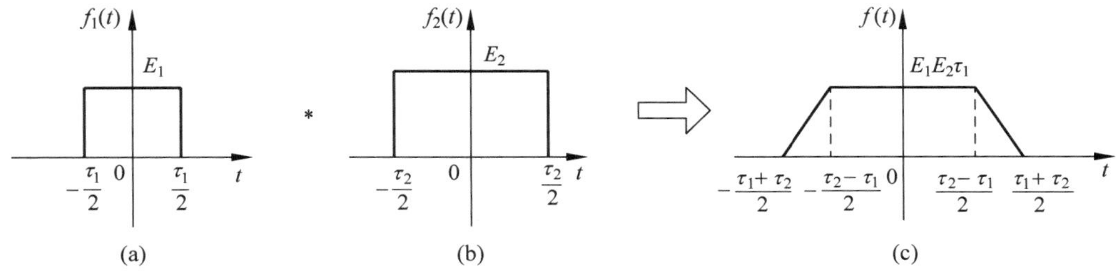

图 2-35　两个宽度不等的矩形脉冲相卷积的结果

2) 信号的线性相关

设信号 $f_1(t)$ 和 $f_2(t)$ 为 t 的实函数，则二者的线性相关函数定义为

$$R_{12}(\tau)=\int_{-\infty}^{+\infty}f_1(t)f_2(t-\tau)\mathrm{d}t=\int_{-\infty}^{+\infty}f_1(t+\tau)f_2(t)\mathrm{d}t$$

它是两个信号时差 τ 的函数，表示两个信号在不同时刻取值的相关程度。而

$$R_{21}(\tau)=\int_{-\infty}^{+\infty}f_2(t)f_1(t-\tau)\mathrm{d}t=\int_{-\infty}^{+\infty}f_2(t+\tau)f_1(t)\mathrm{d}t$$

注意：与卷积不同，一般情况下 $R_{21}(\tau)\neq R_{12}(\tau)$，即不满足交换率，但是有 $R_{21}(\tau)=R_{12}(-\tau)$。当 $f_1(t)=f_2(t)=f(t)$ 时，称

$$R(\tau)=\int_{-\infty}^{+\infty}f(t)f(t-\tau)\mathrm{d}t=\int_{-\infty}^{+\infty}f(t+\tau)f(t)\mathrm{d}t$$

为 $f(t)$ 的自相关函数。对于自相关函数，有

$$R(\tau)=R(-\tau)$$

与线性卷积相同，两个时间有限信号做线性相关，结果仍是时间有限信号。信号线性相关运算在随机信号分析中具有重要的应用。

2.2.2 离散时间信号的运算

1. 信号的加、减、乘、除

离散时间信号的加、减、乘、除与连续信号相对应，也是由参加运算的信号在相同的时刻上进行函数值的加、减、乘、除，图 2-36 给出两个信号相加的例子。

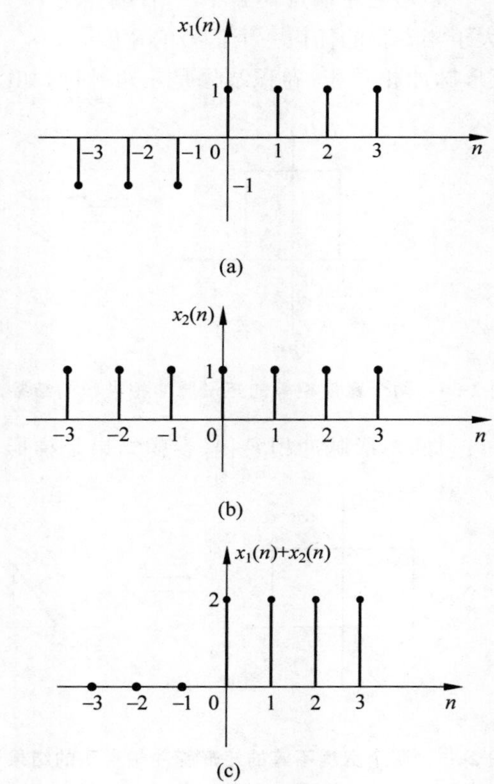

图 2-36 离散信号的相加运算

2. 信号的翻转

信号的翻转是指将信号 $x(n)$变成 $x(-n)$，即将 $x(n)$以纵轴为中心做 180°翻转，如图 2-37 所示。

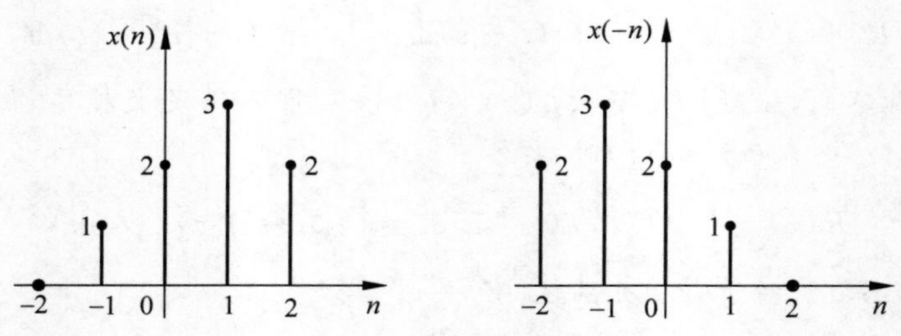

图 2-37 离散信号的翻转运算

3. 信号的位移

离散信号的位移是将信号 $x(n)$变成 $x(n\pm m)$($m>0$，且为整数)的过程，$x(n+m)$表示将信号 $x(n)$向左平移 m 个单位，$x(n-m)$表示将信号 $x(n)$向右平移 m 个单位，如图 2-38 所示。

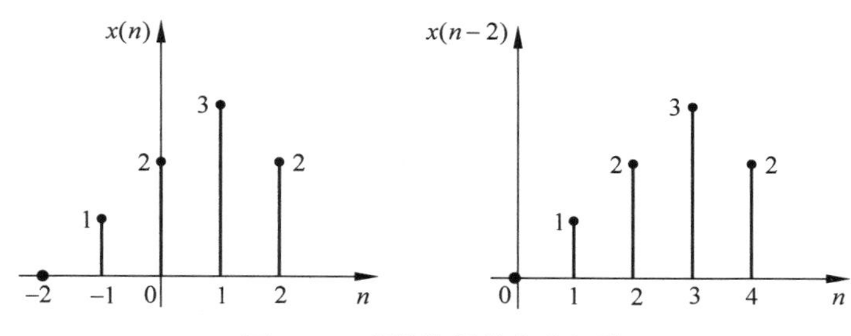

图 2-38　离散信号的位移运算

4. 信号的尺度变换

离散信号的尺度变换是指将原离散序列样本个数减少或者增加的运算，分别称为抽取和内插，与连续信号的压缩与扩展相对应。若信号 $x(n)$变为 $x(Mn)$，其中 M 取整数，表示在序列 $x(n)$中每隔 $M-1$ 点抽取一点，如图 2-39(b)所示。若信号 $x(n)$变为 $x\left(\frac{n}{M}\right)$，则表示在序列 $x(n)$每两点之间插入 $M-1$ 个零点，如图 2-39(c)所示。

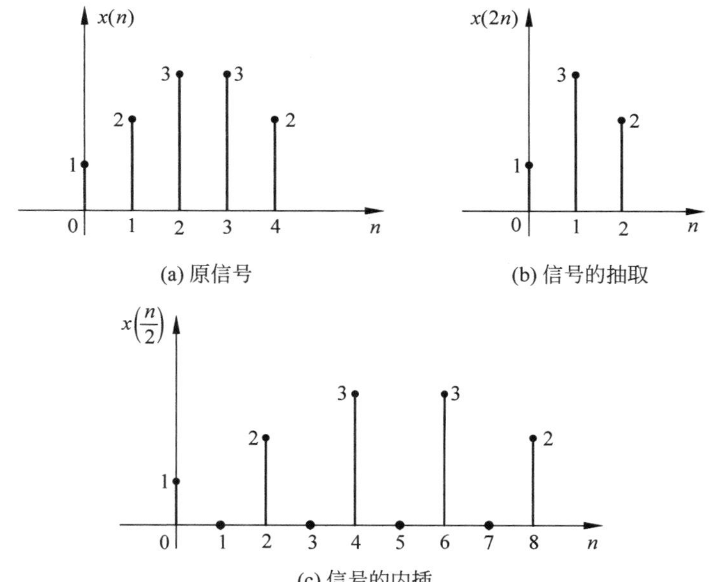

(a) 原信号　(b) 信号的抽取

(c) 信号的内插

图 2-39　离散信号的抽取和内插

5. 信号的差分

离散信号的差分与连续信号的微分相对应，并可分为前向差分和后向差分。

前向差分

$$\Delta x(n)=x(n+1)-x(n)$$

后向差分

$$\nabla x(n) = x(n) - x(n-1)$$

上述两个差分称为一阶差分，即相减的两个序列的序号差为1。如果序列的最高序号与最低序号的差为 m，则称为 m 阶差分。例如，m 阶后向差分可表示为

$$\nabla^m x(n) = \nabla[\nabla^{m-1} x(n)] = x(n) - x(n-m)$$

单位脉冲序列 $\delta(n)$ 与 $u(n)$ 的关系实际上就是一阶后向差分的表示形式，即

$$\delta(n) = u(n) - u(n-1)$$

离散信号的差分运算与连续信号的微分运算相对应。

6. 求和

离散信号的求和与连续信号的积分相对应，是对其在 $(-\infty, n)$ 区间上求和。例如，序列 $x(n)$ 的求和序列 $z(n)$ 可表示为

$$z(n) = \sum_{m=-\infty}^{n} x(m)$$

离散序列的求和与连续信号的积分运算相对应。

单位阶跃序列可用单位脉冲序列的求和表示为

$$u(n) = \sum_{m=0}^{+\infty} \delta(n-m)$$

式中，若令 $m = n - n_0$，则上式也可写为

$$u(n) = \sum_{n_0=0}^{+\infty} \delta(n-n_0)$$

7. 线性卷积和

离散时间信号的卷积和类似于连续时间信号的线性卷积积分，此时将积分号变为求和号即可。序列 $x(n)$ 和 $h(n)$ 的线性卷积和定义为

$$x(n) * h(n) = \sum_{m=-\infty}^{+\infty} x(m)h(n-m) \tag{2-7}$$

和卷积积分一样，卷积和也都满足交换律、结合律、分配律，即有

(1) 交换律。

$$x(n) * h(n) = h(n) * x(n)$$

(2) 结合律。

$$x(n) * h_1(n) * h_2(n) = x(n) * [h_1(n) * h_2(n)]$$

(3) 分配律。

$$x(n) * [h_1(n) + h_2(n)] = x(n) * h_1(n) + x(n) * h_2(n)$$

类似于连续时间信号中 $\delta(t)$ 的性质，在离散时间信号与系统中，也有

$$\delta(n) * x(n) = x(n)$$

上式说明，$\delta(n)$ 和任何一个离散时间信号卷积，其结果仍等于该信号。

卷积和的计算除了用式(2-7)计算外，还可以用公式法和图解法，下面分别举例说明。

(1) 公式法。

例 2-9 已知 $x(n) = a^n u(n)(0 < a < 1)$，$h(n) = u(n)$，求 $y(n) = x(n) * h(n)$。

解 依照离散信号卷积的定义可得

$$y(n)=x(n)*h(n)=\sum_{m=-\infty}^{+\infty}a^m u(m)u(n-m)$$

其中只有当 $m\geqslant 0$ 且 $m\leqslant n$（即 $0\leqslant m\leqslant n,n\geqslant 0$）时，$u(m)$ 和 $u(n-m)$ 均为 1，故上式中求和上限为 n，下限为 0，即

$$y(n)=\left(\sum_{m=0}^{n}a^m\right)=\frac{1-a^{n+1}}{1-a},\quad n>0$$

(2) 图解法。

与连续信号卷积积分的图解计算方法相似。这里，只需将最后一步求积分的运算改为求和运算即可。即变量替换、翻转、平移、相乘、求和等步骤。

例 2-10 已知 $x(n)=u(n)-u(n-N)$，$h(n)=a^n u(n)(0<a<1)$，用图解法求 $y(n)=x(n)*h(n)$。

解 用图解法求 $y(n)=x(n)*h(n)$，依照卷积和的定义可得

$$\begin{aligned}y(n)&=\sum_{m=-\infty}^{+\infty}x(m)h(n-m)\\&=\sum_{m=-\infty}^{+\infty}[u(m)-u(m-N)]a^{n-m}u(n-m)\end{aligned}$$

(1) 首先画出 $x(n)$、$h(n)$ 序列图形，如图 2-40(a)、(b) 所示。在此已经进行了变量代换，即将 n 换成了 m。

(2) 翻转 $h(m)$ 得 $h(-m)$，如图 2-40(c) 所示。

(3) 平移。由图 2-40(d) 可以看出，当 $n<0$ 时，由于 $x(m)$ 与 $h(n-m)$ 没有非零值的重叠区间，因此 $x(m)$ 与 $h(n-m)$ 相乘，处处都为零值。所以当 $n<0$ 时

$$y(n)=0$$

当 $0\leqslant n\leqslant N-1$ 时，$x(m)$ 与 $h(n-m)$ 有非零值的重叠区间为 $[0,n]$，从而得到

$$\begin{aligned}y(n)=\sum_{m=0}^{n}a^{n-m}&=a^n\sum_{m=0}^{n}a^{-m}\\&=a^n\frac{1-a^{-(n+1)}}{1-a^{-1}}\end{aligned}$$

当 $n>N-1$ 时，$x(m)$ 与 $h(n-m)$ 有非零值的公共区间为 $[0,N-1]$，可得

$$y(n)=\sum_{m=0}^{N-1}a^{n-m}=a^n\frac{1-a^{-N}}{1-a^{-1}}$$

综上所述，$y(n)$ 的图形如图 2-40(e) 所示。

当相卷积的两个序列长度很短，只有几个点时，可借助 $\delta(n)$ 与序列卷积的性质，即将两个序列用 $\delta(n)$ 及 $\delta(n)$ 延时表示，并直接计算。

例 2-11 已知 $x(n)=G_3(n)$，$h(n)=\{\underset{\substack{\uparrow\\n=0}}{1},2,3\}$，求 $y(n)=x(n)*h(n)$。

解 $x(n)$ 和 $h(n)$ 都只有 3 个点，故用 $\delta(n)$ 及其延时形式表示如下

$$x(n)=\delta(n)+\delta(n-1)+\delta(n-2),\quad h(n)=\delta(n)+2\delta(n-1)+3\delta(n-2)$$

依照卷积和的分配律可得

$$\begin{aligned}x(n)*h(n)&=[\delta(n)+\delta(n-1)+\delta(n-2)]*[\delta(n)+2\delta(n-1)+3\delta(n-2)]\\&=\delta(n)+2\delta(n-1)+3\delta(n-2)+\delta(n-1)+2\delta(n-2)\end{aligned}$$

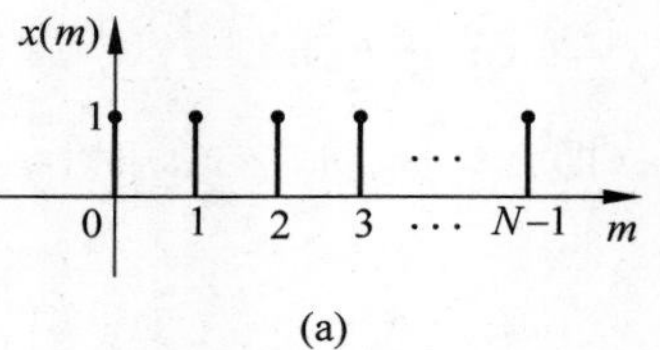

(a)

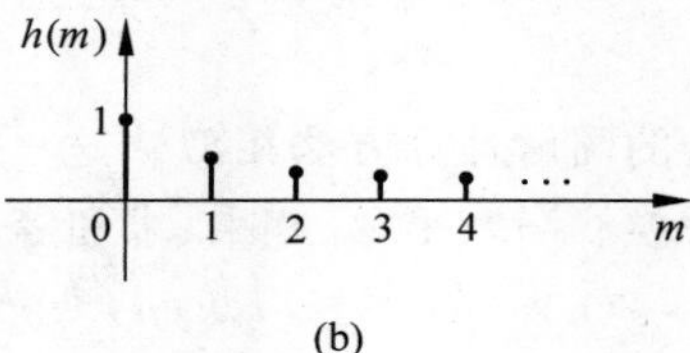

(b)

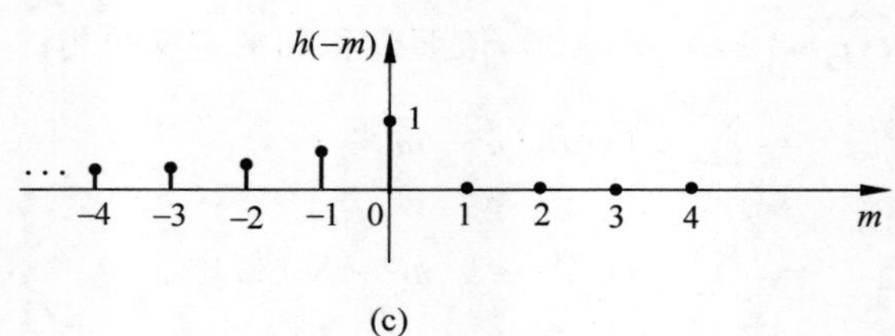

(c)

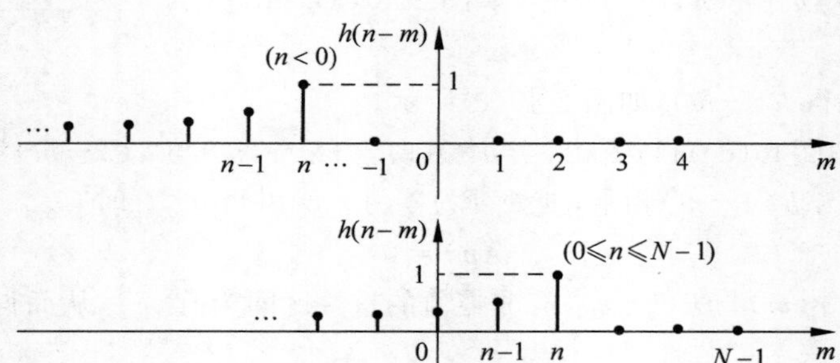

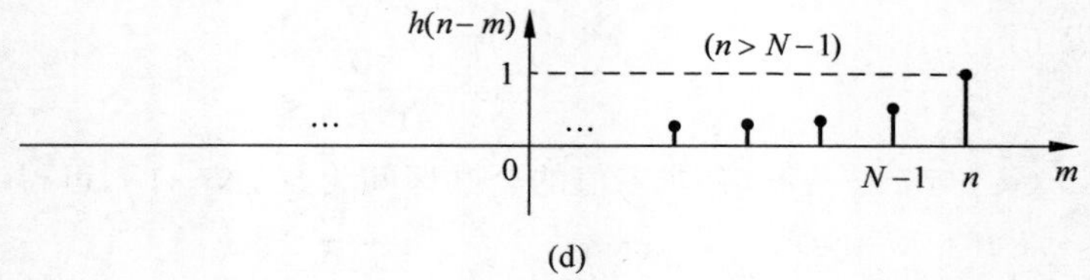

(d)

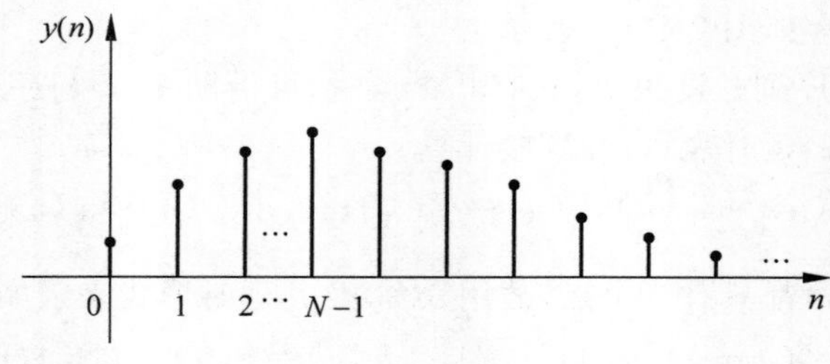

(e)

图 2-40　例 2-10 图

$$+3\delta(n-3)+\delta(n-2)+2\delta(n-3)+3\delta(n-4)$$
$$=\delta(n)+3\delta(n-1)+6\delta(n-2)+5\delta(n-3)+3\delta(n-4)$$

可以证明，两个有限长序列 $x_1(n)$，$n\in[n_1,n_2]$，总长度为 N_1，$x_2(n)$，$n\in[n_3,n_4]$，总长度为 N_2，二者做离散卷积和，其结果也同样是有限长序列，且其长度为 N_1+N_2-1，序列的左端点坐标为 n_1+n_3，序列的右端点坐标为 n_2+n_4。

8. 周期卷积

两个周期序列 $\tilde{x}_1(n)$ 和 $\tilde{x}_2(n)$，周期均为 N，其周期卷积定义为

$$\tilde{x}_1(n)*\tilde{x}_2(n)=\left[\sum_{m=0}^{N-1}\tilde{x}_1(m)\tilde{x}_2(n-m)\right]$$

从上式中可以看出，周期卷积与线性卷积的计算方法相似，但是它不同于线性卷积，二者的差别在于求和区间固定在一个周期内，即 $[0,N-1]$，且卷积结果仍是以 N 为周期的周期序列。

图 2-41 示出了两个周期为 $N=7$ 的序列 $\tilde{x}_1(n)$、$\tilde{x}_2(n)$ 进行周期卷积的过程。

第一步：变量替换，即 $n\to m$，得到 $\tilde{x}_1(m)$，$\tilde{x}_2(m)$（图中未画出）。

第二步：将 $\tilde{x}_2(m)$ 以正纵轴反转得 $\tilde{x}_2(-m)$，并进行逐点移位，例如图 2-41(d)～(f)所示的对应于 $n=0,1,2$ 时的 $\tilde{x}_2(n-m)$。

第三步：每移一位就将 $\tilde{x}_2(n-m)$ 与 $\tilde{x}_1(m)$ 对应点逐点相乘，然后在一个周期内求和，移满一个周期，得到相应于一个周期的卷积和 $x_3(n)$，将 $x_3(n)$ 以周期 N 沿横轴做周期延拓即得 $\tilde{x}_3(n)$。

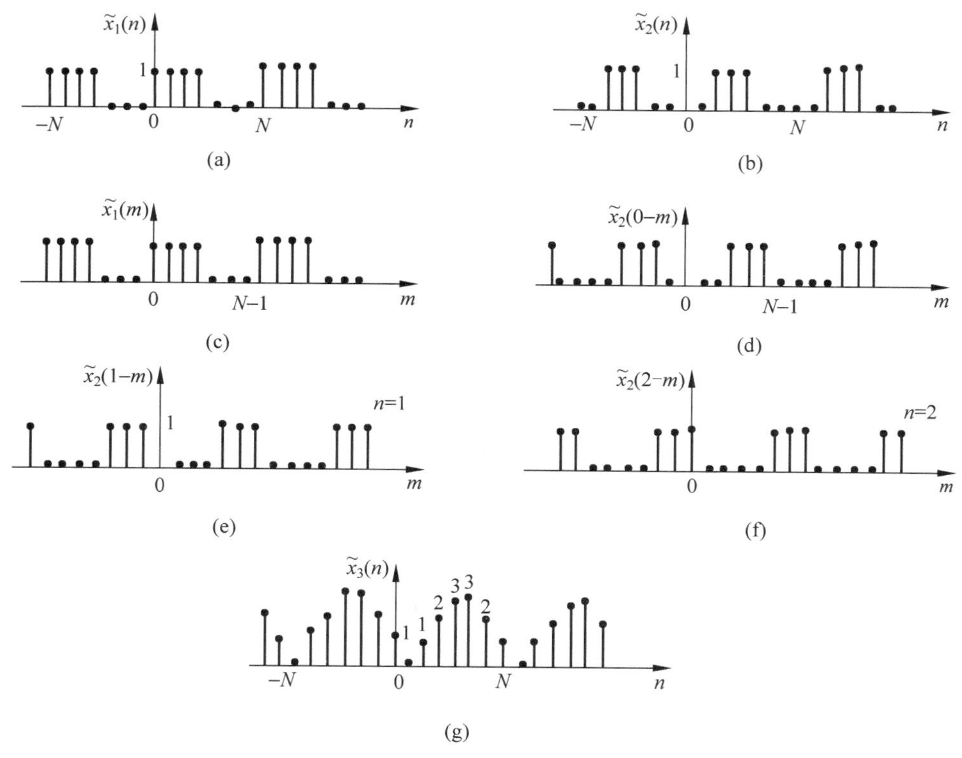

图 2-41　周期卷积

9. 圆周卷积

1) 圆周移位

在介绍圆周卷积之前,先来了解一下圆周移位的定义。一列长为 N 的有限长序列 $x(n)$,在区间$[0,N-1]$内取非零值,则 $x(n)$的圆周移位定义为

$$x_1(n)=x((n+m))_N R_N(n)$$

式中,$R_N(n)$表示长度为 N 的矩形序列,$n\in[0,N-1]$;$x((n+m))_N$ 表示将原序列 $x(n)$ 以 N 为周期做周期延拓得到周期序列 $x((n))_N$,并对 $x((n))_N$ 进行移位 m 个点,得到 $x((n+m))_N$。圆周移位是指在区间$[0,N-1]$取出 $x((n+m))_N$ 一个周期的序列值,即得到 $x(n)$的周期移位序列 $x_1(n)$,如图 2-42 所示,是将 $x(n)$圆周右移 2 位后得到的圆周序列 $x_1(n)=x((n-2))_N R_N(n)(N=5)$。

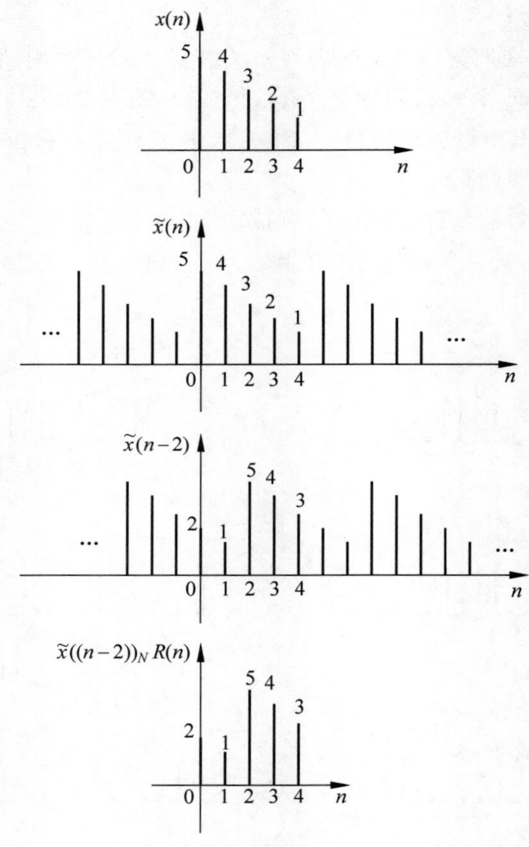

图 2-42 序列的圆周移位($N=5$)

这样的移位有一个特点,有限长序列经过了周期延拓,例如当序列的第一个周期右移 m 位后,紧靠第一个周期左边序列的序列值就依次填补了第一个周期序列右移后左边的空位,如同序列 $\tilde{x}(n)$一个周期的点排列在一个 N 等分圆周上,N 个点首尾相衔接,圆周移 m 位相当于 $x(n)$在圆周上旋转 m 位,因此称为圆周移位或循环移位,如图 2-43 所示。

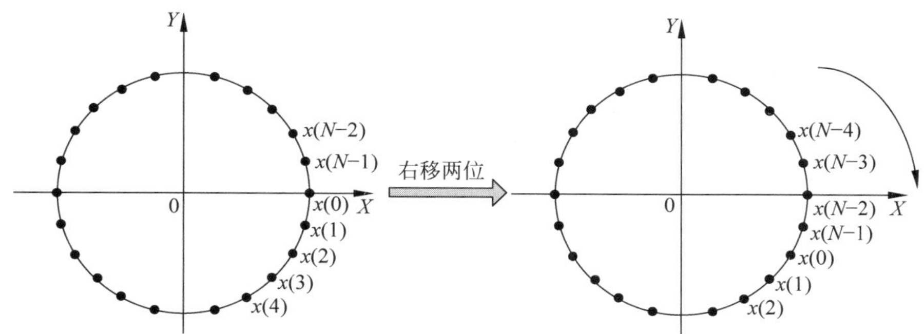

图 2-43 圆周移位示意图

2）圆周卷积

设 $x_1(n)$ 与 $x_2(n)$ 的长度均为 N，则两者的 N 点圆周卷积定义为

$$x_1(n)\circledN x_2(n)=\sum_{m=0}^{N-1}x_1(m)x_2((n-m))_N R_N(n)=\sum_{m=0}^{N-1}x_2(m)x_1((n-m))_N R_N(n)$$

式中，Ⓝ表示圆周卷积，实际上，圆周卷积是从 $x_1(n)$ 与 $x_2(n)$ 的 N 点周期卷积结果中取出从 0 开始的一个周期的结果即可。另外，从定义式中可见，$x_2((n-m))_N R_N(n)$ 实际上就是 $x_2(m)$ 的圆周移位，所以上述的卷积称为圆周卷积。

图 2-44 为圆周卷积计算的图解分析，可按照变量替换、翻转、平移、乘积、求和的步骤进行。

最后需要强调一点，两个序列做 N 点圆周卷积，要求两者长度一定相等，若不等，则需要将序列分别在末尾补零至长度 N。

3）圆周卷积与线性卷积的关系

假定 $x_1(n)$ 是列长为 N 的有限长序列，$x_2(n)$ 是列长为 M 的有限长序列，二者的线性卷积为 $x(n)=x_1(n)*x_2(n)$ 也是有限长序列，其长度为 $N+M-1$。

如果计算二者的 L 点圆周卷积，且当 $L\geqslant N+M-1$ 时，有 $x_1(n)Ⓛx_2(n)=x_1(n)*x_2(n)$，即两序列 L 点圆周卷积与其线性卷积是相等的，具体推导过程如下：由前面讨论可知，两者 L 点的圆周卷积是两者 L 点周期卷积的一个周期的序列，这里设 $L>\max(N,M)$。

令

$$\tilde{x}_1(n)=\sum_{q=-\infty}^{+\infty}x_1(n+qL),\quad \tilde{x}_2(n)=\sum_{k=-\infty}^{+\infty}x_2(n+kL)$$

则两者的周期卷积为

$$\begin{aligned}\tilde{x}_L(n)=\tilde{x}_1(n)*\tilde{x}_2(n)&=\sum_{m=0}^{L-1}\tilde{x}_1(m)\tilde{x}_2(n-m)\\&=\sum_{k=-\infty}^{+\infty}\sum_{m=0}^{L-1}\tilde{x}_1(m)x_2(n+kL-m)\end{aligned}$$

由于 m 在 $[0,N-1]$ 上取值，所以 $\tilde{x}_1(m)=x_1(m)$，上式可进一步写为

$$\tilde{x}_L(n)=\sum_{k=-\infty}^{+\infty}\sum_{m=0}^{L-1}x_1(m)x_2(n+kL-m)=\sum_{k=-\infty}^{+\infty}x(n+kL)$$

由此可以看出，$x_1(n)$ 和 $x_2(n)$ 的周期卷积是 $x_1(n)$ 和 $x_2(n)$ 的线性卷积结果 $x(n)$ 以 L 为

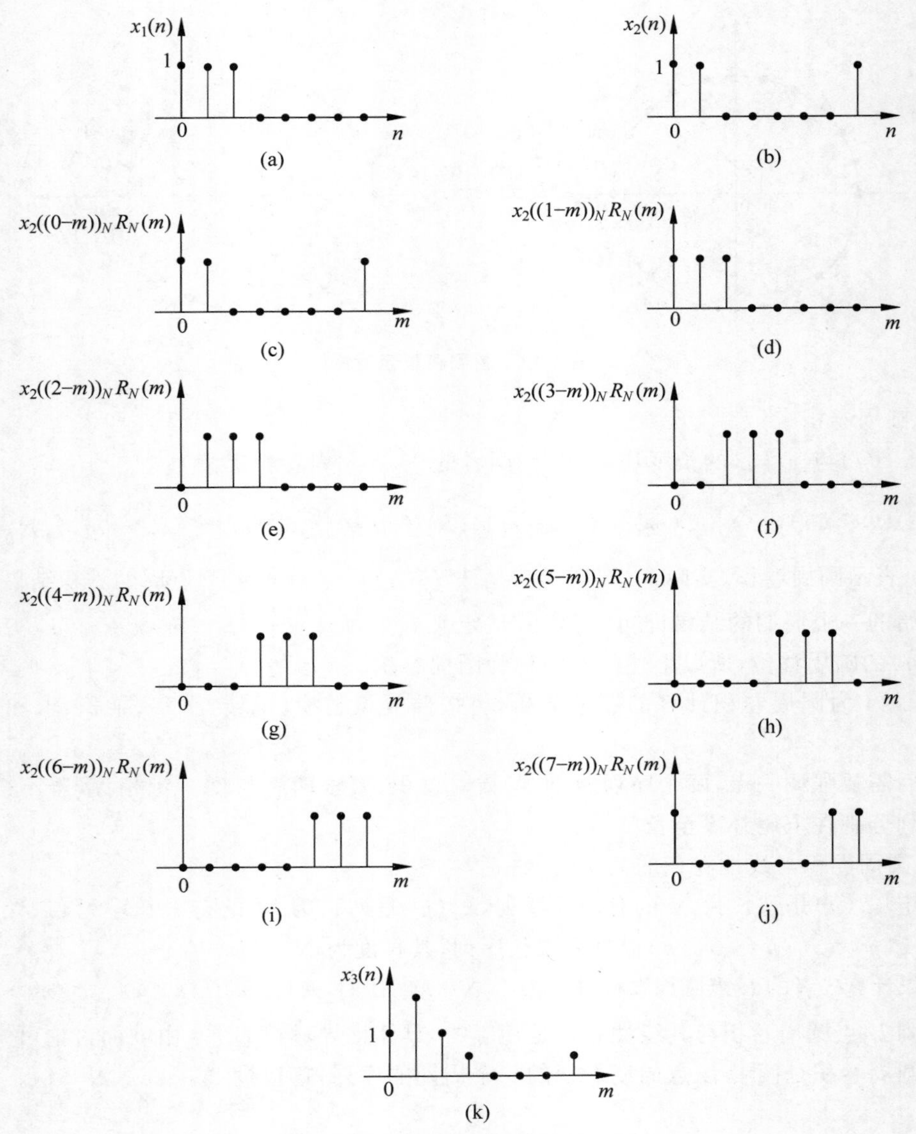

图 2-44　圆周卷积的图解计算（$N=8$）

周期的周期延拓。

由前面分析可知，线性卷积 $x(n)$ 具有 $N+M-1$ 个点。因此，如果周期卷积的周期 $L<N+M-1$，则 $x(n)$ 在以 L 为周期进行的周期延拓时就必然有一部分序列值产生混叠，发生混淆。只有当 $L\geqslant N+M-1$ 时，才不发生交叠，$\tilde{x}_L(n)$ 中的每一个周期 L 内，前 $N+M-1$ 个序列值正是序列 $x(n)$ 的值，而剩下的 $L-(N+M-1)$ 个点上的序列则是补充的零值。

知道了 $\tilde{x}_L(n)$，即可得 $x_1(n)$ 与 $x_2(n)$ 的 L 点圆周卷积，即

$$\begin{aligned} x_L(n) &= x_1(n) \textcircled{L} x_2(n) \\ &= \tilde{x}_L(n) R_L(n) \end{aligned}$$

$$=\left[\sum_{r=-\infty}^{+\infty} x(n+rL)\right] R_L(n)$$

所以要使圆周卷积与线性卷积相等，L 需满足以下条件

$$L \geqslant N+M-1$$

满足该条件，则 $x_L(n)=x(n)$，即

$$x_1(n) \text{Ⓛ} x_2(n)=x_1(n) * x_2(n)$$

利用上述关系，可以很方便地计算出两个序列的线性卷积，这将在学习离散信号频域分析后，会看到其优势。

10. 离散的相关运算

1）线性相关

相关运算是一种和卷积十分类似的运算。然而，和计算卷积的目的不同，计算两个信号之间的相关主要是为了衡量两个信号之间的相似程度，并提取一些在很大程度上和应用有关的信息。信号的相关性分析，在雷达、声呐、数字通信、地质和其他科学及工程领域，都有着十分广泛的应用前景。

例如，要比较两个信号序列 $x(n)$ 和 $y(n)$，在雷达和主动声呐系统中，$x(n)$ 一般是发射信号的取样，$y(n)$ 是在模数（Analog/Digital，A/D）转换器的输出端接收到的信号。如果目标是空间某个被雷达或声呐搜索的物体，则接收信号 $y(n)$ 由目标反射信号并经加性噪声污染后的延迟信号组成。

可以把接收到的信号表示为

$$y(n)=\alpha x(n-D)+w(n)$$

式中，α 是衰减因子，表示 $x(n)$ 在来回反射中的损失；D 是信号在来回反射中产生的延迟，假设其为取样间隔的整数倍；$w(n)$ 表示天线接收到的加性噪声以及接收机前端电子器件或放大器产生的噪声。如果在雷达和声呐中的搜索空间没有目标，则接收信号 $y(n)$ 仅含有噪声信号。

假设有两个序列 $x(n)$ 和 $y(n)$，其中 $x(n)$ 称为发射信号或参考信号，$y(n)$ 称为接收信号，雷达和声呐探测的目标是比较 $y(n)$ 和 $x(n)$，判断目标是否存在。如果存在，通过求延迟 D 来确定目标的距离。实际中，信号 $x(n-D)$ 由于受加性噪声的严重污染，已经不可能从波形上判断目标存在与否，而相关则提供了一种检测方法。

信号的相关性也被用在数字通信领域。在数字通信中，从发送端到接收端传送的信号通常以二进制的形式发送，如果采用的是二进制调制方式，则发“0”时用信号序列 $x_0(n)$ 表示，$0 \leqslant n \leqslant L-1$，发“1”时用信号序列 $x_1(n)$ 表示，$0 \leqslant n \leqslant L-1$，其中 L 为序列中样值的数目。接收机收到的信号可表示为

$$y(n)=x_i(n)+w(n), \quad i=0,1$$

式中，$w(n)$ 为加性噪声以及通信系统固有的其他干扰。对于接收端来讲，对发端的情况是不清楚的，即是“盲的”，所以到底应该将其判断成 $x_0(n)$ 还是 $x_1(n)$，则可以通过把接收信号 $y(n)$ 与 $x_0(n)$ 和 $x_1(n)$ 分别做相似性比较，以确定 $y(n)$ 更像是 $x_0(n)$ 还是更接近 $x_1(n)$。而这种比较过程可通过下面描述的相关运算来实现。

设有两实序列分别为 $x_1(n)$ 和 $x_2(n)$，长度分别为 N 和 M，则定义

$$R_{x_1x_2}(n)=\sum_{m=-\infty}^{+\infty}x_1(m-n)x_2(m)=\sum_{m=-\infty}^{+\infty}x_1(m)x_2(m+n) \tag{2-8}$$

为 $x_1(n)$与 $x_2(n)$的线性互相关运算。若 $x_1(n)$和 $x_2(n)$均为有限长序列，长度分别为 N_1 和 N_2，则 $R_{x_1x_2}(n)$仍为有限长序列，且长度为 N_1+N_2-1(读者可自行证明，通常情况下，$R_{x_1x_2}(n)\neq R_{x_2x_1}(n)$)。比较式(2-7)和式(2-8)，不难看出，相关运算与卷积和具有如下关系，即

$$R_{x_1x_2}(n)=x_1(-n)*x_2(n)$$

若 $x_1(n)=x_2(n)=x(n)$，则称

$$R_{xx}(n)=\sum_{m=-\infty}^{+\infty}x(m)x(m+n) \tag{2-9}$$

为 $x(n)$的自相关函数。根据式(2-8)可得

$$\sum_{m=-\infty}^{+\infty}x(m)x(m+n)=\sum_{m=-\infty}^{+\infty}x(m)x(m-n)$$

于是有

$$R_{xx}(n)=R_{xx}(-n)$$

即自相关函数是偶函数。

由式(2-9)不难看出

$$R_{xx}(0)=\sum_{n=-\infty}^{+\infty}x^2(n)$$

2) 圆周相关

设序列 $x_1(n)$和 $x_2(n)$长度均为 N，则两者的 N 点圆周相关定义为

$$R_{x_1x_2}(n)=\sum_{l=0}^{N-1}x_1(l)x_2((n+l))_NR_N(n)$$

若两序列长度不等，需分别在末尾补零至等长。同样，线性相关在一定条件下与二者的圆周相关相等，条件为 $N\geqslant N_1+N_2-1$，其中 N_1、N_2 分别为两序列的长度。

2.3 信号的分解

为了便于研究和分析某个信号，通常将信号分解成基本信号的线性组合，这样，就将复杂信号的分析问题转化为对基本信号的研究，从而使问题得到简化，并且可以使信号分析的物理意义更加明确。

信号的分解可以有多种形式，如在前面课程中学过信号(函数)可以分解为直流与交流分量之和、奇偶分量之和、虚实分量之和，对于周期信号，在满足一定条件下，还可以分解为三角级数之和等。本节主要介绍信号的另一种分解形式，即分解为单位冲激信号之和。

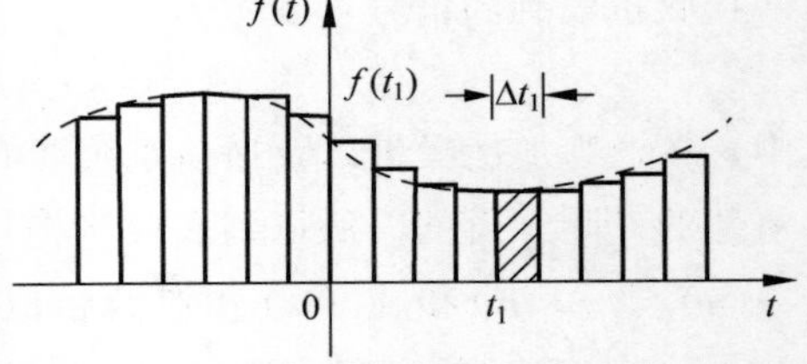

图 2-45 信号分解为脉冲分量之和

首先看连续信号，如图 2-45 所示，虚线表示完好的连续信号 $f(t)$。

将信号 $f(t)$分解为许多等间隔小矩形，间隔

为 Δt_1，各矩形的高度就是信号 $f(t)$ 在该点的取值，此时，每一个矩形表达式为 $f(t_1)[u(t-t_1)-u(t-t_1-\Delta t_1)]$，当 Δt_1 很小时，可以用这些小矩形之和来近似表达信号。即有

$$f(t) \approx \sum_{t_1=-\infty}^{+\infty} f(t_1)[u(t-t_1)-u(t-t_1-\Delta t_1)]$$

$$= \sum_{t_1=-\infty}^{+\infty} f(t_1)\frac{[u(t-t_1)-u(t-t_1-\Delta t_1)]}{\Delta t_1}\Delta t_1$$

当 $\Delta t_1 \to 0$ 时，$\Delta t_1 \to \mathrm{d}t_1$，对上式取极限，近似等号就变成了全等号，即

$$f(t)=\lim_{\Delta t_1\to 0}\sum_{t_1=-\infty}^{+\infty} f(t_1)[u(t-t_1)-u(t-t_1-\Delta t_1)]$$

$$= \sum_{t_1=-\infty}^{+\infty} f(t_1)\lim_{\Delta t_1\to 0}\frac{[u(t-t_1)-u(t-t_1-\Delta t_1)]}{\Delta t_1}\Delta t_1$$

其中

$$\lim_{\Delta t_1\to 0}\frac{[u(t-t_1)-u(t-t_1-\Delta t_1)]}{\Delta t_1}\to \delta(t-t_1)$$

故 $f(t)$ 可准确地表示为

$$f(t)=\lim_{\Delta t_1\to 0}\sum_{t_1=-\infty}^{+\infty} f(t_1)\delta(t-t_1)\Delta t_1=\int_{-\infty}^{+\infty} f(t_1)\delta(t-t_1)\mathrm{d}t_1$$

如果将变量 t_1 替换为 τ，则上式可写成

$$f(t)=\int_{-\infty}^{+\infty} f(\tau)\delta(t-\tau)\mathrm{d}\tau \tag{2-10}$$

式(2-10)表明任意信号 $f(t)$ 都可以分解为冲激信号的加权延时和，这一特性是以后分析信号 $f(t)$ 通过线性时不变连续时间系统所产生的响应的依据。还可看出，式(2-10)实际上就是前面讨论过的冲激信号的抽样特性，即任意一个信号 $f(t)$ 和冲激信号相卷积，则卷积结果仍为原信号 $f(t)$。

类似于连续时间信号，对于任意离散时间信号 $x(n)$，其同样可以分解为单位脉冲序列的线性组合，可由图 2-46 所示的示例来说明。

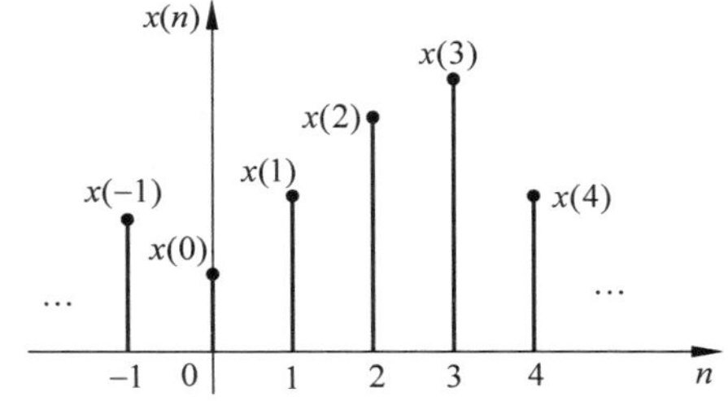

图 2-46　信号分解为单位脉冲序列之线性组合

$$x(n)=\cdots+x(-1)\delta(n+1)+x(0)\delta(n)+x(1)\delta(n-1)+x(2)\delta(n-2)+\cdots$$

$$=\sum_{m=-\infty}^{+\infty} x(m)\delta(n-m)$$

这一结论同样是分析离散时间系统响应的依据。

2.4　相关的 MATLAB 函数

MATLAB 是 Matrix Laboratory 的缩写，意为"矩阵实验室"，它是一个集数值计算、符号分析、图像显示、文字处理于一体的大型集成化软件。目前，MATLAB 已发展成为在自动控制、生物医学工程、信号分析处理、语音处理、图像信号处理、雷达工程、统计分析、计算

机技术、金融界和数学界等都有极其广泛应用的数学工具软件。由于 MATLAB 的强大功能，它能将使用者从繁重的计算工作中解脱出来，把精力集中于研究、设计及基本理论的理解上，所以得到诸多研究者的青睐。基于此，在本书的各章节中将介绍一些与信号分析、信号处理相关的 MATLAB 函数，供大家学习和参考。本节主要介绍常用的信号产生函数。

1. square

功能：用来产生周期性方波信号。

调用格式：`y = square(t)`或`y = square(t,duty)`

其中，y 为所产生的周期性方波信号；t 为信号 y 所对应的时间向量；duty 为信号 y 的占空比，数值为 0～100。

2. sawtooth

功能：用来产生周期性三角波或锯齿波。

调用格式：`y = sawtooth(t)`或`y = sawtooth(t,width)`

其中，y 为所产生的周期性三角波或锯齿波信号；t 为信号 y 所对应的时间向量；width 用来决定信号 y 最大值出现的位置，即信号在[0, width * 2π]内从 -1 增长到 1，在[width * 2π,2π]内从 1 下降到 -1，width 的取值介于 0～1 之间。

3. diric

功能：用来产生周期 sinc 信号。

调用格式：`y = diric(x,n)`

其中，y 为周期 sinc 信号；x 为周期 sinc 信号所对应的时间向量；n 为信号 y 在[0,2π]内的极值点个数。

4. sinc

功能：用来产生 sinc 信号。

调用格式：`y = sinc(t)`

其中，y 为 sinc 信号；t 为信号 y 所对应的时间向量。

5. rectpuls

功能：用来产生非周期的、单位高度的矩形信号。

调用格式：`y = rectpuls(t)`或`y = rectpuls(t,w)`

其中，y 为非周期的、单位高度的矩形信号；t 为信号 y 所对应的时间向量；w 为信号 y 的宽度。

6. tripuls

功能：用来产生三角脉冲信号。

调用格式：`y = tripuls(t)`或`y = tripuls(t,w)`或`y = tripuls(t,w,s)`

其中，y 为三角脉冲信号；t 为信号 y 所对应的时间向量；w 为信号 y 的宽度；s 为三角脉冲的倾斜程度，其取值介于 -1～1。

7. conv

功能：求解两序列卷积和。

调用格式：`c = conv(a,b)`

其中，a、b 为待卷积的两序列；c 为卷积结果。

8．xcorr

功能：求两序列互相关。

调用格式：`c = xcorr(a,b)`

其中，a、b 为已知的两序列；c 为线性互相关结果。

习题

2-1　绘出下列各信号的波形。

(1) $[u(t)-2u(t-T)+u(t-2T)]\sin\left(\frac{4\pi}{T}t\right)$；

(2) $e^{-(t-1)}[u(t-1)-u(t-2)]$；

(3) $u(t)-2u(t-1)+u(t-2)$；

(4) $\frac{\sin[a(t-t_0)]}{a(t-t_0)}$；

(5) $\frac{d}{dt}[e^{-t}\sin(t)u(t)]$。

2-2　绘出下列各序列的图形（n 取整数）。

(1) $x(n)=nu(n)$；

(2) $x(n)=-nu(-n)$；

(3) $x(n)=2^{-n}u(n)$；

(4) $x(n)=\left(-\frac{1}{2}\right)^{-n}u(n)$；

(5) $x(n)=-\left(\frac{1}{2}\right)^{-n}u(-n)$；

(6) $x(n)=\left(\frac{1}{2}\right)^{n+1}u(n+1)$。

2-3　绘出下列时间函数的波形图，并注意它们的区别。

(1) $f_1(t)=\sin(\omega t)u(t-t_0)$；

(2) $f_2(t)=\sin[\omega(t-t_0)]u(t-t_0)$。

2-4　应用冲激信号的抽样特性，求下列表示式的函数值。

(1) $\int_{-\infty}^{+\infty} f(t-t_0)\delta(t)dt$；

(2) $\int_{-\infty}^{+\infty} f(t_0-t)\delta(t)dt$；

(3) $\int_{-\infty}^{+\infty} (e^{-t}+t)\delta(t+2)dt$；

(4) $\int_{-\infty}^{+\infty} (t+\sin t)\delta\left(t-\frac{\pi}{6}\right)dt$。

2-5　已知 $f(t)$，为求 $f(t_0-at)$ 应按下列哪种运算求得正确结果（式中 t_0、a 都为正值）？

(1) $f(-at)$ 左移 t_0；

(2) $f(at)$ 右移 t_0；

(3) $f(at)$左移$\frac{t_0}{a}$；

(4) $f(-at)$右移$\frac{t_0}{a}$。

2-6 求下列信号 $f_1(t)$与 $f_2(t)$的卷积。

(1) $f_1(t)=u(t), f_2(t)=\mathrm{e}^{-\alpha t}u(t)$；

(2) $f_1(t)=\delta(t), f_2(t)=\cos(\omega t+45°)$；

(3) $f_1(t)=\mathrm{e}^{-\alpha t}u(t), f_2(t)=\sin(t)u(t)$。

2-7 求下列两组信号的卷积，并注意相互间的区别。

(1) $f(t)=u(t)-u(t-1)$，求 $s(t)=f(t)*f(t)$；

(2) $f(t)=u(t-1)-u(t-2)$，求 $s(t)=f(t)*f(t)$。

2-8 已知 $f_1(t)=u(t+1)-u(t-1), f_2(t)=\delta(t+5)+\delta(t-5)$，画出它们的卷积 $s(t)=f_1(t)*f_2(t)$的波形。

2-9 对题图 2-9 中的各组函数，用图解的方法粗略画出 $f_1(t)$与 $f_2(t)$卷积的波形。

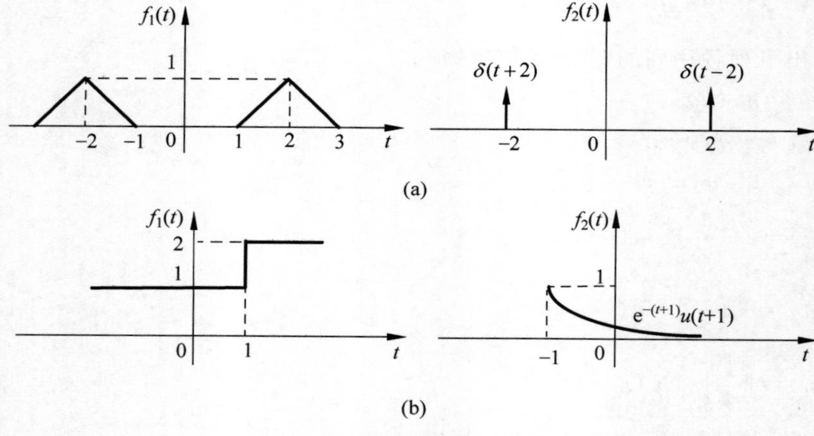

题图 2-9

2-10 分别用公式法和图解法计算 $x_1(n)*x_2(n)$。

(1) $x_1(n)=\left(\frac{1}{2}\right)^n u(n), x_2(n)=u(n)$；

(2) $x_1(n)=2^n[u(n)-u(n-N)], x_2(n)=u(n)$；

(3) $x_1(n)=2^n[u(n)-u(n-N)], x_2(n)=u(n)-u(n-N)$；

(4) $\delta(n-3)*\delta(n+4)$；

(5) $\left(\frac{1}{2}\right)^n u(n-2)*\delta(n-1)$。

2-11 将以下序列写成$\delta(n)$的加权延时和的形式，并计算卷积和。

(1) $x(n)=\{\underset{\substack{\uparrow\\ n=0}}{1},2,3\}$，求 $x(n)*x(n)$；

(2) $x_1(n)=\{\underset{\substack{\uparrow\\ n=0}}{1},2,1\}, x_2(n)=\{\underset{\substack{\uparrow\\ n=0}}{1},0,2,0,1\}$，求 $x_1(n)*x_2(n)$。

2-12　在题图 2-12 中表示了两个周期都为 6 的周期性序列，计算这两个序列的周期卷积 $\tilde{x}_3(n)$，并画出草图。

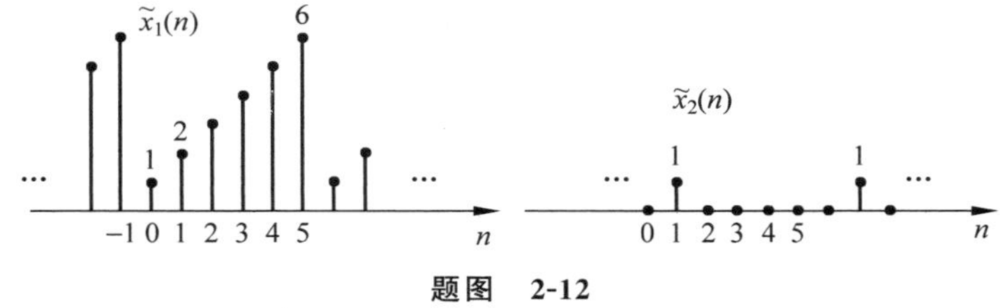

题图　2-12

2-13　在题图 2-13 中表示了一有限长序列 $x(n)$，画出序列 $x_1(n)$和 $x_2(n)$的草图(注意：$x_1(n)$是 $x(n)$圆周移位的两个点)。

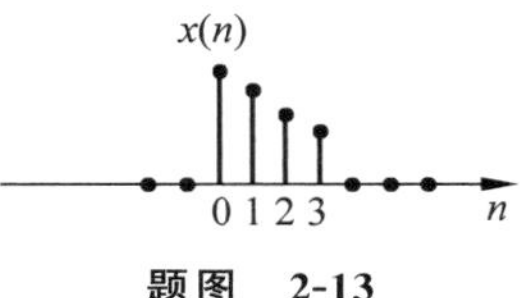

题图　2-13

$$x_1(n)=x((n-2))_4R_4(n)$$

$$x_2(n)=x((-n))_4R_4(n)$$

2-14　在题图 2-14 中表示了两个有限长序列，计算它们的六点圆周卷积。

2-15　题图 2-15 表示一个四点序列 $x(n)$：

(1) 试绘出 $x(n)$同 $x(n)$线性卷积略图；

(2) 试绘出 $x(n)$同 $x(n)$四点圆周卷积略图；

(3) 试绘出 $x(n)$同 $x(n)$十点圆周卷积略图；

(4) 若 $x(n)$同 $x(n)$的某个 N 点圆周卷积同其线性卷积相同，试问此时 N 点的最小值是多少?

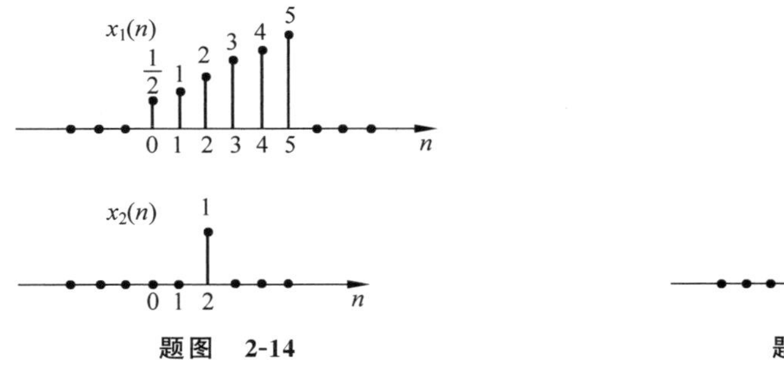

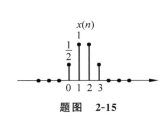

题图　2-14　　　　题图　2-15

上机习题

2-1　连续时间信号的卷积积分，可以用连续信号样本值的卷积和来近似。即

$$y(t)=h(t)*x(t)=\int_{-\infty}^{+\infty}h(\tau)x(t-\tau)\mathrm{d}\tau=\lim_{\Delta\to 0}\sum_{k=-\infty}^{+\infty}h(k\Delta)x(t-k\Delta)\Delta$$

令

$$g(t)=\sum_{k=-\infty}^{+\infty}h(k\Delta)x(t-k\Delta)\Delta$$

则当 Δ 取得足够小时，$y(t)$就可以由 $g(t)$近似代替。考察 $g(t)$的以 Δ 为间隔的样本序列

$g(n\Delta)$

$$g(n\Delta)=\sum_{k=-\infty}^{+\infty}h(k\Delta)x(n\Delta-k\Delta)\Delta=\Delta\sum_{k=-\infty}^{+\infty}h(k\Delta)x(n\Delta-k\Delta)$$

可见，$g(n\Delta)$就是连续信号 $h(t)$和 $x(t)$经等间隔 Δ 采样的离散序列 $h(n\Delta)$和 $x(n\Delta)$的卷积和的 Δ 倍。所以说，当 Δ 取得足够小时，卷积和 $g(n\Delta)$就是卷积积分 $y(t)$的较好的数值近似。因此，用 MATLAB 实现连续时间信号 $h(t)$和 $x(t)$卷积过程可分为如下几个步骤。

(1) 将连续时间信号 $h(t)$和 $x(t)$以间隔 Δ 进行采样，得到离散时间序列 $h(n\Delta)$和 $x(n\Delta)$。

(2) 调用 conv 函数计算 $h(n\Delta)$和 $x(n\Delta)$的卷积和，并乘以 Δ 得 $g(n\Delta)$，作为卷积积分 $y(t)$的近似。

(3) 构造 $g(n\Delta)$对应的时间向量，可以表示并绘制 $g(n\Delta)$。

已知连续时间信号如机图 2-1 所示。

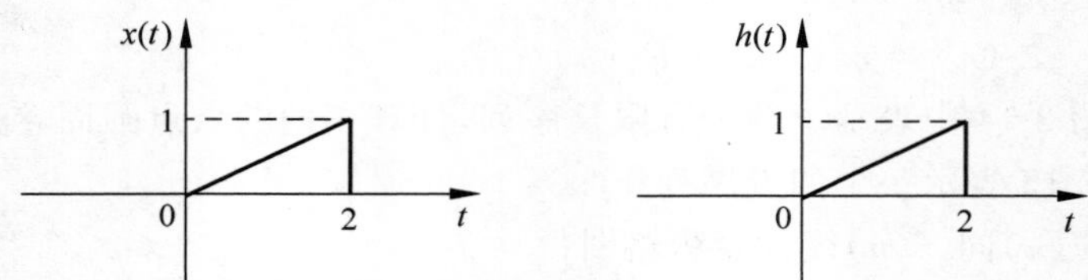

机图 2-1

(1) 用解析方法计算 $y(t)=x(t)*h(t)$。

(2) 取 $\Delta=0.01$，用 MATLAB 近似计算 $y(t)=x(t)*h(t)$，并显示 $y(t)$的波形。

(3) 取 $\Delta=0.1,0.5$，重做(2)，比较 3 个 $y(t)$，说明哪一个更接近真实的卷积结果。

2-2 已知如下有限长信号：

$$x(n)=\begin{cases}1, & 0\leqslant n\leqslant 5\\ 0, & 其他\end{cases}$$

(1) 利用卷积和公式直接计算 $y(n)=x(n)*h(n)$。

(2) 利用 conv 函数计算 $y(n)=x(n)*h(n)$，并和(1)中的结果进行比较。

(3) 编写一个名为 circonv 的函数，要求对给定的任意两个有限长序列，计算出它们的卷积和，并能显示这些序列。请调用该函数，计算 $h(n)=\left(\frac{1}{2}\right)^{n-2}[u(n)-u(n-5)]$和 $x(n)=u(n)-u(n-5)$的圆周卷积 $y(n)$。

第3章

信号的频域分析

3.1 引言

第 2 章介绍了典型信号在时间域内的变化规律和特点。实际应用中，还会常常在频率域内描述信号，分析其特性。例如，人们所收听的广播电台都是以固定的频率发射信号，像中央人民广播电台第一套节目(中国之声)的频率就有中波 639kHz、981kHz、1008kHz 等，天津交通台的频率为 106.8MHz，天津新闻广播台的频率为 97.2MHz 等。再如，在描述歌唱演员时，可以用男高音、女高音、中音、低音等来区分不同的歌唱家。这些都是在频率域内描述信号特征的，更容易区分和理解不同信号的特点。本章将介绍信号的频域分析方法，研究典型信号在频域内的特性，更深入理解信号的本质。仍然先从连续信号的频域分析开始，然后再介绍离散信号的频域分析。

3.2 连续周期信号的频谱分析——傅里叶级数

先来看一个信号频域表示的例子，如 $f(t)=A\cos(\omega_0 t+\varphi_0)$，时域波形如图 3-1(a)所示，若将其在频域内表示，则以 ω 为横坐标，纵坐标为振幅和相位，如图 3-1(b)、(c)所示。由频域表示可以看出，信号 $f(t)$ 是一个具有角频率为 ω_0 的单一频率信号。该信号的振幅是 A，初相位是 φ_0。

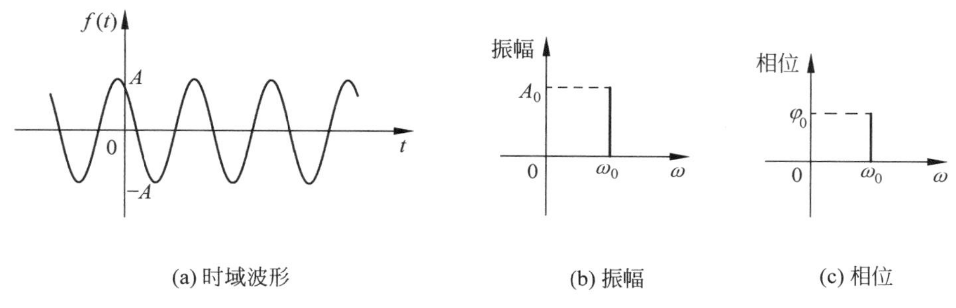

图 3-1　含有一个频率分量的信号时域和频域图

同理，若 $f(t)=\cos\left(2\pi t+\frac{\pi}{4}\right)+2\cos\left(4\pi t+\frac{\pi}{2}\right)$（其时域波形如图 3-2(a)所示），仍可以用组成该信号的频率、初相位及振幅在频域内描述该信号，即如图 3-2(b)、(c)所示。

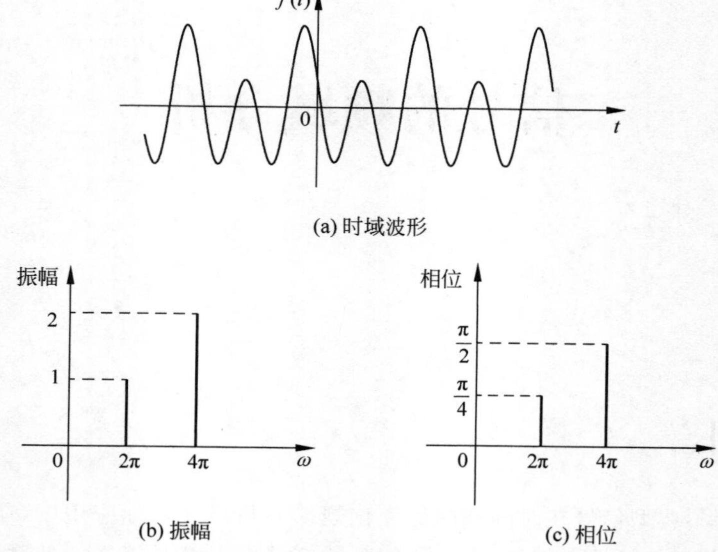

图 3-2　含有两个频率分量的信号时域和频域图

从这个例子可以看出，信号 $f(t)$的表达式未知，如果只看到时域波形，很难分析其变化规律和特点。实际上，转到频域内描述后就很容易发现，这个信号实际上是由两个频率$\left(f_1=\frac{\omega_1}{2\pi}, f_2=\frac{\omega_2}{2\pi}\right)$的正弦或余弦信号组成的。如果由波形写出信号的表达式，图 3-2(a)很难直接写出，而由图 3-2(b)、(c)可很容易写出来。

由此可见，信号不仅可在时域内描述，也可在频域内描述。而且，在许多情况下，频域描述更加简捷。这也是为什么引入信号的频域分析方法的原因之一。那么是不是任意信号都可以在频域内描述呢？如果可以，如何描述？这就是本节要研究的问题。

3.2.1　连续周期信号的单边谱分析——三角形式的傅里叶级数

设 $f(t)$为周期信号，其周期为 T_1，角频率为 $\omega_1=\frac{2\pi}{T_1}$，若 $f(t)$满足狄利赫利条件①，则 $f(t)$可分解为三角函数的线性组合，即

$$f(t)=a_0+\sum_{n=1}^{+\infty}(a_n\cos n\omega_1 t+b_n\sin n\omega_1 t) \tag{3-1}$$

---

① 狄利赫利条件如下。

- 在一个周期内，如果 $f(t)$有间断点存在，则间断点的数目应是有限个。
- 在一个周期内，$f(t)$的极大值和极小值的数目应是有限个。
- 在一个周期内，信号 $f(t)$是绝对可积的，即 $\int_{t_0}^{t_0+T}|f(t)|\mathrm{d}t<\infty$。

式中，n 为正整数（$n=1,2,\cdots$）；a_0、a_n、b_n 按如下公式计算

$$\begin{cases} a_0=\dfrac{1}{T_1}\displaystyle\int_{t_0}^{t_0+T_1} f(t)\mathrm{d}t \\ a_n=\dfrac{2}{T_1}\displaystyle\int_{t_0}^{t_0+T_1} f(t)\cos n\omega_1 t\,\mathrm{d}t \\ b_n=\dfrac{2}{T_1}\displaystyle\int_{t_0}^{t_0+T_1} f(t)\sin n\omega_1 t\,\mathrm{d}t \end{cases} \tag{3-2}$$

注意：式(3-2)中的积分区间是$[t_0,t_1+T_1]$，其遍布 $f(t)$ 的一个周期，为了简便起见，通常取积分区间为$[0,T_1]$或者$\left[-\dfrac{T_1}{2},\dfrac{T_1}{2}\right]$。

通常情况下，用到的周期信号都满足狄利赫利条件。将式(3-1)表示成一个正弦或余弦函数形式，即

$$\begin{aligned} f(t)&=c_0+\sum_{n=1}^{+\infty}c_n\cos(n\omega_1 t+\varphi_n) \\ &=c_0+c_1\cos(\omega_1 t+\varphi_1)+c_2\cos(2\omega_1 t+\varphi_2)+\cdots \end{aligned} \tag{3-3}$$

对照式(3-1)和式(3-3)，可以看出傅里叶级数的系数之间存在以下关系

$$\begin{aligned} a_0&=c_0 \\ c_n&=\sqrt{a_n^2+b_n^2} \\ a_n&=c_n\cos\varphi_n \\ b_n&=-c_n\sin\varphi_n \\ \tan\varphi_n&=-\frac{b_n}{a_n} \end{aligned} \tag{3-4}$$

由式(3-3)可见，信号 $f(t)$ 是由不同频率的余弦$\left(\text{或者正弦，相位差}\dfrac{\pi}{2}\right)$信号的线性和组成。以式(3-3)为基准，把角频率为 ω_1 的分量称为基波，角频率为 $2\omega_1,3\omega_1,\cdots,n\omega_1$ 的分量分别称为二次谐波，三次谐波，…，n 次谐波。$c_0=a_0$ 表示信号的直流分量，c_n 表示各次谐波分量的大小，φ_n 表示各次谐波分量的初始相位。故将周期信号分解成三角函数的傅里叶级数的形式表明：满足狄利赫利条件的任何周期信号都可分解为直流信号和各次谐波分量之和的形式。换言之，周期信号是由直流、基波及各次谐波分量组成的。

另外，由式(3-2)和式(3-4)可以看出，各分量的幅度 a_n、b_n、c_n 和相位 φ_n 都是 $n\omega_1$ 的函数。如果把 c_n、φ_n 与 $n\omega_1$ 的关系绘成如图 3-3 所示的线图，其中 $c_n\sim n\omega_1$ 的关系图称为幅度频谱图，用来描述各频率分量的幅度大小，每条线代表某一频率分量的幅度，称为谱线。连接各幅度谱线顶点的曲线称为包络线，它反映各分量的幅度变化情况。而把 $\varphi_n\sim n\omega_1$ 的关系图称为相位频谱图，幅度谱和相位谱合称为频谱。可以看出，无论是幅度谱还是相位谱，谱线只出现在 $0,\omega_1,2\omega_1,\cdots$这些离散的频率点上，这种频谱称为离散谱，它是周期信号频谱的主要特点。另外，n 的取值范围在$[0,+\infty)$，幅度谱和相位谱均位于横坐标的右半部分，故称为单边频谱。不同信号所包含的谐波分量各不相同，因此，由信号的频谱可唯一描述信号 $f(t)$。

例 3-1　分析如图 3-4 所示信号 $f(t)$的频谱，并画出幅度谱和相位谱。

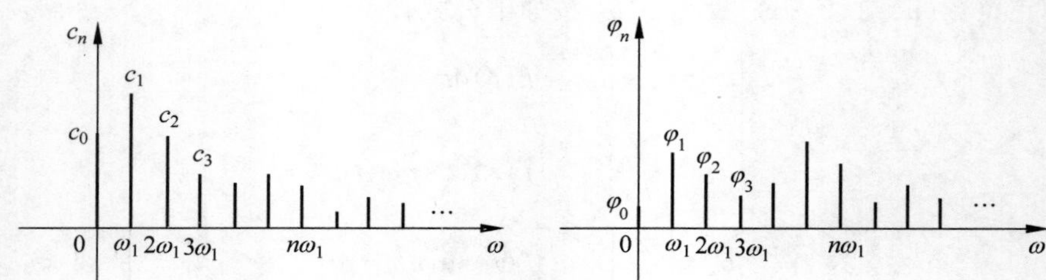

图 3-3 周期信号的频谱示意图

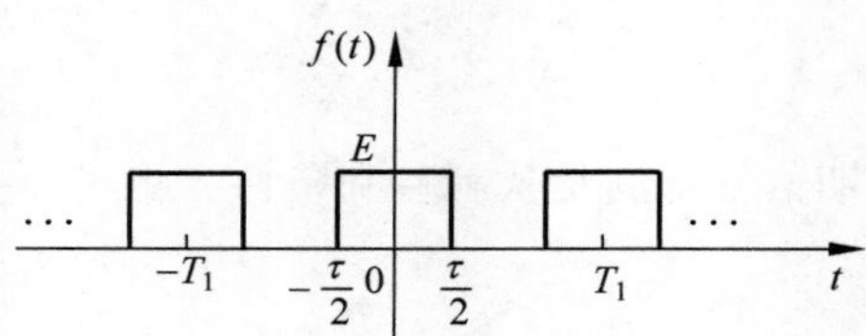

图 3-4 例 3-1 图

解 首先将 $f(t)$ 展为傅里叶三角级数形式，计算

$$a_0=\frac{1}{T}\int_{-T/2}^{T/2}f(t)\mathrm{d}t=\frac{1}{T}\int_{-\tau/2}^{\tau/2}E\mathrm{d}t=\frac{E\tau}{T}$$

$$a_n=\frac{2}{T}\int_{-T/2}^{T/2}f(t)\cos(n\omega_1 t)\mathrm{d}t=\frac{2}{T}\int_{-\tau/2}^{\tau/2}E\cos(n\omega_1 t)\mathrm{d}t=\frac{2E\tau}{T}\mathrm{Sa}\left(\frac{n\omega_1\tau}{2}\right)$$

$$b_n=\frac{2}{T}\int_{-T/2}^{T/2}f(t)\sin(n\omega_1 t)\mathrm{d}t=0$$

由 a_0、a_n 和 b_n 可进一步求得

$$c_0=a_0=\frac{E\tau}{T}$$

$$c_n=\sqrt{a_n^2+b_n^2}=\frac{2E\tau}{T}\left|\mathrm{Sa}\left(\frac{n\omega_1\tau}{2}\right)\right|$$

$$\varphi_n=\begin{cases}0, & \dfrac{4m\pi}{\tau}<n\omega_1<\dfrac{2(2m+1)\pi}{\tau}\\ \pi\text{ 或 }-\pi, & \dfrac{2(2m+1)\pi}{\tau}<n\omega_1<\dfrac{4(m+1)\pi}{\tau}\end{cases}\qquad (m=0,1,2,\cdots)$$

其中 $\omega_1=\dfrac{2\pi}{T}$，所求级数即为

$$f(t)=\frac{E\tau}{T}+\frac{2E\tau}{T}\sum_{n=1}^{+\infty}\mathrm{Sa}\left(\frac{n\omega_1\tau}{2}\right)\cos(n\omega_1 t)$$

其幅度谱和相位谱分别如图 3-5(a)、(b)所示。当 c_n 为实数时，也可将幅度谱和相位谱画在一张图上，如图 3-5(c)所示。由上式 $f(t)$的傅里叶级数可以看到，$c_n=\frac{2E\tau}{T}\mathrm{Sa}\left(\frac{n\omega_1\tau}{2}\right)(n=1,2,3,\cdots)$，其可以看成是对连续函数 $F(\omega)=\frac{2E\tau}{T}\mathrm{Sa}\left(\frac{\omega\tau}{2}\right)$的等间隔取样(或离散化)，取样间隔为 ω_1，即 $c_n=\frac{2E\tau}{T}\mathrm{Sa}\left(\frac{\omega\tau}{2}\right)\Big|_{\omega=n\omega_1}$，故称$\frac{2E\tau}{T}\mathrm{Sa}\left(\frac{\omega\tau}{2}\right)$为 c_n 的包络线。

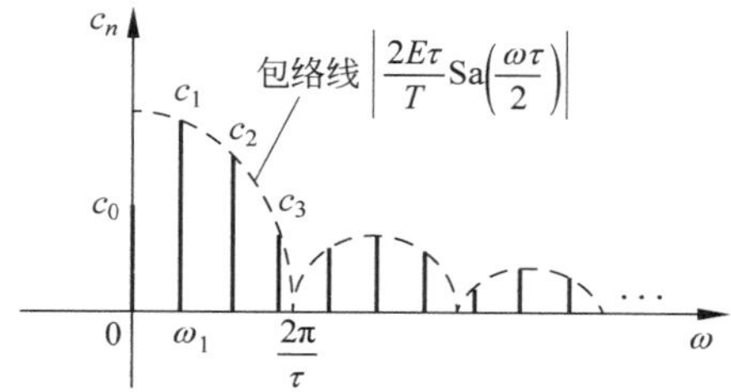

(a) 幅度谱

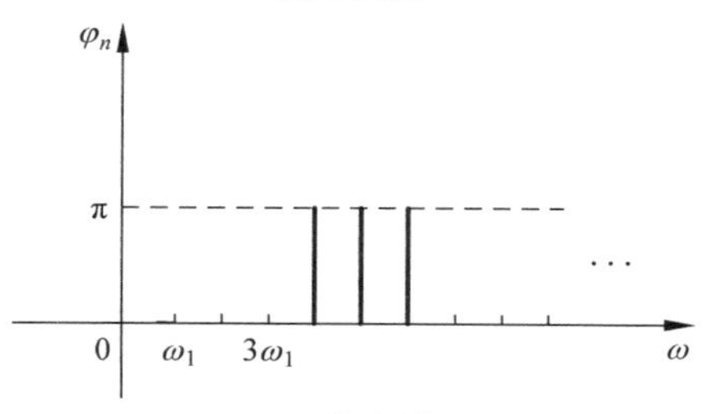

(b) 相位谱

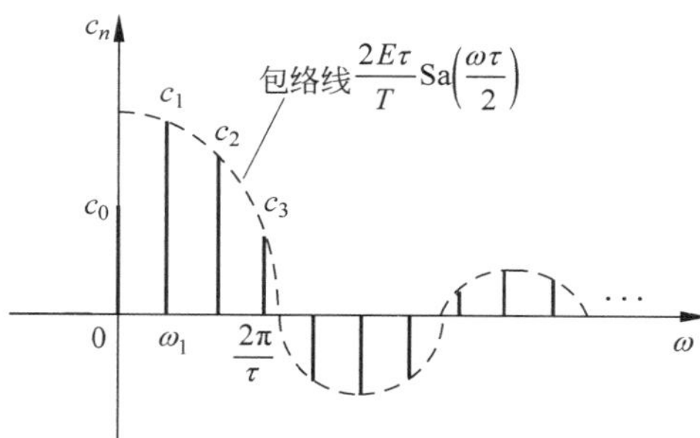

(c) 此例中c_n为实数，幅度谱和相位谱合二为一

图 3-5　例 3-1 中信号 $f(t)$的频谱图

当 $E=1,\tau=1,T=4$ 时，此时

$$\begin{aligned}f(t)&=\frac{1}{4}+\frac{1}{2}\sum_{n=1}^{+\infty}\mathrm{Sa}\left(\frac{\pi}{4}n\right)\cos(n\omega_1 t)\\&=\frac{1}{4}+\sum_{n=1}^{+\infty}\frac{1}{2}\mathrm{Sa}\left(\frac{\pi}{4}n\right)\cos(n\omega_1 t)\end{aligned}$$

则

$$c_0=\frac{1}{4},\quad c_1=\frac{1}{2}\mathrm{Sa}\left(\frac{\pi}{4}\right)=\frac{\sqrt{2}}{\pi},\quad c_2=\frac{1}{2}\mathrm{Sa}\left(\frac{\pi}{2}\right)=\frac{1}{\pi},\quad \cdots$$

$$\varphi_1=0,\quad \varphi_2=0,\quad \cdots$$

同样,还可以用傅里叶三角级数分析其他连续周期信号的频谱。例如图 3-6(a)所示的周期三角波展开成傅里叶三角级数为

$$f(t)=\frac{E}{2}+\frac{4E}{\pi^2}\left(\cos\omega_1 t+\frac{1}{9}\cos 3\omega_1 t+\frac{1}{25}\cos 5\omega_1 t+\cdots\right)$$

该信号中含有直流分量、一次谐波、三次谐波等奇次谐波分量,其频谱图如图 3-6(b)、(c)所示。

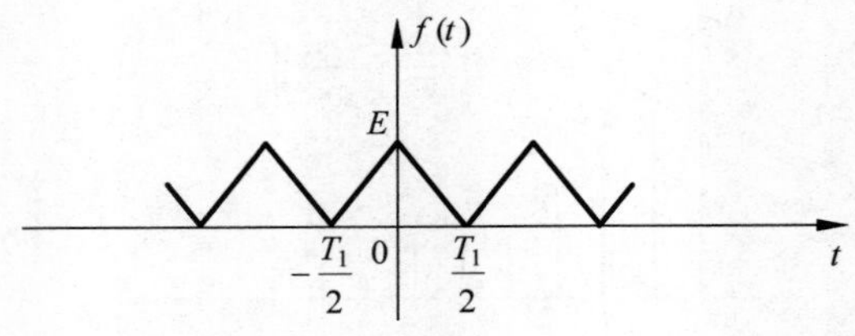

(a) 时域波形

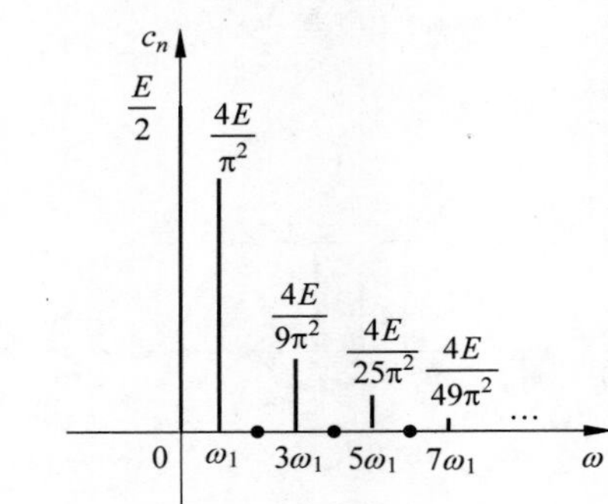

(b) 幅度谱

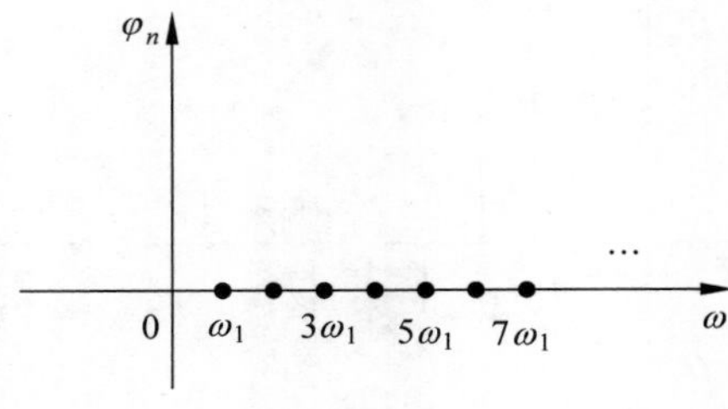

(c) 相位谱

图 3-6 周期三角波的时域和频域图

图 3-7(a)所示的周期锯齿波展开成傅里叶三角级数为

$$f(t)=\frac{E}{\pi}\left(\sin\omega_1 t-\frac{1}{2}\sin 2\omega_1 t+\frac{1}{3}\sin 3\omega_1 t-\cdots\right)$$

该信号中无直流分量,只有各次谐波分量,需注意的是,三角级数中,各次谐波振幅需保持正值,故进一步将 $f(t)$ 写成

$$f(t)=\frac{E}{\pi}\left[\cos\left(\omega_1 t-\frac{\pi}{2}\right)+\frac{1}{2}\cos\left(2\omega_1 t+\frac{\pi}{2}\right)+\frac{1}{3}\cos\left(3\omega_1 t-\frac{\pi}{2}\right)+\cdots\right]$$

其频谱图如图 3-7(b)、(c)所示。

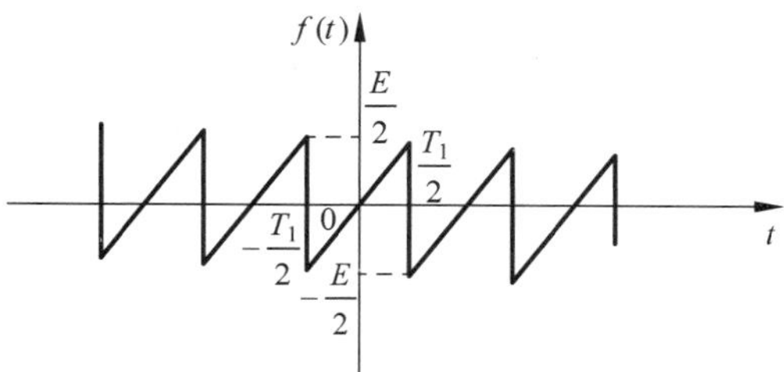

(a) 时域波形

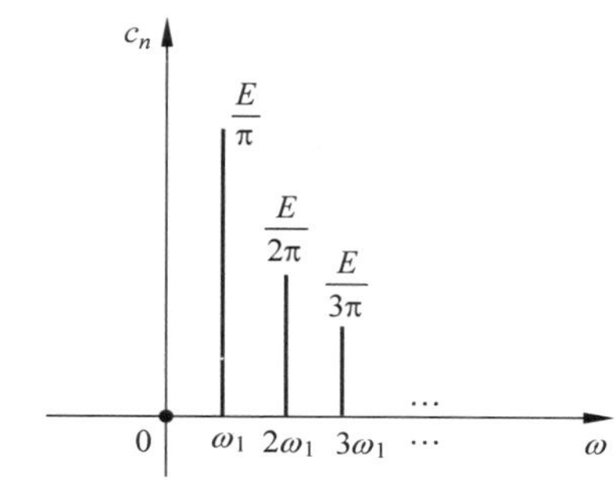

(b) 幅度谱

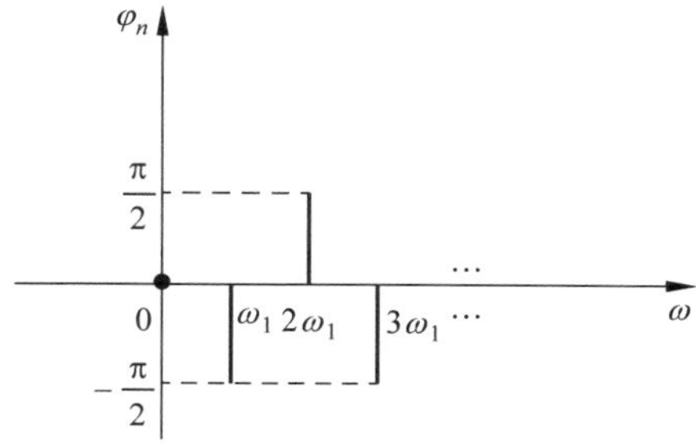

(c) 相位谱

图 3-7　周期锯齿波的时域和频域图

3.2.2　连续周期信号的双边谱分析——指数形式的傅里叶级数

周期信号的傅里叶级数也可展开成指数形式，由前面已知，若 $f(t)$为周期信号，其三角函数形式的傅里叶级数为

$$f(t)=a_0+\sum_{n=1}^{+\infty}(a_n\cos n\omega_1 t+b_n\sin n\omega_1 t) \tag{3-5}$$

由欧拉公式得

$$\cos n\omega_1 t=\frac{1}{2}(e^{jn\omega_1 t}+e^{-jn\omega_1 t})$$

$$\sin n\omega_1 t=\frac{1}{2\mathrm{j}}(\mathrm{e}^{\mathrm{j}n\omega_1 t}-\mathrm{e}^{-\mathrm{j}n\omega_1 t})$$

将上式代入式(3-5)，得到

$$f(t)=a_0+\sum_{n=1}^{+\infty}\left(\frac{a_n-\mathrm{j}b_n}{2}\mathrm{e}^{\mathrm{j}n\omega_1 t}+\frac{a_n+\mathrm{j}b_n}{2}\mathrm{e}^{-\mathrm{j}n\omega_1 t}\right) \tag{3-6}$$

令

$$F(n\omega_1)=\frac{a_n-\mathrm{j}b_n}{2} \tag{3-7}$$

并且由式(3-2)可知，a_n 是 n 的偶函数，b_n 是 n 的奇函数，由式(3-7)可知

$$F(-n\omega_1)=\frac{a_n+\mathrm{j}b_n}{2}$$

将上述结果代入式(3-5)，得到

$$f(t)=a_0+\sum_{n=1}^{+\infty}(F(n\omega_1)\mathrm{e}^{\mathrm{j}n\omega_1 t}+F(-n\omega_1)\mathrm{e}^{-\mathrm{j}n\omega_1 t}) \tag{3-8}$$

令 $F(0)=a_0$，则由式(3-8)得到 $f(t)$的指数形式的傅里叶级数，即

$$f(t)=\sum_{n=-\infty}^{+\infty}F(n\omega_1)\mathrm{e}^{\mathrm{j}n\omega_1 t} \tag{3-9}$$

将式(3-2)中的 a_n 和 b_n 代入式(3-7)，就可得到指数形式的傅里叶级数的系数 $F(n\omega_1)$，简写作 F_n，即

$$F_n=\frac{1}{T_1}\int_{t_0}^{t_0+T_1}f(t)\mathrm{e}^{-\mathrm{j}n\omega_1 t}\mathrm{d}t \tag{3-10}$$

式中，n 的取值是 $-\infty\sim+\infty$。

由式(3-4)和式(3-7)可以看出，两种傅里叶级数的系数存在如下关系

$$\begin{cases}F_0=c_0=a_0\\ F_n=|F_n|\mathrm{e}^{\mathrm{j}\varphi_n}=\dfrac{1}{2}(a_n-\mathrm{j}b_n)\\ F_{-n}=|F_{-n}|\mathrm{e}^{-\mathrm{j}\varphi_n}=\dfrac{1}{2}(a_n+\mathrm{j}b_n)\\ |F_n|=|F_{-n}|=\dfrac{1}{2}c_n=\dfrac{1}{2}\sqrt{a_n^2+b_n^2}\end{cases} \tag{3-11}$$

由式(3-10)可见，F_n 一般为 $n\omega_1$ 的复函数，可写成幅度和相位的形式，即 $F_n=|F_n|\mathrm{e}^{\mathrm{j}\varphi_n}$，把$|F_n|\sim n\omega_1$ 的关系称为幅度谱，$\varphi_n\sim n\omega_1$ 的关系称为相位谱。需要说明的是，在指数形式的傅里叶级数中，n 的取值是 $-\infty\sim+\infty$，因此，对应的幅度频谱和相位频谱都存在于整个 $n\omega_1$ 轴上，故称为“双边频谱”。这种双边谱中，出现了“负频率”项，即 $F(-\omega_1)$，$F(-2\omega_1)$，…，这些项的物理意义不是很明确，理解起来比较困难，但它与对应的正频率项合在一起，却存在明确的物理意义，即表示周期信号的某一个谐波分量。例如，$F(\omega_1)$和 $F(-\omega_1)$合成一个基波分量，$F(2\omega_1)$和 $F(-2\omega_1)$合成一个二次谐波分量等。

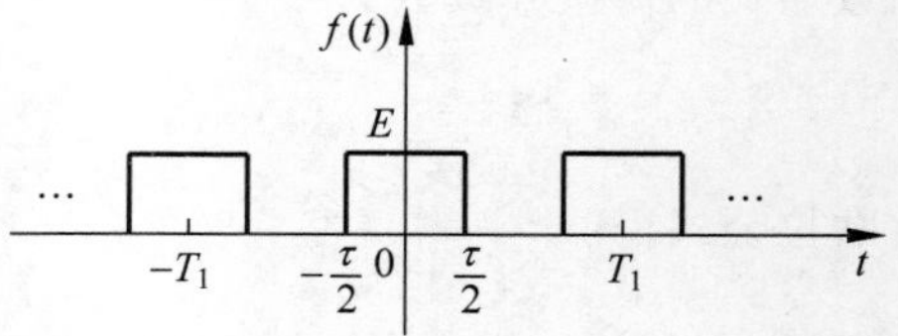

图 3-8 例 3-2 图

例 3-2 分析图 3-8 所示的信号 $f(t)$的频谱，并画出双边幅度谱和相位谱。

解　首先将 $f(t)$ 展为指数傅里叶级数

$$\begin{aligned}F_n&=\frac{1}{T_1}\int_{-T/2}^{T/2}f(t)\mathrm{e}^{-\mathrm{j}n\omega_1 t}\mathrm{d}t\\&=\frac{1}{T_1}\int_{-\tau/2}^{\tau/2}E\mathrm{e}^{-\mathrm{j}n\omega_1 t}\mathrm{d}t\\&=\frac{E\tau}{T_1}\mathrm{Sa}\left(\frac{n\omega_1\tau}{2}\right)\end{aligned}$$

由计算结果可知，F_n 是 $n\omega_1$ 的实函数，且函数值按正弦抽样信号变化，不同的 n 值 F_n 可取正值或负值，对应的相位是 0（F_n 为正值时）或 $\pm\pi$（F_n 为负值时），即其幅度和相位分别为

$$|F_n|=\left|\frac{E\tau}{T_1}\mathrm{Sa}\left(\frac{n\omega_1\tau}{2}\right)\right|$$

$$\varphi_n=\begin{cases}0, & \dfrac{4m\pi}{\tau}<|n\omega_1|<\dfrac{2(2m+1)\pi}{\tau}\\ \pi\text{ 或 }-\pi, & \dfrac{2(2m+1)\pi}{\tau}<|n\omega_1|<\dfrac{4(m+1)\pi}{\tau}\end{cases}\quad(m=0,1,2,\cdots)$$

幅度谱和相位谱图分别如图 3-9(a)、(b)所示。此例中，由于 F_n 是实函数，故可以把幅度谱

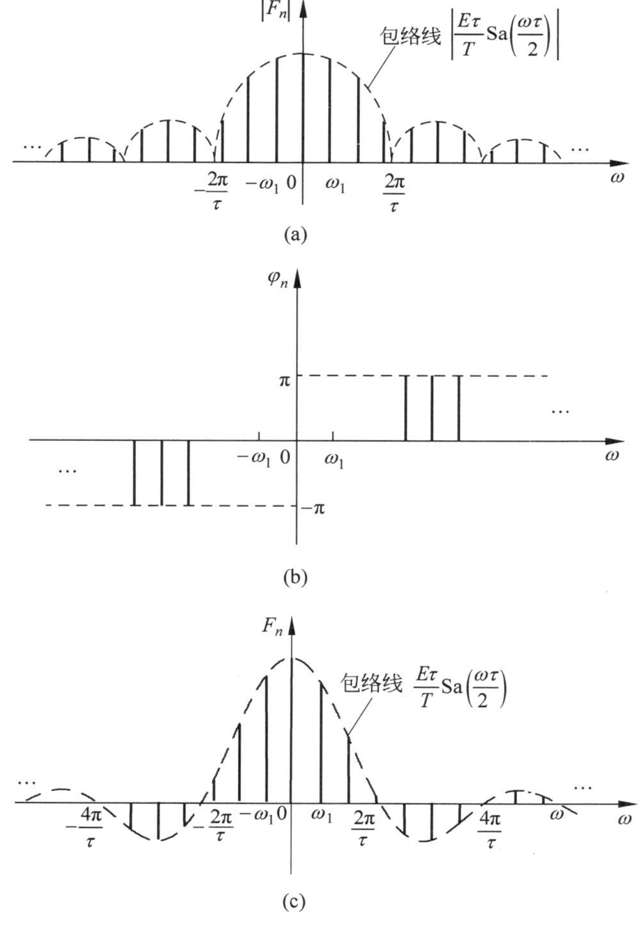

图 3-9　例 3-2 中信号 $f(t)$ 的双边谱示意图

和相位谱合画在一张图上，如图 3-9(c)所示。

综上所述，一个周期信号即可以分解为三角形式的傅里叶级数，也可以分解为指数形式的傅里叶级数，这两种频谱表示方法实质上是一样的。其不同之处在于图 3-5 中每条谱线代表一个分量的幅度，而图 3-9 中每个谐波分量的幅度一分为二，在正、负频率相对应的位置上各为一半，因此，只有把正、负频率上对应的两条谱线矢量相加起来才代表一个谐波分量的幅度。

周期信号的频谱无论是用单边谱描述还是用双边谱描述，总结起来具有如下特点。

(1) 离散性。周期信号的频谱是由离散频率分量组成的。

(2) 谐波性。这些离散频率分量包括直流分量、基波及各次谐波，所有谱线都位于 $\pm n\omega_1$ 上。

(3) 收敛性。通常情况下，周期信号的各次谐波分量大小随 $n\omega_1$ 的增加而逐渐减小，最终趋于零。

当然，并不是所有周期信号的频谱都具有上述收敛特性，如图 3-10(a)所示的周期冲激序列 $\delta_{T_1}(t)$，其频谱不具有收敛性。可以计算其 $F_n=\dfrac{1}{T_1}$，双边谱如图 3-10(b)所示。

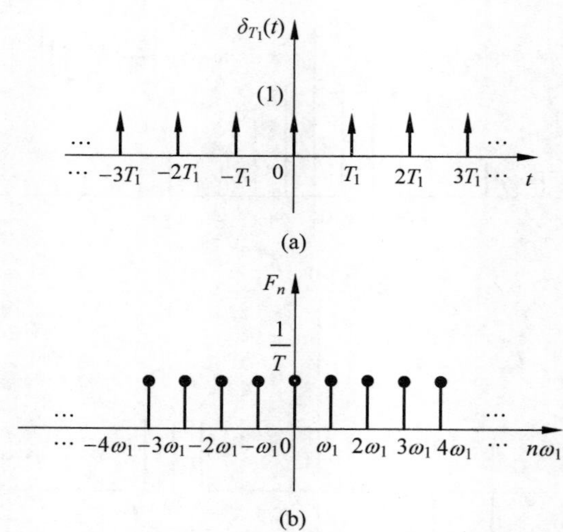

图 3-10 周期冲激序列及其双边谱图

3.2.3 周期信号功率特性的频域描述

周期信号通常都是功率信号，其功率特性可利用其频谱来描述。将式(3-1)和式(3-9)的两边平方，并在一个周期内积分，并利用三角函数及复指数函数的正交性，可以得到周期信号 $f(t)$的平均功率 P 与傅里叶系数有下列关系

$$P=\overline{f^2(t)}=\frac{1}{T_1}\int_{t_0}^{t_0+T_1} f^2(t)\,\mathrm{d}t$$

$$=a_0^2+\frac{1}{2}\sum_{n=0}^{+\infty}(a_n^2+b_n^2)$$

$$
\begin{aligned}
&= c_0^2 + \frac{1}{2}\sum_{n=0}^{+\infty} c_n^2 \\
&= \sum_{n=-\infty}^{+\infty} |F_n|^2
\end{aligned}
\tag{3-12}
$$

式(3-12)的证明过程留作习题,请读者自行完成。该式表明,周期信号的平均功率等于直流分量、基波分量以及各次谐波分量有效值的平方和。也就是说,时域能量和频域能量是守恒的,此式被称为帕塞瓦尔定理。

3.2.4　信号波形的对称性与傅里叶系数的关系

当周期信号的波形具有某种对称性时,其相应的傅里叶级数的系数就会呈现一定的特征,知道这些特征一方面可以简化函数的求解过程,另一方面可帮助判别信号的频谱特征。波形的对称性有两类:一类是整周期对称,如偶对称和奇对称,这种特性决定了傅里叶级数中是否含有正弦项或余弦项;另一类是半周期对称,即波形前半周期与后半周期是否相同或呈镜像关系,这种对称性决定了傅里叶级数展开式中是否含有偶次谐波或奇次谐波,表 3-1 给出这几种对称关系的傅里叶级数的系数情况,读者可自行证明。

表 3-1　函数的对称性与傅里叶级数系数的关系

函数 $f(t)$ 的特性	波 形 示 例	傅里叶级数的系数	傅里叶级数的特点
偶对称 $f(t)=f(-t)$	$f(t)$, E, $-\frac{T_1}{2}$, 0, $\frac{T_1}{2}$, t	$a_n = \frac{4}{T_1}\int_0^{\frac{T_1}{2}} f(t)\cos(n\omega_1 t)\mathrm{d}t$ $b_n = 0$	不含有正弦项,只可能含有直流项和余弦项
奇对称 $f(t) = -f(-t)$	$f(t)$, $\frac{E}{2}$, $\frac{T_1}{2}$, $-\frac{T_1}{2}$, 0, $-\frac{E}{2}$, t	$a_0 = 0$ $a_n = 0$ $b_n = \frac{4}{T_1}\int_0^{\frac{T_1}{2}} f(t)\sin(n\omega_1 t)\mathrm{d}t$	只可能含有正弦项
半波镜像 $f(t) = -f\left(t \pm \frac{T_1}{2}\right)$	$f(t)$, $\frac{E}{2}$, $-T_1$, $-\frac{T_1}{2}$, 0, $\frac{T_1}{2}$, T_1, t	$a_0 = 0$ $a_n = b_n = 0$　(n 为偶数) $a_n = \frac{4}{T_1}\int_0^{\frac{T_1}{2}} f(t)\cos(n\omega_1 t)\mathrm{d}t$ $b_n = \frac{4}{T_1}\int_0^{\frac{T_1}{2}} f(t)\sin(n\omega_1 t)\mathrm{d}t$ (n 为奇数)	只有奇次谐波分量,而无直流分量和偶次谐波分量

3.2.5　实际应用中的傅里叶级数有限项逼近

由傅里叶级数展开式可知,周期信号用无限项三角函数和的形式来精确逼近原函数。

但在实际应用中，不可能将无穷项分量逐一分析和使用，而根据周期信号频谱的收敛性，信号的能量主要集中在低频段，所以一般采用级数的有限项和来逼近无限项和。

若取式(3-1)中的前 $2N+1$ 项来逼近周期信号 $f(t)$，则此 $2N+1$ 项有限项傅里叶级数为

$$S_N(t)=a_0+\sum_{n=1}^{N}(a_n\cos(n\omega_1 t)+b_n\sin(n\omega_1 t)) \tag{3-13}$$

此时定义逼近误差为

$$\varepsilon_N(t)=f(t)-S_N(t)$$

其均方误差为

$$E_N=\overline{\varepsilon_N^2(t)}=\frac{1}{T_1}\int_{t_0}^{t_0+T_1}\varepsilon_N^2(t)\mathrm{d}t$$

将 $f(t)$、$S_N(t)$所表示的级数代入上式，并利用式(3-12)经化简得到

$$E_N=\overline{\varepsilon_N^2(t)}=\overline{f^2(t)}-\left[a_0^2+\frac{1}{2}\sum_{n=1}^{N}(a_n^2+b_n^2)\right] \tag{3-14}$$

下面用一个例子来说明用有限项级数来逼近原函数的过程，并观察级数中各种频率分量对波形的影响。

例 3-3 如图 3-11 所示的对称方波，求其傅里叶级数表达式，并用有限项级数来合成原信号，分别计算当 $N=1,3,5,11$ 时，均方误差为多少？

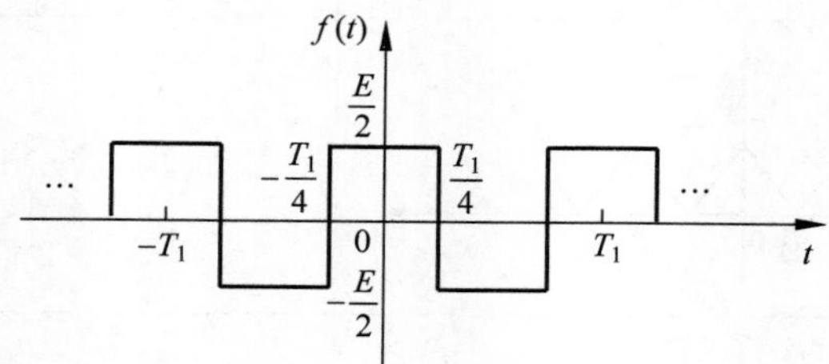

图 3-11 例 3-3 图

解 由图 3-11 可知，$f(t)$既是偶函数，又是半波镜像函数。因此，它的傅里叶级数中只含有奇次谐波的余弦项，即

$$f(t)=\frac{2E}{\pi}\left(\cos\omega_1 t-\frac{1}{3}\cos 3\omega_1 t+\frac{1}{5}\cos 5\omega_1 t-\cdots\right)$$

根据式(3-13)和式(3-14)可得

当 $N=1$ 时

$$S_1(t)=\frac{2E}{\pi}(\cos\omega_1 t)$$

此时

$$\begin{aligned}E_1&=\overline{\varepsilon_1^2}=\overline{f^2(t)}-\frac{1}{2}a_1^2\\&=\left(\frac{E}{2}\right)^2-\frac{1}{2}\left(\frac{2E}{\pi}\right)^2\\&\approx 0.05E^2\end{aligned}$$

当 $N=3$ 时

$$S_3(t)=\frac{2E}{\pi}\left(\cos\omega_1 t-\frac{1}{3}\cos 3\omega_1 t\right)$$

此时

$$\begin{aligned}E_3=\overline{\varepsilon_3^2}&=\overline{f^2(t)}-\frac{1}{2}(a_1^2+a_3^2)\\&=\left(\frac{E}{2}\right)^2-\frac{1}{2}\left(\frac{2E}{\pi}\right)^2-\frac{1}{2}\left(\frac{2E}{3\pi}\right)^2\\&\approx 0.02E^2\end{aligned}$$

当 $N=5$ 时

$$S_5(t)=\frac{2E}{\pi}\left(\cos\omega_1 t-\frac{1}{3}\cos 3\omega_1 t+\frac{1}{5}\cos 5\omega_1 t\right)$$

此时

$$\begin{aligned}E_5=\overline{\varepsilon_5^2}&=\overline{f^2(t)}-\frac{1}{2}(a_1^2+a_3^2+a_5^2)\\&=\left(\frac{E}{2}\right)^2-\frac{1}{2}\left(\frac{2E}{\pi}\right)^2-\frac{1}{2}\left(\frac{2E}{3\pi}\right)^2-\frac{1}{2}\left(\frac{2E}{5\pi}\right)^2\\&\approx 0.017E^2\end{aligned}$$

当 $N=11$ 时

$$S_{11}(t)=\frac{2E}{\pi}\left(\cos\omega_1 t-\frac{1}{3}\cos 3\omega_1 t+\frac{1}{5}\cos 5\omega_1 t-\frac{1}{7}\cos 7\omega_1 t+\frac{1}{9}\cos 9\omega_1 t-\frac{1}{11}\cos 11\omega_1 t\right)$$

此时

$$\begin{aligned}E_{11}=\overline{\varepsilon_{11}^2}&=\overline{f^2(t)}-\frac{1}{2}(a_1^2+a_3^2+a_5^2+a_7^2+a_9^2+a_{11}^2)\\&=\left(\frac{E}{2}\right)^2-\frac{1}{2}\left(\frac{2E}{\pi}\right)^2-\frac{1}{2}\left(\frac{2E}{3\pi}\right)^2-\frac{1}{2}\left(\frac{2E}{5\pi}\right)^2-\frac{1}{2}\left(\frac{2E}{7\pi}\right)^2-\frac{1}{2}\left(\frac{2E}{9\pi}\right)^2-\frac{1}{2}\left(\frac{2E}{11\pi}\right)^2\\&\approx 0.008E^2\end{aligned}$$

图 3-12(a)、(b)分别给出 N 取不同值时的合成方波情况。

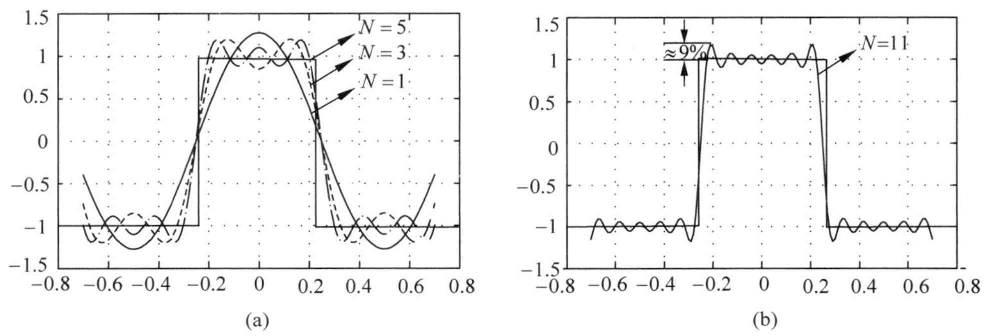

图 3-12　N 取不同值时的合成方波情况

由图 3-12 可以看出，傅里叶级数所取的项数(N)越多，相加之后合成的波形越接近原信号 $f(t)$，均方误差越小；当信号 $f(t)$为脉冲信号时，高频分量(也即快变信号)影响脉冲的跳变沿，低频分量（也即慢变信号）影响脉冲的顶部；任一分量的幅度或相位发生相对变化时，波形就会失真。

由图 3-12 还可以看出，当选取的傅里叶有限级数的项数越多，所合成的波形 S_N 中出现的峰起值越靠近 $f(t)$的不连续点。并且当所取的项数 N 足够大时，该峰起值趋于一个常数，它约等于总跳变值的 9%，这种现象通常称为吉布斯现象。

3.3 连续非周期信号的频谱分析——傅里叶变换

3.3.1 傅里叶正变换和逆变换

前面已经讨论了用傅里叶级数分析周期信号的频谱特性。本节将把上述傅里叶分析方法推广到非周期信号，从而得到非周期信号的频谱分析方法——傅里叶变换。

非周期信号可以看作周期趋于无穷大时的周期信号，这里，首先以周期矩形脉冲和它的离散频谱为例，研究当矩形脉冲的周期 T_1 不断增大时，其频谱的变化过程，由此得出非周期信号的频谱分析方法。

如图 3-13 所示，在周期矩形脉冲序列中，当 T_1 逐渐增加至∞时，就时域波形来讲，周期矩形脉冲信号就变成单脉冲的非周期信号。而就信号的频谱来讲，谱线间隔逐渐减小，最终使 $\omega_1=\dfrac{2\pi}{T_1}\to 0$，此时离散谱就变成了连续谱。另外由式(3-10)可知，由于周期 $T_1\to\infty$，$F(n\omega_1)\to 0$。这就是说，按照傅里叶级数所表示的频谱就化为乌有，失去应有的意义。但是，从物理概念上讲，既然是一个信号，无论怎么分解，其能量都是不变的，因此，不管周期变为多大，频谱的分布总是存在的。从数学的角度来看，在极限情况下，无限多的无穷小量之和仍然等于一有限值。

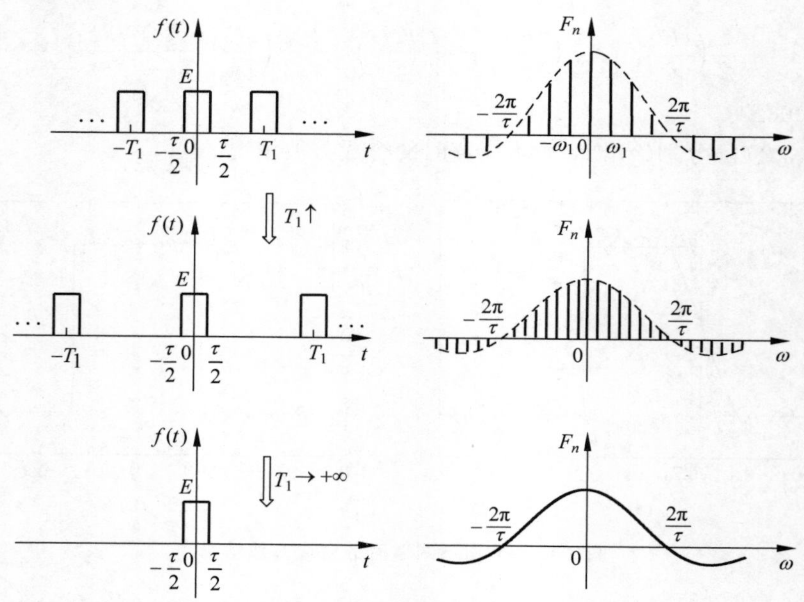

图 3-13 从周期信号的离散频谱到非周期信号的连续频谱

因此，再由傅里叶级数的定义来描述非周期信号的频谱已经不合适了，而必须引入一个新的量——频谱密度函数，用来描述非周期信号的频谱。

设周期信号 $f(t)$的周期为 T_1，其指数形式的傅里叶级数频谱系数为

$$F(n\omega_1)=\frac{1}{T_1}\int_{-\frac{T_1}{2}}^{\frac{T_1}{2}} f(t)\mathrm{e}^{-\mathrm{j}n\omega_1 t}\,\mathrm{d}t$$

两边同乘以 T_1 得

$$\begin{aligned}T_1F(n\omega_1)&=\frac{2\pi F(n\omega_1)}{\omega_1}\\&=\int_{-\frac{T_1}{2}}^{\frac{T_1}{2}} f(t)\mathrm{e}^{-\mathrm{j}n\omega_1 t}\,\mathrm{d}t\end{aligned}$$

当 $T_1\to\infty$，则有 $\omega_1\to 0$，谱线间隔 $\Delta(n\omega_1)=\omega_1\to\mathrm{d}\omega$，$n\omega_1\to\omega$。在此极限情况下，$F(n\omega_1)\to 0$，但是 $T_1F(n\omega_1)=\dfrac{2\pi F(n\omega_1)}{\omega_1}$趋近于有限值，离散谱线变成一个连续函数，记为 $F(\omega)$或 $F(\mathrm{j}\omega)$，即

$$\begin{aligned}F(\omega)&=\lim_{T_1\to\infty}F(n\omega_1)T_1\\&=\lim_{\omega_1\to 0}\frac{2\pi F(n\omega_1)}{\omega_1}\\&=\lim_{T_1\to\infty}\int_{-\frac{T_1}{2}}^{\frac{T_1}{2}} f(t)\mathrm{e}^{-\mathrm{j}n\omega_1 t}\,\mathrm{d}t\end{aligned}\tag{3-15}$$

进一步可写成

$$F(\omega)=\int_{-\infty}^{+\infty} f(t)\mathrm{e}^{-\mathrm{j}\omega t}\,\mathrm{d}t\tag{3-16}$$

在式(3-15)中，$\dfrac{F(n\omega_1)}{\omega_1}$表示单位频带上的信号频谱值，即频谱密度的概念。因此，将 $F(\omega)$称为原函数 $f(t)$的频谱密度函数，简称为频谱函数，式(3-16)即为傅里叶正变换。借助于傅里叶变换，可分析非周期连续信号在频域内的特性。同样，也可由其频率特性得到时域表达式，这也可由周期信号的傅里叶级数导出。

由于周期信号 $f_{T_1}(t)$可表示为

$$f_{T_1}(t)=\sum_{n=-\infty}^{+\infty}F(n\omega_1)\mathrm{e}^{\mathrm{j}n\omega_1 t}$$

上式可改写为

$$f_{T_1}(t)=\sum_{n=-\infty}^{+\infty}\frac{F(n\omega_1)}{\omega_1}\omega_1\mathrm{e}^{\mathrm{j}n\omega_1 t}\tag{3-17}$$

当 $T_1\to\infty$，则有 $\omega_1\to\mathrm{d}\omega$，$n\omega_1\to\omega$，$\dfrac{F(n\omega_1)}{\omega_1}\to\dfrac{F(\omega)}{2\pi}$，于是式(3-17)的傅里叶级数变成如下积分形式

$$\lim_{T_1\to\infty}f_{T_1}(t)=\lim_{T_1\to\infty}\sum_{n=-\infty}^{+\infty}\frac{F(n\omega_1)}{\omega_1}\omega_1\mathrm{e}^{\mathrm{j}n\omega_1 t}=\frac{1}{2\pi}\int_{-\infty}^{+\infty}F(\omega)\mathrm{e}^{\mathrm{j}\omega t}\,\mathrm{d}\omega$$

即

$$f(t)=\frac{1}{2\pi}\int_{-\infty}^{+\infty}F(\omega)\mathrm{e}^{\mathrm{j}\omega t}\,\mathrm{d}\omega\tag{3-18}$$

此式即为傅里叶逆变换的形式。

为书写方便，习惯上采用如下符号

$$\begin{cases} F(\omega)=\mathcal{F}[f(t)]=\int_{-\infty}^{+\infty} f(t)\mathrm{e}^{-\mathrm{j}\omega t}\,\mathrm{d}t \quad \text{（傅里叶正变换）} \\ f(t)=\mathcal{F}^{-1}[F(\omega)]=\dfrac{1}{2\pi}\int_{-\infty}^{+\infty} F(\omega)\mathrm{e}^{\mathrm{j}\omega t}\,\mathrm{d}\omega \quad \text{（傅里叶逆变换）} \end{cases}$$

或者

$$f(t)\leftrightarrow F(\omega)$$

式中，$F(\omega)$是 $f(t)$的频谱函数，它一般是 ω 的复连续函数，通常可以写作

$$F(\omega)=|F(\omega)|\,\mathrm{e}^{\mathrm{j}\varphi(\omega)}$$

式中，$|F(\omega)|$是 $F(\omega)$的模，它代表信号中各频率分量分布值的相对大小，称为 $f(t)$的幅度谱；$\varphi(\omega)$是 $F(\omega)$的相位，它表示各频率分量之间的相位关系，称为 $f(t)$的相位谱。

将式(3-18)进一步展开可得

$$\begin{aligned} f(t) &= \frac{1}{2\pi}\int_{-\infty}^{+\infty} |F(\omega)|\,\mathrm{e}^{\mathrm{j}\varphi(\omega)}\mathrm{e}^{\mathrm{j}\omega t}\,\mathrm{d}\omega = \frac{1}{2\pi}\int_{-\infty}^{+\infty} |F(\omega)|\cos(\omega t+\varphi(\omega))\mathrm{d}\omega \\ &\quad \underbrace{+\frac{1}{2\pi}\mathrm{j}\int_{-\infty}^{+\infty} |F(\omega)|\sin(\omega t+\varphi(\omega))\mathrm{d}\omega}_{=0} \\ &= \int_{-\infty}^{+\infty} \frac{|F(\omega)|}{2\pi}\cos(\omega t+\varphi(\omega))\mathrm{d}\omega \end{aligned}$$

可以看出，非周期信号可以分解为无数个频率为 ω、振幅为$\dfrac{|F(\omega)|}{2\pi}\mathrm{d}\omega$ 的频率分量之和。

下面总结一下周期信号与非周期信号频谱之间的差异。

(1) 周期信号的频谱为离散谱，描述的是各次谐波分量的大小及初相位，非周期信号的频谱描述的是各频率分量在频域内分布情况，即频谱密度，且是连续分布的。

(2) 周期信号频谱 F_n 与非周期信号频谱密度 $F(\omega)$之间的关系为

$$F_n=\left.\frac{F(\omega)}{T_1}\right|_{\omega=n\omega_1}$$

式中，T_1 表示周期信号的周期，上述关系可由 F_n、$F(\omega)$定义式得到。另外，利用傅里叶变换分析非周期信号 $f(t)$的频谱时，$f(t)$需满足一定的条件，即

$$\int_{-\infty}^{+\infty} |f(t)|\,\mathrm{d}t<\infty$$

上式是傅里叶变换存在的充分条件。需要说明的是，任何非周期连续信号的频谱都存在，但是只有当信号满足绝对可积条件时，才可用傅里叶变换分析。当不满足绝对可积条件时，可借助已知函数的傅里叶变换或其他手段分析，后面将给出具体实例。

3.3.2 典型非周期信号的频谱

1. 矩形脉冲信号

矩形脉冲的表达式为

$$f(t)=E\left[u\left(t+\frac{\tau}{2}\right)-u\left(t-\frac{\tau}{2}\right)\right]$$

式中，E 为脉冲幅度；τ 为脉冲宽度。其波形如图 3-14 所示。

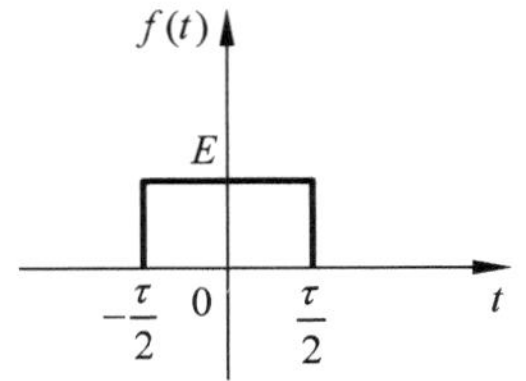

图 3-14　矩形脉冲信号

根据傅里叶变换的定义，有

$$F(\omega)=\int_{-\infty}^{+\infty} f(t)\mathrm{e}^{-\mathrm{j}\omega t}\,\mathrm{d}t=\int_{-\frac{\tau}{2}}^{\frac{\tau}{2}} E\mathrm{e}^{-\mathrm{j}\omega t}\,\mathrm{d}t$$

$$=E\tau\frac{\sin\left(\frac{\omega\tau}{2}\right)}{\frac{\omega\tau}{2}}$$

$$=E\tau\mathrm{Sa}\left(\frac{\omega\tau}{2}\right) \tag{3-19}$$

故矩形脉冲的幅度谱为

$$|F(\omega)|=E\tau\left|\mathrm{Sa}\left(\frac{\omega\tau}{2}\right)\right|$$

相位谱为

$$\varphi(\omega)=\begin{cases}0, & \frac{4n\pi}{\tau}<|\omega|<\frac{2(2n+1)\pi}{\tau}, & \mathrm{Sa}\left(\frac{\omega\tau}{2}\right)>0 \\ \pm\pi, & \frac{2(2n+1)\pi}{\tau}<|\omega|<\frac{2(2n+2)\pi}{\tau}, & \mathrm{Sa}\left(\frac{\omega\tau}{2}\right)<0\end{cases}\quad (n=0,1,2,\cdots)$$

其幅度谱和相位谱分别如图 3-15(a)、(b)所示。由于矩形脉冲的频谱函数 $F(\omega)$为实数，所以也可以直接用函数波形表示其频谱函数，如图 3-15(c)所示。

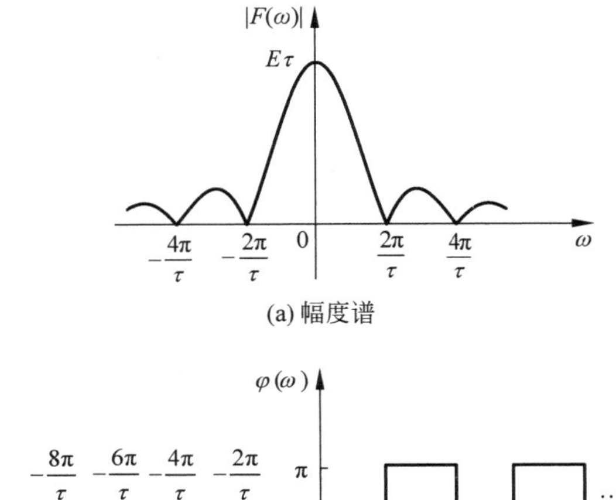

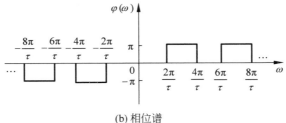

(b) 相位谱

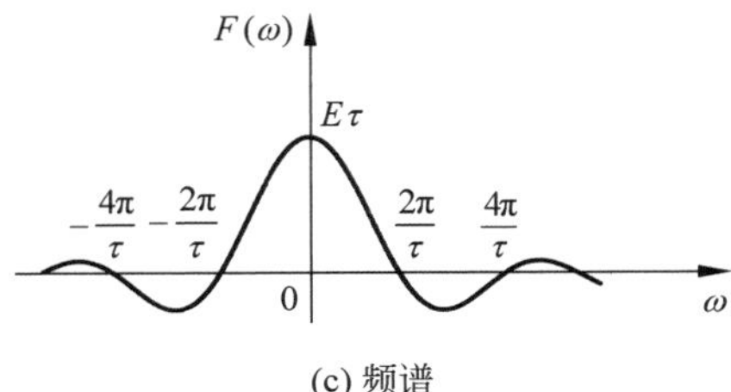

(c) 频谱

图 3-15　矩形脉冲信号的频谱

由此可见，矩形脉冲在时域上是有限长的，然而它的频谱却以 $\mathrm{Sa}\left(\frac{\omega\tau}{2}\right)$ 的变化规律分布在无限频率范围上，但是其信号能量主要处于 $\omega=0\sim\frac{2\pi}{\tau}$(rad/s)或 $f=0\sim\frac{1}{\tau}$(Hz)内。因此，一般定义该信号的有效带宽近似为$\frac{2\pi}{\tau}$或者$\frac{1}{\tau}$，即

$$B_{\omega}\approx\frac{2\pi}{\tau}\quad 或\quad B_{f}\approx\frac{1}{\tau}$$

由上述信号的时宽带宽关系进一步说明，信号在时域内存在的时间越短，在频域内占据的频带越宽，含有的高频分量越丰富。

另外，与例 3-2 中周期为 T_1、宽度为 τ 的矩形脉冲序列的频谱 F_n 相比，也验证了 $F_n=\frac{1}{T_1}F(\omega)\Big|_{\omega=n\omega_1}$ 的关系。

2. 单位冲激信号

单位冲激信号的傅里叶变换为

$$F(\omega)=\int_{-\infty}^{+\infty}\delta(t)\mathrm{e}^{-\mathrm{j}\omega t}\,\mathrm{d}t=1$$

上式用到了冲激信号的取样特性，图 3-16(a)、(b)分别给出了冲激信号及其频谱。

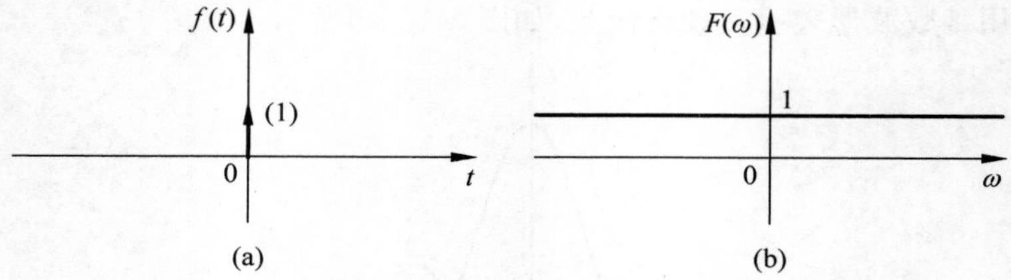

图 3-16 冲激信号及其频谱图

这又一次证明了时间域存在时间越短的信号，在频域内占据的带宽越宽。

3. 单边指数信号

单边指数信号的表达式为

$$f(t)=\begin{cases}E\mathrm{e}^{-\alpha t}, & t\geqslant 0\\ 0, & t<0\end{cases}\quad(\alpha>0)$$

波形如图 3-17 所示。

根据傅里叶变换的定义可求得

$$F(\omega)=\int_{0}^{+\infty}E\mathrm{e}^{-\alpha t}\mathrm{e}^{-\mathrm{j}\omega t}\,\mathrm{d}t=\frac{E}{\alpha+\mathrm{j}\omega}$$

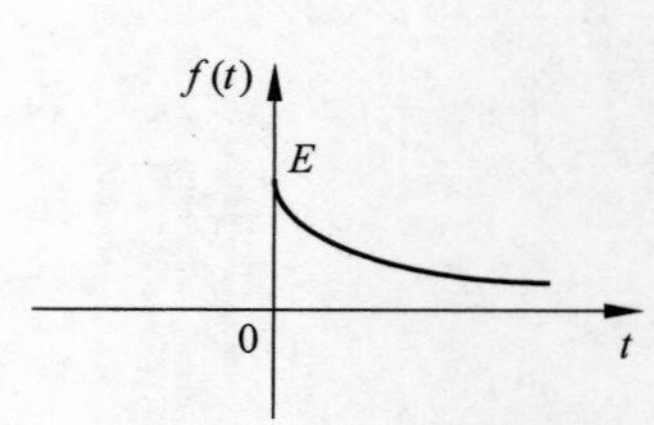

图 3-17 单边指数信号

其幅度谱为

$$|F(\omega)|=\frac{E}{\sqrt{\alpha^2+\omega^2}}$$

相位谱为

$$\varphi(\omega) = -\arctan\left(\frac{\omega}{\alpha}\right)$$

图 3-18(a)、(b)分别给出了单边指数信号的幅度谱和相位谱。

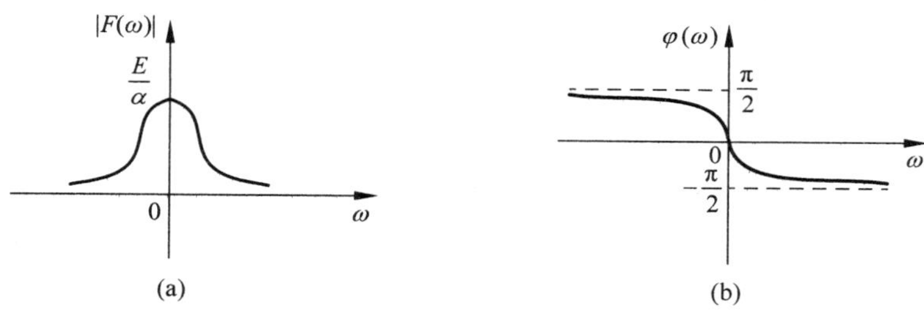

图 3-18　单边指数信号的频谱

4. 符号信号

符号函数的表达式为

$$f(t) = \mathrm{sgn}(t) = \begin{cases} 1, & t > 0 \\ -1, & t < 0 \end{cases}$$

该信号函数不满足狄利赫利绝对可积条件，不能直接用傅里叶变换公式计算其频谱。但可以借助符号函数和双边指数函数相乘，求相乘之后信号的频谱，再取极限，具体过程如下。

令

$$f_1(t) = \mathrm{sgn}(t)\mathrm{e}^{-\alpha|t|} \quad (\alpha > 0)$$

则

$$\begin{aligned} F_1(\omega) &= \int_{-\infty}^{+\infty} \mathrm{e}^{-\alpha|t|}\ \mathrm{e}^{-\mathrm{j}\omega t}\mathrm{d}t \\ &= \int_{-\infty}^{0} -\mathrm{e}^{\alpha t}\mathrm{e}^{-\mathrm{j}\omega t}\mathrm{d}t + \int_{0}^{+\infty} \mathrm{e}^{-\alpha t}\mathrm{e}^{-\mathrm{j}\omega t}\mathrm{d}t \\ &= \frac{-1}{\alpha - \mathrm{j}\omega} + \frac{1}{\alpha + \mathrm{j}\omega} \end{aligned}$$

而 $\mathrm{sgn}(t) = \lim\limits_{\alpha \to 0} f_1(t)$，所以

$$\mathcal{F}[\mathrm{sgn}(t)] = \lim_{\alpha \to 0} F_1(\omega) = \frac{2}{\mathrm{j}\omega}$$

其幅度谱为

$$|F(\omega)| = \frac{2}{|\omega|}$$

相位谱为

$$\varphi(\omega) = \begin{cases} -\pi/2, & \omega > 0 \\ \pi/2, & \omega < 0 \end{cases}$$

其幅度谱和相位谱如图 3-19 所示。

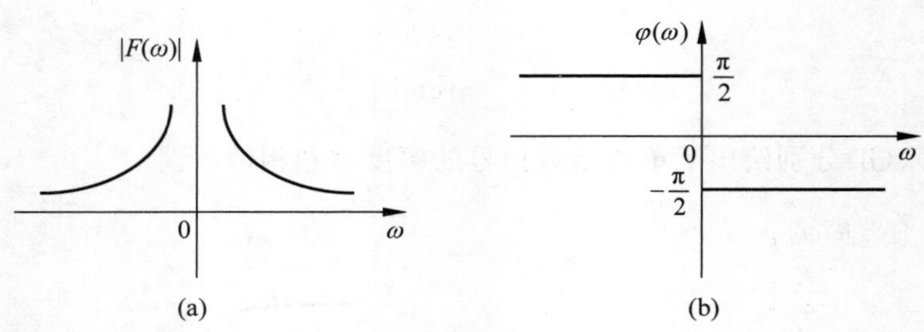

图 3-19　符号函数的频谱

5. 升余弦脉冲信号

升余弦脉冲信号的表达式为

$$f(t)=\frac{E}{2}\left[1+\cos\left(\frac{\pi t}{\tau}\right)\right],\quad 0\leqslant|t|\leqslant\tau$$

其傅里叶变换为

$$\begin{aligned}F(\omega)&=\int_{-\infty}^{+\infty}f(t)\mathrm{e}^{-\mathrm{j}\omega t}\mathrm{d}t\\&=\int_{-\tau}^{\tau}\frac{E}{2}\left[1+\cos\left(\frac{\pi t}{\tau}\right)\right]\mathrm{e}^{-\mathrm{j}\omega t}\mathrm{d}t\\&=\frac{E}{2}\int_{-\tau}^{\tau}\mathrm{e}^{-\mathrm{j}\omega t}\mathrm{d}t+\frac{E}{4}\int_{-\tau}^{\tau}\mathrm{e}^{\mathrm{j}\frac{\pi t}{\tau}}\mathrm{e}^{-\mathrm{j}\omega t}\mathrm{d}t+\frac{E}{4}\int_{-\tau}^{\tau}\mathrm{e}^{-\mathrm{j}\frac{\pi t}{\tau}}\mathrm{e}^{-\mathrm{j}\omega t}\mathrm{d}t\\&=E\tau\mathrm{Sa}(\omega\tau)+\frac{E\tau}{2}\mathrm{Sa}\left[\left(\omega-\frac{\pi}{\tau}\right)\tau\right]+\frac{E\tau}{2}\mathrm{Sa}\left[\left(\omega+\frac{\pi}{\tau}\right)\tau\right]\end{aligned}$$

显然，$F(\omega)$的频谱是由 $\mathrm{Sa}(\omega\tau)$及其平移函数等三项组成。图 3-20(a)、(b)分别给出升余弦脉冲及其频谱的合成过程。

由图 3-20 可知，升余弦脉冲信号的频谱较矩形脉冲的频谱更加集中，对于半幅度宽度为 τ 的升余弦脉冲信号，其大部分能量集中在 $\omega=0\sim\frac{2\pi}{\tau}$。因为这个能量集中的特性，升余弦信号在数字通信中被广泛采用，但形式略有不同。

3.3.3　傅里叶变换的性质

在实际应用中，经常需要了解信号在时域进行某种运算后，频域发生何种变化，或者由频域的运算推测时域的变动。此时，既可以用傅里叶正变换和逆变换的定义式来求得，也可以借助傅里叶变换的基本性质获得结果。傅里叶变换的性质揭示了信号的时域特性和频域特性之间确定的内在联系，用它来求解问题不仅比较简便，而且物理概念清楚。考虑到大多数读者都应在相关数学课中学过傅里叶变换，因此，本节只给出每个性质结论、含义及应用举例，不再逐一证明。

1. 线性特性

若 $f_1(t)\leftrightarrow F_1(\omega)$，$f_2(t)\leftrightarrow F_2(\omega)$，则有

$$c_1f_1(t)+c_2f_2(t)\leftrightarrow c_1F_1(\omega)+c_2F_2(\omega)$$

式中，c_1 和 c_2 为任意常数。

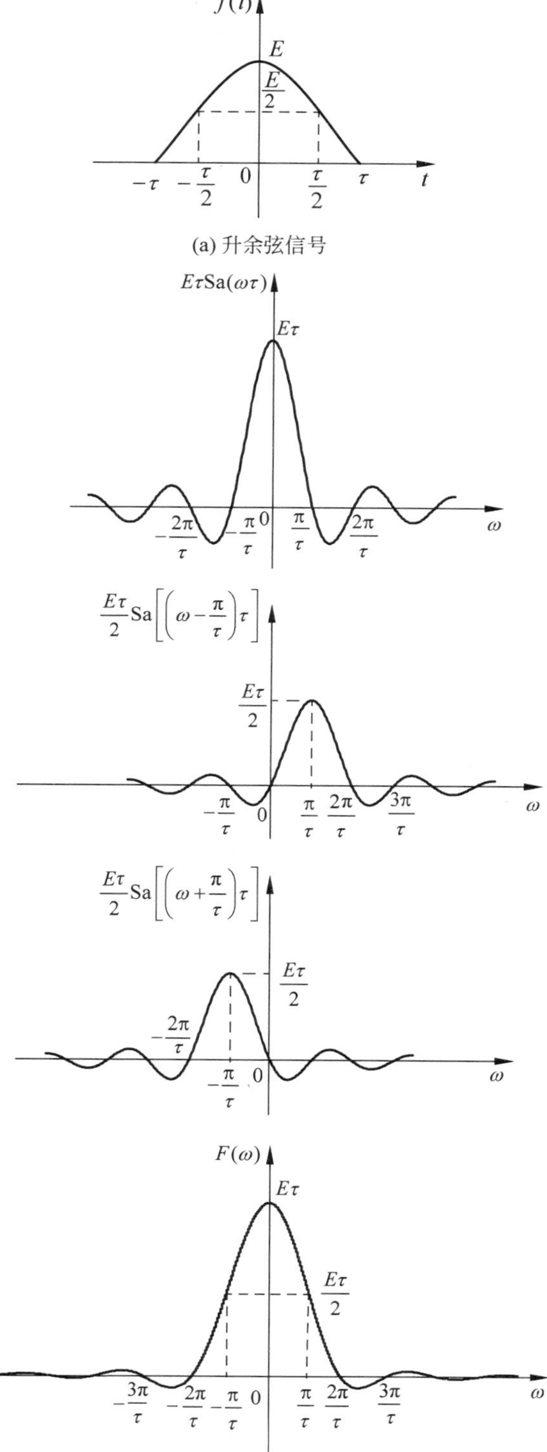

(a) 升余弦信号

(b) 频谱合成过程

图 3-20　升余弦信号及其频谱

2. 对称性

若 $f(t)\leftrightarrow F(\omega)$，则

$$F(t)\leftrightarrow 2\pi f(-\omega)$$

当 $f(t)$为偶函数时

$$F(t)\leftrightarrow 2\pi f(\omega)$$

对称性表明，信号的时域波形与其频谱函数具有对称互易的关系。也就是说，如果知道 $f(t)$的频谱为 $F(\omega)$，则 $F(t)$的频谱就是原时间信号沿纵轴的镜像。

例 3-4 已知$\mathcal{F}[\delta(t)]=1$，利用对称性求直流信号 $f(t)=1$ 的频谱 $F(\omega)$。

解 由于$\mathcal{F}[\delta(t)]=1$，利用对称性有

$$F(\omega)=\mathcal{F}[1]=2\pi\delta(-\omega)=2\pi\delta(\omega)$$

由此可以看出，冲激函数的频谱为常数，直流信号的频谱则为冲激函数，即 $\delta(t)\xleftrightarrow{\mathcal{F}}1$，则 $1\xleftrightarrow{\mathcal{F}}2\pi\delta(\omega)$，其波形对比如图 3-21 所示。

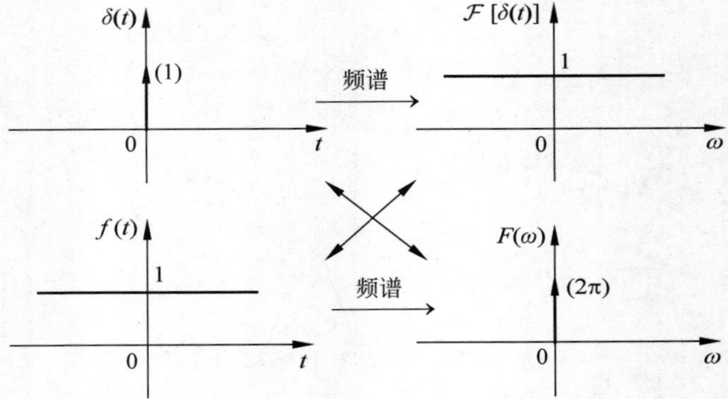

图 3-21 冲激函数和直流信号的频谱对比

例 3-5 已知矩形脉冲为 $f(t)=u\left(t+\frac{\tau}{2}\right)-u\left(t-\frac{\tau}{2}\right)$，其频谱 $F(\omega)=\tau\mathrm{Sa}\left(\frac{\omega}{2}\tau\right)$，利用对称性求 $f_1(t)=\tau\mathrm{Sa}\left(\frac{\tau}{2}t\right)$的频谱 $F_1(\omega)$。

解 由于 $F(\omega)=\tau\mathrm{Sa}\left(\frac{\omega}{2}\tau\right)$，利用对称性有

$$F_1(\omega)=\mathcal{F}\left[\tau\mathrm{Sa}\left(\frac{\tau}{2}t\right)\right]=2\pi\left[u\left(\omega+\frac{\tau}{2}\right)-u\left(\omega-\frac{\tau}{2}\right)\right]$$

由此可以看出，矩形脉冲的频谱为 Sa 函数，而 Sa 函数的频谱则为矩形函数，即 $u\left(t+\frac{\tau}{2}\right)-u\left(t-\frac{\tau}{2}\right)\xleftrightarrow{\mathcal{F}}\tau\mathrm{Sa}\left(\frac{\omega}{2}\tau\right)$，则 $\tau\mathrm{Sa}\left(\frac{\tau}{2}t\right)\xleftrightarrow{\mathcal{F}}2\pi\left[u\left(\omega+\frac{\tau}{2}\right)-u\left(\omega-\frac{\tau}{2}\right)\right]$，其波形对比如图 3-22 所示。

3. 尺度变换特性

若 $f(t)\leftrightarrow F(\omega)$，则

$$F(at)\leftrightarrow\frac{1}{|a|}F\left(\frac{\omega}{a}\right)$$

式中，a 为不等于零的实数。

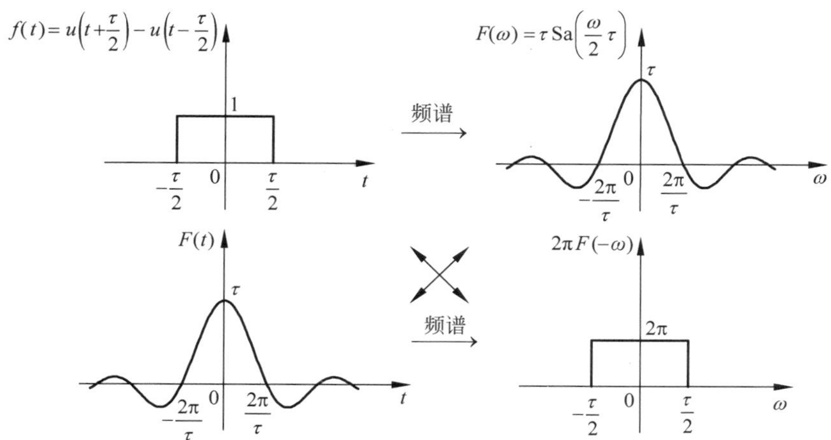

图 3-22　矩形脉冲和 Sa 函数的频谱对比

尺度变换特性表明，信号在时域中压缩($a>1$)等效于在频域中扩展；反之，信号在时域中扩展($a<1$)等效于在频域中压缩。这并不难理解，因为信号在时域中压缩 a 倍，信号随时间变化加快 a 倍，所以它所包含的频率分量增加 a 倍，也就是说频谱展宽 a 倍。根据能量守恒定律，各频率分量的大小必然要减小 a 倍。图 3-23(a)～(c)分别给出不同时域宽度的矩形脉冲和相对应的频谱，以此来说明尺度变换的特性。

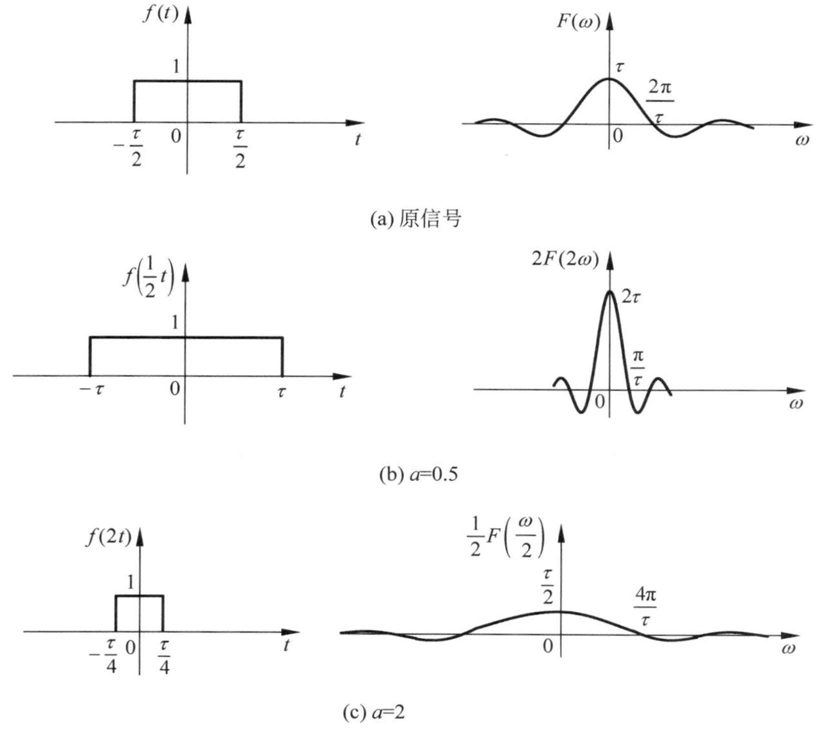

图 3-23　尺度变换特性举例

4. 时移特性

若 $f(t)\leftrightarrow F(\omega)$，则

$$f(t-t_0)\leftrightarrow F(\omega)\mathrm{e}^{-\mathrm{j}\omega t_0}$$

式中，t_0 为任意常数。

时移特性表明，信号在时域中相对原信号超前或滞后 t_0 个单位，其中幅度谱保持不变，相位谱产生一个附加相移 $-\omega t_0$；反之，若两个信号在频域内的幅度谱相同，相位谱之间有一个相位差，且是 ω 的一次函数，则两个信号在时域内波形相同，但有一个相对位移。

例 3-6 已知 $\mathcal{F}[f(t)]=F(\omega)$，$g(t)=f(2t+4)$，求 $\mathcal{F}[g(t)]$。

解 $f(2t+4)$ 是 $f(t)$ 经过压缩、平移两种运算而得到的信号，求其频谱需要用到展缩特性和时移特性。在求解时可以将 $f(t)$ 先压缩再平移，也可以将 $f(t)$ 先左移后压缩，这两种方法的计算过程稍有不同，现在分别求解如下。

(1) 压缩 $t\rightarrow 2t$，$f(2t)\leftrightarrow \dfrac{1}{2}F\left(\dfrac{\omega}{2}\right)$

左移 $t\rightarrow t+2$，$f[2(t+2)]=f(2t+4)\leftrightarrow \dfrac{1}{2}F\left(\dfrac{\omega}{2}\right)\mathrm{e}^{\mathrm{j}2\omega}$

(2) 左移 $t\rightarrow t+4$，$f(t+4)\leftrightarrow F(\omega)\mathrm{e}^{\mathrm{j}4\omega}$

压缩 $t\rightarrow 2t$，$f(2t+4)\leftrightarrow \dfrac{1}{2}F\left(\dfrac{\omega}{2}\right)\mathrm{e}^{\mathrm{j}2\omega}$

5. 频移特性(调制定理)

若 $f(t)\leftrightarrow F(\omega)$，则

$$f(t)\mathrm{e}^{\mathrm{j}\omega_0 t}\leftrightarrow F(\omega-\omega_0)$$

频移特性表明，若时间信号 $f(t)$ 在时域中乘以因子 $\mathrm{e}^{\mathrm{j}\omega_0 t}$，即相对于原信号增加一个相位，等效于 $f(t)$ 的频谱 $F(\omega)$ 沿频率轴移动 ω_0 个单位，这就是所谓的频谱搬移技术，也称为调制定理。该性质在通信系统中得到广泛应用，诸如调幅、同步解调、频分复用等过程都是在此基础上完成的。在实际应用中，频谱搬移过程是将信号 $f(t)$ 与载频信号 $\cos(\omega_0 t)$ 或 $\sin(\omega_0 t)$ 相乘。下面分析这种相乘作用引起的频谱搬移。

因为

$$\cos(\omega_0 t)=\frac{1}{2}(\mathrm{e}^{\mathrm{j}\omega_0 t}+\mathrm{e}^{-\mathrm{j}\omega_0 t})$$

$$\sin(\omega_0 t)=\frac{1}{2\mathrm{j}}(\mathrm{e}^{\mathrm{j}\omega_0 t}-\mathrm{e}^{-\mathrm{j}\omega_0 t})$$

可以导出

$$\mathcal{F}[f(t)\cos(\omega_0 t)]=\frac{1}{2}[F(\omega+\omega_0)+F(\omega-\omega_0)]$$

$$\mathcal{F}[f(t)\sin(\omega_0 t)]=\frac{\mathrm{j}}{2}[F(\omega+\omega_0)-F(\omega-\omega_0)]$$

所以，若时间信号 $f(t)$ 乘以 $\cos(\omega_0 t)$ 或 $\sin(\omega_0 t)$，等效于 $f(t)$ 的频谱 $F(\omega)$ 一分为二，沿频率轴向左和向右各搬移至 ω_0，从而实现频谱搬移。

例 3-7 已知矩形调幅信号

$$f(t)=G(t)\cos(\omega_0 t)$$

其波形如图 3-24 所示。其中 $G(t)$ 为矩形脉冲，幅度为 E，脉宽为 τ，如图 3-24 中虚线所示，试求其频谱函数。

解　根据

$$\begin{aligned}f(t)&=G(t)\cos(\omega_0 t)\\&=\frac{1}{2}G(t)[\mathrm{e}^{\mathrm{j}\omega_0 t}+\mathrm{e}^{-\mathrm{j}\omega_0 t}]\end{aligned}$$

利用频移特性得

$$F(\omega)=\frac{1}{2}G(\omega-\omega_0)+\frac{1}{2}G(\omega+\omega_0)$$

由式(3-19)可知

$$G(\omega)=E\tau\cdot \mathrm{Sa}\left(\frac{\omega\tau}{2}\right)$$

代入 $F(\omega)$ 得

$$F(\omega)=\frac{E\tau}{2}\mathrm{Sa}\left[(\omega-\omega_0)\frac{\tau}{2}\right]+\frac{E\tau}{2}\mathrm{Sa}\left[(\omega+\omega_0)\frac{\tau}{2}\right]$$

可见，调幅信号的频谱等于将矩形脉冲的频谱各向左、右搬移 ω_0，幅度降低 $\frac{1}{2}$，如图 3-25 所示。

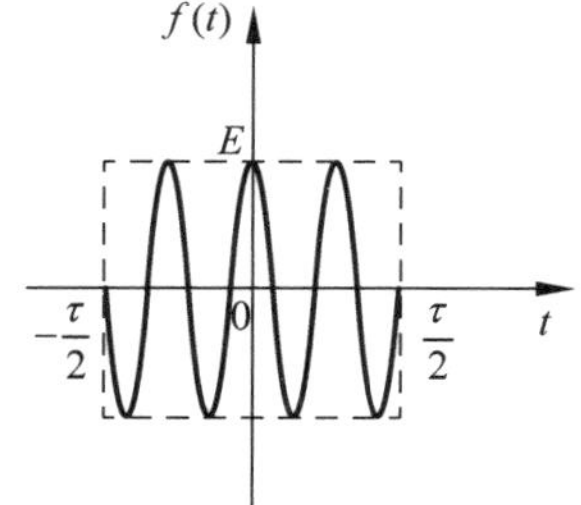

图 3-24　矩形调幅信号的波形

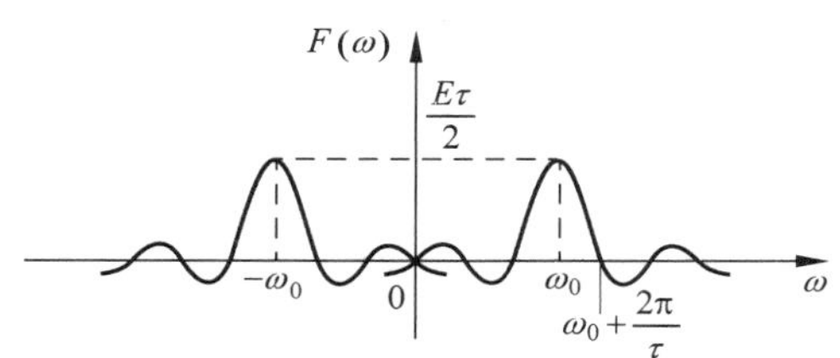

图 3-25　矩形调幅信号的频谱

6. 卷积特性

1）时域卷积特性

若 $f_1(t)\leftrightarrow F_1(\omega)$，$f_2(t)\leftrightarrow F_2(\omega)$，则

$$f_1(t)*f_2(t)\leftrightarrow F_1(\omega)F_2(\omega)$$

时域卷积性质说明，两个信号在时域内卷积，其频谱等于相卷积两信号频谱的乘积，即在时域卷积，频域相乘。该性质是线性系统分析从时域转到频域的桥梁。

2）频域卷积特性

若 $f_1(t)\leftrightarrow F_1(\omega)$，$f_2(t)\leftrightarrow F_2(\omega)$，则

$$f_1(t)\cdot f_2(t)\leftrightarrow \frac{1}{2\pi}F_1(\omega)*F_2(\omega)$$

频域卷积性质说明，两个信号在时域内相乘，其频谱等于两信号频谱的卷积再除以 2π。

从以上两个卷积特性可以看出，两个信号在一个域内相乘运算，转到另一个域即为卷积

运算，只是相差一个系数 2π。

例 3-8 已知信号 $f(t)=\mathrm{Sa}(t)$，$y(t)=f^2(t)$，求 $Y(\omega)$。

解 $f(t)$的傅里叶变换为

$$F(\omega)=\pi[u(\omega+1)-u(\omega-1)]$$

其波形如图 3-26(a)所示。由于 $y(t)=f^2(t)$，利用傅里叶变换频域卷积特性得

$$\begin{aligned}Y(\omega)&=\frac{1}{2\pi}F(\omega)*F(\omega)\\&=\frac{1}{2\pi}\{\pi[u(\omega+1)-u(\omega-1)]\}*\{\pi[u(\omega+1)-u(\omega-1)]\}\\&=\left(\frac{\pi}{2}\omega+\pi\right)[u(\omega+2)-u(\omega)]+\left(-\frac{\pi}{2}\omega+\pi\right)[u(\omega)-u(\omega-2)]\\&=\left(\frac{\pi}{2}\omega+\pi\right)u(\omega+2)-\pi\omega u(\omega)+\left(\frac{\pi}{2}\omega-\pi\right)u(\omega-2)\end{aligned}$$

其波形如图 3-26(b)所示。

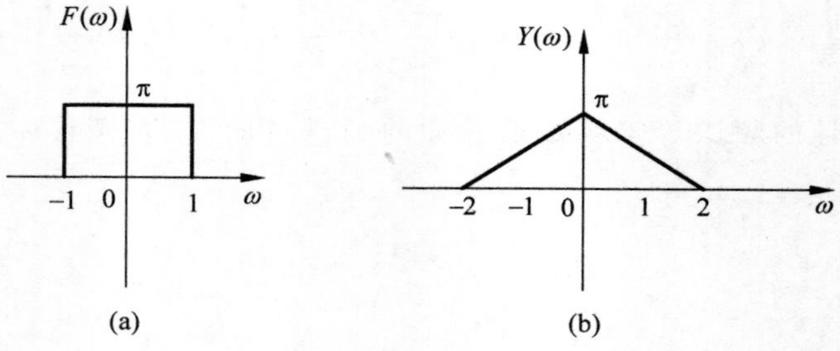

图 3-26 例 3-8 图

7. 微分特性

1) 时域微分特性

若 $f(t)\leftrightarrow F(\omega)$，则

$$f'(t)\leftrightarrow \mathrm{j}\omega F(\omega),\quad f^{(n)}(t)\leftrightarrow(\mathrm{j}\omega)^nF(\omega)$$

式中，$f^{(n)}(t)$表示$\dfrac{\mathrm{d}^nf(t)}{\mathrm{d}t^n}$。

微分特性表明，时域中 $f(t)$对 t 取 n 阶导数等效于在频域中给 $f(t)$的频谱函数乘以 $(\mathrm{j}\omega)^n$。

2) 频域微分特性

若 $f(t)\leftrightarrow F(\omega)$，则

$$tf(t)\leftrightarrow \mathrm{j}\,\frac{\mathrm{d}F(\omega)}{\mathrm{d}\omega}$$

例 3-9 已知 $f_1(t)=E\tau\mathrm{Sa}\left(\frac{\tau}{2}t\right)$的傅里叶变换 $F_1(\omega)=2\pi E\left[u\left(\omega+\frac{\tau}{2}\right)-u\left(\omega-\frac{\tau}{2}\right)\right]$，求 $f_2(t)=tf_1(t)$的频谱 $F_2(\omega)$。

解 利用频域微分特性得

$$F_2(\omega)=\mathrm{j}\,\frac{\mathrm{d}F_1(\omega)}{\mathrm{d}\omega}$$

$$=\mathrm{j}2\pi E\left[\delta\left(\omega+\frac{\tau}{2}\right)-\delta\left(\omega-\frac{\tau}{2}\right)\right]$$

8. 时域积分特性

若 $f(t)\leftrightarrow F(\omega)$，则

$$\int_{-\infty}^{t} f(\tau)\mathrm{d}\tau \leftrightarrow \pi F(0)\delta(\omega)+\frac{F(\omega)}{\mathrm{j}\omega}$$

其中

$$F(0)=F(\omega)\mid_{\omega=0}$$

例 3-10 已知 $F(\omega)=\mathcal{F}[\delta(t)]=1$，利用积分特性求阶跃信号 $u(t)$ 的傅里叶变换 $G(\omega)$。

解 由于 $u(t)=\int_{-\infty}^{t}\delta(\tau)\mathrm{d}\tau$，且已知 $\mathcal{F}[\delta(t)]=1$，所以直接利用积分特性得 $u(t)$ 的傅里叶变换为

$$U(\omega)=\pi F(0)\delta(\omega)+\frac{F(\omega)}{\mathrm{j}\omega}$$

$$=\pi\delta(\omega)+\frac{1}{\mathrm{j}\omega}$$

其幅度谱和相位谱如图 3-27 所示。

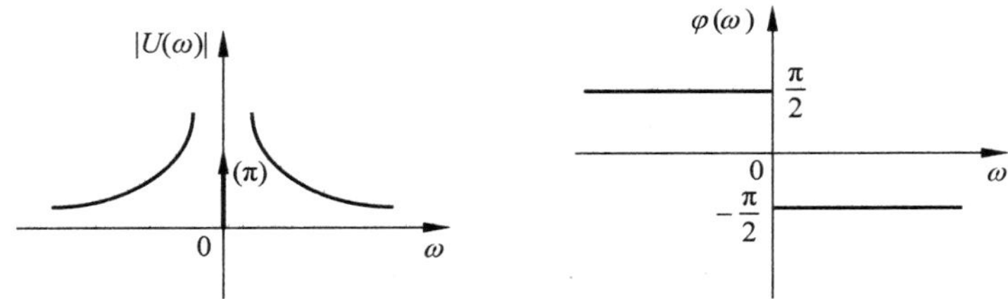

图 3-27 单位阶跃函数的频谱

例 3-11 已知三角脉冲信号

$$f(t)=\begin{cases}E\left(1-\dfrac{2\mid t\mid}{\tau}\right), & \mid t\mid\leqslant\dfrac{\tau}{2}\\ 0, & \mid t\mid>\dfrac{\tau}{2}\end{cases}$$

如图 3-28(a)所示，求其频谱 $F(\omega)$。

解 将 $f(t)$ 取一阶与二阶导数，分别得到

$$f_1(t)=\frac{\mathrm{d}f(t)}{\mathrm{d}t}$$

$$=\frac{2E}{\tau}\left[u\left(t+\frac{\tau}{2}\right)-u(t)\right]-\frac{2E}{\tau}\left[u(t)-u\left(t-\frac{\tau}{2}\right)\right]$$

$$f_2(t)=\frac{\mathrm{d}^2 f(t)}{\mathrm{d}t^2}$$

$$=\frac{2E}{\tau}\left[\delta\left(t+\frac{\tau}{2}\right)+\delta\left(t-\frac{\tau}{2}\right)-2\delta(t)\right]$$

其波形如图 3-28(b)和(c)所示。对 $f_2(t)$ 求傅里叶变换得

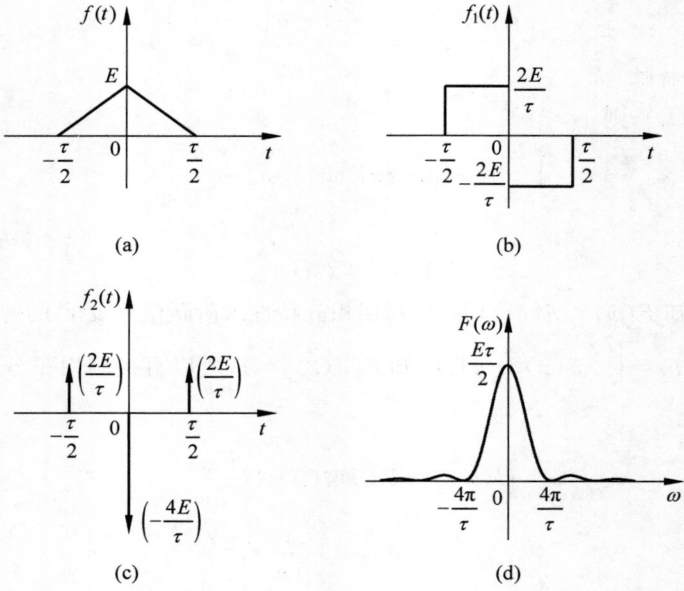

图 3-28　例 3-11 图

$$
\begin{aligned}
F_2(\omega) &= \mathcal{F}\left[\frac{\mathrm{d}^2 f(t)}{\mathrm{d}t^2}\right] = (\mathrm{j}\omega)^2 F(\omega) \\
&= \frac{2E}{\tau}\left(\mathrm{e}^{-\mathrm{j}\omega\frac{\tau}{2}} + \mathrm{e}^{\mathrm{j}\omega\frac{\tau}{2}} - 2\right) \\
&= \frac{2E}{\tau}\left[2\cos\left(\frac{\omega\tau}{2}\right) - 2\right] \\
&= -\frac{8E}{\tau}\sin^2\left(\frac{\omega\tau}{4}\right)
\end{aligned}
$$

所以

$$
F(\omega) = \frac{1}{(\mathrm{j}\omega)^2}\left[-\frac{8E}{\tau}\sin^2\left(\frac{\omega\tau}{4}\right)\right]
$$

经化简得 $f(t)$的频谱为

$$
F(\omega) = \frac{E\tau}{2}\frac{\sin^2\left(\frac{\omega\tau}{4}\right)}{\left(\frac{\omega\tau}{4}\right)^2} = \frac{E\tau}{2}\mathrm{Sa}^2\left(\frac{\omega\tau}{4}\right)
$$

其频谱图如图 3-28(d)所示。可以看出，三角脉冲的频谱是一个 ω 的正实函数，在整个频率轴上相位为 0。

需要再次强调，利用傅里叶变换积分特性求解某信号 $f(t)$的频谱，对 $f(t)$求导时，$f(t)$需满足绝对可积条件或者 $f(t)$满足在 $f(-\infty)$处为 0。若不满足，则分以下两种情况处理。

(1) 不满足绝对可积，则需同时使用微积分特性求解信号的频谱。

(2) 若不满足 $f(-\infty)=0$，微积分特性同时使用，且积分特性为

$$
F(\omega) = \pi G(0)\delta(\omega) + \frac{G(\omega)}{\mathrm{j}\omega} + 2\pi f(-\infty)\delta(\omega)
$$

下面给出分析推导过程。设

$$f'(t)=g(t)$$

即$\dfrac{\mathrm{d}f(t)}{\mathrm{d}t}=g(t)$，则

$$\mathrm{d}f(t)=g(t)\mathrm{d}t$$

对上式从$-\infty$到t积分，有

$$f(t)-f(-\infty)=\int_{-\infty}^{t}g(\tau)\mathrm{d}\tau$$

则

$$f(t)=\int_{-\infty}^{t}g(\tau)\mathrm{d}\tau+f(-\infty) \tag{3-20}$$

取傅里叶变换得

$$F(\omega)=\pi G(0)\delta(\omega)+\frac{G(\omega)}{\mathrm{j}\omega}+2\pi f(-\infty)\delta(\omega) \tag{3-21}$$

此时，与傅里叶变换积分特性结果相差$2\pi f(-\infty)\delta(\omega)$一项，在积分特性中，隐含着$g^{(-1)}(-\infty)=f(-\infty)=0$。

例 3-12　求图 3-29(a)、(b)所示信号的频谱。

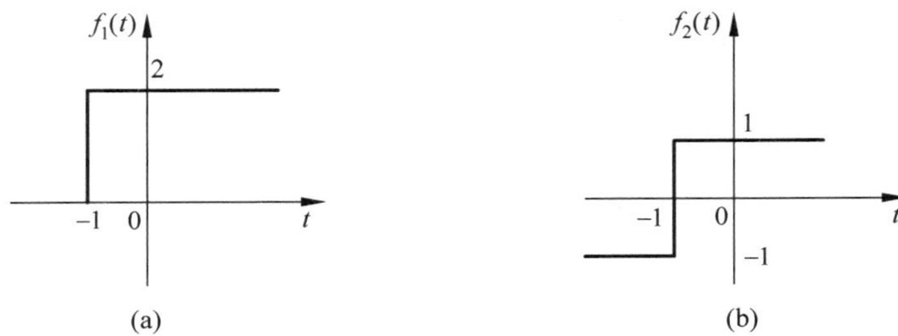

图 3-29　例 3-12 图

解　(1) 图 3-29(a)所示的函数可写为

$$f_1(t)=2u(t+1)$$

对其求导可得

$$g(t)=f_1'(t)=2\delta(t+1)$$

所以

$$G(\omega)=2\mathrm{e}^{\mathrm{j}\omega}$$

而

$$f_1(t)=\int_{-\infty}^{t}g(\tau)\mathrm{d}\tau$$

故

$$\begin{aligned}F_1(\omega)&=\pi G(0)\delta(\omega)+\frac{G(\omega)}{\mathrm{j}\omega}\\&=2\pi\delta(\omega)+\frac{2\mathrm{e}^{\mathrm{j}\omega}}{\mathrm{j}\omega}\end{aligned}$$

(2) 图 3-29(b)所示的函数可写为

$$f_2(t)=2u(t+1)-1$$

由图 3-29(b)可见，$f_2(-\infty)=-1$，不满足 $f(-\infty)=0$，故由式(3-21)得

$$F_2(\omega)=2\pi\delta(\omega)+\frac{2\mathrm{e}^{\mathrm{j}\omega}}{\mathrm{j}\omega}-2\pi\delta(\omega)=\frac{2\mathrm{e}^{\mathrm{j}\omega}}{\mathrm{j}\omega}$$

除以上介绍的傅里叶变换常用性质外，还有其他性质，如奇偶虚实特性等，读者可以参考积分变换等相关教材学习。

3.3.4 周期信号的傅里叶变换(频谱密度函数)

3.2 节介绍了周期信号的频谱分析方法及其特点。那么，周期信号的频谱密度函数该具有什么特点，是以什么形式分布的呢？这同样可借助于傅里叶变换来分析。

1. 正弦信号、余弦信号的傅里叶变换

将 $\cos\omega_0 t$ 或 $\sin\omega_0 t$ 用欧拉公式展开并利用

$$1\leftrightarrow 2\pi\delta(\omega)$$

及

$$1\cdot \mathrm{e}^{\mathrm{j}\omega_0 t}\leftrightarrow 2\pi\delta(\omega-\omega_0)$$

可得

$$\cos\omega_0 t=\frac{1}{2}\left(\mathrm{e}^{\mathrm{j}\omega_0 t}+\mathrm{e}^{-\mathrm{j}\omega_0 t}\right)\leftrightarrow \pi[\delta(\omega-\omega_0)+\delta(\omega+\omega_0)]$$

$$\sin\omega_0 t=\frac{1}{2\mathrm{j}}\left(\mathrm{e}^{\mathrm{j}\omega_0 t}-\mathrm{e}^{-\mathrm{j}\omega_0 t}\right)\leftrightarrow -\mathrm{j}\pi[\delta(\omega-\omega_0)-\delta(\omega+\omega_0)]$$

其频谱分别如图 3-30 和图 3-31 所示。可以发现，这两个信号的频谱密度(傅里叶变换)仍位于原信号谱线位置处，只是变为了冲激函数。

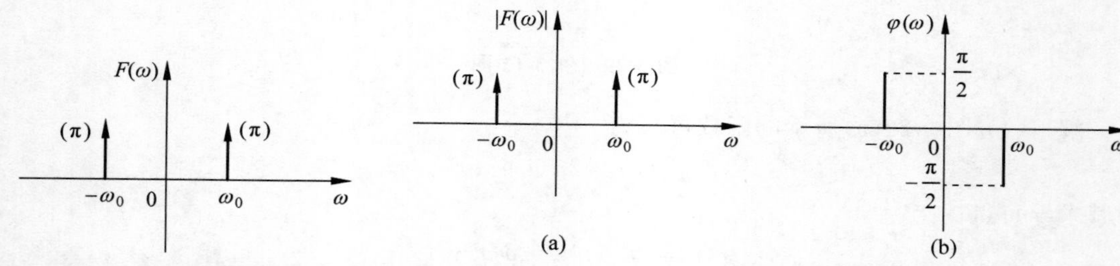

图 3-30 余弦信号的频谱

图 3-31 正弦信号的频谱

2. 一般周期信号

设周期信号为 $f_{T_1}(t)$，其周期为 T_1，将其表示为指数傅里叶级数形式为

$$f_{T_1}(t)=\sum_{n=-\infty}^{+\infty}F_n\mathrm{e}^{\mathrm{j}n\omega_1 t}$$

式中，F_n 是 $f_{T_1}(t)$的谱系数，$\omega_1=\dfrac{2\pi}{T_1}$，对上式两边做傅里叶变换得

$$\begin{aligned}F(\omega)&=\mathcal{F}[f_{T_1}(t)]\\&=\mathcal{F}\left[\sum_{n=-\infty}^{+\infty}F_n\mathrm{e}^{\mathrm{j}n\omega_1 t}\right]\end{aligned}$$

$$\begin{aligned}&= \sum_{n=-\infty}^{+\infty} F_n\,\mathcal{F}[\mathrm{e}^{\mathrm{j}n\omega_1 t}]\\&= 2\pi \sum_{n=-\infty}^{+\infty} F_n \delta(\omega - n\omega_1)\end{aligned} \tag{3-22}$$

式(3-22)表明：周期信号的频谱密度函数(傅里叶变换)是由一些冲激函数组成的，这些冲激位于信号的各谐波 $n\omega_1$(n 为整数)处，每个冲激的强度是 $f_{T_1}(t)$谱系数 F_n 的 2π 倍。不难理解这一结果，因为频谱密度函数描述的是单位频带宽度上频谱分量的大小，周期信号的频谱是由离散的谱线组成的，对每一根谱线存在的点上，所占据的频带宽度为无限小，但频谱分量的大小是一个定值，故密度值趋于无穷大，即冲激信号。而在非谱线存在的频段上，频谱分量为 0，密度自然也为 0。

例 3-13　求如图 3-32(a)所示的周期矩形脉冲信号的频谱密度函数。

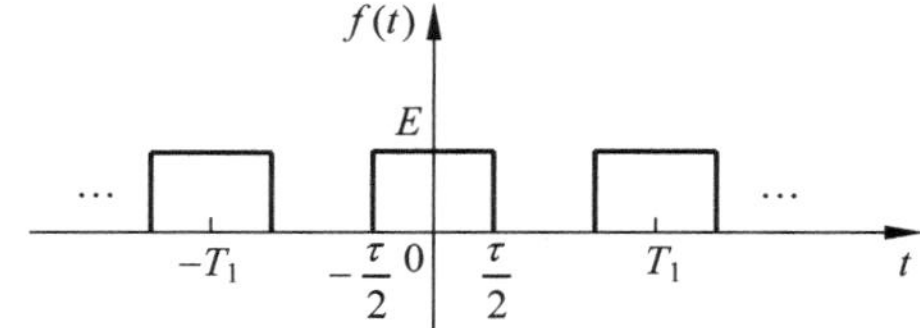

(a) 周期矩形脉冲信号

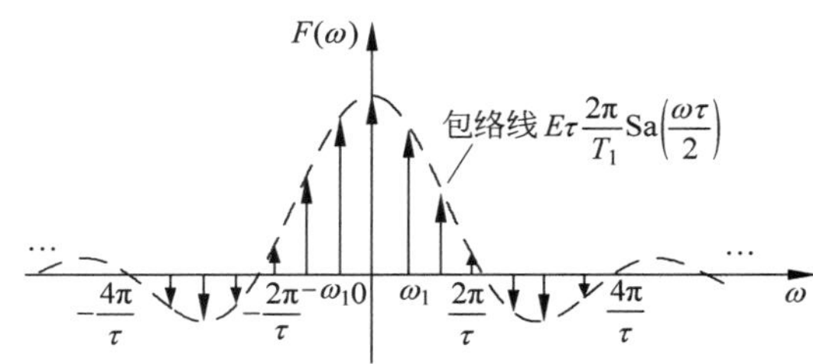

(b) 频谱密度函数

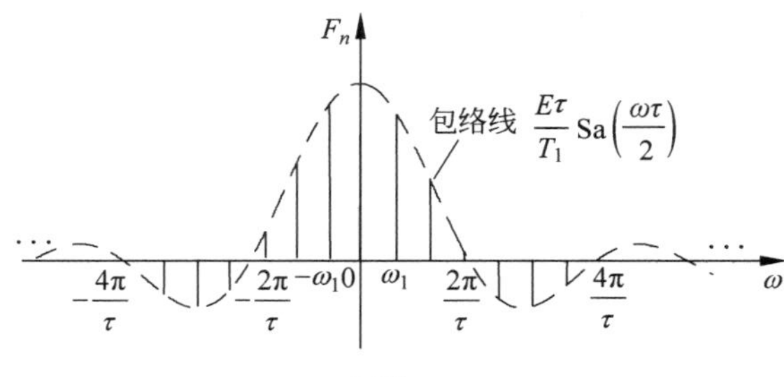

(c) 频谱

图 3-32　周期矩形脉冲信号及其频谱

解　首先计算谱系数 F_n

$$F_n = \frac{E\tau}{T_1}\mathrm{Sa}\left(\frac{n\omega_1\tau}{2}\right) \tag{3-23}$$

将 F_n 代入式(3-22)得

$$F(\omega) = E\tau\,\frac{2\pi}{T_1}\sum_{n=-\infty}^{+\infty}\mathrm{Sa}\left(\frac{n\omega_1\tau}{2}\right)\delta(\omega - n\omega_1)$$

$f(t)$的频谱如图 3-32(c)所示，对比频谱密度函数图 3-32(b)可以看出，原来 $f(t)$的每根谱线变成了冲激信号。

3.4 抽样信号的频谱

在数字信号处理系统中，当被处理的信号是连续时间信号时，需首先将连续信号离散化，形成数字信号，才能进行后续的数字化处理。而将连续信号离散化的过程即为对连续信号抽样的过程。这一过程形成的信号与原信号之间是怎样的关系，是否还包含原信号的全部信息，能否恢复原信号，都是在进行数字化处理之前需要弄清楚的问题，也是本节要讲的主要内容。

3.4.1 信号的时域抽样与时域取样定理

在时域内对连续时间信号抽样的过程称为时域抽样，其可以用图 3-33(a)表示抽样过程，即开关 k 每隔 T_s 秒闭合一次，当开关闭合时，$f_s(t)=f(t)$，当开关打开时，$f_s(t)=0$。如果用数学模型描述抽样过程，就相当于将连续时间信号与抽样脉冲序列相乘，如图 3-33(b)所示。

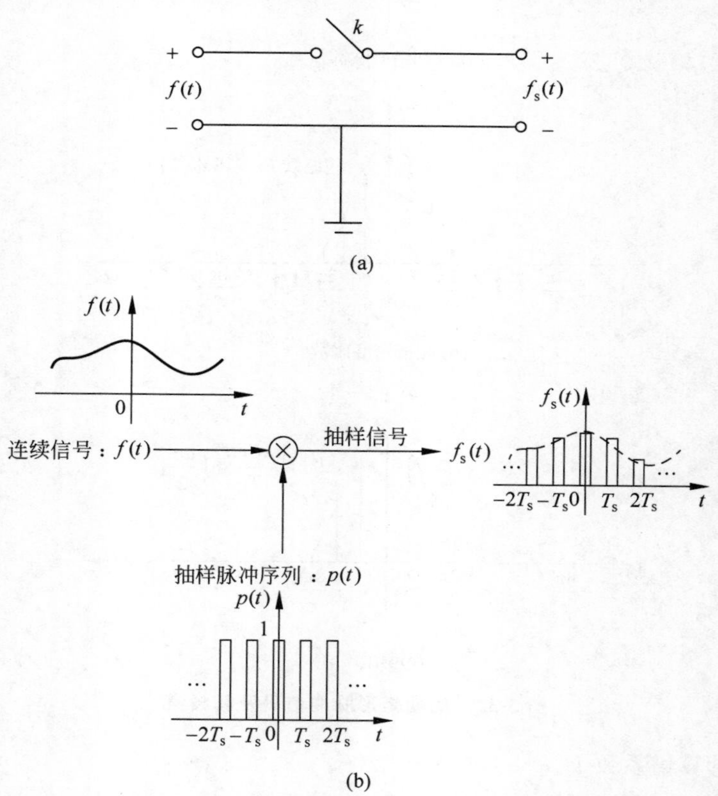

图 3-33 连续时间信号的抽样模型示意图

通常，可根据抽样脉冲序列的不同将抽样过程划分为均匀抽样和非均匀抽样、理想抽样和非理想抽样。如果用来抽样的脉冲序列是等间隔的，则称此种抽样过程为均匀抽样；反之，称为非均匀抽样。如果用来抽样的脉冲序列是冲激序列，则称为理想抽样；反之，称为非理想抽样。本书只讨论均匀抽样。

1. 理想抽样及抽样信号的频谱

设连续时间信号 $f(t)$，抽样脉冲 $p(t)$ 为单位冲激序列 $\delta_{T_s}(t)$，抽样后的信号为 $f_s(t)$，T_s 为序列周期，其波形如图 3-34 所示，写成数学表达式为

$$f_s(t)=f(t)\delta_{T_s}(t)=\sum_{n=-\infty}^{+\infty}f(nT_s)\delta(t-nT_s)$$

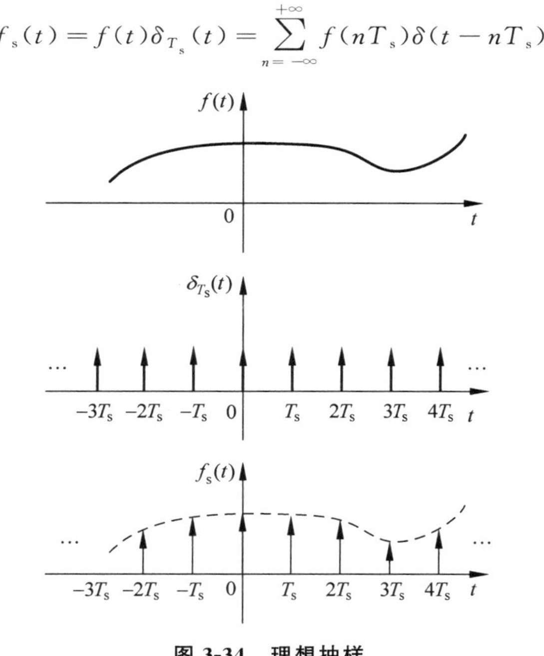

图 3-34　理想抽样

信号经抽样后，能否包含原信号 $f(t)$ 的全部信息？若包含了原信号的全部信息，在什么条件下可从抽样信号无失真恢复原信号？从 $f_s(t)$ 时域波形上看，似乎是否定的，下面在频域内分析抽样信号的频谱，进而得出结论。

根据频域卷积定理可知，设 $f(t)$ 的频谱为 $F(\omega)$，如图 3-35(a)所示，由傅里叶变换频域卷积定理得抽样信号 $f_s(t)$ 的频谱为

$$\begin{aligned}F_s(\omega)&=\frac{1}{2\pi}F(\omega)*\delta_{T_s}(\omega)\\&=\frac{1}{2\pi}F(\omega)*\sum_{n=-\infty}^{+\infty}\omega_s\delta(\omega-n\omega_s)\\&=\frac{\omega_s}{2\pi}\sum_{n=-\infty}^{+\infty}F(\omega-n\omega_s)\\&=\frac{1}{T_s}[\cdots+F(\omega-\omega_s)+F(\omega)+F(\omega+\omega_s)+\cdots]\end{aligned}\tag{3-24}$$

式中，$\omega_s=\dfrac{2\pi}{T_s}$。式(3-24)表明，理想抽样信号的频谱 $F_s(\omega)$ 是被抽样信号频谱 $F(\omega)$ 以 ω_s 为周期的周期延拓，而幅度变为原来的 $\dfrac{1}{T_s}$。可以看出，抽样信号不仅包含了原信号的全部信息 $F(\omega)$，而且还包含更多频率成分的信号，图 3-35(b)～(d)分别表示 ω_s 取不同值时的情况。

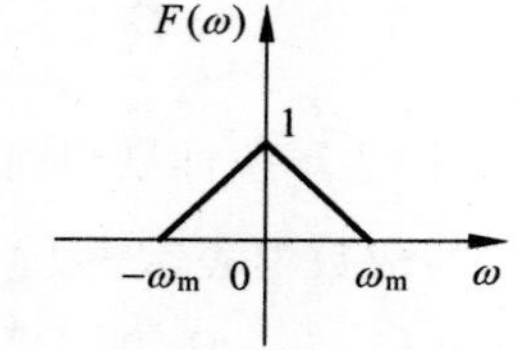

(a) 原始信号的频谱

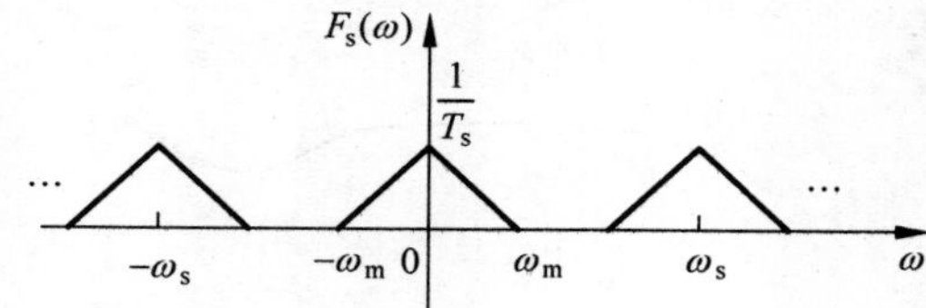

(b) $\omega_s=3\omega_m$时抽样信号的频谱

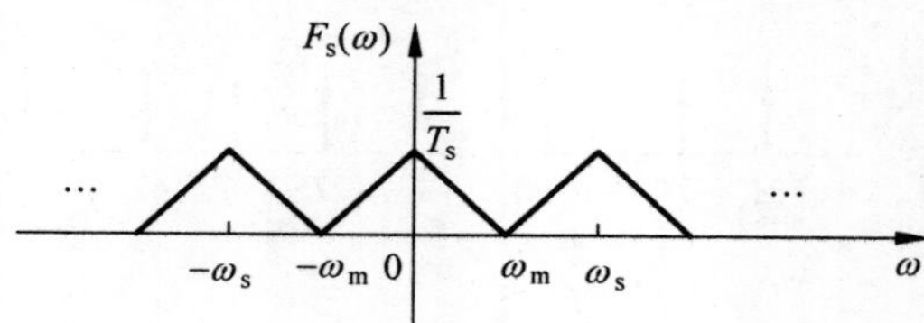

(c) $\omega_s=2\omega_m$时抽样信号的频谱

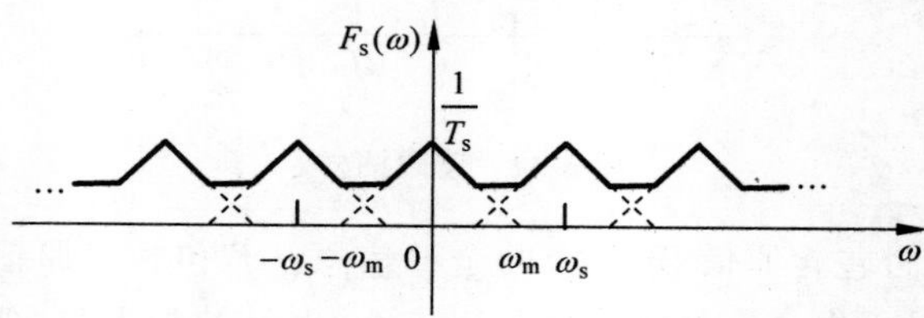

(d) $\omega_s=\frac{3}{2}\omega_m$时抽样信号的频谱

图 3-35　ω_s 取不同值时抽样信号的频谱

2. 矩形脉冲抽样及抽样信号的频谱

理想抽样在实际应用中是不可实现的，这主要因为抽样序列为冲激序列，实际中不可能产生这样的信号，将其用于抽样的目的是便于对抽样信号的理论分析。实际应用中抽样序列通常采用矩形脉冲序列，称为矩形脉冲抽样。本节就来分析矩形脉冲抽样及抽样信号的频谱。

设 $p(t)$表示矩形脉冲序列，幅度为 E，脉宽为 τ，抽样角频率为 ω_s(抽样间隔为 T_s)，$f(t)$频谱为 $F(\omega)$。则抽样信号 $f_s(t)=f(t)p(t)$，抽样过程如图 3-36(a)所示。

根据频域卷积定理则可得，矩形抽样信号的频谱为

$$
\begin{aligned}
F_s(\omega) &= \frac{1}{2\pi}F(\omega) * P(\omega) \\
&= \frac{1}{2\pi}F(\omega) * \frac{2\pi E\tau}{T_s}\sum_{n=-\infty}^{+\infty}\mathrm{Sa}\left(\frac{n\omega_s\tau}{2}\right)\delta(\omega-n\omega_s)
\end{aligned}
$$

$$=\frac{E\tau}{T_s}\sum_{n=-\infty}^{+\infty}\mathrm{Sa}\left(\frac{n\omega_s\tau}{2}\right)F(\omega-n\omega_s)$$

$$=\frac{E\tau}{T_s}\left[\cdots+\mathrm{Sa}\left(\frac{\omega_s\tau}{2}\right)F(\omega+\omega_s)+F(\omega)+\mathrm{Sa}\left(\frac{\omega_s\tau}{2}\right)F(\omega-\omega_s)+\cdots\right]$$

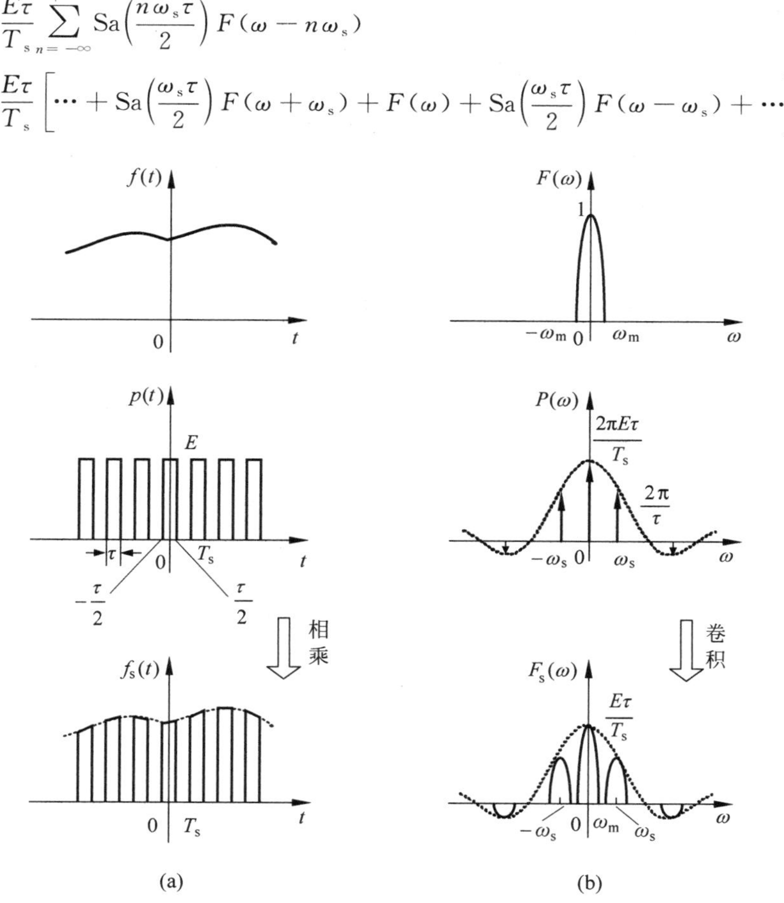

图 3-36　脉冲抽样信号的频谱

同样,连续信号经过矩形脉冲序列抽样后,得到抽样信号的频谱仍然是原信号频谱 $F(\omega)$ 以 ω_s 为周期进行周期重复。只是此时在重复过程中,频谱峰值是以 $\mathrm{Sa}\left(\frac{n\omega_s\tau}{2}\right)$ 的规律变化的,如图 3-36(b)所示。由理想抽样和矩形脉冲抽样可以得出抽样信号 $f_s(t)$ 中包含有 $f(t)$ 的全部信息,但是抽样信号的频谱会因 ω_s 的不同而不同。

无论是理想抽样还是矩形脉冲抽样,抽样信号的频谱都是将原信号频谱以 ω_s(抽样角频率)为周期重复。由图 3-35 可知,$F(\omega)$ 在重复过程中有可能发生谱与谱之间的混叠。此时要想从抽样信号中完全不失真地提取出原信号是不可能的。导致混叠的原因是,抽样角频率 ω_s 比较小,或者是被抽样信号频带无限宽。故要想使原信号频谱被分离出来,必须保证抽样信号的频谱不能混叠,即需满足以下两个条件。

(1) $f(t)$ 必须为频带有限信号,其频谱在 $-\omega_m\leqslant\omega\leqslant\omega_m$ 之外全部为零。

(2) 抽样频率不能过低,要满足 $\omega_s\geqslant 2\omega_m$(或 $f_s\geqslant 2f_m$),或抽样间隔 $T_s=\frac{1}{f_s}\leqslant\frac{1}{2f_m}$。

只有满足上述条件才能由 $f_s(t)$ 不失真地恢复被抽样信号 $f(t)$,称上述内容为时域抽样定理。当 $f_s=2f_m$ 时，将其称为奈奎斯特(Nyquist)频率，把 $T_s=\frac{1}{2f_m}$ 称为奈奎斯特间隔，奈奎斯特抽样频率(抽样间隔)是时域抽样的极端结论。实际应用中，抽样频率通常选为 $f_s\approx(2.5\sim3)f_m$。

一般情况下，信号很难保证是频带有限信号。这样，无论怎样指定抽样频率，都不能做到抽样信号的频谱不混叠。所以，通常在对信号抽样前，先通过一个抗混叠滤波器，滤掉影响不大的高频部分，变为带限信号。

3.4.2 信号的频域抽样与频域抽样定理

若在频域内对连续谱信号进行数字化处理，同样也需要对信号的连续谱进行抽样，使其频谱离散化，这个过程称为频域取样。与时域抽样分析思路相同，需要分析信号在频域段抽样后，是否包含原信号的全部信息？如何不失真恢复原信号？

设被取样信号为 $F(\omega)$，对应的时间信号为 $f(t)$，现以周期为 ω_1 的冲激序列 $\delta_{\omega_1}(\omega)$ 对 $F(\omega)$ 进行理想抽样，得取样信号 $F_s(\omega)$ 为

$$F_s(\omega)=F(\omega)\cdot\delta_{\omega_1}(\omega)=F(\omega)\sum_{n=-\infty}^{+\infty}\delta(\omega-n\omega_1)$$

抽样过程如图 3-37(a)所示，则 $f_s(t)=\mathcal{F}^{-1}[F(\omega)]*\mathcal{F}^{-1}[\delta_{\omega_1}(\omega)]$，由周期冲激信号的傅里叶变换可知

$$\mathcal{F}\left[\sum_{n=-\infty}^{+\infty}\delta(t-nT_1)\right]=\omega_1\sum_{n=-\infty}^{+\infty}\delta(\omega-n\omega_1)$$

所以 $\sum_{n=-\infty}^{+\infty}\delta(\omega-n\omega_1)$ 的逆变换为

$$\mathcal{F}^{-1}\left[\sum_{n=-\infty}^{+\infty}\delta(\omega-n\omega_1)\right]=\frac{1}{\omega_1}\sum_{n=-\infty}^{+\infty}\delta(t-nT_1)$$

因此

$$\begin{aligned}f_s(t)&=\mathcal{F}^{-1}[F_s(\omega)]\\&=f(t)*\frac{1}{\omega_1}\sum_{n=-\infty}^{+\infty}\delta(t-nT_1)\\&=\frac{1}{\omega_1}\sum_{n=-\infty}^{+\infty}f(t-nT_1)\qquad(3\text{-}25)\\&=\frac{1}{\omega_1}[f(-\infty)+\cdots+f(t+2T_1)+f(t+T_1)+f(t)\\&\quad+f(t-T_1)+f(t-2T_1)+\cdots]\end{aligned}$$

式(3-25)表明，若对信号 $f(t)$ 的频谱 $F(\omega)$ 以 ω_1 等间隔理想抽样，则时域中等效于原信号 $f(t)$ 以周期为 $T_1\left(\text{其中 } T_1=\frac{2\pi}{\omega_1}\right)$ 进行周期延拓，同样包含了 $f(t)$ 的全部信息，图 3-37 示出了频域取样的过程。

通过对时域抽样和频域抽样过程进行研究，由此得出信号的时域与频域呈现抽样与周期重复相对应这一重要结论，即信号在一个域(时域或频域)上取样，则在另外一个域上(频

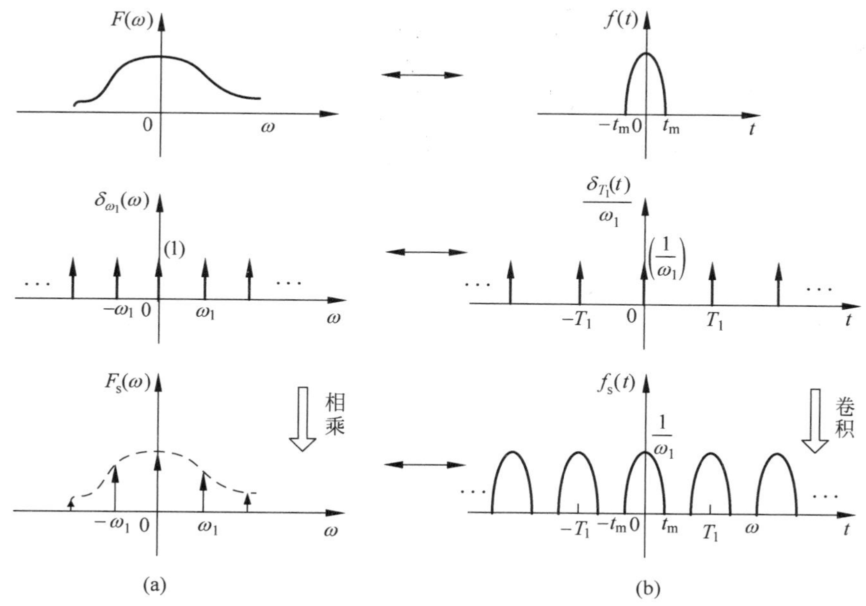

图 3-37　频域抽样所对应的信号波形

域或时域)周期化。

同样,信号 $f_s(t)$在对原信号以 T_1 为周期进行周期延拓时,也可能会出现 $f(t)$的混叠问题,为避免混迭,在频域取样中也要满足一定条件。下面给出频域抽样定理:如果信号 $f(t)$是时间有限信号,即$|t|>t_m$ 时 $f(t)=0$,当以 $f_1\leqslant\frac{1}{2t_m}(T_1\geqslant 2t_m,\omega_1=2\pi f_1)$的频率间隔对 $F(\omega)$进行抽样时,则抽样后的频谱 $F_s(\omega)$可以唯一地表示原信号,即可不失真地恢复原信号。

可以看出,无论是时域抽样还是频域抽样,都需满足两个条件:一个是对被抽样信号的要求;另一个是对抽样序列的要求。另外,本节讲解的抽样定理只针对非单一频率的低频信号的抽样。对于单一频率信号(如正弦或余弦以及带通等信号)的抽样,还有一定的条件限制,在此不再讲解,有兴趣的读者可参考相关文献或书籍。

3.5　离散时间信号频谱分析

在前面介绍了连续信号的频谱可采用傅里叶级数或傅里叶变换方法来分析,离散信号的频谱同样可采用傅里叶级数或傅里叶变换的方法,只是需要采用离散形式来描述。本节将详细讲解离散信号的频域分析方法及频谱特点。

3.5.1　非周期离散时间信号频谱分析——离散时间傅里叶变换

离散时间傅里叶变换(Discrete Time Fourier Transform,DTFT)是分析离散时间信号的频谱、离散时间系统的频率特性以及线性系统响应频域求解方法的重要工具,它是针对离散序列的一种数学变换。

1. 定义

设离散时间序列 $x(n)$ 满足绝对可和，即

$$\sum_{n=-\infty}^{+\infty} |x(n)| < +\infty$$

则 $x(n)$ 的傅里叶变换定义为

$$X(e^{j\omega}) = \sum_{n=-\infty}^{+\infty} x(n)e^{-j\omega n} \tag{3-26}$$

式(3-26)也称为序列的傅里叶变换，ω 表示序列的数字角频率，单位为 rad。

离散时间傅里叶变换的逆变换(Inverse Discrete Time Fourier Transform，IDTFT)定义为

$$x(n) = \frac{1}{2\pi}\int_{-\pi}^{+\pi} X(e^{j\omega})e^{j\omega n}d\omega \tag{3-27}$$

通常用以下符号分别表示对 $x(n)$ 取傅里叶正变换和逆变换

$$\begin{cases} X(e^{j\omega}) = \text{DTFT}[x(n)] = \sum_{n=-\infty}^{+\infty} x(n)e^{-j\omega n} \\ x(n) = \text{IDTFT}[X(e^{j\omega})] = \frac{1}{2\pi}\int_{-\pi}^{+\pi} X(e^{j\omega})e^{j\omega n}d\omega \end{cases}$$

也可以简化表示为 $x(n) \xleftrightarrow{\text{DTFT}} X(e^{j\omega})$。

2. 离散时间信号的频谱及特点

由离散时间序列傅里叶变换的定义可知，$X(e^{j\omega})$ 是 ω 的复函数，可表示为

$$X(e^{j\omega}) = |X(e^{j\omega})| e^{j\varphi(\omega)}$$

式中，$|X(e^{j\omega})|$ 称为序列 $x(n)$ 的幅度谱，是 ω 的偶函数；$\varphi(\omega)$ 称为相位谱，是 ω 的奇函数。幅度谱和相位谱合起来称为 $x(n)$ 的频谱，其含义与连续信号的频谱相同。

离散时间信号的频谱具有连续性和周期性的特点，即无论是幅度谱还是相位谱均为 ω 的连续函数，而且以 2π 为周期，即

$$X(e^{j\omega}) = X(e^{j(\omega+2k\pi)}), \quad k = 0, \pm 1, \pm 2, \cdots$$

实际上，因为 $X(e^{j\omega})$ 是连续周期函数，所以可以对它做连续傅里叶级数展开，离散时间傅里叶正变换表达式(3-26)正是 $X(e^{j\omega})$ 的傅里叶指数级数展开式，$x(n)$ 相当于 $X(e^{j\omega})$ 的谱系数即式(3-27)，与连续周期信号指数形式傅里叶级数相比，从物理意义上看，就是将时域和频域的对应关系调换了一下，数学关系是完全一样的。

从时域抽样信号的频谱可以理解离散序列频谱的连续性和周期性。非周期连续信号在时域内理想抽样后得到离散序列，序列的频谱是原信号的周期延拓，周期为 $\Omega_s = \frac{2\pi}{T}$，若以弧度表示，则周期为 $\Omega_s T = 2\pi$。

例 3-14 若 $x(n) = u(n) - u(n-6)$，求此序列的离散时间傅里叶变换 $X(e^{j\omega})$。

解

$$\begin{aligned} X(e^{j\omega}) &= \text{DTFT}\{u(n) - u(n-6)\} \\ &= \sum_{n=0}^{5} e^{-j\omega n} = \frac{1-e^{-j6\omega}}{1-e^{-j\omega}} \end{aligned}$$

$$
\begin{aligned}
&= \frac{e^{-j3\omega}}{e^{-j\frac{\omega}{2}}}\left(\frac{e^{j3\omega}-e^{-j3\omega}}{e^{j\frac{\omega}{2}}-e^{-j\frac{\omega}{2}}}\right)\\
&= e^{-j\frac{5}{2}\omega}\left[\frac{\sin(3\omega)}{\sin\left(\frac{\omega}{2}\right)}\right]
\end{aligned}
$$

幅频特性为

$$
|X(e^{j\omega})| = \left|\frac{\sin(3\omega)}{\sin\left(\frac{\omega}{2}\right)}\right|
$$

相频特性为

$$
\varphi(\omega) = -\frac{5}{2}\omega + \arg\left[\frac{\sin(3\omega)}{\sin\left(\frac{\omega}{2}\right)}\right] = \begin{cases} -\frac{5}{2}\omega \pm \pi, & \frac{\sin(3\omega)}{\sin\left(\frac{\omega}{2}\right)} < 0 \\ -\frac{5}{2}\omega, & \frac{\sin(3\omega)}{\sin\left(\frac{\omega}{2}\right)} \geqslant 0 \end{cases}
$$

序列 $x(n)$的幅频特性及相频特性如图 3-38 所示。

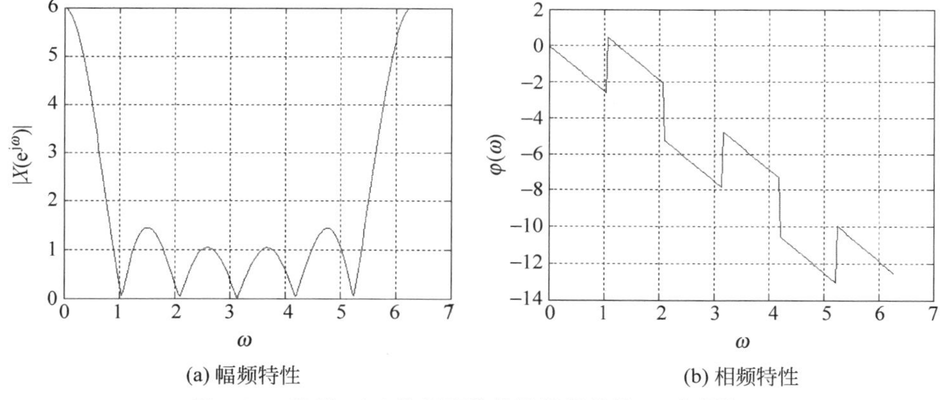

(a) 幅频特性　　(b) 相频特性

图 3-38　序列 $x(n)$的幅频特性及相频特性(一个周期)

3.5.2　离散时间傅里叶变换的性质

与连续时间傅里叶变换一样,离散时间傅里叶变换也具有许多特性。这里只给出一些基本特性,这些特性均可由定义证明,留给读者自行完成。

1. 线性

若 $\mathrm{DTFT}[x_1(n)]=X_1(e^{j\omega})$,$\mathrm{DTFT}[x_2(n)]=X_2(e^{j\omega})$,则

$$
\mathrm{DTFT}[ax_1(n)+bx_2(n)]=aX_1(e^{j\omega})+bX_2(e^{j\omega})
$$

式中,a、b 为任意常数。

2. 移位

1) 时域移位

若 $\mathrm{DTFT}[x(n)]=X(e^{j\omega})$,则

$$\mathrm{DTFT}[x(n-n_0)]=\mathrm{e}^{-\mathrm{j}\omega n_0}X(\mathrm{e}^{\mathrm{j}\omega})$$

式中，n_0 为整数。该性质说明时域移位对应于序列频谱增加了一个相位。

2）频域移位

若 $\mathrm{DTFT}[x(n)]=X(\mathrm{e}^{\mathrm{j}\omega})$，则

$$\mathrm{DTFT}[\mathrm{e}^{\mathrm{j}\omega_0 n}x(n)]=X(\mathrm{e}^{\mathrm{j}(\omega-\omega_0)})$$

该性质说明频域移位对应于时域的调制。

3. 序列的线性加权

若 $\mathrm{DTFT}[x(n)]=X(\mathrm{e}^{\mathrm{j}\omega})$，则

$$\mathrm{DTFT}[nx(n)]=\mathrm{j}\,\frac{\mathrm{d}[X(\mathrm{e}^{\mathrm{j}\omega})]}{\mathrm{d}\omega}$$

该性质说明时域序列的线性加权对应着频域内信号频谱的微分。

4. 序列的反转

若 $\mathrm{DTFT}[x(n)]=X(\mathrm{e}^{\mathrm{j}\omega})$，则

$$\mathrm{DTFT}[x(-n)]=X(\mathrm{e}^{-\mathrm{j}\omega})=X^*(\mathrm{e}^{\mathrm{j}\omega})$$

该性质说明时域序列反转对应着幅度谱不变，相位谱为原相位谱的相反数。

5. 卷积定理

1）时域卷积定理

若 $\mathrm{DTFT}[x_1(n)]=X_1(\mathrm{e}^{\mathrm{j}\omega})$，$\mathrm{DTFT}[x_2(n)]=X_2(\mathrm{e}^{\mathrm{j}\omega})$，则

$$\mathrm{DTFT}[x_1(n)*x_2(n)]=X_1(\mathrm{e}^{\mathrm{j}\omega})X_2(\mathrm{e}^{\mathrm{j}\omega})$$

该定理说明时域卷积对应着频域乘积。

2）频域卷积定理

若 $\mathrm{DTFT}[x_1(n)]=X_1(\mathrm{e}^{\mathrm{j}\omega})$，$\mathrm{DTFT}[x_2(n)]=X_2(\mathrm{e}^{\mathrm{j}\omega})$，则

$$\mathrm{DTFT}[x_1(n)x_2(n)]=\frac{1}{2\pi}[X_1(\mathrm{e}^{\mathrm{j}\omega})*X_2(\mathrm{e}^{\mathrm{j}\omega})]$$

该定理说明时域相乘对应着频域卷积。

6. 帕斯瓦尔定理——能量定理

设 $x(n)$ 是能量信号，且 $\mathrm{DTFT}[x(n)]=X(\mathrm{e}^{\mathrm{j}\omega})$，则

$$\sum_{n=-\infty}^{+\infty}|x(n)|^2=\frac{1}{2\pi}\int_{-\pi}^{\pi}|X(\mathrm{e}^{\mathrm{j}\omega})|^2\mathrm{d}\omega$$

此定理也称为能量定理，序列的总能量可在频域内利用幅度谱来求得，即时域总能量等于频域一个周期内总能量的均值。

3.5.3 典型离散时间信号——窗函数及其频谱

本节介绍几种常用的离散序列（窗函数）及其频谱，这些窗函数在数字滤波器设计和功率谱估计中都有很重要的应用。

在下面的讨论中，窗函数及其频谱分别用 $w(n)$ 和 $W(\mathrm{e}^{\mathrm{j}\omega})$ 表示，且

$$W(\mathrm{e}^{\mathrm{j}\omega})=|W(\mathrm{e}^{\mathrm{j}\omega})|\,\mathrm{e}^{\mathrm{j}\varphi(\omega)}$$

对幅频响应以分贝形式进行归一化表示为

$$W_{\mathrm{dB}}(\mathrm{e}^{\mathrm{j}\omega})=10\lg\frac{|W(\mathrm{e}^{\mathrm{j}\omega})|}{|W(\mathrm{e}^{\mathrm{j}0})|}$$

式中，$W(\mathrm{e}^{\mathrm{j}0})$表示信号的直流成分。

1. 矩形窗

$$w(n)=1\qquad(n=0,1,\cdots,N-1)$$

其对应的频谱为

$$W(\mathrm{e}^{\mathrm{j}\omega})=\frac{\sin\left(\frac{N\omega}{2}\right)}{\sin\left(\frac{\omega}{2}\right)}\mathrm{e}^{-\mathrm{j}\frac{N-1}{2}\omega}$$

为便于将其他窗的频谱与矩形窗函数的频谱进行比较，将矩形窗函数的频谱用 $W_{\mathrm{R}}(\mathrm{e}^{\mathrm{j}\omega})$表示，即

$$W_{\mathrm{R}}(\mathrm{e}^{\mathrm{j}\omega})=\frac{\sin\left(\frac{N\omega}{2}\right)}{\sin\left(\frac{\omega}{2}\right)}\mathrm{e}^{-\mathrm{j}\frac{N-1}{2}\omega}$$

矩形窗函数的频谱特性 $W_{\mathrm{R}}(\mathrm{e}^{\mathrm{j}\omega})$具有$\frac{\sin(Nx)}{\sin(x)}$的形式，其主瓣宽度是$\frac{4\pi}{N}$，第一个副瓣对应的电平(第一副瓣电平)比主瓣峰值低 13dB 左右。图 3-39 示出了在$[0,\pi]$区间内 $N=51$ 时的矩形窗函数及其归一化幅度谱(dB)，后面其他窗函数的频谱也同样只给出$[0,\pi]$内的频谱，因为其频谱是关于 π 对称的，并以 2π 为周期。

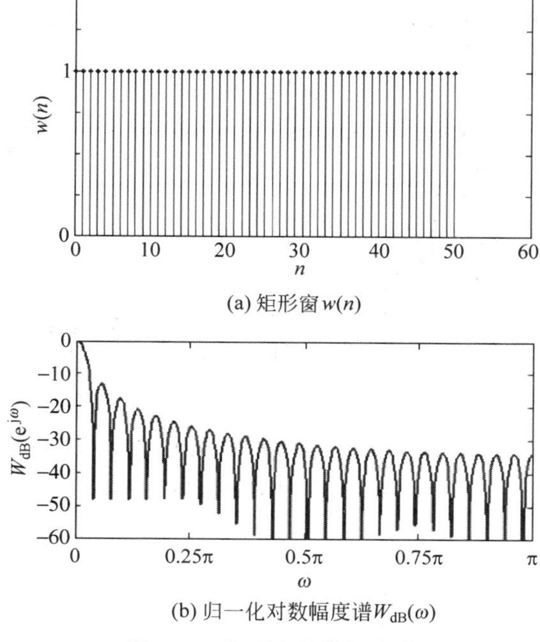

图 3-39　矩形窗及其幅度谱

2. 三角形窗

三角形窗又称巴特利特(Bartlett)窗，即

$$w(n)=\begin{cases}\dfrac{1}{2}\dfrac{n}{N}, & n=0,1,2,\cdots,\dfrac{N}{2}\\ w(N-n), & n=\dfrac{N}{2},\dfrac{N}{2}+1,\cdots,N-1\end{cases}\quad (N\text{ 为偶数})$$

它所对应的频谱函数为

$$W(\mathrm{e}^{\mathrm{j}\omega})=\left[\frac{N}{2}\frac{\sin\left(\frac{N\omega}{4}\right)}{\sin\left(\frac{\omega}{2}\right)}\right]^2\mathrm{e}^{-\mathrm{j}\left(\frac{N}{2}-1\right)\omega}$$

其幅频特性主瓣宽度是矩形窗的两倍，即$\frac{8\pi}{N}$，第一个副瓣电平比主瓣峰值低 26dB 左右，图 3-40 示出了 $N=51$ 时的时域及频谱。

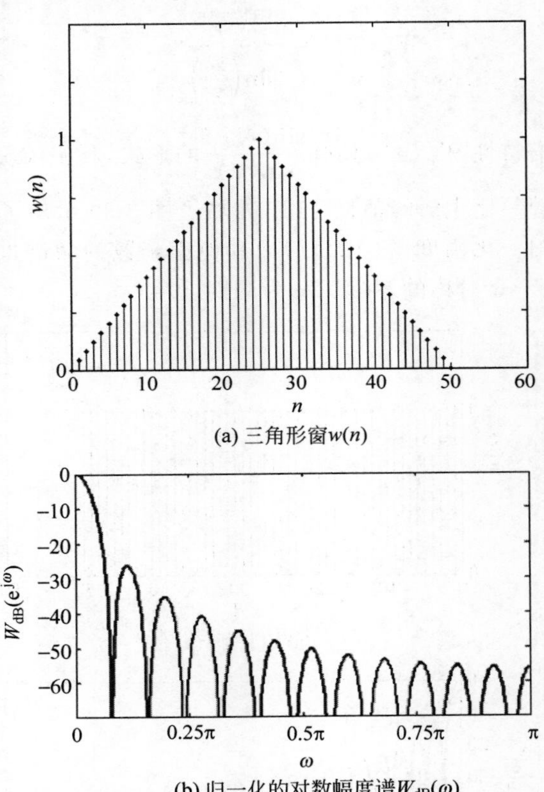

图 3-40 三角形窗及其幅度频谱

3. 汉宁窗

汉宁窗也称余弦平方窗或升余弦窗，即

$$w(n)=\sin^2\left(\frac{\pi}{N}n\right)=\frac{1}{2}\left[1-\cos\left(\frac{2\pi}{N}n\right)\right]\quad (n=0,1,\cdots,N-1)$$

利用欧拉公式及频移定理，可以得到用矩形窗的频谱 $W_R(e^{j\omega})$ 表示的偶对称式汉宁窗的频谱函数为

$$W(e^{j\omega})=\frac{1}{2}W_R(e^{j\omega})-\frac{1}{4}W_R\left(e^{j\left(\omega-\frac{2\pi}{N}\right)}\right)-\frac{1}{4}W_R\left(e^{j\left(\omega+\frac{2\pi}{N}\right)}\right)$$

其频谱特性如图 3-41 所示，它是由三个互有频移的不同幅值的矩形窗幅度谱函数合成，这将使副瓣大为衰减，能量更有效地集中在主瓣内，使计算主瓣宽度加宽了一倍。

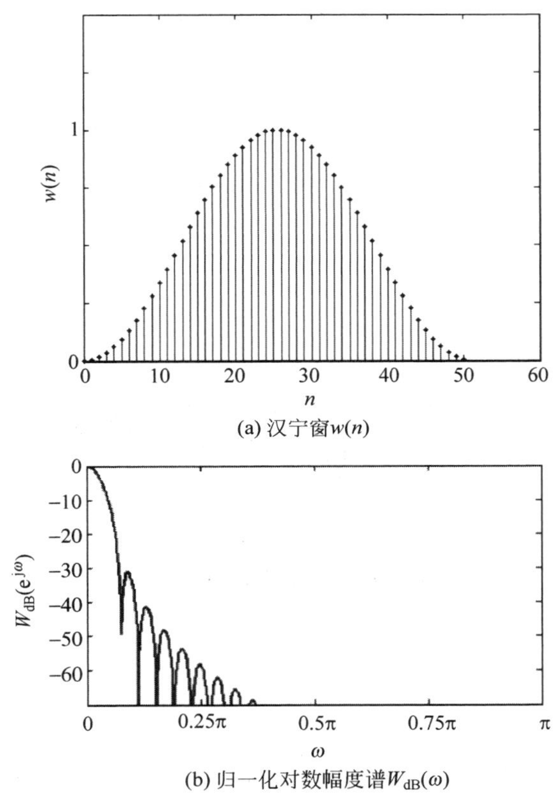

图 3-41　汉宁窗及其幅度频谱

4. 海明窗

海明窗的单边表示为

$$w(n)=0.54+0.46\cos\left(\frac{2\pi}{N}n\right)\quad(n=0,1,\cdots,N-1)$$

其频谱函数为

$$W(e^{j\omega})=0.54W_R(e^{j\omega})+0.23\left[W_R\left(e^{j\left(\omega-\frac{2\pi}{N}\right)}\right)+W_R\left(e^{j\left(\omega+\frac{2\pi}{N}\right)}\right)\right]$$

海明窗频谱的幅度函数可以达到 99.96%的能量集中在主瓣内，在与汉宁窗相等的主瓣宽度下，获得了更好的副瓣抑制。图 3-42 示出了海明窗及其幅度谱(dB)，可以看到，在第一副瓣处出现了很深的凹陷。

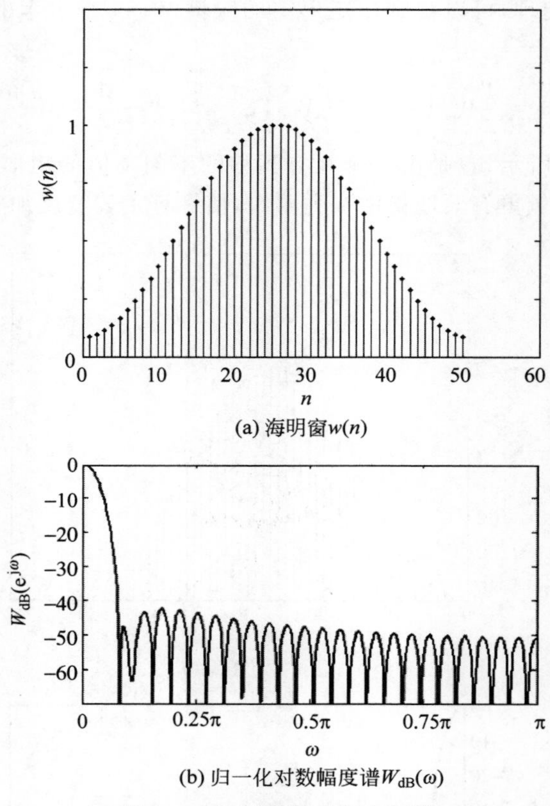

(a) 海明窗$w(n)$

(b) 归一化对数幅度谱$W_{dB}(\omega)$

图 3-42　海明窗及其幅度频谱

5. 布拉克曼窗

布拉克曼窗也称二阶升余弦窗。汉宁窗、海明窗都是由三个中心频率不同的矩形窗频谱线性组合而成的。布拉克曼窗是利用更多的矩形窗频谱线性组合构成的，其单边表示为

$$w(n)=\sum_{m=0}^{K-1}(-1)^m a_m\cos\left(\frac{2\pi}{N}mn\right)\quad (n=0,1,\cdots(N-1))$$

其频谱表达式为

$$W(e^{j\omega})=\sum_{m=0}^{K-1}(-1)^m\frac{a_m}{2}\left[W_R e^{j\left(\omega-\frac{2\pi}{N}\right)}+W_R e^{j\left(\omega+\frac{2\pi}{N}\right)}\right]$$

其中窗函数系数 a 的选择应满足以下约束条件

$$\sum_{m=0}^{K-1}a_m=1$$

实际上，汉宁窗、海明窗是 a_0、a_1 不为零，而其他系数都为零的布拉克曼窗。假设布拉克曼窗有 K 个非零的系数，则其振幅频谱将由 $2K-1$ 个中心频率不同的矩形窗频谱线性组合而成。要使窗函数的主瓣宽度变窄，则 K 值不能选择很大。图 3-43 给出了 $K=3, a_0=0.42, a_1=0.5, a_2=0.08$ 时所对应的布拉克曼窗及其幅度谱(dB)。

最后给出各种窗函数的基本参数，如表 3-2 所示。可以看出相同宽度的窗函数，主瓣宽度与副瓣的幅度是成反比的。实际使用时需根据需要选择相应的窗。

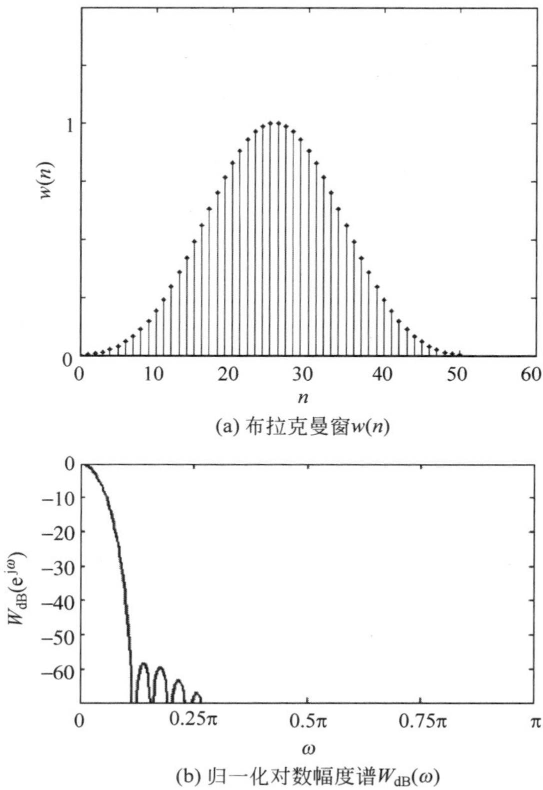

图 3-43　布拉克曼窗及其幅度频谱

表 3-2　5 种窗函数基本参数的比较

窗　函　数	窗频谱性能指标	
	副瓣峰值/dB	主瓣宽度
矩形窗	−13	4π/N
巴特利特	−25	8π/N
汉宁窗	−31	8π/N
海明窗	−41	8π/N
布拉克曼窗	−57	12π/N

3.6　周期离散时间信号的频谱分析——离散傅里叶级数

首先回顾一下已经学过的几种信号的频谱形式。图 3-44(a)～(c)分别给出了连续周期、非周期、离散非周期信号的时域波形及频谱示意图，图中用 Ω 表示连续信号模拟角频率，单位为 rad/s，用 ω 表示离散信号数字角频率，单位为 rad。

由图 3-44 可以看出，从离散与连续、周期与非周期的角度看，可以定性推断出图 3-44(d)中离散周期信号的频谱是离散周期的。①时域上 $x_p(n)$ 可以看作连续周期信号 $x_p(t)$ 的离散化，根据时域上的离散化将产生频谱的周期化，因此 $x_p(n)$ 的频谱 $X_p(e^{j\omega})$ 是非周期离散谱 $X_p(jk\Omega_1)$ 的周期化，即 $X_p(e^{j\omega})$ 是周期的离散谱。②时域上 $x_p(n)$ 还可以看作离散非周

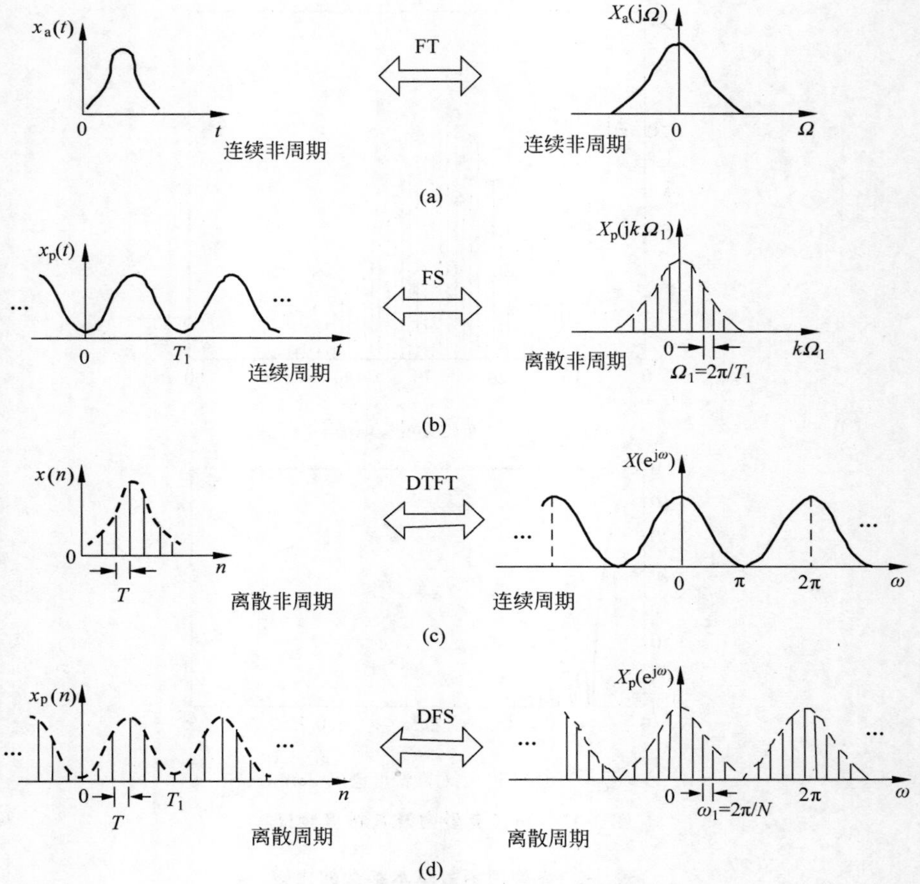

图 3-44　信号在时、频域中的对称性规律

期信号 $x(n)$ 的周期化，根据时域周期化将产生频谱的离散化规律，也能推断出离散周期信号 $x_p(n)$ 的频谱 $X_p(e^{j\omega})$ 是周期离散谱的结论。下面从理论上给出周期离散时间序列 $x_p(n)$ 与其频谱 $X_p(e^{j\omega})$ 的关系，即离散傅里叶级数变换。

3.6.1　离散傅里叶级数

设 $x(n)$ 的列长为 N，其傅里叶变换为 $X(e^{j\omega})$，为表示其周期性，在 $X(e^{j\omega})$ 上方加上标"～"，即

$$\widetilde{X}(e^{j\omega})=\sum_{n=0}^{N-1}x(n)e^{-j\omega n}$$

现对 $\widetilde{X}(e^{j\omega})$ 在每个周期内均匀取样，取样点数为 N，则取样间隔 $\omega_1=\frac{2\pi}{N}$，因此一个周期内第 k 个取样点为

$$\omega_k=k\omega_1=\frac{2\pi}{N}k\quad(k=0,1,\cdots,N-1)$$

取样后的取样序列为

$$\widetilde{X}(e^{j\omega})\Big|_{\omega=\frac{2\pi}{N}k}=\sum_{n=0}^{N-1}x(n)e^{-j\frac{2\pi}{N}kn}$$

上式是取样点 k 的函数，可以写为

$$\widetilde{X}(k)=\sum_{n=0}^{N-1}x(n)\mathrm{e}^{-\mathrm{j}\frac{2\pi}{N}kn}\qquad(k=0,1,\cdots,N-1)\tag{3-28}$$

利用式(3-28)，可以计算出一个周期内的 N 个取样值。可以证明 $\widetilde{X}(k)$也是以 N 为周期的周期序列，即

$$\widetilde{X}(k+mN)=\sum_{n=0}^{N-1}x(n)\mathrm{e}^{-\mathrm{j}\frac{2\pi}{N}(k+mN)n}=\sum_{n=0}^{N-1}x(n)\mathrm{e}^{-\mathrm{j}\frac{2\pi}{N}kn}=\widetilde{X}(k)$$

对 $\widetilde{X}(\mathrm{e}^{\mathrm{j}\omega})$均匀取样后，在频域内形成了一个新的周期序列 $\widetilde{X}(k)$，那么 $\widetilde{X}(k)$对应的时域序列与原序列 $x(n)$之间有何关系？下面来分析这个问题。

将式(3-28)两边同乘以 $\mathrm{e}^{\mathrm{j}\frac{2\pi}{N}kr}$，并在一个周期内求和，即

$$\sum_{k=0}^{N-1}\widetilde{X}(k)\mathrm{e}^{\mathrm{j}\frac{2\pi}{N}kr}=\sum_{k=0}^{N-1}\left(\sum_{n=0}^{N-1}x(n)\mathrm{e}^{-\mathrm{j}\frac{2\pi}{N}kn}\right)\mathrm{e}^{\mathrm{j}\frac{2\pi}{N}kr}=N\left[\sum_{n=0}^{N-1}x(n)\left(\frac{1}{N}\sum_{k=0}^{N-1}\mathrm{e}^{\mathrm{j}\frac{2\pi}{N}(r-n)k}\right)\right]$$

因为

$$\frac{1}{N}\sum_{k=0}^{N-1}\mathrm{e}^{\mathrm{j}\frac{2\pi}{N}(r-n)k}=\begin{cases}1, & n=r\\ 0, & n\neq r\end{cases}$$

所以

$$\sum_{k=0}^{N-1}\widetilde{X}(k)\mathrm{e}^{\mathrm{j}\frac{2\pi}{N}kr}=N\left[\sum_{n=0}^{N-1}x(n)\right]\Bigg|_{n=r}=Nx(r)$$

以 n 置换 r，可得

$$x(n)=\frac{1}{N}\sum_{k=0}^{N-1}\widetilde{X}(k)\mathrm{e}^{\mathrm{j}\frac{2\pi}{N}kn}\tag{3-29}$$

由频域取样定理知，$X(\mathrm{e}^{\mathrm{j}\omega})$在频域取样后，对应的时域序列 $x(n)$将以取样点数 N 为周期进行周期延拓，形成周期序列，此时用 $\tilde{x}(n)$表示其周期性。由式(3-29)也可以证明

$$\tilde{x}(n)=x(n+mN)\qquad(m=0,\pm1,\pm2,\pm3,\cdots)$$

如果引入符号 W_N，记为

$$W_N=\mathrm{e}^{-\mathrm{j}\frac{2\pi}{N}}$$

并以 $\tilde{x}(n)$替换式(3-28)和式(3-29)中的 $x(n)$，得到一组变换关系

$$\begin{cases}\widetilde{X}(k)=\sum\limits_{n=0}^{N-1}\tilde{x}(n)W_N^{kn}=\mathrm{DFS}[\tilde{x}(n)] & (k=0,1,\cdots,N-1)\quad(3\text{-}30)\\ \tilde{x}(n)=\dfrac{1}{N}\sum\limits_{k=0}^{N-1}\widetilde{X}(k)W_N^{-kn}=\mathrm{IDFS}[\widetilde{X}(k)] & (n=0,1,\cdots,N-1)\quad(3\text{-}31)\end{cases}$$

称式(3-30)为离散傅里叶级数正(Discrete Fourier Series，DFS)变换，式(3-31)为离散傅里叶级数逆(Inverse Discrete Fourier Series，IDFS)变换。离散傅里叶级数描述了离散周期序列的时频域关系，简化表述为 $\tilde{x}(n)\leftrightarrow\widetilde{X}(k)$。通常将 $\tilde{x}(n)$的谱序列 $\widetilde{X}(k)$称为 $\tilde{x}(n)$的离散傅里叶级数系数。至此研究了周期信号的频谱分析方法，无论是连续周期信号还是离散周期信号都可以用傅里叶级数来分析其频谱特性，它们的频谱的共同特点是离散性。

3.6.2　离散傅里叶级数的性质

为方便起见，先假设两个离散周期序列 $\tilde{x}_1(n)$和 $\tilde{x}_2(n)$的周期均为 N，且 $\widetilde{X}_1(k)=$

$\text{DFS}[\tilde{x}_1(n)]$，$\tilde{X}_2(k)=\text{DFS}[\tilde{x}_2(n)]$，在即将讲述的各性质中，直接引用。

1. 线性

若 $\tilde{x}_3(n)=a\tilde{x}_1(n)+b\tilde{x}_2(n)$，则

$$\tilde{X}_3(k)=\text{DFS}[\tilde{x}_3(n)]=a\tilde{X}_1(k)+b\tilde{X}_2(k)$$

式中，a、b 为任意常数，线性特性可根据 DFS 的定义证明。

由于是线性组合，所以 $\tilde{x}_3(n)$ 的周期长度不变，仍为 N，$\tilde{X}_3(k)$ 也是周期为 N 的离散周期序列。

2. 移位

1) 时域移位

周期序列 $\tilde{x}(n)$，周期为 N，将其沿横坐标平移 m（m 为整数）位后，得 $\tilde{x}(n+m)$，则

$$\text{DFS}[\tilde{x}(n+m)]=W_N^{-mk}\tilde{X}(k)$$

证明

$$\begin{aligned}\text{DFS}[\tilde{x}(n+m)]&=\sum_{n=0}^{N-1}\tilde{x}(n+m)W_N^{nk}\quad(\text{令 } i=n+m)\\&=\sum_{i=m}^{N-1+m}\tilde{x}(i)W_N^{ik}W_N^{-mk}\\&=W_N^{-mk}\sum_{i=m}^{N-1+m}\tilde{x}(i)W_N^{ik}\end{aligned}$$

由于 $\tilde{x}(i)$ 及 W_N^{kN} 都是以 N 为周期的周期函数，因此对 i 求和时，下限从 m 至上限 $N-1+m$ 与 0 至 $N-1$ 是相同的。因此

$$\sum_{i=m}^{N-1+m}\tilde{x}(i)W_N^{ki}=\sum_{i=0}^{N-1}\tilde{x}(i)W_N^{ki}=\tilde{X}(k)$$

所以

$$\text{DFS}[\tilde{x}(n+m)]=W_N^{-mk}\tilde{X}(k)$$

注意：大于周期的任何移位（$m\geqslant N$）与小于周期的移位在时域上不能区分。

2) 频域移位

当将 $\tilde{X}(k)$ 沿横轴平移 l（l 为整数）时，得 $\tilde{X}(k+l)$，则

$$\text{IDFS}[\tilde{X}(k+l)]=W_N^{nl}\tilde{x}(n)$$

可用与上面类似的方法证明该性质。需要说明的是，序列在一个域内移位，在另一个域内就会增加一个相位。

3. 周期卷积定理

1) 时域周期卷积定理

$$\text{DFS}[\tilde{x}_1(n)*\tilde{x}_2(n)]=\tilde{X}_1(k)\tilde{X}_2(k)$$

证明 设 $\tilde{X}_1(k)\tilde{X}_2(k)=\tilde{X}_3(k)$，且 $\tilde{X}_3(k)$ 的 IDFS 为 $\tilde{x}_3(n)$，则

$$\begin{aligned}\tilde{x}_3(n)&=\text{IDFS}\{\tilde{X}_3(k)\}=\text{IDFS}\{\tilde{X}_1(k)\tilde{X}_2(k)\}\\&=\frac{1}{N}\sum_{k=0}^{N-1}\tilde{X}_1(k)\tilde{X}_2(k)W_N^{-nk}\end{aligned}$$

代入 $\tilde{X}_1(k)=\sum_{m=0}^{N-1}\tilde{x}_1(m)W_N^{mk}$，则

$$\begin{aligned}\tilde{x}_3(n)&=\frac{1}{N}\sum_{k=0}^{N-1}\sum_{m=0}^{N-1}\tilde{x}_1(m)\tilde{X}_2(k)W_N^{-(n-m)k}\\&=\sum_{m=0}^{N-1}\tilde{x}_1(m)\tilde{x}_2(n-m)\\&=\tilde{x}_1(n)*\tilde{x}_2(n)\end{aligned}$$

2）频域周期卷积定理

若 $\tilde{x}_3(n)=\tilde{x}_1(n)\tilde{x}_2(n)$，则 $\mathrm{DFS}[\tilde{x}_3(n)]=\frac{1}{N}[\tilde{X}_1(k)*\tilde{X}_2(k)]$，即

$$\begin{aligned}\mathrm{DFS}[\tilde{x}_3(n)]&=\frac{1}{N}\sum_{l=0}^{N-1}\tilde{X}_1(l)\tilde{X}_2(k-l)\\&=\frac{1}{N}\sum_{l=0}^{N-1}\tilde{X}_2(l)\tilde{X}_1(k-l)\end{aligned}$$

频域周期卷积定理的证明与时域周期卷积定理的证明类似，这里不再赘述。

3.7　离散时间信号频谱的离散化和非周期化——离散傅里叶变换

如前面所述，非周期离散信号的频谱是连续的周期谱，不利于用数字信号处理系统进行处理，需要对其频谱进行离散化，得到周期的离散序列。频域离散化带来了时域信号的周期化，此时时域及频域信号都为离散的周期信号，即前面讲述的离散傅里叶级数变换。这种时域及频域序列都是离散的序列。由于其周期特性，同样不便于数字化处理，但是可以利用其周期性分别取出时域及频域周期序列的一个周期进行分析和处理，并将分析和处理结果应用于其他周期，这一过程被称为非周期化处理，也就是本节要讲的离散傅里叶变换的思想。

3.7.1　离散傅里叶变换

设 $\tilde{x}(n)$是周期为 N 的周期序列，称 $\tilde{x}(n)$从 0 开始的第一个周期内的序列为 $\tilde{x}(n)$的主值序列，对应的区间 $n\in[0,N-1]$称为主值区间。利用矩形窗 $R_N(n)$与周期序列相乘，就可以表示主值序列，即

$$x(n)=\tilde{x}(n)R_N(n)$$

这样就可以将 $\tilde{x}(n)$看作主值序列以 N 为周期的周期延拓。

同理，也可以将 $\tilde{x}(n)$的谱序列 $\tilde{X}(k)$看作是长度为 N 的有限长序列 $X(k)$的周期延拓，称序列 $X(k)$为周期序列 $\tilde{X}(k)$的主值序列，对应的主值区间为 $k\in[0,N-1]$，即

$$\tilde{X}(k)=\sum_{r=-\infty}^{+\infty}X(k+rN)$$

$$X(k)=\tilde{X}(k)R_N(k)$$

在定义了主值序列和主值区间之后，现在给出有限长序列离散傅里叶变换的定义，设

$\tilde{x}(n)$周期为 N，其离散傅里叶级数为 $\widetilde{X}(k)$，分别取 $\tilde{x}(n)$和 $\widetilde{X}(k)$的主值序列，并构成一个变换对，即

$$\begin{cases} X(k)=\mathrm{DFT}[x(n)]=\sum_{n=0}^{N-1}x(n)W_N^{kn} & (0\leqslant k\leqslant N-1) \quad (3\text{-}32) \\ x(n)=\mathrm{IDFT}[X(k)]=\dfrac{1}{N}\sum_{k=0}^{N-1}X(k)W_N^{-kn} & (0\leqslant n\leqslant N-1) \quad (3\text{-}33) \end{cases}$$

称以上两式为主值序列 $x(n)$的离散傅里叶变换对，其中式(3-32)为离散傅里叶正变换(Discrete Fourier Transform，DFT)，式(3-33)为离散傅里叶逆变换(Inverse Discrete Fourier Transform，IDFT)。需要说明的是，DFS 是按傅里叶分析严格定义的，而 DFT 的定义则是一种"借用"的形式。它在时域和频域都可实现对信号的离散化、非周期化，因此也可以将 DFT 看作对非周期连续时间信号及其频谱的抽样。虽然离散傅里叶变换描述的是 DFS 对应的主值序列，但实际应用中，可以将其应用于非周期序列的时域和频域离散化分析，此时可将其理解为某一周期序列的主值序列即可，因此离散傅里叶变换在时域和频域都隐含着周期性，且正逆变换的范围是相同的。

可以看出，离散傅里叶逆变换形式与正变换不同之处在于 W_N 因子为负指数，具有一比例系数$\dfrac{1}{N}$，因此离散傅里叶逆变换还可以写为

$$x(n)=\frac{1}{N}\left[\sum_{k=0}^{N-1}X^*(k)W_N^{nk}\right]^* \quad (0\leqslant n\leqslant N-1)$$

这种逆变换形式在运算上与正变换一样，因此在利用软件实现时，只要编一个主程序就可以既用来计算离散傅里叶变换，又用来计算它的逆变换。

例 3-15 求矩形脉冲序列 $x(n)=R_N(n)$的 DFT。

解 由定义写出

$$X(k)=\sum_{n=0}^{N-1}R_N(n)W_N^{nk}=\sum_{n=0}^{N-1}\left(\mathrm{e}^{-\mathrm{j}\frac{2\pi}{N}k}\right)^n$$

$$=\begin{cases} N, & \mathrm{e}^{-\mathrm{j}\frac{2\pi}{N}k}=1 \\ \dfrac{1-\mathrm{e}^{\mathrm{j}\frac{2\pi}{N}kN}}{1-\mathrm{e}^{\mathrm{j}\frac{2\pi}{N}k}}=0, & \mathrm{e}^{-\mathrm{j}\frac{2\pi}{N}k}\neq 1 \end{cases}$$

当 $k=0$ 时，对应 $\mathrm{e}^{-\mathrm{j}\frac{2\pi}{N}k}=1$，因此 $X(0)=N$。当 $k=1,2,\cdots,N-1$ 时，则有 $\mathrm{e}^{-\mathrm{j}\frac{2\pi}{N}k}\neq 1$，然而，$\left(\mathrm{e}^{-\mathrm{j}\frac{2\pi}{N}k}\right)^N=\mathrm{e}^{-\mathrm{j}2\pi k}=1$，故对应非零的 k 值，$X(k)$全部等于零，如图 3-45 所示。

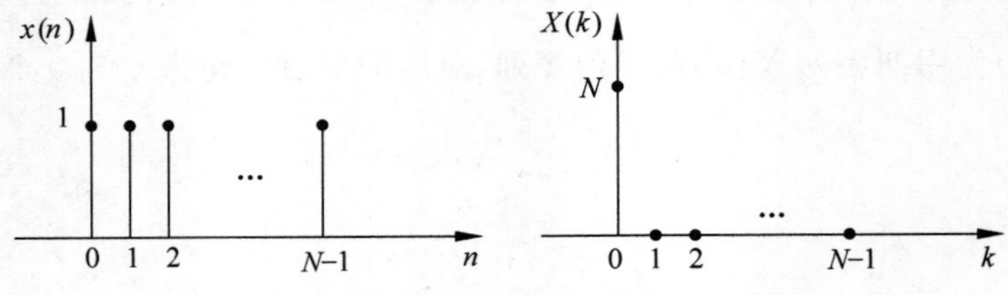

图 3-45 时域序列 $x(n)$及其对应的 DFT $X(k)$

此结果表明，矩形脉冲序列的 DFT 仅在 $k=0$ 样点处的取样值为 N，在其余 $(N-1)$ 个样点的取样值都是零，即抽样点正好落在正弦抽样信号（矩形信号的频谱是正弦抽样信号）的过零点处，因此可以写作

$$X(k)=N\delta(k) \quad (k=0,1,\cdots,(N-1))$$

不难想到，将 $R_N(n)$ 周期延拓（周期等于 N）成为无始无终幅度恒为单位值的序列，其离散傅里叶级数即 $\sum_{m=0}^{+\infty} N\delta(k-mN)$。

3.7.2 离散傅里叶变换的性质

作为一种数学变换，离散傅里叶变换也有许多性质，本节给出离散傅里叶变换的一些基本性质，这些性质大都可由定义直接证明，下面只给出结论，其证明过程由读者自行完成。假定 $x_1(n)$、$x_2(n)$ 和 $x(n)$ 都是列长为 N 的有限长序列，它们的离散傅里叶变换分别为 $X_1(k)$、$X_2(k)$ 和 $X(k)$。

1. 线性

设 $x_3(n)=ax_1(n)+bx_2(n)$，且 $X_3(k)=\mathrm{DFT}[x_3(n)]$，则

$$X_3(k)=aX_1(k)+bX_2(k)$$

式中，a、b 为任意常数。

注意：如果 $x_1(n)$ 列长为 N_1，$x_2(n)$ 列长为 N_2，则 $x_3(n)$ 的列长为 $N_3=\max[N_1,N_2]$。因而，离散傅里叶变换 $X_3(k)$ 必须按 $N=N_3$ 计算。

2. 对称定理

$$\begin{aligned}\mathrm{DFT}[X(n)]&=Nx(-k)\\&=Nx(N-k)\end{aligned}$$

该性质说明，$X(n)$ 的对应频谱序列是原来的时间序列 $x(n)$ 在时间上的倒置。需要说明的是，由于离散傅里叶变换隐含着周期性，其周期可理解为 $x(n)$ 的长度 N，离散傅里叶变换通常用时域和频域的主值序列描述时频域对应关系，故将 $x(-k)$ 表示为 $x(N-k)$，即用从 0 开始的主值序列代替 $x(-k)$。

3. 反转定理

$$\mathrm{DFT}[x(-n)]=X(-k)=X(N-k)$$

该性质说明，序列在时域沿纵轴翻转，对应的频域序列也同样翻转。

4. 初值定理

$$x(0)=\frac{1}{N}\sum_{k=0}^{N-1}X(k)$$

该性质说明，序列 $x(n)$ 的初值 $x(0)$ 是频域序列的平均值。若知道序列在频域的特性，可直接得到其初值，而不需要计算 IDFT 序列。同样，也可以由时域序列得到序列在频域内的初值，而这个初值实际上就是序列的直流分量，即

$$X(0)=\sum_{n=0}^{N-1}x(n)$$

5. 延长序列的离散傅里叶变换

1) 后补零情况

现将序列 $x(n)$ 末尾补零至 rN 点，记为 $g(n)$，即

$$g(n)=\begin{cases}x(n), & 0\leqslant n\leqslant N-1\\ 0, & N\leqslant n\leqslant rN-1\end{cases}$$

则 $g(n)$ 的离散傅里叶变换为

$$G(k)=\mathrm{DFT}[g(n)]=X\left(\frac{k}{r}\right)\qquad(k=0,1,\cdots,rN-1)$$

该性质说明，$g(n)$ 的频谱 $G(k)$ 与 $x(n)$ 的频谱 $X(k)$ 是相对应的，但其频谱序列是将原序列的频谱取样间隔减少 r 倍，即增加了一个周期内的原信号频谱的抽样点数，得到的频谱更加细致，分布更清晰。

注意：*序列补零后的频谱分布形状与补零前一样，不会改变。*

如连续信号 $x(t)=\sin(2\pi f_1 t)+\sin(2\pi f_2 t+90°)+\sin(2\pi f_3 t)$，$f_1=2.67\mathrm{Hz}$，$f_2=3.75\mathrm{Hz}$，$f_3=6.75\mathrm{Hz}$，取样频率 $f_s=20\mathrm{Hz}$，取样点数 $N=16$，该信号抽样后的时域波形及其 16 点幅度谱如图 3-46 和表 3-3 所示，对抽样信号末尾补零至长度 N_1，其中 N_1 分别为原序列长度 N 的 2 倍、7 倍和 29 倍时，对应的时域波形及幅度谱如图 3-47～图 3-49 所示。

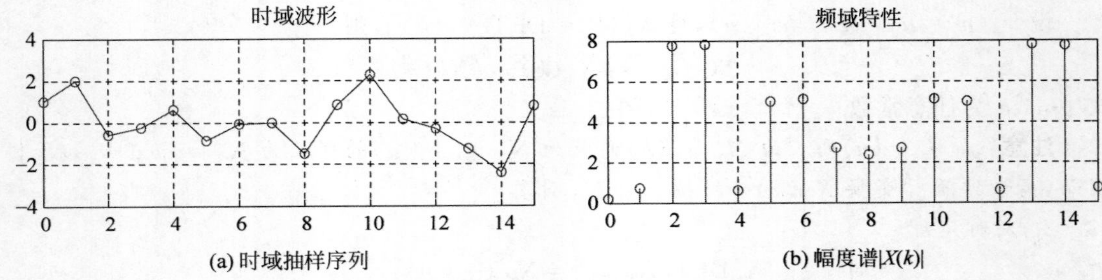

(a) 时域抽样序列　　(b) 幅度谱|X(k)|

图 3-46　抽样后的 $N=16$ 点的时域波形幅度谱

表 3-3　序列 $x(n)$ 的幅度谱

k	1	2	3	4	5	6	7	8
频率点/Hz，$(k-1)f_s/16$	0	1.25	2.5	3.75	5.0	6.25	7.5	8.75
幅度值 $\|X(k)\|$	0.226	0.7375	7.7637	7.7883	0.6139	4.9905	5.1146	2.6982
k	9	10	11	12	13	14	15	16
频率点/Hz，$(k-1)f_s/16$	10	11.25	12.5	13.75	15	16.25	17.5	18.75
幅度值 $\|X(k)\|$	2.3627	2.6982	5.1146	4.9905	0.6139	7.7883	7.7637	0.7375

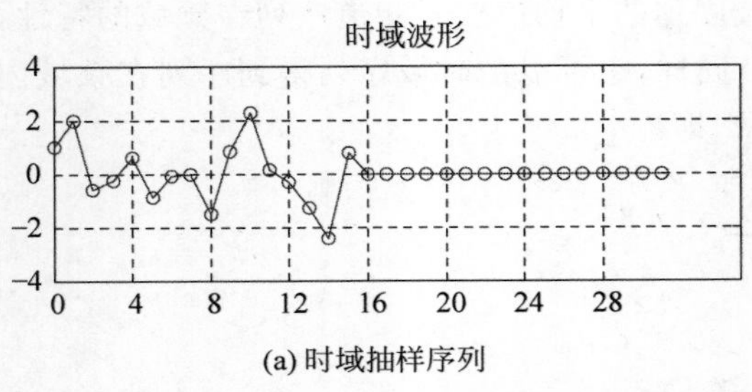

(a) 时域抽样序列

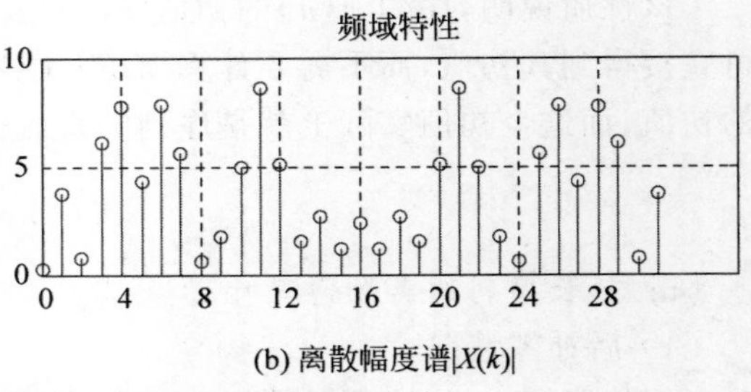

(b) 离散幅度谱|X(k)|

图 3-47　抽样后的 $N_1=32$ 点的时域波形及幅度谱

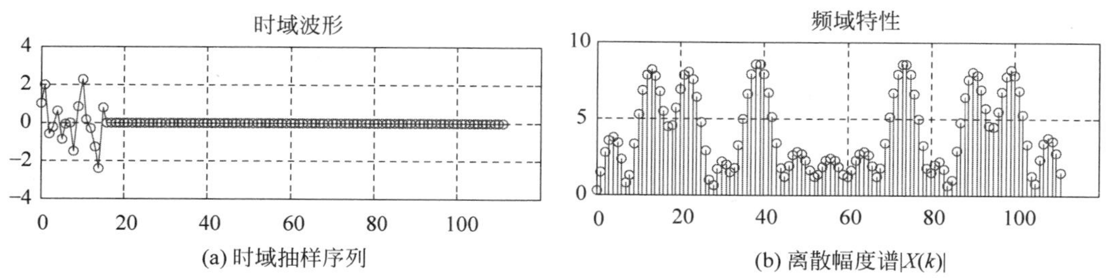

图 3-48　抽样后的 $N_1=128$ 点的时域波形及幅度谱

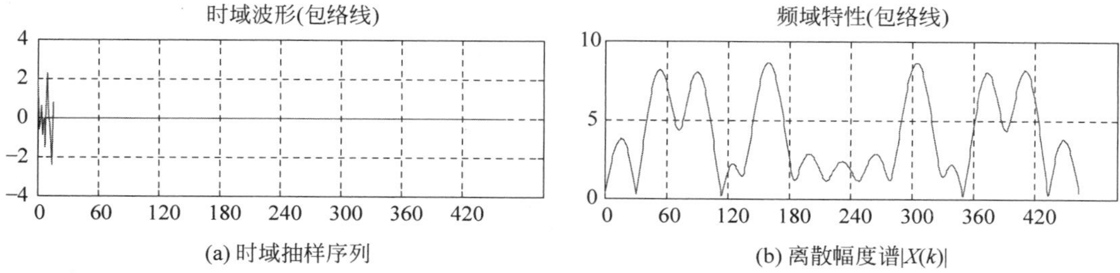

图 3-49　抽样后的 $N_1=464$ 点的时域波形及幅度谱

通过对序列末尾补零，可以将原序列的频谱分布看得更清晰，序列中的主要频率分量也不容易漏掉，当然由于补零使原序列加长，点数增多，计算量会增大。

2）序列前补零

将序列 $x(n)$右移$(r-1)N$ 点，并在$[0,(r-1)N-1]$内补上零值，形成 rN 点序列 $g(n)$，即

$$g(n)=\begin{cases}0, & 0\leqslant n\leqslant (r-1)N-1\\ x(n), & (r-1)N\leqslant n\leqslant rN-1\end{cases}$$

则

$$G(k)=\mathrm{DFT}[g(n)]=W_r^{(r-1)k}X\left(\frac{k}{r}\right)\qquad (k=0,1,\cdots,rN-1)$$

证明　因为

$$\begin{aligned}G(k)&=\sum_{n=0}^{rN-1}g(n)W_{rN}^{kn}\\&=\sum_{n=0}^{(r-1)N-1}0\cdot W_{rN}^{kn}+\sum_{n=(r-1)N}^{rN-1}x(n)W_{rN}^{kn}\end{aligned}$$

令 $n-(r-1)N=m$，所以

$$G(k)=\sum_{m=0}^{N-1}x[m+(r-1)N]W_{rN}^{k[m+(r-1)N]}=W_r^{(r-1)k}X\left(\frac{k}{r}\right)$$

该性质说明，若在序列 $x(n)$前面填充零值，使序列加长，相当于对时域信号进行了延迟移位，则加长后的时域序列的频谱抽样间隔减少 r 倍，原频谱所对应的一个周期内增加了抽样点数，得到的频谱更加细致，同时离散谱对应的每一个谱线都附加一个相位移因子。

图 3-50 给出了 $N=16$ 的离散序列及其频谱。若对其进行前补零加长至 32 点，加长后的

离散序列及其对应的频谱如图 3-51 所示，可以看出，前补零加长至原序列长度 2 倍后的序列的离散谱抽样间隔减少至原来的$\frac{1}{2}$，同时离散谱对应的每一个谱线都附加一个相位移因子。

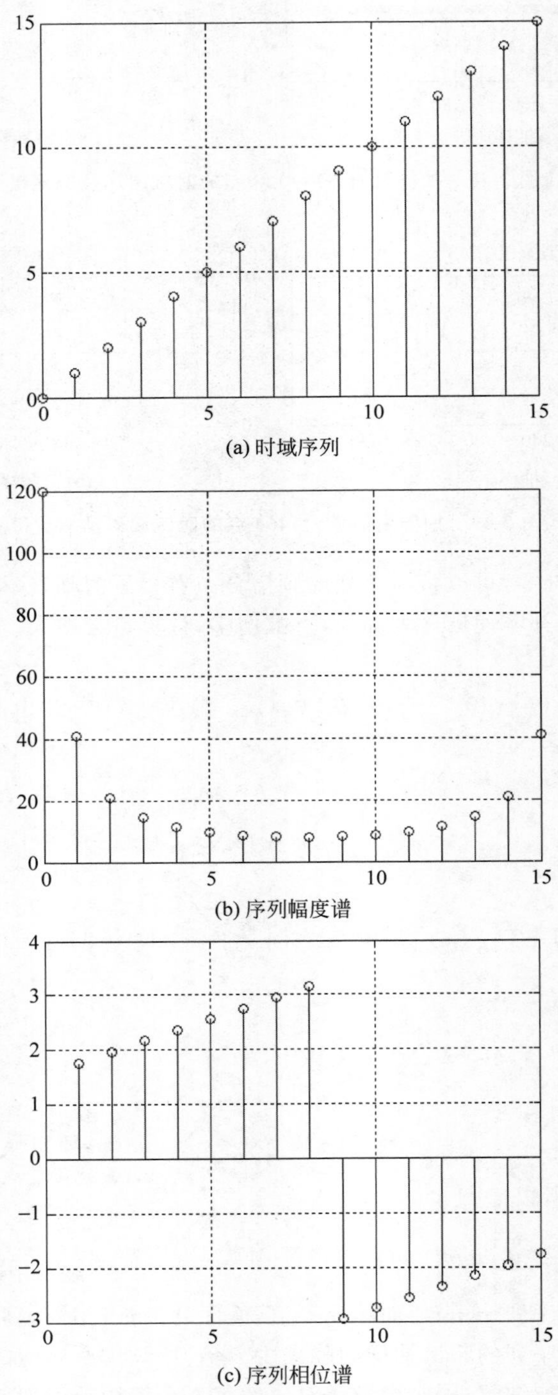

图 3-50　时域抽样序列及离散序列频谱($N=16$)

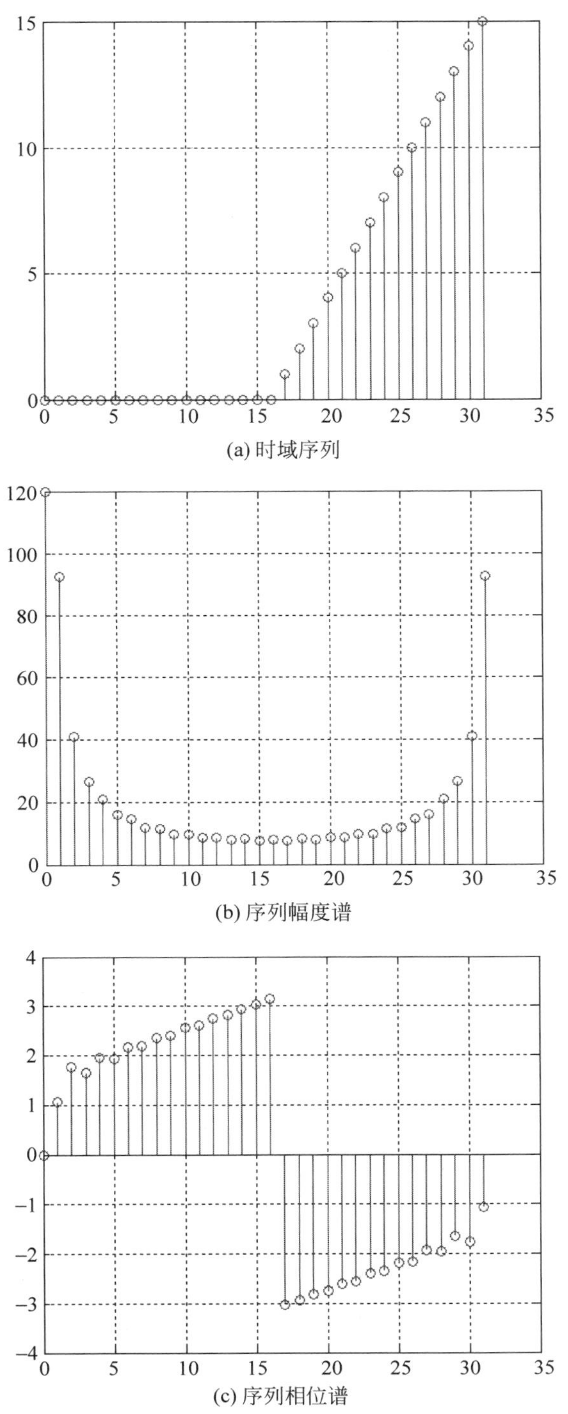

图 3-51 前补零后的时域抽样序列及离散序列频谱($N=32$)

3）重复原序列本身

对序列 $x(n)$ 本身重复 r 个周期，形成长度为 rN 的序列，即

$$g(n)=x((n))_N \quad (0\leqslant n\leqslant rN-1)$$

此时

$$G(k)=\mathrm{DFT}[g(n)]=\begin{cases} rX\left(\dfrac{k}{r}\right), & k\ 能被\ r\ 整除 \\ 0, & 其他 \end{cases}$$

证明

$$\begin{aligned} G(k) &= \sum_{n=0}^{rN-1} g(n)\mathrm{e}^{-\mathrm{j}\frac{2\pi nk}{rN}} \\ &= \sum_{n=0}^{N-1} x(n)\mathrm{e}^{-\mathrm{j}\frac{2\pi nk}{rN}} + \sum_{n=N}^{2N-1} x(n-N)\mathrm{e}^{-\mathrm{j}\frac{2\pi(n+N)k}{rN}} + \cdots + \sum_{n=(r-1)N}^{rN-1} x(n+(r-1)N)\mathrm{e}^{-\mathrm{j}\frac{2\pi(n+(r-1)N)k}{rN}} \\ &= \sum_{n=0}^{N-1} x(n) \sum_{l=0}^{r-1} \mathrm{e}^{-\mathrm{j}\frac{2\pi(n+lN)k}{rN}} \\ &= \sum_{n=0}^{N-1} x(n)\mathrm{e}^{-\mathrm{j}\frac{2\pi nk}{rN}} \sum_{l=0}^{r-1} \mathrm{e}^{-\mathrm{j}\frac{2\pi lNk}{rN}} \end{aligned}$$

因为

$$\sum_{l=0}^{r-1} \mathrm{e}^{-\mathrm{j}\frac{2\pi lNk}{rN}} = \sum_{l=0}^{r-1} \mathrm{e}^{-\mathrm{j}\frac{2\pi lk}{r}}$$

所以

$$\begin{aligned} \sum_{l=0}^{r-1} \left(\mathrm{e}^{-\mathrm{j}\frac{2\pi k}{r}}\right)^l &= \frac{1-\mathrm{e}^{-\mathrm{j}2\pi k}}{1-\mathrm{e}^{-\mathrm{j}\frac{2\pi k}{r}}} \\ &= \begin{cases} r, & k\ 能被\ r\ 整除 \\ 0, & 其他 \end{cases} \end{aligned}$$

可以得出

$$G(k)=\begin{cases} rX\left(\dfrac{k}{r}\right), & k\ 能被\ r\ 整除 \\ 0, & 其他 \end{cases}$$

该性质说明，若将长度为 N 的序列 $x(n)$ 重复原序列本身而人为加长至长度为 rN，其频谱在 $\frac{k}{r}$ 为整数的位置处的值与原 $X(k)$ 值对应，幅度放大 r 倍，在其他点处的值为零。例如，16 点序列 $x(n)$ 及其频谱 $X(k)$ 如图 3-52 所示，若重复原序列本身将其人为加长至长度为 $2N$，即 $r=2$，加长后的时域信号及其频谱如图 3-53 所示，其幅度谱在原序列幅度谱中两个相邻谱线之间插入 1 个零值，原谱线幅值放大 2 倍。若重复原序列本身将其人为加长至长度为 $4N$，$r=4$，加长后的时域信号及其频谱如图 3-54 所示。加长后的序列还保持原有的谱线，但每根谱线的幅值放大 4 倍，且其位置是在 $\frac{k}{4}$ 为整数时的点上，即每相邻两个谱线之间插入 3 个零值。

由此可得出以下结论：如果在时域内对序列 $x(n)$ 重复 r 倍，则其频谱是将原频谱序列

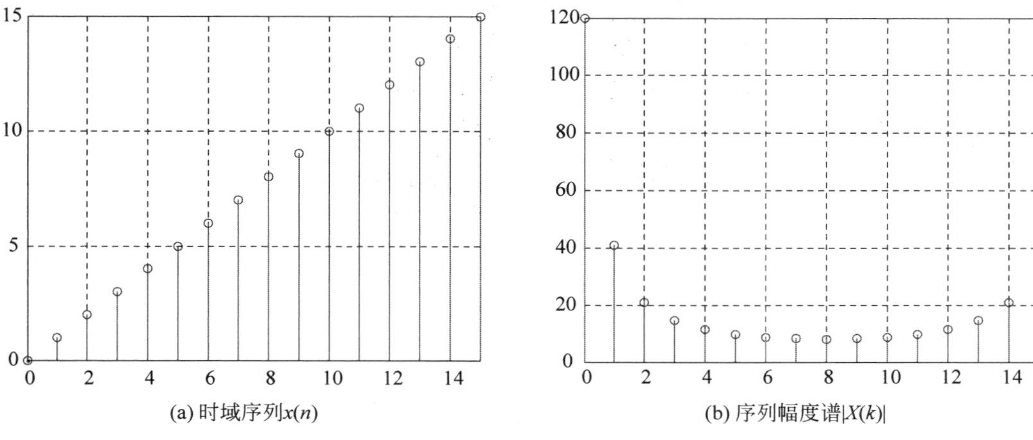

图 3-52 时域序列 $x(n)$及其幅度频谱$|X(k)|$（$N=16$）

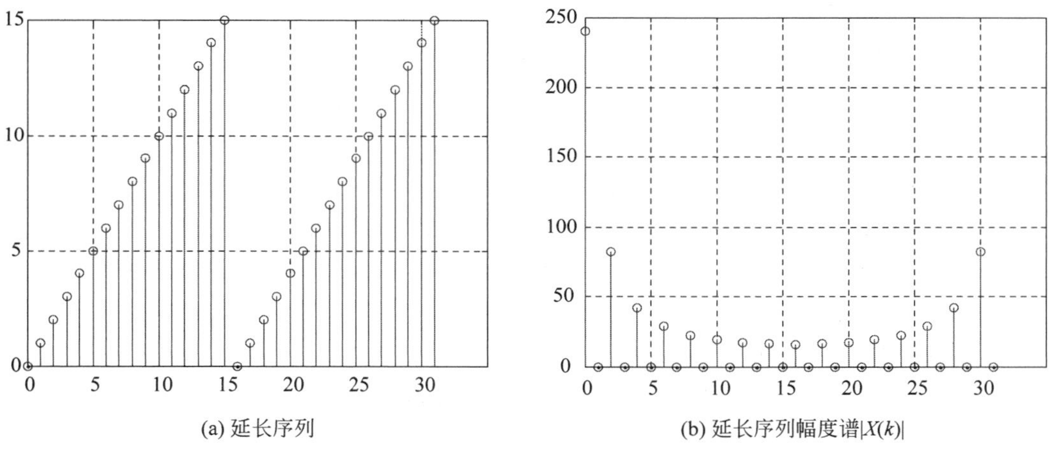

图 3-53 延长序列及其幅度频谱$|X(k)|$（$N=32$）

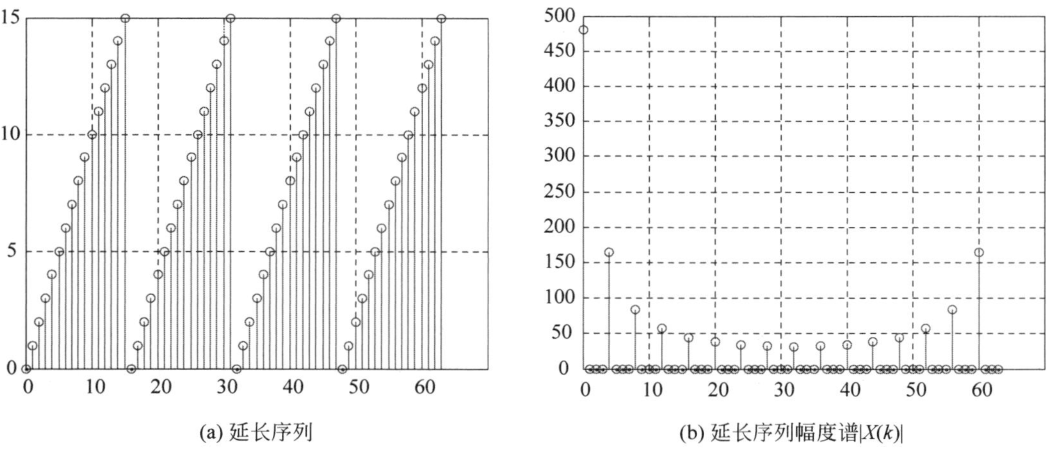

图 3-54 延长序列及其幅度频谱$|X(k)|$（$N=64$）

谱线之间内插$(r-1)$个零值，且原谱线幅值放大 r 倍。利用 DFT 对称特性，如果频谱序列 $X(k)$在频域内重复 r 倍，则对应时域序列每相邻点之间有$(r-1)$个零插值。

6. 序列的圆周移位(循环移位)

1）时移定理

若 $\mathrm{DFT}[x(n)]=X(k)$，则

$$\mathrm{DFT}[x((n+m))_N R_N(n)]=W_N^{-km}X(k)$$

上述特性表明，序列在时域上圆周移位，频域上每根谱线产生附加相移。实际上就是离散傅里叶级数时移定理再取主值序列。

2）频移定理

若 $\mathrm{DFT}[x(n)]=X(k)$，则

$$\mathrm{DFT}[W_N^{nl}x(n)]=X((k+l))_N R_N(k)$$

上述特性表明，若序列在时域上乘以复指数 W_N^{nl}，则在频域上 $X(k)$将圆周移位 l 位，这可以看作调制信号的频谱搬移，因此也称为调制定理。由此还可以得出以下两个结论

$$\mathrm{DFT}\left[x(n)\sin\left(\frac{2\pi}{N}nl\right)\right]=\frac{1}{2\mathrm{j}}[X((k-l))_N-X((k+l))_N]R_N(n)$$

$$\mathrm{DFT}\left[x(n)\cos\left(\frac{2\pi}{N}nl\right)\right]=\frac{1}{2}[X((k-l))_N+X((k+l))_N]R_N(n)$$

上述特性表明，频域序列在频域内移位，时域序列在时域内进行了调制。

注意：这里讲的 DFT 移位性质，特别强调的是"圆周移位"，这是因为 DFT 本身隐含着周期性，因此对于移位过程也隐含着"周期序列的移位"再取主值序列，因而是圆周移位。

7. 圆周卷积定理

1）时域圆周卷积定理

$$\mathrm{DFT}[x_1(n)\,Ⓝ\,x_2(n)]=X_1(k)X_2(k)$$

证明 因为 $X_1(k)$、$X_2(k)$隐含着周期性，存在周期序列 $\widetilde{X}_3(k)=\widetilde{X}_1(k)\widetilde{X}_2(k)$，则根据周期卷积定理有

$$\begin{aligned}\tilde{x}_3(n)&=\mathrm{IDFS}[\widetilde{X}_3(k)]=\tilde{x}_1(n)*\tilde{x}_2(n)=\sum_{m=0}^{N-1}\tilde{x}_1(m)\tilde{x}_2(n-m)\\&=\sum_{m=0}^{N-1}x_1((m))_N x_2((n-m))_N\end{aligned}$$

取其主值序列

$$x_3(n)=\tilde{x}_3(n)R_N(n)=\left[\sum_{m=0}^{N-1}x_1(m)x_2((n-m))_N\right]R_N(n)=x_1(n)\,Ⓝ\,x_2(n)$$

所以

$$\mathrm{DFT}[x_1(n)\,Ⓝ\,x_2(n)]=X_1(k)X_2(k)$$

时域圆周卷积定理说明，两个序列的圆周卷积的离散傅里叶变换等于两序列离散傅里叶变换的乘积。

2）频域圆周卷积定理

若序列 $x_3(n)=x_1(n)x_2(n)$，则

$$X_3(k)=\mathrm{DFT}[x_3(n)]=\frac{1}{N}X_1(k)Ⓝ X_2(k)$$

该性质的证明方法与时域卷积定理证明类似,此处不再赘述。

8. 离散相关定理

圆周相关定理

若 $x_3(n)$ 为 $x_1(n)$、$x_2(n)$ 的圆周相关,$x_3(n)=\sum_{l=0}^{N-1}x_1(l)x_2((n+l))_N R_N(n)$,则 $x_3(n)$ 的离散傅里叶变换为 $X_1^*(k)X_2(k)$,即

$$\mathrm{DFT}\left[\sum_{l=0}^{N-1}x_1(l)x_2((n+l))_N R_N(n)\right]=X_1^*(k)X_2(k)$$

证明　由于 $X_1(k)X_2(k)$隐含周期性,可令 $\widetilde{X}_3(k)=\widetilde{X}_1^*(k)\cdot\widetilde{X}_2(k)$则

$$\tilde{x}_3(n)=\frac{1}{N}\sum_{k=0}^{N-1}\widetilde{X}_1^*(k)\widetilde{X}_2(k)W_N^{-kn}$$

将 $\widetilde{X}_1^*(k)=\left[\sum_{k=0}^{N-1}\tilde{x}_1(l)W_N^{kl}\right]^*$ 代入上式得

$$\begin{aligned}\tilde{x}_3(n)&=\frac{1}{N}\sum_{k=0}^{N-1}\sum_{l=0}^{N-1}\tilde{x}_1^*(l)\widetilde{X}_2(k)W_N^{-(n+l)k}\\&=\sum_{l=0}^{N-1}\tilde{x}_1^*(l)\frac{1}{N}\sum_{k=0}^{N-1}\widetilde{X}_2(k)W_N^{-(n+l)k}\\&=\sum_{l=0}^{N-1}\tilde{x}_1^*(l)\tilde{x}_2(l+n)\\&=\sum_{l=0}^{N-1}x_1^*(l)x_2((l+n))_N\end{aligned}$$

因而

$$\tilde{x}_3(n)R_N(n)=\left[\sum_{l=0}^{N-1}x_1^*(l)x_2((l+n))_N\right]R_N(n)$$

当 $x_1(n)$为实序列时

$$\tilde{x}_3(n)R_N(n)=\left[\sum_{l=0}^{N-1}x_1(l)x_2((l+n))_N\right]R_N(n)$$

9. 帕斯瓦尔定理

$$\sum_{n=0}^{N-1}|x(n)|^2=\frac{1}{N}\sum_{k=0}^{N-1}|X(k)|^2$$

证明　圆周相关定理中,令 $x_2(l)=x_1(l)=x(l)$,则

$$\sum_{l=0}^{N-1}x^*(l)x((l+n))_N R_N(l)\Big|_{n=0}=\frac{1}{N}\sum_{k=0}^{N-1}X^*(k)X(k)W_N^{-kn}\Big|_{n=0}$$

即

$$\sum_{l=0}^{N-1}|x(l)|^2=\frac{1}{N}\sum_{k=0}^{N-1}|X(k)|^2$$

令 $l=n$,可得

$$\sum_{l=0}^{N-1}|x(n)|^2=\frac{1}{N}\sum_{k=0}^{N-1}|X(k)|^2$$

当 $x(n)$ 为实序列时，可以写为

$$\sum_{n=0}^{N-1} x^2(n) = \frac{1}{N}\sum_{k=0}^{N-1} |X(k)|^2$$

上式左侧代表离散信号在时域中的能量，右端代表在频域中的能量，表明变换过程中能量是守恒的。

10. 离散傅里叶变换的奇偶性和对称性

1）离散傅里叶变换的奇偶性

(1) 若有限长序列 $x(n)$ 满足奇对称特性，即 $x(n)=-x(-n)=-x(N-n)$，则其离散傅里叶变换也具有奇对称特性，即

$$\mathrm{DFT}[x(n)] = X(k) = -X(-k) = -X(N-k)$$

式中，N 为序列长度。

证明 若有限长序列 $x(n)$ 奇对称，则其离散傅里叶变换 $X(k)$ 可写为

$$X(k) = \sum_{n=0}^{N-1} x(n) W_N^{kn} = \sum_{n=0}^{N-1} [-x(-n)] W_N^{(-k)(-n)} = -X(-k)$$

$$X(k) = \sum_{n=0}^{N-1} x(n) W_N^{kn} = \sum_{n=0}^{N-1} [-x(N-n)] W_N^{(N-k)(N-n)} = -X(N-k)$$

因而，$X(k)$ 具有奇对称特性。

(2) 若有限长序列 $x(n)$ 满足偶对称特性，即 $x(n)=x(-n)=x(N-n)$，则其离散傅里叶变换也具有偶对称特性，即

$$\mathrm{DFT}[x(n)] = X(k) = X(-k) = X(N-k)$$

证明 若有限长序列 $x(n)$ 偶对称，则其离散傅里叶变换 $X(k)$ 可写为

$$X(k) = \sum_{n=0}^{N-1} x(n) W_N^{kn} = \sum_{n=0}^{N-1} [x(-n)] W_N^{(-k)(-n)} = X(-k)$$

$$X(k) = \sum_{n=0}^{N-1} x(n) W_N^{kn} = \sum_{n=0}^{N-1} [x(N-n)] W_N^{(N-k)(N-n)} = X(N-k)$$

因而，$X(k)$ 具有偶对称特性。

2）共轭复序列的离散傅里叶变换

若 $x(n)$ 为复序列，其共轭序列为 $x^*(n)$，则

$$\mathrm{DFT}[x^*(n)] = X^*(N-k) \tag{3-34}$$

证明

$$\begin{aligned}\mathrm{DFT}[x^*(n)] &= \sum_{n=0}^{N-1} x^*(n) W_N^{kn} = \sum_{n=0}^{N-1} [x(n) W_N^{-kn}]^* \\ &= \sum_{n=0}^{N-1} [x(n) W_N^{(N-k)n}]^* \\ &= X^*(N-k)\end{aligned}$$

注意：$k=0$ 时，$X^*(N-k)=X^*(N)$，而 $X(k)$ 在主值区间 $0\leqslant k\leqslant N-1$ 内取值，所以 $X(N)$ 已超出了主值区间，因而式(3-34)的严格定义应该是

$$\mathrm{DFT}[x^*(n)] = X^*((N-k))_N$$

式中，$X((k))_N$ 表示括号内数值按模 N 取余。

3）复序列的离散傅里叶变换

若有限长序列 $x(n)$是复序列，即 $x(n)=x_r(n)+jx_i(n)$，则

$$\mathrm{DFT}[x_r(n)]=\frac{1}{2}\mathrm{DFT}[x(n)+x^*(n)]=\frac{1}{2}[X(k)+X^*(N-k)]=X_{ep}(k)$$

$$\mathrm{DFT}[jx_i(n)]=\frac{1}{2}\mathrm{DFT}[x(n)-x^*(n)]=\frac{1}{2}[X(k)-X^*(N-k)]=X_{op}(k)$$

式中，$X_{ep}(k)$称为共轭对称序列，满足 $X_{ep}(k)=X_{ep}^*(N-k)$；$X_{op}(k)$称为共轭反对称序列，满足 $X_{op}(k)=-X_{op}^*(N-k)$。

当 $X_{ep}(k)$、$X_{op}(k)$为实序列时，$X_{ep}(k)$即为偶序列，$X_{op}(k)$即为奇序列。

此性质可由离散序列的共轭复序列的离散傅里叶变换结论证明，这里不再赘述。

3.7.3 离散傅里叶变换在实际应用中需注意的问题——混叠、泄漏与栅栏效应

通过前面几节学习可知，离散傅里叶变换可用于时域和频域连续信号的离散化分析和数字化处理。这种离散化处理可以理解为是对非周期连续时间信号在时域和频域内的抽样。同时，离散傅里叶变换对又是通过对离散傅里叶级数变换对加窗截取主值序列而得的。因此取样及加窗截断过程都会使原信号的频谱发生变化，如出现频谱混叠、泄漏和栅栏效应等问题。

1. 混叠问题

信号在时域或频域被抽样都会在另一个域内产生周期延拓。通常情况下，被抽样信号不能严格满足抽样定理，就会发生混叠现象。这是在实际应用 DFT 时遇到的一个问题。下面着重讨论应用 DFT 时，为避免时域或频域混叠所必需的一些重要参数关系。

对于时域取样，设连续时间信号在取样前经前置滤波后，截止频率为 f_h，为避免频谱混叠，要求抽样频率 f_s 满足

$$f_s \geqslant 2f_h \tag{3-35}$$

抽样周期 T_s 必须满足

$$T_s=\frac{1}{f_s}\leqslant\frac{1}{2f_h} \tag{3-36}$$

对于频域抽样，一个频谱周期 f_s 内抽样点数为 N，则频率抽样间隔为

$$F=\frac{f_s}{N}=\frac{1}{NT_s}\geqslant\frac{2f_h}{N} \tag{3-37}$$

式中，F 称为信号频率分辨率，F 值越小，频率分辨率越高，反之则越低。

频域抽样后，对应的时域序列将做周期延拓，周期为 N，以时间单位表示为 NT_s，即为周期序列的有效周期称其为最小记录长度，用 t_p 表示，即

$$t_p=NT_s=\frac{1}{F} \tag{3-38}$$

可见，t_p 与 F 呈反比关系。

由式(3-37)和式(3-38)可以看出，F、N、$f_h(T_s)$之间相互影响，由式(3-37)可知，如果频域抽样点数 N 不变，若 f_h 增加，为满足抽样定理，f_s 必须增加，导致 F 增大，降低了频率分辨率，且此时 t_p 减小。相反，在抽样点数 N 一定的情况下，要提高分辨率就必须要增加 t_p，

必然导致 T_s 增加，因而需要减小信号的最高频率 f_h。

同理，在信号的最高频率 f_h 与频率分辨率 F 两个参数中，保持其中一个不变而增加另一个的唯一办法，就是增加在一记录长度内的点数 N。如果 f_h 与 F 都已给定，则 N 必须满足

$$N=\frac{f_s}{F}\geqslant\frac{2f_h}{F}$$

这是为实现基本的 DFT 算法所必须满足的最低条件。

例 3-16 一个估算实数信号频谱的处理器，抽样点数必须是 2 的整数次方，假设对数据未作任何的修正，规定的指标是：信号频率分辨率 $F\leqslant 0.5\text{Hz}$；信号的最高频率 $f_h\leqslant 250\text{Hz}$。求下列参数：①最小记录长度；②抽样点间的最大时间；③在最小记录长度中的最少点数，要求点数是 2 的整数幂。

① 根据要求的分辨率确定最小记录长度。

$$t_p=\frac{1}{F}=\frac{1}{0.5}=2\text{s}$$

记录长度必须满足

$$t_p\geqslant 2\text{s}$$

② 从信号的最高频率确定最大的抽样时间间隔。

$$T_s\leqslant\frac{1}{2f_h}=\frac{1}{2\times 250\text{Hz}}=2\times 10^{-3}\text{s}$$

③ 记录中的最少点数为

$$N\geqslant\frac{2f_h}{F}=\frac{2\times 250}{0.5}=1000(\text{点})$$

因此该处理器的一个适当的点数选为 $N=2^{10}=1024$。

2. 栅栏效应

因为用 DFT 计算频谱得到的频域序列 $X(k)$ 并不是序列 $x(n)$ 真实频谱的全部，只是对 $x(n)$ 频谱 $X(e^{j\omega})$ 在一个周期内的离散抽样值，就好像将 $X(e^{j\omega})$ 通过一个“栅栏”来观看一样，只能在栅栏之间的缝隙看到 $X(e^{j\omega})$，这样被栅栏挡住的部分就看不到了。也就是说，$X(k)$ 中有可能会漏掉 $X(e^{j\omega})$ 中的重要信息，这种现象称为“栅栏效应”。

减少栅栏效应的一个方法可利用延长序列的 DFT 性质，即在时间序列末端增加一些零值点来增加一个周期内频谱的抽样点数，从而在保持原有频谱连续性不变的情况下，变更了频谱抽样点的位置。这样，原来看不到的频谱分量就能移动到可见的位置上。

3. 频谱泄漏

由于 DFT 是对时域和频域内的周期序列加窗截断，取主值序列得到的，因此时域内加窗截断后，频谱内是加窗信号与原信号频谱的卷积，导致加窗后信号频域相对原信号频谱产生扩展，称为频谱泄漏。假定 $x(n)=\cos\omega_0 n$，用长度为 L 的矩形窗对其进行截断，即

$$\bar{x}(n)=x(n)w(n)$$

式中

$$w(n)=\begin{cases}1, & 0\leqslant n\leqslant L-1\\ 0, & \text{其他}\end{cases}$$

则有限长序列 $\bar{x}(n)$的傅里叶变换为

$$\bar{X}(\omega)=\frac{1}{2}[W(\omega-\omega_0)+W(\omega+\omega_0)]$$

式中，$W(\omega)$为窗函数的傅里叶变换。对于矩形窗来讲，可表示为

$$W(\omega)=\frac{\sin\left(\frac{L}{2}\omega\right)}{\sin\left(\frac{1}{2}\omega\right)}\mathrm{e}^{-\mathrm{j}\frac{N-1}{2}\omega}$$

利用 DFT 计算 $\bar{X}(\omega)$，通过对时域序列末端补零使其长度为 N，可以计算截断序列 $\bar{x}(n)$的 N 点 DFT，图 3-55 给出了 $\omega_0=0.2\pi$、$L=25$、$N=2048$ 时的幅度谱。可以注意到，加窗截断后的信号的频谱并没有定位到单个频率，而是扩展到整个频率范围，原无限长信号集中在单个频率上的能量由于加窗扩展到整个频率范围，即能量已经泄漏到整个频率范围。这种加窗信号的特征即为频谱泄漏。

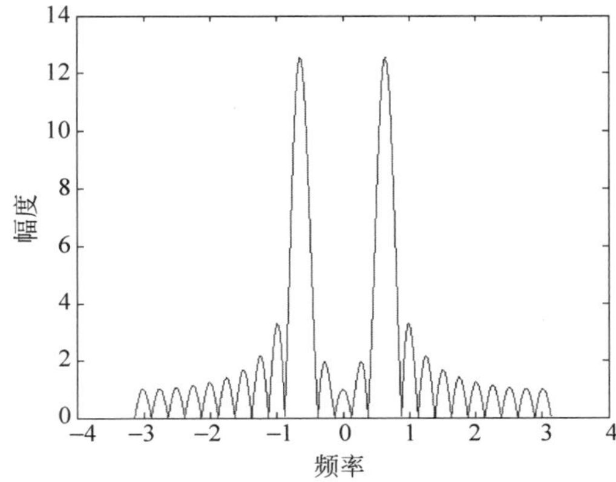

图 3-55　信号截断时产生的频谱泄漏现象

应该指出，由于泄漏会导致频谱的扩展，使信号频谱的最高频率增加，造成混叠，所以泄漏和混叠不能完全分开。

用 DFT 分析信号频谱的前提是信号必须是有限长序列，对于无限长序列首先要加窗处理，因此必然会产生频谱泄漏。另外，实际中在处理长序列信号时，通常也要用加窗截断的方法分段处理，这时同样会产生频谱泄漏。为减少泄漏，需要根据实际情况选择合适的窗函数，比如相同宽度的窗函数下选副瓣小的窗等。由前面 3.5.3 节可知，不同主瓣宽度与副瓣幅度大小之间是矛盾的，实际选择窗时应折中考虑。

3.8　离散傅里叶变换的快速算法——快速傅里叶变换

DFT 是信号和系统频域分析的重要工具，但是 DFT 的计算量与序列长度 N 有关，N 越大，计算量越大，例如直接计算一个 N 点序列 $x(n)$的离散傅里叶变换 $X(k)$，根据计算公式

$$X(k)=\sum_{n=0}^{N-1}x(n)W_N^{kn}=x(0)W_N^0+x(1)W_N^k+\cdots+$$

$$x(N-1)W_N^{(N-1)k} \quad (k=0,1,\cdots,N-1)$$

可知，计算一个 $X(k)$ 值需要 N 次复数相乘和 $N-1$ 次复数相加。对于 N 个 $X(k)$ 值，应重复 N 次上述运算。因此，要完成全部 DFT 运算共需要 N^2 次复数乘法和 $N(N-1)$ 次复数加法，随着 N 值的增大，运算量将迅速增长，且与 N^2 成正比。例如 $N=8$ 需要 64 次复数乘法，当 $N=2^{10}=1024$ 时，就需要 $N^2=1\,048\,576$，即一百多万次复数相乘运算。按照这种规律，如果在 N 较大的情况下，将每个复数运算转化为实数运算，运算量会更大，很难满足对信号的实时处理。所以早期的 DFT 并没有得到真正的运用。直到 1963 年，美国科学家 J. W. Cookey（库利）和 J. W. Tukey（图基）提出了计算 DFT 的快速算法，后来又有桑德(G. Sunde)-图基等快速算法相继出现，经过学者对算法的改进、发展和完善，开发了一系列高速有效的运算方法，DFT 的计算得以大大简化，运算时间一般可缩短一两个数量级，进而使 DFT 在实际中得到了广泛的应用。与此同时，20 世纪 60 年代中期，大规模集成电路的发展也促成了这个算法的实现。目前，已有多种 FFT 信号处理器，成为数字信号处理强有力的工具。

快速傅里叶变换（Fast Fourier Transform，FFT）算法形式很多，但最基本的方法有两大类，即按时间抽取（Decimation-In-Time，DIT）法和按频率抽取（Decimation-In-Frequency，DIF）法，其基本思想是将长序列截断形成短序列，通过计算短序列的 DFT 来得到原长序列的 DFT，从而达到减小运算量的目的。

3.8.1 按时间抽取的快速傅里叶变换算法 DIT-FFT（库利-图基法）

1. 算法原理

设序列 $x(n)(n=0,1,\cdots,N-1)$，长度 $N=2^r$，其中 r 为整数。如果 N 不满足 2 的整数幂要求，可以在序列末尾补上最少的零值点来达到。

由定义得 $x(n)$ 的 DFT 为

$$X(k)=\text{DFT}[x(n)]=\sum_{n=0}^{N-1}x(n)W_N^{kn} \quad (k=0,1,\cdots,N-1)$$

n 按奇偶取值将 $x(n)$ 分为两个子序列

$$\begin{cases} x_1(r)=x(2r) & \left(r=0,1,\cdots,\dfrac{N}{2}-1\right) \\ x_2(r)=x(2r+1) & \left(r=0,1,\cdots,\dfrac{N}{2}-1\right) \end{cases}$$

则

$$\begin{aligned} X(k) &= \sum_{n=0}^{N-1}x(n)W_N^{kn} \\ &= \sum_{n\text{为奇数}}x(n)W_N^{kn}+\sum_{n\text{为偶数}}x(n)W_N^{kn} \\ &= \sum_{r=0}^{\frac{N}{2}-1}x(2r)W_N^{2rk}+\sum_{r=0}^{\frac{N}{2}-1}x(2r+1)W_N^{(2r+1)k} \end{aligned}$$

$$=\sum_{r=0}^{\frac{N}{2}-1}x_1(r)(W_N^2)^{rk}+W_N^k\sum_{r=0}^{\frac{N}{2}-1}x_2(r)(W_N^2)^{rk}$$

由于

$$W_N^2=\mathrm{e}^{-\mathrm{j}\frac{2\pi}{N}*2}=\mathrm{e}^{-\mathrm{j}2\pi/\left(\frac{N}{2}\right)}=W_{\frac{N}{2}}$$

则

$$\begin{aligned}X(k)&=\sum_{r=0}^{\frac{N}{2}-1}x_1(r)W_{\frac{N}{2}}^{rk}+W_N^k\sum_{r=0}^{\frac{N}{2}-1}x_2(r)W_{\frac{N}{2}}^{rk}\\&=X_1(k)+W_N^kX_2(k)\end{aligned}\tag{3-39}$$

其中

$$\begin{cases}X_1(k)=\sum\limits_{r=0}^{\frac{N}{2}-1}x_1(r)W_{\frac{N}{2}}^{rk}=\sum\limits_{r=0}^{\frac{N}{2}-1}x(2r)W_{\frac{N}{2}}^{rk} & \left(k=0,1,\cdots,\dfrac{N}{2}-1\right)\\X_2(k)=\sum\limits_{r=0}^{\frac{N}{2}-1}x_2(r)W_{\frac{N}{2}}^{rk}=\sum\limits_{r=0}^{\frac{N}{2}-1}x(2r+1)W_{\frac{N}{2}}^{rk} & \left(k=0,1,\cdots,\dfrac{N}{2}-1\right)\end{cases}$$

式中，$X_1(k)$和$X_2(k)$分别为$x_1(r)$和$x_2(r)$的$\frac{N}{2}$点DFT，因此式(3-39)实际上是计算了$X(k)$的前$\frac{N}{2}$个值，即$X(0),X(1),\cdots,X\left(\frac{N}{2}-1\right)$，而$X(k)$共有$N$个点，其后$\frac{N}{2}$个点的值，可将$k=k+\frac{N}{2}$代入式(3-39)计算来得到

$$X\left(k+\frac{N}{2}\right)=X_1\left(k+\frac{N}{2}\right)+W_N^{\left(k+\frac{N}{2}\right)}X_2\left(k+\frac{N}{2}\right)$$

其中

$$\begin{aligned}X_1\left(k+\frac{N}{2}\right)&=\sum_{r=0}^{\frac{N}{2}-1}x_1(r)W_{\frac{N}{2}}^{r\left(k+\frac{N}{2}\right)}\\&=\sum_{r=0}^{\frac{N}{2}-1}x_1(r)W_{\frac{N}{2}}^{rk}\\&=X_1(k)\end{aligned}$$

同理

$$X_2\left(k+\frac{N}{2}\right)=X_2(k)$$

这样可得$X(k)$的后$\frac{N}{2}$个点的值为

$$\begin{aligned}X\left(k+\frac{N}{2}\right)&=X_1(k)+W_N^{\left(k+\frac{N}{2}\right)}X_2(k)\\&=X_1(k)-W_N^kX_2(k)\quad\left(k=0,1,\cdots,\frac{N}{2}-1\right)\end{aligned}\tag{3-40}$$

式(3-39)和式(3-40)的运算可用图3-56的信号流图表示。图中左面两路为输入，中间以一

个小圆表示加或减运算，右上路为相加输出，右下路为相减输出。如果在某一支路上信号需要进行相乘运算，则在该支路上标以箭头，将相乘的系数标在箭头旁边。当支路上没有标出箭头及系数时，则该支路的系数为 1。由于此结构图形状像蝴蝶，所以称为蝶形图。

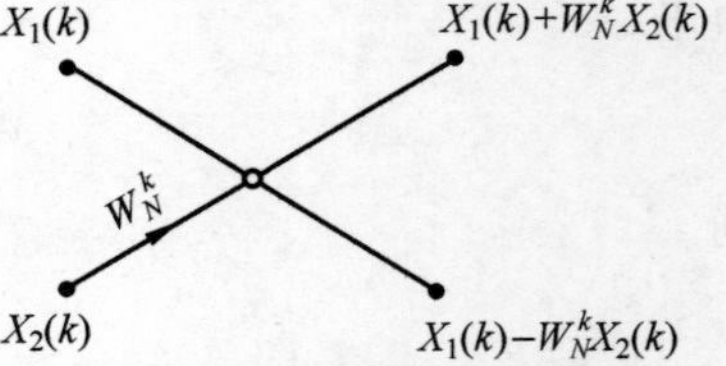

图 3-56 蝶形运算流图符号

由图 3-56 可以看出，一个蝶形运算需要一次复数乘法及两次复数加(减)法。据此，一个 N 点的 DFT 分解为两个 $N/2$ 点的 DFT，则各需 $(N/2)^2$ 次复乘和 $[N/2(N/2-1)]$ 次复加，两个 $N/2$ 点 DFT 则需要 $2\times(N/2)^2=N^2/2$ 次复乘和 $[2\times(N/2)](N/2-1)=N(N/2-1)$ 次复加。将两个 $N/2$ 点的 DFT 合成为 N 点的 DFT 时，需要再进行 $N/2$ 个蝶形运算，即还需要 $N/2$ 次复乘和 $N/2\times 2=N$ 次复加运算。因此通过这样分解后，计算全部 $X(k)$ 共需要 $(N^2/2+N/2)$ 次复乘和 $N(N/2-1)+N=N^2/2$ 次复加。前已指出，直接计算 N 点 DFT 需要 N^2 次复乘和 $N(N-1)$ 次复加，由此可见，仅仅做了一次分解，即可使计算量节省了近一半。

看一个具体例子，设序列 $x(n)$ 的点数 $N=8$，按偶数点和奇数点进行一次分解后成为

$$x_1(r)=x(2r) \qquad x_2(r)=x(2r+1)$$

$$\begin{array}{ll} x_1(0)=x(0) & x_2(0)=x(1) \\ x_1(1)=x(2) & x_2(1)=x(3) \\ x_1(2)=x(4) & x_2(2)=x(5) \\ x_1(3)=x(6) & x_2(3)=x(7) \end{array}$$

分别计算 $x_1(n)$、$x_2(n)$ 的 $N/2=4$ 点的 DFT，得 $X_1(k)$ 和 $X_2(k)$，即

$$\begin{cases} X_1(k)=\sum_{r=0}^{3}x_1(r)W_4^{rk}=\sum_{r=0}^{3}x(2r)W_4^{rk} \\ X_2(k)=\sum_{r=0}^{3}x_2(r)W_4^{rk}=\sum_{r=0}^{3}x(2r+1)W_4^{rk} \end{cases} \quad (k=0,1,2,3)$$

则

$$\begin{cases} X(k)=X_1(k)+W_N^kX_2(k) \\ X(k+4)=X_1(k)-W_N^kX_2(k) \end{cases} \quad (k=0,1,2,3)$$

此时对应的蝶形图如图 3-57 所示。

由于 $N=2^r$，当 $r>1$ 时，$N/2$ 仍然是偶数，所以可以进一步把每个 $N/2$ 点子序列再按奇偶分解为两个 $N/4$ 点子序列，分别计算两个 $N/4$ 点子序列的 DFT，再合成一个 $N/2$ 点 DFT，最后再由两个 $N/2$ 点 DFT 合成一个 N 点 DFT。继续上面的例子，不直接计算 $N/2$ 点 DFT，而是进一步把每个 $N/2$ 点子序列按其奇偶部分分解为两个 $N/4$ 点子序列，此时可将 $x_1(r)$ 按 r 的奇偶取值分解为

$$\begin{array}{ll} x_1(r)\text{ 的偶数序列} & x_1(r)\text{ 的奇数序列} \\ x_3(l)=x_1(2l)\quad(l=0,1) & x_4(l)=x_1(2l+1)\quad(l=0,1) \end{array}$$

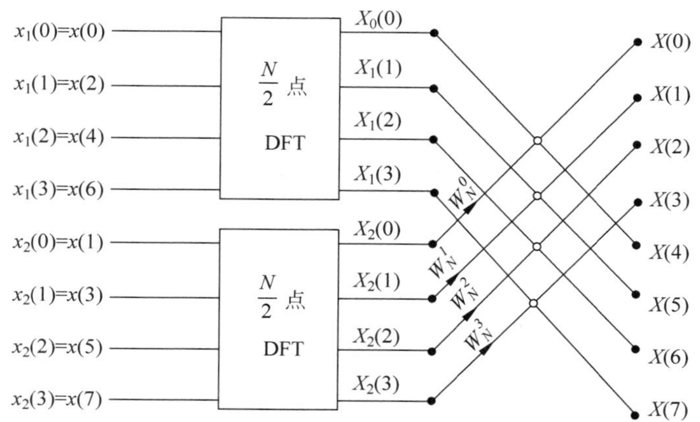

图 3-57 按时间抽取将一个 N 点 DFT 分解为两个 N/2 点 DFT(N=8)

$x_3(0)=x_1(0)=x(0)$　　　　$x_4(0)=x_1(1)=x(2)$

$x_3(1)=x_1(2)=x(4)$　　　　$x_4(1)=x_1(3)=x(6)$

与第一次分解相同,将序列 $x_1(r)$ 按奇偶进行第二次分解后,进行两个 2 点序列的 DFT 可得

$$\begin{cases} X_3(k)=\sum_{l=0}^{\frac{N}{4}-1} x_3(l)W_{N/4}^{lk}=\sum_{l=0}^{\frac{N}{4}-1} x_1(2l)W_{N/4}^{2lk} \\ X_4(k)=\sum_{l=0}^{\frac{N}{4}-1} x_4(l)W_{N/4}^{lk}=\sum_{l=0}^{\frac{N}{4}-1} x_1(2l+1)W_{N/4}^{(2l+1)k} \end{cases} \quad (k=0,1) \tag{3-41}$$

可由上述两个 2 点的 DFT 合成一个 4 点 DFT $X_1(k)$,即

$$\begin{cases} X_1(k)=X_3(k)+W_{N/2}^{k}X_4(k) \\ X_1(k+2)=X_3(k)-W_{N/2}^{k}X_4(k) \end{cases} \quad (k=0,1)$$

将 $x_2(r)$进行同样的分解，可得

$x_2(r)$ 的偶数序列　　　　$x_2(r)$ 的奇数序列

$x_5(l)=x_2(2l)\quad (l=0,1)$　　　　$x_6(l)=x_2(2l+1)\quad (l=0,1)$

$x_5(0)=x_2(0)=x(1)$　　　　$x_6(0)=x_2(1)=x(3)$

$x_5(1)=x_2(2)=x(5)$　　　　$x_6(1)=x_2(3)=x(7)$

进行离散傅里叶变换,得到

$$\begin{cases} X_5(k)=\sum_{l=0}^{\frac{N}{4}-1} x_2(2l)W_{N/4}^{lk}=\sum_{l=0}^{\frac{N}{4}-1} x_5(l)W_{N/4}^{lk} \\ X_6(k)=\sum_{l=0}^{\frac{N}{4}-1} x_2(2l+1)W_{N/4}^{lk}=\sum_{l=0}^{\frac{N}{4}-1} x_6(l)W_{N/4}^{lk} \end{cases} \quad (k=0,1) \tag{3-42}$$

由 $X_5(k)$、$X_6(k)$进行蝶形运算,即

$$
\begin{cases}
X_2(k) = X_5(k) + W_{N/2}^k X_6(k) \\
X_2(2+k) = X_5(k) - W_{N/2}^k X_6(k)
\end{cases}
$$

此时对应的蝶形图如图 3-58 所示。

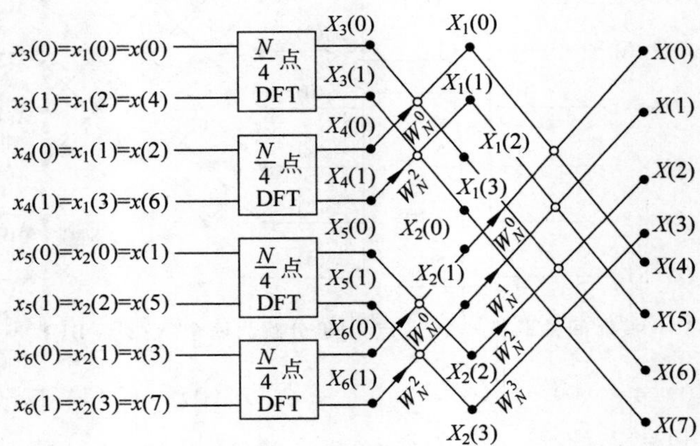

图 3-58 按时间抽取将一个 N 点 DFT 分解为 4 个 $\frac{N}{4}$ 点 DFT($N=8$)

根据前面的分析可知，利用四个 2 点 DFT 及两次组合来计算 8 点 DFT，比仅用一次分解组合方式时的计算量又减少了约一半。

对于 $N=8$ 点的 DFT，经过两次分解后，最后剩下的是四个 2 点的 DFT，即 $X_3(k)$、$X_4(k)$、$X_5(k)$、$X_6(k)$，利用式(3-41)和式(3-42)可分别将它们计算出来。例如利用式(3-41)可得

$$
\begin{cases}
X_3(0) = x(0) + W_2^0 x(4) = x(0) + W_N^0 x(4) \\
X_3(1) = x(0) + W_2^1 x(4) = x(0) - W_N^0 x(4)
\end{cases}
$$

$X_4(k)$、$X_5(k)$、$X_6(k)$可类似求出。对每个 2 点的 DFT，同样可进一步分解成两个 1 点的序列，分别计算每个 1 点序列的 DFT，再合成 2 点 DFT，而一个 1 点 DFT 即是序列本身的值。这样，一个按时间抽取运算的完整的 8 点 DFT 流图如图 3-59 所示。

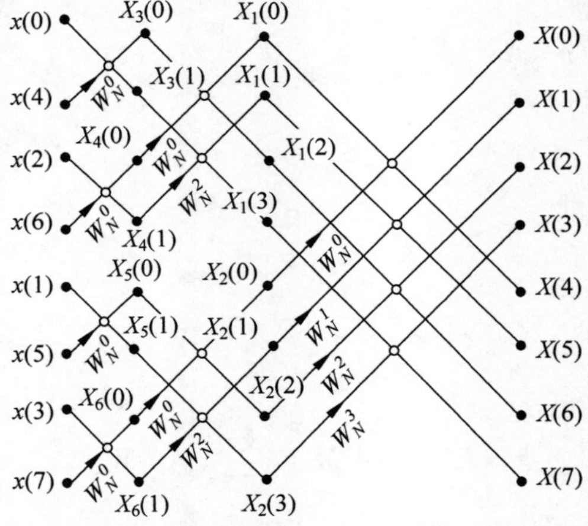

图 3-59 $N=8$ 的按时间抽取法 FFT 运算流图

由上面分析可知，由于每一步分解都是每级输入序列按时间序号是属于偶数还是奇数进行分解的，所以称为按时间抽取的 FFT 算法。由于此方法要求序列长度是 2 的整数次幂，即 $N=2^r$，故称为基-2 FFT 算法。

2. 按时间抽取的 FFT 算法与直接计算 DFT 运算量的比较

由按时间抽取的 FFT 运算流图可见，一个 $N=2^r$ 点序列的 FFT 共需经过 $r=\log_2 N$ 级分解运算，当 $N=8$ 时，需逐级分解形成三级运算，每一级都由 $N/2$ 个蝶形运算完成，每一个蝶形需要 1 次复乘和 2 次复加运算，这样完成一个 N 点的 FFT 共需要

复乘次数为

$$m_F=\frac{N}{2}r=\frac{N}{2}\log_2 N$$

复加次数为

$$a_F=Nr=N\log_2 N$$

由此可见，按时间抽取的 FFT 算法所需的复乘数和复加数与 $N\log_2 N$ 成正比，而直接计算 DFT 所需的复乘数和复加数则与 N^2 成正比（复乘 $m_F=N^2$，复加数 $a_F=N(N-1)\approx N^2$）。表 3-4 列出了不同 N 值时的 FFT 算法与直接计算 DFT 的运算量的比较。

表 3-4　DIT-FFT 算法与直接算法的比较

N	N^2	$N/2\log_2 N$（复乘次数）	$N^2/((N/2)\log_2 N)$
2	4	1	4.0
4	16	4	4.0
8	64	12	5.4
16	256	32	8.0
32	1024	80	12.8
64	4096	192	21.4
128	16 384	448	36.6
256	65 536	1024	64
512	262 144	2304	113.8
1024	1 048 576	5120	204.8
2048	4 194 304	11 264	372.4

可以看出，当 N 较大时，按时间抽取法将比直接法快一两个数量级之多。例如 $N=2048$ 时，如果直接运算需近三小时（计算机型号为联想启天 M690E，CPU 型号为 Inter 奔腾双核 E5300，CPU 频率 2.60GHz，内存 2GB，所使用的仿真软件为 MATLAB R2010a），通过 FFT 则只要 0.85s 就完成了。这样的速度增益使得利用 FFT 解决信号处理问题成为可能。

图 3-60 示出了 FFT 算法和直接算法所需运算量与点数 N 的关系曲线，使人们更加直观地看到 FFT 算法的优越性，特别是点数 N 越大时，优点更加突出。

3. 按时间抽取的 FFT 算法特点

由前面讨论的 DIT-FFT 算法原理及 $N=8$ 点的例子，可以看出算法具有一定的规律和特点，现总结如下。

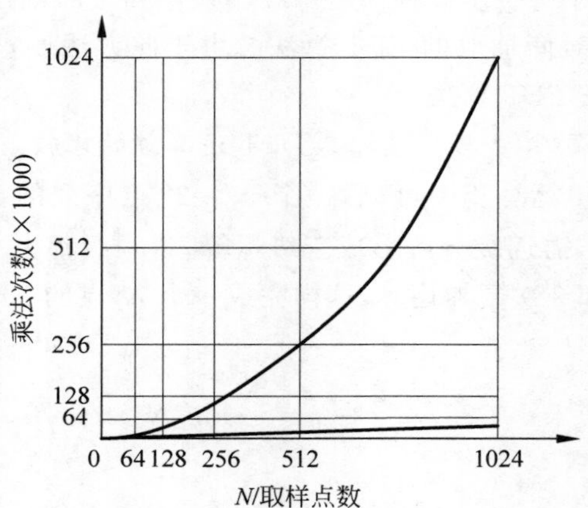

图 3-60　直接计算法与 DIT-FFT 算法所需乘法次数的比较曲线

(1) 一个 $N=2^r$ 点序列的 DIT-FFT，需经过 $r=\log_2 N$ 级分解，得到 $N/2$ 个 2 点 FFT 运算。

(2) 由 $N/2$ 个 2 点 DIT-FFT 运算，逐级合成 4 点、6 点、8 点……至 N 点。

(3) 每级都有 $N/2$ 个蝶形，最后一级(第 r 级)W_N 因子的个数最多，为 $N/2$ 个，且 W_N 因子依次为 $W_N^0, W_N^1, W_N^2, \cdots, W_N^{\frac{N}{2}-1}$，以后每向前推进一级，$W_N$ 因子的个数减少一半，且 W_N 因子取后一级的偶次幂因子。

(4) DIT-FFT 算法属于原位运算。

由图 3-59 可知，在 FFT 的每级(列)运算中，每一个蝶形的输出与输入之间满足如下关系

$$X_m(i)=X_{m-1}(i)+X_{m-1}(j)W_N^k$$
$$X_m(j)=X_{m-1}(i)-X_{m-1}(j)W_N^k$$

式中，m 表示第 m 列(级)迭代；i、j 为数据所在的行数。

每一列(级)的输出又作为下一列(级)的输入参与运算，而与之前的输入无关。因此，如果所有的 W_N^k 的值已预先保存，则除了运算的工作单元外，只要用 N 个寄存器存储初始的 $x(n)$ 值即可。因为每个蝶形运算是由两个寄存器中取出数据，而计算结果仍存放到原来寄存器中，该寄存单元中原存储的内容，一经取用即可删除，不影响以后的计算，相当于每列运算均在原位进行，这种原位运算的结构可以节省存储单元，降低设备成本。

(5) 在 DIT-FFT 算法的信号流图中，输入是“乱序”的，输出是“顺序”的。

由图 3-59 可知，输入端 $x(n)$ 的排列不是按 n 的自然顺序，而是以 $x(0)$，$x(4)$，$x(2)$，$x(6)$，$x(1)$，$x(5)$，$x(3)$，$x(7)$(假设 $N=8$)的“乱序”排列作为输入的，而在输出端是以自然顺序输出。造成这种现象的原因是在分解时，对 $x(n)$ 按 n 的奇偶取值而造成的，这种排列方式称为“码位倒读”。所谓倒读是指二进制表示的数字首尾位置颠倒，重新按十进制读取。表 3-5 列出了 $N=8$ 两种排列的变换规律。

表 3-5 自然顺序与码位倒读顺序($N=8=2^3$)

$x(n)$	序号 n 的自然排序十进制表示	n 的二进制表示	码位倒置	码位倒置后的十进制表示
$x(0)$	0	000	000	0
$x(1)$	1	001	100	4
$x(2)$	2	010	010	2
$x(3)$	3	011	110	6
$x(4)$	4	100	001	1
$x(5)$	5	101	101	5
$x(6)$	6	110	011	3
$x(7)$	7	111	111	7

3.8.2 按频率抽取的快速傅里叶变换算法(桑德-图基法)

按照将长序列分解为短序列,通过计算短序列的傅里叶变换来合成长序列傅里叶变换的思想,还可以将时间序列 $x(n)$ 直接按照 n 的自然取值先后分为两组,形成两个 $\frac{N}{2}$ 点短序列,通过某种组合和计算并按 k 的奇偶取值组合成 N 点 DFT。该方法是桑德和图基 1966 年提出的,也称为桑德-图基法。

1. 算法原理

设 $x(n)$ 的列长 $N=2^r$,r 为整数。先将 $x(n)$ 按 n 的自然取值顺序分成前后两组,即

$$\begin{cases} x(n) \\ x\left(n+\dfrac{N}{2}\right) \end{cases} \quad \left(0\leqslant n\leqslant \frac{N}{2}-1, n\text{ 为整数}\right)$$

则由定义可得

$$\begin{aligned} X(k) &= \sum_{n=0}^{N-1} x(n)W_N^{nk} = \sum_{n=0}^{\frac{N}{2}-1} x(n)W_N^{nk} + \sum_{n=\frac{N}{2}}^{N-1} x(n)W_N^{nk} \\ &= \sum_{n=0}^{\frac{N}{2}-1} x(n)W_N^{nk} + \sum_{n=0}^{\frac{N}{2}-1} x\left(n+\frac{N}{2}\right)W_N^{\left(n+\frac{N}{2}\right)k} \quad (k=0,1,\cdots,N-1) \\ &= \sum_{n=0}^{\frac{N}{2}-1}\left[x(n)+x\left(n+\frac{N}{2}\right)W_N^{\frac{N}{2}k}\right]W_N^{kn} \\ &= \sum_{n=0}^{\frac{N}{2}-1}\left[x(n)+(-1)^k x\left(n+\frac{N}{2}\right)\right]W_N^{kn} \end{aligned}$$

考虑以下两种情况。

(1) 当 k 为偶数时,令 $k=2r\left(r=0,1,\cdots,\left(\frac{N}{2}-1\right)\right)$,则

$$X(k)=X(2r)=\sum_{n=0}^{\frac{N}{2}-1}\left[x(n)+x\left(n+\frac{N}{2}\right)\right]W_N^{2rn}$$

$$= \sum_{n=0}^{\frac{N}{2}-1} \left[x(n) + x\left(n + \frac{N}{2}\right) \right] W_{N/2}^{rn} \tag{3-43}$$

(2) 当 k 为奇数时，令 $k=2r+1\left(r=0,1,\cdots,\left(\frac{N}{2}-1\right)\right)$，则

$$X(k) = X(2r+1) = \sum_{n=0}^{\frac{N}{2}-1} \left[x(n) - x\left(n + \frac{N}{2}\right) \right] W_N^{(2r+1)n}$$

$$= \sum_{n=0}^{\frac{N}{2}-1} \left\{ \left[x(n) - x\left(n + \frac{N}{2}\right) \right] W_N^n \right\} W_{N/2}^{rn} \tag{3-44}$$

如果令

$$\begin{cases} x_1(n) = x(n) + x\left(n + \frac{N}{2}\right) \\ x_2(n) = \left[x(n) - x\left(n + \frac{N}{2}\right) \right] W_N^n \end{cases} \quad \left(n = 0,1,\cdots,\left(\frac{N}{2}-1\right)\right)$$

则

$$\begin{cases} X(2r) = \sum_{n=0}^{\frac{N}{2}-1} x_1(n) W_{N/2}^{nr} \\ X(2r+1) = \sum_{n=0}^{\frac{N}{2}-1} x_2(n) W_{N/2}^{nr} \end{cases} \quad \left(r = 0,1,\cdots,\left(\frac{N}{2}-1\right)\right) \tag{3-45}$$

由式(3-45)可见，$X(2r)$和 $X(2r+1)$分别有两个 $N/2$ 点序列进行 DFT 而得，而这两个 $N/2$ 点序列分别是 $x(n)$的前一半序列与后一半序列重新组合而成的。式(3-45)的运算关系可以用如图 3-61 所示的蝶形运算来表示。这样就将计算一个 N 点的 DFT 首先分解为计算两个新序列的 $N/2$ 点的 DFT，这两个 $N/2$ 点的 DFT 分别对应 $X(k)$的偶数点和奇数点序列。当 $N=8$ 时，上述的分解过程如图 3-62 所示。

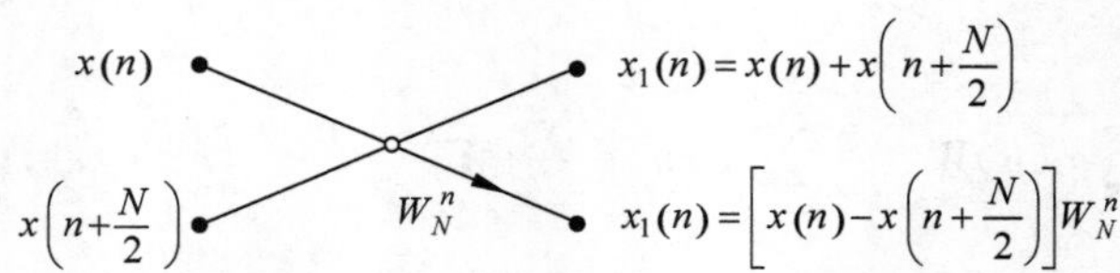

图 3-61　频率域抽取法的蝶形运算

与时间抽取法的推演过程一样，由于 $N=2^r$，当 $r>1$ 时，$N/2$ 仍是一个偶数，因此可以继续将每个 $N/2$ 点的时间序列同样前后按自然顺序分开，通过蝶形运算形成两个 $N/4$ 点的新序列，分别计算 $N/4$ 点 DFT，得到原 $N/2$ 点的 DFT。图 3-63 示出了这一步分解的过程。

这样的分解可一直进行下去，直到分解 r 步以后得到求 $N/2$ 个两点的 DFT 为止。而这 $N/2$ 个 2 点 DFT 计算结果(共 N 个值)就是 $x(n)$的 N 点 DFT 的结果 $X(k)$。图 3-64 给出了 $N=8$ 时完整的计算流图。由于整个计算过程是按频域取样点 k 的奇偶取值分开计算的，故将此方法称为按频率抽取的 FFT 算法。

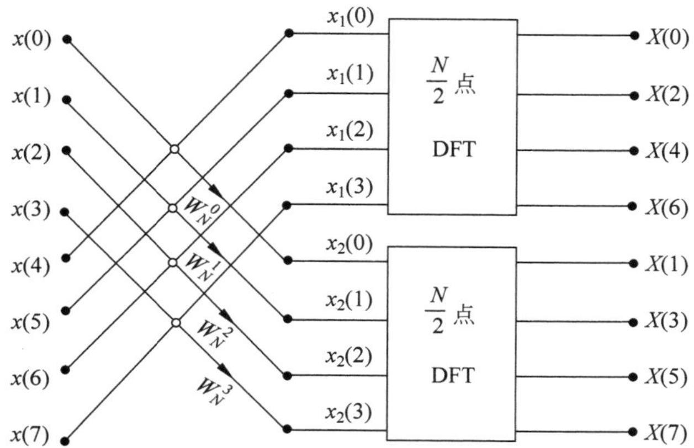

图 3-62　按频率抽取，将 N 点 DFT 分解为 2 个 $\frac{N}{2}$ 点 DFT（$N=8$）

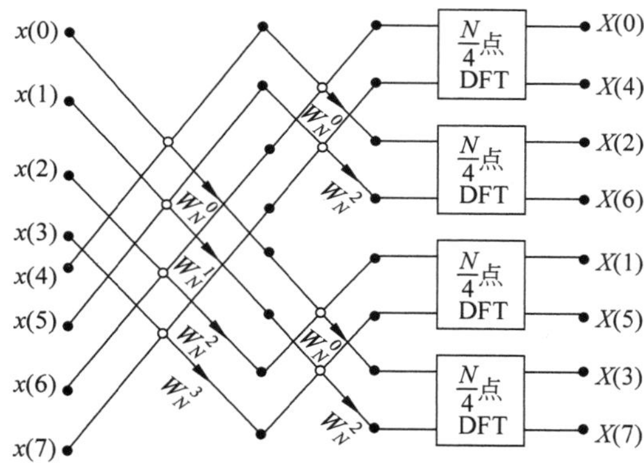

图 3-63　按频率抽取，将 N 点 DFT 分解为 4 个 $\frac{N}{4}$ 点 DFT（$N=8$）

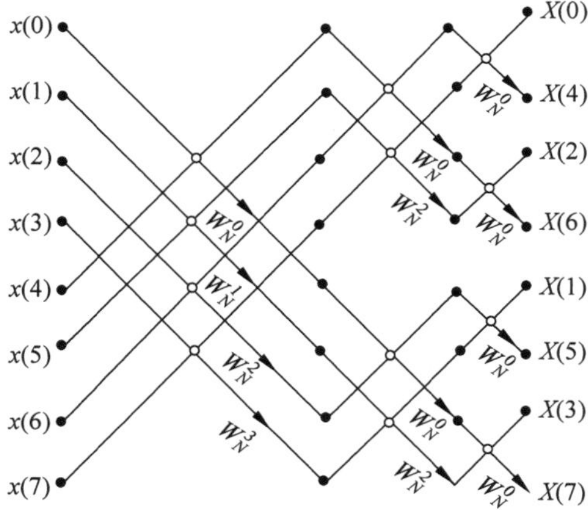

图 3-64　$N=8$ 的频率抽取法 FFT 流图

2. 按时间抽取算法和按频率抽取算法的比较

比较按时间抽取和按频率抽取信号流图可知，两种算法既有相同点，又有不同点。先来看相同点。

(1) 两种算法计算量相同。频率抽取法也需分解为 r 级运算。每级需要$\frac{N}{2}$个蝶形运算来完成，即需 $m_F=\frac{N}{2}\log_2 N$ 次复乘和 $a_F=N\log_2 N$ 次复加。

(2) 两种算法均为原位运算。在 DIF-FFT 的每级运算中，每一个蝶形的输出同样只与其对应的输入点有关，而每一个输出就是下一级的输入而与之前的点无关，故属于原位运算。

再看不同点。

(1) DIF-FFT 的输入是自然顺序，输出是反序顺序，这与 DIT 的情况正好相反。所以运算完毕后，要经过"整序"变为自然顺序输出，整序的规律和时间抽取法相同。

(2) DIF 的蝶形运算与 DIT 的蝶形运算略有不同，其差别在于 DIF 中复数乘法出现于减法运算之后。

(3) W_N 因子的排序不同。DIF 的蝶形运算中，第一级 W_N 因子类型个数最多，为$\frac{N}{2}$个，以后每向后推进一级，W_N 因子类型个数减半，这与 DIT-FFT 算法相反。

需要说明的是，比较两种算法的流图可知，如果将 DIT-FFT 算法流图的方向倒转并将输入与输出对调，即可转换为按 DIF-FFT 算法流图。同理，也可通过倒置将 DIF-FFT 流图转为 DIT-FFT 流图。也就是说，对于每一种按时间抽取的 FFT 都存在一种按频率抽取的算法，二者互为转置。

3. 离散傅里叶逆变换的快速算法

比较 IDFT

$$x(n)=\frac{1}{N}\sum_{n=0}^{N-1}X(k)W_N^{-nk}$$

和 DFT

$$X(k)=\sum_{n=0}^{N-1}x(n)W_N^{nk}$$

可以发现，如果将 $X(k)$作为输入，$x(n)$作为输出，用 W_N^{-1} 代替 W_N，并将计算结果乘以 $1/N$（或将 $1/N$ 分解为$(1/2)^r$ 并且在 r 级运算中每级都分别乘以一个 1/2 因子）。这样，以上所讨论的按时间抽取或按频率抽取的 FFT 算法都可以直接用来运算 IDFT，称为快速傅里叶逆变换(Inverse Fast Fourier Transform，IFFT)。例如，按照上述原则，可以直接由按频率抽取的 FFT 流图，得到如图 3-65 所示的 IFFT 流图。此时，输入为 $X(k)$，是自然顺序输入，输出为 $x(n)$，是乱序输出，称其为按时间抽取的 IFFT 算法。同理，可以由 DIT-FFT 流图得到如图 3-66 所示的 DIF-IFFT 流图。

本节介绍了两种最基本也是最常用的 FFT 算法，实际上，还有许多基-2FFT 算法的各种变体，如基-4FFT、基-8FFT 等。这些算法的思想仍然是利用短序列的 DFT 计算长序列的 DFT。感兴趣的读者可以查看相关书籍。另外，需要说明的是，FFT 不是新的数学变换，它只是 DFT 的一种快速算法。

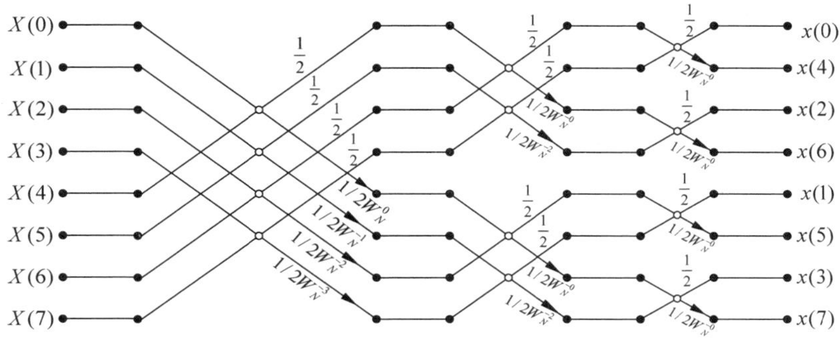

图 3-65　$N=8$ 的按时间抽取 IFFT 流图

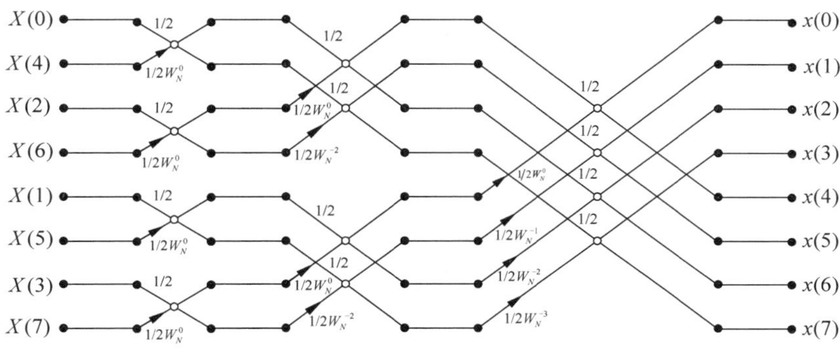

图 3-66　$N=8$ 的按频率抽取 IFFT 流图

3.8.3　快速傅里叶变换的应用实例

因为 FFT 是 DFT 的快速算法，所以凡是可以利用离散傅里叶变换来进行分析、综合、变换的问题，都可以利用 FFT 算法及运用数字计算技术来实现。本节给出几个 FFT 的应用实例。

1. 利用 FFT 求线性卷积——快速卷积

1）用 FFT 求有限长序列的线性卷积

利用 FFT 求有限长序列线性卷积，其主要思想是希望借助于 DFT 的圆周卷积定理来求解。

由 2.2 节可知，若 $x_1(n)$的长度为 N，$x_2(n)$的长度为 M，当满足条件 $L \geqslant N+M-1$ 时

$$x_1(n) * x_2(n) = x_1(n) \textcircled{L} x_2(n) = \text{IFFT}[X_1(k)X_2(k)] \qquad (k=0,1,2,\cdots,L-1)$$

知道了圆周卷积与线性卷积的关系，可以利用 DFT 的圆周卷积定理，通过 FFT 计算两个有限长序列的线性卷积，具体流程如图 3-67 所示。

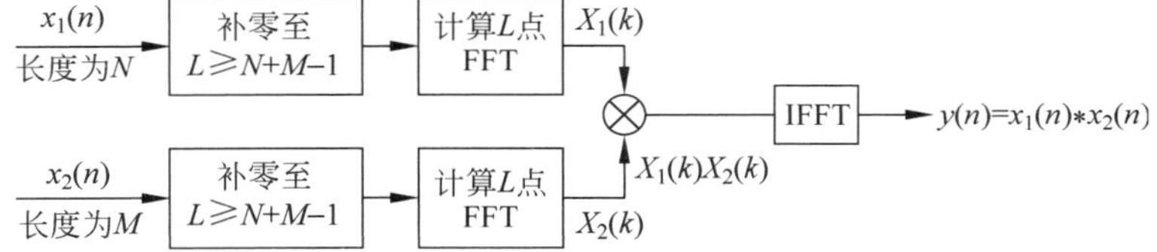

图 3-67　用 FFT 计算两个有限长序列的线性卷积流程图

当 M、N 较大时，这种计算线性卷积的方法明显比直接计算要快。例如，计算两个长度均为 2^{20} 的矩形脉冲序列的线性卷积，利用 MATLAB 直接计算用时达到 2h，而利用 FFT 计算线性卷积则只需要 2.2s 就可以了（计算机为联想启天 M690E，CPU 为 Inter 奔腾双核 E5300，CPU 频率为 2.60GHz，内存为 2GB，所使用的计算工具为 MATLAB R2010a）。

2）同时计算两个实序列的卷积运算

FFT 算法是复数运算，无论是硬件实现还是软件实现，都是按复数运算设计的，所以当采用 FFT 算法分析实序列信号时，算法的虚部就被浪费掉。为此，应设法提高使用效率。

设 $g(n)$、$s(n)$、$h(n)$ 都是 N 点的实序列，它们的 N 点 DFT 分别为 $G(k)$、$S(k)$、$H(k)$，若需计算 $g(n)\circledN h(n)$ 和 $s(n)\circledN h(n)$，可以用一次 FFT 运算同时实现这两个圆周卷积。方法是先将 $g(n)$、$s(n)$ 组合成一个复数序列 $p(n)$，即

$$p(n)=g(n)+\mathrm{j}s(n)$$

则

$$\mathrm{DFT}[p(n)]=P(k)=G(k)+\mathrm{j}S(k)$$

令

$$Y(k)=H(k)P(k)$$

然后用 IFFT 运算求出 $y(n)$，它是 $p(n)$、$h(n)$ 的圆周卷积值，即

$$\begin{aligned}y(n)&=\mathrm{IFFT}[Y(k)]=p(n)\circledN h(n)\\&=[g(n)+\mathrm{j}s(n)]\circledN h(n)\\&=g(n)\circledN h(n)+\mathrm{j}s(n)\circledN h(n)\end{aligned}$$

因此同时得到两组实序列的圆周卷积值，即

$$y_1(n)=\mathrm{Re}[y(n)]=g(n)\circledN h(n)$$

$$y_2(n)=\mathrm{Im}[y(n)]=s(n)\circledN h(n)$$

若是计算实序列的线性卷积，可利用线性卷积与圆周卷积的关系，将原序列 $g(n)$、$s(n)$、$h(n)$ 末尾补零后再采用上述方法计算，具体流程如图 3-68 所示。

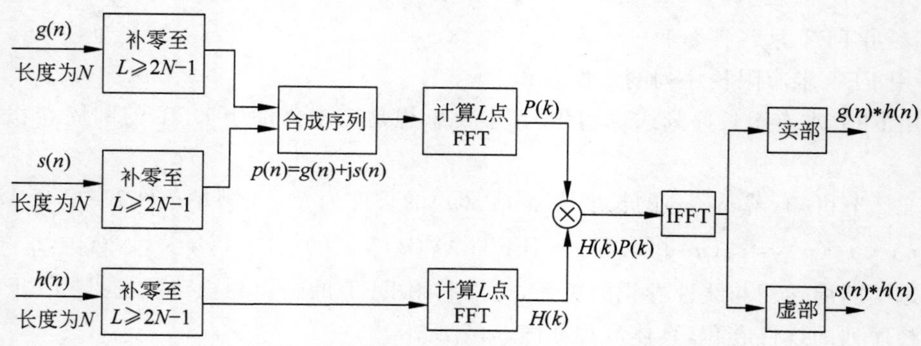

图 3-68 同时计算两组实序列的线性卷积流程图

2. 利用 FFT 求相关

类似于圆周卷积与线性卷积的关系，序列长度分别为 N_1 和 N_2 的两个有限长序列的线性相关，等于将这两个序列补零至 $N=N_1+N_2-1$ 列长后的圆周相关。由圆周相关定理可知，两个有限长序列的线性相关可以借助于离散傅里叶变换求得。用 FFT 计算两个有

限长序列的线性相关，具体流程如图 3-69 所示。

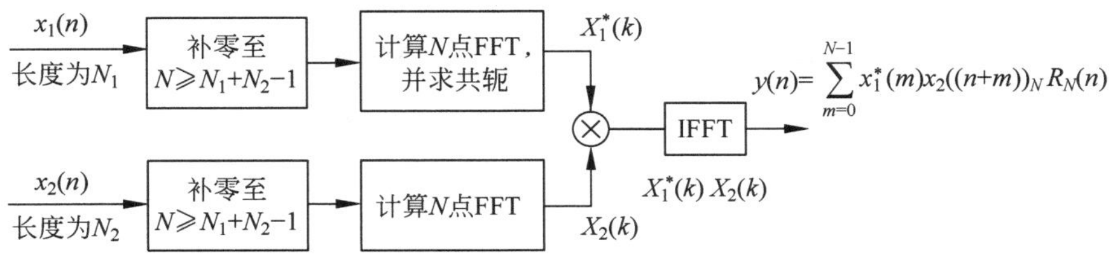

图 3-69 用 FFT 计算两个有限长序列的线性相关流程图

用 FFT 计算相关函数称为快速相关。它与快速卷积完全类似，所不同的是：一个应用圆周相关定理，利用圆周相关来等效线性相关；另一个是应用圆周卷积定理，利用圆周卷积来等效线性卷积。

3. FFT 在多普勒雷达信号处理中的应用——多普勒滤波器组

由前面学习可知，当满足采样定理的条件时，一个时间函数的取样序列经过 DFT 处理后，输出为该信号频谱的取样。可以将每条谱线看成为对应于一个窄带滤波器的输出，这就是 DFT 的滤波特性。下面进行较为详细的分析。

设时间序列 $x(n)$为具有单位振幅的 N 点复指数序列，其频率为 f_0，即

$$x(n)=\mathrm{e}^{\mathrm{j}2\pi f_0 nT} \qquad (n=0,1,\cdots,N-1)$$

式中，T 为采样间隔。对 $x(n)$做 N 点 DFT 运算，所对应的频域序列为

$$X(k)=\sum_{n=0}^{N-1}\mathrm{e}^{\mathrm{j}2\pi f_0 nT}\mathrm{e}^{-\mathrm{j}\frac{2\pi}{N}nk}=\frac{\sin N\pi\left(f_0-\dfrac{k}{NT}\right)T}{\sin\pi\left(f_0-\dfrac{k}{NT}\right)T}\mathrm{e}^{-\mathrm{j}\pi(N-1)\left(f_0-\frac{k}{NT}\right)T} \tag{3-46}$$

由式(3-46)可知，若信号 $x(n)$频率不同，得到的 $X(k)$也不同。为描述 $X(k)$随信号频率的这种变化，用 f 代替 f_0，因而式(3-46)可进一步写为

$$X_k(f)=\frac{\sin N\pi\left(f-\dfrac{k}{NT}\right)T}{\sin\pi\left(f-\dfrac{k}{NT}\right)T}\mathrm{e}^{-\mathrm{j}\pi(N-1)\left(f-\frac{k}{NT}\right)T}$$

若信号 $x(n)$是频率为 f_0 的单频信号，则对应的 $X_k(f_0)$在 $f_0=\dfrac{k}{NT}$时，即 $k=f_0NT$ 时有输出，而其他 k 点处值为 0；若信号 $x(n)$为包含多种频率具有一定频带宽度的信号，可以将该信号表示成若干单频信号的叠加，此时第 k 点频谱值 $X_k(f)$看成是将频率为 f_k 的分量 $\mathrm{e}^{\mathrm{j}2\pi f_k nT}$ 通过某个系统的输出，该系统只允许通过输入信号的第 k 个频谱抽样值，这个系统称为滤波器，其输出信号对应的频率点称为该滤波器的中心频率，即 $f_k=k/NT$。也就是说，对一个长度为 N 的有限长序列做 DFT 就相当于将该序列通过一组滤波器，每个滤波器组的中心频率为 $f_k=k/NT$，其输出即为 $X_k(f)$，窄带滤波器组的幅度随频率的变化关系 $H_k(\mathrm{e}^{\mathrm{j}2\pi f})$满足

$$H_k(\mathrm{e}^{\mathrm{j}2\pi f})=\frac{\sin N\pi(f-f_k)T}{\sin\pi(f-f_k)T}$$

DFT 的滤波特性如图 3-70 所示。

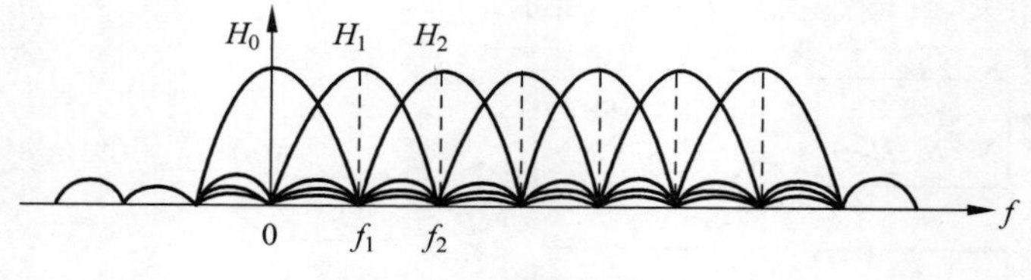

图 3-70 DFT 的滤波特性

脉冲多普勒雷达是利用运动目标的多普勒特性来提取目标运动速度等参数的。因此脉冲多普勒雷达中覆盖目标多普勒频移范围的一组邻接窄带滤波器称为多普勒滤波器组，窄带多普勒滤波器组起到了实现速度分辨和精确测量的作用。每个滤波器的带宽应设计的尽量与回波信号的谱线宽度相匹配。这个带宽同时确定了多普勒雷达的速度分辨能力和测速精度。人们正是利用上述 DFT 的滤波特性来形成脉冲多普勒雷达信号处理中所必需的窄带多普勒滤波器组。

由于多普勒雷达的杂波分布情况比较复杂，目标回波可能落入杂波区，也可能落入无杂波区，两种区域中干扰的强度相差很大。经过上述滤波器组进行滤波处理之后，信号的背景干扰仍包含很宽的幅度范围。因此，利用多普勒雷达进行目标检测时一般采用恒虚警(Constant False Alarming Rate，CFAR)处理技术，以便防止干扰增大时虚警概率过高，努力使得当噪声、杂波和干扰功率或其他参数发生变化时，输出端的虚警概率保持恒定。

脉冲多普勒雷达数据处理单元中，将 FFT 处理机的输出进行适当的 CFAR 处理后与检测门限比较，由超过门限的信号所对应多普勒滤波器中心频率的位置得出目标的速度，将其送入数据处理机或直接显示，具体流程如图 3-71 所示。

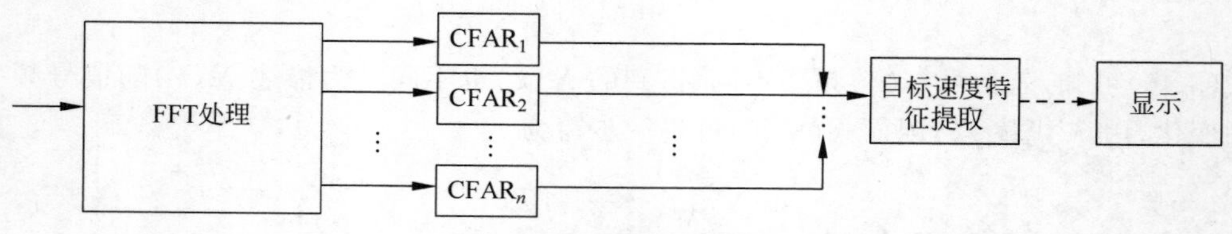

图 3-71 多普勒雷达数据处理流程

3.9 无线电频率划分及典型信号的频率范围

本章介绍了信号频域分析方法，了解了信号的频域特征量即“频谱”的概念。通过对典型信号在频域内特性的分析，发现不同信号在频域内分布不同，根据其主要能量在频率域的分布，对频率划分区间，并给出不同区间的命名，以示区分不同信号。信号的频率通常以 Hz(赫兹)为单位，其表示方式如下。

(1) 3000kHz 以下(包括 3000kHz)，以 kHz(千赫兹)表示。

(2) 3MHz～3000MHz(包括 3000MHz)，以 MHz(兆赫兹)表示。

(3) 3GHz～3000GHz(包括 3000GHz)，以 GHz(吉赫兹)表示。

无线电频率一般认为是在 3kHz～300GHz 内，其划分区间如表 3-6 所示。而对于较高的频段，也经常采用如表 3-7 所示的频段划分标准。

表 3-6 无线电频率划分表

名　　称	字母缩写	频率范围	波　　长
甚低频	VLF	3kHz～30kHz	100km～10km
低频	LF	30kHz～300kHz	10km～1km
中频	MF	300kHz～3MHz	1km～100m
高频	HF	3MHz～30MHz	100m～10m
甚高频	VHF	30MHz～300MHz	10m～1m
超高频	UHF	300MHz～3GHz	1m～10cm
特高频	SHF	3GHz～30GHz	10cm～1cm
极高频	EHF	30GHz～300GHz	1cm～1mm

表 3-7 较高频段的无线电频率划分表

字母代号	频率范围/GHz	字母代号	频率范围/GHz
L 波段	1.00～1.88	X 波段	8.20～12.40
Ls 波段	1.50～2.80	KuKe 波段	12.40～18.00
S 波段	2.35～4.175	K 波段	16.00～28.00
C 波段	3.60～7.45	Ka 波段	26.00～40.00
Xb 波段	6.00～10.65	Q 波段	33.00～50.00

另外，本章所描述的频域分析方法通常应用在实际遇到的信号分析中（例如地震、生物和电磁信号）。为了从观测信号提取信息，先要对信号做频谱分析。例如，在生物信号中，如心电图（ECG）信号，为了诊断，需要使用分析工具提取相关信息。对地震信号，人们可能对检测核爆炸的表现或者确定地震特征和位置感兴趣。对于电磁信号，例如从飞机反射的雷达信号，包含了飞机的位置和径向速度的信息。这些参数可以从接收雷达信号观测估计出来。为了测量参数或者提取其他类型的信息，在信号处理时，必须大致知道获取信号的频率范围。在此，表 3-8～表 3-10 给出了一些典型信号的频率范围。

表 3-8 一些生物信号的频率范围

信号类型	频率范围/Hz	信号类型	频率范围/Hz
（视）网膜电图①	0～20	脑电图（EEG）	0～100
眼震颤电流图②	0～20	肌电图④	10～200
呼吸描记图③	0～40	脉波图⑤	0～200
心电图（ECG）	0～100	语音	100～4000

注：①（视）网膜特性图示记录；②眼睛不知不觉运动的图示记录；③呼吸活动的图示记录；④肌肉动作（如肌肉收缩）的图示记录；⑤血压的图示记录。

表 3-9 一些地震信号的频率范围

信号类型	频率范围/Hz	信号类型	频率范围/Hz
风声	100～1000	地震和核爆炸信号	0.1～10
地震勘探信号	10～100	地震噪声	0.1～1

表 3-10　一些电磁信号的频率范围

信号类型	波长/m	频率范围/Hz
无线电广播	$10^4\sim10^2$	$3\times10^4\sim3\times10^6$
短波无线电信号	$10^2\sim10^{-2}$	$3\times10^6\sim3\times10^{10}$
雷达、卫星通信、太空通信和普通载波微波	$1\sim10^{-2}$	$3\times10^8\sim3\times10^{10}$
红外线	$10^{-3}\sim10^{-6}$	$3\times10^{11}\sim3\times10^{14}$
可见光	$3.9\times10^{-7}\sim8.1\times10^{-7}$	$3.7\times10^{14}\sim7.7\times10^{14}$
紫外线	$10^{-7}\sim10^{-8}$	$3\times10^{15}\sim3\times10^{16}$
γ 射线和 χ 射线	$10^{-9}\sim10^{-10}$	$3\times10^{17}\sim3\times10^{18}$

3.10　民航飞机通信、导航、监视信号频谱及系统工作频段

1. 民航飞机通信系统典型信号频谱

民航飞机通信系统包括甚高频通信(VHF)、高频通信(HF)、选择呼叫(SELCAL)、客舱广播(PA)、飞机内话、旅客娱乐(录像、电视、音乐)、旅客服务、勤务内话、客舱内话、话音记录系统和 ARINC 通信寻址报告系统等。主要用于实现飞机与地面、飞机与飞机的相互通信,也用于进行机内通话、旅客广播、记录话音信号以及向旅客提供视听娱乐信号。

1) 甚高频通信系统信号频谱

甚高频通信系统是一种近距离的飞机与飞机之间、飞机与地面电台之间的通信系统,是民航飞机主要的通信工具,用于飞机在起飞、降落或通过管制空域时机组人员和地面管制人员之间的双向语音通信。起飞和降落期间是驾驶员处理问题最繁忙的时刻,也是飞行中最容易发生事故的时刻,因此必须保证甚高频通信的高度可靠。民航飞机上一般都装有 2～3 套甚高频通信系统。

目前,VHF 除可进行话音通信外,还可进行数据通信。数据通信主要的应用是一种称为飞机通信寻址报告系统(Aircraft Communications Addressing and Reporting System, ACARS)的数据通信系统。话音通信系统包括地面电台和机载电台两部分,而地面与机载台的主要组成部分为 VHF 收发信机,其发射的信号为双边带调幅波。图 3-72 为 VHF 通信系统示意图。按照国际民航组织的统一规定,甚高频通信工作频率为 118.000～136.975MHz,波道间隔为 25kHz,工作方式采用调幅方式,信号形式如下。

发射信号为 $s_{\mathrm{AM}}(t)$,即

$$s_{\mathrm{AM}}(t)=[A+f(t)]\cos(\omega_0 t+\theta_0)$$

式中,$f(t)$表示话音信号;ω_0 表示载波角频率;A 为一直流电压;话音信号 $f(t)$是被发送的信号,称为调制信号,该信号不含直流成分;θ_0 为载波的起始相位,波形如图 3-73(a)所示。可以看出,$s_{\mathrm{AM}}(t)$中载波的幅度随 $f(t)$的变化而变化,故称为调幅波。其频谱为

$$s_{\mathrm{AM}}(\omega)=\pi A[\delta(\omega-\omega_0)\mathrm{e}^{\mathrm{j}\theta_0}+\delta(\omega+\omega_0)\mathrm{e}^{-\mathrm{j}\theta_0}]+\frac{1}{2}[F(\omega-\omega_0)\mathrm{e}^{\mathrm{j}\theta_0}+F(\omega+\omega_0)\mathrm{e}^{-\mathrm{j}\theta_0}] \tag{3-47}$$

式(3-47)表明,调幅信号 $s_{\mathrm{AM}}(t)$的频谱包含位于 $\omega=\omega_0$ 和 $\omega=-\omega_0$ 处的载波频率,以及位

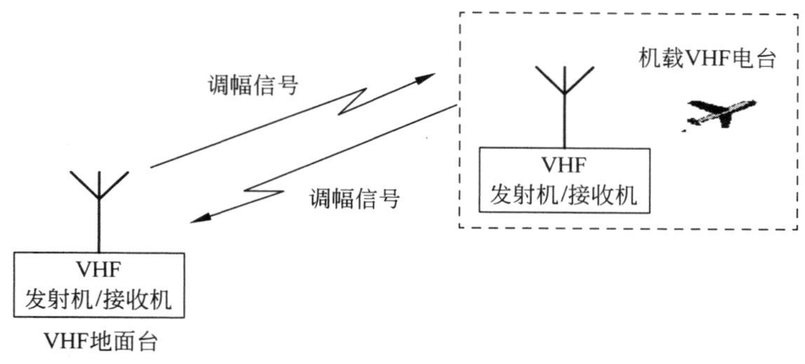

图 3-72 VHF 空地话音通信系统

于它们两旁的边带频谱 $F(\omega-\omega_0)$ 和 $F(\omega+\omega_0)$，如图 3-73(b)所示。若假定 $\theta_0=0$，$F(\omega)$ 是话音信号 $f(t)$ 的频谱。角频率高于 ω_0 和低于 $-\omega_0$ 的频谱称为上边带(Upper Side Band，USB)，而在角频率 ω_0 和 $-\omega_0$ 之间的频谱称为下边带(Lower Side Band，LSB)。可见，调幅波频谱是由载波分量以及被搬移到 ω_0 和 $-\omega_0$ 的基带频谱所构成的，调制的作用就是实现基带频谱的搬移。

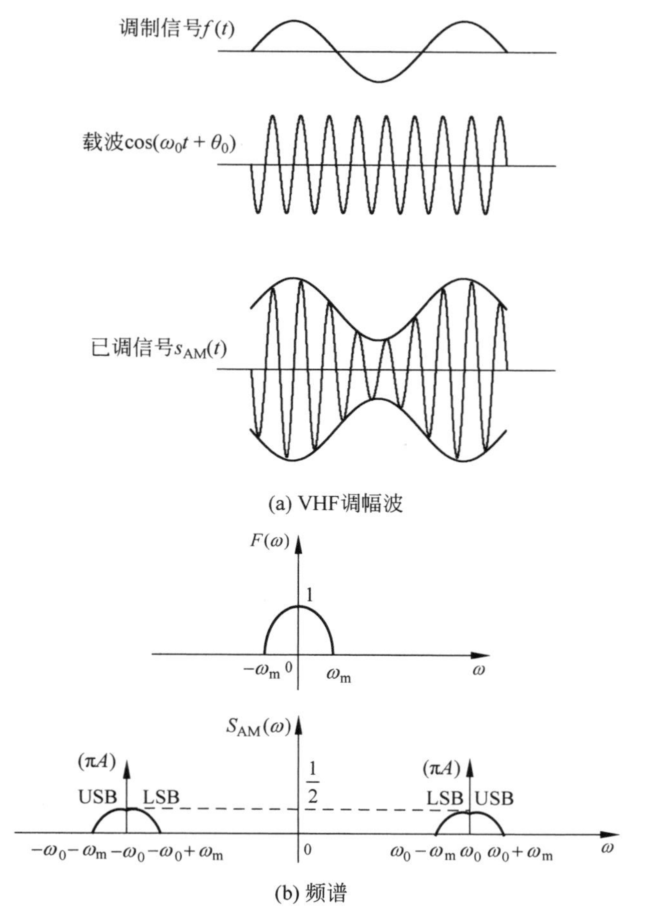

图 3-73 VHF 调幅波及其频谱

2）高频通信系统信号频谱

高频通信系统是一种机载远程通信系统，通信距离可达数千千米，用于在远程飞行时保持与基地间的通信联络。系统占用 2MHz～30MHz 的高频频段，典型设备的工作频率为 2.8MHz～24MHz，波道间隔为 1kHz。高频通信信号利用天波传播，因此信号可以传播很远的距离。大型飞机上通常装备 1～2 套高频通信系统。现代机载高频通信系统都是单边带通信系统，并通常能够和普通调幅通信相兼容。

与 VHF 通信系统一样，HF 通信系统也包括地面台和机载台两部分，地面台与机载台的主要组成部分为 HF 收发信机，其发射单边带(Single Side Band，SSB)信号。

设 $f(t)=A_m\cos(\omega_m t+\theta_m)$ 为要发送的单频信号，调制信号的载波信号为 $\cos(\omega_0 t)$，ω_0 为载波频率($\omega_0 \gg \omega_m$)，则已调信号为

$$
\begin{aligned}
s(t) &= A_m\cos(\omega_m t+\theta_m)\cos(\omega_0 t)\\
&= \frac{A_m}{2}\{\cos[(\omega_0+\omega_m)t+\theta_m]+\cos[(\omega_0-\omega_m)t+\theta_m]\}
\end{aligned}
$$

对应的频谱为

$$
\begin{aligned}
S(\omega) = & \frac{A_m\pi}{2}\mathrm{e}^{\mathrm{j}\theta_m}\delta(\omega-(\omega_0+\omega_m))+\frac{A_m\pi}{2}\mathrm{e}^{-\mathrm{j}\theta_m}\delta(\omega+(\omega_0+\omega_m))\\
& +\frac{A_m\pi}{2}\mathrm{e}^{\mathrm{j}\theta_m}\delta(\omega-(\omega_0-\omega_m))+\frac{A_m\pi}{2}\mathrm{e}^{-\mathrm{j}\theta_m}\delta(\omega+(\omega_0-\omega_m))
\end{aligned}
$$

其幅度谱 $|S(\omega)|$ 如图 3-74(a)所示，取出频率绝对值高于载频 ω_0($|\omega|>\omega_0$)的频谱，即为单边带信号频谱，如图 3-74(b)所示，对应的时域信号

$$
S_{\mathrm{SSB}}(t)=\frac{A_m}{2}\cos[(\omega_0+\omega_m)t+\theta_m]
$$

称为单边带调幅信号，其波形如图 3-74(c)所示。它是一个等幅的频率为($\omega_0+\omega_m$)的余弦或正弦信号。

2. 无线电导航系统

所谓导航，即在各种复杂的气象条件下，采用最有效的方法并以规定的所需导航性能(Required Navigation Performance，RNP)引导航行体(飞机、导弹、宇宙飞船、船舶、车辆等)以及个人从出发点到目的地的过程。利用无线电技术实现对飞行器的导航(测距和测向)是飞机导航的一种方式，其所应用的导航系统主要分为航路导航系统和终端区导航系统。其中，航路导航系统以无方向性信标(Non-Directional Beacon，NDB)、甚高频全向信标(Very High Frequency Omnidirectional Range，VOR)和测距机(Distance Measuring Equipment，DME)为代表，终端区导航系统以自动定向仪-无方向性信标(ADF-NDB)、VOR、DME、仪表着陆系统(Instrument Landing System，ILS)、微波着陆系统(Microwave Landing System，MLS)为代表。

1）多普勒甚高频全向信标

甚高频全向信标是一种高精度的非自主式相位测角近程导航系统，是目前民用航空主用的陆基导航系统，它为飞机提供相对于 VOR 台的方位信息。VOR 通常与 DME 配合，为飞机提供 ρ-θ 极坐标定位而用于航路，也可布置在终端区，用作仪表着陆系统的引进系统。

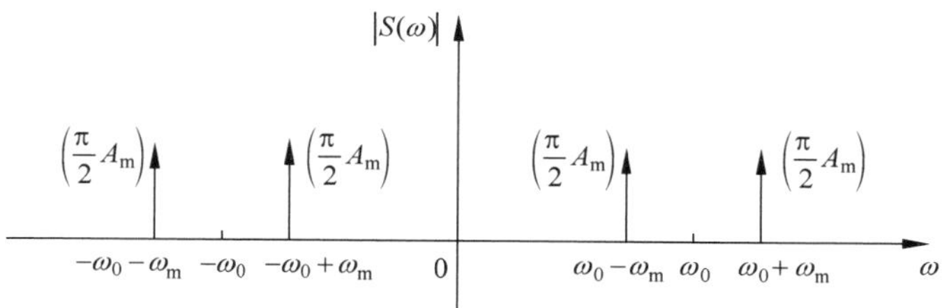

(a) |S(ω)|谱图

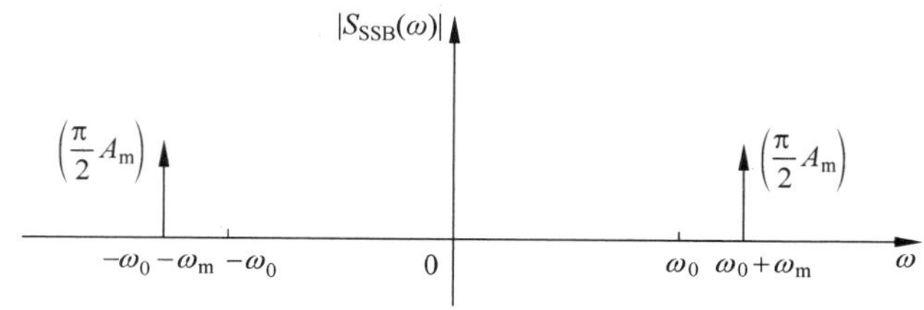

(b) 单边带信号频谱

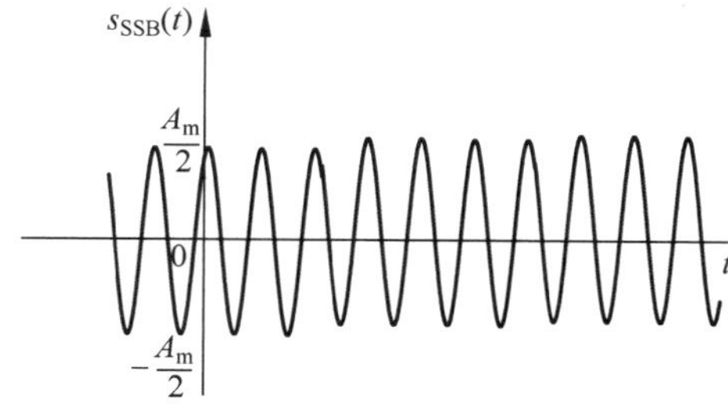

(c) 单边带信号波形

图 3-74　单边带信号的波形及其频谱

多普勒甚高频全向信标（Doppler Very High Frequency Omnidirectional Range，DVOR）是 VOR 导航设备的一种，其与常规甚高频全向信标（Conventional Very High Frequency Omnidirectional Range，CVOR）不同之处在于：DVOR 导航系统基于多普勒原理，利用天线的旋转，让飞机与旋转的天线产生多普勒效应，从而使机载接收机接收信号中含有飞机磁方位信息的可变相位信号，将该信号与基准信号相比较，从而获得飞机的磁方位角。DVOR 系统主要包括 DVOR 地面信标和 VOR 机载接收机两部分组成，如图 3-75 所示。

DVOR 信标的空间辐射场 $e(t)$ 为调幅调频波信号，即

$$e(t)=E_m\{1+m_A\sin(\Omega t)+m_f\cos[\Omega_s t+K_f\cos(\Omega t+\theta)]\}\cos(\omega_c t)$$

式中，$\omega_c=2\pi f_c$，$f_c=108.00\sim117.95\text{MHz}$ 为载波频率（此频段为甚高频频段），在此频段中，频道间隔为 0.05MHz，共有 200 个频道，VOR 占有其中的 160 个频道；$\Omega_s=2\pi F_s$，$F_s=9960\text{Hz}$ 为副载波频率；$\Omega=2\pi F$，$F=30\text{Hz}$；m_A、m_f 均为调制度，$K_f=16$，为调频指数；θ 为方位角；$\sin\Omega t$ 为调制信号，单一频率正弦波；$\cos[\Omega_s t+K_f\cos(\Omega t+\theta)]$ 为调制信号（调频波）；$\cos(\Omega t+\theta)$ 调频波

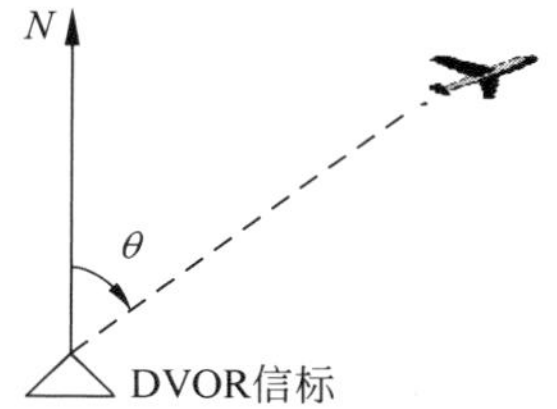

图 3-75　DVOR 信标

的调制信号。

将 $e(t)$ 展开为

$$
\begin{aligned}
e(t) &= E_m\{1+m_A\sin\Omega t+m_f\cos[\Omega_s t+K_f\cos(\Omega t+\theta)]\}\cos(\omega_c t) \\
&= E_m\cos\omega_c t+m_A E_m\sin\Omega t\cos\omega_c t+m_f E_m\cos[\Omega_s t+K_f\cos(\Omega t+\theta)]\cos(\omega_c t) \\
&= E_m\cos\omega_c t-\frac{1}{2}m_A E_m\cos\left[(\omega_c+\Omega)t+\frac{\pi}{2}\right]+\frac{1}{2}m_A E_m\cos\left[(\omega_c-\Omega)t+\frac{\pi}{2}\right] \\
&\quad +\frac{1}{2}m_f E_m\cos[(\omega_c+\Omega_s)t+K_f\cos(\Omega t+\theta)] \\
&\quad +\frac{1}{2}m_f E_m\cos[(\omega_c-\Omega_s)t-K_f\cos(\Omega t+\theta)]
\end{aligned}
$$

其频谱图如图 3-76 所示。

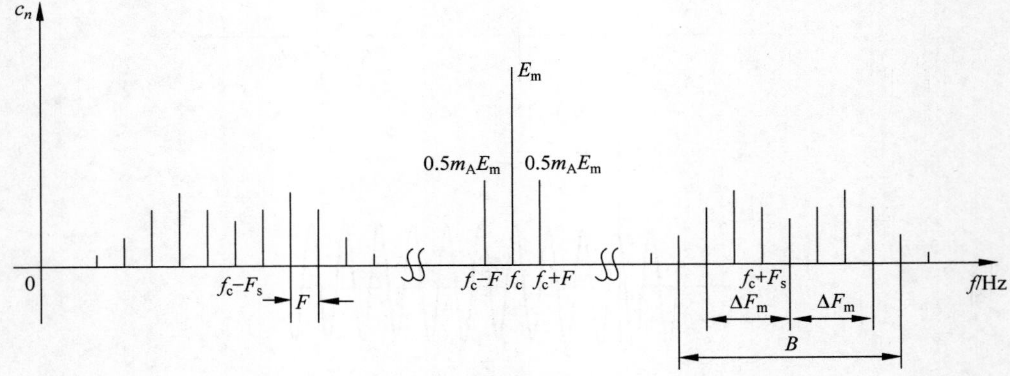

图 3-76 DVOR 信标的空间辐射场 $e(t)$ 的频谱

图中 c_n 表示 n 次谐波的幅度，最大频偏为 $\Delta F_m=480\text{Hz}$，$B=2(\Delta F_m+F)=1020\text{Hz}$ 为调频波的带宽。从图中可以看出，f_c+F 是基准信号频谱，而 f_c+F_s 周围的这些频谱代表可变相位信号频谱，在机载接收机中，通过设置不同的带通滤波器，就可分离出基准信号和可变相位信号，进而获得飞机的方位信息 θ。关于滤波器的详细知识见后续章节。

2）测距机射频信号

测距机(DME)是一种非自主的脉冲式(时间式)近程测距导航系统，主要包括地面信标和机载系统两部分。它测量的是飞机与地面 DME 台之间的斜距 R，如图 3-77 所示。它的起源可追溯到第二次世界大战期间英国研制的 Rebecca-Eureka 系统。从 1959 年起，DME 已成为国际民航组织(International Civil Aviation Organization，ICAO)批准的标准测距系统，其装备在世界范围内呈上升趋势，获得广泛的应用。

DME 是通过测量电波在空间的传播时间来获取距离信息的，采用询问-应答方式工作。其地面信标也称为应答器，机载系统也称为询问器。机载询问器发射询问信号，地面信标接收到该询问信号后，给出相应的应答信号，机载 DME 系统便能得到询问与应答之间的时间差 T(见图 3-78)，通过下面的公式便能计算出飞机到 DME 地面台之间的斜距 R。

$$
R=\frac{1}{2}(T-T_0)C
$$

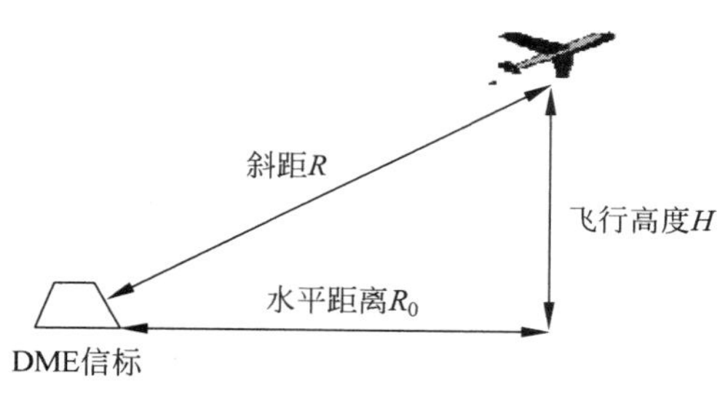

图 3-77　飞机到测距台的斜距

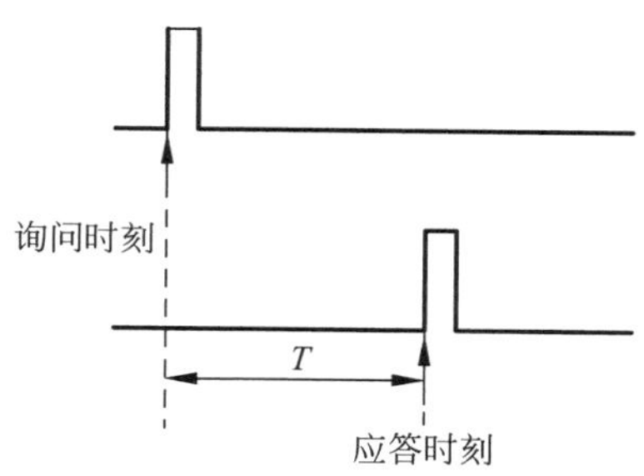

图 3-78　询问与应答之间的时间差 T

式中，C 为光速 3×10^8 m/s；T_0 为地面应答器从接收到询问信号到给出应答信号之间存在的一个应答固定延时（或称系统延时），其典型值为 50μs。

DME 系统工作在 L 波段的 962～1213MHz。机载询问频率工作在 1025～1150MHz，波道间隔为 1MHz，因此有 126 个询问频率。地面应答频率工作在 962～1213MHz，波道之间的间隔也为 1MHz，可以得到 252 个应答频率。询问频率和应答频率的频差为 63MHz。

询问与应答均是以脉冲对来表示的，即一对脉冲表示一次询问或应答，而该脉冲对两个脉冲之间的间隔是固定的。对于询问脉冲对，两个脉冲之间的间隔是 12μs 或 36μs。对于应答脉冲对，两个脉冲之间的间隔是 12μs 或 30μs，如图 3-79 所示。

图 3-79　DME 的询问与应答信号

询问脉冲对和应答脉冲对通过对各自的射频（Radio Frequency，RF）调制之后，由各自的无方向性天线辐射出去，其表达式为

$$e(t)=f(t)\cos(\omega_c t)$$

这也是一个调幅信号，其中 $f(t)$为询问脉冲或应答脉冲，$\omega_c=2\pi f_c$，$f_c=962\sim1213\text{MHz}$ 为载波频率。DME 询问脉冲 $f(t)$和 RF 调制信号 $e(t)$如图 3-80 所示。

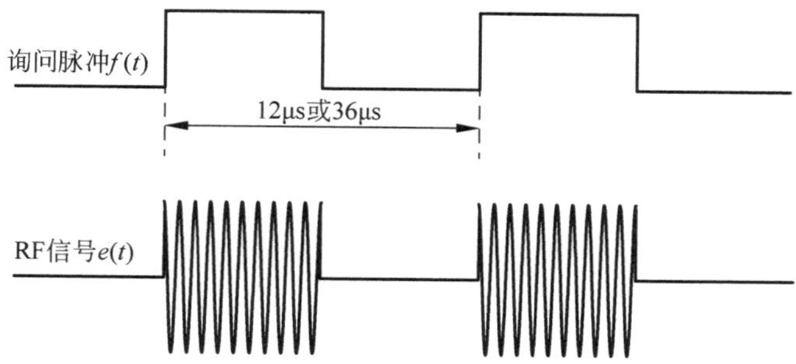

图 3-80　DME 的询问脉冲及 RF 调制信号

根据傅里叶变换的频移性质，调制信号 $e(t)$的频谱 $E(\omega)$为

$$E(\omega)=\frac{1}{2}(F(\omega-\omega_c)+F(\omega+\omega_c))$$

上述 RF 脉冲的包络形状为矩形，但这容易增大邻道干扰。要避免邻道干扰的出现，对在某一频道传输信号的带宽就必须有一定的要求，特别是对 DME 系统。若传输的信号带宽不满足要求，就很容易造成邻道干扰，因为 DME 系统波道之间的间隔仅为 1MHz。所以，为了压缩信号频谱，减小邻道干扰，实际 DME 的 RF 脉冲包络 $f(t)$ 采用升余弦脉冲

$$f_1(t)=\frac{E}{2}\left[1+\cos\left(\frac{\pi t}{\tau}\right)\right]\quad(0\leqslant t\leqslant\tau)$$

其时域波形如图 3-81(a)所示。而其频谱 $F_1(\omega)$ 为

$$F_1(\omega)=\frac{E\tau\,\mathrm{Sa}(\omega\tau)}{1-\left(\dfrac{\omega\tau}{\pi}\right)^2}$$

其波形如图 3-81(b)所示。

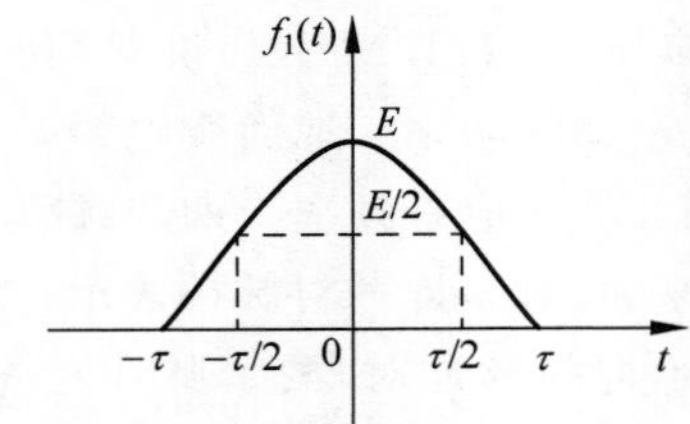

(a) 升余弦脉冲时域波形

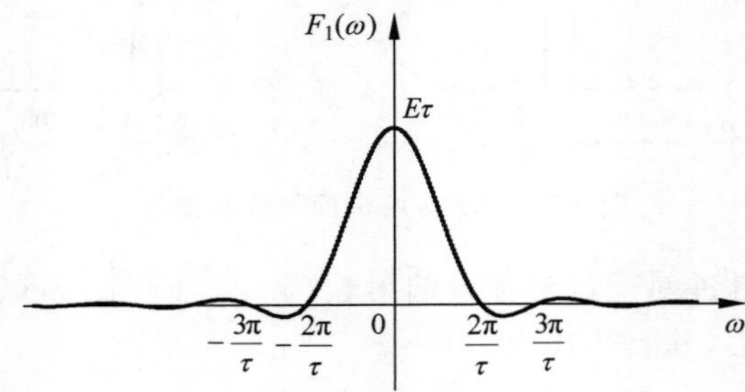

(b) 升余弦脉冲的频谱

图 3-81　升余弦脉冲信号的波形及频谱

比较矩形脉冲和升余弦脉冲的频谱可以得出，矩形脉冲具有更加丰富的高频成分。由于 DME 波道的间隔仅为 1MHz，若 DME RF 脉冲包络采用矩形，则会出现更多的邻道干扰，使系统性能下降。因此，DME 的 RF 包络采用高频成分相对较小的升余弦脉冲。

3. 空管监视系统典型信号频谱

民航空管监视系统用于帮助管制员对空中和地面目标进行识别和移交。通常，空管监视系统主要分为终端区监视系统和航路监视系统。而终端区监视系统主要以一次监视雷达(Primary Surveillance Radar，PSR)、二次监视雷达(Secondary Surveillance Radar，SSR)和场面监视雷达(Surface Movement Radar，SMR)为主，航路监视系统主要分为雷达监视和广播式自动相关监视(Automatic Dependent Surveillance-Broadcast，ADS-B)系统。其中，一次监视雷达和二次监视雷达是现代空中交通管制(Air Traffic Control，ATC)中实施对飞机监视的重要工具，它们能够给出飞机的方位、飞机离雷达站的距离、飞机的高度及飞机的识别号等重要信息，为管制员实行对飞机的管制提供重要依据。

一次监视雷达和二次监视雷达的区别在于工作方式不同。一次监视雷达主要靠目标对雷达发射的电磁波(射频脉冲)的反射来主动发现目标并确定其位置。而二次监视雷达不能靠接收目标反射的自身发射的探测脉冲来工作。它是由地面站(通常称询问机)通过天线的方向性波束发射频率为 1030MHz 的一组询问编码(射频脉冲)。二次雷达要求飞机必须装有应答机,当地面发射询问码后,飞机通过应答机将自身的位置、方向、高度等相关信息发回地面。

一次雷达和二次雷达的发射信号基本形式是脉冲调幅信号,其原理为

$$e(t)=g(t)\cos(\omega_0 t)$$

式中,$g(t)=E\left[u\left(t+\frac{\tau}{2}\right)-u\left(t-\frac{\tau}{2}\right)\right]$为矩形脉冲;载波角频率 $\omega_0=2\pi f_0$,f_0 通常称为雷达的工作频率。目前民航空管系统中使用的 PSR 大部分为脉冲雷达,工作在 S 波段,即其工作频率为 2000~4000MHz。而 SSR 的询问 RF 和应答 RF 频率分别为 1030MHz 和 1090MHz。PSR/SSR 单个 RF 脉冲信号如图 3-82 所示。

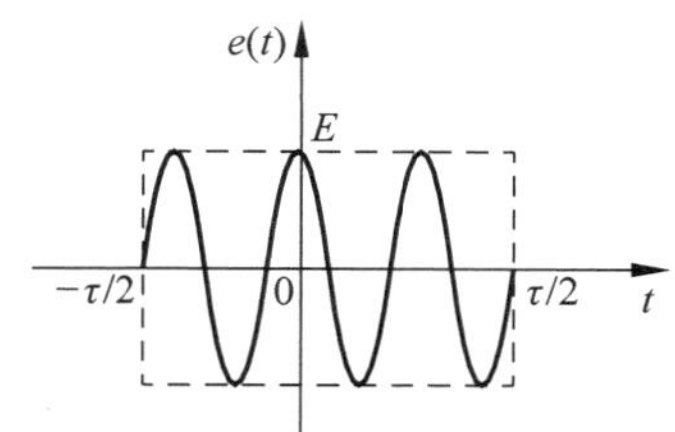

图 3-82 PSR/SSR 单个 RF 脉冲信号

矩形脉冲 $g(t)$的频谱 $G(\omega)$为

$$G(\omega)=E\tau\,\mathrm{Sa}\left(\frac{\omega\tau}{2}\right)$$

根据傅里叶变换的频移定理,可得 $e(t)$的频谱 $E(\omega)$为

$$\begin{aligned}E(\omega)&=\frac{1}{2}G(\omega-\omega_0)+\frac{1}{2}G(\omega+\omega_0)\\&=\frac{E\tau}{2}\left\{\mathrm{Sa}\left[(\omega-\omega_0)\frac{\tau}{2}\right]+\mathrm{Sa}\left[(\omega+\omega_0)\frac{\tau}{2}\right]\right\}\end{aligned}$$

可见,RF 矩形脉冲 $e(t)$的频谱等于将包络线 $g(t)$的频谱一分为二,各向左、右移载频 ω_0。$e(t)$的频谱 $E(\omega)$如图 3-83 所示。

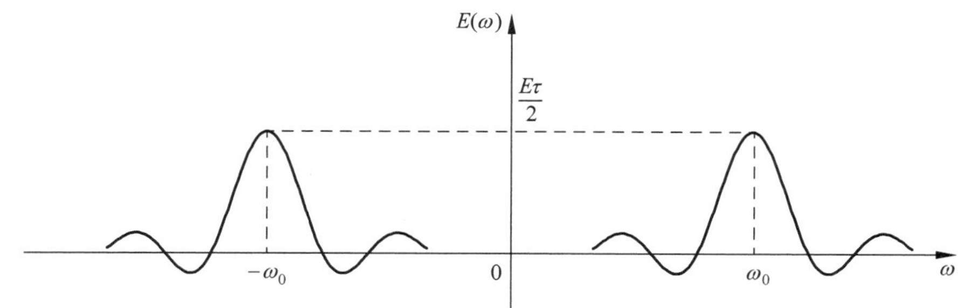

图 3-83 PSR/SSR 单个 RF 脉冲信号的频谱示意图

3.11 相关的 MATLAB 函数

下面介绍本章所涉及的信号处理相关的 MATLAB 函数。

1. fft

功能:用来实现快速傅里叶变换。

调用格式：`X = fft(x)`或`X = fft(x,N)`

其中，x 为待分析的时域序列；X 为序列 x 所对应的快速傅里叶变换序列；N 为快速傅里叶变换的点数。

2. ifft

功能：用来实现快速傅里叶逆变换。

调用格式：`x = ifft(X)`或`x = ifft(X,N)`

其中，X 为进行逆变换的频域序列；x 为序列 X 所对应的快速傅里叶逆变换的时域序列；N 为快速傅里叶逆变换的点数。

3. fftshift

功能：重新排列的 FFT 变换的输出。

调用格式：`Y = fftshift(X)`

其中，X 为排序前的以 $f_s/2$（采样率的一半）为对称中心的快速傅里叶变换的频域序列；Y 为排序后的以坐标原点为对称中心的快速傅里叶变换的频域序列。

4. circshift

功能：用来实现圆周移位。

调用格式：`y = circshift(x,M)`

其中，x 为待移位的时域序列；M 为圆周移位的点数，若 M 为正值，则向右圆周移位，若 M 为负值，则向左圆周移位；y 为圆周移位后的时域序列。

5. fftfilt

功能：利用重叠相加法实现长序列的线性滤波。

调用格式：`y = fftfilt(h,x)`

其中，x 为待滤波的时域序列（长序列）；h 为滤波器的系数（短序列）；y 为滤波器后的时域序列。

6. rectwin、triang、hann、hamming、blackman、gausswin、kaiser

功能：分别用来产生矩形窗、三角窗、汉宁窗、汉明窗、布莱克曼窗、高斯窗和凯泽窗。

调用格式：`rectwin(N), triang(N), hann(N), hamming(N), blackman(N), gausswin(N),kaiser(N)`

其中，N 为待产生窗的长度。

习题

3-1 求题图 3-1 所示对称周期矩形信号的傅里叶级数（三角形式与指数形式）。

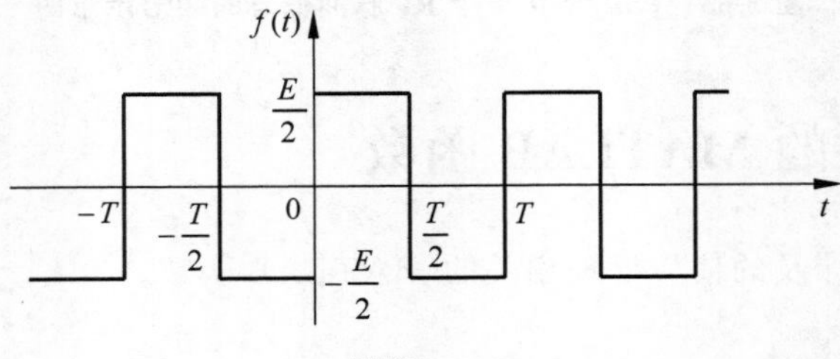

题图 3-1

3-2　求题图 3-2 所示周期三角信号的傅里叶级数(三角形式与指数形式)，并画出幅度谱。

3-3　求题图 3-3 所示半波余弦脉冲的傅里叶变换，并画出频谱图。

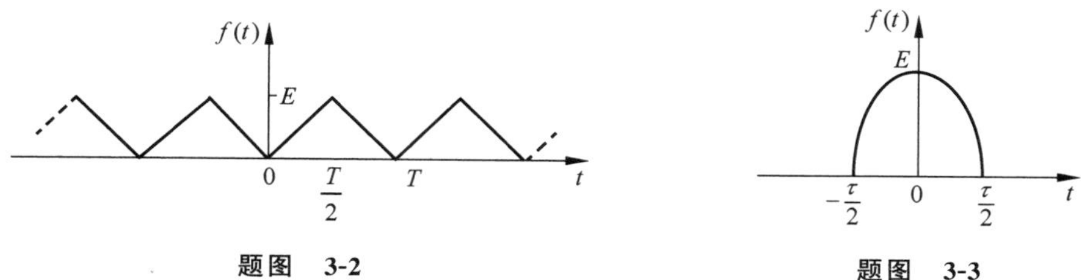

题图　3-2　　　　题图　3-3

3-4　求题图 3-4 所示锯齿脉冲与单周正弦脉冲的傅里叶变换。

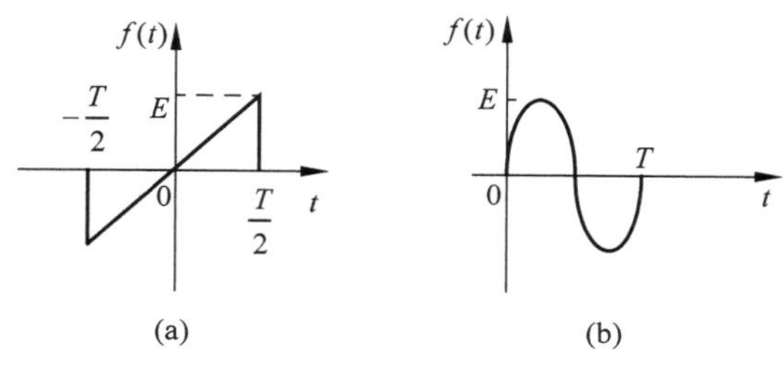

题图　3-4

3-5　求题图 3-5 所示 $F(\omega)$的傅里叶逆变换 $f(t)$。

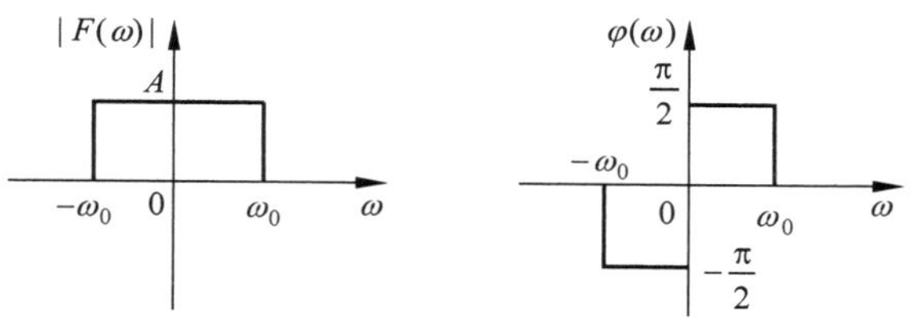

题图　3-5

3-6　如题图 3-6 所示波形，若已知 $f_1(t)$的傅里叶变换为 $F_1(\omega)$，利用傅里叶变换的性质求 $f_1(t)$以$\dfrac{t_0}{2}$为轴反褶后所得 $f_2(t)$的傅里叶变换。

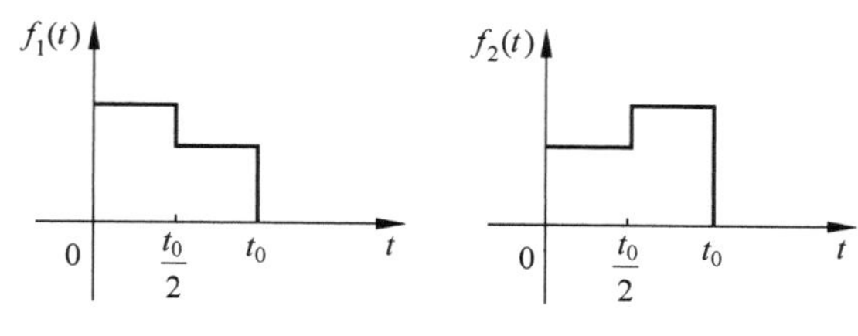

题图　3-6

3-7　利用时域与频域的对称性，求下列傅里叶变换的时间函数。

(1) $F(\omega)=\delta(\omega-\omega_0)$；

(2) $F(\omega)=u(\omega+\omega_0)-u(\omega-\omega_0)$。

3-8　若已知矩形脉冲的傅里叶变换，利用时移特性求题图 3-8 所示信号的傅里叶变换，并大致画出幅度谱。

3-9　求题图 3-9 所示三角形调幅信号的频谱。

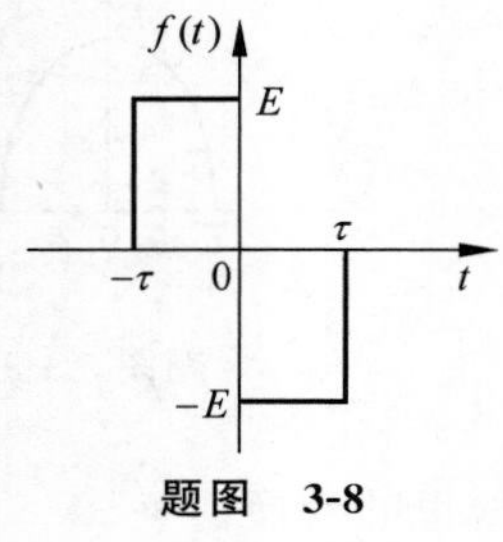

题图　3-8

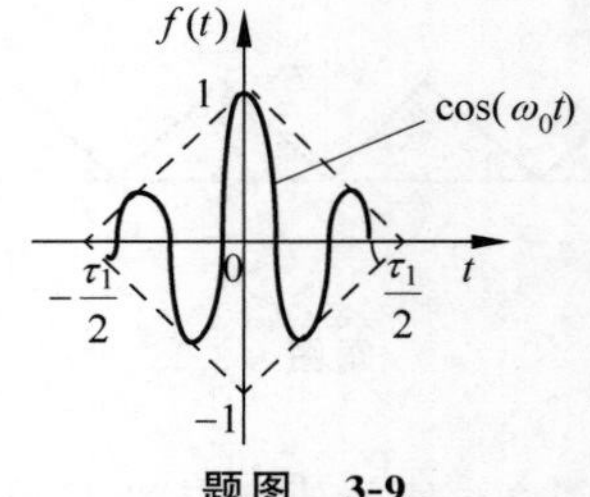

题图　3-9

3-10　利用微分定理求题图 3-10 所示梯形脉冲的傅里叶变换，并大致画出 $\tau=2\tau_1$ 情况下该脉冲的频谱图。

3-11　若已知 $f(t)$ 的傅里叶变换为 $F(\omega)$，利用傅里叶变换的性质确定下列信号的傅里叶变换。

(1) $tf(2t)$；

(2) $(t-2)f(-2t)$；

(3) $f(1-t)$；

(4) $f(2t-5)$。

3-12　已知题图 3-12 中两矩形脉冲 $f_1(t)$ 及 $f_2(t)$，且 $f_1(t)$ 的傅里叶变换为 $E_1\tau_1\mathrm{Sa}\left(\frac{\omega\tau_1}{2}\right)$，$f_2(t)$ 的傅里叶变换为 $E_2\tau_2\mathrm{Sa}\left(\frac{\omega\tau_2}{2}\right)$。

(1) 画出 $f_1(t)*f_2(t)$ 的图形；

(2) 求 $f_1(t)*f_2(t)$ 的频谱。

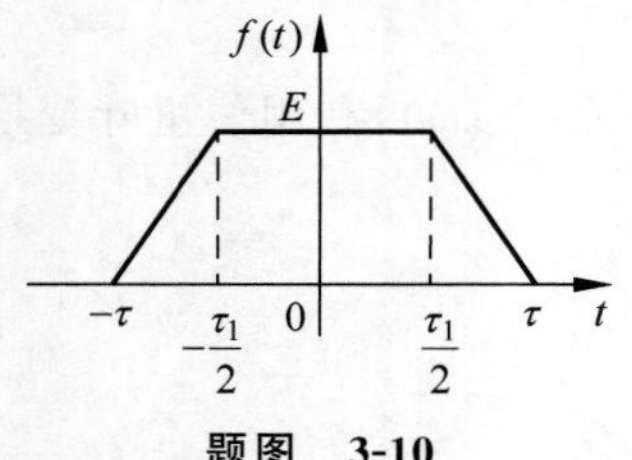

题图　3-10

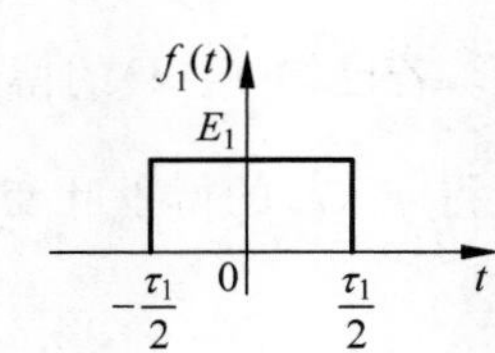

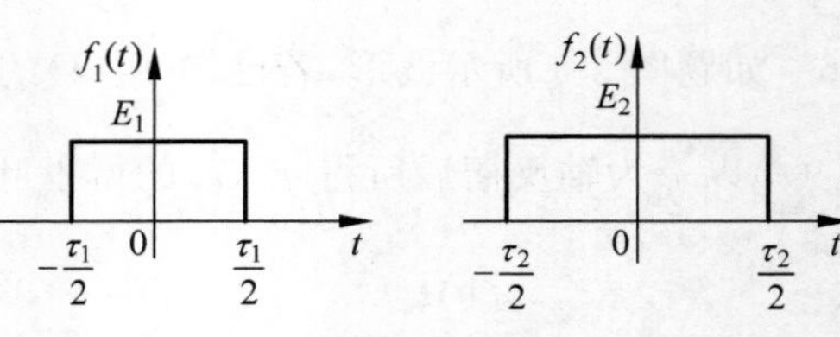

题图　3-12

3-13　若 $f(t)$ 的频谱 $F(\omega)$ 如题图 3-13 所示，利用卷积定理粗略画出 $f(t)\cos(\omega_0 t)$、$f(t)\mathrm{e}^{\mathrm{j}\omega_0 t}$、$f(t)\cos(\omega_1 t)$ 的频谱（注明频谱的边界频率），其中 $\omega_2-\omega_0=\omega_0-\omega_1$。

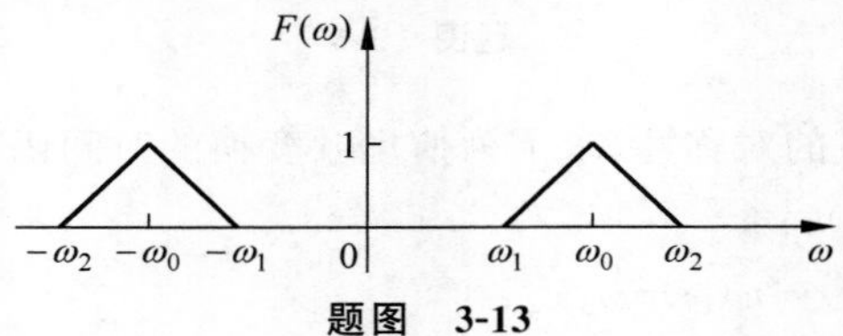

题图　3-13

3-14 确定下列信号的最低抽样率与奈奎斯特间隔。

(1) $\mathrm{Sa}(100t)$；

(2) $\mathrm{Sa}^2(100t)$。

3-15 系统如题图 3-15 所示，$f_1(t)=\mathrm{Sa}(1000\pi t)$，$f_2(t)=\mathrm{Sa}(2000\pi t)$，$p(t)=\sum_{n=-\infty}^{+\infty}\delta(t-nT)$，$f(t)=f_1(t)f_2(t)$，$f_s(t)=f(t)p(t)$。

(1) 为从 $f_s(t)$无失真恢复 $f(t)$，求最大抽样间隔 $T_{\max}$；

(2) 当 $T=T_{\max}$ 时，画出 $f_s(t)$的幅度谱$|F_s(\omega)|$。

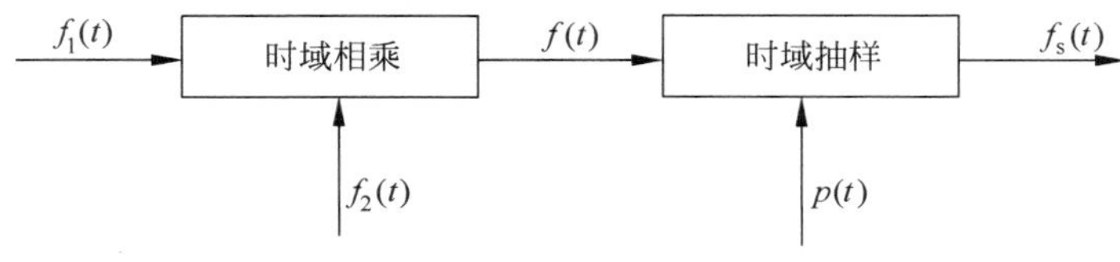

题图 3-15

3-16 试求如下各序列的离散时间傅里叶变换(DTFT)。

(1) $x(n)=\delta(n-3)$；

(2) $x(n)=\frac{1}{2}\delta(n+1)+\delta(n)+\frac{1}{2}\delta(n-1)$；

(3) $x(n)=a^n u(n)(0<a<1)$；

(4) $x(n)=u(n+3)-u(n-4)$。

3-17 $\tilde{x}(n)$表示一个具有周期为 N 的周期性序列，而 $\widetilde{X}(k)$表示它的离散傅里叶级数的系数，也是一个具有周期为 N 的周期性序列。试根据 $\tilde{x}(n)$确定 $\widetilde{X}(k)$的离散傅里叶级数的系数。

3-18 如果 $\tilde{x}(n)$是一个具有周期为 N 的周期性序列，它也是具有周期为 $2N$ 的周期性序列。令 $\widetilde{X}_1(k)$表示当 $\tilde{x}(n)$看作是具有周期为 N 的周期性序列的 DFS 系数。而 $\widetilde{X}_2(k)$表示当 $\tilde{x}(n)$看作是具有周期为 $2N$ 的周期性序列的 DFS 系数。当然 $\widetilde{X}_1(k)$是具有周期为 N 的周期性序列，而 $\widetilde{X}_2(k)$是具有周期为 $2N$ 的周期性序列，试根据 $\widetilde{X}_1(k)$确定 $\widetilde{X}_2(k)$。

3-19 求下列序列的离散傅里叶变换(DFT)。

(1) $\{1,1,-1,-1\}$；

(2) $\{1,\mathrm{j},-1,-\mathrm{j}\}$；

(3) $x(n)=\delta(n)$；

(4) $x(n)=\delta(n-n_0)(0<n_0<N)$；

(5) $x(n)=\{1,1,1,1\}$；

(6) $x(n)=\{1,0,0,0\}$；

(7) $x(n)=a^n(0\leqslant n\leqslant N-1)$。

3-20 频谱分析的模拟数据以 10kHz 取样，且计算了 1024 个取样的离散傅里叶变换。试确定频谱取样之间的频率间隔，并证明。

3-21 证明

$$\sum_{n=0}^{N-1} W_N^{kn} = \begin{cases} N, & k=0,\pm N,\pm 2N,\cdots \\ 0, & \text{其他} \end{cases}$$

3-22　已知序列 $x(n)$的离散傅里叶变换为 $X(k)=[9\ 1\ 1\ 9\ 1\ 1\ 1\ 1]$。

(1) 确定其对应的 8 点 IDFT；

(2) 若序列 $y(n)$对应的 8 点 DFT $Y(k)=W_8^{-4k}X(k)$，求序列 $y(n)$。

3-23　列长为 8 的一个有限长序列具有 8 点离散傅里叶变换 $X(k)$，如题图 3-23(a)所示。列长为 16 点的一个新的序列 $y(n)$定义为

$$y(n)=\begin{cases} x\left(\dfrac{n}{2}\right), & n \text{ 为偶数} \\ 0, & n \text{ 为奇数} \end{cases}$$

试画出 $y(n)$的波形，并从题图 3-23(b)的几个图中选出相当于 $y(n)$的 16 点离散傅里叶变换序列图。

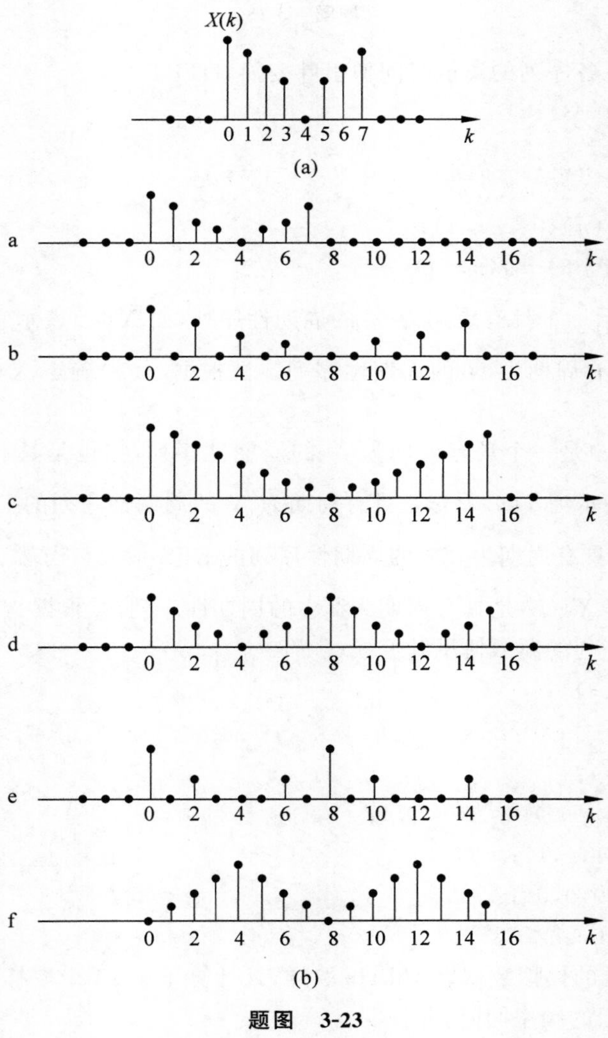

题图　3-23

3-24　现有一为随机信号谱分析所使用的处理器，该处理器所用的取样点数必须是2的整数次幂，并假设没有采取任何特殊的数据处理措施。设频率的分辨率≤5Hz；信号的最高频率≤12.5MHz，要求确定下列参量。

（1）最小记录长度；

（2）取样点间的最大时间间隔；

（3）在一个记录中的最少点数。

上机习题

3-1　编制信号产生子程序，产生以下典型信号。

（1）$x_1(n)=R_4(n)$；

（2）$x_2(n)=\begin{cases} n+1, & 0\leqslant n\leqslant 3 \\ 8-n, & 4\leqslant n\leqslant 7 \\ 0, & \text{其他} \end{cases}$；

（3）$x_3(n)=\cos\frac{\pi}{4}n(0\leqslant n\leqslant 7)$；

（4）$x_4(n)=\sin\frac{\pi}{4}n(0\leqslant n\leqslant 7)$；

（5）$x_5(t)=\cos 8\pi t+\cos 16\pi t+\cos 20\pi t$（采样频率 $f_s=64\text{Hz}$）。

3-2　对题3-1中所给出的信号分别进行谱分析，参数如下：

$x_1(n)$、$x_2(n)$、$x_3(n)$、$x_4(n)$进行DFT时的点数 $N=8$，对于 $x_5(t)$需进行采样，采样频率 $f_s=64\text{Hz}$，点数 N 分别为16、32、64。

3-3　对题3-1中的信号，令 $x_6(n)=x_3(n)+x_4(n)$，用FFT计算8点的离散傅里叶变换：$X_6(k)=\text{DFT}[x_6(n)]$，并根据DFT的对称性，由 $X_6(k)$求出 $X_3(k)$和 $X_4(k)$，并与题3-2中所得的结果进行比较。

3-4　对题3-1中的信号，令 $x_7(n)=x_3(n)+\text{j}x_4(n)$，用FFT计算8点的离散傅里叶变换：$X_7(k)=\text{DFT}[x_7(n)]$，并根据DFT的对称性，由 $X_7(k)$求出 $X_3(k)$和 $X_4(k)$，并与题3-2中所得的结果进行比较。

3-5　已知 $X(k)=\begin{cases} 3, & k=0 \\ 1, & 1\leqslant k\leqslant 9 \end{cases}$，求其10点IDFT。

3-6　产生频率为505Hz的正弦波信号，编制相应的程序，并绘制频谱图。具体参数如下。

（1）设定采样频率 $f_s=5120\text{Hz}$，FFT计算点数为512；

（2）设定采样频率 $f_s=2560\text{Hz}$，FFT计算点数为512；

（3）分析上述两种情况下正弦信号频谱图的差异，并说明栅栏效应所造成的频谱计算误差。

3-7　对300Hz正弦波信号分别用矩形窗截断和汉宁窗截断，编制相应的程序，绘制加窗前后的该正弦波信号的频谱，观察其频谱泄漏情况。相关参数如下：采样频率 $f_s=1200\text{Hz}$，窗的长度 $N=512$。

3-8 已知连续时间信号 $x(t)$由 3 个正弦信号相加得到，它们的频率、幅度和初相分别为：$f_1=1\text{kHz}, A_1=2, \varphi_1=0$；$f_2=1.5\text{kHz}, A_2=1, \varphi_1=\dfrac{\pi}{2}$；$f_3=2\text{kHz}, A_3=0.5, \varphi_2=\pi$。以取样频率 $f_s=10\text{kHz}$ 对 $x(t)$取样得到序列 $x(n)$（设序列长度 $N=500$），画出 $x(n)$对应的时域波形，分别计算 $x(n)$的 500 点和 1024 点 DFT，画出幅度谱和相位谱（要求利用 fftshift 函数将幅度谱和相位谱横坐标转变为以 Hz 为单位的频率）。

3-9 已知 $x(n)$是一个长度为 8 的矩形窗函数，即 $x(n)=R_8(n)$，现将 $x(n)$的每两点之间补进 3 个零值，得到一个长为 32 点的有限长序列 $y(n)$，试画出 $x(n)$与 $y(n)$的幅度谱和相位谱，并给出 $x(n)$与 $y(n)$幅度谱与相位谱的关系。

3-10 已知信号

$$x(t)=\sin(2\pi ft)+kn(t)$$

其中，$f=10\text{Hz}$，$n(t)$为高斯白噪声。首先对该信号进行采样，采样率为 $f_s=200\text{Hz}$，变量 k 控制所加噪声信号的强度，试画出当 $k=0.2$ 以及 $k=1.5$ 两种情况下取样后信号的时域波形及其频谱，并分析 k 的取值对信号频谱的影响。

第4章

信号的复频域分析

第 3 章介绍了连续时间信号和离散时间信号的频域分析方法，这些方法揭示了信号所具有的频率特性，是分析信号的重要方法，已经得到了广泛应用。本章将给出信号的复频域分析方法，包括连续时间信号的拉普拉斯变换和离散时间信号的 z 变换。

4.1 连续信号的复频域分析

4.1.1 拉普拉斯变换

1. 拉普拉斯变换的定义

用傅里叶变换计算信号 $f(t)$的频谱时，$f(t)$必须满足绝对可积条件。否则，虽然信号的频谱存在，但不能用傅里叶变换公式求解。如单位阶跃信号、指数增长信号 $f(t)=e^{\alpha t}u(t)(\alpha>0)$等。因此，用傅里叶变换本身分析信号的频谱存在一定的局限性。但是，若将指数增长信号 $e^{\alpha t}u(t)$乘以衰减因子 $e^{-\sigma t}$，当 $\sigma>\alpha$ 时，$f(t)e^{-\sigma t}=e^{-(\sigma-\alpha)t}u(t)$就呈指数衰减信号，此时可利用傅里叶变换分析其频谱特性。设衰减因子 $e^{-\sigma t}$ 与 $f(t)$相乘后收敛，即满足绝对可积条件，则对 $f(t)e^{-\sigma t}$ 计算傅里叶变换得

$$\begin{aligned}F(\omega)&=\mathcal{F}[f(t)\cdot e^{-\sigma t}]\\&=\int_{-\infty}^{+\infty}[f(t)e^{-\sigma t}]\cdot e^{-j\omega t}dt\\&=\int_{-\infty}^{+\infty}f(t)\cdot e^{-(\sigma+j\omega)t}dt\\&=F(\sigma+j\omega)\end{aligned} \tag{4-1}$$

令 $s=\sigma+j\omega$，s 具有频率的量纲，称为复频率，则式(4-1)可写为

$$F(s)=\int_{-\infty}^{+\infty}f(t)e^{-st}dt \tag{4-2}$$

式(4-2)称为信号的拉普拉斯正变换，它将信号 $f(t)$从时域变换到复频域。

由傅里叶逆变换的定义可知

$$f(t)e^{-\sigma t}=\frac{1}{2\pi}\int_{-\infty}^{+\infty}F(\sigma+j\omega)e^{j\omega t}d\omega$$

$$=\frac{1}{2\pi}\int_{-\infty}^{+\infty}F(s)\mathrm{e}^{\mathrm{j}\omega t}\mathrm{d}\omega$$

上式两边同乘以 $\mathrm{e}^{\sigma t}$，则有

$$f(t)=\frac{1}{2\pi}\int_{-\infty}^{+\infty}F(s)\mathrm{e}^{(\sigma+\mathrm{j}\omega)t}\mathrm{d}\omega \tag{4-3}$$

已知 $s=\sigma+\mathrm{j}\omega$，所以 $\mathrm{d}s=\mathrm{d}\sigma+\mathrm{j}\mathrm{d}\omega$，若 σ 选为常数，则 $\mathrm{d}s=\mathrm{j}\mathrm{d}\omega$，将其代入式(4-3)，并改变积分限，则可得

$$f(t)=\frac{1}{2\pi\mathrm{j}}\int_{\sigma-\mathrm{j}\infty}^{\sigma+\mathrm{j}\infty}F(s)\mathrm{e}^{st}\mathrm{d}s \tag{4-4}$$

式(4-4)称为拉普拉斯逆变换。

式(4-2)和式(4-4)就构成了一对拉普拉斯变换式(或称为拉氏变换对)，将其中的 $f(t)$ 称为原函数，$F(s)$ 称为象函数，已知其中的一个就可由式(4-2)或式(4-4)求另一个。为了书写方便起见，通常将其表示为

$$F(s)=\mathcal{L}[f(t)]$$
$$\mathcal{L}^{-1}[f(s)]=f(t)$$

或

$$f(t)\xleftrightarrow{\mathcal{LT}}F(s)$$

在式(4-2)中，如果 $t<0$ 时 $f(t)=0$，则该式可表示为

$$F(s)=\int_{0^-}^{+\infty}f(t)\mathrm{e}^{-st}\mathrm{d}t \tag{4-5}$$

为了和式(4-2)所表示的双边拉普拉斯变换相区别，将式(4-5)称为单边拉普拉斯正变换。需要说明的是，“0^-”表示 $f(t)$ 有可能在 $t=0$ 处含有冲激信号，对于逆变换，表达式仍为

$$f(t)=\frac{1}{2\pi\mathrm{j}}\int_{\sigma-\mathrm{j}\infty}^{\sigma+\mathrm{j}\infty}F(s)\mathrm{e}^{st}\mathrm{d}s$$

2. 拉普拉斯变换的收敛域

由前面的分析可知，只要能找到收敛因子 $\mathrm{e}^{-\sigma t}$，使其与 $f(t)$ 相乘能够收敛，才能得到 $f(t)$ 的拉普拉斯变换 $F(s)$，对于不同的 $f(t)$，$\mathrm{e}^{-\sigma t}$ 因子中 σ 的取值应是不同的，因此，使 $F(s)$ 存在的 σ 的取值范围称为 $F(s)$ 的收敛域，求解收敛域的一般方法是：函数 $f(t)$ 乘以衰减因子 $\mathrm{e}^{-\sigma t}$ 后，求在时间 $t\to\infty$ 时，使 $f(t)\mathrm{e}^{-\sigma t}\to 0$ 时的 σ 的取值范围，则为 $F(s)$ 的收敛域，即

$$\lim_{t\to\infty}f(t)\mathrm{e}^{-\sigma t}\xrightarrow{\sigma>\sigma_0}0 \tag{4-6}$$

σ_0 的取值和 $f(t)$ 有关，$\sigma>\sigma_0$ 的区域即为拉普拉斯变换的收敛域，将 σ_0 称为收敛坐标，如图 4-1 所示。

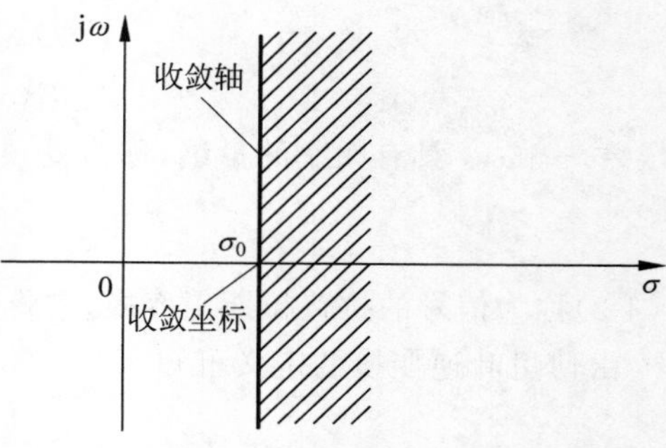

图 4-1 收敛区的划分(设 $\sigma_0>0$)

凡是满足式(4-6)的函数 $f(t)$ 称为指数阶函数，指数阶函数若具有发散性都可借助于衰减因子使之成为收敛函数。

另外，对于有始有终、能量有限的信号，如

单个脉冲信号，其收敛坐标位于$-\infty$，因此其收敛域为s整个平面，即有界的非周期信号的拉普拉斯变换一定存在。如果信号是等幅信号或等幅振荡信号，如阶跃信号或者正弦信号，只要乘以衰减因子$\mathrm{e}^{-\sigma t}(\sigma>0)$就可以使之收敛，因此其收敛域位于$s$平面的右半平面。

对于任何随时间成正比增长的t的正幂次信号，如$tu(t)$、$t^nu(t)$，将其乘以衰减因子$\mathrm{e}^{-\sigma t}(\sigma>0)$后也可收敛，因此其收敛域也是$s$平面的右半平面。而对于一些比指数阶函数增长快的非指数阶函数，如$t^tu(t)$、$\mathrm{e}^tu(t)$，不存在相应的衰减因子$\mathrm{e}^{-\sigma t}$，因此其拉普拉斯变换不存在。

4.1.2 常用信号的拉普拉斯变换

下面给出一些常用信号的拉普拉斯变换及其收敛域。由于$f(t)$和$f(t)u(t)$的单边拉普拉斯变换是相同的，因此假设这些信号都是起始于零的因果信号。

1. 阶跃函数$u(t)$

$$\mathcal{L}[u(t)]=\int_0^{+\infty}u(t)\mathrm{e}^{-st}\mathrm{d}t=\frac{1}{s}\quad(\sigma>0)$$

2. 指数函数$\mathrm{e}^{-\alpha t}u(t)$

$$\mathcal{L}[\mathrm{e}^{-\alpha t}u(t)]=\int_0^{+\infty}\mathrm{e}^{-\alpha t}\mathrm{e}^{-st}\mathrm{d}t=\frac{1}{s+\alpha}\quad(\sigma>-\alpha)$$

3. t的正幂信号$t^nu(t)$(n为整数)

$$\mathcal{L}[t^nu(t)]=\int_0^{+\infty}t^n\mathrm{e}^{-st}\mathrm{d}t$$

用分部积分法得

$$\int_0^{+\infty}t^n\mathrm{e}^{-st}\mathrm{d}t=-\frac{t^n}{s}\mathrm{e}^{-st}\Big|_0^{+\infty}+\frac{n}{s}\int_0^{+\infty}t^{n-1}\mathrm{e}^{-st}\mathrm{d}t=\frac{n}{s}\int_0^{+\infty}t^{n-1}\mathrm{e}^{-st}\mathrm{d}t=\frac{n}{s}\mathcal{L}[t^{n-1}]$$

故

$$\mathcal{L}[t^nu(t)]=\frac{n}{s}\mathcal{L}[t^{n-1}]$$

所以

$$\begin{aligned}\mathcal{L}[t^nu(t)]&=\frac{n}{s}\times\frac{n-1}{s}\mathcal{L}[t^{n-2}]=\frac{n}{s}\times\frac{n-1}{s}\times\frac{n-2}{s}\mathcal{L}[t^{n-3}]\\&=\frac{n}{s}\times\frac{n-1}{s}\times\frac{n-2}{s}\times\cdots\times\frac{1}{s}\mathcal{L}[t^0]\\&=\frac{n!}{s^n}\times\frac{1}{s}\end{aligned}$$

于是有

$$\mathcal{L}[t^nu(t)]=\frac{n!}{s^{n+1}}$$

4. 余弦信号$\cos(\omega_0t)u(t)$

$$\mathcal{L}[\cos(\omega_0t)u(t)]=\frac{1}{2}\mathcal{L}[\mathrm{e}^{\mathrm{j}\omega_0t}u(t)]+\frac{1}{2}\mathcal{L}[\mathrm{e}^{-\mathrm{j}\omega_0t}u(t)]$$

$$=\frac{1}{2}\left(\frac{1}{s-\mathrm{j}\omega_0}+\frac{1}{s+\mathrm{j}\omega_0}\right)$$

$$=\frac{s}{s^2+\omega_0^2}$$

5. 正弦信号 $\sin(\omega_0 t)u(t)$

由于

$$\sin(\omega_0 t)=\frac{1}{2\mathrm{j}}(\mathrm{e}^{\mathrm{j}\omega_0 t}-\mathrm{e}^{-\mathrm{j}\omega_0 t})$$

故

$$\mathcal{L}[\sin(\omega_0 t)u(t)]=\frac{1}{2\mathrm{j}}\mathcal{L}[\mathrm{e}^{\mathrm{j}\omega_0 t}u(t)]-\frac{1}{2\mathrm{j}}\mathcal{L}[\mathrm{e}^{-\mathrm{j}\omega_0 t}u(t)]$$

$$=\frac{1}{2\mathrm{j}}\left(\frac{1}{s-\mathrm{j}\omega_0}-\frac{1}{s+\mathrm{j}\omega_0}\right)$$

$$=\frac{\omega_0}{s^2+\omega_0^2}$$

6. 衰减余弦信号 $\mathrm{e}^{-\alpha t}\cos(\omega_0 t)u(t)$

由于

$$\mathrm{e}^{-\alpha t}\cos(\omega_0 t)=\frac{1}{2}(\mathrm{e}^{-(\alpha-\mathrm{j}\omega_0)t}+\mathrm{e}^{-(\alpha+\mathrm{j}\omega_0)t})$$

故

$$\mathcal{L}[\mathrm{e}^{-\alpha t}\cdot\cos\omega_0 t\cdot u(t)]=\mathcal{L}\left\{\frac{1}{2}[\mathrm{e}^{-(\alpha-\mathrm{j}\omega_0)t}+\mathrm{e}^{-(\alpha+\mathrm{j}\omega_0)t}]u(t)\right\}$$

$$=\frac{1}{2}\left(\frac{1}{s+\alpha-\mathrm{j}\omega_0}+\frac{1}{s+\alpha+\mathrm{j}\omega_0}\right)$$

$$=\frac{s+\alpha}{(s+\alpha)^2+\omega_0^2}$$

7. 衰减正弦信号

$$\mathrm{e}^{-\alpha t}\sin(\omega_0 t)u(t)$$

由于

$$\mathrm{e}^{-\alpha t}\sin(\omega_0 t)=\frac{1}{2\mathrm{j}}\left(\mathrm{e}^{-(\alpha-\mathrm{j}\omega_0)t}-\mathrm{e}^{-(\alpha+\mathrm{j}\omega_0)t}\right)$$

故

$$\mathcal{L}[\mathrm{e}^{-\alpha t}\sin(\omega_0 t)u(t)]=\mathcal{L}\left\{\frac{1}{2\mathrm{j}}[\mathrm{e}^{-(\alpha-\mathrm{j}\omega_0)t}-\mathrm{e}^{-(\alpha+\mathrm{j}\omega_0)t}]u(t)\right\}$$

$$=\frac{1}{2\mathrm{j}}\left(\frac{1}{s+\alpha-\mathrm{j}\omega_0}-\frac{1}{s+\alpha+\mathrm{j}\omega_0}\right)$$

$$=\frac{\omega_0}{(s+\alpha)^2+\omega_0^2}$$

为了方便起见，表 4-1 给出常用信号的拉普拉斯变换，后续求解电路问题时会经常用到。

表 4-1　常用信号的单边拉普拉斯变换

序号	单边信号 $f(t)$(时域)	拉普拉斯变换：$F(s)$(复频域)	收敛域(ROC)
1	$\delta(t)$	1	$\mathrm{Re}(s)>-\infty$
2	$\delta^n(t)$	$s^n(n=1,2,\cdots)$	$\mathrm{Re}(s)>-\infty$
3	$u(t)$	$\frac{1}{s}$	$\mathrm{Re}(s)>0$
4	t	$\frac{1}{s^2}$	$\mathrm{Re}(s)>0$
5	t^n	$\frac{n!}{s^{n+1}}$	$\mathrm{Re}(s)>0$
6	$\mathrm{e}^{-\alpha t}$	$\frac{1}{s+\alpha}$	$\mathrm{Re}(s)>-\alpha$
7	$\mathrm{e}^{\alpha t}$	$\frac{1}{s-\alpha}$	$\mathrm{Re}(s)>\alpha$
8	$\cos\omega_0 t$	$\frac{s}{s^2+\omega_0^2}$	$\mathrm{Re}(s)>0$
9	$\sin\omega_0 t$	$\frac{\omega_0}{s^2+\omega_0^2}$	$\mathrm{Re}(s)>0$
10	$\mathrm{e}^{-\alpha t}\cos\omega_0 t$	$\frac{s+\alpha}{(s+\alpha)^2+\omega_0^2}$	$\mathrm{Re}(s)>-\alpha$
11	$\mathrm{e}^{-\alpha t}\sin\omega_0 t$	$\frac{\omega_0}{(s+\alpha)^2+\omega_0^2}$	$\mathrm{Re}(s)>-\alpha$
12	$t\mathrm{e}^{-\alpha t}$	$\frac{1}{(s+\alpha)^2}$	$\mathrm{Re}(s)>-\alpha$
13	$t^n\mathrm{e}^{-\alpha t}$	$\frac{n!}{(s+\alpha)^{n+1}}$	$\mathrm{Re}(s)>-\alpha$
14	$t\cos\omega_0 t$	$\frac{s^2-\omega_0^2}{(s^2+\omega_0^2)^2}$	$\mathrm{Re}(s)>0$
15	$t\sin\omega_0 t$	$\frac{2\omega_0 s}{(s^2+\omega_0^2)^2}$	$\mathrm{Re}(s)>0$
16	$\cosh\beta t$	$\frac{s}{s^2+\beta^2}$	$\mathrm{Re}(s)>\beta$
17	$\sinh\beta t$	$\frac{\beta}{s^2+\beta^2}$	$\mathrm{Re}(s)>\beta$

注：α,β 均为实数。

4.1.3　拉普拉斯变换性质

与傅里叶变换一样，拉普拉斯变换也有许多性质，利用这些性质，可以简化对信号拉普拉斯变换的求解。下面给出拉普拉斯变换的一些基本性质。

1. 线性特性

若$\mathcal{L}[f_1(t)]=F_1(s)$，$\mathcal{L}[f_2(t)]=F_2(s)$，则

$$\mathcal{L}[K_1 f_1(t)+K_2 f_2(t)]=K_1 F_1(s)+K_2 F_2(s)$$

其中，K_1、K_2 为常数。

2. 尺度变换

若$\mathcal{L}[f(t)u(t)]=F(s)$，则

$$\mathcal{L}[f(at)\cdot u(t)]=\frac{1}{a}F\left(\frac{s}{a}\right)\quad(a>0)$$

需要说明的是,式中 $a>0$ 是为了保证 $f(at)$仍为因果信号。

3. 时移特性

若$\mathcal{L}[f(t)\cdot u(t)]=F(s)$,则

$$\mathcal{L}[f(t-t_0)u(t-t_0)]=F(s)\mathrm{e}^{-st_0}$$

上式说明,若信号的波形在时域延迟 t_0 个单位,则它的拉普拉斯变换应乘以 e^{-st_0}。

注意:$f(t-t_0)u(t-t_0)$与 $f(t-t_0)u(t)$的拉普拉斯变换式不同,这里的时移特性针对前者成立。结合尺度变换特性和时移特性,则不难证明

$$\mathcal{L}[f(at-b)u(at-b)]=\frac{1}{a}F\left(\frac{s}{a}\right)\mathrm{e}^{-s\frac{b}{a}}$$

式中,a、b 均为大于零的实数。

例 4-1 已知 $f(t)=\sin(\omega_0 t)u(t)$,求信号 $f_1(t)=\sin[\omega_0(t-t_0)]u(t)$和 $f_2(t)=\sin[\omega_0(t-t_0)]u(t-t_0)$的单边拉普拉斯变换。

解

$$\begin{aligned}f_1(t)&=\sin[\omega_0(t-t_0)]u(t)\\&=[\sin(\omega_0 t)\cos(\omega_0 t_0)-\cos(\omega_0 t)\sin(\omega_0 t_0)]u(t)\end{aligned}$$

利用

$$\sin(\omega_0 t)u(t)\overset{\mathcal{LT}}{\longleftrightarrow}\frac{\omega_0}{s^2+\omega_0^2}\quad(\mathrm{Re}(s)>0)$$

$$\cos(\omega_0 t)u(t)\overset{\mathcal{LT}}{\longleftrightarrow}\frac{s}{s^2+\omega_0^2}\quad(\mathrm{Re}(s)>0)$$

可得

$$F_1(s)=\mathcal{L}[f_1(t)]=\frac{\omega_0\cos(\omega_0 t_0)-s\sin(\omega_0 t_0)}{s^2+\omega_0^2}\quad(\mathrm{Re}(s)>0)$$

对于 $f_2(t)$,因为 $f_2(t)=f(t-t_0)$,有

$$\begin{aligned}F_2(s)&=\mathcal{L}[f_2(t)]\\&=F(s)\mathrm{e}^{-st_0}\quad(\mathrm{Re}(s)>0)\\&=\frac{\omega_0}{s^2+\omega_0^2}\mathrm{e}^{-st_0}\end{aligned}$$

可见,$f_1(t)$和 $f_2(t)$的拉普拉斯变换不同。

例 4-2 求如图 4-2 所示周期信号 $f_T(t)$的单边拉普拉斯变换,信号的周期为 T。

解 令从 0 开始的第一个周期内的信号记为 $f_1(t)(t\in[0,T))$,其拉普拉斯变换记为 $F_1(s)$,即

$$f_1(t)\xrightarrow{\mathcal{LT}}F_1(s)$$

周期信号 $f_T(t)$可表示为

$$f_T(t)=\sum_{n=-\infty}^{+\infty}f_1(t-nT)u(t-nT)$$

则 $f_T(t)$的单边拉普拉斯变换为

$$\begin{aligned}\mathcal{L}[f_T(t)] &= \mathcal{L}\left[\sum_{n=0}^{+\infty} f_1(t-nT)u(t-nT)\right] \\ &= \sum_{n=0}^{+\infty} \mathcal{L}[f_1(t-nT)u(t-nT)] \\ &= \sum_{n=0}^{+\infty} F_1(s)\mathrm{e}^{-snT} \\ &= F_1(s)\sum_{n=0}^{+\infty} \mathrm{e}^{-snT} \\ &= \frac{F_1(s)}{1-\mathrm{e}^{-sT}} \quad (|\mathrm{e}^{-sT}|<1)\end{aligned}$$

即

$$\sum_{n=0}^{+\infty} f_1(t-nT)u(t-nT) \xrightarrow{\mathcal{LT}} \frac{F_1(s)}{1-\mathrm{e}^{-sT}}$$

上式为周期信号 $f_T(t)$的拉普拉斯变换通式。

例 4-3　求如图 4-3 所示周期矩形信号的单边拉普拉斯变换。

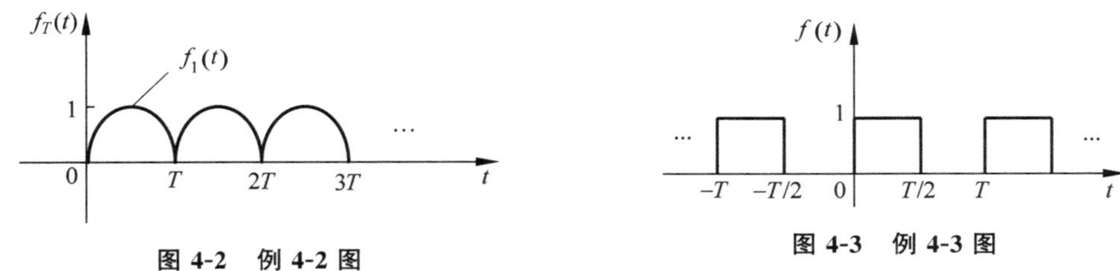

图 4-2　例 4-2 图

图 4-3　例 4-3 图

解　从 0 开始的第一周期的信号表达式为

$$f_1(t)=u(t)-u\left(t-\frac{T}{2}\right)$$

利用时移特性可得

$$F_1(s)=\frac{1}{s}(1-\mathrm{e}^{-sT/2})$$

由例 4-2 的结果可得

$$F(s)=\frac{F_1(s)}{1-\mathrm{e}^{-sT}}=\frac{1-\mathrm{e}^{-sT/2}}{s(1-\mathrm{e}^{-sT})} \quad (|\mathrm{e}^{-sT}|<1,\text{即 } \sigma>0)$$

4．频移特性

若$\mathcal{L}[f(t)u(t)]=F(s)$，则

$$f(t)\mathrm{e}^{-\alpha t}u(t)\leftrightarrow F(s+\alpha)$$

证明　略。

5．微分特性

若$\mathcal{L}[f(t)u(t)]=F(s)$，则

$$\frac{\mathrm{d}f(t)}{\mathrm{d}t}u(t)\leftrightarrow sF(s)-f(0^-)$$

证明

$$\mathcal{L}\left[\frac{\mathrm{d}f(t)}{\mathrm{d}t}\right]=\int_{0^-}^{+\infty}\frac{\mathrm{d}f(t)}{\mathrm{d}t}\mathrm{e}^{-st}\mathrm{d}t$$
$$=f(t)\mathrm{e}^{-st}\Big|_{0^-}^{+\infty}+s\int_{0^-}^{+\infty}f(t)\mathrm{e}^{-st}\mathrm{d}t$$
$$=-f(0^-)+sF(s)$$

上述对一阶导数的微分定理可推广到高阶导数。类似地，对$\frac{\mathrm{d}^2f(t)}{\mathrm{d}t^2}$的拉普拉斯变换以分部积分展开得

$$\mathcal{L}\left[\frac{\mathrm{d}^2f(t)}{\mathrm{d}t^2}\right]=\mathrm{e}^{-st}\frac{\mathrm{d}f(t)}{\mathrm{d}t}\Big|_{0^-}^{+\infty}+s\int_{0^-}^{+\infty}\frac{\mathrm{d}f(t)}{\mathrm{d}t}\mathrm{e}^{-st}\mathrm{d}t$$
$$=-f'(0^-)+s[sF(s)-f(0^-)]$$
$$=s^2F(s)-sf(0^-)-f'(0^-)$$

重复以上过程，可导出一般公式为

$$\mathcal{L}\left[\frac{\mathrm{d}^nf(t)}{\mathrm{d}t^n}u(t)\right]=s^nF(s)-\sum_{r=0}^{n-1}s^{n-r-1}f^{(r)}(0^-)$$
$$=s^nF(s)-s^{n-1}f(0^-)-s^{n-2}f'(0^-)-\cdots-f^{(n-1)}(0^-)$$

式中，$f^{(r)}(0^-)$是$f(t)$的r阶导数$\frac{\mathrm{d}^rf(t)}{\mathrm{d}t^r}$在$0^-$时刻的取值。

6. 积分特性

若$\mathcal{L}[f(t)\cdot u(t)]=F(s)$，则

$$\mathcal{L}\left[\left(\int_{-\infty}^{t}f(\tau)\mathrm{d}\tau\right)u(t)\right]=\frac{F(s)}{s}+\frac{f^{-1}(0^-)}{s}$$

式中，$f^{-1}(0^-)=\int_{-\infty}^{0^-}f(\tau)\mathrm{d}\tau$是$f(t)$的积分式在$t=0^-$时刻的取值。

证明　由于$\mathcal{L}\left[\int_{-\infty}^{t}f(\tau)\mathrm{d}\tau\right]=\mathcal{L}\left[\int_{-\infty}^{0^-}f(\tau)\mathrm{d}\tau+\int_{0^-}^{t}f(\tau)\mathrm{d}\tau\right]$，而其中的第一项为常量，其可以表示成

$$\int_{-\infty}^{0^-}f(\tau)\mathrm{d}\tau=f^{-1}(0^-)$$

故

$$\mathcal{L}\left[\int_{-\infty}^{0^-}f(\tau)\mathrm{d}\tau\right]=\int_{0^-}^{+\infty}f^{-1}(0)\mathrm{e}^{-st}\mathrm{d}t=\frac{f^{-1}(0)}{s}$$

其中的第二项可借助分部积分求得，即有

$$\mathcal{L}\left[\int_{0^-}^{t}f(\tau)\mathrm{d}\tau\right]=\int_{0^-}^{+\infty}\left[\int_{0^-}^{t}f(\tau)\mathrm{d}\tau\right]\mathrm{e}^{-st}\mathrm{d}t$$
$$=\left[\frac{\mathrm{e}^{-st}}{-s}\int_{0^-}^{t}f(\tau)\mathrm{d}\tau\right]\Big|_{0^-}^{+\infty}+\frac{1}{s}\left[\int_{0^-}^{+\infty}f(t)\mathrm{e}^{-st}\right]\mathrm{d}t$$
$$=\frac{1}{s}F(s)$$

所以

$$\mathcal{L}\left[\int_{-\infty}^{t} f(\tau)\mathrm{d}\tau\right]=\frac{1}{s}F(s)+\frac{f^{-1}(0)}{s}$$

7. 初值定理

若函数 $f(t)$ 及其导数 $f'(t)$ 的单边拉普拉斯变换存在，并且有

$$\mathcal{L}[f(t)u(t)]=F(s)$$

则

(1) $f(t)$ 不包含冲激函数及其各阶导数时，此时 $F(s)$ 为真分式。于是有

$$\lim_{t\to 0^+} f(t)=f(0^+)=\lim_{s\to+\infty} sF(s) \tag{4-7}$$

(2) 若 $f(t)$ 中包含冲激函数及各阶导数时，为了简化证明，此处设 $f(t)$ 中仅包含 $k\delta(t)$，即 $f(t)$ 可写成 $f(t)=k\delta(t)+f_1(t)$，则 $F(s)=k+F_1(s)$ 为假分式，其中 $F_1(s)$ 为真分式。于是有

$$f(0^+)=\lim_{s\to+\infty}[sF(s)-ks]$$

或

$$f(0^+)=\lim_{s\to+\infty} sF_1(s)$$

证明　(1) 当 $f(t)$ 不包含冲激函数及其各阶导数时，依据微分特性

$$\mathcal{L}[f'(t)u(t)]=sF(s)-f(0^-) \tag{4-8}$$

同时

$$\begin{aligned}\mathcal{L}[f'(t)]&=\int_{0^-}^{+\infty} f'(t)\mathrm{e}^{-st}\mathrm{d}t\\&=\int_{0^-}^{0^+} f'(t)\mathrm{e}^{-st}\mathrm{d}t+\int_{0^+}^{+\infty} f'(t)\mathrm{e}^{-st}\mathrm{d}t\end{aligned}$$

考虑到 $(0^-,0^+)$ 区间内 $\mathrm{e}^{-st}=0$，故

$$\begin{aligned}\mathcal{L}[f'(t)]&=\int_{0^-}^{0^+} f'(t)\mathrm{d}t+\int_{0^+}^{+\infty} f'(t)\mathrm{e}^{-st}\mathrm{d}t\\&=f(0^+)-f(0^-)+\int_{0^+}^{+\infty} f'(t)\mathrm{e}^{-st}\mathrm{d}t\end{aligned} \tag{4-9}$$

将式(4-8)和式(4-9)右端进行对比，则有

$$sF(s)=f(0^+)+\int_{0^+}^{+\infty} f'(t)\mathrm{e}^{-st}\mathrm{d}t \tag{4-10}$$

当 $s\to+\infty$ 时，式(4-10)两端取极限，则有

$$\lim_{s\to+\infty} sF(s)=f(0^+)$$

则式(4-7)得证，其中应用到 $\lim\limits_{s\to+\infty}\left[\int_{0^+}^{+\infty} f'(t)\mathrm{e}^{-st}\mathrm{d}t\right]=\int_{0^+}^{+\infty} f'(t)[\lim\limits_{s\to+\infty}\mathrm{e}^{-st}]\mathrm{d}t=0$。

(2) 若 $f(t)$ 中包含冲激函数 $k\delta(t)$，即 $f(t)$ 可写成 $f(t)=k\delta(t)+f_1(t)$，则

$$\begin{aligned}\mathcal{L}[f'(t)]&=\int_{0^-}^{+\infty} f'(t)\mathrm{e}^{-st}\mathrm{d}t\\&=\int_{0^-}^{0^+}[k\delta'(t)+f_1'(t)]\mathrm{e}^{-st}\mathrm{d}t+\int_{0^+}^{+\infty} f'(t)\mathrm{e}^{-st}\mathrm{d}t\end{aligned}$$

同样，考虑到 $(0^-,0^+)$ 区间内 $\mathrm{e}^{-st}=0$，故上式可变为

$$\mathcal{L}[f'(t)]=ks+f_1(0^+)-f_1(0^-)+\int_{0^+}^{+\infty}f'(t)\mathrm{e}^{-st}\mathrm{d}t$$
$$=ks+f(0^+)-f(0^-)+\int_{0^+}^{+\infty}f'(t)\mathrm{e}^{-st}\mathrm{d}t \tag{4-11}$$

将式(4-11)和式(4-8)右端进行对比，并将 ks 移到式(4-11)的左端，则有

$$sF(s)-ks=f(0^+)+\int_{0^+}^{+\infty}f'(t)\mathrm{e}^{-st}\mathrm{d}t \tag{4-12}$$

同理，当 $s\to+\infty$ 时，式(4-12)两端取极限，则有

$$f(0^+)=\lim_{s\to+\infty}[sF(s)-ks]$$

或

$$f(0^+)=\lim_{s\to+\infty}sF_1(s)$$

式中，$F_1(s)$即为 $f_1(t)$的拉普拉斯变换。

8. 终值定理

若函数 $f(t)$及其导数 $f'(t)$的单边拉普拉斯变换存在，有$\mathcal{L}[f(t)u(t)]=F(s)$，并且 $\lim\limits_{t\to+\infty}f(t)$存在，则

$$\lim_{t\to+\infty}f(t)=\lim_{s\to0}sF(s)$$

证明 当 $s\to0$ 时，对式(4-10)取极限，则有

$$\lim_{s\to0}sF(s)=f(0^+)+\lim_{s\to0}\int_{0^+}^{+\infty}f'(t)\mathrm{e}^{-st}\mathrm{d}t$$
$$=f(0^+)+\int_{0^+}^{+\infty}f'(t)\mathrm{d}t$$
$$=f(0^+)+\lim_{t\to+\infty}f(t)-f(0^+)$$
$$=\lim_{t\to+\infty}f(t)$$

由初值定理和终值定理可知，只要知道 $f(t)$的拉普拉斯变换 $F(s)$，就可借助其求得 $f(0^+)$和 $\lim\limits_{t\to+\infty}f(t)$的值。

关于终值定理的应用条件限制还需做些说明：$f(t)$的终值是否存在，可从 s 域做出判断，仅当 $sF(s)$在 s 平面的虚轴上及其右边都为解析时(原点除外)，终值定理才可应用。当后面引入零点、极点的概念以后，说明终值定理的应用条件则更加方便，也即 $F(s)$分母的根落在 s 平面的左半平面和坐标原点处有一阶极点时，$f(t)$的终值存在，可借助终值定理求解。

9. 卷积定理

1) 时域卷积定理

若有两个因果信号 $f_1(t)$和 $f_2(t)$，其单边拉普拉斯变换分别为$\mathcal{L}[f_1(t)]=F_1(s)$，$\mathcal{L}[f_2(t)]=F_2(s)$，则二者卷积的单边拉普拉斯变换为

$$\mathcal{L}[f_1(t)*f_2(t)]=F_1(s)F_2(s)$$

由此可见，两函数卷积的拉普拉斯变换等于其拉普拉斯变换的乘积。

证明 由于 $f_1(t)$和 $f_2(t)$是因果信号，可分别将其写成

$$f_1(t)=f_1(t)u(t)$$
$$f_2(t)=f_2(t)u(t)$$

则其卷积的单边拉普拉斯变换可写成

$$\begin{aligned}\mathcal{L}[f_1(t)*f_2(t)]&=\int_{0^-}^{+\infty}\left[\int_{0^-}^{+\infty}f_1(\tau)f_2(t-\tau)u(t-\tau)\mathrm{d}\tau\right]\mathrm{e}^{-st}\mathrm{d}t\\&=\int_{0^-}^{+\infty}f_1(\tau)\left[\int_{0^-}^{+\infty}f_2(t-\tau)u(t-\tau)\mathrm{e}^{-st}\mathrm{d}t\right]\mathrm{d}\tau\\&=\int_{0^-}^{+\infty}f_1(\tau)F_2(s)\mathrm{e}^{-s\tau}\mathrm{d}\tau\\&=\int_{0^-}^{+\infty}f_1(\tau)\mathrm{e}^{-s\tau}\mathrm{d}\tau F_2(s)\\&=F_1(s)F_2(s)\end{aligned}$$

由此，时域卷积定理得证。

2) s 域卷积定理(复卷积定理)

用上面类似的方法可证得

$$\mathcal{L}[f_1(t)\cdot f_2(t)]=\frac{1}{2\pi\mathrm{j}}F_1(s)*F_2(s)=\frac{1}{2\pi\mathrm{j}}\int_{\sigma-\mathrm{j}\infty}^{\sigma+\mathrm{j}\infty}F_1(x)F_2(s-x)\mathrm{d}x$$

由于此定理对积分路线的限制较严，并且该积分的计算也比较复杂，所以其在实际中较少应用。

4.1.4　拉普拉斯逆变换

在复频域分析中，不但需要由 $f(t)$ 计算 $F(s)$，还经常需要将 s 域的分析结果再变换到时域，即求解拉普拉斯逆变换。常用的拉普拉斯逆变换求解方法有部分分式展开法和留数法，下面分别介绍。

1. 部分分式展开法

首先，设 $F(s)$ 是 s 的有理分式，即

$$F(s)=\frac{A(s)}{B(s)}=\frac{a_m s^m+a_{m-1}s^{m-1}+\cdots+a_0}{b_n s^n+b_{n-1}s^{n-1}+\cdots+b_0}$$

式中，系数 a_i、b_i 均为实数；m、n 为正整数。对其分子分母进行分解可得

$$F(s)=\frac{a_m(s-z_1)(s-z_2)\cdots(s-z_m)}{b_n(s-p_1)(s-p_2)\cdots(s-p_n)}$$

式中，$p_1,p_2,\cdots,p_n$ 是分母的根，称为 $F(s)$ 的极点；$z_1,z_2,\cdots,z_m$ 是分子的根，称为 $F(s)$ 的零点。根据极点性质的不同，对部分分式分解法求单边拉普拉斯逆变换可分为 $m<n$ 和 $m>n$ 两种情况进行讨论。

首先看第一种情况($m<n$)，此时，又分为两种情况。

1) 极点为单极点情况

假定 $p_1,p_2,\cdots,p_n$ 互不相等，如 $F(s)$ 有 3 个互不相等的极点，即

$$F(s)=\frac{A(s)}{(s-p_1)(s-p_2)(s-p_3)}$$

式中

$$p_1\neq p_2\neq p_3$$

当 $m<n$ 时，将 $F(s)$ 分解为 3 个分式之和的形式，即

$$F(s)=\frac{k_1}{s-p_1}+\frac{k_2}{s-p_2}+\frac{k_3}{s-p_3} \tag{4-13}$$

显然可知,$F(s)$的原函数 $f(t)$应为

$$f(t)=[k_1\mathrm{e}^{p_1t}+k_2\mathrm{e}^{p_2t}+k_3\mathrm{e}^{p_3t}]u(t)$$

式中,极点 p_i 所对应的系数 k_i 按下式计算

$$k_i=(s-p_i)F(s)\big|_{s=p_i}\quad (i=1,2,3,\cdots) \tag{4-14}$$

根据式(4-14)可以求出

$$k_1=(s-p_1)\cdot F(s)\big|_{s=p_1}=\left.\frac{A(s)}{(s-p_2)(s-p_3)}\right|_{s=p_1}$$

同理可求出

$$k_2=(s-p_2)\cdot F(s)\big|_{s=p_2}$$

$$k_3=(s-p_3)\cdot F(s)\big|_{s=p_3}$$

例 4-4 求下列函数的逆变换。

$$F(s)=\frac{10(s+2)(s+5)}{s(s+1)(s+3)}$$

解 由 $F(s)$可知,$F(s)$有 3 个极点为 $p_1=0$、$p_2=-1$ 和 $p_3=-3$ 且互不相等,故将 $F(s)$展为 3 个分式之和,即

$$F(s)=\frac{k_1}{s}+\frac{k_2}{s+1}+\frac{k_3}{s+3}$$

分别求 k_1、k_2、k_3,可得

$$k_1=sF(s)\big|_{s=0}=\frac{10\times 2\times 5}{1\times 3}=\frac{100}{3}$$

$$k_2=(s+1)F(s)\big|_{s=-1}=\frac{10(-1+2)(-1+5)}{(-1)(-1+3)}=-20$$

$$k_3=(s+3)F(s)\big|_{s=-3}=\frac{10(-3+2)(-3+5)}{(-3)(-3+1)}=-\frac{10}{3}$$

$$F(s)=\frac{100}{3s}-\frac{20}{s+1}-\frac{10}{3(s+3)}$$

故

$$f(t)=\left(\frac{100}{3}-20\mathrm{e}^{-t}-\frac{10}{3}\mathrm{e}^{-3t}\right)u(t)$$

例 4-5 采用部分分式展开法求 $F(s)=\dfrac{s^3+5s^2+9s+7}{(s+1)(s+2)}$的逆变换。

解 此题中 $m=3$、$n=2$,故可利用长除法得

$$F(s)=(s+2)+\frac{s+3}{(s+1)(s+2)}$$

再对上式第二项进行部分分式展开可得

$$F(s)=(s+2)+\frac{2}{(s+1)}-\frac{1}{(s+2)}$$

对 $F(s)$进行逆变换得

$$f(t)=\delta'(t)+2\delta(t)+2\mathrm{e}^{-t}u(t)-\mathrm{e}^{-2t}u(t)$$

需要说明的是，当极点为共轭复数极点时，仍可按照实数极点求解系数的方法进行分解，计算相对复杂一些，但有一些特点可循。例如，考虑下列 $F(s)$的逆变换

$$F(s)=\frac{A(s)}{[(s+\alpha)+\mathrm{j}\beta][(s+\alpha)-\mathrm{j}\beta]}$$

式中，$-\alpha\pm\mathrm{j}\beta$ 是一对共轭极点，按照实数极点分解的方法，则

$$F(s)=\frac{k_1}{(s+\alpha)-\mathrm{j}\beta}+\frac{k_2}{(s+\alpha)+\mathrm{j}\beta} \tag{4-15}$$

式中，k_1、k_2 的取值应为

$$k_1=(s+\alpha-\mathrm{j}\beta)\cdot F(s)\big|_{s=-\alpha+\mathrm{j}\beta}=\frac{A(-\alpha+\mathrm{j}\beta)}{2\mathrm{j}\beta}$$

$$k_2=(s+\alpha+\mathrm{j}\beta)\cdot F(s)\big|_{s=-\alpha-\mathrm{j}\beta}=\frac{A(-\alpha-\mathrm{j}\beta)}{-2\mathrm{j}\beta}$$

所以有

$$k_2=k_1^*$$

令 $k_1=M+\mathrm{j}N$，$k_2=M-\mathrm{j}N$，则由式(4-15)可得 $F(s)$的逆变换应为

$$\begin{aligned}\mathcal{L}^{-1}\left[\frac{k_1}{s+\alpha-\mathrm{j}\beta}+\frac{k_2}{s+\alpha+\mathrm{j}\beta}\right]&=\mathrm{e}^{-\alpha t}[k_1\mathrm{e}^{\mathrm{j}\beta t}+k_1^*\mathrm{e}^{-\mathrm{j}\beta t}]u(t)\\&=2\mathrm{e}^{-\alpha t}[M\cos(\beta t)-N\sin(\beta t)]u(t)\end{aligned}$$

还可以将 k_1、k_2 用极坐标形式表示，即 $k_1=|k_1|\mathrm{e}^{\mathrm{j}\theta}$，$k_2=k_1^*=|k_1|\mathrm{e}^{-\mathrm{j}\theta}$，则可得 $F(s)$的逆变换为

$$\begin{aligned}\mathcal{L}^{-1}\left[\frac{k_1}{s+\alpha-\mathrm{j}\beta}+\frac{k_2}{s+\alpha+\mathrm{j}\beta}\right]&=\mathcal{L}^{-1}\left[\frac{|k_1|\mathrm{e}^{\mathrm{j}\theta}}{s+\alpha-\mathrm{j}\beta}+\frac{|k_1|\mathrm{e}^{-\mathrm{j}\theta}}{s+\alpha+\mathrm{j}\beta}\right]\\&=(|k_1|\mathrm{e}^{-\alpha t}\mathrm{e}^{\mathrm{j}(\beta t+\theta)}+|k_1|\mathrm{e}^{-\alpha t}\mathrm{e}^{-\mathrm{j}(\beta t+\theta)})u(t)\\&=2|k_1|\mathrm{e}^{-\alpha t}\cos(\beta t+\theta)u(t)\end{aligned}$$

由此可以得出以下结论，当 $F(s)$有一对共轭极点时，由该对极点决定的时间信号是一个按指数规律变化的余弦振荡信号。

例 4-6 求下列函数的逆变换。

$$F(s)=\frac{s^2+3}{(s^2+2s+5)(s+2)}$$

解

$$\begin{aligned}F(s)&=\frac{s^2+3}{(s^2+2s+5)(s+2)}\\&=\frac{k_0}{s+2}+\frac{k_1}{s+1-\mathrm{j}2}+\frac{k_2}{s+1+\mathrm{j}2}\end{aligned}$$

分别求系数 k_0、k_1、k_2，即

$$k_0=(s+2)F(s)\big|_{s=-2}=\frac{7}{5}$$

$$k_1=\frac{s^2+3}{(s+1+\mathrm{j}2)(s+2)}\bigg|_{s=-1+\mathrm{j}2}=\frac{-1+\mathrm{j}2}{5}$$

$$k_2=\frac{s^2+3}{(s+1-\mathrm{j}2)(s+2)}\bigg|_{s=-1-\mathrm{j}2}=\frac{-1-\mathrm{j}2}{5}$$

也即 $M=-\frac{1}{5}, N=\frac{2}{5}$，借助式

$$\begin{aligned}\mathcal{L}^{-1}\left[\frac{k_1}{s+\alpha-\mathrm{j}\beta}+\frac{k_2}{s+\alpha+\mathrm{j}\beta}\right]&=\mathrm{e}^{-\alpha t}[k_1\mathrm{e}^{\mathrm{j}\beta t}+k_1^*\mathrm{e}^{-\mathrm{j}\beta t}]\\&=2\mathrm{e}^{-\alpha t}[M\cos(\beta t)-N\sin(\beta t)]\end{aligned}$$

得到 $F(s)$ 的逆变换式为

$$f(t)=\frac{7}{5}\mathrm{e}^{-2t}-2\mathrm{e}^{-t}\left[\frac{1}{5}\cos(2t)+\frac{2}{5}\sin(2t)\right]\quad(t\geqslant 0)$$

2）极点为多重极点情况

设 $F(s)$ 在 $s=p_1$ 处有 k 重极点，即 $F(s)$ 可表示为

$$F(s)=\frac{A(s)}{(s-p_1)^kD(s)}$$

将 $F(s)$ 展开为

$$F(s)=\frac{k_{11}}{(s-p_1)^k}+\frac{k_{12}}{(s-p_1)^{k-1}}+\cdots+\frac{k_{1k}}{(s-p_1)}+\frac{E(s)}{D(s)}$$

式中，$\frac{E(s)}{D(s)}$ 表示展开式中与极点 p_1 无关的部分，其分解与系数求解方式同步。系数 k_{11}，k_{12}，…，k_{1k} 的求解按下式进行，即

$$k_{1i}=\frac{1}{(i-1)!}\frac{\mathrm{d}^{i-1}}{\mathrm{d}s^{i-1}}F_1(s)\bigg|_{s=p_1}$$

其中

$$F_1(s)=(s-p_1)^kF(s)$$

针对 $F(s)$ 中 $\frac{k_{1i}}{(s-p_1)^{k-i+1}}$ 一项的逆变换，可根据 $\mathcal{L}[t^nu(t)]=\frac{n!}{s^{n+1}}$，并利用拉普拉斯变换的频移特性可得

$$\mathcal{L}^{-1}\left[\frac{k_{1i}}{(s-p_1)^{k-i+1}}\right]=\frac{k_{1i}}{(k-i)!}t^{(k-i)}\mathrm{e}^{p_1t}u(t)$$

所以

$$f(t)=\left[\sum_{i=1}^{k}\frac{k_{1i}}{(k-i)!}t^{(k-i)}\right]\mathrm{e}^{p_1t}u(t)+\mathcal{L}^{-1}\left[\frac{E(s)}{D(s)}\right]$$

例 4-7 求下列函数的逆变换。

$$F(s)=\frac{s-2}{s(s+1)^3}$$

解 将 $F(s)$ 写成展开式

$$F(s)=\frac{k_{11}}{(s+1)^3}+\frac{k_{12}}{(s+1)^2}+\frac{k_{13}}{s+1}+\frac{k_2}{s}$$

容易求得

$$k_2=sF(s)\mid_{s=0}=-2$$

为求出与重根相关的各系数，令

$$F_1(s)=(s+1)^3F(s)=\frac{s-2}{s}$$

则

$$k_{11}=(s-p_1)^kF(s)\mid_{s=p_1}=\left.\frac{s-2}{s}\right|_{s=-1}=3$$

$$k_{12}=\frac{\mathrm{d}}{\mathrm{d}s}F_1(s)\mid_{s=p_1}=\left.\frac{\mathrm{d}}{\mathrm{d}s}\left(\frac{s-2}{s}\right)\right|_{s=-1}=2$$

$$k_{13}=\frac{1}{2}\frac{\mathrm{d}^2}{\mathrm{d}s^2}F_1(s)\mid_{s=p_1}=\left.\frac{1}{2}\frac{\mathrm{d}^2}{\mathrm{d}s^2}\left(\frac{s-2}{s}\right)\right|_{s=-1}=2$$

于是有

$$F(s)=\frac{3}{(s+1)^3}+\frac{2}{(s+1)^2}+\frac{2}{s+1}-\frac{2}{s}$$

逆变换为

$$f(t)=\left[\frac{3}{2}t^2\mathrm{e}^{-t}+2t\mathrm{e}^{-t}+2\mathrm{e}^{-t}-2\right]u(t)$$

当 $m\geqslant n$ 时，即 $F(s)$分子的阶次大于或等于分母的阶次，此时，可用长除法将分子中的高次项提出，得到一个 s 的多项式和一个真分式之和的形式。对于真分式则满足 $m<n$ 的情况，仍按上述方法进行分解，并求出逆变换表达式，对于 s 多项式，可直接写出时域表达式。

2. **留数法**

单边拉普拉斯逆变换的定义式为

$$f(t)=\begin{cases}0 & (t<0)\\ \dfrac{1}{2\pi\mathrm{j}}\displaystyle\int_{\sigma-\mathrm{j}\infty}^{\sigma+\mathrm{j}\infty}F(s)\mathrm{e}^{st}\mathrm{d}s & (t>0)\end{cases}\tag{4-16}$$

可用留数定理求解上式积分，即

$$\begin{aligned}f(t)&=\frac{1}{2\pi\mathrm{j}}\int_{\sigma-\mathrm{j}\infty}^{\sigma+\mathrm{j}\infty}F(s)\mathrm{e}^{st}\mathrm{d}s\\&=\frac{1}{2\pi\mathrm{j}}\oint_L F(s)\mathrm{e}^{st}\mathrm{d}s\\&=\left[\sum_{L内极点}\underset{s_i}{\mathrm{Res}}[F(s)\mathrm{e}^{st}]\right]u(t)\end{aligned}$$

式中，L 为给积分路径 $BA(\sigma-\mathrm{j}\infty,\sigma+\mathrm{j}\infty)$补充一半径为无穷大的圆 C 之后所构成的闭合路径 $BACB$，如图 4-4 所示。

若 $F(s)$为有理真分式，并且 $F(s)\mathrm{e}^{st}$ 的极点 $s=s_i$ 为一阶极点，则该极点的留数为

$$\underset{s_i}{\mathrm{Res}}[F(s)\mathrm{e}^{st}]=(s-s_i)F(s)\mathrm{e}^{st}\mid_{s=s_i}$$

若 $F(s)\mathrm{e}^{st}$ 的极点 $s=s_i$ 为 r 重极点，则该极点的留数为

$$\underset{s_i}{\mathrm{Res}}[F(s)\mathrm{e}^{st}]=\left.\frac{1}{(r-1)!}\frac{\mathrm{d}^{r-1}}{\mathrm{d}s^{r-1}}[(s-s_i)^rF(s)\mathrm{e}^{st}]\right|_{s=s_i}$$

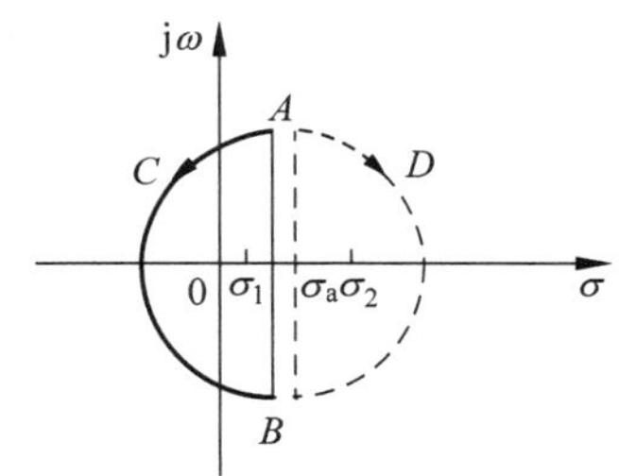

图 4-4　拉普拉斯逆变换的积分路径

由此可见，利用留数法求解拉普拉斯逆变换，可直接求解 $f(t)$ 的表达式，这种方法更适用于在 $F(s)$ 具有高阶极点的情况。

例 4-8 已知 $F(s)=\dfrac{1}{(s+3)(s+2)^2}$，$\mathrm{Re}(s)>-2$，求 $F(s)$ 的单边拉普拉斯逆变换。

解 $F(s)\mathrm{e}^{st}$ 的极点分别为一阶极点 $s_1=-3$ 和二重极点 $s_2=-2$，则其留数为

$$\underset{s_1}{\mathrm{Res}}[F(s)\mathrm{e}^{st}]=(s+3)F(s)\mathrm{e}^{st}\big|_{s=-3}=\mathrm{e}^{-3t}$$

$$\underset{s_2}{\mathrm{Res}}[F(s)\mathrm{e}^{st}]=\frac{\mathrm{d}}{\mathrm{d}s}(s+2)^2F(s)\mathrm{e}^{st}\big|_{s=-2}=t\mathrm{e}^{-2t}-\mathrm{e}^{-2t}$$

故

$$\begin{aligned}f(t)&=\left[\underset{s_1}{\mathrm{Res}}[F(s)\mathrm{e}^{st}]+\underset{s_2}{\mathrm{Res}}[F(s)\mathrm{e}^{st}]\right]u(t)\\&=(\mathrm{e}^{-3t}+t\mathrm{e}^{-2t}-\mathrm{e}^{-2t})u(t)\\&=[\mathrm{e}^{-3t}+(t-1)\mathrm{e}^{-2t}]u(t)\end{aligned}$$

4.2 离散时间信号的复频域分析——z 变换

与连续时间信号的分析方法相对应，离散时间信号同样可以在复频域分析，这种分析方法在后面的离散系统分析中也具有非常重要的地位。本节将介绍离散时间信号的复频域分析方法——z 变换，主要包括 z 变换的定义、常用序列的 z 变换、逆 z 变换以及 z 变换的性质等。

4.2.1 z 变换的定义及收敛域

1. z 变换的定义

离散时间信号 z 变换的定义可以借助抽样信号的拉普拉斯变换来引出。若连续信号 $x(t)$ 经过理想抽样，得到抽样信号 $x_s(t)$ 的表达式为

$$\begin{aligned}x_s(t)&=x(t)\cdot\delta_T(t)\\&=x(t)\sum_{n=-\infty}^{+\infty}\delta(t-nT)\\&=\sum_{n=-\infty}^{+\infty}x(nT)\delta(t-nT)\end{aligned}\tag{4-17}$$

式中，T 为抽样间隔。对式(4-17)中的 $x_s(t)$ 取拉普拉斯变换得

$$\begin{aligned}X_s(s)&=\mathcal{L}[x_s(t)]=\mathcal{L}\left[\sum_{n=-\infty}^{+\infty}x(nT)\delta(t-nT)\right]\\&=\sum_{n=-\infty}^{+\infty}x(nT)\,\mathcal{L}[\delta(t-nT)]\\&=\sum_{n=-\infty}^{+\infty}x(nT)\mathrm{e}^{-snT}\end{aligned}\tag{4-18}$$

式中，$s=\sigma+\mathrm{j}\omega$。若引入一个新的复变量 $z=\mathrm{e}^{sT}$，并将 $x(nT)$ 表示为 $x(n)$，T 是常数，则式(4-18)可变为

$$X_s(s)\big|_{z=e^{sT}}=\sum_{n=-\infty}^{+\infty}x(n)z^{-n}=X(z) \tag{4-19}$$

这样就将变量为 s 的函数转换成 z 的函数，式(4-19)称为序列 $x(n)$ 的双边 z 变换，即

$$X(z)=\mathcal{Z}[x(n)]=\sum_{n=-\infty}^{+\infty}x(n)z^{-n} \tag{4-20}$$

进一步，将式(4-20)展开为

$$\begin{aligned}X(z)&=\sum_{n=-\infty}^{+\infty}x(n)z^{-n}\\&=\underbrace{\cdots x(-2)z^{2}+x(-1)z^{1}}_{z\text{的正幂}}+x(0)z^{0}+\underbrace{x(1)z^{-1}+x(2)z^{-2}+\cdots+x(n)z^{-n}+\cdots}_{z\text{的负幂}}\end{aligned}$$

上式表明，$X(z)$ 是复变量 z^{-1} 的幂级数，其系数是 $x(n)$ 的值。并且，当 $-\infty<n\leqslant-1$ 时，z 的正幂级数对应 $x(n)$ 的左边序列，当 $0\leqslant n<+\infty$ 时，z 的负幂级数对应 $x(n)$ 的右边序列。

若只计算 n 从 0 开始的 $x(n)$ 的 z 变换，即

$$X(z)=\sum_{n=0}^{+\infty}x(n)z^{-n}$$

则称为序列 $x(n)$ 的单边 z 变换。

2. z 变换的收敛域

由于 $X(z)$ 是 z 的幂级数和的形式，这个级数可能收敛，也可能发散，因此对于任意给定的序列 $x(n)$，能使级数 $X(z)=\sum\limits_{n=-\infty}^{+\infty}x(n)z^{-n}$ 收敛的所有 z 值的集合，也就是满足 $\sum\limits_{n=-\infty}^{+\infty}|x(n)z^{-n}|<\infty$ 时 z 的取值范围，称为 $X(z)$ 的收敛域。不同序列 $x(n)$ 的 z 变换 $X(z)$ 相同，但收敛域不同，故在确定 z 变换时，必须标明收敛域。下面给出级数收敛的两种判定方法。

1) 比值判定法

设正项级数 $\sum\limits_{n=-\infty}^{+\infty}|a_n|$，令它的后项与前项比值的极限等于 ρ，即

$$\rho=\lim_{n\to+\infty}\left|\frac{a_{n+1}}{a_n}\right| \tag{4-21}$$

当 $\rho<1$ 时级数收敛，$\rho>1$ 时级数发散，$\rho=1$ 时级数可能收敛也可能发散。

2) 根值判定法

对正项级数 $\sum\limits_{n=-\infty}^{+\infty}|a_n|$，$|a_n|$ 项的 n 次根的极限为

$$\rho=\lim_{n\to+\infty}\sqrt[n]{|a_n|} \tag{4-22}$$

当 $\rho<1$ 时级数收敛，$\rho>1$ 时级数发散，$\rho=1$ 时级数可能收敛也可能发散。

接下来利用上述判定法讨论几类序列 z 变换的收敛域。

(1) 有限长序列。

这类序列 $x(n)$ 仅在某一段区间($n_1\leqslant n\leqslant n_2$)内具有非零的有限值，此时 z 变换为

$$X(z)=\sum_{n=n_1}^{n_2}x(n)z^{-n}$$

由于 n_1、n_2 是有限整数，因此上式是一个有限项级数，n_1、n_2 取值不同，对应 $X(z)$的收敛域也不同。

当 $n_1<0,n_2>0$ 时，除了 $z=\infty$和 $z=0$ 外，该级数 $X(z)$在 z 平面上处处收敛，即收敛域为 $0<|z|<\infty$。

当 $n_1<0,n_2\leqslant 0$ 时，$X(z)$的收敛域为$|z|<\infty$，即收敛域不包含 $z=\infty$点。

当 $n_1\geqslant 0,n_2>0$ 时，$X(z)$的收敛域为$|z|>0$，即收敛域不包含 $z=0$ 点。

例 4-9 求

$$x(n)=\begin{cases}1, & 0\leqslant n\leqslant N-1\\ 0, & \text{其他}\end{cases}$$

的 z 变换及其收敛域。

解 利用 z 变换的定义得

$$X(z)=\sum_{n=0}^{N-1}z^{-n}=\frac{1-z^{-N}}{1-z^{-1}}$$

此级数为有限项等比级数，当满足$|z|>0$ 时，级数收敛。

(2) 右边序列。

这类序列 $x(n)$是有始无终的序列，即 $x(n)$在 $n<n_1$ 时的值均为零，此时 z 变换为

$$X(z)=\sum_{n=n_1}^{+\infty}x(n)z^{-n}$$

由式(4-22)可知，如果满足

$$\lim_{n\to+\infty}\sqrt[n]{|x(n)z^{-n}|}<1$$

即

$$|z|>\lim_{n\to+\infty}\sqrt[n]{|x(n)|}=R_{x1}$$

则该级数收敛。若将$|z|>R_{x1}$ 在复平面上表示出来，则该序列的收敛域是以 R_{x1} 为半径的圆外，如图 4-5 所示。同时，还需考虑 $n_1\geqslant 0$ 和 $n_1<0$ 两种情况，当 $n_1\geqslant 0$ 时，此时收敛域为$|z|>R_{x1}$，当 $n_1<0$ 时，收敛域为 $R_{x1}<|z|<\infty$，即收敛域不包含 $z=\infty$点。

例 4-10 求 $x(n)=a^nu(n)$的 z 变换及其收敛域。

解 $X(z)=\sum\limits_{n=0}^{+\infty}a^nz^{-n}$，当$|z|>|a|$时，此为无穷递减等比数列的和，所以

$$X(z)=\sum_{n=0}^{+\infty}a^nz^{-n}$$

式中，公比 $q=az^{-1}$。当$|q|=|az^{-1}|<1$ 时，即$|z|>|a|$时，级数收敛。此时

$$\begin{aligned}X(z)&=\frac{1}{1-az^{-1}}\\&=\frac{z}{z-a},\quad |z|>|a|\end{aligned}$$

其收敛域如图 4-6 所示。

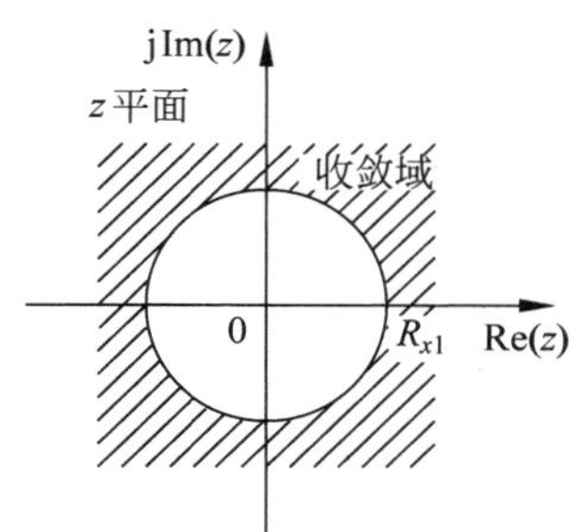

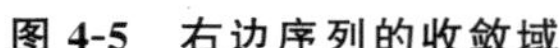
图 4-5　右边序列的收敛域

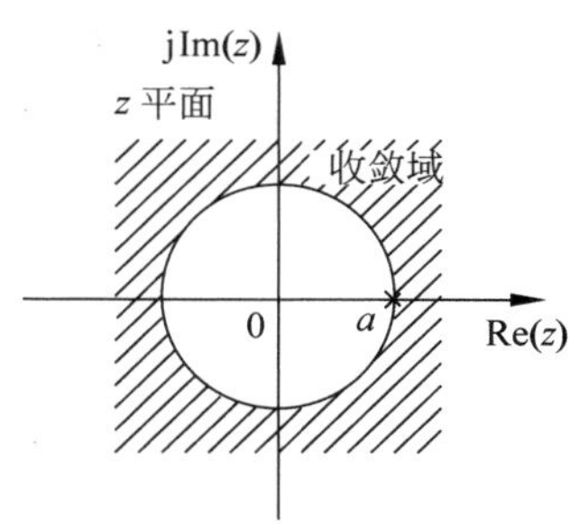

图 4-6　例 4-10 中序列 $x(n)$ 的 z 变换收敛域

(3) 左边序列。

左边序列 $x(n)$ 是无始有终的序列，即在 $n>n_2$ 时的值均为零，此时 z 变换为

$$X(z)=\sum_{n=-\infty}^{n_2} x(n)z^{-n}$$

令 $p=-n$，则上式变为

$$X(z)=\sum_{p=-n_2}^{+\infty} x(-p)z^{p}$$

再令 $n=p$，则

$$X(z)=\sum_{n=-n_2}^{+\infty} x(-n)z^{n}$$

由式(4-22)可知，如果满足

$$\lim_{n\to+\infty}\sqrt[n]{|x(-n)z^n|}<1$$

即

$$|z|<\frac{1}{\lim\limits_{n\to+\infty}\sqrt[n]{|x(-n)|}}=R_{x2}$$

该级数收敛。可见，左边序列的收敛域是以 R_{x2} 为半径的圆内部分，如图 4-7 所示。同样，还需考虑 $n_2\leqslant 0$ 和 $n_2>0$ 两种情况，当 $n_2\leqslant 0$ 时，此时收敛域为 $|z|<R_{x1}$，当 $n_2>0$ 时，收敛域为 $0<|z|<R_{x2}$，即收敛域不包含 $z=0$ 点。

例 4-11　有一左边指数序列 $x(n)=-a^n u(-n-1)$，求其 z 变换及收敛域。

解　$x(n)$ 的 z 变换为

$$X(z)=\sum_{n=-\infty}^{-1} -a^n z^{-n}$$

令 $p=-n$，则上式变为

$$X(z)=\sum_{n=-\infty}^{-1} -a^n z^{-n}=\sum_{p=1}^{+\infty} -a^{-p}z^{p}$$

$$=\sum_{p=0}^{+\infty} -a^{-p}z^{p}+1$$

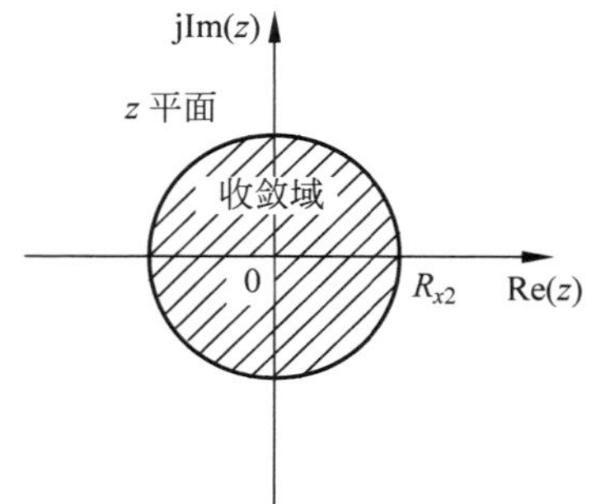

图 4-7　左边序列的收敛域

式中，公比 $q=a^{-1}z$。当 $|q|=|za^{-1}|<1$ 时，即 $|z|<|a|$ 时，级数收敛。此时

$$X(z)=1-\sum_{p=0}^{+\infty}a^{-p}z^{p}$$

$$=1-\frac{1}{1-a^{-1}z}$$

$$=\frac{z}{z-a},\quad |z|<|a|$$

由例 4-10 和例 4-11 可见，两个时间序列的 z 变换表达式完全相同，但对应的收敛域却相反。因此，当分析时间序列的 z 变换时，一定要注明收敛域，否则，无法由 $X(z)$ 确定 $x(n)$。

(4) 双边序列。

双边序列 $x(n)$ 是无始无终的序列，n 的取值为 $-\infty\sim+\infty$，其 z 变换可写作

$$X(z)=\sum_{n=-\infty}^{+\infty}x(n)z^{-n}=\sum_{n=-\infty}^{-1}x(n)z^{-n}+\sum_{n=0}^{+\infty}x(n)z^{-n}$$

由上式可以看出，双边序列可以看成是左边序列 z 变换和右边序列 z 变换的叠加。其中左边序列的收敛域为 $|z|<R_{x2}$，右边序列的收敛域为 $|z|>R_{x1}$，若 $R_{x1}<R_{x2}$，则双边序列的收敛域为一个圆环，即 $R_{x1}<|z|<R_{x2}$。若 $R_{x1}>R_{x2}$，则左边序列和右边序列的收敛域不存在公共部分，此时 $X(z)$ 不收敛。

例 4-12 对于双边序列 $x(n)=b^{|n|}$，其中 $-\infty\leqslant n\leqslant+\infty$，求其 z 变换及收敛域。

解 首先，将 $x(n)$ 写成如下形式，即 $x(n)=b^{n}u(n)+b^{-n}u(-n-1)$，则

$$\mathcal{Z}[b^{n}u(n)]=\frac{z}{z-b},\quad |z|>|b|$$

$b^{-n}u(-n-1)$ 的 z 变换可利用例 4-11 结果得到，即

$$\mathcal{Z}[b^{-n}u(-n-1)]=\mathcal{Z}[-[-(b^{-1})^{n}u(-n-1)]]=\frac{-z}{z-b^{-1}},\quad |z|<|b^{-1}|$$

若 $0<b<1$，对应的时间序列如图 4-8 所示，则 $\frac{1}{b}>1$，那么，收敛域为 $b<|z|<\frac{1}{b}$，则 $x(n)$ 的 z 变换为

$$X(z)=\frac{z}{z-b}+\frac{-z}{z-b^{-1}}$$

若 $b>1$，对应的时间序列如图 4-9 所示，其 z 变换不存在。

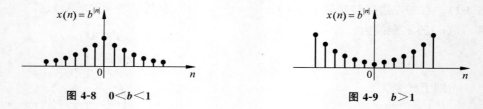

图 4-8 $0<b<1$　　　图 4-9 $b>1$

由以上分析可得出以下结论。

① 序列 $x(n)$ 的 z 变换的收敛域总是以极点为边界，收敛域内不包含任何极点。

② 有限长序列的收敛域为不包含 $z=0$ 或 $z=+\infty$ 的整个 z 平面。

③ 右边序列的收敛域为某一个圆的圆外区域，左边序列的收敛域为某一圆的圆内区域。

④ 双边序列的收敛域为一个圆环或者不存在。

4.2.2 常用序列的 z 变换

1. 单位样值函数 $\delta(n)$

$$\mathcal{Z}[\delta(n)]=\sum_{n=-\infty}^{+\infty}\delta(n)z^{-n}=1$$

2. 单位阶跃序列 $u(n)$

$$\begin{aligned}\mathcal{Z}[u(n)]&=\sum_{n=0}^{+\infty}u(n)z^{-n}\\&=\sum_{n=0}^{+\infty}z^{-n}\\&=\frac{z}{z-1},\quad |z|>1\end{aligned}\tag{4-23}$$

3. 斜变序列 $nu(n)$

$$\mathcal{Z}[nu(n)]=\sum_{n=0}^{+\infty}nz^{-n}$$

该 z 变换可以由下列方法间接获得。

由式(4-23)可知

$$\begin{aligned}\mathcal{Z}[u(n)]&=\sum_{n=0}^{+\infty}z^{-n}\\&=\frac{1}{1-z^{-1}},\quad |z|>1\end{aligned}$$

上式两边对 z 求导有

$$\sum_{n=0}^{+\infty}(-n)z^{-n-1}=\frac{-z^{-2}}{(1-z^{-1})^2}$$

上式两边同乘以$-z$,可得

$$\mathcal{Z}[nu(n)]=\sum_{n=0}^{+\infty}nz^{-n}=\frac{z}{(z-1)^2},\quad |z|>1$$

继续对上式求导可得

$$\mathcal{Z}[n^2u(n)]=\sum_{n=0}^{+\infty}n^2z^{-n}=\frac{z(z+1)}{(z-1)^3}$$

同理得

$$\mathcal{Z}[n^3u(n)]=\sum_{n=0}^{+\infty}n^3z^{-n}=\frac{z(z^2+4z+1)}{(z-1)^4}$$

$$\vdots$$

$$\begin{aligned}\mathcal{Z}[n^mx(n)]&=\left[-z\frac{\mathrm{d}}{\mathrm{d}z}\right]^mX(z)\\&=\underbrace{-z\frac{\mathrm{d}}{\mathrm{d}z}\left[-z\frac{\mathrm{d}}{\mathrm{d}z}\left(-z\frac{\mathrm{d}}{\mathrm{d}z}\cdots\left(-z\frac{\mathrm{d}}{\mathrm{d}z}X(z)\right)\right)\right]}_{\text{共求}m\text{次导}}\end{aligned}$$

4．指数序列 $a^n u(n)$

$$\begin{aligned}\mathcal{Z}[a^n u(n)] &= \sum_{n=0}^{+\infty} a^n z^{-n} \\ &= \frac{1}{1-az^{-1}} \\ &= \frac{z}{z-a}, \quad |z|>|a|\end{aligned} \tag{4-24}$$

5．余弦和正弦序列

由于

$$\cos(\omega_0 n) = \frac{e^{j\omega_0 n} + e^{-j\omega_0 n}}{2}$$

而利用式(4-24)可得

$$\mathcal{Z}[e^{j\omega_0 n}u(n)] = \frac{z}{z-e^{j\omega_0}}, \quad \mathcal{Z}[e^{-j\omega_0 n}u(n)] = \frac{z}{z-e^{-j\omega_0}}, \quad |z|>1$$

根据 z 变换的定义式可得两序列之和的 z 变换等于各自 z 变换之和，故

$$\mathcal{Z}[\cos(\omega_0 n)u(n)] = \frac{1}{2}\left(\frac{z}{z-e^{j\omega_0}} + \frac{z}{z-e^{-j\omega_0}}\right) = \frac{z(z-\cos\omega_0)}{z^2-2z\cos\omega_0+1}, \quad |z|>1$$

同理可得单边正弦序列 $\sin(\omega_0 n)$ 的 z 变换为

$$\mathcal{Z}[\sin(\omega_0 n)u(n)] = \frac{1}{2j}\left(\frac{z}{z-e^{j\omega_0 n}} - \frac{z}{z-e^{-j\omega_0 n}}\right) = \frac{z\sin\omega_0}{z^2-2z\cos\omega_0+1}, \quad |z|>1$$

表 4-2 给出了一些常用序列的单边 z 变换。

表 4-2 常用序列的 z 变换

序列	z 变换	收敛域
$\delta(n)$	1	整个 z 平面
$u(n)$	$\frac{z}{z-1}$	$\|z\|>1$
$nu(n)$	$\frac{z}{(z-1)^2}$	$\|z\|>1$
$a^n u(n)$	$\frac{z}{z-a}$	$\|z\|>\|a\|$
$-a^n u(-n-1)$	$\frac{z}{z-a}$	$\|z\|<\|a\|$
$\cos(\omega_0 n)u(n)$	$\frac{z(z-\cos(\omega_0))}{z^2-2z\cos(\omega_0)+1}$	$\|z\|>1$
$\sin(\omega_0 n)u(n)$	$\frac{z\sin(\omega_0)}{z^2-2z\cos(\omega_0)+1}$	$\|z\|>1$
$a^n\cos(\omega_0 n)u(n)$	$\frac{z(z-a\cos(\omega_0))}{z^2-2az\cos(\omega_0)+a^2}$	$\|z\|>\|a\|$
$a^n\sin(\omega_0 n)u(n)$	$\frac{az\sin(\omega_0)}{z^2-2az\cos(\omega_0)+a^2}$	$\|z\|>\|a\|$

4.2.3 逆 z 变换

由 $X(z)$求 $x(n)$的过程称为逆 z 变换。

在式(4-20)两边同乘以 z^{m-1}，然后沿围线 C 积分(对于 $X(z)$的收敛域$|z|>R$ 时，C 是包围 $X(z)z^{n-1}$ 所有极点的逆时针闭合积分路线，通常选择 z 平面收敛域内以原点为中心的圆，如图 4-10 所示)，得

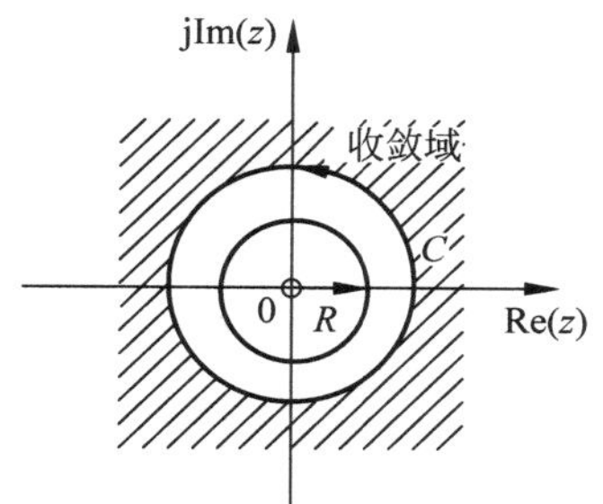

图 4-10　逆 z 变换积分围线的选择

$$\oint_C X(z)z^{m-1}\mathrm{d}z = \oint_C \left[\sum_{n=-\infty}^{+\infty} x(n)z^{-n}\right] z^{m-1}\mathrm{d}z$$

交换积分次序得

$$\oint_C X(z)z^{m-1}\mathrm{d}z = \sum_{n=-\infty}^{+\infty} x(n)\oint_C z^{m-n-1}\mathrm{d}z \tag{4-25}$$

根据复变函数中的柯西定理可知

$$\oint_C z^{k-1}\mathrm{d}z = \begin{cases} 2\pi\mathrm{j}, & k=0 \\ 0, & k\neq 0 \end{cases}$$

这样，式(4-25)的右边只存在 $m=n$ 一项，其余均为零。于是式(4-25)变为

$$\oint_C X(z)z^{n-1}\mathrm{d}z = 2\pi\mathrm{j}x(n)$$

所以

$$x(n) = \frac{1}{2\pi\mathrm{j}}\oint_C X(z)z^{n-1}\mathrm{d}z \tag{4-26}$$

式(4-26)即为逆 z 变换式。

与拉普拉斯逆变换求解方法相类似，逆 z 变换求解方法也包括部分分式展开法、留数法，还有幂级数展开法等。

1. 部分分式展开法

通常，$X(z)$是 z 的有理函数，可表示成有理分式的形式。因此，也可以利用类似于拉普拉斯变换中部分分式展开法，不同之处是先将$\frac{X(z)}{z}$展成部分分式之和，然后分别求出 $X(z)$对应的各部分分式的逆变换，最后相加即为 $x(n)$。

下面详细给出具体的求解方法。

第一种情况，如果$\frac{X(z)}{z}$中只含有一阶极点。

$\frac{X(z)}{z}$可展开成

$$\frac{X(z)}{z} = \sum_{m=0}^{k}\frac{A_m}{z-z_m} = \frac{A_1}{z-z_1} + \frac{A_2}{z-z_2} + \cdots + \frac{A_k}{z-z_k} \tag{4-27}$$

式中，z_m 是$\frac{X(z)}{z}$的极点。各分式的系数 A_m 按下式计算，即

$$A_m = (z-z_m)\frac{X(z)}{z}\bigg|_{z=z_m}$$

式中，$m=1,2,\cdots,k$。计算出 A_m 后，对式(4-27)左右再同时乘以 z，得

$$X(z)=\frac{A_1 z}{z-z_1}+\frac{A_2 z}{z-z_2}+\cdots+\frac{A_k z}{z-z_k}$$

若 $x(n)$ 为右边序列，则有

$$\begin{aligned}x(n)&=[A_1 z_1^n+A_2 z_2^n+\cdots+A_k z_k^n]u(n)\\&=\left(\sum_{i=1}^{k}A_i z_i^n\right)u(n)\end{aligned}$$

第二种情况，$\frac{X(z)}{z}$ 中含有高阶极点。

如 $z=z_i$ 是其 s 阶极点，设

$$\frac{X(z)}{z}=\frac{N(z)}{(z-z_i)^s}$$

式中，$N(z)$ 是 z 的有理多项式，且 z 的最高次幂小于 s，则该式可分解为

$$\frac{X(z)}{z}=\sum_{j=1}^{s}\frac{B_j}{(z-z_i)^j}$$

此时 B_j 等于

$$B_j=\frac{1}{(s-j)!}\left[\frac{\mathrm{d}^{s-j}}{\mathrm{d}z^{s-j}}(z-z_i)^s\frac{X(z)}{z}\right]_{z=z_i}$$

当 $z_i=1$ 时，上式各项对应的时域表达式如表 4-3 所示。

表 4-3 逆 z 变换表(一)

z 变换($\|z\|>\|a\|$)	序 列	z 变换($\|z\|>\|a\|$)	序 列
$\frac{z}{z-1}$	$u(n)$	$\frac{z}{(z-1)^4}$	$\frac{n(n-1)(n-2)}{3!}u(n)$
$\frac{z}{(z-1)^2}$	$nu(n)$	$\frac{z}{(z-1)^{m+1}}$	$\frac{n(n-1)\cdots(n-m+1)}{m!}u(n)$
$\frac{z}{(z-1)^3}$	$\frac{n(n-1)}{2!}u(n)$		

另外，若 $X(z)$ 本身具有重极点，即 $z=z_i$ 是 s 阶极点，则也可直接将 $X(z)$ 分解，得

$$X(z)=\sum_{j=1}^{s}\frac{C_j z^j}{(z-z_i)^j}$$

式中，对于 $j=s$ 项系数

$$C_s=\left(\frac{z-z_i}{z}\right)^s X(z)\bigg|_{z=z_i}$$

其他各 C_j 系数可由待定系数法求出。其中，$\frac{z^j}{(z-z_i)^j}$ 对应的逆 z 变换如表 4-4 所示。另外，需要说明的是，表 4-3 和表 4-4 是 $|z|>|a|$ 对应右边序列的情况，表 4-5 是 $|z|<|a|$ 对应左边序列的情况。

表 4-4　逆 z 变换表(二)

z 变换($\|z\|>\|a\|$)	序　　列	z 变换($\|z\|>\|a\|$)	序　　列
$\frac{z}{(z-a)}$	$a^n u(n)$	$\frac{z^4}{(z-a)^4}$	$\frac{(n+1)(n+2)(n+3)}{3!}a^n u(n)$
$\frac{z^2}{(z-a)^2}$	$(n+1)a^n u(n)$	$\frac{z^{m+1}}{(z-a)^{m+1}}$	$\frac{(n+1)(n+2)\cdots(n+m)}{m!}a^n u(n)$
$\frac{z^3}{(z-a)^3}$	$\frac{(n+1)(n+2)}{2!}a^n u(n)$		

表 4-5　逆 z 变换表(三)(对应左边序列)

z 变换($\|z\|<\|a\|$)	序　　列
$\frac{z}{(z-a)}$	$-a^n u(-n-1)$
$\frac{z^2}{(z-a)^2}$	$-(n+1)a^n u(-n-1)$
$\frac{z^3}{(z-a)^3}$	$-\frac{(n+1)(n+2)}{2!}a^n u(-n-1)$
$\frac{z^4}{(z-a)^4}$	$-\frac{(n+1)(n+2)(n+3)}{3!}a^n u(-n-1)$
$\frac{z^{m+1}}{(z-a)^{m+1}}$	$-\frac{(n+1)(n+2)\cdots(n+m)}{m!}a^n u(-n-1)$

例 4-13　已知 $X(z)=\frac{z^2}{(z-1)(z-2)}$，$|z|>2$，求 $x(n)$。

解　由收敛域可知，$x(n)$应为右边序列，$X(z)$除以 z 得

$$\frac{X(z)}{z}=\frac{z}{(z-1)(z-2)}$$

将$\frac{X(z)}{z}$展开为部分分式，可得

$$\frac{X(z)}{z}=\frac{A}{z-1}+\frac{B}{z-2}$$

式中，$A=(z-1)\frac{z}{(z-1)(z-2)}\Big|_{z=1}=-1$。同理，$B=2$。所以

$$\frac{X(z)}{z}=\frac{-1}{z-1}+\frac{2}{z-2}$$

则

$$X(z)=\frac{-z}{z-1}+\frac{2z}{z-2}$$

对上式左右取逆 z 变换得

$$x(n)=-u(n)+2(2)^n u(n)=[2(2)^n-1]u(n)$$

例 4-14　$X(z)=\frac{1}{(z-1)^2}$，$|z|>1$，求 $x(n)$。

解 由收敛域可知，$x(n)$应为右边序列，$X(z)$除以 z 即为

$$\frac{X(z)}{z}=\frac{1}{z(z-1)^2}=\frac{B_1}{z-1}+\frac{B_2}{(z-1)^2}+\frac{C}{z}$$

根据

$$B_j=\frac{1}{(s-j)!}\left[\frac{\mathrm{d}^{s-j}}{\mathrm{d}z^{s-j}}(z-z_i)^s\frac{X(z)}{z}\right]_{z=z_i}\quad(s=2,j=1,2)$$

则有

$$B_1=\frac{1}{(2-1)!}\left[\frac{\mathrm{d}}{\mathrm{d}z}(z-1)^2\frac{1}{z(z-1)^2}\right]\bigg|_{z=1}=-1$$

$$B_2=(z-1)^2\frac{1}{z(z-1)^2}\bigg|_{z=1}=1$$

$$C=z\frac{1}{z(z-1)^2}\bigg|_{z=0}=1$$

从而有

$$X(z)=\frac{-z}{z-1}+\frac{z}{(z-1)^2}+1$$

故

$$x(n)=-u(n)+nu(n)+\delta(n)$$

2. 留数法

当 $X(z)$含有高阶极点时，部分分式展开法求逆 z 变换相对复杂一些，此时可以采用留数法来求解。在图 4-10 中，由于围线 C 在 $X(z)$的收敛域内，且包含坐标原点，而 $X(z)$又在$|z|>R$ 的区域内收敛，因此 C 包含了 $X(z)$的奇点。通常 $X(z)z^{n-1}$ 是 z 的有理函数，其奇点都是孤立奇点(即极点)。这样，借助于复变函数的留数定理，可以将式(4-26)的积分表示为围线 C 内所包含 $X(z)z^{n-1}$ 的各极点留数之和，即

$$\begin{aligned}x(n)&=\frac{1}{2\pi\mathrm{j}}\oint_C X(z)z^{n-1}\mathrm{d}z\\&=\left\{\sum_m \mathrm{Res}[X(z)z^{n-1}]\Big|_{z=z_m}\right\}u(n)\end{aligned}\tag{4-28}$$

式中，Res[·]表示极点的留数；z_m 为 $X(z)z^{n-1}$ 在围线 C 中的极点。

若 $z=z_m$ 为 $X(z)z^{n-1}$ 的一阶极点，则该极点的留数为

$$\mathrm{Res}[X(z)z^{n-1}]\,|_{z=z_m}=[(z-z_m)X(z)z^{n-1}]\,|_{z=z_m}\tag{4-29}$$

若 $z=z_m$ 为 $X(z)z^{n-1}$ 的 k 重极点，则

$$\mathrm{Res}[X(z)z^{n-1}]\,|_{z=z_m}=\frac{1}{(k-1)!}\frac{\mathrm{d}^{k-1}}{\mathrm{d}z^{k-1}}\{(z-z_m)^kX(z)z^{n-1}\}\,|_{z=z_m}\tag{4-30}$$

在利用式(4-28)～式(4-30)时，需要注意的是收敛域内围线所包围的极点情况，特别要关注的是不同的 n 值在 $z=0$ 处可能有不同阶次的极点。

例 4-15 已知 $X(z)=\dfrac{2z^2-0.5z}{z^2-0.5z-0.5}$，$|z|>1$，试用留数法求 $x(n)$。

解 由 $X(z)$的收敛域$|z|>1$ 可知，$x(n)$是右边序列，且 $n\geqslant0$。

$$X(z)z^{n-1}=\frac{(2z^2-0.5z)z^{n-1}}{z^2-0.5z-0.5}$$

$$=\frac{(2z-0.5)z^n}{(z-1)(z+0.5)}$$

当 $n\geqslant 0$ 时，$X(z)z^{n-1}$ 有 $z=1,-0.5$ 两个一阶极点，可得

$$x(n)=\text{Res}[X(z)z^{n-1}]|_{z=1}+\text{Res}[X(z)z^{n-1}]|_{z=-0.5}$$

式中

$$\text{Res}[X(z)z^{n-1}]|_{z=1}=(z-1)X(z)z^{n-1}|_{z=1}=\frac{2z-0.5}{z+0.5}z^n\bigg|_{z=1}=1$$

$$\text{Res}[X(z)z^{n-1}]|_{z=-0.5}=(z+0.5)X(z)z^{n-1}|_{z=-0.5}=\frac{2z-0.5}{z-1}z^n\bigg|_{z=-0.5}=(-0.5)^n$$

所以逆变换为

$$x(n)=[1+(-0.5)^n]u(n)$$

例 4-16　已知 $X(z)=\dfrac{1}{(z-1)^2},|z|>1$，用留数法求 $x(n)$。

解　(1) 当 $n=0$ 时

$$X(z)z^{n-1}=\frac{1}{(z-1)^2 z}$$

$X(z)z^{n-1}$ 除了有一个二阶极点 $z_{1,2}=1$ 外，还有一个单极点 $z=0$，则

$$x(0)=\text{Res}\left[\frac{1}{z(z-1)^2}\right]\bigg|_{z=0}+\text{Res}\left[\frac{1}{z(z-1)^2}\right]\bigg|_{z=1}$$

而

$$\text{Res}\left[\frac{1}{z(z-1)^2}\right]\bigg|_{z=0}=\left[z\cdot\frac{1}{z(z-1)^2}\right]\bigg|_{z=0}=1$$

$$\text{Res}\left[\frac{1}{z(z-1)^2}\right]\bigg|_{z=1}=\frac{\mathrm{d}}{\mathrm{d}z}\left[(z-1)^2\cdot\frac{1}{z(z-1)^2}\right]\bigg|_{z=1}=\frac{-1}{z^2}\bigg|_{z=1}=-1$$

所以

$$x(0)=1+(-1)=0$$

(2) 当 $n\geqslant 1$ 时，$X(z)z^{n-1}$ 只有 $z=1$ 是一个二阶极点，此时由 $|z|>1$ 知 $x(n)$ 是右边序列，且 $n\geqslant 0$，则

$$X(z)=\frac{z^{n-1}}{(z-1)^2}$$

故

$$\begin{aligned}\text{Res}[X(z)z^{n-1}]|_{z=1}&=\frac{1}{(2-1)!}\frac{\mathrm{d}}{\mathrm{d}z}\left[(z-1)^2\frac{1}{(z-1)^2}z^{n-1}\right]_{z=1}\\&=\frac{\mathrm{d}}{\mathrm{d}z}(z^{n-1})\bigg|_{z=1}\\&=(n-1)z^{n-2}|_{z=1}\\&=(n-1)\end{aligned}$$

所以

$$\text{Res}[X(z)z^{n-1}]|_{z=1}=(n-1)u(n-1)$$

综上所述可得

$$x(n)=(n-1)u(n-1)$$

此题说明，在利用留数求解逆 z 变换时，需特别考虑 z^{n-1} 中 n 的不同取值及 $z=0$ 处极点的变换情况。

以上介绍了用留数法求取右边序列的逆 z 变换问题，即收敛域 $|z|>R_{x1}$ 情况。若收敛域 $|z|<R_{x2}$，则需按顺时针方向求解收敛圆以外 $X(z)z^{n-1}$ 所含极点的留数和，此时对应的是左边序列。而对圆环收敛域，则需分别求左边和右边序列。

3. 幂级数展开法(长除法)

若只需求出 $x(n)$ 的前几项值，而不需给出解的表达式时，可采用幂级数法。由于 $x(n)$ 的 z 变换 $X(z)$ 是 z^{-1} 的幂级数之和的形式，即

$$X(z)=\sum_{n=-\infty}^{+\infty}x(n)z^{-n}=\cdots x(-2)z^{2}+x(-1)z+x(0)+x(1)z^{-1}+x(2)z^{-2}+\cdots$$

可以根据 $X(z)$ 的收敛域将其展成 z^{-1} 或 z 的幂级数之和的形式，则 z^{-1} 或 z 因子前面的系数即为所求的 $x(n)$。

通常，z 变换式一般是 z 的有理函数，可表示为

$$X(z)=\frac{N(z)}{D(z)}=\frac{b_0+b_1z+b_2z^2+\cdots+b_{r-1}z^{r-1}+b_rz^r}{a_0+a_1z+a_2z^2+\cdots+a_{k-1}z^{k-1}+a_kz^k}$$

若 $X(z)$ 的收敛域 $|z|>R_{x1}$，则 $x(n)$ 是右边序列，将 $N(z)$、$D(z)$ 按 z 的降幂次序排列并相除，得到 z 的负幂次级数和。若 $X(z)$ 的收敛域 $|z|<R_{x2}$，则 $x(n)$ 是左边序列，此时将 $N(z)$、$D(z)$ 按 z 的升幂次序排列并相除，得到 z 的正幂次级数和，从而获得 $x(n)$。

例 4-17 求 $X(z)=\dfrac{z}{(z-1)^2}$ 的逆变换 $x(n)$（收敛域为 $|z|>1$）。

解 由于 $X(z)$ 的收敛域是 $|z|>1$，因而 $x(n)$ 必然是右边序列（因果序列）且 $n\geqslant 0$。此时 $X(z)$ 按 z 的降幂排列成下列形式

$$X(z)=\frac{z}{z^2-2z+1}$$

进行长除

$$\begin{array}{r l}
 & z^{-1}+2z^{-2}+3z^{-3}+\cdots \\
z^2-2z+1 \big) & z \\
 & \underline{z-2+z^{-1}} \\
 & 2-z^{-1} \\
 & \underline{2-4z^{-1}+2z^{-2}} \\
 & 3z^{-1}-2z^{-2} \\
 & \underline{3z^{-1}-6z^{-2}+3z^{-3}} \\
 & 4z^{-2}-3z^{-3} \\
 & \vdots
\end{array}$$

所以

$$X(z)=z^{-1}+2z^{-2}+3z^{-3}+\cdots=\sum_{n=0}^{\infty}nz^{-n}$$

故

$$x(n)=nu(n)$$

例 4-18　求收敛域分别为$|z|>1$和$|z|<1$两种情况下$X(z)=\dfrac{1+2z^{-1}}{1-2z^{-1}+z^{-2}}$的逆变换$x(n)$。

解　对于收敛域$|z|>1$，$X(z)$相应的序列$x(n)$是右边序列，即$n\geqslant 0$，这时$X(z)$写为

$$X(z)=\frac{1+2z^{-1}}{1-2z^{-1}+z^{-2}}$$

进行长除，展成级数形式为

$$X(z)=1+4z^{-1}+7z^{-2}+\cdots$$
$$=\sum_{n=0}^{+\infty}(3n+1)z^{-n}$$

从而得到

$$x(n)=(3n+1)u(n)$$

若收敛域为$|z|<1$，则$X(z)$相应的序列$x(n)$是左边序列。此时$X(z)$写为

$$X(z)=\frac{2z^{-1}+1}{z^{-2}-2z^{-1}+1}$$

进行长除，展成级数形式为

$$X(z)=2z+5z^{2}+\cdots$$
$$=\sum_{n=1}^{+\infty}(3n-1)z^{n}$$
$$=-\sum_{n=-\infty}^{-1}(3n+1)z^{-n}$$

从而得到

$$x(n)=-(3n+1)u(-n-1)$$

4.2.4　z 变换的性质

1. 线性特性

设

$$\mathcal{Z}[x(n)]=X(z)\quad (R_{x1}<|z|<R_{x2})$$
$$\mathcal{Z}[y(n)]=Y(z)\quad (R_{y1}<|z|<R_{y2})$$

则

$$\mathcal{Z}[ax(n)+by(n)]=aX(z)+bY(z)\quad (R_1<|z|<R_2)$$

式中，a、b为任意常数，其中$R_1=\max(R_{x1},R_{y1})$，$R_2=\min(R_{x2},R_{y2})$。

一般情况下，线性叠加后的收敛域为原来两个序列收敛域的重叠部分，即$\max(R_{x1},R_{y1})<|z|<\min(R_{x2},R_{y2})$。然而，如果在这些线性组合中某些零点与极点相抵消，则收敛域可能扩大。例如，若$x_1(n)=u(n)$，$x_2(n)=2\delta(n)-u(n)$，它们的z变换的收敛域均为$|z|>1$，但是$x_1(n)+x_2(n)=2\delta(n)$的收敛域则是整个z平面。可见，在此情况下，相加之后的收敛域相比于每个序列的收敛域扩大了。

2. 位移性

1) 双边 z 变换的位移性

若序列 $x(n)$ 的双边 z 变换为 $X(z)$，即

$$\mathcal{Z}[x(n)]=X(z)$$

则

$$\mathcal{Z}[x(n-m)]=z^{-m}X(z)$$
$$\mathcal{Z}[x(n+m)]=z^{m}X(z)$$

证明 根据双边 z 变换的定义可得

$$\mathcal{Z}[x(n-m)]=\sum_{k=-\infty}^{+\infty}x(n-m)z^{-n}$$

令 $n-m=k$，则

$$\mathcal{Z}[x(n-m)]=z^{-m}\sum_{k=-\infty}^{+\infty}x(k)z^{-k}=z^{-m}X(z)$$

同理可证

$$\mathcal{Z}[x(n+m)]=z^{m}X(z)$$

2) 单边 z 变换的位移性

若 $x(n)$ 为双边序列，其单边 z 变换为

$$X(z)=\mathcal{Z}[x(n)u(n)]$$

序列右移后，它的单边 z 变换等于

$$\mathcal{Z}[x(n-m)u(n)]=z^{-m}\left[X(z)+\sum_{k=-m}^{-1}x(k)z^{-k}\right] \tag{4-31}$$

序列左移后，它的单边 z 变换等于

$$\mathcal{Z}[x(n+m)u(n)]=z^{m}\left[X(z)-\sum_{k=0}^{m-1}x(k)z^{-k}\right] \tag{4-32}$$

式中，m 为正整数。

证明 根据单边 z 变换的定义可得

$$\mathcal{Z}[x(n-m)u(n)]=\sum_{n=0}^{+\infty}x(n-m)z^{-n}$$

令 $k=n-m$，则上式即为

$$\begin{aligned}\mathcal{Z}[x(n-m)u(n)]&=\sum_{n=0}^{+\infty}x(n-m)z^{-n}\\&=\sum_{k=-m}^{+\infty}x(k)z^{-(k+m)}\\&=z^{-m}\left[\sum_{k=0}^{+\infty}x(k)z^{-k}+\sum_{k=-m}^{-1}x(k)z^{-k}\right]\\&=z^{-m}\left[X(z)+\sum_{k=-m}^{-1}x(k)z^{-k}\right]\end{aligned}$$

与双边 z 变换右移特性相比，此处需加上一项，即 $z^{-m}\sum\limits_{k=-m}^{-1}x(k)z^{-k}$，这很容易理解，因为双边序列 $x(n)$ 右移 m 个单位后得到 $x(n-m)$，是将原 $x(n)$ 在 $[-m,-1]$ 区间上的值移

入$[0,m-1]$区间，故在计算序列$x(n-m)$的单边z变换时，从0开始的第一项是$x(-m)$，所以需用原序列的单边z变换加上从$x(-m)\sim x(-1)$项的z变换。同时，由于做了平移，还需乘以z^{-m}。图4-11给出了$x(n)$右移m个单位后得到$x(n-m)$的示意图。

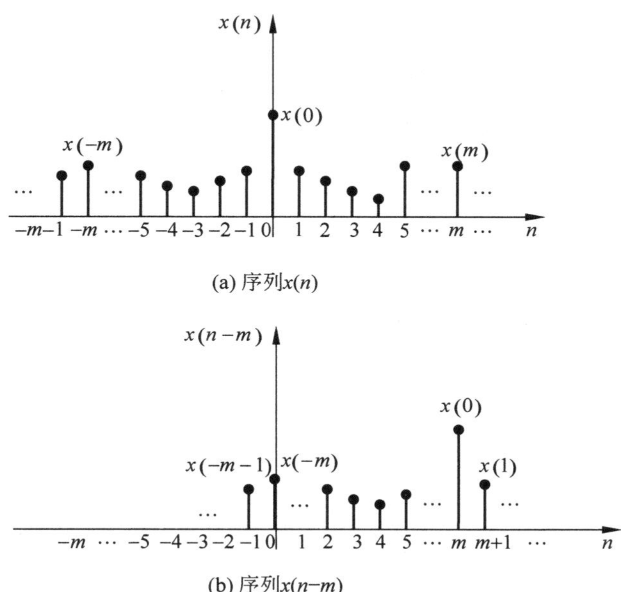

图4-11　序列$x(n)$右移m个单位后得到$x(n-m)$

同理可证序列左移后的单边z变换为

$$\mathcal{Z}[x(n+m)u(n)]=z^{m}\left[X(z)-\sum_{k=0}^{m-1}x(k)z^{-k}\right]$$

与双边z变换左移特性相比，此处需减掉一项，即$z^{m}\sum_{k=0}^{m-1}x(k)z^{-k}$，这是因为计算单边$z$变换$x(n)$左移$m$项后，是将$x(0)\sim x(m-1)$项移出，故在计算单边$z$变换时，从0开始的第一项是$x(m)$，所以需用原序列的单边$z$变换减去前$m$项的$z$变换，同时，由于做了平移，还需乘以$z^{m}$。

注意：如果$x(n)$为因果序列，则式(4-31)右边的$\sum_{k=-m}^{-1}x(k)z^{-k}$项均为零。于是右移序列的单边$z$变换为

$$\mathcal{Z}[x(n-m)u(n)]=z^{-m}X(z)$$

而左移序列的单边z变换保持不变。

3. 序列的线性加权

若

$$\mathcal{Z}[x(n)]=X(z)$$

则

$$\mathcal{Z}[nx(n)]=-z\frac{\mathrm{d}X(z)}{\mathrm{d}z}$$

证明 由于

$$\mathcal{Z}[x(n)]=\sum_{n=0}^{+\infty}x(n)z^{-n}$$

将上式两边对 z 求导得

$$\frac{\mathrm{d}X(z)}{\mathrm{d}z}=\frac{\mathrm{d}}{\mathrm{d}z}\sum_{n=0}^{+\infty}x(n)z^{-n}$$

交换求导和求和次序,则上式变为

$$\begin{aligned}\frac{\mathrm{d}X(z)}{\mathrm{d}z}&=\sum_{n=0}^{+\infty}x(n)\frac{\mathrm{d}}{\mathrm{d}z}(z^{-n})\\&=-z^{-1}\sum_{n=0}^{+\infty}nx(n)z^{-n}\\&=-z^{-1}\mathcal{Z}[nx(n)]\end{aligned}$$

所以

$$\mathcal{Z}[nx(n)]=-z\frac{\mathrm{d}X(z)}{\mathrm{d}z}$$

同理可得

$$\begin{aligned}\mathcal{Z}[n^m x(n)]&=\left[-z\frac{\mathrm{d}}{\mathrm{d}z}\right]^m X(z)\\&=\underbrace{-z\frac{\mathrm{d}}{\mathrm{d}z}\left\{-z\frac{\mathrm{d}}{\mathrm{d}z}\left[-z\frac{\mathrm{d}}{\mathrm{d}z}\cdots\left(-z\frac{\mathrm{d}}{\mathrm{d}z}X(z)\right)\right]\right\}}_{\text{共求}m\text{次导}}\end{aligned}$$

例 4-19 若已知$\mathcal{Z}[u(n)]=\dfrac{z}{z-1}$,$|z|>1$ 求斜边序列 $nu(n)$的 z 变换。

解 由式$\mathcal{Z}[nx(n)]=-z\dfrac{\mathrm{d}X(z)}{\mathrm{d}z}$可得

$$\begin{aligned}\mathcal{Z}[nu(n)]&=-z\frac{\mathrm{d}}{\mathrm{d}z}\mathcal{Z}[u(n)]\\&=-z\frac{\mathrm{d}}{\mathrm{d}z}\left(\frac{z}{z-1}\right)\\&=\frac{z}{(z-1)^2}\quad(|z|>1)\end{aligned}$$

4. 序列的指数加权

若

$$\mathcal{Z}[x(n)]=X(z)\quad(R_{x1}<|z|<R_{x2})$$

则

$$\mathcal{Z}[a^n x(n)]=X\left(\frac{z}{a}\right)\quad\left(R_{x1}<\left|\frac{z}{a}\right|<R_{x2}\right)$$

式中,a 为非零常数。

证明 $\mathcal{Z}[a^n x(n)]=\sum_{n=0}^{+\infty}a^n x(n)z^{-n}=\sum_{n=0}^{+\infty}x(n)\left(\frac{z}{a}\right)^{-n}=X\left(\frac{z}{a}\right)$

同理

$$a^{-n}x(n)\leftrightarrow X(az)\quad (R_{x1}<|az|<R_{x2})$$

$$(-1)^n x(n)\leftrightarrow X(-z)\quad (R_{x1}<|z|<R_{x2})$$

例 4-20　求 $na^n u(n)$的 z 变换 $X(z)$。

解　由于$\mathcal{Z}[a^n u(n)]=\frac{z}{z-a}(|z|>|a|)$

故

$$\mathcal{Z}[na^n u(n)]=-z\frac{\mathrm{d}\left(\frac{z}{z-a}\right)}{\mathrm{d}z}=-z\frac{z-a-z}{(z-a)^2}=\frac{za}{(z-a)^2},\quad |z|>|a|$$

例 4-21　若已知$\mathcal{Z}[\cos(n\omega_0)u(n)]$,求序列 $\beta^n\cos(n\omega_0)u(n)$的 z 变换。

解

$$\begin{aligned}\mathcal{Z}[\cos(n\omega_0)u(n)]&=\frac{1}{2}\left(\frac{z}{z-\mathrm{e}^{\mathrm{j}\omega_0}}+\frac{z}{z-\mathrm{e}^{-\mathrm{j}\omega_0}}\right)\\&=\frac{z(z-\cos\omega_0)}{z^2-2z\cos\omega_0+1},\quad |z|>1\end{aligned}$$

根据式

$$\mathcal{Z}[a^n x(n)]=X\left(\frac{z}{a}\right)$$

可以得到

$$\begin{aligned}\mathcal{Z}[\beta^n\cos(n\omega_0)u(n)]&=\frac{\frac{z}{\beta}\left(\frac{z}{\beta}-\cos\omega_0\right)}{\left(\frac{z}{\beta}\right)^2-2\frac{z}{\beta}\cos\omega_0+1}\\&=\frac{1-\beta z^{-1}\cos\omega_0}{1-2\beta z^{-1}\cos\omega_0+\beta^2 z^{-2}}\end{aligned}$$

其收敛域为$\left|\frac{z}{\beta}\right|>1$,即$|z|>|\beta|$。

5. *初值定理*

若 $x(n)$为因果序列,且

$$X(z)=\sum_{n=0}^{+\infty}x(n)z^{-n}$$

则

$$x(0)=\lim_{z\to\infty}X(z)$$

该定理说明,若已知因果序列的 z 变换,则可直接在 z 域内求解序列的初始值。

证明　由于

$$X(z)=\sum_{n=0}^{+\infty}x(n)z^{-n}$$

则

$$\lim_{z\to+\infty}X(z)=\lim_{z\to+\infty}\sum_{n=0}^{+\infty}x(n)z^{-n}$$

$$=\lim_{z\to+\infty}\left[x(0)+\underbrace{\frac{x(1)}{z}+\frac{x(2)}{z}+\cdots}_{z\to+\infty\ 为0}\right]$$

$$=x(0)$$

另外，由 $x(0)$ 可推出 $x(1)$，这是因为

$$x(1)=x(n+1)\mid_{n=0}$$

而

$$\mathcal{Z}[x(n+1)]=z[X(z)-x(0)]$$

故

$$x(1)=\lim_{z\to+\infty}z[X(z)-x(0)]$$

例 4-22 已知 $X(z)=\dfrac{z^2+2z}{z^3+0.5z^2-z+7}$，求 $x(0)$，$x(1)$。

解 $x(0)=\lim\limits_{z\to+\infty}X(z)=0$

$$x(1)=\lim_{z\to+\infty}z[X(z)-x(0)]=\lim_{z\to+\infty}\frac{1+\dfrac{2}{z}}{1+0.5\dfrac{1}{z}-\dfrac{1}{z^2}+\dfrac{7}{z^3}}=1$$

另外，因为分子比分母低一次，所以

$$x(0)=0$$

6. 终值定理

若 $x(n)$ 为因果序列，且

$$X(z)=\sum_{n=0}^{+\infty}x(n)z^{-n}$$

则

$$\lim_{n\to+\infty}x(n)=\lim_{z\to1}[(z-1)X(z)]$$

证明 由于

$$\begin{aligned}\mathcal{Z}[x(n+1)-x(n)]&=zX(z)-zx(0)-X(z)\\&=(z-1)X(z)-zx(0)\end{aligned}$$

取极限得

$$\begin{aligned}\lim_{z\to1}[(z-1)X(z)]&=x(0)+\lim_{z\to1}\sum_{n=0}^{+\infty}[x(n+1)-x(n)]z^{-n}\\&=x(0)+[x(1)-x(0)]+[x(2)-x(1)]+\cdots\\&=x(\infty)\end{aligned}$$

所以有

$$\lim_{n\to+\infty}x(n)=\lim_{z\to1}[(z-1)X(z)]$$

注意：只有当 $n\to+\infty$ 时 $x(n)$ 收敛，才可应用终值定理。也就是要求 $X(z)$ 的极点必须处在单位圆内（在单位圆上只能位于 $z=1$ 点且是一阶极点）。

7. 时域卷积定理

若

$$X(z)=\mathcal{Z}[x(n)]\quad(R_{x1}<|z|<R_{x2})$$

$$H(z)=\mathcal{Z}[h(n)] \quad (R_{h1}<|z|<R_{h2})$$

则

$$\mathcal{Z}[x(n)*h(n)]=X(z)H(z)$$

一般情况下，收敛域取二者的重叠部分，即 $\max(R_{x1},R_{h1})<|z|<\min(R_{x2},R_{h2})$。若某一 z 变换收敛域边缘上的极点被另一 z 变换的零点抵消，则收敛域将扩大。

证明

$$\begin{aligned}\mathcal{Z}[x(n)*h(n)]&=\sum_{n=-\infty}^{+\infty}[x(n)*h(n)]z^{-n}\\&=\sum_{n=-\infty}^{+\infty}\Big[\sum_{m=-\infty}^{+\infty}x(m)h(n-m)\Big]z^{-n}\\&=\sum_{m=-\infty}^{+\infty}x(m)\Big[\sum_{n=-\infty}^{+\infty}h(n-m)z^{-(n-m)}\Big]z^{-m}\\&=\Big[\sum_{m=-\infty}^{+\infty}x(m)z^{-m}\Big]H(z)\\&=X(z)H(z)\end{aligned}$$

可见，两序列卷积的 z 变换等于两序列 z 变换的乘积。这一定理方便将时域上的卷积运算转换成 z 域上的乘积运算，从而简化运算过程。后面将会看到，该性质也是离散系统分析中从时域到复频域分析的一个桥梁。

例 4-23 利用卷积定理求下列两单边指数序列的卷积。

$$x(n)=a^n u(n)$$

$$h(n)=b^n u(n)$$

解 因为

$$X(z)=\frac{z}{z-a} \quad (|z|>|a|)$$

$$H(z)=\frac{z}{z-b} \quad (|z|>|b|)$$

由式

$$\mathcal{Z}[x(n)*h(n)]=X(z)H(z)$$

得

$$Y(z)=X(z)H(z)=\frac{z^2}{(z-a)(z-b)}$$

显然，其收敛域为 $|z|>|a|$ 与 $|z|>|b|$ 的重叠部分，如图 4-12 所示（$b>a$ 情况）。

把 $Y(z)$ 展成部分分式，得

$$Y(z)=\frac{1}{a-b}\left(\frac{az}{z-a}-\frac{bz}{z-b}\right)$$

其逆变换为

$$y(n)=x(n)*h(n)=\mathcal{Z}^{-1}[Y(z)]=\frac{1}{a-b}(a^{n+1}-b^{n+1})u(n)$$

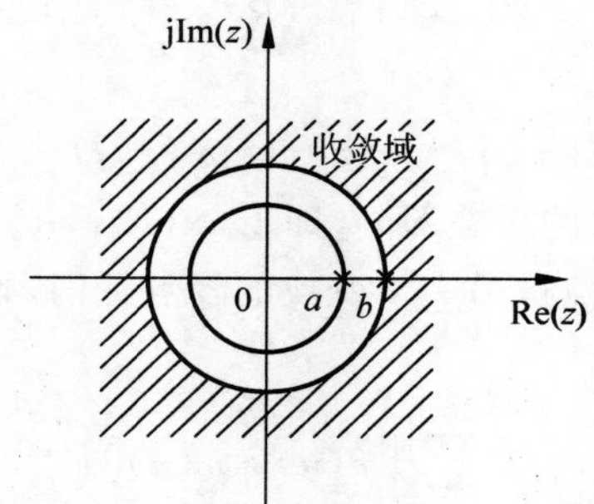

图 4-12　$a^n u(n) * b^n u(n)$的 z 变换收敛域

8. z 域卷积定理

若

$$X(z)=\mathcal{Z}[x(n)]\quad (R_{x1}<|z|<R_{x2})$$
$$H(z)=\mathcal{Z}[h(n)]\quad (R_{h1}<|z|<R_{h2})$$

则

$$\mathcal{Z}[x(n)h(n)]=\frac{1}{2\pi \mathrm{j}}\oint_{C_1} X\left(\frac{z}{v}\right)H(v)v^{-1}\mathrm{d}v \tag{4-33}$$

或

$$\mathcal{Z}[x(n)h(n)]=\frac{1}{2\pi \mathrm{j}}\oint_{C_2} X(v)H\left[\frac{z}{v}\right]v^{-1}\mathrm{d}v \tag{4-34}$$

式中，C_1、C_2 分别为 $X\left(\frac{z}{v}\right)$与 $H(v)$或 $X(v)$与 $H\left(\frac{z}{v}\right)$收敛域重叠部分内逆时针旋转的围线。而$\mathcal{Z}[x(n)h(n)]$的收敛域一般为 $X(v)$与 $H\left(\frac{z}{v}\right)$或 $H(v)$与 $X\left(\frac{z}{v}\right)$的重叠部分，即

$$R_{x1}R_{h1}<|z|<R_{x2}R_{h2}$$

证明

$$\begin{aligned}
\mathcal{Z}[x(n)h(n)] &= \sum_{n=-\infty}^{+\infty}[x(n)h(n)]z^{-n}\\
&=\frac{1}{2\pi \mathrm{j}}\sum_{n=-\infty}^{+\infty}\left[\oint_{C_2} X(v)v^{n}\,\frac{\mathrm{d}v}{v}\right]h(n)z^{-n}\\
&=\frac{1}{2\pi \mathrm{j}}\left[\oint_{C_2} X(v)\sum_{n=-\infty}^{+\infty}h(n)\left(\frac{z}{v}\right)^{-n}\right]\frac{\mathrm{d}v}{v}\\
&=\frac{1}{2\pi \mathrm{j}}\oint_{C_2} X(v)H\left(\frac{z}{v}\right)v^{-1}\mathrm{d}v
\end{aligned}$$

同样可以证明式(4-33)。

从前面的证明过程可以看出，$X(v)$的收敛域与 $X(z)$相同，$H\left(\frac{z}{v}\right)$的收敛域与 $H(z)$的收敛域相同，即

$$R_{x1}<|v|<R_{x2}$$
$$R_{h1}<\left|\frac{z}{v}\right|<R_{h2}$$

合并以上两式，得到$\mathcal{Z}[x(n)h(n)]$的收敛域，它至少为

$$R_{x1}R_{h1}<|z|<R_{x2}R_{h2}$$

为了看出式(4-34)类似于卷积，假设围线是一个圆，圆心在原点，即令

$$v=\rho e^{j\theta}$$

$$z=\rho e^{j\varphi}$$

代入式(4-34)得

$$\begin{aligned}\mathcal{Z}[x(n)h(n)]&=\frac{1}{2\pi j}\oint_{C_2}X(\rho e^{j\theta})H\left[\frac{re^{j\varphi}}{\rho e^{j\theta}}\right]\frac{d(\rho e^{j\theta})}{\rho e^{j\theta}}\\&=\frac{1}{2\pi}\oint_{C_2}X(\rho e^{j\theta})H\left[\frac{r}{\rho}e^{j(\varphi-\theta)}\right]d\theta\end{aligned}$$

由于C_2是圆，故θ的积分限为$-\pi\sim+\pi$，这样上式变为

$$\mathcal{Z}[x(n)h(n)]=\frac{1}{2\pi}\int_{-\pi}^{\pi}X(\rho e^{j\theta})H\left[\frac{r}{\rho}e^{j(\varphi-\theta)}\right]d\theta$$

所以可以把它看作以θ为变量的$X(\rho e^{j\theta})$与$H(\rho e^{j\theta})$之卷积。

在应用z域卷积公式(式(4-33)和式(4-34))时，通常可以利用留数定理，这时应当注意围线C在收敛域内的正确选择。

z变换的主要性质如表4-6所示。

表4-6　z变换的主要性质

序号	序　列	z 变 换	收 敛 域
1	$x(n)$	$X(z)$	$R_{x1}<\|z\|<R_{x2}$
	$h(n)$	$H(z)$	$R_{h1}<\|z\|<R_{h2}$
2	$ax(n)+bh(n)$	$aX(z)+bH(z)$	$\max(R_{x1},R_{h1})<\|z\|<\min(R_{x2},R_{h2})$
3	$x(n-m)$	$z^{-m}X(z)$	$R_{x1}<\|z\|<R_{x2}$
4	$x(n-m)u(n)$ $(m>0)$	$z^{-m}\left[X(z)+\sum_{k=-m}^{-1}x(k)z^{-k}\right]$	$\|z\|>R_{x1}$
5	$a^nx(n)$	$X(a^{-1}z)$	$\|a\|R_{x1}<\|z\|<\|a\|R_{x2}$
6	$(-1)^nx(n)$	$X(-z)$	$R_{x1}<\|z\|<R_{x2}$
7	$nx(n)$	$-z\dfrac{dX(z)}{dz}$	$R_{x1}<\|z\|<R_{x2}$
8	$x(-n)$	$X(z^{-1})$	$R_{x1}<\|z^{-1}\|<R_{x2}$
9	$x(n)*h(n)$	$X(z)\cdot H(z)$	$\max(R_{x1},R_{h1})<\|z\|<\min(R_{x2},R_{h2})$
10	$x(n)\cdot h(n)$	$\dfrac{1}{2\pi j}\oint_L X(z)H\left(\dfrac{z}{v}\right)\dfrac{dv}{v}$	$R_{x1}\cdot R_{h1}<\|z\|<R_{x2}\cdot R_{h2}$
11	$x(n)*u(n)=\sum_{k=-\infty}^{n}x(k)$	$\dfrac{z}{z-1}X(z)$	$\|z\|>\max(R_{x1},1)$
12	$x(0)=\lim_{z\to+\infty}X(z)$		$x(n)$为因果序列$\|z\|>R_{x1}$
13	$x(+\infty)=\lim_{z\to1}(z-1)X(z)$		$x(n)$为因果序列，且当$\|z\|\geqslant1$时$(z-1)X(z)$收敛

4.3 相关的 MATLAB 函数

1. laplace

功能：拉普拉斯变换。

调用格式：`L = laplace(f)`或`L = laplace(f, s)`或`L = laplace(f, t, s)`

其中，L 为 laplace 变换之后的函数（默认为$\mathcal{L}(s)$）；f 为原信号（默认为 $f(t)$）；s 可以表示 laplace 变换之后的变量（即变换之后的函数为$\mathcal{L}(s)$）；t 表示原信号变量（即原信号为 $f(t)$）。

2. ilaplace

功能：拉普拉斯逆变换。

调用格式：`f = ilaplace(L)`或`f = ilaplace(L,t)`或`f = ilaplace(L,s,t)`

其中，f 为 laplace 逆变换的信号（默认为 $f(t)$）；L 为原函数（默认为$\mathcal{L}(s)$）；t 表示 laplace 逆变换之后的变量（即为 $f(t)$）；s 表示函数 L 的变量。

3. ztrans

功能：z 变换。

调用格式：`X = ztrans(x)`或`X = ztrans(x, w)`或`X = ztrans(x, k, w)`

其中，X 表示 z 变换之后的函数（默认为 $X(z)$）；x 表示原信号序列（默认形式为 $x(n)$）；w 表示 z 变换之后的变量（即为 $X(w)$）；k 表示原序列变量（即原序列为 $x(k)$）。

4. iztrans

功能：逆 z 变换。

调用格式：`x = iztrans(X)`或`x = iztrans(X,k)`或`x = iztrans(X,w,k)`

其中，x 为对 X 进行逆 z 变换后的序列（默认为 $x(n)$）；X 为原函数（默认为 $X(z)$）；k 表示逆 z 变换之后函数 x 的变量（即为 $x(k)$）；w 可以表示函数 X 的变量（即为 $X(w)$）。

5. residue

功能：拉普拉斯变换的部分分式展开函数。

调用格式：`[r,p,k] = residue(b,a)`

其中，b、a 分别为函数 $F(s)=\dfrac{b(s)}{a(s)}=\dfrac{b_1s^m+b_2s^{m-1}+b_3s^{m-2}+\cdots+b_{m+1}}{a_1s^n+a_2s^{n-1}+a_3s^{n-2}+\cdots+a_{n+1}}$的分子、分母多项式系数向量$[b_1,b_2,\cdots,b_{m+1}]$、$[a_1,a_2,\cdots,a_{n+1}]$；r 为部分分式的系数；p 为极点；k 为多项式的系数（若 $F(s)$，则 k 为空）。

6. residuez

功能：z 变换的部分分式展开函数。

调用格式：`[r,p,k] = residuez(b,a)`

其中，b、a 分别为函数 $X(z)=\dfrac{B(z)}{A(z)}=\dfrac{b_0+b_1z^{-1}+b_2z^{-2}+\cdots+b_mz^{-m}}{a_0+a_1z^{-1}+a_2z^{-2}+\cdots+a_nz^{-n}}$的分子、分母多项式系数向量$[b_0,b_1,b_2,\cdots,b_m]$、$[a_0,a_1,a_2,\cdots,a_n]$；r 为部分分式的系数；p 为极点；k 为多项式的系数（若 $X(z)$为真分式，则 k 为空）。

7. cart2pol

功能：坐标系转换函数，将笛卡儿坐标转换为极坐标或圆柱坐标。

调用格式：[THETA,RHO] = cart2pol(X,Y)或[THETA,RHO,Z] = cart2pol(X,Y,Z)

其中，X、Y、Z 分别为笛卡儿坐标系（直角坐标系）的横、纵、竖坐标；THETA、RHO 为极坐标的相角和模；THETA、RHO、Z 分别为柱坐标中从 X 坐标逆时针旋转的角的弧度、点在 X-Y 平面的投影到原点的距离、Z 为点到 X-Y 平面的高度。

8. roots

功能：求根函数。

调用格式：r = roots(c)

其中，c 为函数 $c(s)=c_1s^n+c_2s^{n-1}+\cdots+c_{n+1}$ 的系数向量$[c_1,c_2,\cdots,c_{n+1}]$；r 为多项式 $c(s)$对应方程的根。

习题

4-1　求下列函数的单边拉普拉斯变换。

(1) $1-\mathrm{e}^{-\alpha t}$；

(2) $\sin t+2\cos t$；

(3) $t\mathrm{e}^{-2t}$；

(4) $\mathrm{e}^{-t}\sin(2t)$；

(5) $[1-\cos(\alpha t)]\mathrm{e}^{-\beta t}$；

(6) $2\delta(t)-3\mathrm{e}^{-7t}$；

(7) $t\mathrm{e}^{-(t-2)}u(t-1)$。

4-2　求下列函数的单边拉普拉斯变换，注意阶跃函数的跳变时间。

(1) $f(t)=\mathrm{e}^{-t}u(t-2)$；

(2) $f(t)=\mathrm{e}^{-(t-2)}u(t-2)$；

(3) $f(t)=\mathrm{e}^{-(t-2)}u(t)$。

4-3　求下列函数的拉普拉斯逆变换。

(1) $\dfrac{1}{s+1}$；

(2) $\dfrac{4}{s(2s+3)}$；

(3) $\dfrac{1}{s(s^2+5)}$；

(4) $\dfrac{1}{s^2+1}+1$；

(5) $\dfrac{(s+3)}{(s+1)^3(s+2)}$；

(6) $\dfrac{\mathrm{e}^{-s}}{4s(s^2+1)}$。

4-4　求下列序列的 z 变换 $X(z)$，并标明收敛域，绘出 $X(z)$的零极点图。

(1) $\left(\frac{1}{2}\right)^{n}u(n)$；

(2) $\left(\frac{1}{3}\right)^{-n}u(n)$；

(3) $\left(\frac{1}{2}\right)^{n}[u(n)-u(n-10)]$；

(4) $\left(\frac{1}{2}\right)^{n}u(n)+\left(\frac{1}{3}\right)^{n}u(n)$；

(5) $\delta(n)-\frac{1}{8}\delta(n-3)$。

4-5　直接从下列 z 变换写出它们所对应的时间序列。

(1) $X(z)=-2z^{-2}+2z+1(0<|z|<+\infty)$；

(2) $X(z)=\frac{1}{1-az^{-1}}(|z|>a)$。

4-6　求下列 $X(z)$ 的逆变换 $x(n)$。

(1) $X(z)=\frac{1-0.5z^{-1}}{1+\frac{3}{4}z^{-1}+\frac{1}{8}z^{-2}}\left(|z|>\frac{1}{2}\right)$；

(2) $X(z)=\frac{z^{-1}}{(1-6z^{-1})^{2}}(|z|>6)$；

(3) $X(z)=\frac{z^{-2}}{1+z^{-2}}(|z|>1)$。

4-7　已知 $x(n)$ 的 z 变换为 $X(z)$，试证明下列关系。

(1) $a^{n}x(n)$ 的 z 变换为 $X\left(\frac{z}{a}\right)$；

(2) $nx(n)$ 的 z 变换为 $-z\frac{\mathrm{d}X(z)}{\mathrm{d}z}$。

注：对于以上各式可为单边，也可为双边 z 变换。

4-8　已知因果序列的 z 变换为 $X(z)$，求序列的初值 $x(0)$ 与终值 $x(+\infty)$。

(1) $X(z)=\frac{1+z^{-1}+z^{-2}}{(1-z^{-1})(1-2z^{-1})}$；

(2) $X(z)=\frac{1}{(1-0.5z^{-1})(1+0.5z^{-1})}$。

4-9　利用卷积定理求 $y(n)=x(n)*h(n)$。

(1) $x(n)=a^{n}u(n), h(n)=u(n-1)$；

(2) $x(n)=u(n)-u(n-N), h(n)=a^{n}u(n)(0<a<1)$。

4-10　已知 $X(z)=\frac{1}{1-0.5z^{-1}}(|z|>0.5)$，$Y(z)=\frac{1}{1-2z^{-1}}(|z|<0.5)$，利用 z 域卷积定理求 $p(n)=x(n)y(n)$ 的 z 变换。

上机习题

4-1　已知连续时间函数 $f(t)=e^{-t}\sin(2t)u(t)$，利用 MATLAB 中的 laplace 函数求 $f(t)$的拉普拉斯变换。

4-2　已知 $F(s)=\dfrac{s^2}{s^2+1}$，利用 MATLAB 中的 ilaplace 函数求 $F(s)$的拉普拉斯逆变换。

4-3　利用 MATLAB 中的 residue 函数对 $F(s)=\dfrac{s+2}{s^2+4s+3}$进行部分分式展开，并求其逆变换。

4-4　已知 $x(n)=a^n u(n)$，利用 MATLAB 中的 ztrans 函数求其 z 变换。

4-5　已知 $X(z)=\dfrac{8z-19}{z^2-5z+6}(|z|>3)$，利用 MATLAB 中 iztrans 函数求其逆 z 变换。

4-6　已知 $X(z)=\dfrac{z^2}{(z-1)(z-2)}(|z|>2)$，利用 MATLAB 中的 residuez 函数进行部分分式展开，并求其逆 z 变换。

第三部分　线性系统分析基础

第5章

线性系统的时域分析

前面的章节着重对信号的分类及其分析方法进行了探讨。然而,信号和系统之间有着十分密切的联系,这是因为,无论是信号传输,还是信号处理,都离不开系统。因此,从本章开始进入对系统的讨论,本章主要对系统的分类和时域分析方法加以介绍。

5.1 系统的概念及分类

5.1.1 系统的概念

系统是一个具有一定功能的有机整体,通常由若干相互作用、相互关联的单元组成。例如,通信系统的功能是实现信号的传输(如语言、文字、图像、数据、指令等),将信号从甲方送至乙方,如图 5-1 所示。它由三部分组成:发送端、信道和接收端。为了实现传输,在发送端先由信号转换单元将所要传送的内容按一定规律变换为相应的信号(如电信号、光信号),通过发射机发送出去,经过适当的传输介质(如传输线、电缆、光纤、光缆、空间等),将信号传送到接收方,接收端再将其转换为相应的声音、文字、图像等信号形式。

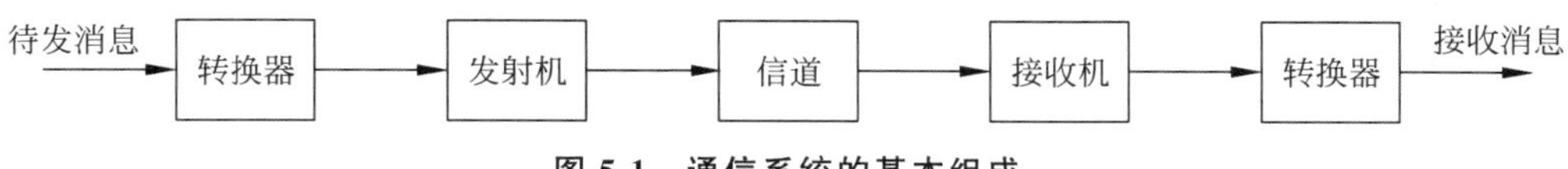

图 5-1 通信系统的基本组成

图 5-2 给出了一个收音机系统的组成图,它实际上是一个音频通信系统的接收端。其中,振荡器的主要功能是产生一个外加正弦信号,将此正弦信号通过混频器和接收信号进行混频,形成一个固定频率的中频信号,再利用中频放大器对信号进行放大,最后通过检波器获得所广播的音频信号。由于检波后的音频信号比较微弱,故需通过音频放大后送到扬声器进行收听。

再如,飞机自动驾驶仪是通过飞机计算机控制系统实现自动飞行的。飞机控制系统利用其他机载系统测得的飞行速度、高度和航向等相关信号来调节油门大小、方向舵和飞机副翼的位置等变量,用以保证飞机沿着指定的航线平稳飞行,并增强对飞行员命令的反应速度,这是一个典型的反馈控制系统的例子。又如,飞机的领航员在与地面空中交通管制塔台

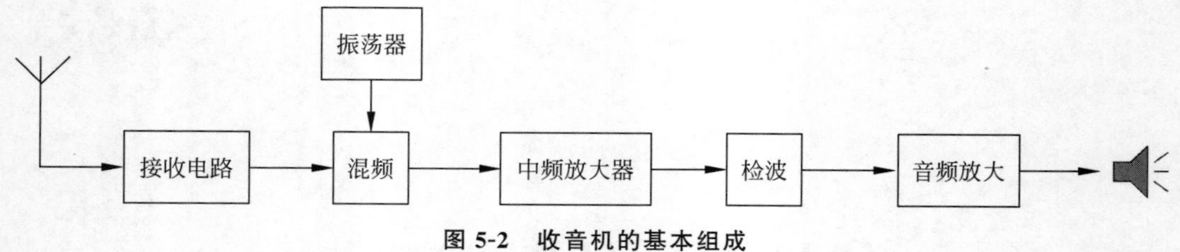

图 5-2 收音机的基本组成

通话时，话音信号可能受到驾驶舱内严重的背景噪声影响，这种情况下，需要设计出一个系统，在保留领航员的话音信号的同时尽可能地抑制掉噪声信号，这是一个典型的信号处理系统，实现噪声抑制的功能，通常也称这样的系统为滤波器。

一个系统既可以是由看得见、摸得到的硬件设备组成，也可以是看不见、摸不到但又确实存在的系统，比如生态系统、经济系统等。再者，由程序代码在一定平台上实现相应功能也称为系统，比如计算机的 Windows 操作系统，手机的安卓操作系统及各种具有一定功能的信号处理软件等。

5.1.2 系统的分类

在系统分析中，通常从不同的角度将系统分为连续时间系统与离散时间系统、线性系统与非线性系统、时变系统与时不变系统、因果系统与非因果系统、稳定系统与非稳定系统等。

1. 连续时间系统和离散时间系统

若系统的输入和输出都是连续时间信号，且其内部也未转换为离散时间信号，则称此系统为连续时间系统。若系统的输入和输出都是离散时间信号，则称此系统为离散时间系统。实际上，离散时间系统经常与连续时间系统组合运用，这种情况称为混合系统。

2. 线性系统和非线性系统

具有叠加性和均匀性（也称为齐次性）的系统称为线性系统，反之，为非线性系统。

3. 时变系统与时不变系统

如果组成系统的参数不随时间的变化而变化，则称此系统为时不变系统（或非时变系统、定常系统）。如果系统的参数随时间的改变而改变，则称其为时变系统或参变系统。

4. 因果系统与非因果系统

因果系统是指当且仅当输入信号激励系统时才产生系统输出响应的系统，有因才有果，即系统的输出出现在激励加入之后，或与激励加入时刻同时出现，否则称为非因果系统。

5. 稳定系统与不稳定系统

若系统对任意的有界输入其零状态响应也是有界的，则称此系统为稳定系统，也可称为有界输入有界输出（Bounded Input Bounded Output，BIBO）稳定系统，否则称为不稳定系统。

6. 记忆系统与非记忆系统

如果系统的输出信号不仅取决于同时刻的激励信号，而且与它过去的工作状态有关，这种系统称为记忆系统。凡是包含有记忆作用的元件（如电容、电感、磁芯等）或记忆电路（如寄存器）的系统都属于此类系统。如果系统的输出信号只决定于同时刻的激励信号，与它过去的工作状态无关，则称此系统为非记忆系统。例如，只由电阻元件组成的系统就是非记忆系统。

7. 集总参数系统与分布参数系统

只由集总参数元件组成的系统称为集总参数系统。含有分布参数元件的系统是分布参数系统(如传输线、波导等)。集总参数系统用常微分方程作为它的数学模型。而分布参数系统的数学模型是偏微分方程,这时描述系统的独立变量不仅是时间变量,还要考虑空间位置。

本书重点讨论线性时不变的连续时间系统和离散时间系统,它们也是系统理论的核心与基础。在以后的章节中,凡是没有特别说明的系统,都是指线性时不变系统(Linear Time-Invariant,LTI)。

5.2　线性时不变系统的描述

5.2.1　连续时间系统的描述

通常还采用数学模型或结构框图的形式来描述系统的输入与输出关系或系统的组成。连续的线性时不变系统用常系数线性微分方程来描述。例如,图 5-3 所示的系统是由电阻、电感串联构成的。若激励信号是电压源,系统响应为回路电流,根据元件的伏安特性与基尔霍夫电压定律(Kirchhoff Voltage Laws,KVL)可建立输入与输出的关系,即

$$L\frac{\mathrm{d}i(t)}{\mathrm{d}t}+Ri(t)=e(t)$$

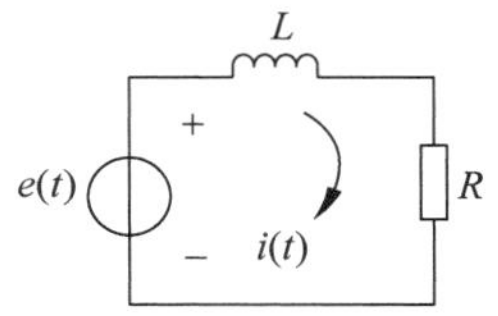

图 5-3　*RL* 电路

这个微分方程就是该系统的数学模型。

微分方程的阶数表示系统的阶数,阶数越高,系统越复杂。对于一个 n 阶线性时不变连续系统,其数学模型为

$$C_n\frac{\mathrm{d}^n}{\mathrm{d}t^n}r(t)+C_{n-1}\frac{\mathrm{d}^{n-1}}{\mathrm{d}t^{n-1}}r(t)+\cdots+C_1\frac{\mathrm{d}}{\mathrm{d}t}r(t)+C_0r(t)$$
$$=E_m\frac{\mathrm{d}^m}{\mathrm{d}t^m}e(t)+E_{m-1}\frac{\mathrm{d}^{m-1}}{\mathrm{d}t^{m-1}}e(t)+\cdots+E_1\frac{\mathrm{d}}{\mathrm{d}t}e(t)+E_0e(t)$$

即

$$\sum_{k=0}^{n}C_k\frac{\mathrm{d}^k}{\mathrm{d}t^k}r(t)=\sum_{i=0}^{m}E_i\frac{\mathrm{d}^i}{\mathrm{d}t^i}e(t)$$

式中,$e(t)$表示激励;$r(t)$表示响应。

由上述数学模型可见,其中有的运算关系包括加法、乘法及微分运算(微分运算常用积分表示),将这些运算分别用相应的符号表示,作为系统的基本运算单元,如图 5-4 所示。

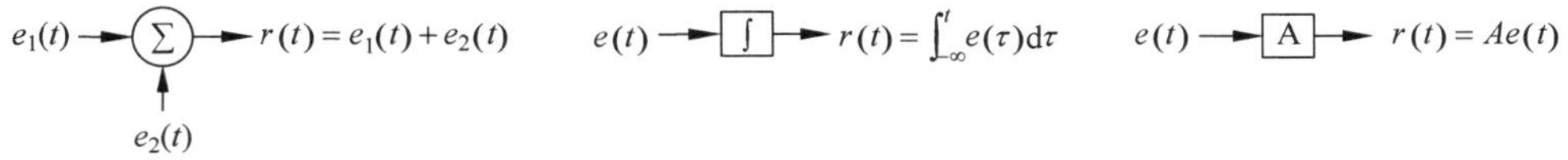

图 5-4　连续系统基本单元方框图

利用这些基本运算单元符号,即可将整个系统的输入输出关系描述出来,例如图 5-4 所

示的一阶系统，根据其输入输出方程将其用图 5-5 所示的方框图形式表示，该图表示这个一阶系统由乘法器、积分器及加法器组成，其中，系统的输出端含有一个反馈环节与输入信号共同参与运算，确定输出。

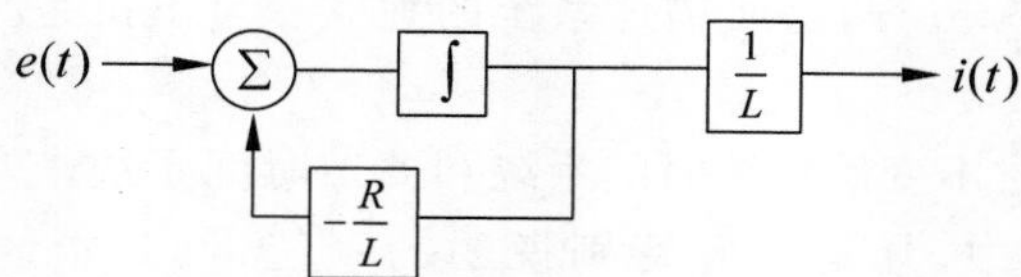

图 5-5 连续时间系统的方框图描述

5.2.2 离散时间系统的描述

与连续系统类似，离散的线性时不变系统的数学模型通常用常系数线性差分方程来描述。下面以客户在银行的存款情况来说明离散时间系统建立数学模型的过程。

若一个客户每个月都将工资存入银行，设第 n 个月的工资金额用 $x(n)$ 来表示，银行的月利率为 a（其中 $a<1$），则第 n 个月底该用户在银行的存款金额 $y(n)$ 可表示为

$$y(n)=(1+a)y(n-1)+x(n) \tag{5-1}$$

或者表示为

$$y(n)-(1+a)y(n-1)=x(n)$$

这就是一个常系数线性差分方程式，或称递归关系式。一般情况下，等式左端由系统输出序列 $y(n)$ 及其移位序列 $y(n-1)$ 构成，等式右端是系统激励 $x(n)$，有时，还可以包括 $x(n)$ 的延时序列，如 $x(n-1)$，式中 a 是常数。由于此方程中包含 $y(n)$ 和 $y(n-1)$，二者仅相差一个位移序数，因此是一阶差分方程。如果给定 $x(n)$，而且知道 $y(n)$ 的边界条件，解此差分方程即可求得响应序列 $y(n)$。

如图 5-6 所示的电阻梯形网络，其各支路电阻都为 R，每个结点对地的电压为 $y(n)$，$n=0,1,\cdots,N$。已知两边界结点电压为 $y(0)=E$，$y(N)=0$。请写出求第 n 个结点电压 $y(n)$ 的差分方程式。

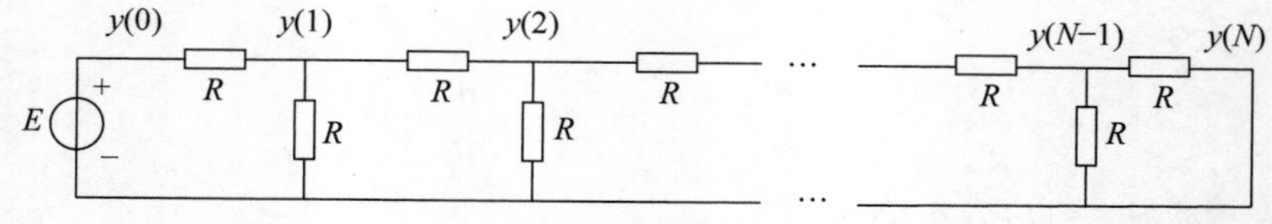

图 5-6 电阻梯形网络

对于任一节点 $n-1$，运用基尔霍夫电流定律（Kirchhoff Current Laws，KCL）不难写出

$$\frac{y(n-1)}{R}=\frac{y(n)-y(n-1)}{R}+\frac{y(n-2)-y(n-1)}{R}$$

可化简为

$$y(n)-3y(n-1)+2y(n-2)=0$$

此方程中包含的 $y(n)$ 和 $y(n-2)$，二者相差两个位移序数，因此是二阶差分方程。借助两个边界条件，经求解即可得到 $y(n)$。

如果方程式中还包括输出序列的其他位移项 $y(n-3)$，$y(n-4)$，$\cdots$，$y(n-N)$ 等，就可

构成 N 阶差分方程式。差分方程式的阶数等于系统输出序列变量序号的最高与最低值之差。

这里举出的差分方程，各输出序列之序号自 n 以递减方式给出，称为后向（或向右移序的）差分方程。也可从 n 以递增方式给出，即由 $y(n),y(n+1),\cdots,y(n+N)$ 等项组成，称为前向（或向左移序的）差分方程。需要说明的是，实际生活中，许多问题都可用差分方程来描述。本书采用后向差分分析系统，对于一个 N 阶线性时不变离散系统，其数字模型

$$a_0y(n)+a_1y(n-1)+\cdots+a_Ny(n-N)=b_0x(n)+b_1x(n-1)+\cdots+b_Mx(n-M)$$

即

$$\sum_{k=0}^{N}a_ky(n-k)=\sum_{r=0}^{M}b_rx(n-r)$$

由上述差分方程可见，其中所包含的运算关系包括加法、乘法及延时等，将这些运算分别用相应的符号表示，作为系统的基本运算单元。图 5-7(a)～(c)分别给出了离散时间系统中加法器、单位延时器和乘法器的方框图。

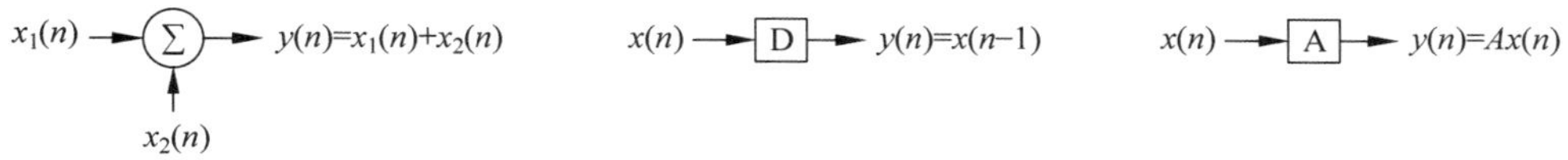

$x_1(n)$ → Σ → $y(n)=x_1(n)+x_2(n)$，$x_2(n)$　　$x(n)$ → D → $y(n)=x(n-1)$　　$x(n)$ → A → $y(n)=Ax(n)$

(a) 加法器　　(b) 单位延时器　　(c) 乘法器

图 5-7　离散系统基本单元方框图

同样，利用这些基本方框图单元，也可将整个离散系统的输入输出关系描述出来，例如式(5-1)所示的一阶系统，可表示为图 5-8 所示的方框图形式。

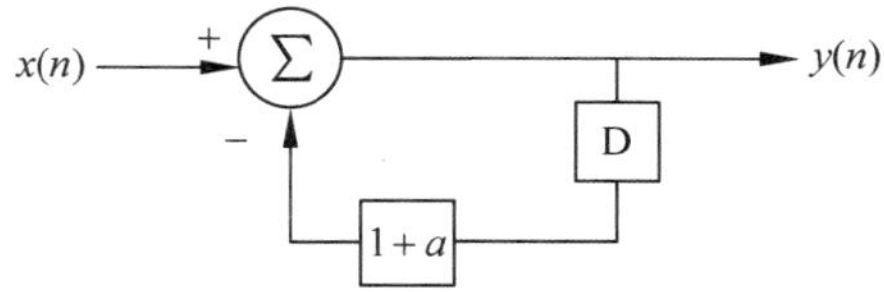

图 5-8　离散时间系统的方框图描述

与微分方程的分类相对应，差分方程也可划分为线性的与非线性的、常系数的与参变系数的。一般情况下，线性时不变离散时间系统需要由常系数线性差分方程描述。

5.2.3　线性时不变系统的特性

1. 均匀性与叠加性

对于给定的连续时间系统，若激励为 $e(t)$时，输出为 $r(t)$，若将激励扩大 k 倍即 $ke(t)$时，输出也相应能扩大为 $kr(t)$，则说明此系统满足均匀性。

若激励为 $e_1(t)$时，响应为 $r_1(t)$，激励为 $e_2(t)$时，响应为 $r_2(t)$，当激励变为 $e_1(t)+e_2(t)$时，若输出也为 $r_1(t)+r_2(t)$，则说明此系统满足叠加性。如果一个系统同时满足均匀性和叠加性，即若输入 $k_1e_1(t)+k_2e_2(t)$时，系统的响应为 $k_1r_1(t)+k_2r_2(t)$，则说明该系统为线性系统，此特性如图 5-9 所示。

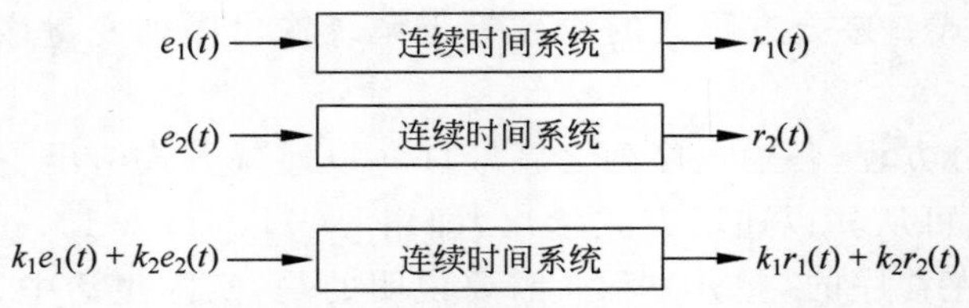

图 5-9　线性连续系统的叠加性与均匀性

上述特性同样适用于离散时间系统，如图 5-10 所示。图中，$y_1(n)$是对应激励 $x_1(n)$的响应；$y_2(n)$是对应激励 $x_2(n)$的响应。

$k_1x_1(n)+k_2x_2(n)$ → 离散时间系统 → $k_1y_1(n)+k_2y_2(n)$

图 5-10　线性离散系统的叠加性与均匀性

例 5-1　判断图 5-11(a)～(c)所示的系统是否为线性系统。

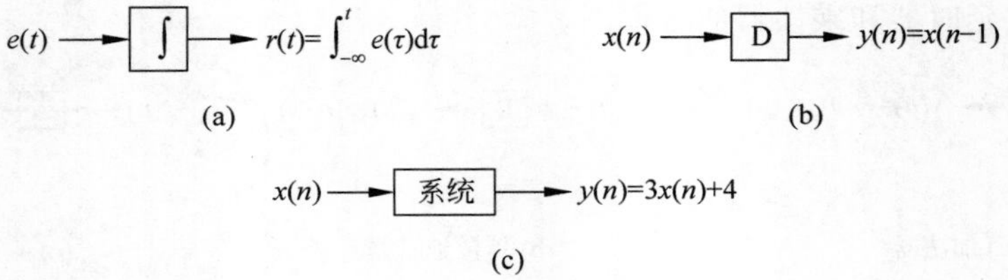

(a) $e(t)$ → $\int$ → $r(t)=\int_{-\infty}^{t}e(\tau)\mathrm{d}\tau$

(b) $x(n)$ → D → $y(n)=x(n-1)$

(c) $x(n)$ → 系统 → $y(n)=3x(n)+4$

图 5-11　例 5-1 各系统框图

解　(a) 由系统输入输出关系，设激励为 $e_1(t)$时，对应响应为 $r_1(t)=\int_{-\infty}^{t}e_1(\tau)\mathrm{d}\tau$；激励为 $e_2(t)$ 时，响应为 $r_2(t)=\int_{-\infty}^{t}e_2(\tau)\mathrm{d}\tau$。则当激励为

$$e_3(t)=k_1e_1(t)+k_2e_2(t)$$

则响应为

$$\begin{aligned}r_3(t)&=\int_{-\infty}^{t}e_3(\tau)\mathrm{d}\tau\\&=\int_{-\infty}^{t}[k_1e_1(\tau)+k_2e_2(\tau)]\mathrm{d}\tau\\&=\int_{-\infty}^{t}[k_1e_1(\tau)]\mathrm{d}\tau+\int_{-\infty}^{t}[k_2e_2(\tau)]\mathrm{d}\tau\\&=k_1r_1(t)+k_2r_2(t)\end{aligned}$$

因此，该系统为线性系统。

(b) 设激励为 $x_1(n)$时，响应为 $y_1(n)=x_1(n-1)$；激励为 $x_2(n)$时，响应为 $y_2(n)=x_2(n-1)$。则激励为

$$x_3(n)=k_1x_1(n)+k_2x_2(n)$$

时，则响应为

$$\begin{aligned}y_3(n)&=x_3(n-1)\\&=k_1x_1(n-1)+k_2x_2(n-1)\\&=k_1y_1(n)+k_2y_2(n)\end{aligned}$$

因此,该系统是线性系统。

(c) 当激励为 $x_1(n)$时,响应为 $y_1(n)=3x_1(n)+4$;当激励为 $x_2(n)$时,响应为 $y_2(n)=3x_2(n)+4$。当激励为

$$x_3(n)=k_1x_1(n)+k_2x_2(n)$$

时,则响应为

$$\begin{aligned}y_3(n)&=3x_3(n)+4\\&=3k_1x_1(n)+3k_2x_2(n)+4\end{aligned}$$

而

$$k_1y_1(n)+k_2y_2(n)=3k_1x_1(n)+3k_2x_2(n)+4k_1+4k_2$$

经判断

$$y_3(n)\neq k_1y_1(n)+k_2y_2(n)$$

因此,该系统为非线性系统。

2. 时不变特性

线性系统的时不变特性是指在同样起始状态下,系统响应的变化形式与激励施加于系统的时刻无关。即:若激励为 $e(t)$,产生的响应为 $r(t)$,则当激励为 $e(t-t_0)$时,响应为 $r(t-t_0)$。此特性如图 5-12 所示,它表明当激励延迟一段时间 t_0 时,其输出响应也同样延迟 t_0,波形形状保持不变。

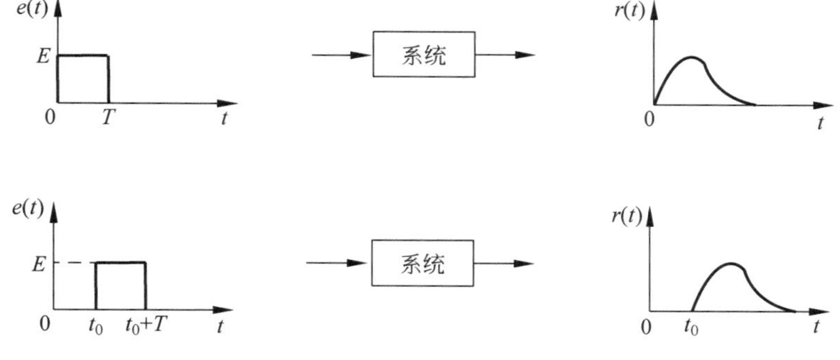

图 5-12　时不变特性

同样,对于线性离散时间系统同样可满足时不变特性,即若激励为 $x(n)$,产生的响应为 $y(n)$;当激励为 $x(n-n_0)$时,响应为 $y(n-n_0)$,其中 n_0 为整数。

3. 微分特性与差分特性

对于线性时不变连续系统,其具有微分特性,即:若系统在激励 $e(t)$作用下产生响应 $r(t)$,则当激励为$\dfrac{\mathrm{d}e(t)}{\mathrm{d}t}$时,响应为$\dfrac{\mathrm{d}r(t)}{\mathrm{d}t}$,并且此结论可扩展至高阶导数。图 5-13 表明了这一特性。

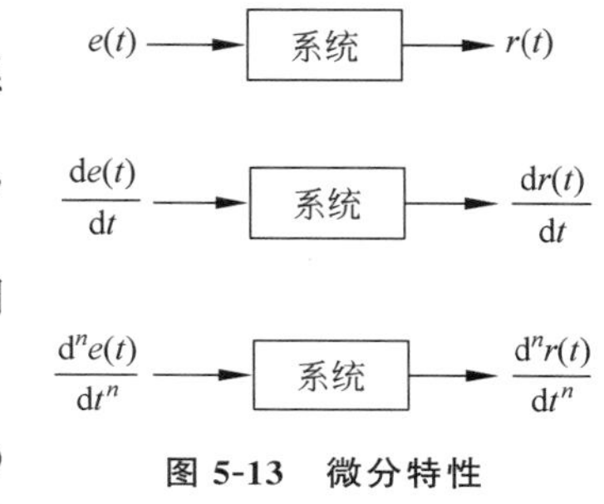

图 5-13　微分特性

对于线性离散时间 LTI 系统,若系统在激励信号 $x(n)$ 作用下产生的响应为 $y(n)$,则当激励为 $x(n)-x(n-1)$ 时,响应为 $y(n)-y(n-1)$,称$[x(n)-x(n-1)]$、$[y(n)-y(n-1)]$为一阶差分形式。

4. 积分与求和特性

对于LTI连续系统，若系统的输入是原激励信号 $e(t)$ 的积分 $\int_{-\infty}^{t} e(\tau)\mathrm{d}\tau$，则系统的响应 $r(t)$ 也是原响应的积分 $\int_{-\infty}^{t} r(\tau)\mathrm{d}\tau$，称为积分特性，如图5-14所示。

$$\int_{-\infty}^{t} e(\tau)\mathrm{d}(\tau) \longrightarrow \boxed{\text{连续时间系统}} \longrightarrow \int_{-\infty}^{t} r(\tau)\mathrm{d}(\tau)$$

图 5-14　连续时间系统的积分特性

对于LTI离散系统，也有类似的结论，若系统的输入是原激励信号 $x(n)$ 的求和 $\sum_{m=-\infty}^{n} x(m)$，则系统的响应 $y(n)$ 也是原响应的求和 $\sum_{m=-\infty}^{n} y(m)$，如图5-15所示。

$$\sum_{m=-\infty}^{n} x(m) \longrightarrow \boxed{\text{离散时间系统}} \longrightarrow \sum_{m=-\infty}^{n} y(m)$$

图 5-15　离散时间系统的求和特性

5. 因果性

因果性是指系统在某一时刻的输出响应只取决于该时刻的输入和该时刻之前的输入。

(1) 对于连续系统，若 $t<t_0$，$e(t)=0$，则输出 $r(t)=0$。

(2) 对于离散系统，若 $n<n_0$，$x(n)=0$，则输出 $y(n)=0$。

即满足因果性。

例 5-2　判断下列系统是否满足因果性。

(1) $r_1(t)=e_1(t-1)$；

(2) $r_2(t)=e_2(t+1)$；

(3) $y(n)=(n-2)x(n)$。

解　(1) 若 $t<t_0$，$e_1(t)=0$，则当 $t<t_0$ 时，$t-1<t_0-1<t_0$，所以

$$r_1(t)=e_1(t-1)=0$$

故此系统为因果系统。实际上，可令 $t_0=0$，此时 $r(0)=e_1(-1)$。这说明，$r(t)$在"0"时刻的响应是由激励 $e(t)$在"-1"时刻，也就是"0"时刻之前决定的，同理可得，$r(t)$在 t 时刻的响应是由 $e(t)$在"$t-1$"时刻的激励决定的。因此，此系统是因果系统。

(2) 若 $t<t_0$，$e_2(t)=0$，则当 $t<t_0$ 时，可能会出现 $t+1>t_0$，所以可能有

$$r_1(t)=e_1(t+1)\neq 0$$

也就是说系统响应 $r(t)$在 t 时刻的值由"$t+1$"时刻的激励决定，响应出现在激励加入之前，因此该系统是非因果系统。

(3) 若 $n<n_0$，$x(n)=0$，则当 $n<n_0$，也有

$$y(n)=(n-2)x(n)=0$$

也就是说系统响应 $y(n)$在 n 时刻的输出除了一个系数项"$n-2$"之外，仅由当前时刻的输入 $x(n)$来决定，因此该系统是因果系统。

借助系统的“因果”这一词，通常把 $t=0$ 接入系统的信号(在 $t<0$ 时函数值为零)称为因果信号(或有始信号)。对于因果系统，在因果信号的激励下，响应也为因果信号。

5.3 连续时间系统的时域分析

系统分析主要有两个方面的内容：一是已知系统，求解不同激励下系统的响应；二是分析系统自身的特性。本节首先讲解连续系统响应的时域求解方法。

5.3.1 系统响应的经典求解方法

由于连续时间 LTI 系统的数学模型是常系数线性微分方程，故可以采用求解微分方程的方法求解系统的响应。由电路分析理论已知，一个系统的响应分为零输入响应和零状态响应。零输入响应是指系统在没有外加激励信号的作用下，仅由系统的起始状态所产生的响应，通常以 $r_{zi}(t)$ 来表示。零状态响应是指在系统的起始状态等于零时，仅由外加激励信号作用所产生的响应，通常以 $r_{zs}(t)$ 来表示。利用微分方程求解 $r_{zi}(t)$ 和 $r_{zs}(t)$ 的方法在电路与分析课程中已有详细讲解，在此处只做简要介绍。

1. 零输入响应的求解

设系统的激励为 $e(t)$，响应为 $r(t)$，对 n 阶系统，其数学模型为

$$\begin{aligned}&C_n\frac{\mathrm{d}^n}{\mathrm{d}t^n}r(t)+C_{n-1}\frac{\mathrm{d}^{n-1}}{\mathrm{d}t^{n-1}}r(t)+\cdots+C_1\frac{\mathrm{d}}{\mathrm{d}t}r(t)+C_0r(t)\\&=E_m\frac{\mathrm{d}^m}{\mathrm{d}t^m}e(t)+E_{m-1}\frac{\mathrm{d}^{m-1}}{\mathrm{d}t^{m-1}}e(t)+\cdots+E_1\frac{\mathrm{d}}{\mathrm{d}t}e(t)+E_0e(t)\end{aligned}\tag{5-2}$$

按照上述零输入响应的定义，令 $e(t)=0$，$r_{zi}(t)$ 必然满足齐次方程

$$C_n\frac{\mathrm{d}^n}{\mathrm{d}t^n}r_{zi}(t)+C_{n-1}\frac{\mathrm{d}^{n-1}}{\mathrm{d}t^{n-1}}r_{zi}(t)+\cdots+C_1\frac{\mathrm{d}}{\mathrm{d}t}r_{zi}(t)+C_0r_{zi}(t)=0\tag{5-3}$$

设特征根为 α，其是如下特征方程的根

$$C_n\alpha^n+C_{n-1}\alpha^{n-1}+\cdots+C_1\alpha+C_0=0$$

若上述特征方程有 n 个不相等的特征根，即 $\alpha_1\neq\cdots\neq\alpha_k\neq\cdots\neq\alpha_n$，对应的零输入解为

$$r_{zi}(t)=\sum_{k=1}^{n}A_{zik}\mathrm{e}^{\alpha_k t}$$

$r_{zi}(t)$ 中的常系数 A_{zik} 可由 $r(0^-)$，$r'(0^-)$，$\cdots$，$r^{(n)}(0^-)$ 的值来求解，其中 $r^{(k)}(0^-)$ 表示 $\left.\frac{\mathrm{d}^{(k)}r(t)}{\mathrm{d}t^k}\right|_{t=0^-}$ $(k=1,2,\cdots,n)$。这是因为从 $t<0$ 到 $t>0$ 都没有激励的作用，而且系统内部结构不会发生变化，因而系统的状态在零点不会发生变化，即 $r^{(k)}(0^+)=r^{(k)}(0^-)$。其中 $r^{(k)}(0^-)$ 表示 $r(t)$ 及其各阶导数在 0^- 时刻的取值，称其为 0^- 状态或起始状态，它包含了为计算未来响应所需要的过去全部信息。$r(0^+)$，$r'(0^+)$，$\cdots$，$r^{(k)}(0^+)$ 表示 0^+ 状态或初始状态。表 5-1 给出不同特征根类型所对应的齐次解形式。

表 5-1　不同特征根所对应的齐次解形式

特　征　根	齐次解形式
单实根 α	$Ce^{\alpha t}$
k 重实根 α	$e^{\alpha t}(C_1+C_2t+\cdots+C_kt^{k-1})$
一对单复根 $\alpha\pm j\beta$	$e^{\alpha t}[C_1\cos(\beta t)+C_2\sin(\beta t)]$
一对 k 重复根 $\alpha\pm j\beta$	$e^{\alpha t}[(C_1+C_2t+\cdots+C_kt^{k-1})\cos(\beta t)+$ $(D_1+D_2t+\cdots+D_kt^{k-1})\sin(\beta t)]$

注：C、C_i 和 D_i 均为待定系数。

2. 零状态响应的求解

根据前述的零状态响应的定义可知，$r_{zs}(t)$应满足方程

$$C_n\frac{d^n}{dt^n}r_{zs}(t)+C_{n-1}\frac{d^{n-1}}{dt^{n-1}}r_{zs}(t)+\cdots+C_1\frac{d}{dt}r_{zs}(t)+C_0r_{zs}(t)$$

$$=E_m\frac{d^m}{dt^m}e(t)+E_{m-1}\frac{d^{m-1}}{dt^{m-1}}e(t)+\cdots+E_1\frac{d}{dt}e(t)+E_0e(t) \tag{5-4}$$

并符合 $r^{(k)}(0^-)=0$ 的约束。其表达式为

$$r_{zs}(t)=r_{齐次解}(t)+B(t)$$

其中 $B(t)$是式(5-4)的特解。而特解的形式与输入信号的形式有关，表 5-2 给出了常用输入信号所对应的特解表达式，求解表达式中的系数 $B,B_1,B_2,\cdots,D_1,D_2,\cdots$时，需将 $B(t)$代入原方程，利用方程左右对应项系数相等方法进行求解。

表 5-2　几种典型激励信号对应的特解

激 励 函 数	响应函数 $r(t)$的特解
E(常数)	B(常数)
t^p	$B_1t^p+B_2t^{p-1}+\cdots+B_pt+B_{p+1}$
$e^{\alpha t}$	$Be^{\alpha t}$
$\cos(\omega t)$或 $\sin(\omega t)$	$B_1\cos(\omega t)+B_2\sin(\omega t)$
$t^pe^{\alpha t}\cos(\omega t)$或 $t^pe^{\alpha t}\sin(\omega t)$	$(B_1t^p+B_2t^{p-1}+\cdots+B_pt+B_{p+1})e^{\alpha t}\cos(\omega t)+$ $(D_1t^p+D_2t^{p-1}+\cdots+D_pt+D_{p+1})e^{\alpha t}\sin(\omega t)$

齐次解中的系数需利用初始状态值 $r(0^+)$及其各阶导 $r^{(k)}(0^+)$通过待定系数法确定。这就需要解决由 0^- 状态导出 0^+ 状态的问题。一般情况下，激励 $e(t)$是一个连续信号，若其不含冲激或阶跃信号时，起始状态与初始状态相同，即 $r(0^-)=r(0^+)$。但是，当激励中含有冲激或阶跃信号时，系统的状态可能会在 0 时刻发生跳变。例如，电容两端加入一个电压激励 $v_c(t)=u(t)$，激励加入之前电容两端电压为 0，此时 $v_c(0^-)=0$，$v_c(0^+)=1$，故 $v_c(0^-)\neq v_c(0^+)$，有跳变。再如，电感两端加入一个冲激电压源，同样，激励加入之前电感电流为 0，此时两端的电流 $i_L(t)=\frac{1}{L}\int_{-\infty}^{t}\delta(\tau)d\tau=\frac{1}{L}u(t)$，所以 $i_L(0^-)\neq i_L(0^+)$，有跳变。这样，求解描述 LTI 系统的微分方程时，就需要从已知的 $r^{(k)}(0^-)$来设法求得 $r^{(k)}(0^+)$。下面先以一个二阶系统为例说明如何由 $r^{(k)}(0^-)$来求得 $r^{(k)}(0^+)$。

例 5-3　若描述某 LTI 系统的微分方程为

$$r''(t)+3r'(t)+2r(t)=e'(t)+3e(t)$$

已知 $r(0^-)=1$，$r'(0^-)=2$，$e(t)=u(t)$，求 $r(0^+)$和 $r'(0^+)$。

解 将输入 $e(t)=u(t)$代入微分方程，得

$$r''(t)+3r'(t)+2r(t)=\delta(t)+3u(t) \tag{5-5}$$

可以看出，方程右边的激励端出现了 $\delta(t)$和 $u(t)$，这就会导致系统的起始状态 $r(0^-)$、$r'(0^-)$有可能与 $r(0^+)$、$r'(0^+)$不相等，故需单独确定 $r(0^+)$、$r'(0^+)$等。这里采用方程左右系数对等的方法求解。由于等号两端 $\delta(t)$及其各阶导数的系数应分别相等，于是可知式(5-5)中 $r''(t)$必含有 $\delta'(t)$，即 $r''(t)$含有冲激函数导数的最高阶为一阶，故令

$$r''(t)=a\delta'(t)+b\delta(t)+m_0(t)u(t) \tag{5-6}$$

式中，a、b 为待定常数，函数 $m_0(t)$中不含 $\delta(t)$及其各阶导数的 t 的连续函数，即

$$m_0(0^+)=m_0(0^-)$$

对式(5-6)等号两端从 $-\infty$ 到 t 积分，得

$$\begin{aligned} r'(t)&=a\delta(t)+bu(t)+\left[\int_0^t m_0(x)\mathrm{d}x\right]u(t) \\ &=a\delta(t)+m_1(t)u(t) \end{aligned} \tag{5-7}$$

式中

$$m_1(t)=bu(t)+\left[\int_0^t m_0(x)\mathrm{d}x\right]u(t)$$

由 $r'(t)$可知，$r'(t)$在 0^- 到 0^+ 时，有一个跳变量 $bu(t)$，$r'(0^+)-r'(0^-)=b$。

再对式(5-7)等号两端从 $-\infty$ 到 t 积分，得

$$\begin{aligned} r(t)&=au(t)+\left[\int_0^t m_1(x)\mathrm{d}x\right]u(t) \\ &=m_2(t)u(t) \end{aligned} \tag{5-8}$$

由 $r(t)$可知，$r(t)$在 0^- 到 0^+ 中存在跳变量 $au(t)$，即 $r(0^+)-r(0^-)=a$，这样只需要求解出 a、b，即可确定 $r(0^+)$和 $r'(0^+)$。

将式(5-6)～式(5-8)代入式(5-5)并稍加整理，得

$$a\delta'(t)+(3a+b)\delta(t)+[m_0(t)+3m_1(t)+2m_2(t)]u(t)=\delta(t)+3u(t) \tag{5-9}$$

式(5-9)中等号两端各项系数对应相等，故得

$$\begin{cases} a=0 & (1) \\ 3a+b=1 & (2) \\ m_0(t)+3m_1(t)+2m_2(t)=3 & (3) \end{cases}$$

由式(1)和式(2)可解得 $a=0$，$b=1$。则

$$b=r'(0^+)-r'(0^-)=1$$

根据已知条件知 $r'(0^-)=2$，将其代入上式得

$$r'(0^+)=r'(0^-)+1=3$$

类似地，再将已知条件 $r(0^-)=1$ 代入上式得

$$r(0^+)=r(0^-)=1$$

综上所述，可得

$$\begin{cases} r(0^+)=1 \\ r'(0^+)=3 \end{cases}$$

由例 5-3 可见，当微分方程等号右端含有冲激函数及其各阶导数时，响应 $r(t)$ 及其各阶导数由 0^- 到 0^+ 的瞬间将发生跃变。这时可按下述步骤由 0^- 求得 0^+ 值（仍以二阶系统为例）。

(1) 将输入 $e(t)$ 代入微分方程。若激励端含有 $\delta(t)$ 及其各阶导数，根据微分方程等号两端各奇异函数的各对应项相等的原理，判断方程左端 $r(t)$ 的最高阶导数（对于二阶系统为 $r''(t)$）所含 $\delta(t)$ 导数的最高阶次（例如为 $\delta''(t)$）。

(2) 令 $r''(t)=a\delta''(t)+b\delta'(t)+c\delta(t)+m_0(t)u(t)$，对 $r''(t)$ 进行积分（从 $-\infty$ 到 t），逐次求得 $r'(t)$ 和 $r(t)$，并确定 $r'(t)$、$r(t)$ 中的跳变量。

(3) 将 $r''(t)$、$r'(t)$ 和 $r(t)$ 代入微分方程，根据方程等号两端各奇异函数的系数相等，从而求得 $r''(t)$ 中的各待定系数。

(4) 将所求得的待定系数，代入第(2)步中确定的跳变量，即可求出 0^+ 时刻的 $r(0^+)$ 和 $r'(0^+)$。

例 5-4 某系统的微分方程为

$$r''(t)+4r'(t)+3r(t)=2e'(t)-3e(t)$$

起始状态 $r(0^-)=1, r'(0^-)=3$，且当输入 $e(t)=u(t)$ 时，求系统的零输入响应 $r_{zi}(t)$ 和零状态响应 $r_{zs}(t)$。

解 (1) 由于需要求零输入响应 $r_{zi}(t)$，所以令 $e(t)=0$，代入微分方程的右端即有

$$r''_{zi}(t)+4r'_{zi}(t)+3r_{zi}(t)=0$$

则其特征方程为

$$\alpha^2+4\alpha+3=0$$

求得特征根 $\alpha_1=-1, \alpha_2=-3$，故零输入响应为

$$r_{zi}(t)=A_{zi1}\mathrm{e}^{-t}+A_{zi2}\mathrm{e}^{-3t}$$

求 $r_{zi}(t)$ 的一阶导数，即

$$r'_{zi}(t)=-A_{zi1}\mathrm{e}^{-t}-3A_{zi2}\mathrm{e}^{-3t}$$

在零输入情况下，则有

$$\begin{cases} r_{zi}(0^-)=r(0^-)=1 \\ r'_{zi}(0^-)=r'(0^-)=3 \end{cases}$$

令 $t=0$，将起始条件 $r_{zi}(0^-)=1, r'_{zi}(0^-)=3$ 分别代入 $r_{zi}(t)$、$r'_{zi}(t)$，得

$$\begin{cases} A_{zi1}+A_{zi2}=1 \\ -A_{zi1}-3A_{zi2}=3 \end{cases}$$

由上式解得 $A_{zi1}=3, A_{zi2}=-2$，将它们代入 $r_{zi}(t)$，得系统的零输入响应为

$$r_{zi}(t)=(3\mathrm{e}^{-t}-2\mathrm{e}^{-3t})u(t)$$

(2) 该系统的零状态响应满足方程

$$r''_{zs}(t)+4r'_{zs}(t)+3r_{zs}(t)=2e'(t)-3e(t) \tag{5-10}$$

及起始状态 $r_{zs}(0^-)=r'_{zs}(0^-)=0$。当输入 $e(t)=u(t)$，代入式(5-10)后，则有

$$r''_{zs}(t)+4r'_{zs}(t)+3r_{zs}(t)=2\delta(t)-3u(t) \tag{5-11}$$

由于等号右端含有冲激函数，故零状态响应在 $t=0$ 时将发生突变，其 0^+ 值不等于 0^- 值。

按上述求 0^+ 值的方法，令

$$r''_{zs}(t)=a\delta(t)+m_0(t)u(t) \tag{5-12}$$

式中，$m_0(t)$为 t 的连续函数。对式(5-12)积分得

$$\begin{aligned} r'_{zs}(t)&=au(t)+\left(\int_0^t m_0(\tau)\mathrm{d}\tau\right)u(t) \\ &=m_1(t)u(t) \end{aligned} \tag{5-13}$$

此时，$r'_{zs}(t)$中有跳变量 $au(t)$，故 $r'_{zs}(0^+)-r'_{zs}(0^-)=a$。进一步积分得

$$\begin{aligned} r_{zs}(t)&=\left(\int_0^t m_1(\tau)\mathrm{d}\tau\right)u(t) \\ &=m_2(t)u(t) \end{aligned} \tag{5-14}$$

此时，$r_{zs}(t)$中无跳变量，故 $r_{zs}(0^+)-r_{zs}(0^-)=0$。这样，只要求出 a 即可。将式(5-12)～式(5-14)分别代入式(5-11)得

$$a\delta(t)+[m_0(t)+4m_1(t)+3m_2(t)]u(t)=2\delta(t)-3u(t)$$

上式中等号两端各项系数对应相等，故得

$$\begin{cases} a=2 \\ m_0(t)+4m_1(t)+3m_2(t)=-3 \end{cases}$$

则

$$\begin{cases} r'_{zs}(0^+)-r'_{zs}(0^-)=a \\ r_{zs}(0^+)-r_{zs}(0^-)=0 \end{cases}$$

所以

$$\begin{cases} r'_{zs}(0^+)=r'_{zs}(0^-)+a=2 \\ r_{zs}(0^+)=r_{zs}(0^-)=0 \end{cases} \tag{5-15}$$

对于 $t>0$，式(5-11)可写为

$$r''_{zs}(t)+4r'_{zs}(t)+3r_{zs}(t)=-3$$

$$r_{zs}(t)=r_{齐次解}(t)+B(t)$$

其中，齐次解为

$$r_{齐次解}(t)=A_{zs1}\mathrm{e}^{-t}+A_{zs2}\mathrm{e}^{-3t}$$

特解 $B(t)=-1$，于是有

$$r_{zs}(t)=A_{zs1}\mathrm{e}^{-t}+A_{zs2}\mathrm{e}^{-3t}-1$$

对 $r_{zs}(t)$及其导数 $r'_{zs}(t)$取 $t=0$，并将式(5-15)的初始条件代入可得

$$\begin{cases} A_{zs1}+A_{zs2}-1=0 \\ -A_{zs1}-3A_{zs2}=2 \end{cases}$$

由上式可解得

$$\begin{cases} A_{zs1}=\dfrac{5}{2} \\ A_{zs2}=-\dfrac{3}{2} \end{cases}$$

故系统的零状态响应为

$$r_{zs}(t)=\left(\frac{5}{2}e^{-t}-\frac{3}{2}e^{-3t}-1\right)u(t)$$

3. 系统的全响应

如果系统的起始状态不为零，在激励 $e(t)$ 的作用下，LTI 系统的响应称为全响应。它是零输入响应与零状态响应之和，即

$$r(t)=r_{zi}(t)+r_{zs}(t)$$

例如，在例 5-4 中已经求得系统的零输入响应和零状态响应分别为

$$r_{zi}(t)=(3e^{-t}-2e^{-3t})u(t)$$

和

$$r_{zs}(t)=\left(\frac{5}{2}e^{-t}-\frac{3}{2}e^{-3t}-1\right)u(t)$$

所以该系统的全响应为

$$\begin{aligned}r(t)&=r_{zi}(t)+r_{zs}(t)\\&=\left(\frac{11}{2}e^{-t}-\frac{7}{2}e^{-3t}-1\right)u(t)\end{aligned}$$

另外，全响应还可分为自由响应(固有响应)和强迫响应。其中自由响应是指由系统特征根所决定的那部分响应，它仅依赖于系统本身的特性，而和激励信号的形式无关。而由激励信号所确定的那部分响应，称为强迫响应。若微分方程的特征根均为单根，设为 α_k，则系统全响应可以分解为

$$\begin{aligned}r(t)&=r_{zi}(t)+r_{zs}(t)\\&=\underbrace{\sum_{k=1}^{n}A_{zik}e^{\alpha_k t}}_{\text{零输入响应}}+\underbrace{\sum_{k=1}^{n}A_{zsk}e^{\alpha_k t}+B(t)}_{\text{零状态响应}}\\&=\underbrace{\sum_{k=1}^{n}A_{zik}e^{\alpha_k t}+\sum_{k=1}^{n}A_{zsk}e^{\alpha_k t}}_{\text{自由响应}}+\underbrace{B(t)}_{\text{强迫响应}}\\&=\underbrace{\sum_{k=1}^{n}A_{k}e^{\alpha_k t}}_{\text{自由响应}}+\underbrace{B(t)}_{\text{强迫响应}}\end{aligned}$$

式中

$$\sum_{k=1}^{n}A_{k}e^{\alpha_k t}=\sum_{k=1}^{n}A_{zik}e^{\alpha_k t}+\sum_{k=1}^{n}A_{zsk}e^{\alpha_k t}$$

即

$$A_k=A_{zik}+A_{zsk}\quad(k=1,2,\cdots,n)$$

可见，两种分解方式有明显的区别。虽然自由响应和零输入响应都是齐次方程的解，但二者系数各不相同，A_{zik} 仅由系统的起始状态所决定，而 A_k 要由系统的起始状态和激励信号共同来确定。在起始状态为零时，零输入响应为零，但在激励信号的作用下，自由响应并不为零。也就是说，系统的自由响应包含零输入响应和零状态响应的一部分。

在例 5-4 中，这几种响应之间的关系为

$$
\begin{aligned}
r(t) &= r_{zi}(t) + r_{zs}(t) \\
&= \underbrace{(3e^{-t} - 2e^{-3t})u(t)}_{\text{零输入响应}} + \underbrace{\left(\frac{5}{2}e^{-t} - \frac{3}{2}e^{-3t} - 1\right)u(t)}_{\text{零状态响应}} \\
&= \underbrace{\left(\frac{11}{2}e^{-t} - \frac{7}{2}e^{-3t}\right)u(t)}_{\text{自由响应}} + \underbrace{(-u(t))}_{\text{强迫响应}}
\end{aligned}
$$

在采用经典法求解系统响应时，求解过程比较烦琐，而且存在很多局限性。特别是在求解零状态响应时，若描述系统的微分方程中激励信号较复杂，则难以设定相应的特解形式。若激励信号发生变化，则系统零状态响应需全部重新求解。不过，这种方法对于表明和理解系统产生响应的物理概念较为清楚。对于系统的零状态响应，还可以根据系统的时域特性，利用卷积积分的方法求解。5.3.2 节将给出具体求解方法。

5.3.2　线性时不变系统零状态响应的近代解法——卷积积分

1. $\delta(t)$作用于系统产生的零状态响应——单位冲激响应

为描述系统零状态响应的近代求解方法，先给出系统冲激响应的定义：当激励为单位冲激信号$\delta(t)$时系统所产生的零状态响应称为系统的冲激响应，通常以符号$h(t)$表示，其关系如图5-16所示。

$\delta(t)$ → 线性时不变连续系统 → $r_{zs}(t)=h(t)$

图5-16　线性时不变系统的单位冲激响应

冲激响应$h(t)$在求解系统的零状态响应$r_{zs}(t)$时起着非常重要的作用，除此之外，后面将会看到$h(t)$还可以用来描述系统本身的特性。因此，对冲激响应$h(t)$的分析是系统分析中重要的内容。下面先研究$h(t)$的时域求解方法。

设N阶线性时不变系统，其数学模型为

$$
\begin{aligned}
&C_n \frac{d^n r(t)}{dt^n} + C_{n-1}\frac{d^{n-1} r(t)}{dt^{n-1}} + \cdots + C_1 \frac{dr(t)}{dt} + C_0 r(t) \\
&= E_m \frac{d^m e(t)}{dt^m} + E_{m-1}\frac{d^{m-1} e(t)}{dt^{m-1}} + \cdots + E_1 \frac{de(t)}{dt} + C_0 e(t)
\end{aligned}
\tag{5-16}
$$

令$e(t)=\delta(t)$，则系统对应的零状态响应$r(t)=h(t)$，则式(5-16)变为

$$
\begin{aligned}
&C_n \frac{d^n h(t)}{dt^n} + C_{n-1}\frac{d^{n-1} h(t)}{dt^{n-1}} + \cdots + C_1 \frac{dh(t)}{dt} + C_0 h(t) \\
&= E_m \frac{d^m \delta(t)}{dt^m} + E_{m-1}\frac{d^{m-1} \delta(t)}{dt^{m-1}} + \cdots + E_1 \frac{d\delta(t)}{dt} + E_0 \delta(t)
\end{aligned}
\tag{5-17}
$$

及起始状态$h(0^-)$及$h^{(i)}(0^-)$均为零。此时，求解$h(t)$可采用5.3.1节零状态响应求解方法来解。在此，需要注意的是，$h(0^+)$及$h(0^+)$各阶导数会发生跳变问题。这里也可以采用以下方法求解：由于$\delta(t)$及其各阶导数在$t \geqslant 0^+$时都等于零，因此式(5-17)右端各项在$t \geqslant 0^+$时恒等于零，这时式(5-17)成为齐次方程，这样冲激响应$h(t)$在$t \geqslant 0^+$时，其形式应与齐次解的形式相同。例如，当系统有n个单特征根时，且$n>m$时，$h(t)$可表示为

$$h(t)=\left[\sum_{k=1}^{n}A_k\mathrm{e}^{\alpha_k t}\right]\cdot u(t) \tag{5-18}$$

式中，当 $n>m$ 时，待定系数 A_k 可以采用冲激平衡法确定，即将式(5-18)代入式(5-17)，为保持系统对应的方程恒等，方程式两边所具有的冲激信号及其高阶导数必须相等，根据此规则即可求得系统的冲激响应 $h(t)$ 的待定系数。

例 5-5 设描述系统的微分方程式为

$$\frac{\mathrm{d}^2r(t)}{\mathrm{d}t^2}+4\frac{\mathrm{d}r(t)}{\mathrm{d}t}+3r(t)=\frac{\mathrm{d}e(t)}{\mathrm{d}t}+2e(t)$$

试求出其冲激响应 $h(t)$。

解 根据系统冲激响应 $h(t)$ 的定义，设 $e(t)=\delta(t)$，$r(t)$ 即为 $h(t)$，则微分方程为

$$\frac{\mathrm{d}^2h(t)}{\mathrm{d}t^2}+4\frac{\mathrm{d}h(t)}{\mathrm{d}t}+3h(t)=\delta'(t)+2\delta(t) \tag{5-19}$$

首先求其特征根为

$$\alpha_1=-1,\quad \alpha_2=-3$$

于是有

$$h(t)=(A_1\mathrm{e}^{-t}+A_2\mathrm{e}^{-3t})u(t)$$

对 $h(t)$ 逐次求导得到

$$\frac{\mathrm{d}h(t)}{\mathrm{d}t}=(A_1+A_2)\delta(t)+(-A_1\mathrm{e}^{-t}-3A_2\mathrm{e}^{-3t})u(t)$$

$$\frac{\mathrm{d}^2h(t)}{\mathrm{d}t^2}=(A_1+A_2)\delta'(t)+(-A_1-3A_2)\delta(t)+(A_1\mathrm{e}^{-t}+9A_2\mathrm{e}^{-3t})u(t)$$

将 $h(t)$、$\frac{\mathrm{d}h(t)}{\mathrm{d}t}$、$\frac{\mathrm{d}^2h(t)}{\mathrm{d}t^2}$ 代入式(5-19)得

$$(A_1+A_2)\delta'(t)+(3A_1+A_2)\delta(t)=\delta'(t)+2\delta(t)$$

令左右两端 $\delta'(t)$ 的系数以及 $\delta(t)$ 系数对应相等，得到

$$\begin{cases}A_1+A_2=1\\3A_1+A_2=2\end{cases}$$

解得

$$A_1=\frac{1}{2},\quad A_2=\frac{1}{2}$$

故冲激响应的表达式为

$$h(t)=\frac{1}{2}(\mathrm{e}^{-t}+\mathrm{e}^{-3t})u(t)$$

由此题可以看出，这种方法无须求解 $h(0^+)$ 及 $h(0^+)$ 各阶导数，计算更为简单。另外，当 $n\leqslant m$ 时，要使方程式两边所具有的冲激信号及其高阶导数相等，则 $h(t)$ 表示式中除含式(5-18)外，还需含有 $\delta(t)$ 及其相应阶的导数 $\delta^{(m-n)}(t),\delta^{(m-n-1)}(t),\cdots,\delta'(t)$。

例 5-6 已知某线性时不变系统的微分方程为

$$\frac{\mathrm{d}r(t)}{\mathrm{d}t}+6r(t)=2e(t)+3e'(t)\quad (t\geqslant 0)$$

试求系统的冲激响应 $h(t)$。

解　当 $e(t)=\delta(t)$ 时，$r(t)$ 即为 $h(t)$，原微分方程式为

$$\frac{\mathrm{d}h(t)}{\mathrm{d}t}+6h(t)=2\delta(t)+3\delta'(t)\quad(t\geqslant 0)$$

特征根 $\alpha=-6$，且存在 $n=m$，注意，微分方程中，为了保持微分方程式的左右平衡，冲激响应 $h(t)$ 除具有奇次解表达式外，还应含有 $\delta(t)$ 项，即

$$h(t)=A\mathrm{e}^{-6t}u(t)+B\delta(t)$$

式中，A、B 为待定系数。将 $h(t)$ 代入原微分方程式有

$$\frac{\mathrm{d}}{\mathrm{d}t}[A\mathrm{e}^{-6t}u(t)+B\delta(t)]+6[A\mathrm{e}^{-6t}u(t)+B\delta(t)]=2\delta(t)+3\delta'(t)$$

化简得

$$(A+6B)\delta(t)+B\delta'(t)=2\delta(t)+3\delta'(t)$$

所以有

$$\begin{cases}A+6B=2\\B=3\end{cases}$$

解得 $A=-16$，$B=3$。因此可得系统的冲激响应为

$$h(t)=3\delta(t)-16\mathrm{e}^{-6t}u(t)$$

需要说明的是，除可用 $h(t)$ 描述系统的时域输出外，还可用系统的阶跃响应来描述。所谓阶跃响应，是指当激励为 $u(t)$ 时系统所产生的零状态响应，通常用 $g(t)$ 表示。对于线性时不变系统，这两种响应之间有一定的依从关系，当已求得其中之一，则另一响应即可确定。这是因为由 LTI 系统的微积分特性，根据 $\delta(t)$ 与 $u(t)$ 的关系，可得出 $h(t)$ 与 $g(t)$ 的关系，即

$$\delta(t)\xrightarrow{\text{LTI系统}}h(t)$$

$$u(t)=\int_{-\infty}^{t}\delta(\tau)\mathrm{d}\tau\xrightarrow{\text{LTI系统}}g(t)=\int_{-\infty}^{t}h(\tau)\mathrm{d}\tau$$

$$\delta(t)=\frac{\mathrm{d}u(t)}{\mathrm{d}t}\xrightarrow{\text{LTI系统}}h(t)=\frac{\mathrm{d}g(t)}{\mathrm{d}t}$$

阶跃响应 $g(t)$ 也可利用系统的微分方程求解，在此不再详述，感兴趣读者可参见其他相关书籍。

2. *任意激励下，系统的零状态响应近代解法——卷积积分*

系统的零状态响应除了利用微分方程求解的经典解法之外，还可以借助 $h(t)$，利用卷积积分的方法求解，人们将这种解法称为近代解法。

根据 2.3.1 节所讲的信号分解理论，设 $e(t)$ 为因果信号，则

$$e(t)=\int_{0}^{t}e(\tau)\delta(t-\tau)\mathrm{d}\tau=\lim_{\Delta t_1\to 0}\sum_{t_1=0}^{t}e(t_1)\delta(t-t_1)\Delta t_1$$

即任意信号 $e(t)$ 都可分解为无限多个冲激信号的叠加。利用线性时不变系统的特性，任一信号 $e(t)$ 作用于系统产生的零状态响应 $r_{zs}(t)$ 可由冲激信号 $\delta(t)$ 及 $\delta(t)$ 的一系列延迟 $\delta(t-t_1)$ 产生的响应叠加而成。

设线性时不变连续系统的冲激响应为 $h(t)$，即

$$\delta(t)\to h(t)$$

则

$$\delta(t-t_1) \to h(t-t_1)$$

由线性系统的均匀性得

$$e(t_1)\cdot\delta(t-t_1) \to e(t_1)\cdot h(t-t_1)$$

由线性系统的叠加性得

$$\sum_{t_1=0}^{t} e(t_1)\delta(t-t_1)\Delta t_1 \to \sum_{t_1=0}^{t} e(t_1)h(t-t_1)\Delta t_1$$

当 $\Delta t_1 \to 0$ 时，上式取极限得

$$\lim_{\Delta t_1\to 0}\sum_{t_1=0}^{t} e(t_1)\delta(t-t_1)\Delta t_1 \to \lim_{\Delta t_1\to 0}\sum_{t_1=0}^{t} e(t_1)h(t-t_1)\Delta t_1$$

由此得

$$\int_0^t e(t_1)\delta(t-t_1)\mathrm{d}t_1 \to \int_0^t e(t_1)h(t-t_1)\mathrm{d}t_1$$

令 $t_1=\tau$，上式写为

$$\begin{aligned}\int_0^t e(\tau)\delta(t-\tau)\mathrm{d}\tau \to &\int_0^t e(\tau)h(t-\tau)\mathrm{d}\tau\\ &= e(t)*h(t)\end{aligned}$$

即

$$e(t) \to r_{zs}(t)$$

故系统的零状态输出

$$r_{zs}(t) = e(t)*h(t) \tag{5-20}$$

其为激励 $e(t)$ 与系统冲激响应 $h(t)$ 的卷积积分，如图 5-17 所示。

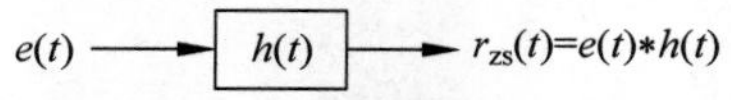

$$e(t) \longrightarrow \boxed{h(t)} \longrightarrow r_{zs}(t)=e(t)*h(t)$$

图 5-17 系统的零状态响应

例 5-7 已知 $e(t)=u(t)-u(t-t_0)$，$h(t)=A\mathrm{e}^{-t}u(t)$，求 $r(t)=e(t)*h(t)$ 的表达式。

解

$$\begin{aligned}r(t) &= \int_0^t [u(\tau)-u(\tau-t_0)]A\mathrm{e}^{-(t-\tau)}u(t-\tau)\mathrm{d}\tau\\ &= \int_0^t A\mathrm{e}^{-(t-\tau)}\mathrm{d}\tau u(t) - \int_0^t A\mathrm{e}^{-(t-\tau)}\mathrm{d}\tau u(t-t_0)\\ &= \frac{1}{R}\mathrm{e}^{-(t-\tau)}\Big|_0^t u(t) - \frac{1}{R}\mathrm{e}^{-(t-\tau)}\Big|_0^t u(t-t_0)\\ &= \frac{1}{R}(1-\mathrm{e}^{-t})u(t) - \frac{1}{R}(1-\mathrm{e}^{-(t-t_0)})u(t-t_0)\end{aligned}$$

在实际应用中，经常会出现几个子系统级联或并联后形成一个总系统。下面给出系统级联和并联情况下各子系统和总系统的冲激响应之间的关系式。若总系统是由不同子系统级联在一起的，如图 5-18 所示。

容易证明，总系统的单位冲激响应是各子系统的单位冲激响应的卷积，即有

$$h(t) = h_1(t)*h_2(t)$$

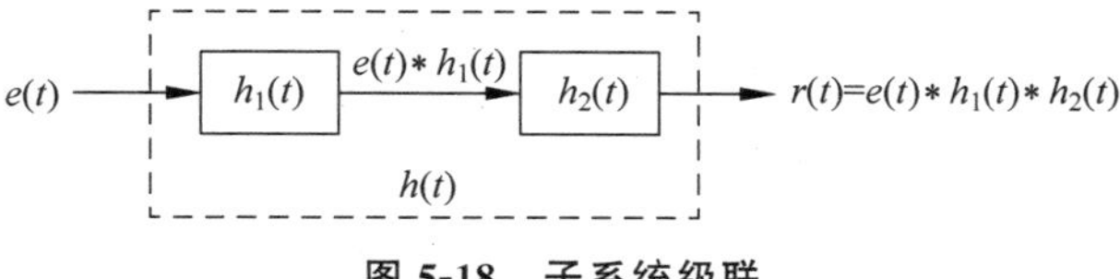

图 5-18 子系统级联

其等效图如图 5-19 所示。

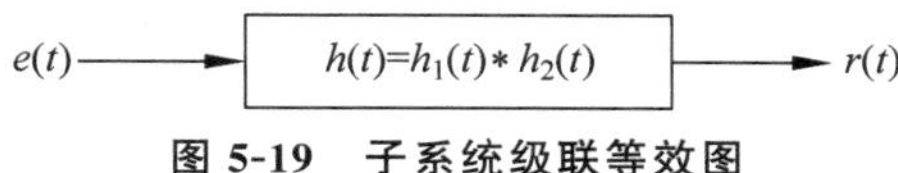

图 5-19 子系统级联等效图

若总系统是由不同子系统并联在一起，如图 5-20 所示。

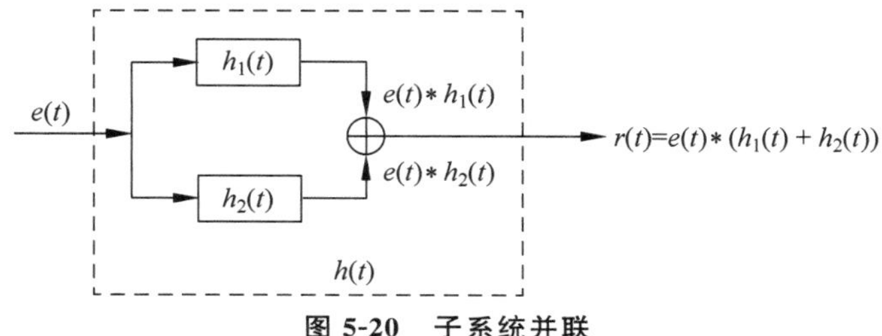

图 5-20 子系统并联

很容易证明，总系统的冲激响应为

$$h(t)=h_1(t)+h_2(t)$$

其等效图如图 5-21 所示。

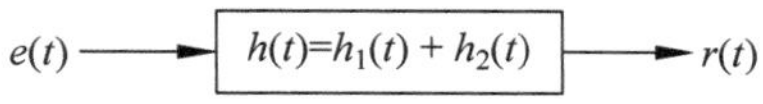

$e(t)$ → $h(t)=h_1(t)+h_2(t)$ → $r(t)$

图 5-21 子系统并联等效图

对于既有级联又有并联的系统，则总系统的冲激响应仍服从上述原则。

5.3.3 连续系统因果性和稳定性时域判定方法

$h(t)$除了可以用于求解系统的零状态响应之外，还可用于描述系统本身的特性，如因果性和稳定性。

1. 系统的因果性

一个连续时间系统是因果系统的充分必要条件可表示为

$$h(t)=0 \quad (t<0)$$

这是因为根据系统因果性的定义可知，因果系统在 t_0 时刻的响应只与 $t=t_0$ 和 $t<t_0$ 时刻的输入有关，而 $h(t)$是当激励为 $\delta(t)$时的响应，$\delta(t)$是在 $t=0$ 时刻加入，$h(t)$只有在 $t\geqslant 0$ 时刻值不为零，在 $t<0$ 时的值均应为零时，系统才是因果系统。

2. 系统的稳定性

稳定性是系统自身的性质之一，根据稳定系统的定义：若系统对任意的有界输入，其零状态响应也是有界的。即对任意的激励信号 $e(t)$，满足

$$|e(t)|\leqslant M_e$$

若其响应 $r(t)$ 满足

$$|r(t)| \leqslant M_r$$

式中，M_e 和 M_r 为有界正值，则称该系统是稳定的。在此定义下，可以推出一个连续时间系统是稳定系统的充分必要条件为

$$\int_{-\infty}^{+\infty} |h(t)| \, \mathrm{d}t \leqslant M$$

式中，M 为有界正值。因此，若冲激响应 $h(t)$ 绝对可积，则系统是稳定的，也就是说稳定系统的 $h(t)$ 是收敛信号，即

$$\lim_{t \to +\infty} h(t) = 0$$

综上所述，可以看出，$h(t)$ 在线性时不变连续系统分析中占有非常重要的地位，用它既可以求解系统的零状态响应，又可以分析系统在时域中的特性。

5.4 线性时不变离散时间系统的时域分析

同连续系统分析一样，离散系统的时域分析，也包括系统响应的时域求解及系统时域特性（如因果性、稳定性）的分析。下面先来看离散系统响应的求解方法。N 阶 LTI 离散时间系统的数学模型是常系数线性差分方程，其一般形式表示为

$$a_0 y(n) + a_1 y(n-1) + \cdots + a_N y(n-N) = b_0 x(n) + b_1 x(n-1) + \cdots + b_M x(n-M) \tag{5-21}$$

即

$$\sum_{k=0}^{N} a_k y(n-k) = \sum_{r=0}^{M} b_r x(n-r)$$

其中，$x(n)$ 为激励；$y(n)$ 为响应。其求解方法一般可采用迭代法、经典法、卷积和法（求解零状态响应）。卷积和法在离散时间系统的分析中占据十分重要的位置。

5.4.1 差分方程的时域解法

1. 迭代法

离散时间系统的差分方程具有递推关系。若已知初始状态和 $x(n)$，就可利用迭代法求得差分方程的数值解。

例 5-8 已知 $y(n)=ay(n-1)+x(n)$，$x(n)=\delta(n)$，$n<0$ 时 $y(n)=0$，求 $y(n)$ 的表达式。

解 分别令 $n=0,1,2,\cdots,n$，代入原差分方程，依次可求出 $y(0),y(1),\cdots,y(n)$，即

$$\begin{aligned}
n=0 \quad & y(0)=ay(-1)+x(0)=0+\delta(n)=1 \\
n=1 \quad & y(1)=ay(0)+x(1)=a+0=a \\
n=2 \quad & y(2)=ay(1)+x(2)=a \cdot a+0=a^2 \\
& \vdots \\
n=n \quad & y(n)=ay(n-1)+x(n)=a^n
\end{aligned}$$

根据 $y(0),y(1),\cdots,y(n)$ 的规律，可以得到

$$y(n)=a^n u(n)$$

用迭代法求解差分方程思路清楚，便于编写计算程序，能得到方程的数值解，但不易得到解析形式的解。此种方法更适用于求解 $y(n)$的前 n 个值，不需要求封闭表达式解时的情况。

2．解差分方程

与微分方程的时域经典解法类似，差分方程的解也是由齐次解和特解两部分组成，即

$$y(n)=y_{\mathrm{h}}(n)+y_{\mathrm{p}}(n)$$

式中，$y_{\mathrm{h}}(n)$表示齐次解；$y_{\mathrm{p}}(n)$表示特解。其中齐次解的形式由齐次方程的特征根确定，特解的形式由差分方程中激励信号的形式确定。

首先给出奇次解法：由式(5-21)，令方程右端等于 0，得奇次差分方程为

$$\sum_{k=0}^{N}a_k y(n-k)=0$$

写出特征方程应为

$$\sum_{k=0}^{N}a_k\lambda^{N-k}=0$$

式中有 N 个特征根 $\lambda_i(i=1,2,\cdots,N)$。根据特征根的不同情况，齐次解将具有不同的形式。

当特征根是互不相等的实根 $\lambda_1\neq\lambda_2\neq\cdots\neq\lambda_N$ 时，齐次解的形式为

$$y_{\mathrm{h}}(n)=\sum_{k=0}^{N}C_k\lambda_k^n=C_0\lambda_0^n+C_1\lambda_1^n+\cdots+C_N\lambda_N^n$$

当特征根在 λ_0 处有 L 次重根时，其余为单根时，齐次解的形式为

$$\begin{aligned}y_{\mathrm{h}}(n)&=\sum_{k=1}^{L}C_k n^{L-k}\lambda_0^n+\sum_{i=1}^{N-L}B_i\lambda_i^n\\&=[C_1n^{L-1}+C_2n^{L-2}+\cdots+C_{L-1}n+C_L]\lambda_0^n+\sum_{i=1}^{N-L}B_i\lambda_i^n\end{aligned}$$

当特征根是共轭复根 $\lambda_1=a+\mathrm{j}b=\rho\mathrm{e}^{\mathrm{j}\Omega_0}$，$\lambda_2=a-\mathrm{j}b=\rho\mathrm{e}^{-\mathrm{j}\Omega_0}$ 时，仍按照前述表示方法，并可进一步整理得到如下形式

$$y_{\mathrm{h}}(n)=C_1\rho^n\cos(n\Omega_0)+C_2\rho^n\sin(n\Omega_0)$$

上面各式中的待定系数 $C_1,C_2,\cdots,C_N$ 在全解的形式确定后，由给定的 N 个初值来确定。表 5-3 列出了特征根和齐次解的对应关系。

表 5-3　不同特征根所对应的齐次解形式

特征根特性	齐次解 $y_{\mathrm{h}}(n)$的形式
特征根是 N 个互不相等的实根，即 $\lambda_1\neq\lambda_2\neq\cdots\neq\lambda_N$	$y_{\mathrm{h}}(n)=\sum_{k=0}^{N}C_k\lambda_k^n=C_0\lambda_0^n+C_1\lambda_1^n+\cdots+C_N\lambda_N^n$
特征根在 λ_0 处有 L 次重根，其余为单根	$y_{\mathrm{h}}(n)=\sum_{k=1}^{L}C_k n^{L-k}\lambda_0^n+\sum_{i=1}^{N-L}B_i\lambda_i^n$ $=[C_1n^{L-1}+C_2n^{L-2}+\cdots+C_{L-1}n+C_L]\lambda_0^n+\sum_{i=1}^{N-L}B_i\lambda_i^n$
特征根是一对共轭复根 $\lambda_1=a+\mathrm{j}b=\rho\mathrm{e}^{\mathrm{j}\Omega_0}$， $\lambda_2=a-\mathrm{j}b=\rho\mathrm{e}^{-\mathrm{j}\Omega_0}$	$y_{\mathrm{h}}(n)=C_1\rho^n\cos(n\Omega_0)+C_2\rho^n\sin(n\Omega_0)$

差方特解的形式与方程右端 $x(n)$ 的形式有关。表 5-4 列出了常用激励信号所对应的特解形式。

表 5-4 几种常用激励信号对应的特解

$x(n)$	$y_p(n)$
a^n(a 不是齐次根)	Da^n
a^n(a 是单齐次根)	$(D_1n+D_2)a^n$
n^k 的多项式,所有特征根不是 1	$D_0n^k+D_1n^{k-1}+\cdots+D_k$
n^k 的多项式,1 是 r 重特征根	$(D_0n^k+D_1n^{k-1}+\cdots+D_k)n^r$
a^nn^k	$a^n(D_0n^k+D_1n^{k-1}+\cdots+D_k)$
$\sin(\omega_0n)$ 或 $\cos(\omega_0n)$	$D_1\sin(\omega_0n)+D_2\cos(\omega_0n)$
$a^n\sin(\omega_0n)$ 或 $a^n\cos(\omega_0n)$	$a^n(D_1\sin(\omega_0n)+D_2\cos(\omega_0n))$

得到齐次解和特解后,将两者相加可得全解的表达式。将已知的 N 个初始条件代入全解中,即可求得齐次解表达式中的待定系数,由此获得差分方程的全解。

例 5-9 已知 $y(n)+2y(n-1)=x(n)-x(n-1)$,$x(n)=n^2$,$y(-1)=-1$,求 $y(n)$ 的表达式。

解 对应齐次方程的特征方程为

$$\lambda+2=0$$

求得

$$\lambda=-2$$

则对应齐次解为

$$y_h(n)=C_1(-2)^n$$

下面求特解,将 $x(n)=n^2$ 代入方程右端,得

$$x(n)-x(n-1)=n^2-(n-1)^2=2n-1$$

由表 5-2,设特解的形式为

$$y_p(n)=D_0n+D_1$$

将 $y_p(n)$ 代入原差分方程得到

$$D_0n+D_1+2D_0(n-1)+2D_1=2n-1$$

整理得到

$$3D_0n+3D_1-2D_0=2n-1$$

利用方程左右系数对应相等原则,求出 D_0、D_1 为

$$D_0=\frac{2}{3},\quad D_1=\frac{1}{9}$$

则特解 $y_p(n)$ 为

$$y_p(n)=\frac{2}{3}n+\frac{1}{9}$$

全解 $y(n)$ 为

$$y(n)=C_1(-2)^n+\frac{2}{3}n+\frac{1}{9}$$

代入初值

$$y(-1)=-1$$

得到

$$C_1=\frac{8}{9}$$

因此全解的表达式为

$$y(n)=\frac{8}{9}(-2)^n+\frac{2}{3}n+\frac{1}{9}$$

例 5-10 已知 $y(n)+2y(n-1)+2y(n-2)=\sin\frac{n\pi}{2}$，$y(0)=1$，$y(-1)=0$，求 $y(n)$的表达式。

解 容易求得对应齐次方程的特征解为

$$\lambda_{1,2}=-1\pm \mathrm{j}=-\sqrt{2}\,\mathrm{e}^{\mp \mathrm{j}\frac{\pi}{4}}$$

所以，得齐次解为

$$y_{\mathrm{h}}(n)=(-\sqrt{2})^n\left(A_1\cos\frac{n\pi}{4}+A_2\sin\frac{n\pi}{4}\right)$$

根据方程右侧的形式，由表 5-2，设特解形式为

$$y_{\mathrm{p}}(n)=D_1\sin\frac{n\pi}{2}+D_2\cos\frac{n\pi}{2}$$

代入方程得到

$$(2D_2-D_1)\sin\frac{n\pi}{2}-(2D_2+D_1)\cos\frac{n\pi}{2}=\sin\frac{n\pi}{2}$$

求出系数为

$$D_1=-\frac{1}{5},\quad D_2=\frac{2}{5}$$

全解 $y(n)$为

$$y(n)=(-\sqrt{2})^n\left(A_1\cos\frac{n\pi}{4}+A_2\sin\frac{n\pi}{4}\right)-\frac{1}{5}\sin\frac{n\pi}{2}+\frac{2}{5}\cos\frac{n\pi}{2}$$

将初值 $y(0)=1$，$y(-1)=0$ 代入全解得到

$$A_1=\frac{3}{5},\quad A_2=\frac{1}{5}$$

因此，全解表达式为

$$y(n)=(-\sqrt{2})^n\left(\frac{3}{5}\cos\frac{n\pi}{4}+\frac{1}{5}\sin\frac{n\pi}{4}\right)-\frac{1}{5}\sin\frac{n\pi}{2}+\frac{2}{5}\cos\frac{n\pi}{2}$$

5.4.2 LTI 离散系统的零输入响应和零状态响应

LTI 离散时间系统的全响应也可看作起始状态与输入激励分别单独作用于系统所产生的响应的叠加，即全响应等于零输入响应与零状态响应之和，即

$$y(n)=y_{zi}(n)+y_{zs}(n)$$

其中，$y_{zi}(n)$表示零输入响应；$y_{zs}(n)$表示零状态响应。

如果已知 N 阶 LTI 离散系统的数学模型，即

$$\sum_{k=0}^{N}a_k y(n-k)=\sum_{k=0}^{M}b_r x(n-r) \tag{5-22}$$

如何利用求解差分方程的方法求解 $r_{zi}(n)$和 $r_{zs}(n)$。

1. 零输入响应求解

零输入响应是当输入为零时，仅由系统的起始状态所产生的响应。在零输入情况下，式(5-22)中等号右端 $x(n)$及 $x(n-r)$为零，变为齐次方程。对应的解即为齐次解形式，代入起始状态即可求出零输入响应。

例 5-11 若描述某离散系统的差分方程为

$$y(n)+3y(n-1)+2y(n-2)=x(n)$$

已知起始状态 $y(-1)=0, y(-2)=1/2$，求系统的零输入响应 $y_{zi}(n)$。

解 特征方程为

$$\lambda^2+3\lambda+2=0$$

解得特征根 $\lambda_1=-1, \lambda_2=-2$，则零输入响应为

$$y_{zi}(n)=C_1(-1)^n+C_2(-2)^n$$

代入起始状态，有

$$y(-1)=-C_1-\frac{1}{2}C_2=0$$

$$y(-2)=C_1+\frac{1}{4}C_2=\frac{1}{2}$$

解得 $C_1=1, C_2=-2$，故系统的零输入响应为

$$y_{zi}(n)=(-1)^n-2(-2)^n \quad (n\geqslant 0)$$

2. 零状态响应求解

零状态响应是指起始状态为零时，仅由激励所产生的响应。零状态响应的形式与全解的形式相同，但其中齐次解的系数确定需由输入引起的初始状态 $y(0), y(1), \cdots, y(N)$来确定，此时需令 $y(-1)=y(-2)=\cdots=y(-N)=0$，可利用迭代法逐次导出 $y(0), y(1), \cdots, y(N)$。

例 5-12 已知系统的差分方程表达式为

$$y(n)-0.9y(n-1)=0.05u(n)$$

(1) 若起始状态 $y(-1)=0$，求系统的完全响应。

(2) 若起始状态 $y(-1)=1$，求系统的完全响应。

解 (1) 根据已知条件 $y(-1)=0$ 可知，系统的起始状态为零，故零输入响应为零。因此只需求解系统的零状态响应。

由特征方程求得齐次解为 $y_h(n)=C(0.9)^n$。根据激励在 $n\geqslant 0$ 时是常数，设特解 $y_p(n)=D$，则全解的形式应为

$$y(n)=C(0.9)^n+D$$

为确定系数 D，将特解代入方程得到

$$D(1-0.9)=0.05$$

所以可得

$$D=0.5$$

此时全解为

$$y(n)=C(0.9)^n+0.5 \quad (n \geqslant 0)$$

下面来看系数 C 的求解方法，由于激励在 $n=0$ 接入，且给定 $y(-1)=0$，系统处于零初始状态，将 $y(-1)=0$ 代入系统的差分方程，得 $y(0)=0.05$。再将 $y(0)$代入 $y(n)$表达式求出系数 C，即

$$0.05=y(0)=C+0.5$$
$$C=0.05-0.5=-0.45$$

最后，写出全响应为

$$\begin{aligned} y(n) &= -0.45\times(0.9)^n u(n)+0.5u(n) \\ &= [-0.45\times(0.9)^n+0.5]u(n) \end{aligned}$$

波形如图 5-22 所示。

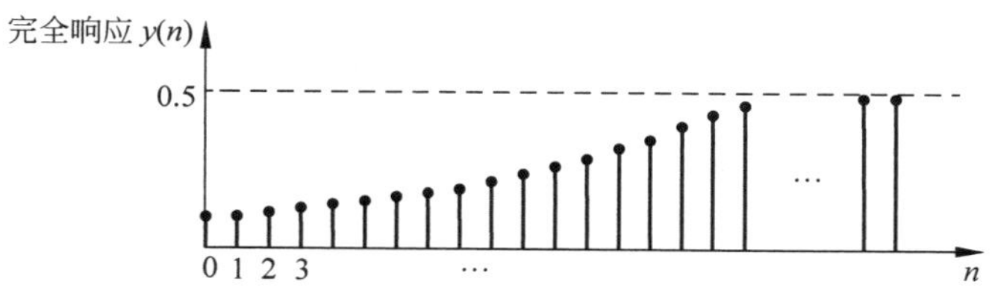

图 5-22　例 5-12(1)的响应波形

(2) 先求零输入响应，由于 $y(-1)=1$，在激励加入之前，系统起始状态不为 0，故零输入响应不为 0。由于令激励信号等于零，差分方程表达式为

$$y(n)-0.9y(n-1)=0$$

容易写出

$$y_{zi}(n)=C\times(0.9)^n$$

以 $y(-1)=1$ 代入求得系数

$$C=0.9$$

于是有

$$y_{zi}(n)=0.9\times(0.9)^n$$

再求零状态响应，此时需令 $y(-1)=0$，此即第(1)问之结果，可以写出

$$y(n)=[0.5-0.45\times(0.9)^n]u(n)$$

将以上两部分结果叠加，得到完全响应 $y(n)$表示式

$$\begin{aligned} y(n) &= \underbrace{0.5-0.45\times(0.9)^n}_{\text{零状态响应}}+\underbrace{0.9\times(0.9)^n}_{\text{零输入响应}} \\ &= 0.45\times(0.9)^n+0.5 \end{aligned}$$

最后，将 $y(n)$的图形绘于图 5-23。

同样，与连续系统类似，一个起始状态不为零的 LTI 离散系统，在外加激励作用下，其完全响应除可以表示成零输入响应与零状态响应之和，也可表示成自由响应和强迫响应之

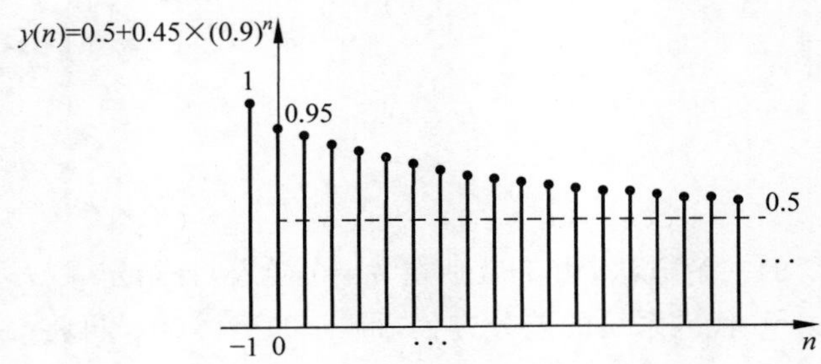

图 5-23 例 5-12(2)的响应波形

和。即若特征根均为单根,则全响应为

$$y(n)=\underbrace{\sum_{k=1}^{N}C_{zik}\lambda_k^n}_{\text{零输入响应}}+\underbrace{\sum_{k=1}^{N}C_{zsk}\lambda_k^n+y_p(n)}_{\text{零状态响应}}$$

$$=\underbrace{\sum_{k=1}^{N}C_k\lambda_k^n}_{\text{自由响应}}+\underbrace{y_p(n)}_{\text{强迫响应}}$$

其中,C_{zik} 表示零输入响应的待定系数;C_{zsk} 表示零状态响应的待定系数。全响应的这两种分解方式有明显的区别,虽然自由响应和零输入响应都是奇次解的形式,但它们的系数并不相同,C_{zik} 仅由系统的起始状态所决定,而 C_k 是由初始状态和激励共同决定。另外,一般而言,如果差分方程所有的特征根均满足$|\lambda_k|<1$,那么其自由响应将随着 n 的增大而逐渐衰减趋近于零,这时自由响应也称为暂态响应,而全响应中随着 n 的增大趋于稳定的那部分响应也称为稳态响应。这种利用经典法求解系统的零状态响应相对复杂,后面将会看到,其可以通过离散卷积方便求出。

5.4.3 离散系统的时域特性——单位样值响应

与线性时不变连续时间系统相对应,线性时不变离散系统的时域特性也可用其单位样值响应来描述。只是此时的激励为单位样值函数 $\delta(n)$,由 $\delta(n)$产生的零状态响应记为 $h(n)$,如图 5-24 所示。

$\delta(n)$ → [线性时不变离散系统] → $h(n)$

图 5-24 离散系统的单位样值响应

利用 $h(n)$可以很方便地求解离散系统的零状态响应,同时还可以用其分析系统的因果性和稳定性,下面逐一讲解。

首先,我们先介绍 $h(n)$的时域求解方法。

设 N 阶离散系统的差分方程为

$$\sum_{k=0}^{N}a_k y(n-k)=bx(n)$$

由于 $h(n)$是激励为 $\delta(n)$系统产生的零状态响应,所以,首先将差分方程右端的激励项换为 $\delta(n)$,输出 $y(n)$换为 $h(n)$,得

$$\sum_{k=0}^{N} a_k h(n-k) = b\delta(n)$$

考虑当 $n>0$ 时

$$\delta(n)=0$$

此时方程变为

$$\sum_{k=0}^{N} a_k h(n-k) = 0$$

因此，在 $n>0$ 时，上述方程解的形式与差分方程奇次解的形式相同。对于 $n=0$ 时系统的单位样值响应，可通过 $n=0$ 时刻系统的状态来求得。下面用具体例子说明求解过程。

例 5-13　系统的差分方程式为

$$y(n)-3y(n-1)+3y(n-2)-y(n-3)=x(n)$$

求系统的单位样值响应 $h(n)$。

解　令 $x(n)=\delta(n)$，则 $y(n)=h(n)$，而 $h(n)$满足差分方程

$$h(n)-3h(n-1)+3h(n-2)-h(n-3)=\delta(n) \tag{5-23}$$

此时，当 $n>0$ 时，该方程变为

$$h(n)-3h(n-1)+3h(n-2)-h(n-3)=0$$

求差分方程的齐次解。由特征方程

$$\lambda^3-3\lambda^2+3\lambda-1=0$$

解得特征根 $\lambda_1=\lambda_2=\lambda_3=1$，即 1 为三重根。对应的齐次解的表达式为

$$h(n)=C_1 n^2+C_2 n+C_3 \tag{5-24}$$

上述表达式中三个特征系数 C_1、C_2、C_3 需由三个初始条件来求得。此时根据线性时不变系统的特性，激励 $\delta(n)$是在 $n=0$ 时刻加入，故在 $n=-1,-2,-3$ 时，冲激响应 $h(n)$为 0，即 $h(-1)=h(-2)=h(-3)=0$。而在 $n=0$ 时刻的响应 $h(0)$可由式(5-23)求得。将 $n=0$ 代入，$h(0)=1$。将 $h(0)$、$h(-1)$、$h(-2)$代入式(5-24)中的 $h(n)$得

$$\begin{cases}1=C_3\\0=C_1-C_2+C_3\\0=4C_1-2C_2+C_3\end{cases}$$

解得

$$C_1=\frac{1}{2},\quad C_2=\frac{3}{2},\quad C_3=1$$

则系统的单位样值响应为

$$h(n)=\begin{cases}\dfrac{1}{2}(n^2+3n+2) & n\geqslant 0\\0 & n<0\end{cases}$$

例 5-14　已知系统的差分方程

$$y(n)-5y(n-1)+6y(n-2)=x(n)-3x(n-2)$$

求系统的单位样值响应 $h(n)$。

解　令 $x(n)=\delta(n)$，则 $y(n)=h(n)$，代入原差分方程

$$h(n)-5h(n-1)+6h(n-2)=\delta(n)-3\delta(n-2)$$

注意，此时方程右端可看作有两个激励，一个是 $\delta(n)$，另一个是 $-3\delta(n-2)$。为简化运算，首先考虑方程右端只有一个激励 $\delta(n)$ 作用下的单位样值响应 $h_1(n)$，然后依据系统的线性和时不变特性得出 $-3\delta(n-2)$ 作用下的 $h_2(n)=-3h_1(n-2)$，最后两个响应 $h_1(n)$ 和 $h_2(n)$ 相加即为系统总的单位样值响应 $h(n)$。

先来计算当只有一个激励 $\delta(n)$ 作用时的冲激响应 $h_1(n)$，此时原差分方程可变为

$$h_1(n)-5h_1(n-1)+6h_1(n-2)=\delta(n) \tag{5-25}$$

特征根 $\lambda_1=3,\lambda_2=2$，则对应的冲激响应为

$$h_1(n)=C_1 3^n+C_2 2^n \quad (n\geqslant 0)$$

将 $n=0$ 代入式(5-25)并根据 $h_1(-1)=h_1(-2)=0$ 得 $h_1(0)=1$，将 $h_1(0)=1,h_1(-1)=0$ 代入 $h_1(n)$，得

$$\begin{cases}1=C_1+C_2\\ 0=\dfrac{1}{3}C_1+\dfrac{1}{2}C_2\end{cases}$$

解得

$$C_1=3,\quad C_2=-2$$

则

$$h_1(n)=(3^{n+1}-2^{n+1})u(n)$$

根据 $h_1(n)$ 可得 $-3\delta(n-2)$ 项作用引起的响应 $h_2(n)$。由线性时不变特性可知

$$\begin{aligned}h_2(n)&=-3h_1(n-2)\\&=-3(3^{n-1}-2^{n-1})u(n-2)\end{aligned}$$

系统总的响应 $h(n)$ 为

$$\begin{aligned}h(n)&=h_1(n)+h_2(n)\\&=(3^{n+1}-2^{n+1})u(n)-3(3^{n-1}-2^{n-1})u(n-2)\\&=(3^{n+1}-2^{n+1})[\delta(n)+\delta(n-1)+u(n-2)]-3(3^{n-1}-2^{n-1})u(n-2)\\&=\delta(n)+5\delta(n-1)+(3^{n+1}-2^{n+1}-3^n+3\times 2^{n-1})u(n-2)\\&=\delta(n)+5\delta(n-1)+(2\times 3^n-2^{n-1})u(n-2)\end{aligned}$$

由以上两例可知，线性时不变离散系统的样值响应形式即为差分方程奇次解的形式，奇次解中的待定系数求解时，需将 $n=0$ 时刻激励引起的响应作为初值求解。

5.4.4 离散系统零状态响应的近代解法——卷积和

在连续时间系统中，可以利用卷积积分的方法求系统的零状态响应。同样，对于离散时间系统，可以采用类似方法进行分析。

由于任意激励信号 $x(n)$ 可以表示为单位样值函数的线性组合，即

$$x(n)=\sum_{m=-\infty}^{+\infty}x(m)\delta(n-m)$$

如果已知系统在单位样值函数作用下的零状态响应为 $h(n)$，即

$$\delta(n)\rightarrow h(n)$$

由时不变特性则有

$$\delta(n-m)\rightarrow h(n-m)$$

同时，由线性特性的均匀性则有

$$x(m)\delta(n-m)\rightarrow x(m)h(n-m)\quad (m>0)$$

再利用线性特性的叠加性，有

$$\sum_{m=-\infty}^{+\infty}x(m)\delta(n-m)\rightarrow \sum_{m=-\infty}^{+\infty}x(m)h(n-m)$$

故

$$x(n)\rightarrow \sum_{m=-\infty}^{+\infty}x(m)h(n-m)$$

即激励 $x(n)$作用于系统产生的零状态响应是 $x(n)$与 $h(n)$的卷积和，如图 5-25 所示。

$$\begin{aligned}y_{zs}(n)&=\sum_{m=-\infty}^{+\infty}x(m)h(n-m)\\&=x(n)*h(n)\end{aligned}$$

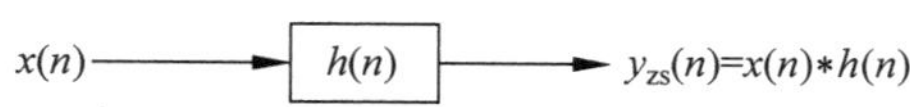

图 5-25　离散系统的零状态响应

通常，一个离散时间系统是由几个子系统级联或并联在一起。下面分别给出系统级联和并联情况下的各子系统和总系统的单位样值响应之间的关系式。若总系统是由各子系统级联在一起，如图 5-26 所示。此时，总系统的单位样值响应是各子系统的单位样值响应的卷积和，即有

$$h(n)=h_1(n)*h_2(n)$$

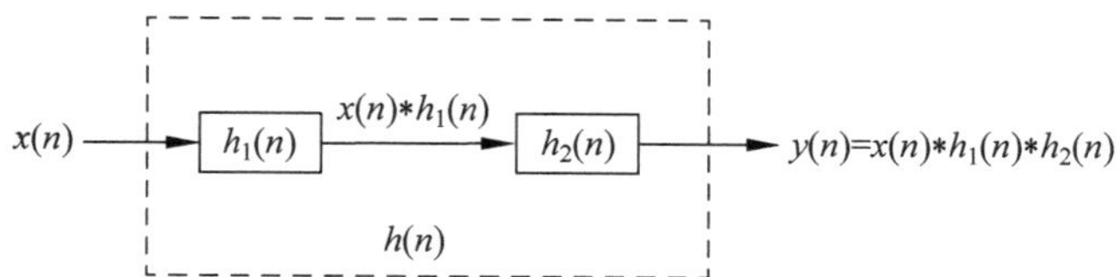

图 5-26　子系统级联

若总系统是由各子系统并联在一起，如图 5-27 所示。此时，总系统的单位样值响应是各子系统的单位样值响应之和，即有

$$h(n)=h_1(n)+h_2(n)$$

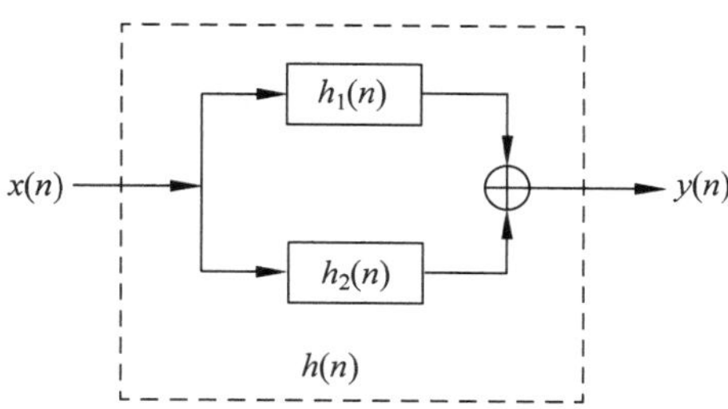

图 5-27　子系统并联

5.4.5 离散系统的因果性和稳定性时域判定方法

类似于连续时间系统的单位冲激响应 $h(n)$，在离散系统时域分析中，也可以根据 $h(n)$ 来分析系统的因果性和稳定性，以此来区分因果系统和非因果系统、稳定系统和不稳定系统。

1. 系统的因果性

一个离散时间系统具有因果性的充分必要条件可表示为

$$h(n)=0 \quad (n<0)$$

式中，$h(n)$ 是当激励为 $\delta(n)$ 时的零状态响应，$\delta(n)$ 是在零时刻加入，故若为因果系统，响应 $h(n)$ 只有在 $n\geqslant 0$ 时刻值存在，在 $n<0$ 时的值均应为零。

2. 系统的稳定性

一个离散时间系统是稳定系统的充分必要条件可表示为

$$\sum_{n=-\infty}^{+\infty}|h(n)|\leqslant M$$

式中，M 为有界正值。由此可见，稳定的离散时间系统，其时域特性 $h(n)$ 应是一个收敛序列，即

$$\lim_{n\to+\infty}h(n)=0$$

例 5-15 已知某系统的单位样值响应为 $h(n)=a^n u(n)$，请判断

(1) 该系统是否是因果系统？

(2) 该系统是否是稳定系统？

解 (1) 因为，当 $n<0$ 时

$$u(n)=0$$

所以

$$h(n)=a^n u(n)=0 \quad (n<0)$$

故可以判断该系统是因果系统。

(2) 根据 a 的取值，可以判定当 $|a|>1$ 时

$$\lim_{n\to+\infty}a^n\neq 0$$

此时，系统不稳定。当 $|a|<1$ 时

$$\lim_{n\to+\infty}a^n=0$$

此时，系统稳定。或者根据稳定系统判定条件

$$\sum_{n=-\infty}^{+\infty}|h(n)|\leqslant M$$

计算下式得到

$$\sum_{n=-\infty}^{+\infty}|h(n)|=\sum_{n=0}^{+\infty}|a|^n$$

这是一个等比数列，公比为 $|a|$，故当 $|a|<1$ 时，$\sum\limits_{n=-\infty}^{+\infty}|h(n)|$ 收敛，此时系统稳定，当 $|a|>1$ 时，$\sum\limits_{n=-\infty}^{+\infty}|h(n)|$ 发散，故系统不稳定。

5.5　相关的 MATLAB 函数

1. impulse

功能：求解连续时间系统冲激响应。

调用格式：`y = impulse(num, den, t)`

其中，若描述系统的微分方程为

$$C_n \frac{d^n r(t)}{dt^n} + C_{n-1} \frac{d^{n-1} r(t)}{dt^{n-1}} + \cdots + C_1 \frac{dr(t)}{dt} + C_0 r(t)$$
$$= E_m \frac{d^m e(t)}{dt^m} + E_{m-1} \frac{d^{m-1} e(t)}{dt^{m-1}} + \cdots + E_1 \frac{de(t)}{dt} + E_0 e(t)$$

则：num=$[E_m, E_{m-1}, \cdots, E_1, E_0]$；den=$[C_n, C_{n-1}, \cdots, C_1, C_0]$；t 为计算系统响应的抽样点向量；y 为系统冲激响应。

2. step

功能：求解连续时间系统阶跃响应。

调用格式：`y = step(num, den, t)`

其中，若描述系统的微分方程为

$$C_n \frac{d^n r(t)}{dt^n} + C_{n-1} \frac{d^{n-1} r(t)}{dt^{n-1}} + \cdots + C_1 \frac{dr(t)}{dt} + C_0 r(t)$$
$$= E_m \frac{d^m e(t)}{dt^m} + E_{m-1} \frac{d^{m-1} e(t)}{dt^{m-1}} + \cdots + E_1 \frac{de(t)}{dt} + E_0 e(t)$$

则：num=$[E_m, E_{m-1}, \cdots, E_1, E_0]$；den=$[C_n, C_{n-1}, \cdots, C_1, C_0]$；t 为计算系统响应的抽样点向量；y 为系统阶跃响应。

3. filter

功能：求解离散时间系统零状态响应数值解。

调用格式：`y = filter(b, a, x)`

其中，b、a 分别为系统的差分方程

$$a_0 y(n) + a_1 y(n-1) + a_2 y(n-2) + \cdots + a_N y(n-N)$$
$$= b_0 x(n) + b_1 x(n-1) + b_2 x(n-2) + \cdots + b_M x(n-M)$$

两端的系数向量$[b_0, b_1, \cdots, b_M]$、$[a_0, a_1, \cdots, a_N]$；x 为输入序列；y 为输出序列。

4. impz

功能：求解离散时间系统单位样值响应。

调用格式：`h = impz(b, a, k)`

其中，b、a 分别为系统的差分方程

$$a_0 y(n) + a_1 y(n-1) + a_2 y(n-2) + \cdots + a_N y(n-N)$$
$$= b_0 x(n) + b_1 x(n-1) + b_2 x(n-2) + \cdots + b_M x(n-M)$$

两端的系数向量$[b_0, b_1, \cdots, b_M]$、$[a_0, a_1, \cdots, a_N]$；k 为输出序列的取值范围；h 为系统单位样值响应。

习题

5-1 判断下列系统是否为线性的、时不变的、因果的，其中 $e(t)$ 表示系统的输入，$r(t)$ 表示输出。

(1) $r(t)=\frac{\mathrm{d}e(t)}{\mathrm{d}t}$；

(2) $r(t)=e(t)u(t)$；

(3) $r(t)=e(1-t)$；

(4) $r(t)=e^2(t)$。

5-2 以下每个系统 $x(n)$ 表示激励，$y(n)$ 表示响应。判断每个激励与响应的关系是否线性的？是否时不变的？

(1) $y(n)=2x(n)+3$；

(2) $y(n)=x(n)\sin\left(\frac{2\pi}{7}n+\frac{\pi}{6}\right)$。

5-3 有一线性时不变系统，当激励是 $e_1(t)=u(t)$ 时，响应 $r_1(t)=\mathrm{e}^{-\alpha t}u(t)$，试求当激励是 $e_2(t)=\delta(t)$，响应 $r_2(t)$ 的表示式（假定起始时刻系统无储能）。

5-4 已知描述系统的微分方程和起始状态如下，试求其零输入响应、零状态响应和全响应。

(1) $\frac{\mathrm{d}^2}{\mathrm{d}t^2}r(t)+4\frac{\mathrm{d}}{\mathrm{d}t}r(t)+3r(t)=e(t), r(0^-)=r'(0^-)=1, e(t)=u(t)$；

(2) $\frac{\mathrm{d}^2}{\mathrm{d}t^2}r(t)+4\frac{\mathrm{d}}{\mathrm{d}t}r(t)+4r(t)=e'(t)+3e(t), r(0^-)=1, r'(0^-)=2, e(t)=e^{-t}u(t)$。

5-5 求下列微分方程描述的系统冲激响应 $h(t)$ 和阶跃响应 $g(t)$。

(1) $\frac{\mathrm{d}}{\mathrm{d}t}r(t)+3r(t)=2\frac{\mathrm{d}}{\mathrm{d}t}e(t)$；

(2) $\frac{\mathrm{d}^2}{\mathrm{d}t^2}r(t)+\frac{\mathrm{d}}{\mathrm{d}t}r(t)+r(t)=\frac{\mathrm{d}}{\mathrm{d}t}e(t)+e(t)$。

5-6 如题图 5-6 所示的电路，若以 $e(t)$ 为输入，$u_c(t)$ 为输出，$R_1=1\Omega$，$R_2=1\Omega$，$C=2\mathrm{F}$。试列写其微分方程，并求出冲激响应和阶跃响应。

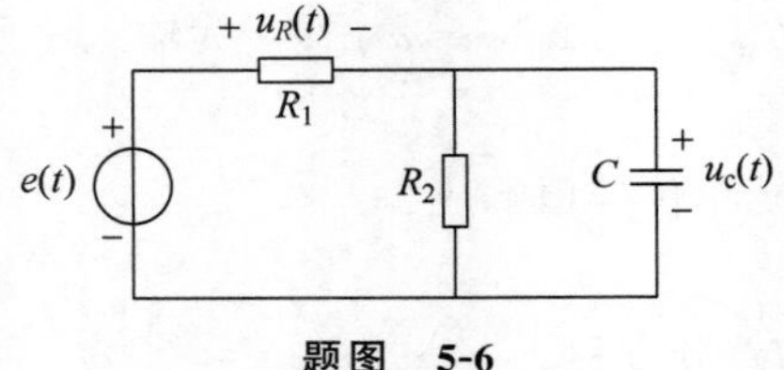

题图 5-6

5-7 列出题图 5-7 所示系统的差分方程，指出其阶次。

5-8 解差分方程 $y(n)+2y(n-1)=n-2$，已知 $y(0)=1$。

5-9 解差分方程 $y(n)+2y(n-1)+y(n-2)=3^n$，已知 $y(-1)=0, y(0)=0$。

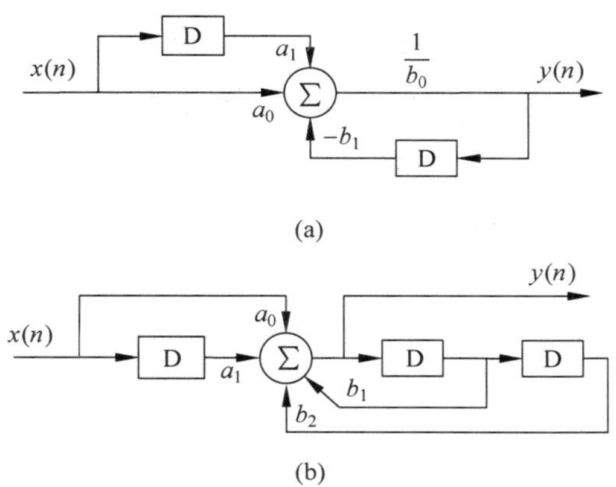

题图 5-7

5-10 解差分方程 $y(n)+y(n-2)=\sin(n)$，已知 $y(-1)=0, y(-2)=0$。

5-11 描述某 LTI 离散系统的差分方程为

$$y(n)-y(n-1)-2y(n-2)=x(n)$$

并且已知 $y(-1)=-1, y(-2)=\frac{1}{4}$，$x(n)=u(n)$，求该系统的零输入响应 $y_{zi}(n)$、零状态响应 $y_{zs}(n)$ 及全响应 $y(n)$。

5-12 求下列差分方程所描述的离散时间系统的单位样值响应。

(1) $y(n)+2y(n-1)=x(n-1)$；

(2) $y(n)-y(n-2)=x(n)$。

5-13 求题图 5-13 所示的各系统的单位样值响应。

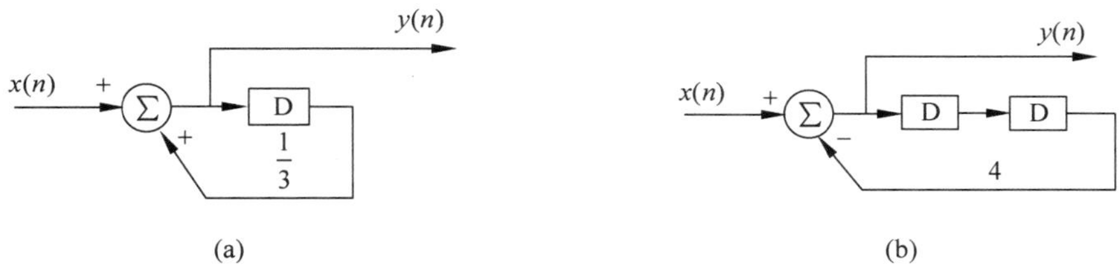

题图 5-13

5-14 以下各序列中，$x(n)$ 是系统的激励，$h(n)$ 是线性时不变系统的单位样值响应。分别求出系统的响应 $y(n)$，并画出波形（请利用卷积来做）。

(1) $x(n)$，$h(n)$ 见题图 5-14(a)；

(2) $x(n)$，$h(n)$ 见题图 5-14(b)；

(3) $x(n)=\alpha^n u(n)\ (0<\alpha<1)$；

$h(n)=\beta^n u(n)\ (0<\beta<1, \beta\neq\alpha)$。

(4) $x(n)=u(n)$；

$h(n)=\delta(n-2)-\delta(n-3)$。

5-15 已知线性时不变系统的单位样值响应 $h(n)$ 以及输入 $x(n)$，求输出 $y(n)$，并绘图示出 $y(n)$。

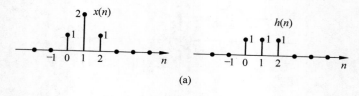

(a)

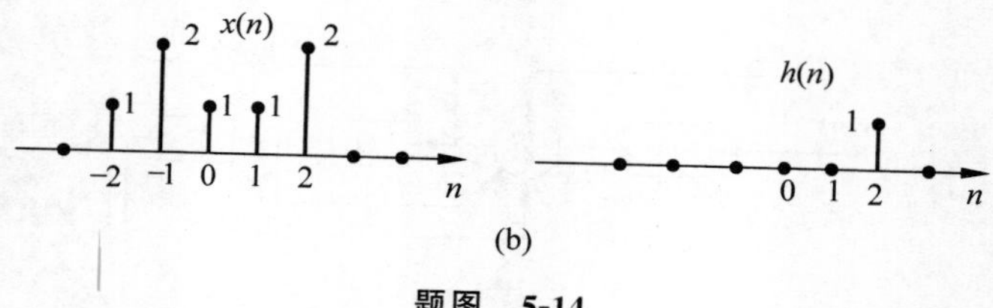

(b)

题图 5-14

(1) $h(n)=2^n[u(n)-u(n-4)]$，$x(n)=\delta(n)-\delta(n-2)$；

(2) $h(n)=\left(\frac{1}{2}\right)^n u(n)$，$x(n)=u(n)-u(n-5)$。

5-16 如题图 5-16 所示的系统包括两个级联的线性时不变系统，它们的单位样值响应分别为 $h_1(n)$ 和 $h_2(n)$。已知 $h_1(n)=\delta(n)-\delta(n-3)$，$h_2(n)=(0.8)^n u(n)$。令 $x(n)=u(n)$。

(1) 按下式求 $y(n)$。

$$y(n)=[x(n)*h_1(n)]*h_2(n) \quad (* \text{ 表示卷积符号})$$

(2) 按下式求 $y(n)$。

$$y(n)=x(n)*[h_1(n)*h_2(n)] \quad (* \text{ 表示卷积符号})$$

(3) 系统的总冲激响应 $h(n)$。

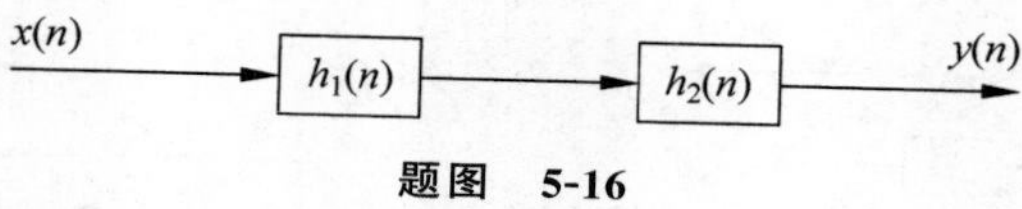

题图 5-16

上机习题

5-1 已知某 LTI 系统的微分方程为

$$\frac{\mathrm{d}^2 r(t)}{\mathrm{d}t}+3\frac{\mathrm{d}r(t)}{\mathrm{d}t}+2r(t)=\frac{\mathrm{d}e(t)}{\mathrm{d}t}+5e(t)$$

(1) 用 MATLAB 命令求解绘出 $0\leqslant t\leqslant 10$ 区间内系统的冲激响应 $h(t)$。

(2) 用 MATLAB 命令求解并绘出 $0\leqslant t\leqslant 10$ 区间内系统的阶跃响应 $g(t)$。

5-2 已知某 LTI 系统的微分方程为

$$\frac{\mathrm{d}^2 r(t)}{\mathrm{d}t}+5\frac{\mathrm{d}r(t)}{\mathrm{d}t}+6r(t)=5e(t)$$

式中，$e(t)=\mathrm{e}^{-t}u(t)$。用 MATLAB 中的 lsim 命令绘出 $0\leqslant t\leqslant 10$ 区间内系统的零状态响应。

5-3 已知某 LTI 系统的差分方程为

$$y(n)-\frac{5}{6}y(n-1)+\frac{1}{6}y(n-2)=x(n)$$

(1) 用 MATLAB 中的 impz 函数求解并绘出 $0\leqslant n\leqslant 50$ 区间内该系统的单位样值响应。

(2) 用 MATLAB 中的 filter 函数求解并绘出当激励信号 $x(n)=2^n u(n)$时，该系统的零状态响应。

第6章

线性系统的频域分析

第 5 章介绍了连续时间系统和离散时间系统的时域特性及响应的时域求解方法，本章将在频域内分析系统的特性及系统响应的求解方法。通过频域分析，将对系统的物理特性了解更加清楚，使得系统响应求解更加方便。

6.1 系统的频率响应特性

6.1.1 连续系统的频率响应及求解方法

设线性时不变连续时间系统的单位冲激响应为 $h(t)$，激励信号为 $e(t)$时的零状态响应 $r(t)$可以由 $e(t)$和 $h(t)$的线性卷积求得，即

$$r(t)=e(t)*h(t) \tag{6-1}$$

将式(6-1)转换到频域表示，利用傅里叶变换的时域卷积定理得

$$R(\mathrm{j}\omega)=E(\mathrm{j}\omega)H(\mathrm{j}\omega) \tag{6-2}$$

则

$$H(\mathrm{j}\omega)=\frac{R(\mathrm{j}\omega)}{E(\mathrm{j}\omega)} \tag{6-3}$$

式(6-3)称为连续系统的频率响应，其量纲可以是阻抗、导纳、电压比或电流比，取决于输入输出信号的性质。

一般情况下，$H(\mathrm{j}\omega)$是 ω 的复函数，可用幅度和相位表示为

$$H(\mathrm{j}\omega)=|H(\mathrm{j}\omega)|\mathrm{e}^{\mathrm{j}\varphi(\omega)} \tag{6-4}$$

式中，$|H(\mathrm{j}\omega)|$称为系统的幅频特性，是 ω 的偶函数；$\varphi(\omega)$称为系统的相频特性，是 ω 的奇函数。将式(6-4)代入式(6-2)并将 $E(\mathrm{j}\omega)$也用模和幅角表示，得

$$\begin{aligned}R(\mathrm{j}\omega)&=|E(\mathrm{j}\omega)|\mathrm{e}^{\mathrm{j}\theta(\omega)}|H(\mathrm{j}\omega)|\mathrm{e}^{\mathrm{j}\varphi(\omega)}\\&=[|E(\mathrm{j}\omega)||H(\mathrm{j}\omega)|]\mathrm{e}^{\mathrm{j}(\theta(\omega)+\varphi(\omega))}\end{aligned}$$

由此可以得出连续时间系统频率响应 $H(\mathrm{j}\omega)$的物理解释：系统可以看作是一个信号处理器，$H(\mathrm{j}\omega)$是一个加权函数，它对输入信号的各频率分量进行加权，其中信号的幅度由$|H(\mathrm{j}\omega)|$进行加权，信号的相位由 $\varphi(\omega)$进行修正。

$H(\mathrm{j}\omega)$描述的是连续系统在频域内所固有的特性，不随外加激励的变化而变化。一旦系统的结构、参数、输入输出位置和性质确定，则系统的频率响应特性就确定了，故用其来描述系统特性。

而由 $H(\mathrm{j}\omega)$与 $h(t)$之间的傅里叶变换关系可知，$h(t)$也是系统的固有特性，故用来描述系统的时域特性。$H(\mathrm{j}\omega)$的求法可以根据不同的已知条件求解，主要有以下几种方法。

1. 已知激励 $e(t)$和系统的零状态输出 $r(t)$

若已知一个系统的激励信号 $e(t)$，其零状态响应为 $r(t)$，则系统的频率响应可由 $H(\mathrm{j}\omega)$的定义直接得到，即

$$H(\mathrm{j}\omega)=\frac{R(\mathrm{j}\omega)}{E(\mathrm{j}\omega)}$$

2. 已知系统的单位冲激响应 $h(t)$

倘若在实际分析过程中，系统的单位冲激响应 $h(t)$已知，此时可以直接对其求傅里叶变换得 $H(\mathrm{j}\omega)$，即

$$H(\mathrm{j}\omega)=\mathcal{F}[h(t)]=\int_{-\infty}^{+\infty}h(t)\mathrm{e}^{-\mathrm{j}\omega t}\,\mathrm{d}t$$

3. 已知线性时不变连续系统的数学模型——线性常系数微分方程

如果已知线性时不变系统的数学模型，即 n 阶常系数线性微分方程为

$$C_0\frac{\mathrm{d}^n r(t)}{\mathrm{d}t^n}+C_1\frac{\mathrm{d}^{n-1}r(t)}{\mathrm{d}t^{n-1}}+\cdots+C_{n-1}\frac{\mathrm{d}r(t)}{\mathrm{d}t}+C_n r(t)$$

$$=E_0\frac{\mathrm{d}^m e(t)}{\mathrm{d}t^m}+E_1\frac{\mathrm{d}^{m-1}e(t)}{\mathrm{d}t^{m-1}}+\cdots+E_{m-1}\frac{\mathrm{d}e(t)}{\mathrm{d}t}+E_m e(t)$$

式中，$e(t)$为系统的激励；$r(t)$为系统的零状态响应。利用傅里叶变换的时域微分特性，对上式两边进行傅里叶变换得

$$[C_0(\mathrm{j}\omega)^n+C_1(\mathrm{j}\omega)^{n-1}+\cdots+C_{n-1}(\mathrm{j}\omega)+C_n]R(\mathrm{j}\omega)$$

$$=[E_0(\mathrm{j}\omega)^m+E_1(\mathrm{j}\omega)^{m-1}+\cdots+E_{m-1}(\mathrm{j}\omega)+E_m]E(\mathrm{j}\omega)$$

所以

$$H(\mathrm{j}\omega)=\frac{R(\mathrm{j}\omega)}{E(\mathrm{j}\omega)}=\frac{C_0(\mathrm{j}\omega)^n+C_1(\mathrm{j}\omega)^{n-1}+\cdots+C_{n-1}(\mathrm{j}\omega)+C_n}{E(\mathrm{j}\omega)^m+E_1(\mathrm{j}\omega)^{m-1}+\cdots+E_{m-1}(\mathrm{j}\omega)+E_m}$$

例 6-1 已知某线性系统的微分方程为

$$r''(t)+3r'(t)+2r(t)=e(t)$$

求系统的频率响应 $H(\mathrm{j}\omega)$。

解 对微分方程两边进行傅里叶变换，得

$$[(\mathrm{j}\omega)^2+3\mathrm{j}\omega+2]R(\mathrm{j}\omega)=E(\mathrm{j}\omega)$$

可求得

$$H(\mathrm{j}\omega)=\frac{R(\mathrm{j}\omega)}{E(\mathrm{j}\omega)}=\frac{1}{(\mathrm{j}\omega)^2+3\mathrm{j}\omega+2}$$

4. 已知组成系统的电路

若已知系统的具体电路组成，则此时可根据 KVL 和 KCL 定律列写描述该系统的输入输出微分方程，再依据 2 中的方法求解频率响应 $H(\mathrm{j}\omega)$。

例 6-2 如图 6-1 中电路的初始状态为零，若激励电源为 $e(t)$，输出响应为回路电流

$i(t)$，求系统的频率响应 $H(\mathrm{j}\omega)$。

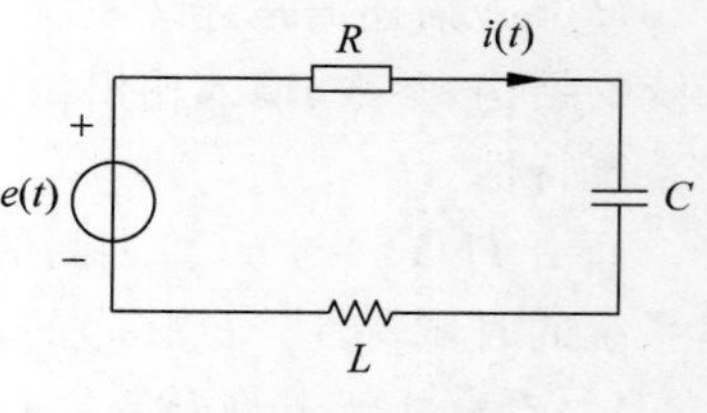

图 6-1 例 6-2 图

解 依题意

$$Ri(t)+\frac{1}{C}\int_{-\infty}^{t} i(\tau)\mathrm{d}\tau+L\ \frac{\mathrm{d}i(t)}{\mathrm{d}t}=e(t)$$

左右两端取傅里叶变换得

$$RI(\mathrm{j}\omega)+\frac{1}{\mathrm{j}\omega C}I(\mathrm{j}\omega)+L(\mathrm{j}\omega)I(\mathrm{j}\omega)=E(\mathrm{j}\omega)$$

所以系统的频率响应 $H(\mathrm{j}\omega)$为

$$H(\mathrm{j}\omega)=\frac{I(\mathrm{j}\omega)}{E(\mathrm{j}\omega)}=\frac{1}{R+\mathrm{j}\omega L+\dfrac{1}{\mathrm{j}\omega C}}$$

由本例题可见，$H(\mathrm{j}\omega)$具有导纳量纲，且频域内电阻 R 的阻抗值仍是R，电感的阻抗是 $\mathrm{j}\omega L$，电容的阻抗是$\dfrac{1}{\mathrm{j}\omega C}$。

6.1.2 离散系统的频率响应及求解方法

与连续系统频率响应的分析方法相同，设离散时间系统的单位冲激响应为 $h(n)$，激励信号为 $x(n)$，则零状态响应 $y(n)$也可以由 $x(n)$和 $h(n)$的卷积来获得，即

$$y(n)=x(n)*h(n) \tag{6-5}$$

对式(6-5)利用离散时间傅里叶变换的时域卷积定理可得

$$Y(\mathrm{e}^{\mathrm{j}\omega})=X(\mathrm{e}^{\mathrm{j}\omega})H(\mathrm{e}^{\mathrm{j}\omega}) \tag{6-6}$$

则

$$H(\mathrm{e}^{\mathrm{j}\omega})=\frac{Y(\mathrm{e}^{\mathrm{j}\omega})}{X(\mathrm{e}^{\mathrm{j}\omega})} \tag{6-7}$$

式(6-7)称为离散时间系统的频率响应，它是系统零状态输出与输入的离散时间傅里叶变换之比。用 $H(\mathrm{e}^{\mathrm{j}\omega})$来描述离散系统在频域内的特性，系统确定后，它不随输入信号的变化而变化。

同样，一般情况下，$H(\mathrm{e}^{\mathrm{j}\omega})$也是 ω 的复函数，可用幅度和相位表示为

$$H(\mathrm{e}^{\mathrm{j}\omega})=|H(\mathrm{e}^{\mathrm{j}\omega})|\mathrm{e}^{\mathrm{j}\varphi(\omega)} \tag{6-8}$$

类似地，称$|H(\mathrm{e}^{\mathrm{j}\omega})|$为离散时间系统的幅频特性，$\varphi(\omega)$为离散时间系统的相频特性。并且有，$|H(\mathrm{e}^{\mathrm{j}\omega})|$是 ω 的偶函数，$\varphi(\omega)$是 ω 的奇函数。将式(6-8)代入式(6-6)并将 $X(\mathrm{e}^{\mathrm{j}\omega})$也用模和幅角表示，得

$$\begin{aligned}Y(\mathrm{e}^{\mathrm{j}\omega})&=|X(\mathrm{e}^{\mathrm{j}\omega})|\mathrm{e}^{\mathrm{j}\theta(\omega)}|H(\mathrm{e}^{\mathrm{j}\omega})|\mathrm{e}^{\mathrm{j}\varphi(\omega)}\\&=[|X(\mathrm{e}^{\mathrm{j}\omega})||H(\mathrm{e}^{\mathrm{j}\omega})|]\mathrm{e}^{\mathrm{j}(\theta(\omega)+\varphi(\omega))}\end{aligned}$$

$H(\mathrm{e}^{\mathrm{j}\omega})$的物理含义与 $H(\mathrm{j}\omega)$是一样的。只不过此时描述的是对离散输入信号各频率分量进行加权，其中信号的幅度由$|H(\mathrm{e}^{\mathrm{j}\omega})|$进行加权，信号的相位由 $\varphi(\omega)$进行修正，从而实现对不同频率离散信号的传输特性。

$H(\mathrm{e}^{\mathrm{j}\omega})$的几种典型求解方法如下。

1. 已知激励和系统的零状态响应

利用定义可直接求解，即

$$H(\mathrm{e}^{\mathrm{j}\omega})=\frac{Y(\mathrm{e}^{\mathrm{j}\omega})}{X(\mathrm{e}^{\mathrm{j}\omega})}$$

2. 已知系统的单位冲激响应 $h(n)$

由定义知，$H(\mathrm{e}^{\mathrm{j}\omega})$是 $h(n)$的离散时间傅里叶变换，有

$$H(\mathrm{e}^{\mathrm{j}\omega})=\sum_{n=-\infty}^{+\infty}h(n)\mathrm{e}^{-\mathrm{j}\omega n}$$

3. 已知线性时不变离散系统的数学模型——线性常系数差分方程

设 N 阶线性时不变系统的差分方程为

$$\sum_{k=0}^{N-1}a_k y(n-k)=\sum_{r=0}^{M}b_r x(n-r)$$

式中，$x(n)$为系统的激励；$y(n)$为系统的零状态响应。对上式两边取离散时间傅里叶变换得

$$\sum_{k=0}^{N}a_k\mathrm{e}^{-\mathrm{j}\omega k}Y(\mathrm{e}^{-\mathrm{j}\omega})=\sum_{r=0}^{M}b_r\mathrm{e}^{-\mathrm{j}\omega r}X(\mathrm{e}^{\mathrm{j}\omega})$$

所以

$$H(\mathrm{e}^{\mathrm{j}\omega})=\frac{Y(\mathrm{e}^{\mathrm{j}\omega})}{X(\mathrm{e}^{\mathrm{j}\omega})}=\frac{\sum_{r=0}^{M}b_r\mathrm{e}^{-\mathrm{j}\omega r}}{\sum_{k=0}^{N}a_k\mathrm{e}^{-\mathrm{j}\omega k}}$$

4. 已知系统的结构框图

若已知组成离散时间系统的结构框图，此时可以写出描述该系统的差分方程，再利用2. 中的方法求解系统的频率响应 $H(\mathrm{e}^{\mathrm{j}\omega})$。

例 6-3　已知离散时间系统的框图如图 6-2 所示，求系统频率响应特性。

解　由系统模型可以得到对应的差分方程为

$$y(n)=0.5x(n)+0.5x(n-1)$$

设系统为零状态的，方程两边取离散时间傅里叶变换得

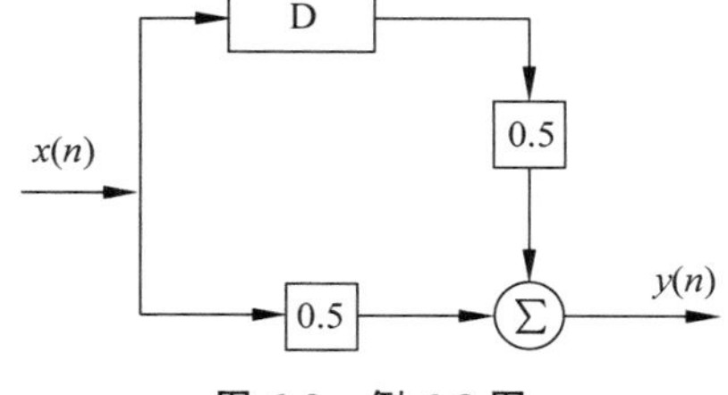

图 6-2　例 6-3 图

$$Y(\mathrm{e}^{\mathrm{j}\omega})=0.5X(\mathrm{e}^{\mathrm{j}\omega})+0.5\mathrm{e}^{-\mathrm{j}\omega}X(\mathrm{e}^{\mathrm{j}\omega})$$

移项得到系统函数为

$$H(\mathrm{e}^{\mathrm{j}\omega})=\frac{Y(\mathrm{e}^{\mathrm{j}\omega})}{X(\mathrm{e}^{\mathrm{j}\omega})}=0.5+0.5\mathrm{e}^{-\mathrm{j}\omega}$$

变换形式得到

$$\begin{aligned}H(\mathrm{e}^{\mathrm{j}\omega})&=0.5(1+\mathrm{e}^{-\mathrm{j}\omega})\\&=0.5\mathrm{e}^{-\mathrm{j}\frac{\omega}{2}}\cdot\frac{\mathrm{e}^{\mathrm{j}\frac{\omega}{2}}+\mathrm{e}^{-\mathrm{j}\frac{\omega}{2}}}{2}\cdot 2\\&=\cos\frac{\omega}{2}\cdot\mathrm{e}^{-\mathrm{j}\frac{\omega}{2}}\end{aligned}$$

从上式得到其幅频特性为

$$|H(\mathrm{e}^{\mathrm{j}\omega})|=\left|\cos\frac{\omega}{2}\right|$$

对应的曲线如图 6-3(a)所示。相频特性为

$$\varphi(\omega) = -\frac{\omega}{2} \quad (-\pi < \omega < \pi)$$

对应的曲线如图 6-3(b)所示。

此题也可以将图 6-2 由时域转换到频域,如图 6-4 所示,在频域内直接导出输出与输入的关系,利用定义即可求得 $H(\mathrm{j}\omega)$。

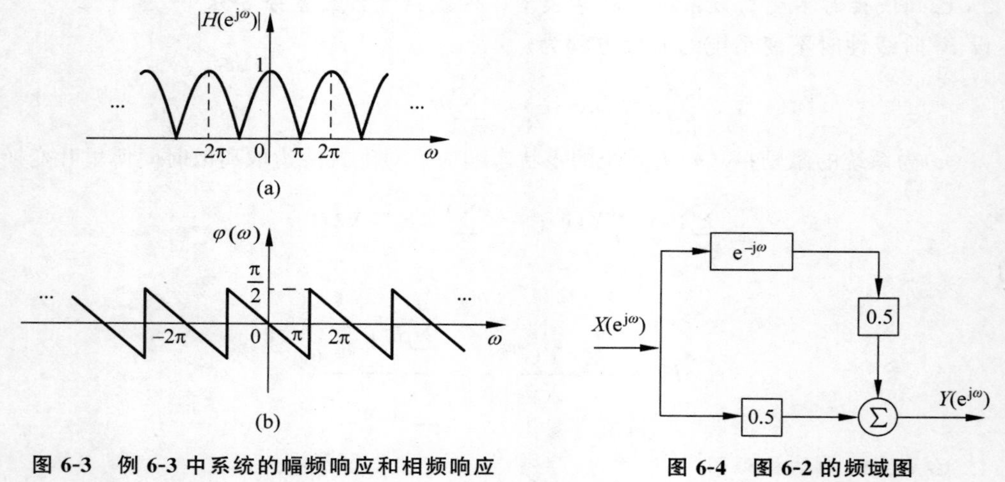

图 6-3 例 6-3 中系统的幅频响应和相频响应

图 6-4 图 6-2 的频域图

由图可得

$$Y(\mathrm{e}^{\mathrm{j}\omega}) = 0.5X(\mathrm{e}^{\mathrm{j}\omega}) + 0.5\mathrm{e}^{-\mathrm{j}\omega}X(\mathrm{e}^{\mathrm{j}\omega})$$

则

$$H(\mathrm{e}^{\mathrm{j}\omega}) = \frac{Y(\mathrm{e}^{\mathrm{j}\omega})}{X(\mathrm{e}^{\mathrm{j}\omega})} = 0.5 + 0.5\mathrm{e}^{-\mathrm{j}\omega}$$

6.1.3 典型系统的频率特性

在前面几个小节主要阐述了连续时间系统和离散时间系统的频率响应特性及其求解方法。接下来介绍几个典型系统的频率特性。

1. 无失真传输系统

在信号传输中,总是希望信号经过系统传输后,无任何失真,这就要求系统是一个无失真传输系统。所谓无失真传输,是指响应信号与激励信号相比,只是幅度和出现的时间不同,而无波形上的变化。即若设激励信号为 $e(t)$,响应为 $r(t)$,则无失真传输的条件是

$$r(t) = Ke(t - t_0) \tag{6-9}$$

式中,K 为一个常数;t_0 为滞后时间。满足此条件时,$r(t)$波形是 $e(t)$波形经 t_0 时间的滞后。虽然,在幅度上 $r(t)$相比于 $e(t)$有系数 K 倍的变化,但波形形状不变,即响应的变化规律未变。相关示例如图 6-5 所示。

对式(6-9)两边进行傅里叶变换

$$R(\mathrm{j}\omega) = KE(\mathrm{j}\omega)\mathrm{e}^{-\mathrm{j}\omega t_0}$$

得无失真传输系统的频率响应为

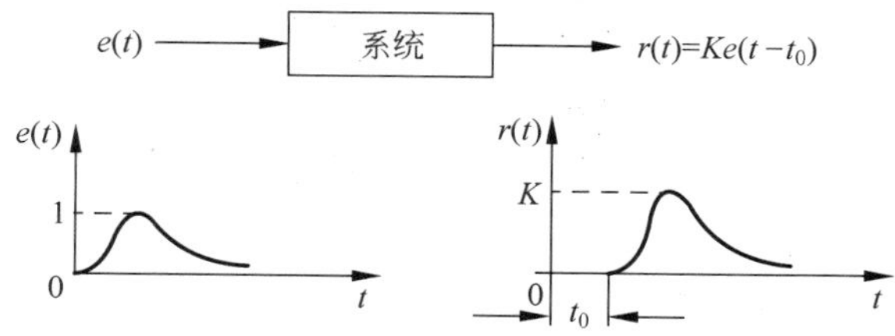

图 6-5 系统的无失真传输

$$H(\mathrm{j}\omega)=\frac{R(\mathrm{j}\omega)}{E(\mathrm{j}\omega)}=K\mathrm{e}^{-\mathrm{j}\omega t_0} \tag{6-10}$$

其幅频特性和相频特性分别为

$$|H(\mathrm{j}\omega)|=K,\quad \varphi(\omega)=-\omega t_0 \tag{6-11}$$

图 6-6 给出了无失真传输系统的幅频和相频特性示意图。

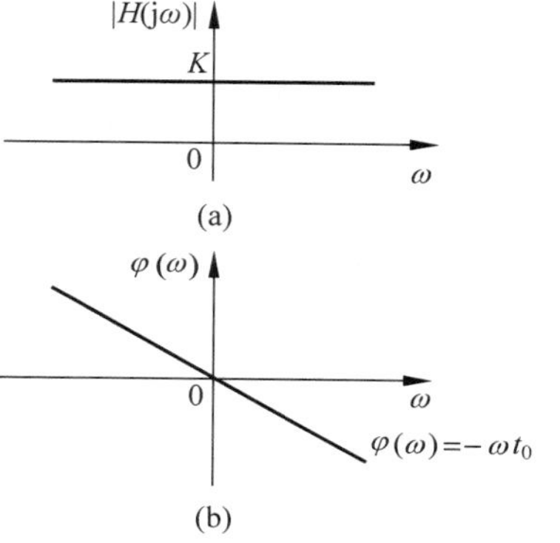

图 6-6 无失真传输系统的幅频和相频特性

对式(6-10)求傅里叶逆变换得无失真传输系统的单位冲激响应,即

$$h(t)=K\delta(t-t_0)$$

因此,由式(6-11)可知,无失真传输系统应满足两个条件。

(1) 系统的幅频特性$|H(\mathrm{j}\omega)|$在整个频率范围内应为常数 K,也就是说系统对任何频率的输入信号都允许通过,且对所有频率分量的幅度放大(缩小)相同的倍数 K。

(2) 系统的相频特性 $\varphi(\omega)$在整个频率范围内应与 ω 呈线性关系,表明系统对输入信号产生时间上的位移且对输入信号的各个频率分量产生的时移相同,都为 t_0。

然而,在实际应用中,如果系统的幅频特性$|H(\mathrm{j}\omega)|$不能保证在整个频率域内是常数,信号通过系统时相对于无失真系统来说就会产生失真,这种失真称为幅度失真。若相频特性 $\varphi(\omega)$不是 ω 的线性函数,信号通过系统时也会产生失真,则称此种失真为相位失真。

例如,设某信号 $e(t)=\sin(\omega_0 t)+\sin(2\omega_0 t)$,其波形如图 6-7(a)所示。经系统 1 后的输出为 $r_1(t)=5e(t-t_0)=5[\sin(\omega_0(t-t_0))+\sin(2\omega_0(t-t_0))]$,其波形如图 6-7(b)所示,则系统 1 为无失真传输系统。若经系统 2 后的输出为 $r_2(t)=2\sin(\omega_0 t)+5\sin(2\omega_0 t)$,其波形如图 6-7(c)所示,则系统 2 会产生幅度失真,这是因为系统对 ω_0 信号分量的幅度和对 $2\omega_0$ 分量的幅度放大倍数不同而引起的。若经系统 3 后的输出为 $r_3(t)=\sin(\omega_0(t-0.1))+\sin(2\omega_0(t-0.2))$,其波形如图 6-7(d)所示,则系统 3 会产生相位失真,这是因为系统对 ω_0 信号分量的延时与对 $2\omega_0$ 分量的延时不等而引起的。

例 6-4 已知一 LTI 系统的频率响应为

$$H(\mathrm{j}\omega)=\frac{1-\mathrm{j}\omega}{1+\mathrm{j}\omega}$$

求系统的幅频特性$|H(\mathrm{j}\omega)|$和相频特性 $\varphi(\omega)$并作图,判断系统是否为无失真传输系统。

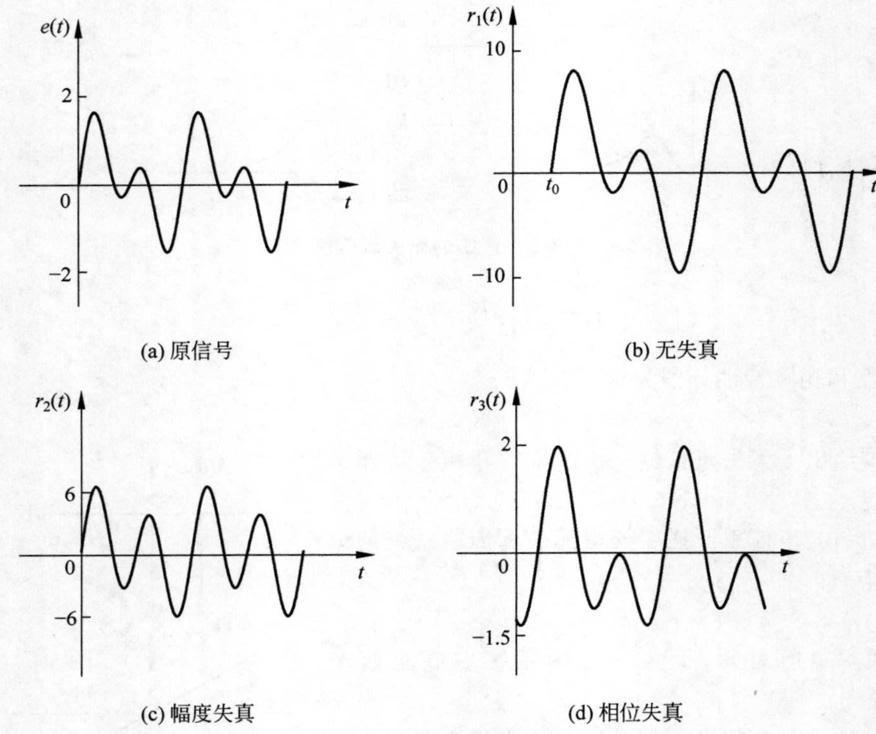

图 6-7 信号 $e(t)$经过不同系统所产生的输出

解 对 $H(\mathrm{j}\omega)$分别求模和相角得

$$H(\mathrm{e}^{\mathrm{j}\omega})=\frac{\sqrt{1+\omega^2}\cdot \mathrm{e}^{-\mathrm{j}\arctan\omega}}{\sqrt{1+\omega^2}\cdot \mathrm{e}^{\mathrm{j}\arctan\omega}}$$

故

$$|H(\mathrm{j}\omega)|=1$$

$$\varphi(\omega)=-2\arctan(\omega)$$

其幅频响应曲线和相频响应曲线如图 6-8(a)、(b)所示。

此系统的幅频特性$|H(\mathrm{j}\omega)|$对所有的频率都为常数，但相频特性 $\varphi(\omega)$不是 ω 的线性函数，故不能保证输入信号各频率分量都能有相同的延迟，波形会产生失真，所以此系统不是无失真传输系统。这类幅频特性为常数的系统称为全通系统，它不会抑制任何频率的信号。

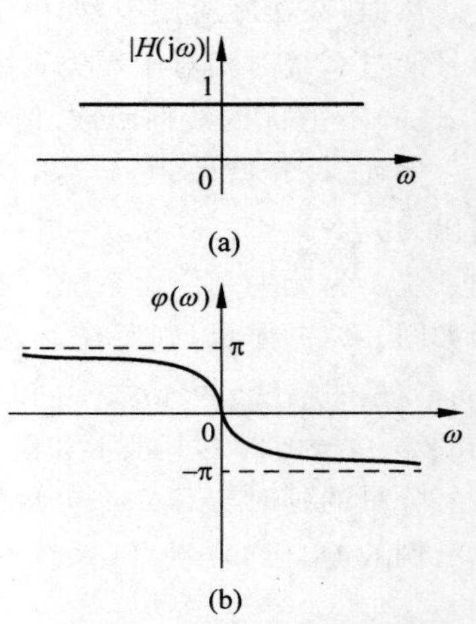

图 6-8 例 6-4 中系统的幅频响应和相频响应

2. 理想模拟滤波器

所谓滤波器，是指允许输入信号中的一部分频率分量通过，而抑制另一部分频率分量的系统。一般信号经过系统后，其频率分量都会有所改变，因此从这一点上说，任何一个系统都是一个广义的滤波器。在实际应用中，按照允许信号通过的频率成分划分，滤波器通常可分为低通、高通、带通和带阻等四种形式，它们在理想情况下的幅频特性分别如图 6-9 所示。其中，ω_c 是低通滤波的通带截止频率，对于高通滤波，ω_c 是其通带起始频率；ω_1 和 ω_2 是带通滤波器的通带起始和通带截止频率或带阻滤波器的阻带起始和阻带截止频率；ω_0 表示带通滤波器的通带中心频率或带阻滤波器的阻带中心频率。通带是指滤波器允许信号通过的频带范围，阻带是指滤波器抑制信号通过的频段范围。下面重点讨论理想低通滤波器。

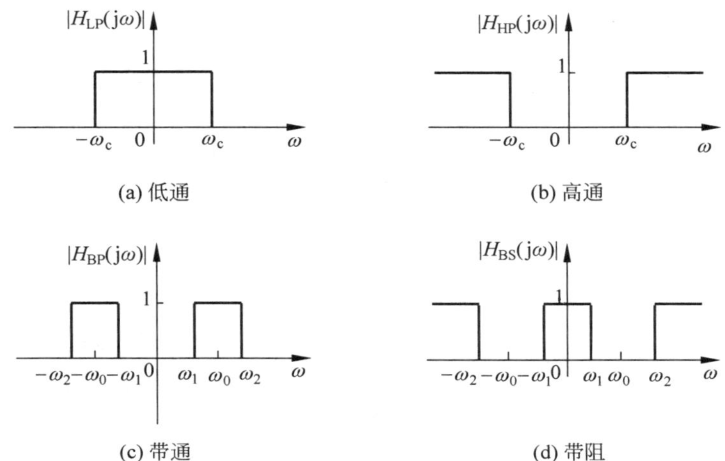

图 6-9　理想滤波器的幅频特性

由图 6-9(a)可知，理想低通滤波器的幅频特性 $|H(\mathrm{j}\omega)|$ 在通带 $|\omega|\leqslant\omega_c$ 内(其中 ω_c 称为截止角频率)恒为 1，在其余范围内均为 0。相频特性 $\varphi(\omega)$ 在通带内与 ω 呈线性关系。其频率响应可表示为

$$H(\mathrm{j}\omega)=|H(\mathrm{j}\omega)|\mathrm{e}^{\mathrm{j}\varphi(\mathrm{j}\omega)}=\begin{cases}\mathrm{e}^{-\mathrm{j}\omega t_0} & (|\omega|\leqslant\omega_c)\\ 0 & (\text{其他})\end{cases}$$

其频谱如图 6-10 所示。

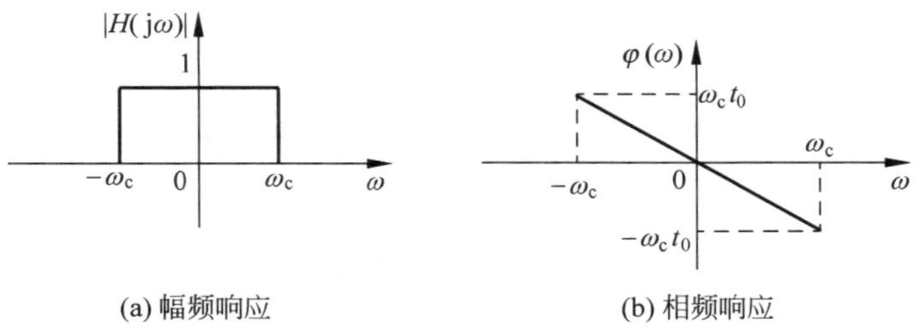

图 6-10　理想低通滤波器的频率响应

由于理想低通滤波器的通频带是有限的，故也称为带限系统。当通过该滤波器的信号频谱带宽大于滤波器的通频带时，输出将会产生失真，失真的大小一方面取决于带限系统的通带宽度，另一方面也取决于输入信号的频带宽度。这就是信号与系统的频率匹配概念。当传输的信号带宽小于该滤波器的通带宽度时，就可以认为信号是无失真传输。

下面研究理想低通滤波器的单位冲激响应 $h(t)$ 的特性。$h(t)$ 可由频率响应 $H(\mathrm{j}\omega)$ 经

傅里叶逆变换得到，即

$$\begin{aligned} h(t) = \mathcal{F}^{-1}[H(\mathrm{j}\omega)] &= \frac{1}{2\pi}\int_{-\infty}^{+\infty} H(\mathrm{j}\omega)\mathrm{e}^{\mathrm{j}\omega t}\mathrm{d}\omega \\ &= \frac{1}{2\pi}\int_{-\omega_c}^{\omega_c} \mathrm{e}^{-\mathrm{j}\omega t_0}\mathrm{e}^{-\mathrm{j}\omega t}\mathrm{d}\omega \\ &= \frac{1}{2\pi}\int_{-\omega_c}^{\omega_c} \mathrm{e}^{\mathrm{j}\omega(t-t_0)}\mathrm{d}\omega \\ &= \frac{\omega_c}{\pi}\mathrm{Sa}[\omega_c(t-t_0)] \end{aligned}$$

图 6-11(a)～(c)分别给出 ω_c 取不同值时所对应的理想低通滤波器的冲激响应，以此来阐明理想低通滤波器的冲激响应和频域带宽 ω_c 的关系。具体如下。

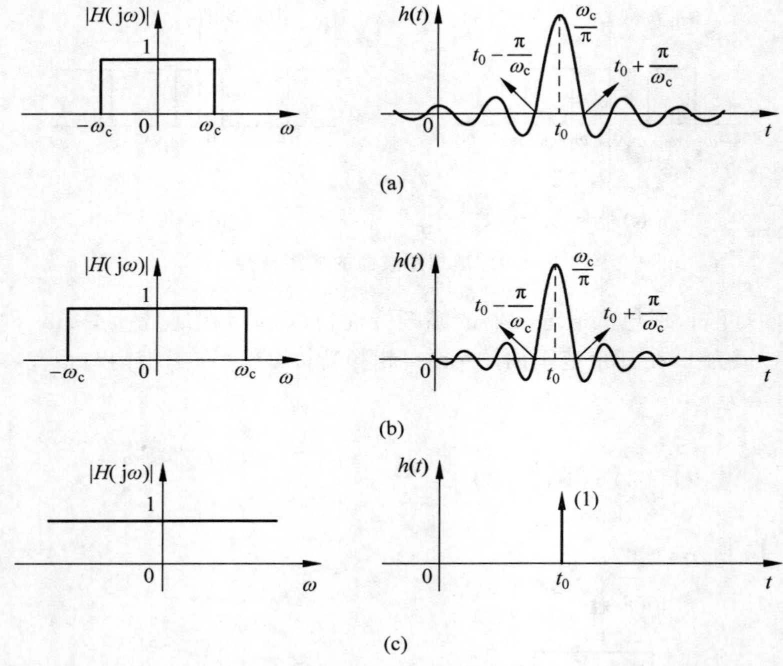

图 6-11　ω_c 取不同值时所对应的理想低通滤波器的冲激响应

(1) 系统的时域特性 $h(t)$ 对应的输入信号是冲激信号 $\delta(t)$，可以看出，$h(t)$ 相对于输入 $\delta(t)$，并不是 $\delta(t)$ 的简单延时，而是 Sa 函数的延时，故系统产生严重失真，如图 6-11(a)所示。这是由于 $\delta(t)$ 的频带无限宽，而理想低通滤波器的通频带是有限的($0\sim\omega_c$)，因此，信号经过滤波器之后，ω_c 以上的频率都衰减为零，所以产生了失真。

(2) 当 ω_c 逐渐增大至无穷时，滤波器为全通网络，此时输出 $h(t)\Rightarrow\delta(t-t_0)$，视为无失真传输系统。

(3) 由于 $t<0$ 时，$h(t)\neq 0$，故理想低通滤波器是一个物理不可实现的非因果系统，故称为“理想”低通滤波器。实际的低通滤波器不同于理想低通滤波器，除了有通带和阻带外，还有过渡带，如图 6-12 所示。

然而，有关理想滤波器的研究并不因为其无法实现而失去价值，实际滤波器的分析与设计往往需要理想滤波器的理论做指导。本书将在第 8 章介绍实际滤波器特性的设计与实现。

例 6-5　如图 6-13 所示系统为一个 RC 电路，若输入为 $e(t)$，输出为 $v_c(t)$，求系统的频率响应特性，并画出幅频和相频曲线图。

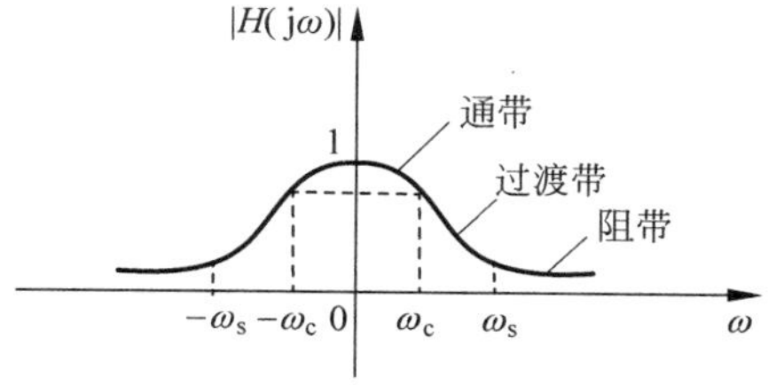

图 6-12　实际的低通滤波器示意图

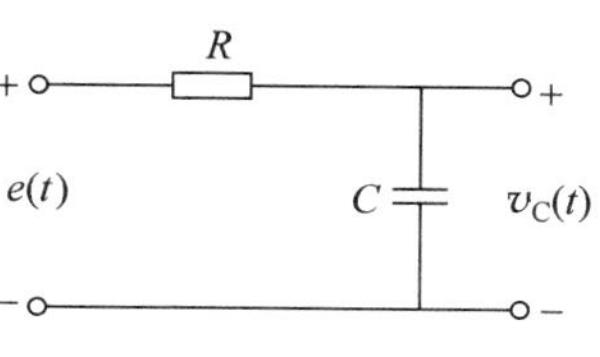

图 6-13　例 6-5 图

解　$e(t)$和 $v_c(t)$之间的输入输出方程为

$$R \cdot C \frac{\mathrm{d}v_C(t)}{\mathrm{d}t} + v_C(t) = e(t)$$

对方程两边分别求傅里叶变换得

$$R \cdot C \cdot \mathrm{j}\omega V_C(\mathrm{j}\omega) + V_C(\mathrm{j}\omega) = E(\mathrm{j}\omega)$$

故

$$H(\mathrm{j}\omega) = \frac{V_C(\mathrm{j}\omega)}{E(\mathrm{j}\omega)} = \frac{\frac{1}{RC}}{\mathrm{j}\omega + \frac{1}{RC}}$$

则幅频响应为

$$|H(\mathrm{j}\omega)| = \frac{\frac{1}{RC}}{\sqrt{\omega^2 + \left(\frac{1}{RC}\right)^2}}$$

相频响应为

$$\varphi(\omega) = -\arctan RC\omega$$

其波形如图 6-14(a)、(b)所示。

由图 6-14(a)所示的幅频响应可见，该系统为低通滤波器。

3. 典型离散系统——数字滤波器的频率特性

与模拟滤波器相对应，在离散信号系统中广泛地应用数字滤波器。图 6-15 分别给出几种常用的理想数字滤波器的幅频特性，需要注意的是数字滤波器的频率响应是以 $2\pi(\mathrm{rad})$ 为周期的 ω 的连续函数。

图 6-15 所示的滤波器同样也是物理不可实现的，但是便于理解分析。实际应用中的滤波器，其频率特性也是由通带、过渡带及阻带构成的。图 6-16 绘出了实际应用的数字低通滤波器幅频响应示意图。

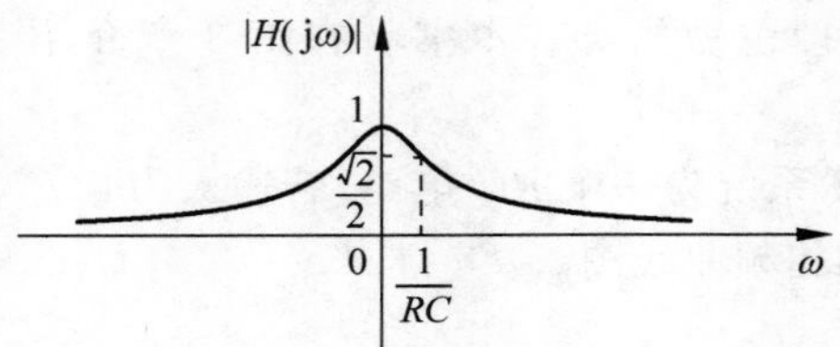

(a) 幅频响应

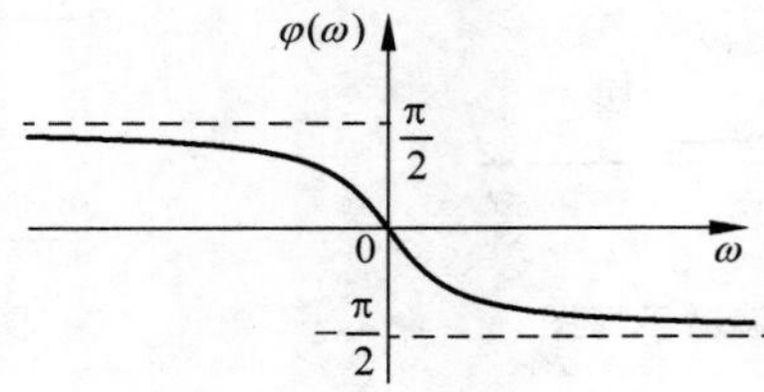

(b) 相频响应

图 6-14　例 6-5 中系统频响函数图

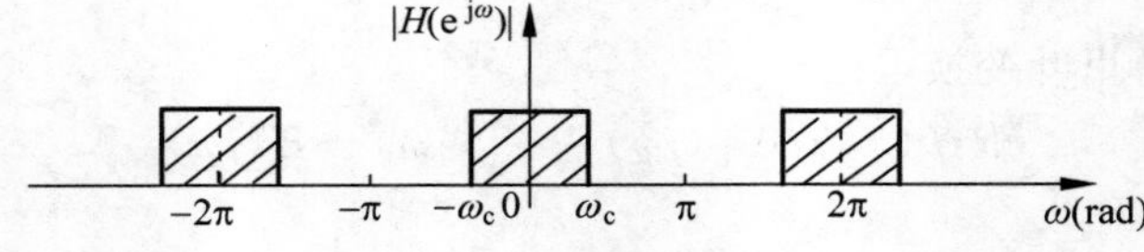

(a) 低通(ω_c，通带截止角频率)

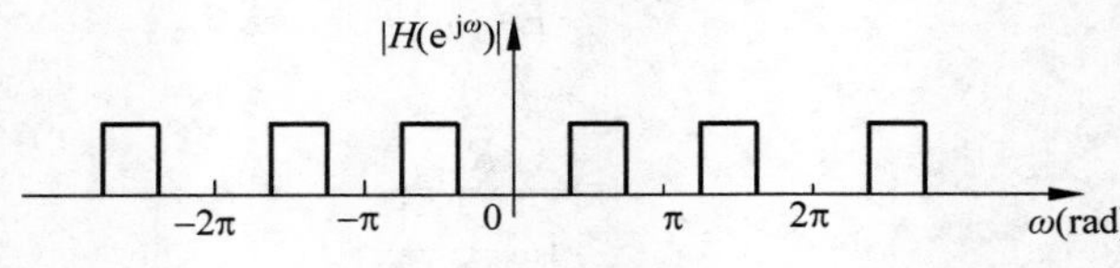

(b) 带通

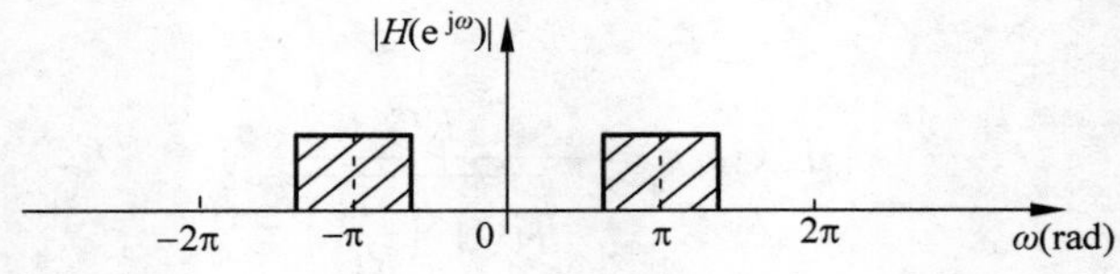

(c) 高通

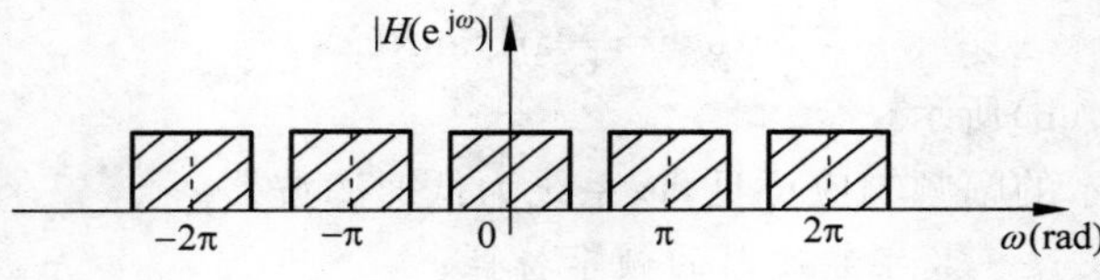

(d) 带阻

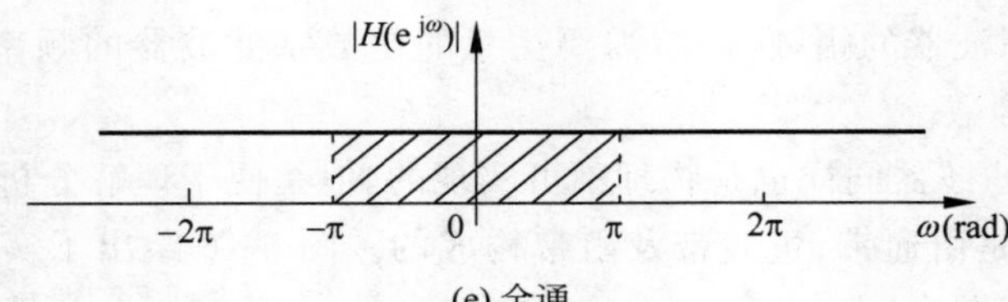

(e) 全通

图 6-15　各种理想数字滤波器的幅频特性

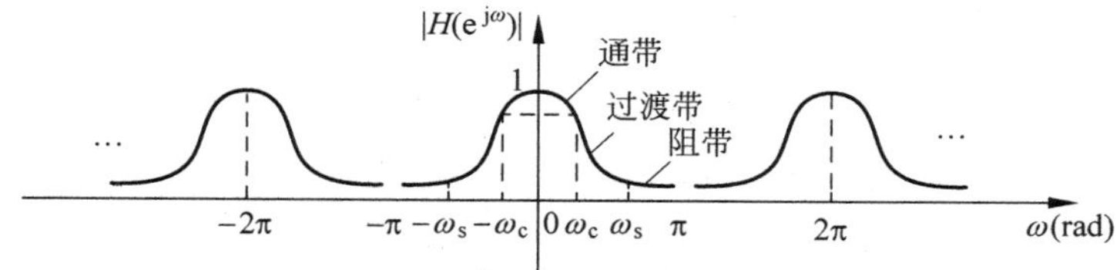

图 6-16　实际的低通滤波器幅频响应示意图

例 6-6　雷达系统的一次杂波对消器主要用来进行杂波抑制，其基本组成如图 6-17 所示（$|a_1|<1$），求该系统的频率响应，并说明该系统的滤波特性。

图 6-17　例 6-6 图

解　该一阶系统的差分方程为

$$y(n)=a_1 y(n-1)+x(n)\quad(|a_1|<1)$$

则

$$H(\mathrm{e}^{\mathrm{j}\omega})=\frac{Y(\mathrm{e}^{\mathrm{j}\omega})}{X(\mathrm{e}^{\mathrm{j}\omega})}=\frac{1}{1-a_1\mathrm{e}^{-\mathrm{j}\omega}}$$

$$=\frac{1}{(1-a_1\cos\omega)+\mathrm{j}a_1\sin\omega}$$

于是，幅频响应为

$$|H(\mathrm{e}^{\mathrm{j}\omega})|=\frac{1}{\sqrt{1+a_1^2-2a_1\cos\omega}}$$

相频响应为

$$\varphi(\omega)=-\arctan\left(\frac{a_1\sin\omega}{1-a_1\cos\omega}\right)$$

若 $0<a_1<1$，则系统呈低通特性，其中 $|H(\mathrm{e}^{\mathrm{j}\omega})|$、$\varphi(\omega)$ 的形状如图 6-18(a)、(b)所示。

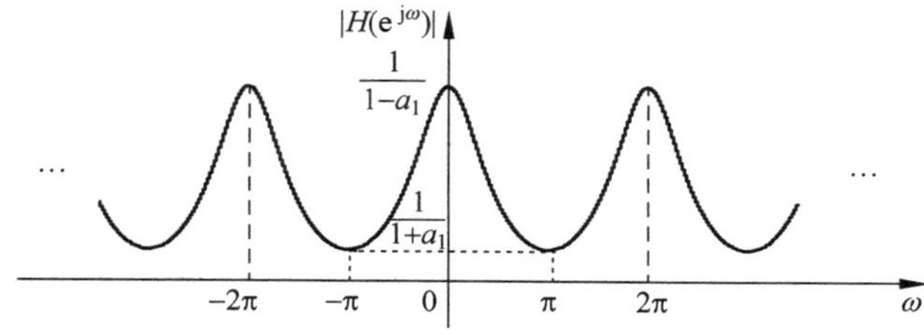

(a) 幅频响应

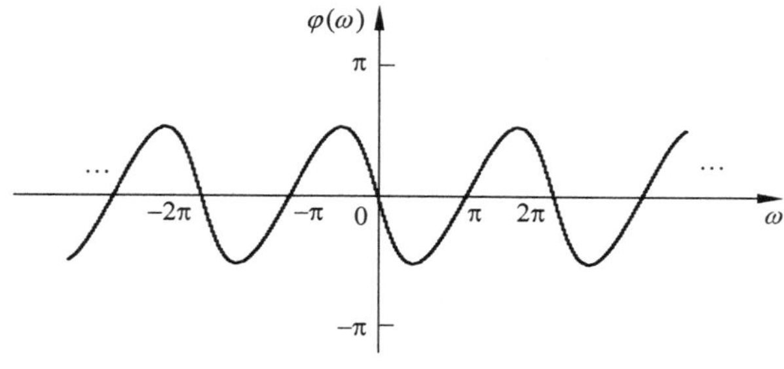

(b) 相频响应

图 6-18　$0<a_1<1$

若$-1<a_1<0$，则系统呈高通特性，其中$|H(\mathrm{e}^{\mathrm{j}\omega})|$、$\varphi(\omega)$的形状如图6-19(a)、(b)所示。

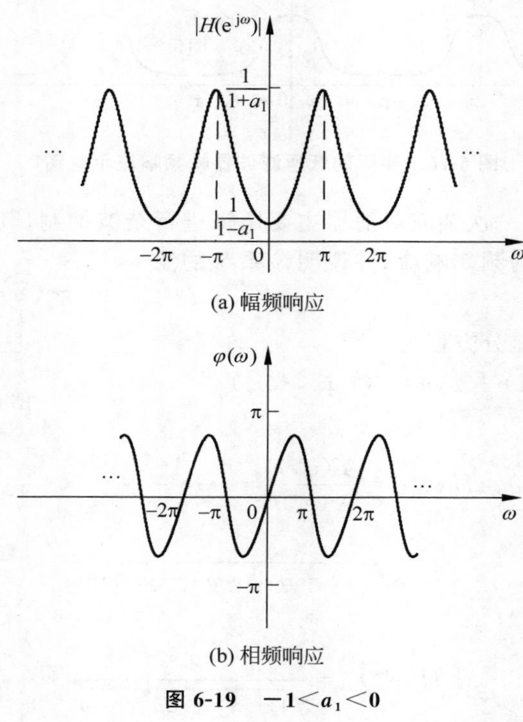

图6-19　$-1<a_1<0$

6.2　系统零状态响应的频域解法

6.2.1　连续系统零状态响应的频域求解方法

1. 非周期信号激励下的连续系统响应

从时域上来讲，输入信号$e(t)$经过线性时不变系统$h(t)$的零状态响应$r(t)$等于两者的卷积积分，如图6-20(a)所示。如果转换到频域，用时域卷积定理即可将时域的卷积运算转化为频域内的乘积运算，如图6-20(b)所示。

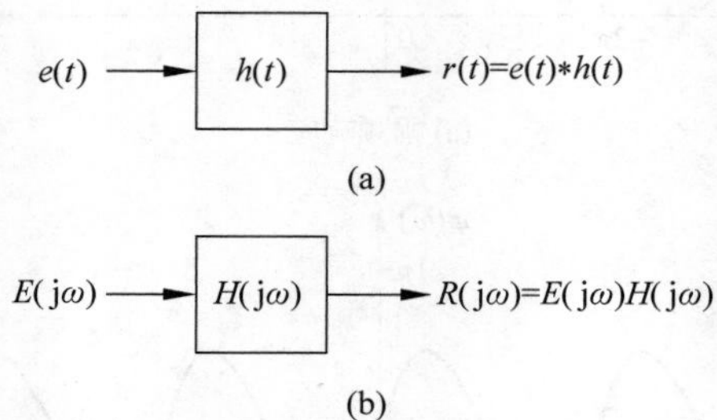

图6-20　连续时间系统响应的频域求解方法

其中，$E(\mathrm{j}\omega)$、$H(\mathrm{j}\omega)$和$R(\mathrm{j}\omega)$分别为$e(t)$、$h(t)$和$r(t)$的傅里叶变换。也就是说，频域内系统的零状态响应是激励傅里叶变换与系统频率响应的乘积，若转换到时域，则计算其傅里叶逆变换，即

$$r(t)=\mathcal{F}^{-1}[R(\mathrm{j}\omega)]=\mathcal{F}^{-1}[E(\mathrm{j}\omega)H(\mathrm{j}\omega)] \tag{6-12}$$

例 6-7　已知如图 6-21(a)所示 RC 低通网络，当输入为矩形脉冲 $v_1(t)$ 如图 6-21(b)所示时，求系统的零状态响应 $v_2(t)$。

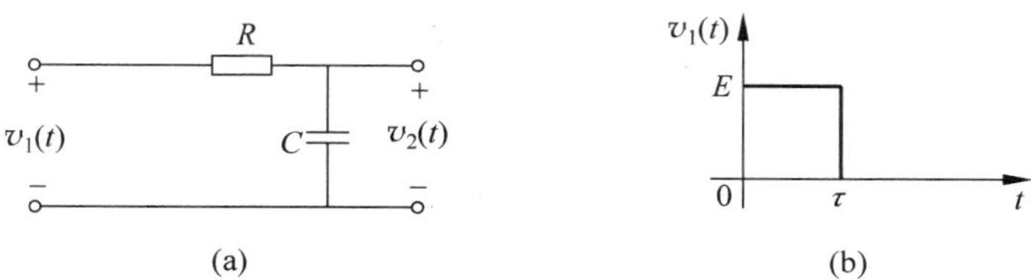

图 6-21　例 6-7 图

解　由图 6-21(a)可知系统的频率响应可表示为

$$H(\mathrm{j}\omega)=\frac{V_2(\mathrm{j}\omega)}{V_1(\mathrm{j}\omega)}=\frac{1/\mathrm{j}\omega C}{R+1/(\mathrm{j}\omega C)}=\frac{\alpha}{\mathrm{j}\omega+\alpha}$$

式中，$\alpha=\dfrac{1}{RC}$，通常称 RC 为时间常数。

由激励信号可知

$$\begin{aligned}V_1(\mathrm{j}\omega)&=E\tau\mathrm{e}^{-\mathrm{j}\frac{\omega\tau}{2}}\mathrm{Sa}\left(\frac{\omega\tau}{2}\right)\\&=\frac{E}{\mathrm{j}\omega}(1-\mathrm{e}^{-\mathrm{j}\omega\tau})\end{aligned}$$

联立上面两个公式得到 $v_2(t)$ 的频域解。即

$$\begin{aligned}V_2(\mathrm{j}\omega)&=V_1(\mathrm{j}\omega)\cdot H(\mathrm{j}\omega)\\&=\frac{\alpha}{\mathrm{j}\omega+\alpha}\frac{E}{\mathrm{j}\omega}(1-\mathrm{e}^{-\mathrm{j}\omega\tau})\\&=\left(\frac{E}{\mathrm{j}\omega}-\frac{E}{\mathrm{j}\omega+\alpha}\right)(1-\mathrm{e}^{-\mathrm{j}\omega\tau})\\&=\frac{E}{\mathrm{j}\omega}(1-\mathrm{e}^{-\mathrm{j}\omega\tau})-\frac{E}{\mathrm{j}\omega+\alpha}(1-\mathrm{e}^{-\mathrm{j}\omega\tau})\end{aligned}$$

对 $V_2(\mathrm{j}\omega)$ 取傅里叶逆变换得 $v_2(t)$，即

$$\begin{aligned}v_2(t)&=\mathcal{F}^{-1}[V_2(\mathrm{j}\omega)]\\&=\mathcal{F}^{-1}\left[\frac{E}{\mathrm{j}\omega}(1-\mathrm{e}^{-\mathrm{j}\omega\tau})-\frac{E}{\mathrm{j}\omega+\alpha}(1-\mathrm{e}^{-\mathrm{j}\omega\tau})\right]\\&=\mathcal{F}^{-1}\left[\frac{E}{\mathrm{j}\omega}(1-\mathrm{e}^{-\mathrm{j}\omega\tau})\right]-\mathcal{F}^{-1}\left[\frac{E}{\mathrm{j}\omega+\alpha}(1-\mathrm{e}^{-\mathrm{j}\omega\tau})\right]\\&=\frac{E}{2}[\mathrm{sgn}(t)-\mathrm{sgn}(t-\tau)]-E[\mathrm{e}^{-\alpha t}u(t)-\mathrm{e}^{-\alpha(t-\tau)}u(t-\tau)]\\&=E[u(t)-u(t-\tau)]-E[\mathrm{e}^{-\alpha t}u(t)-\mathrm{e}^{-\alpha(t-\tau)}u(t-\tau)]\\&=E[1-\mathrm{e}^{-\alpha t}]u(t)-E[1-\mathrm{e}^{-\alpha(t-\tau)}]u(t)\end{aligned}$$

其波形如图 6-22(a)所示。同时，图 6-22(b)～(d)则分别绘出了上述各傅里叶变换式的幅频特性曲线 $|H(\mathrm{j}\omega)|$、$|V_1(\mathrm{j}\omega)|$、$|V_2(\mathrm{j}\omega)|$。

由图可见，输出信号的波形图 6-22(a)与输入相比产生了失真，这表现在输出波形上升

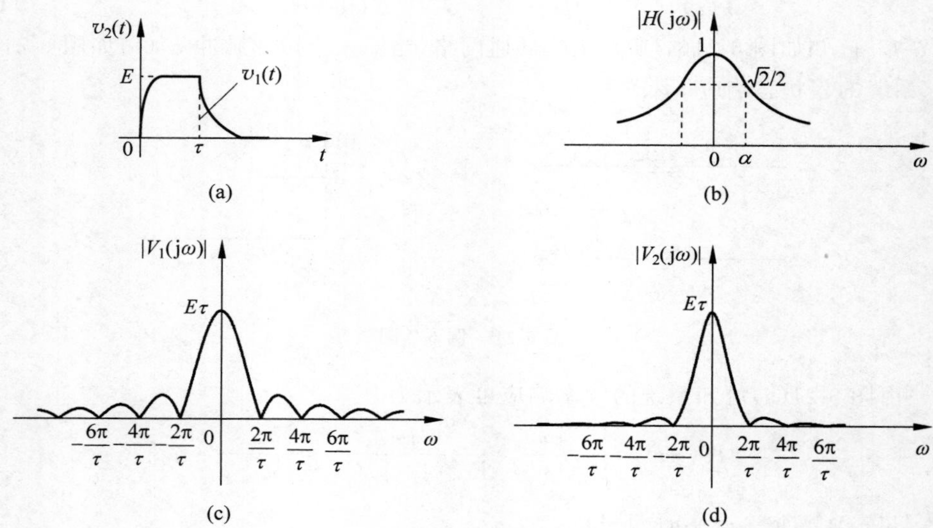

图 6-22　各信号波形

和下降特性上。输入信号 $v_1(t)$在 $t=0$ 时刻急剧上升，在 $t=\tau$ 时刻急剧下降，这种急速变化说明输入信号有很高的频率分量。但是，由图 6-22(b)可知，此系统是一个低通滤波器，对高频成分有很大的衰减，所以输出信号 $v_2(t)$不再表现为矩形脉冲，而是以指数规律逐渐上升和下降。如果减小滤波器的 RC 时间常数，此时 α 增大，则此低通滤波器的带宽增加，允许更多的高频分量通过，响应波形的上升、下降时间就要缩短。

例 6-8　已知理想低通滤波器的频率特性

$$H(j\omega)=\begin{cases} e^{-j\omega t_0} & (|\omega|\leqslant\omega_c) \\ 0 & (\text{其他}) \end{cases}$$

求其阶跃响应。

解　已知阶跃信号的傅里叶变换为

$$E(j\omega)=\mathcal{F}[u(t)]=\pi\delta(\omega)+\frac{1}{j\omega}$$

于是得到

$$R(j\omega)=E(j\omega)H(j\omega)=\left(\pi\delta(\omega)+\frac{1}{j\omega}\right)e^{-j\omega t_0}\quad(|\omega|\leqslant\omega_c)$$

取傅里叶逆变换(注意此处 ω 的取值是在$[-\omega_c,\omega_c]$之间)可得

$$\begin{aligned} r(t)&=\mathcal{F}^{-1}[R(j\omega)] \\ &=\frac{1}{2\pi}\int_{-\omega_c}^{\omega_c}\left(\pi\delta(\omega)+\frac{1}{j\omega}\right)e^{-j\omega t_0}e^{-j\omega t}d\omega \\ &=\frac{1}{2}+\frac{1}{2\pi}\int_{-\omega_c}^{\omega_c}\frac{\cos(\omega(t-t_0))}{j\omega}d\omega+\frac{1}{2\pi}\int_{-\omega_c}^{\omega_c}\frac{\sin(\omega(t-t_0))}{\omega}d\omega \end{aligned}$$

注意到上式中，前面一项积分的被积函数$\frac{\cos(\omega(t-t_0))}{j\omega}$是 ω 的奇函数，所以积分为零，后面一项积分的被积函数是 ω 的偶函数，因而有

$$r(t)=\frac{1}{2}+\frac{1}{\pi}\int_{0}^{\omega_c}\frac{\sin(\omega(t-t_0))}{\omega}\mathrm{d}\omega=\frac{1}{2}+\frac{1}{\pi}\int_{0}^{\omega_c(t-t_0)}\frac{\sin(x)}{x}\mathrm{d}x$$

这里，引用了符号 x 置换被积分变量

$$x=\omega(t-t_0)$$

而函数$\frac{\sin(x)}{x}$的积分称为“正弦积分”，以符号 $\mathrm{Si}(y)$表示，即

$$\mathrm{Si}(y)=\int_{0}^{y}\frac{\sin(x)}{x}\mathrm{d}x$$

函数$\frac{\sin(x)}{x}$与 $\mathrm{Si}(y)$曲线画于图 6-23。可以看到 $\mathrm{Si}(y)$是 y 的奇函数，随着 y 值增加，$\mathrm{Si}(y)$从 0 增长，以后围绕$\frac{\pi}{2}$起伏，起伏逐渐衰减而趋于$\frac{\pi}{2}$，各极值点与$\frac{\sin(x)}{x}$函数的零点对应，例如 $\mathrm{Si}(y)$第一个峰点就在 $y=\pi$ 处出现。有关正弦积分的其他特性请参考相关书籍，在此不再赘述。

引用以上有关数学结论，响应 $r(t)$写作

$$r(t)=\frac{1}{2}+\frac{1}{\pi}\mathrm{Si}(\omega_c(t-t_0)) \tag{6-13}$$

将单位阶跃信号 $u(t)$及其响应 $r(t)$分别示于图 6-24(a)、(b)。由图可见，理想低通滤波器的截止频率 ω_c 越小，输出 $r(t)$上升越慢。

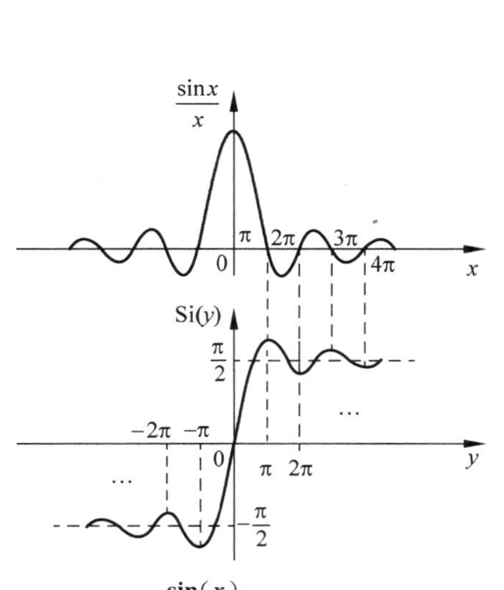

图 6-23　$\frac{\sin(x)}{x}$函数与 $\mathrm{Si}(y)$函数

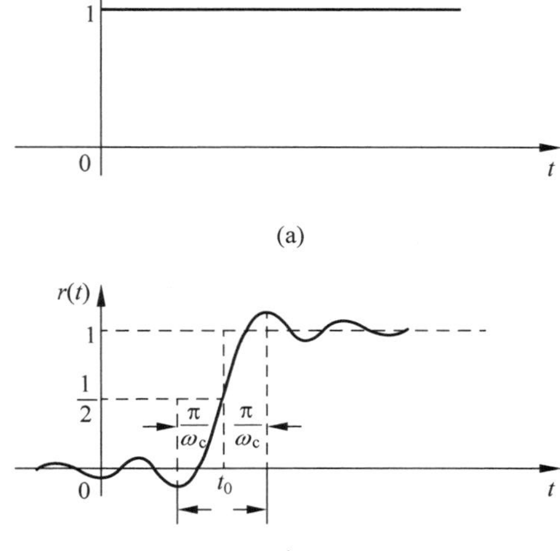

图 6-24　理想低通滤波器的阶跃响应

对阶跃响应的几点认识：由图 6-24(b)可见，阶跃响应最小值的位置出现在 $t_0-\frac{\pi}{\omega_c}$，最大值的位置出现在 $t_0+\frac{\pi}{\omega_c}$，将输出由最小值到最大值所经历的时间定义为阶跃响应的上升时间 t_r，则 $t_r=2\cdot\frac{\pi}{\omega_c}=\frac{1}{B}$，其中 B 为滤波器带宽（即通带截止频率）。由此可见，阶跃响应

的上升时间 t_r 与理想低通滤波器的截止频率 B(带宽)成反比，即 $Bt_r=1$。在图 6-24 可以看到，当阶跃信号作用于理想低通滤波器时，输出端呈现逐渐上升的波形，不再像输入信号那样急剧上升。响应的上升时间取决于滤波器的截止频率。由此可以得出，具有跃变不连续点的信号通过低通滤波器传输，则不连续点在输出将被圆滑，产生渐变。这同样是低通滤波器的作用，输入信号 $u(t)$ 在 $t=0$ 处函数值的突变包含许多高频分量，其经过低通滤波器后被滤除了一些高频分量，从而使信号的变化变得缓慢。

例 6-9 求理想低通滤波器对如图 6-25(a)所示矩形方波 $e_1(t)=u(t)-u(t-\tau)$ 的响应。

解 利用例 6-8 的结果，很容易求得理想低通滤波器对于矩形方波的响应。应用线性系统叠加定理和时不变特性，借助式(6-13)可求得理想低通滤波器对 $e_1(t)$ 的响应为

$$r_1(t)=\frac{1}{\pi}[\mathrm{Si}(\omega_c(t-t_0))-\mathrm{Si}(\omega_c(t-t_0-\tau))]$$

对应波形如图 6-25(b)所示，这里假设 $\frac{2\pi}{\omega_c}\ll\tau$。

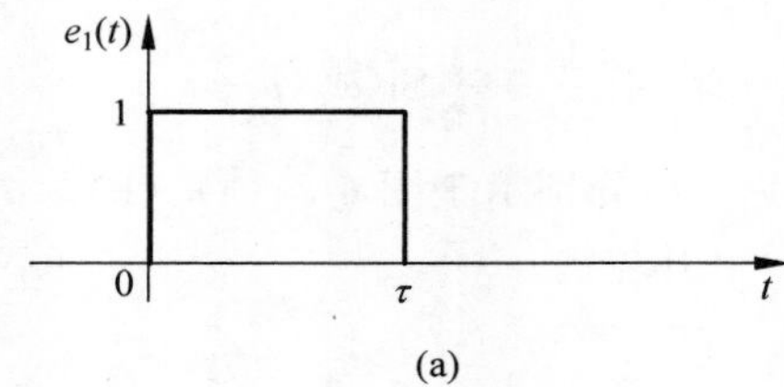

(a)

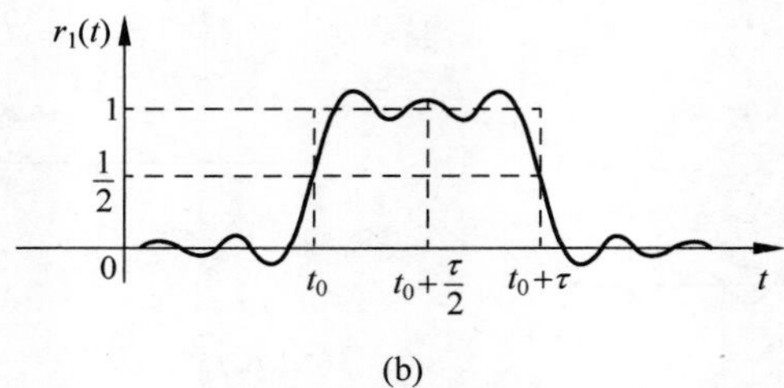

(b)

图 6-25 矩形脉冲通过理想低通滤波器

由图 6-25(b)可知，输出与输入相比，除输出相对输入有一定延时(t_0)之外，波形也发生失真。当 $\frac{2\pi}{\omega_c}\ll\tau$ 时，波形接近于输入矩形脉冲。可以计算，当 τ 过窄(或 ω_c 过小)则响应波形上升与下降时间连在一起，失真更加严重，完全丢失了激励信号的脉冲形状。

借助理想低通滤波器阶跃响应的有关结论，可以解释吉布斯现象。在第 3 章的 3.2 节曾讲到，周期信号波形经傅里叶级数分解后，常用有限项级数相加逼近原信号，所谓吉布斯现象是指，对于具有不连续点(跳变点)的周期信号，随着所取级数项数的增加，合成信号的峰值向跳变点靠近，而且峰起值趋近于跳变值的 9%。

参看图 6-23 不难发现类似的现象。在 $y=\pi$ 处，$\mathrm{Si}(y)$ 的第一个峰起值为 $\mathrm{Si}(\pi)=1.8514$，代入阶跃响应表达式，可求得相应的阶跃响应峰值，即

$$r(t)\mid_{\max}=\frac{1}{2}+\frac{1.8514}{\pi}\approx 1.0895$$

即第一个峰起上冲约为跳变值的 8.95%，近似为 9%。

图 6-26(a)所示矩形脉冲 $e(t)$ 的傅里叶变换 $E(\mathrm{j}\omega)$ 如图 6-26(b)所示，将此信号通过频率特性 $H_1(\mathrm{j}\omega)$ 如图 6-26(c)所示的低通滤波器，其响应波形 $r_1(t)$ 示于图 6-26(d)，当加大此低通网络的带宽 ω_c，滤波器的频率响应 $H_2(\mathrm{j}\omega)$ 如图 6-26(e)所示时，允许激励信号的更多高频成分通过网络，于是，响应波形改善，峰起值向跳变点缩进，输出波形 $r_2(t)$ 见图 6-26(f)，且峰起值的上冲逼近 9%。

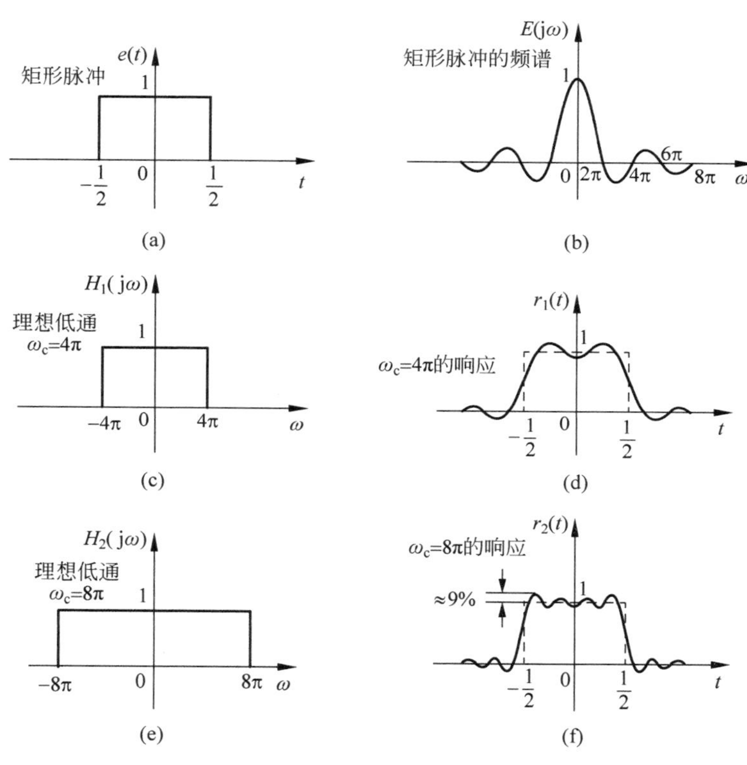

图 6-26　具有不同 ω_c 的理想低通对矩形脉冲的响应

对于周期性矩形脉冲，其频谱成分虽变成离散型，但仍可用上述原理解释吉布斯现象。当滤波器截止频率 ω_c 增大，允许通过的信号频谱分量增多，对周期信号的逼近误差会减小。但是，仍存在误差。当 ω_c 足够大时，在时域中表现在信号的跳变点处，信号峰值点更加靠近原信号的跳变点，且与原信号跳变点处的幅值差逼近 9%，如图 6-26(f)所示。

例 6-10　求理想低通滤波器对 $e(t)=\mathrm{Sa}(\omega_c t)$ 的响应，滤波器最高截止频率为 ω_c。

解　已知 $e(t)=\mathrm{Sa}(\omega_c t)$ 的傅里叶变换为

$$E(\mathrm{j}\omega)=\mathcal{F}[\mathrm{Sa}(\omega_c t)]=\frac{\pi}{\omega_c}[u(\omega+\omega_c)-u(\omega-\omega_c)]$$

其波形如图 6-27 所示。

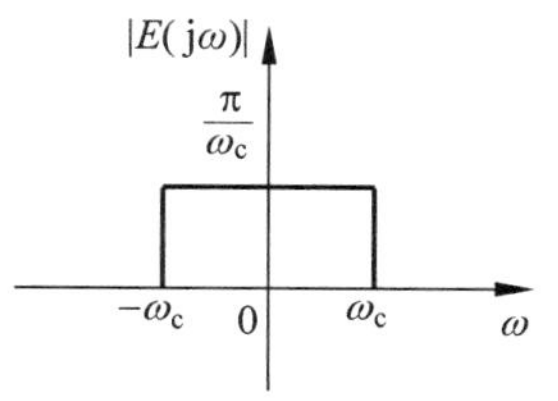

图 6-27　信号 $e(t)$ 的频谱

由于理想低通滤波器的频率响应为

$$H(\mathrm{j}\omega)=\begin{cases}\mathrm{e}^{-\mathrm{j}\omega t_0} & (|\omega|\leqslant\omega_c)\\ 0 & (\text{其他})\end{cases}$$

则滤波器的输出为

$$R(\mathrm{j}\omega)=H(\mathrm{j}\omega)E(\mathrm{j}\omega)=\frac{\pi}{\omega_c}[u(\omega+\omega_c)-u(\omega-\omega_c)]\mathrm{e}^{-\mathrm{j}\omega t_0}$$

经傅里叶逆变换定义式得到

$$r(t)=\mathrm{Sa}(\omega_c(t-t_0))$$

此时，输入信号频谱宽度正好完全落在理想低通带宽内，故信号频谱完全通过，滤波器的输出只是对输入的一个延时。

2. 周期信号激励下的连续系统响应

周期信号作用于连续系统响应的频域求解方法与非周期信号相同，只是解的形式不同而已。首先看正弦信号作用于线性时不变连续系统的响应，设激励为

$$e(t)=A\sin\omega_0 t \quad (-\infty<t<+\infty)$$

则其傅里叶变换为

$$E(\mathrm{j}\omega)=\mathrm{j}A\pi[\delta(\omega+\omega_0)-\delta(\omega-\omega_0)]$$

若系统的频率响应 $H(\mathrm{j}\omega)$ 表示为

$$H(\mathrm{j}\omega)=|H(\mathrm{j}\omega)|\mathrm{e}^{\mathrm{j}\varphi(\omega)}$$

则频域内零状态输出为

$$\begin{aligned}R(\mathrm{j}\omega)&=E(\mathrm{j}\omega)\cdot H(\mathrm{j}\omega)\\&=\mathrm{j}A\pi|H(\mathrm{j}\omega)|\mathrm{e}^{\mathrm{j}\varphi(\omega)}[\delta(\omega+\omega_0)-\delta(\omega-\omega_0)]\\&=\mathrm{j}A\pi|H(-\mathrm{j}\omega_0)|\mathrm{e}^{\mathrm{j}\varphi(-\omega_0)}\delta(\omega+\omega_0)-\mathrm{j}A\pi|H(\mathrm{j}\omega_0)|\mathrm{e}^{\mathrm{j}\varphi(\omega_0)}\delta(\omega-\omega_0)\end{aligned} \tag{6-14}$$

由于

$$|H(\mathrm{j}\omega_0)|=|H(-\mathrm{j}\omega_0)|,\quad \varphi(\mathrm{j}\omega_0)=-\varphi(-\omega_0)$$

所以式(6-14)可变为

$$R(\mathrm{j}\omega)=|H(\mathrm{j}\omega_0)|\mathrm{j}A[\pi\mathrm{e}^{-\mathrm{j}\varphi(\mathrm{j}\omega_0)}\delta(\omega+\omega_0)-\pi\mathrm{e}^{\mathrm{j}\varphi(\mathrm{j}\omega_0)}\delta(\omega-\omega_0)] \tag{6-15}$$

由于下列傅里叶逆变换成立，即

$$\mathcal{F}^{-1}[\pi\delta(\omega+\omega_0)]=\frac{1}{2}\mathrm{e}^{-\mathrm{j}\omega_0 t},\quad \mathcal{F}^{-1}[\pi\delta(\omega-\omega_0)]=\frac{1}{2}\mathrm{e}^{\mathrm{j}\omega_0 t}$$

故对式(6-15)做逆变换得

$$r(t)=A|H(\mathrm{j}\omega_0)|\sin(\omega_0 t+\varphi(\omega_0)) \tag{6-16}$$

同理，可推出若输入激励为余弦信号

$$e(t)=A\cos\omega_0 t \quad (-\infty<t<+\infty)$$

通过 LTI 系统的响应为

$$r(t)=A|H(\mathrm{j}\omega_0)|\cos(\omega_0 t+\varphi(\omega_0)) \tag{6-17}$$

由式(6-16)、式(6-17)可知，正、余弦信号作用于线性时不变系统时，其零状态响应 $r(t)$ 仍为同频率的正弦或余弦信号，$r(t)$ 的幅度由系统放大了 $|H(\mathrm{j}\omega_0)|$ 倍，$r(t)$ 的相位相对于输入信号偏移了 $\varphi(\omega_0)$，即输出信号相对于输入信号延迟了 $-\varphi(\omega_0)/\omega_0$。

由此可得对任意周期信号 $e(t)$，周期为 T 时系统的响应 $r(t)$，下面给出具体求解过程。

根据周期信号的傅里叶变换可知

$$E(\mathrm{j}\omega)=2\pi\sum_{n=-\infty}^{+\infty}E_n\delta(\omega-n\omega_1)$$

式中，$\omega_1=\frac{2\pi}{T}$，而

$$\begin{aligned}E_n&=\frac{1}{T}\int_{-T/2}^{T/2}e(t)\mathrm{e}^{-\mathrm{j}n\omega_1 t}\mathrm{d}t\\&=\frac{1}{T}E(\omega)\Big|_{\omega=n\omega_1}\\&=\frac{1}{T}\mathcal{FT}[e_1(t)]\Big|_{\omega=n\omega_1}\end{aligned}$$

式中，$e_1(t)$是周期信号 $e(t)$的从 0 开始的第一个周期信号；$e(t)$是 $e_1(t)$以 T 为周期的周期延拓信号。令连续时间 LTI 系统的频率响应为 $H(\mathrm{j}\omega)$，则零状态输出 $R(\mathrm{j}\omega)$为

$$\begin{aligned}R(\mathrm{j}\omega)&=E(\mathrm{j}\omega)H(\mathrm{j}\omega)\\&=2\pi\sum_{n=-\infty}^{+\infty}E_nH(\mathrm{j}\omega)\delta(\omega-n\omega_1)\\&=2\pi\sum_{n=-\infty}^{+\infty}[E_nH(\mathrm{j}n\omega_1)]\delta(\omega-n\omega_1)\end{aligned}\tag{6-18}$$

式(6-18)仍是周期信号的傅里叶变换形式，其傅里叶逆变换即为

$$r(t)=\mathcal{F}^{-1}(R(\mathrm{j}\omega))=\mathcal{F}^{-1}\left\{2\pi\sum_{n=-\infty}^{+\infty}[E_nH(\mathrm{j}n\omega_1)]\delta(\omega-n\omega_1)\right\}$$

其中，从 0 开始的第一个周期信号的表达式为

$$r_1(t)=\mathcal{F}^{-1}[E(\omega)H(\mathrm{j}n\omega_1)\mid_{n\omega_1=\omega}]$$

则

$$r(t)=\sum_{n=-\infty}^{+\infty}r_1(t-nT),\quad T=\frac{2\pi}{\omega_1}$$

例 6-11 已知模拟低通滤波器如图 6-28(a)所示，输入信号如图 6-28(b)所示，求输出信号 $v_2(t)$。

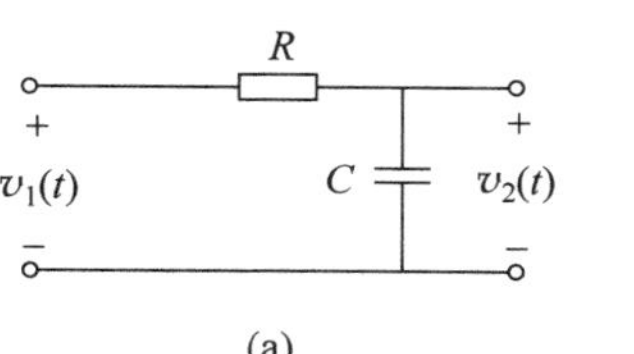

(a)

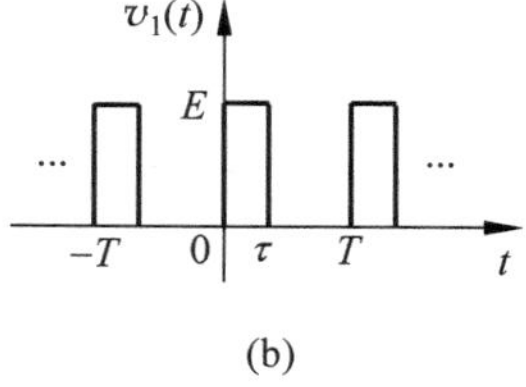

(b)

图 6-28 例 6-11 图

解 首先计算输入信号的傅里叶变换

$$V_1(\mathrm{j}\omega)=2\pi\sum_{n=-\infty}^{+\infty}V_n\delta(\omega-n\omega_1)$$

其中

$$V_n=\frac{1}{T}\int_{-T/2}^{T/2}v_1(t)\mathrm{e}^{-\mathrm{j}n\omega_1 t}\mathrm{d}t$$

$$=\frac{1}{T}\frac{E}{\mathrm{j}n\omega_1}(1-\mathrm{e}^{-\mathrm{j}n\omega_1\tau})$$

代入 $V_1(\mathrm{j}\omega)$ 得

$$V_1(\mathrm{j}\omega)=2\pi\sum_{n=-\infty}^{+\infty}\frac{1}{T}\frac{E}{\mathrm{j}n\omega_1}(1-\mathrm{e}^{-\mathrm{j}n\omega_1\tau})\delta(\omega-n\omega_1)$$

而由例 6-7 可知滤波器的频率响应函数为

$$H(\mathrm{j}\omega)=\frac{\alpha}{\mathrm{j}\omega+\alpha}\quad\left(\text{其中 }\alpha=\frac{1}{RC}\right)$$

则

$$\begin{aligned}V_2(\mathrm{j}\omega)&=V_1(\mathrm{j}\omega)H(\mathrm{j}\omega)\\&=\frac{2\pi}{T}\sum_{n=-\infty}^{+\infty}\left(\frac{\alpha}{\alpha+\mathrm{j}n\omega_1}\right)\left(\frac{E}{\mathrm{j}n\omega_1}\right)(1-\mathrm{e}^{-\mathrm{j}n\omega_1\tau})\delta(\omega-n\omega_1)\end{aligned}$$

先求出从 0 开始的一个周期内信号的时域表达式为

$$\begin{aligned}v_{21}(t)&=\mathcal{F}^{-1}\left\{\left[\frac{\alpha}{\mathrm{j}n\omega_1+\alpha}\cdot\frac{E}{\mathrm{j}n\omega_1}(1-\mathrm{e}^{-\mathrm{j}n\omega_1\tau})\right]\bigg|_{n\omega_1=\omega}\right\}\\&=\mathcal{F}^{-1}\left\{\left[\frac{\alpha}{\mathrm{j}\omega+\alpha}\cdot\frac{E}{\mathrm{j}\omega}(1-\mathrm{e}^{-\mathrm{j}\omega\tau})\right]\right\}\end{aligned}$$

利用例 6-7 所得的结果即有

$$v_{21}(t)=E(1-\mathrm{e}^{-\alpha t})u(t)-E[1-\mathrm{e}^{-\alpha(t-\tau)}]u(t-\tau)$$

则

$$\begin{aligned}v_2(t)&=\mathcal{F}^{-1}[V_2(\mathrm{j}\omega)]\\&=\sum_{n=-\infty}^{+\infty}v_{21}(t-nT)\end{aligned}$$

各部分图形如图 6-29 所示，此时 $\tau\ll T$。关于此例的解答请读者对比着例 6-7 进行会比较容易理解。

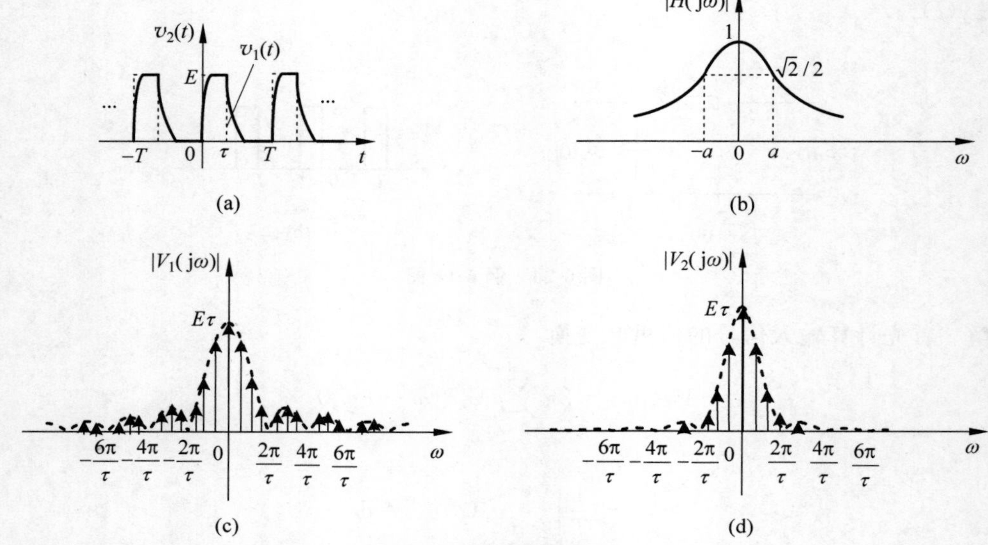

图 6-29 各信号波形图

6.2.2 离散系统零状态响应的频域求解方法

同连续时间系统类似，对离散时间系统而言，从时域上来讲，输入信号 $x(n)$经过系统的零状态响应 $y(n)$等于两者的卷积和，如图 6-30(a)所示。转换到频域就是将时域的卷积和问题转换为频域的乘积计算。由式(6-6)计算可知，输出响应 $y(n)$的频谱 $Y(e^{j\omega})$等于信号 $x(n)$的频谱 $X(e^{j\omega})$和 $h(n)$的频谱 $H(e^{j\omega})$的乘积，如图 6-30(b)所示。

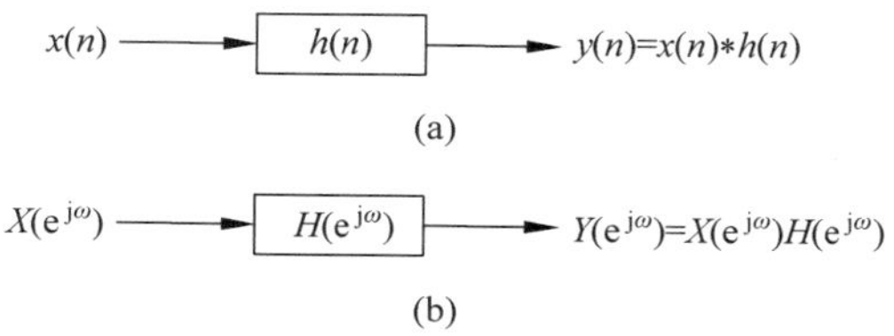

$$x(n) \longrightarrow \boxed{h(n)} \longrightarrow y(n)=x(n)*h(n)$$

(a)

$$X(e^{j\omega}) \longrightarrow \boxed{H(e^{j\omega})} \longrightarrow Y(e^{j\omega})=X(e^{j\omega})H(e^{j\omega})$$

(b)

图 6-30 离散时间系统响应的时域和频域求解方法

这就为求解离散时间系统的零状态响应提供了一种频域分析方法，即

$$y(n)=\mathcal{DTFT}^{-1}[Y(e^{j\omega})]=\mathcal{DTFT}^{-1}[X(e^{j\omega})H(e^{j\omega})]$$

式中，$\mathcal{DTFT}^{-1}[\cdot]$表示离散时间傅里叶逆变换。

实际中，许多问题在频域中分析比在时域中分析更加简便，物理意义更加明确。这一点从前面连续系统分析方法中已经足以证明。下面举例说明离散时间系统的频域分析方法。

例 6-12 已知某因果 LTI 离散时间系统的差分方程为

$$y(n)+\frac{1}{2}y(n-1)=x(n)$$

求：(1) 当输入为 $x_1(n)=\delta(n)+\frac{1}{2}\delta(n-1)$时，系统的零状态响应 $y_1(n)$。

(2) 当输入为 $x_2(n)=\left(\frac{1}{3}\right)^n u(n)$时，系统的零状态响应 $y_2(n)$。

解 (1) 由系统的差分方程可得，系统的频率响应 $H(e^{j\omega})$为

$$\begin{aligned}H(e^{j\omega})&=\frac{Y(e^{j\omega})}{X(e^{j\omega})}\\&=\frac{1}{1+\frac{1}{2}e^{-j\omega}}\end{aligned}$$

当 $x_1(n)=\delta(n)+\frac{1}{2}\delta(n-1)$，其频谱为

$$X_1(e^{j\omega})=1+\frac{1}{2}e^{-j\omega}$$

所以

$$\begin{aligned}Y_1(e^{j\omega})&=X_1(e^{j\omega})H(e^{j\omega})\\&=\left(1+\frac{1}{2}e^{-j\omega}\right)\left(\frac{1}{1+\frac{1}{2}e^{-j\omega}}\right)\\&=1\end{aligned}$$

故

$$y_1(n)=\delta(n)$$

(2) 当 $x_2(n)=\left(\frac{1}{3}\right)^n u(n)$时，其频谱为

$$\begin{aligned}X_2(\mathrm{e}^{\mathrm{j}\omega})&=\sum_{n=-\infty}^{+\infty}x_2(n)\mathrm{e}^{-\mathrm{j}\omega n}\\&=\sum_{n=0}^{+\infty}\left(\frac{1}{3}\right)^n\mathrm{e}^{-\mathrm{j}\omega n}\\&=\frac{1}{1-\frac{1}{3}\mathrm{e}^{-\mathrm{j}\omega}}\end{aligned}$$

所以

$$\begin{aligned}Y_2(\mathrm{e}^{\mathrm{j}\omega})&=X_2(\mathrm{e}^{\mathrm{j}\omega})H(\mathrm{e}^{\mathrm{j}\omega})\\&=\left(\frac{1}{1-\frac{1}{3}\mathrm{e}^{-\mathrm{j}\omega}}\right)\cdot\left(\frac{1}{1+\frac{1}{2}\mathrm{e}^{-\mathrm{j}\omega}}\right)\\&=\frac{\frac{2}{5}}{1-\frac{1}{3}\mathrm{e}^{-\mathrm{j}\omega}}+\frac{\frac{3}{5}}{1+\frac{1}{2}\mathrm{e}^{-\mathrm{j}\omega}}\end{aligned}$$

则

$$y_2(n)=\frac{2}{5}\left(\frac{1}{3}\right)^n u(n)+\frac{3}{5}\left(-\frac{1}{2}\right)^n u(n)$$

6.2.3 频域分析在通信系统中的应用

在通信系统中，信号从发射端传输到接收端，为实现信号传输，往往需要进行调制与解调。无线电通信系统是通过空间辐射方式传送信号的，由电磁波理论可以知道，天线尺寸为被辐射信号波长的十分之一或更大一些，信号才能有效地被发射出去。对于语音信号来说，相应的天线尺寸要在几十千米以上，实际上不可能制造这样的天线，所以需要将音频信号频谱搬移到任何所需的较高频率范围，以便将信号以电磁波的形式通过天线发射出去。

从另一方面来讲，语音信号都处于同一频段，各电台所发出的信号无论在频域还是在时域都会发生混叠，用户将无法选择所要接收的信号。故需将各电台要发射的信号分别置于不同的频段上，确保互不混叠，这种将低频段搬移至高频段的过程在通信系统中称为调制。如果在一个通信信道中传输多个频段的信号，这就是利用调制原理实现多路复用。在简单的通信系统中，每个电台只允许有一对通话者，而多路复用技术可以用同一部电台将各路信号的频谱分别搬移到不同的频率区段，从而完成在一个信道内传送多路信号的多路通信。近代通信系统，无论是有线传输或无线电通信，都广泛采用多路复用技术。

所谓频分复用，是指在发送端将要发送的不同信号频谱搬移到不同的中心频率上，使它们互不重叠，这样在同一信道内传输多个信号。在接收端利用若干滤波器将各路信号分离，再经解调即可还原为原始信号，图 6-31 所示为频分复用原理方框图。通常，相加信号 $f(t)$

还要进行第二次调制，在接收端将此信号解调后再经带通滤波器分路解调。接下来先通过一条支路说明频分复用系统中所用到的调制、解调技术，进而再给出整个频分复用的信号传输过程。

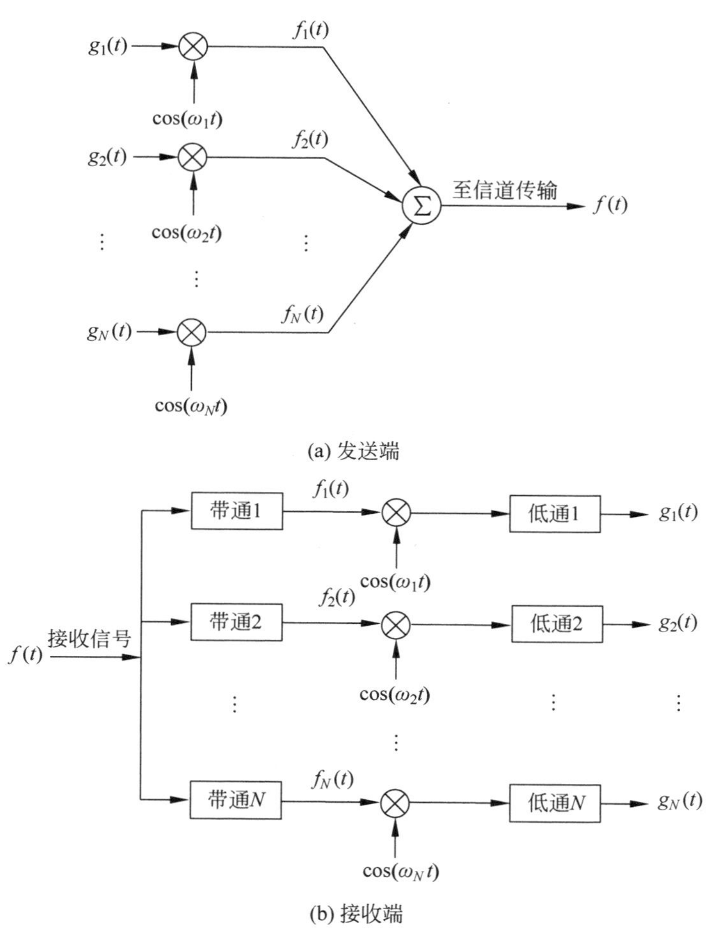

图 6-31 频分复用通信系统

关于发送端的调制过程读者可参见第 3 章的相关章节，在此主要说明接收端的解调过程，如图 6-31(b)所示。由已调信号 $f_1(t)$恢复原信号 $g_1(t)$，$f_2(t)$恢复原信号 $g_2(t)$，…，$f_N(t)$恢复原信号 $g_N(t)$的过程称为解调，它是调制的反过程，即将信号由高频段搬移回低频段的过程。为简化起见，仅举例说明如何由 $f_1(t)$恢复信号 $g_1(t)$，其中 $g_1(t)$的频率为 $-\omega_m \leqslant \omega \leqslant \omega_m$。设 $f(t)$经过带通滤波器 1 后输出 $f_1(t)$。$f_1(t)$再与本地载波信号 $\cos\omega_1 t$ 相乘，可使其频谱 $F_1(j\omega)$向左、右分别搬移 ω_1 个单位并乘以系数$\frac{1}{2}$，而后经过一个频率响应为 $H_1(j\omega)$的低通滤波器，选择合适的通带截止频率，即可得到原始信号 $g_1(t)$。为了对比起见，图 6-32 给出了整个调制、解调过程的频谱示意图。

有了上述基础，则不难给出整个频分复用系统的信号传输过程，其发送端和接收端信号频谱图如图 6-33 所示，在此仍以支路 1 为例进行分析，其他支路类似。

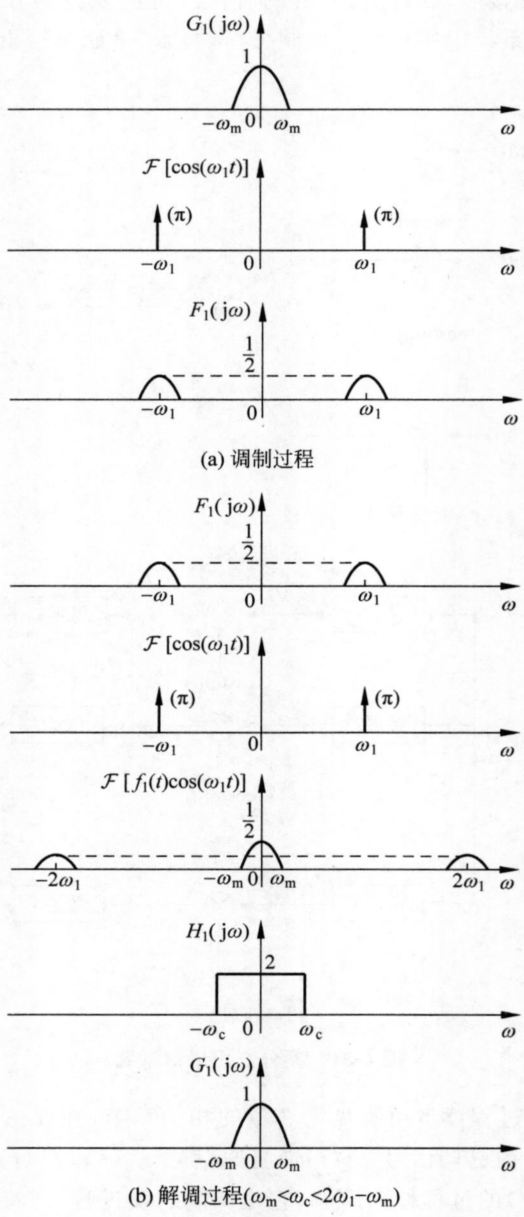

图 6-32 调制、解调过程中各信号的频谱

3.3.7 节中提到双边带调制信号的频谱，但是考虑到在调幅信号中，上边带(USB)和下边带(LSB)部分所含的信息实际上是一样的。因此，为了节省发射信号的功率和传输信道的带宽，可以只传输上边带或下边带，称其为单边带(SSB)信号。民航通信系统中所使用的高频通信系统均使用单边带信号发射和接收。单边带信号产生的原理如图 6-34 所示。其中，信号 $g(t)$为带限信号，其频谱为$-\omega_m\sim+\omega_m$，如图 6-35 所示。$H(j\omega)=-j\text{sgn}(\omega)$，且有 $\omega_0\gg\omega_m$。下面应用频域分析法来求解 $v(t)$的频谱 $V(\omega)$。

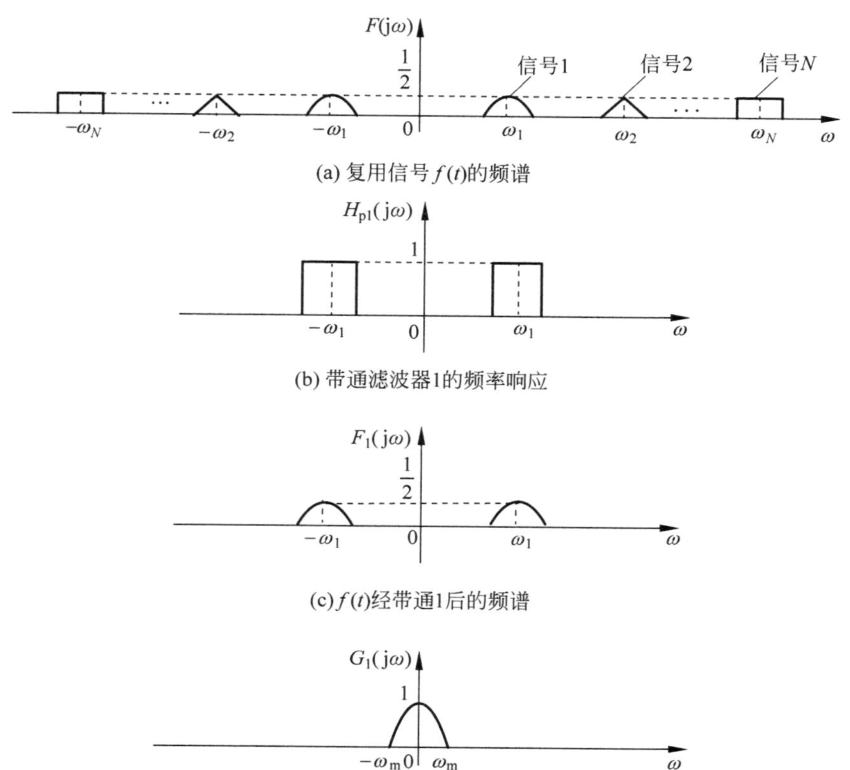

图 6-33　频分复用系统的信号传输过程

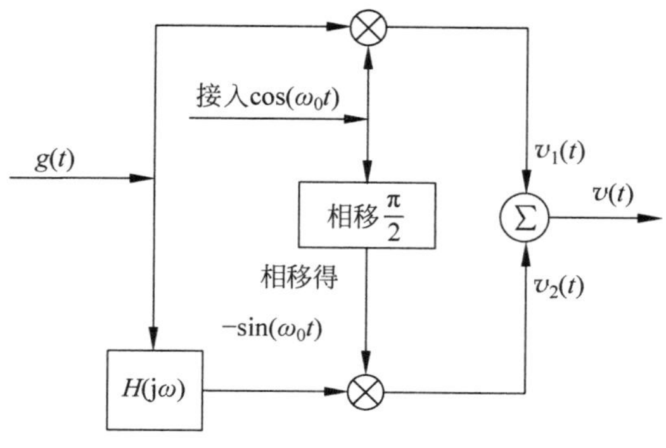

图 6-34　单边带信号产生原理图

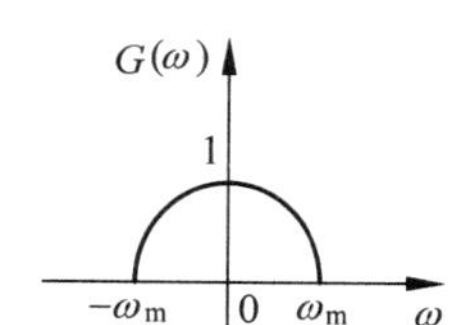

图 6-35　带限信号 $g(t)$的频谱

由图 6-34 可以看出

$$v_1(t)=g(t)\cos(\omega_0 t)$$

根据频移特性可得

$$V_1(\omega)=\frac{1}{2}[G(\omega-\omega_0)+G(\omega+\omega_0)]$$

其图形如图 6-36(a)所示。

$$V_2(\omega)=\frac{1}{2\pi}[G(\omega)H(\mathrm{j}\omega)]*\mathcal{F}[-\sin(\omega_0 t)] \tag{6-19}$$

将 $H(\mathrm{j}\omega)=-\mathrm{jsgn}\omega$ 代入式(6-19)并化简可得

$$V_2(\omega)=\frac{1}{2}[G(\omega)\mathrm{sgn}(\omega)]*[\delta(\omega-\omega_0)-\delta(\omega+\omega_0)] \tag{6-20}$$

依据阶跃信号和符号函数的关系，将

$$\mathrm{sgn}(\omega)=2u(\omega)-1$$

代入式(6-20)可得

$$V_2(\omega)=G(\omega-\omega_0)u(\omega-\omega_0)-\frac{1}{2}G(\omega-\omega_0)+\frac{1}{2}G(\omega+\omega_0)-G(\omega+\omega_0)u(\omega+\omega_0)$$

其图形如图 6-36(b)所示。所以

$$\begin{aligned}V(\omega)&=V_1(\omega)+V_2(\omega)\\&=G(\omega-\omega_0)u(\omega-\omega_0)+G(\omega+\omega_0)-G(\omega+\omega_0)u(\omega+\omega_0)\\&=G(\omega-\omega_0)u(\omega-\omega_0)+G(\omega+\omega_0)u(-\omega-\omega_0)\end{aligned}$$

其波形如图 6-36(c)所示。

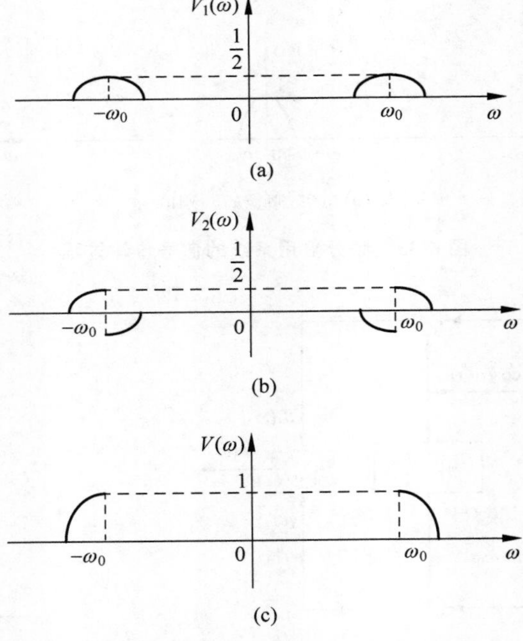

图 6-36 $\boldsymbol{v}_1(t)$、$\boldsymbol{v}_2(t)$和$\boldsymbol{v}(t)$的频谱

由图 6-36(c)可知，$g(t)$经调制后得到的 $v(t)$，其频谱与原信号相比，只保留了上、下两个单边带，在信道传输中，节省了一半带宽。

6.2.4 从抽样信号恢复连续时间信号

1. 理想抽样情况下的信号恢复

3.4 节介绍了抽样信号及其频谱，对连续信号进行抽样的目的是将连续信号离散化，进而实现对信号的数字化处理。那么，如何将抽样信号再不失真地恢复出原连续信号呢？在学习了系统响应的频域求解方法后来分析此问题，便很容易理解。假定带限信号 $f(t)$ 的频谱为 $F(\mathrm{j}\omega)$，最高截止频率为 ω_m，经理想取样后得到抽样信号 $f_s(t)$，对应的频谱为 $F_s(\mathrm{j}\omega)$，在满足抽样定理的条件下 $F_s(\mathrm{j}\omega)$ 是 $F(\mathrm{j}\omega)$ 的周期重复，而且不会产生混叠。此时可利用理想低通滤波器实现对被取样信号的恢复，即

$$F(\mathrm{j}\omega)=F_s(\mathrm{j}\omega)H(\mathrm{j}\omega)$$

式中，$H(\mathrm{j}\omega)$ 为理想低通滤波器的频率特性，即

$$H(\mathrm{j}\omega)=\begin{cases}T_s & (|\omega|<\omega_c)\\ 0 & (|\omega|>\omega_c)\end{cases}$$

式中，$\omega_m<\omega_c<\omega_s-\omega_m$。对 $F(\mathrm{j}\omega)$ 经傅里叶逆变换，得到无失真地复原 $f(t)$。图 6-37 给出了从频域恢复 $F(\mathrm{j}\omega)$ 的过程。这种频域分析方法简单直观，很容易理解。

从时域分析，理想低通的冲激响应 $h(t)$ 表达式为

$$h(t)=T_s\frac{\omega_c}{\pi}\mathrm{Sa}(\omega_c t)$$

抽样信号 $f_s(t)$ 可表示为

$$f_s(t)=f(t)\delta_T(t)=\sum_{n=-\infty}^{+\infty}f(nT_s)\delta(t-nT_s)$$

经理想低通滤波器后，输出信号可通过计算 $f_s(t)$ 与 $h(t)$ 的卷积来得到，即

$$\begin{aligned}f(t)&=f_s(t)*h(t)\\&=\left[\sum_{n=-\infty}^{+\infty}f(nT_s)\delta(t-nT_s)\right]*\left[T_s\frac{\omega_c}{\pi}\mathrm{Sa}(\omega_c t)\right]\\&=T_s\frac{\omega_c}{\pi}\sum_{n=-\infty}^{+\infty}f(nT_s)\mathrm{Sa}[\omega_c(t-nT_s)]\end{aligned}\tag{6-21}$$

图 6-38 给出了在时域恢复 $f(t)$ 的过程。式(6-21)说明连续信号 $f(t)$ 可展开成 Sa 函数的无穷级数，级数的系数等于抽样值 $f(nT_s)$。也可以说在抽样信号 $f_s(t)$ 的每个抽样值上绘一个峰值为 $f(nT_s)$ 的 Sa 函数波形，由此合成的信号就是 $f(t)$，如图 6-38(c)所示。

根据线性系统的叠加性，当 $f_s(t)$ 通过理想低通滤波器时，抽样序列的每个冲激信号产生一个响应，将这些响应叠加就可得出 $f(t)$，从而达到由 $f_s(t)$ 恢复 $f(t)$ 的目的。

当 $\omega_s=2\omega_m$，$\omega_c=\omega_m$ 时，则有

$$T_s=\frac{2\pi}{\omega_s}=\frac{\pi}{\omega_c}$$

此时式(6-21)可化简为

$$f(t)=\sum_{n=-\infty}^{+\infty}f(nT_s)\mathrm{Sa}[\omega_c(t-nT_s)]$$

此时，抽样序列的各个冲激响应零点恰好落在抽样时刻上。就抽样点叠加的数值而言，各冲激响应互相不产生“串扰”。当 $\omega_s>2\omega_m$ 时，只要选择 $\omega_m<\omega_c<\omega_s-\omega_m$ 即可正确恢复 $f(t)$ 波形。当 $\omega_s<2\omega_m$ 时，不满足抽样定理，$f_s(t)$ 的频谱出现混叠，在时域图形中，因 T_s 过大使冲激响应 Sa 函数的各波形在时间轴上相隔较远，无论如何选择 ω_c 都不能使叠加后的波形恢复 $f(t)$。

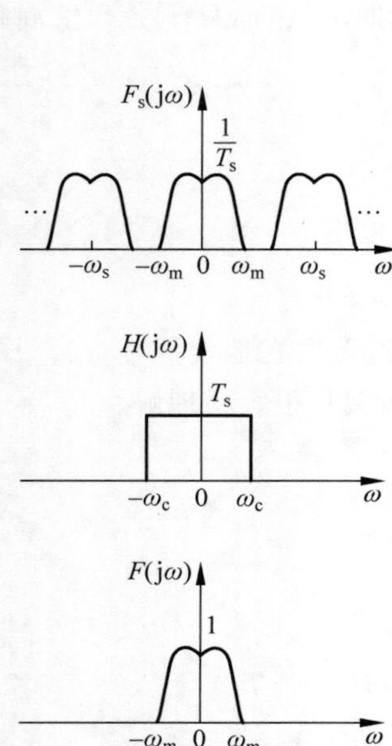

图 6-37 由抽样信号恢复 $f(t)$ 的频域分析

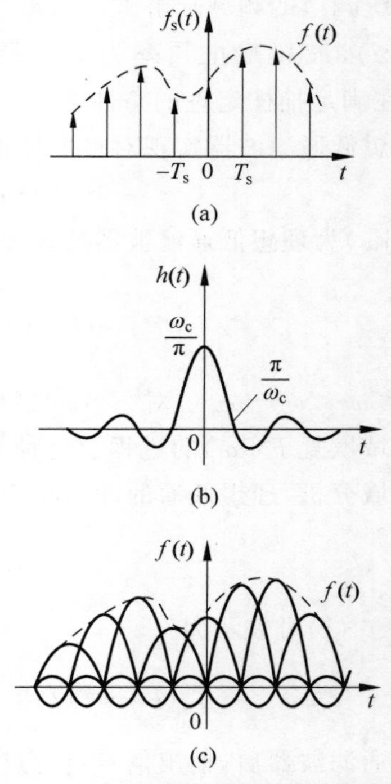

图 6-38 由抽样信号恢复连续信号的时域解释

2. 零阶保持抽样情况下的信号恢复

在以上分析中，假定抽样脉冲是冲激序列。然而，在实际电路与系统中，要产生和传输接近 δ 函数的时宽窄且幅度大的脉冲信号比较困难。为此，在数字通信系统中经常采用其他抽样方式，最常见的一种方式称为零阶抽样保持（或零阶保持抽样，也简称为抽样保持）。图 6-39 和图 6-40 分别示出产生这种抽样信号的框图和波形。应注意到，在这里并不是简单地将信号 $f(t)$ 与抽样信号 $p(t)$ 相乘。抽样瞬间，脉冲序列 $p(t)$ 对 $f(t)$ 抽样，保持这一样本值直到下一个抽样瞬间为止，由此得到的输出信号 $f_{s0}(t)$ 具有阶梯形状。

实际的抽样保持电路有多种形式，图 6-41 示出了在大规模集成电路芯片中可以采用的一种电路实例，图中 MOS 管 T_1 和 T_2 作为开关运用，当窄脉冲 $p_1(t)$（注意不是冲激序列）到来时，T_1、T_2 导通将 $f(t)$ 抽样值引到电容 C 两端，此后，电容两端电压即保持这一样本值到下一个抽样脉冲到来，依次重复即可由 $f(t)$ 产生 $f_{s0}(t)$ 波形。

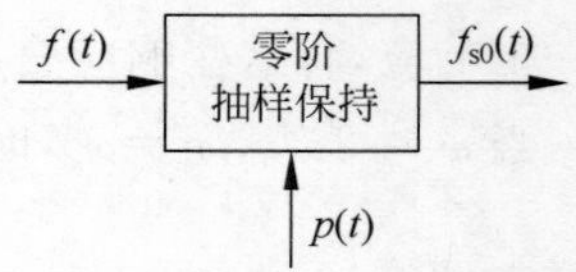

图 6-39 零阶抽样保持框图

$f_{s0}(t)$ 经传输到接收端后需要恢复 $f(t)$ 信号，为分析如何恢复，借助冲激序列抽样信号的时域与频域特性，假定

$$f_s(t)=f(t)\sum_{n=-\infty}^{+\infty}\delta(t-nT_s)$$

$$F_s(j\omega)=\frac{1}{T_s}\sum_{n=-\infty}^{+\infty}F(\omega-n\omega_s)$$

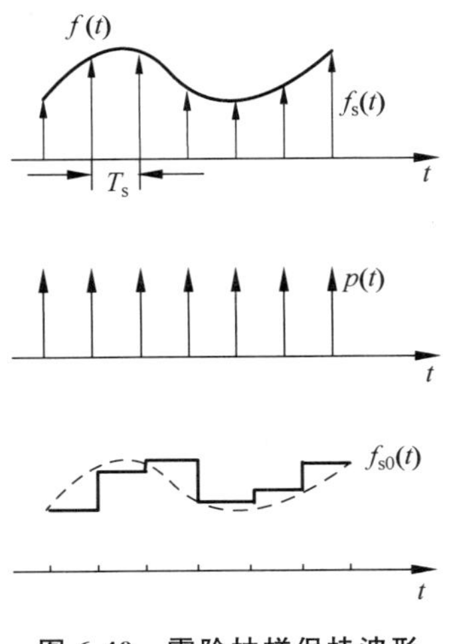

图 6-40 零阶抽样保持波形

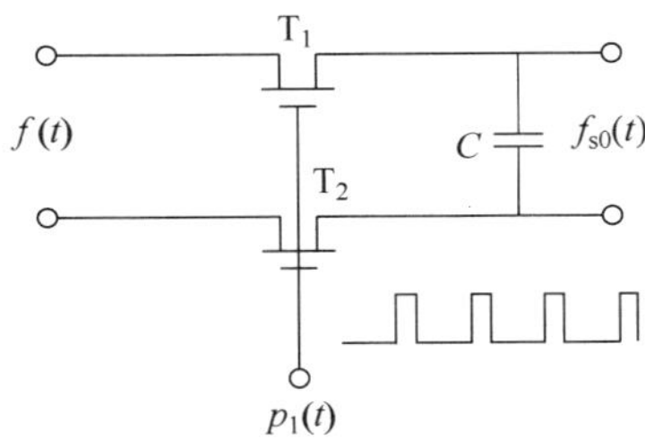

图 6-41 抽样保持电路举例

式中，T_s 为抽样周期；$\omega_s=\dfrac{2\pi}{T_s}$是抽样角频率；$F(j\omega)$是 $f(t)$的频谱。为求得 $f_{s0}(t)$的频谱，构造一个线性时不变系统，如图 6-42 所示。

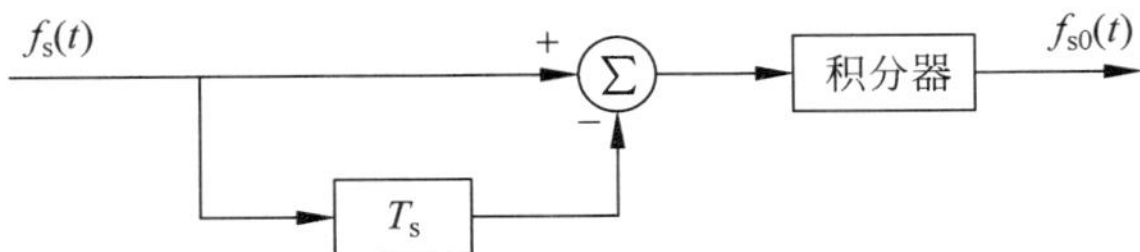

图 6-42 由 $f_s(t)$获得 $f_{s0}(t)$的线性时不变系统

它具有如下的冲激响应

$$h_0(t)=\int_{-\infty}^{t}[\delta(t)-\delta(t-T_s)]\mathrm{d}t=u(t)-u(t-T_s)$$

显然，令 $f_s(t)$通过此系统即可在输出端产生 $f_{s0}(t)$波形，因此可以给出

$$\begin{aligned}f_{s0}(t)=f_s(t)*h_0(t)&=f(t)\sum_{n=-\infty}^{+\infty}\delta(t-nT_s)*[u(t)-u(t-nT_s)]\\&=\sum_{n=-\infty}^{+\infty}f(nT_s)\delta(t-nT_s)*[u(t)-u(t-nT_s)]\\&=\sum_{n=-\infty}^{+\infty}f(nT_s)[u(t-nT_s)-u(t-(n+1)T_s)]\end{aligned}$$

式中，$h_0(t)$的傅里叶变换式为

$$H_0(j\omega)=F[h_0(t)]=T_s\mathrm{Sa}\left(\frac{T_s\omega}{2}\right)\mathrm{e}^{-j\omega\frac{T_s}{2}}$$

由频域关系式

$$\begin{aligned}F_{s0}(j\omega)&=F_s(j\omega)\cdot H_0(j\omega)\\&=\sum_{n=-\infty}^{+\infty}F(\omega-n\omega_s)\mathrm{Sa}\left(\frac{\omega T_s}{2}\right)\mathrm{e}^{-j\frac{\omega T_s}{2}}\end{aligned}$$

可以看出，零阶抽样保持信号 $f_{s0}(t)$ 的频谱的基本特征仍然是 $F(\mathrm{j}\omega)$ 频谱以 ω_s 周期重复，但是要乘 $\mathrm{Sa}\left(\frac{\omega T_s}{2}\right)$ 函数，此外还附加了延时因子项 $\mathrm{e}^{-\mathrm{j}\frac{\omega T_s}{2}}$。各部分对应波形如图 6-43 所示。

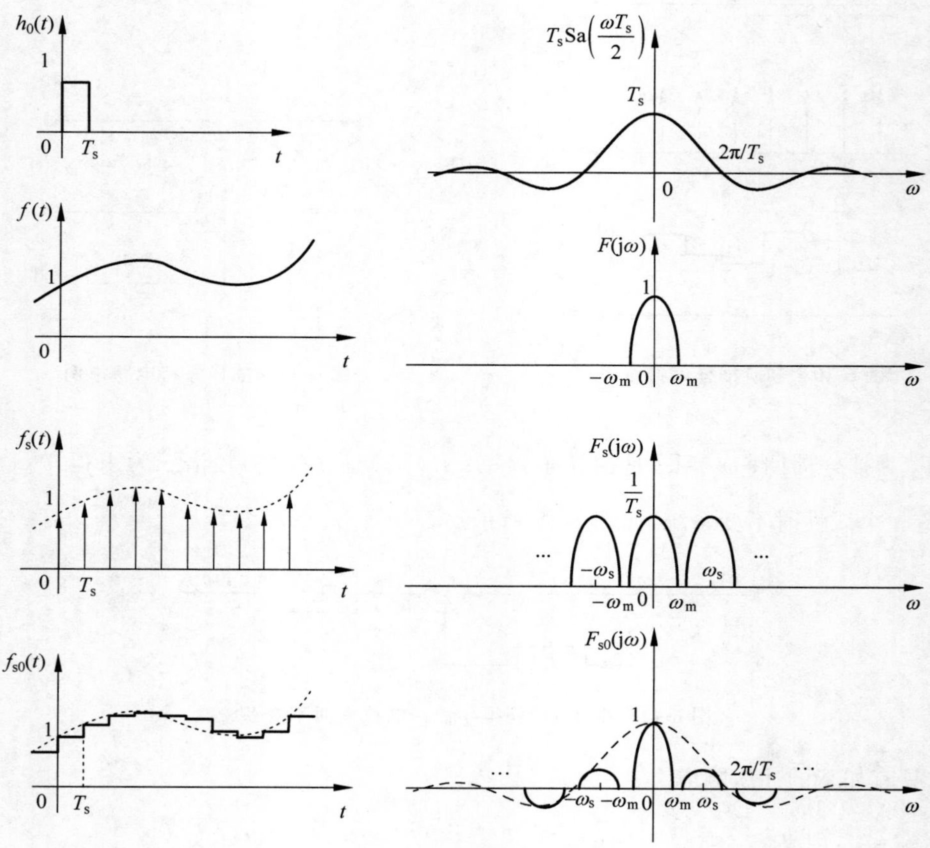

图 6-43　由 $f_s(t)$ 获得 $f_{s0}(t)$ 过程中的各部分波形

当 $F(\mathrm{j}\omega)$ 频带受限且满足抽样定理时，为复原 $F(\mathrm{j}\omega)$ 频谱，在接收端可引入具有如下补偿特性的低通滤波器

$$H_{0r}(\mathrm{j}\omega)=\begin{cases}\dfrac{\mathrm{e}^{\mathrm{j}\omega\frac{T_s}{2}}}{\mathrm{Sa}\left(\dfrac{\omega T_s}{2}\right)} & \left(|\omega|\leqslant\dfrac{\omega_s}{2}\right)\\ 0 & \left(|\omega|>\dfrac{\omega_s}{2}\right)\end{cases}\tag{6-22}$$

它的幅频特性 $|H_{0r}(\mathrm{j}\omega)|$ 和相频特性 $\varphi(\omega)$ 曲线如图 6-44 所示。当 $f_{s0}(t)$ 通过此补偿滤波器后，即可复原信号 $f(t)$。从频域解释，将 $F_{s0}(\omega)$ 与 $H_{0r}(\mathrm{j}\omega)$ 相乘，得到 $F(\mathrm{j}\omega)$。注意到此处相频特性斜率为正值，而实际的滤波器相频特性斜率为负值。一般情况下，在通信系统中，只要求幅频特性尽可能满足补偿要求，而相频特性无须满足式(6-22)，当然，应具有线性相频特性。例如，若 $H_{0r}(\mathrm{j}\omega)$ 为 $1/\mathrm{Sa}\left(\frac{\omega T_s}{2}\right)$ 函数，则所恢复之 $f(t)$ 波形形状无失真，仅在时

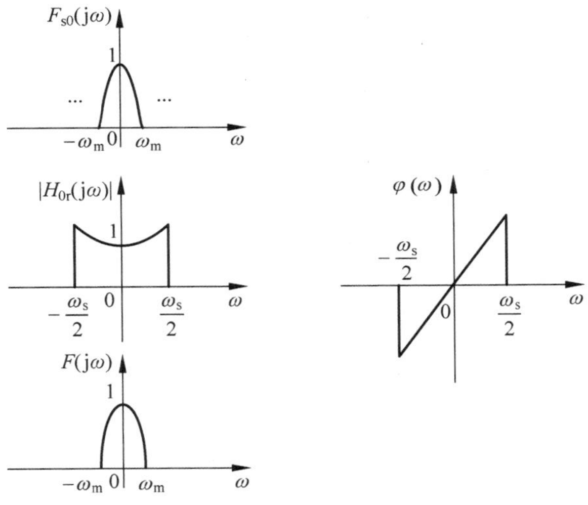

图 6-44　补偿系统特性

间轴上滞后 $T_s/2$。

实际上，也可认为 $f_{s0}(t)$波形是对 $f(t)$的近似表示，在要求不很严格的问题中，补偿滤波器的 $|H_{0r}(j\omega)|$曲线只要大致接近式(6-22)即可满足要求，甚至可以不加补偿。

目前，在数字通信系统中广泛采用零阶抽样保持来产生和传输信号，在接收端利用补偿滤波器恢复连续时间信号。

例如，民航用的地面无线电导航设备多普勒全向信标(DVOR)中所使用的抽样保持电路如图 6-45 所示。

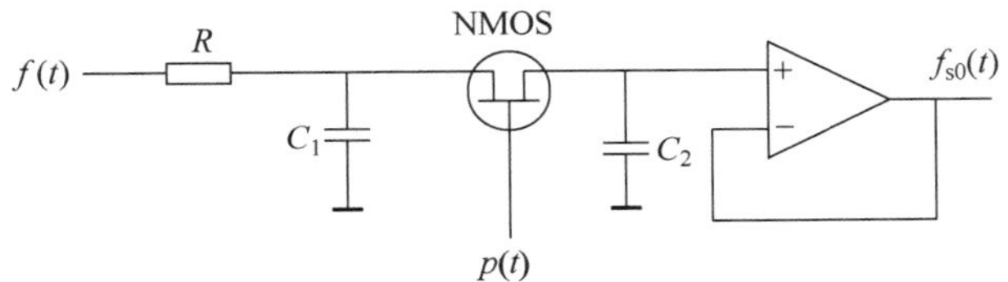

图 6-45　DVOR 中的抽样保持电路

输入信号 $f(t)$为正弦波，它加入由 R、C_1 组成的低通滤波器，以滤除高频杂波，使在抽样和保持的切换瞬间输出不产生错误。采样器由工作于开关状态的 NMOS 管构成，保持电路则由电容 C_2 和电压跟随器组成。采样脉冲 $p(t)$是宽为 1μs、高电平＋12V、低电平－12V 的周期脉冲序列。工作波形如图 6-46 所示。

抽样脉冲 $p(t)$控制开关 NMOS 管周期性地闭合。在 $p(t)$处于＋12V 高电平期间，NMOS 管闭合，对应时刻的 $f(t)$电压值便通过 NMOS 管，对保持电容 C_2 充电，很快使 C_2 充至抽样瞬间的正弦波电压值，从而完成了对 $f(t)$的抽样。而抽样脉冲 $p(t)$过后($p(t)$处于－12V 低电平期间)，NMOS 管截止，这样，C_2 左边为不导通的抽样开关(NMOS 管)，右边是高输入阻抗的电压跟随器，在两个 $p(t)$脉冲期间，C_2 的电荷泄漏非常少，所以在抽样间隔期间起到了电压保持作用，电压跟随器的输出即为抽样保持信号 $f_{s0}(t)$。

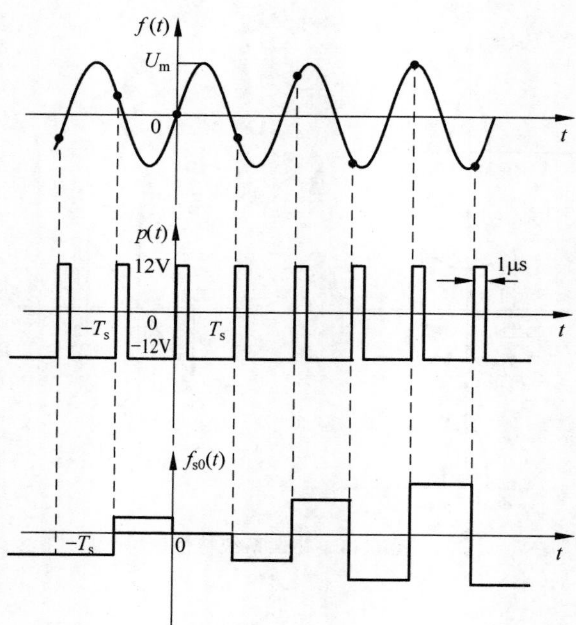

图 6-46 抽样保持电路的工作波形

3. 一阶保持抽样情况下的信号恢复

如果将连续函数 $f(t)$各理想抽样值送入如图 6-47 所示的系统，则系统的输出 $f_{s1}(t)$称为一阶抽样保持信号。可以看出，一阶抽样保持信号相当于由 $f_s(t)$各抽样值的连线形成。

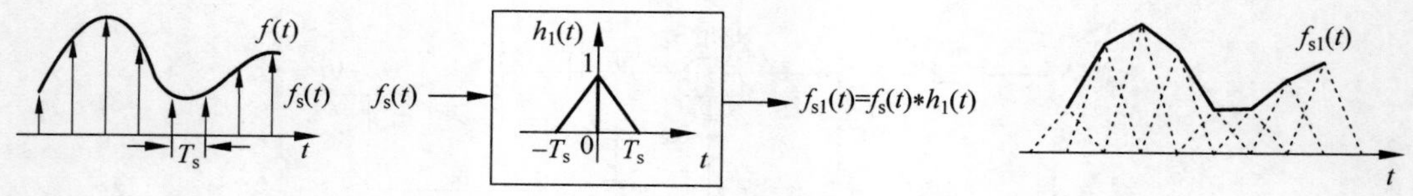

图 6-47 一阶抽样保持波形

下面讨论如何由 $f_{s1}(t)$恢复原信号 $f(t)$。由图 6-47 可知

$$h_1(t)=\begin{cases}1-\dfrac{|t|}{T_s} & (|t|<T_s)\\[2ex] 0 & (|t|\geqslant T_s)\end{cases}$$

则 $h_1(t)$的频谱为

$$\mathcal{F}[h_1(t)]=T_s\mathrm{Sa}^2\left(\frac{\omega T_s}{2}\right)$$

那么

$$\begin{aligned}F_{s1}(\mathrm{j}\omega)&=\mathcal{F}[f_{s1}(t)]\\&=F_s(\mathrm{j}\omega)\cdot\mathcal{F}[h_1(t)]\\&=\sum_{n=-\infty}^{+\infty}F(\omega-n\omega_s)\mathrm{Sa}^2\left(\frac{\omega T_s}{2}\right)\end{aligned}$$

可以看出，一阶抽样保持信号 $f_{s1}(t)$ 的频谱基本特征仍然是 $F(j\omega)$ 频谱以 ω_s 为周期重复，但幅度被 $\mathrm{Sa}^2\left(\frac{\omega T_s}{2}\right)$ 加权。当 $F(j\omega)$ 频带有限且满足抽样定理时，为恢复 $F(j\omega)$ 频谱，可以引入具有如下补偿特性的低通滤波器

$$H_{1r}(j\omega)=\begin{cases}\dfrac{1}{\mathrm{Sa}^2\left(\dfrac{\omega T_s}{2}\right)} & \left(|\omega|\leqslant\dfrac{\omega_s}{2}\right)\\[2ex] 0 & \left(|\omega|>\dfrac{\omega_s}{2}\right)\end{cases}$$

滤波器的输出为 $F_{s1}(j\omega)\cdot F_{1r}(j\omega)$，即为 $F(\omega)$，将 $F(\omega)$ 转换到时域即为原信号 $f(t)$。在以上讨论中，没有考虑信号产生、传输、恢复过程中引入的延时，$F_{s1}(j\omega)$ 相对于 $F_s(j\omega)$ 未引入相移，$H_{1r}(j\omega)$ 的相移特性也为零，冲激响应为 $h_1(t)$ 的系统是非因果系统（三角波形在 $t<0$ 时即出现）。这使以上分析过程的表达式得以简化。如果引入时延特性，在线性相移的条件下，最终仍可无失真重建 $f(t)$，只是在时间轴上相对于原信号有一定延时。

本部分讨论了三种由抽样信号恢复原连续时间信号的方法，这类问题的本质可归结为由样本值重建某一信号。从样本重建信号的过程也称为“内插”。内插可以是近似的，也可以是完全精确的。在图 6-38 中，由冲激抽样信号产生 Sa 函数实现内插，完成了 $f(t)$ 信号的精确恢复。这种重建过程也称为带限内插。此时，$f(t)$ 的频带必须有限，且要满足抽样定理的要求。由于要产生接近冲激序列的信号和接近理想低通的系统都相当困难，因而这种方法在实际问题中很少采用，从内插的观点考虑，零阶抽样保持信号 $f_{s0}(t)$ 和一阶抽样保持信号 $f_{s1}(t)$ 都是对信号 $f(t)$ 的逼近，分别用阶梯信号和折线信号近似表示连续的函数曲线，后者也称为线性内插。这些近似比较粗糙，如果样本点之间用高阶多项式或其他数学函数进行拟合，可以得到更为精确地逼近函数。

6.3 相关的 MATLAB 函数

1. tf

功能：建立连续时间系统的系统函数。

调用格式：`sys = tf(b,a)`

其中，b、a 分别为系统函数

$$H(s)=\frac{b(s)}{a(s)}=\frac{b_1s^m+b_2s^{m-1}+b_3s^{m-2}+\cdots+b_{m+1}}{a_1s^n+a_2s^{n-1}+a_3s^{n-2}+\cdots+a_{n+1}}$$

的分子、分母多项式系数向量 $[b_1,b_2,\cdots,b_{m+1}]$、$[a_1,a_2,\cdots,a_{n+1}]$。

2. lsim

功能：求解连续时间系统的零状态响应。

调用格式：`y = lsim(sys,x,t)`

其中，sys 是 LTI 系统模型，借助 tf 函数获得；x 表示输入信号的行向量，x 所对应的时刻是从小到大；t 表示输入信号时间范围的向量。

3. freqs

功能：求解连续时间系统的频率响应。

调用格式：H = freqs (b,a,w)

其中，b、a 分别为系统函数

$$H(s)=\frac{b(s)}{a(s)}=\frac{b_1s^m+b_2s^{m-1}+b_3s^{m-2}+\cdots+b_{m+1}}{a_1s^n+a_2s^{n-1}+a_3s^{n-2}+\cdots+a_{n+1}}$$

的分子、分母多项式系数向量$[b_1,b_2,\cdots,b_{m+1}]$、$[a_1,a_2,\cdots,a_{n+1}]$；w 为需计算的 $H(\mathrm{j}\omega)$的频点向量。

4. freqz

功能：求解离散系统的频率响应。

调用格式：H = freqz(b,a,w)

其中，b、a 分别为系统函数

$$H(z)=\frac{B(z)}{A(z)}=\frac{b_0+b_1z^{-1}+b_2z^{-2}+\cdots+b_mz^{-m}}{a_0+a_1z^{-1}+a_2z^{-2}+\cdots+a_nz^{-n}}$$

的分子、分母多项式系数向量$[b_0,b_1,\cdots,b_m]$、$[a_0,a_1,\cdots,a_n]$；w 为需计算的 $H(\mathrm{e}^{\mathrm{j}\omega})$的频点向量。

5. abs

功能：取模运算。

调用格式：y = abs(H)

其中，H 为复信号；y 为 H 的模。

6. angle

功能：取相角运算。

调用格式：y = angle(H)

其中，H 为复信号；y 为 H 的相角。

习题

6-1　已知系统函数 $H(\mathrm{j}\omega)=\frac{1}{\mathrm{j}\omega+2}$，激励信号 $e(t)=\mathrm{e}^{-3t}u(t)$，试利用频域分析法求零状态响应 $r(t)$。

6-2　若系统函数 $H(\mathrm{j}\omega)=\frac{1}{\mathrm{j}\omega+1}$，激励为周期信号 $e(t)=\sin t+\sin(3t)$，试求零状态响应 $r(t)$，画出 $e(t)$和 $r(t)$的波形，讨论经传输后是否会引起失真。

6-3　一个理想低通滤波器的网络函数为 $H(\mathrm{j}\omega)=|H(\mathrm{j}\omega)|\mathrm{e}^{\mathrm{j}\varphi(\omega)}$，幅频特性与相移响应特性如题图 6-3 所示。证明此滤波器对于$\frac{\pi}{\omega_c}\delta(t)$和$\frac{\sin(\omega_c t)}{\omega_c t}$的响应是一样的。

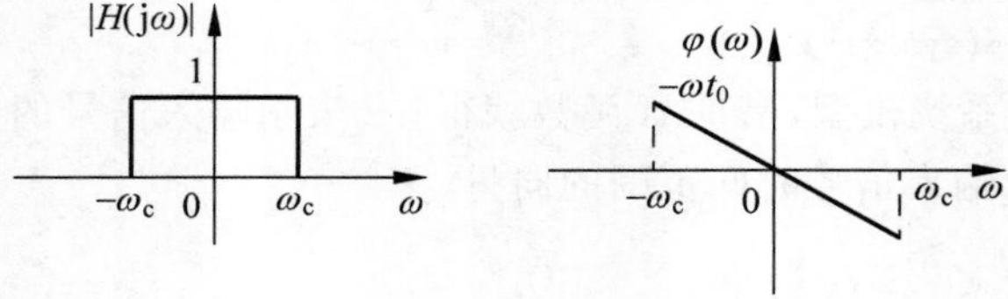

题图　6-3

6-4　如题图 6-4 所示的系统，$H_1(\mathrm{j}\omega)$为理想低通滤波器

$$H_1(\mathrm{j}\omega)=\begin{cases}\mathrm{e}^{-\mathrm{j}\omega t_0} & (|\omega|\leqslant 1)\\ 0 & (|\omega|>1)\end{cases}$$

若：(1) $v_1(t)$为单位阶跃信号 $u(t)$，求 $v_2(t)$；

(2) $v_1(t)=\dfrac{2\sin\left(\dfrac{t}{2}\right)}{t}$，求 $v_2(t)$。

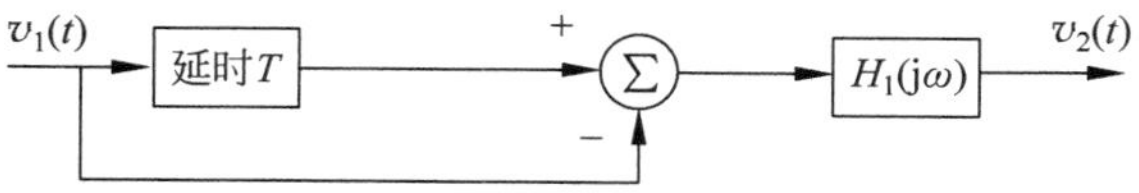

题图　6-4

6-5　移动平均是一种用以滤除噪声的简单数据处理方法。当接收到输入数据 $x(n)$后，将本次输入数据与其前 3 次的输入数据(共 4 个数据)进行平均。求该数据处理系统的频率响应 $H(\mathrm{e}^{\mathrm{j}\omega})$，并粗略画出 $\omega=-\pi\sim\pi$ 区间的幅频和相频响应。

6-6　求如题图 6-6 所示离散系统的频率响应，粗略画出 $\omega=-\pi\sim\pi$ 区间的幅频和相频响应。且当激励为 $x(n)=u(n)$时，求系统的零状态输出响应 $y(n)$。

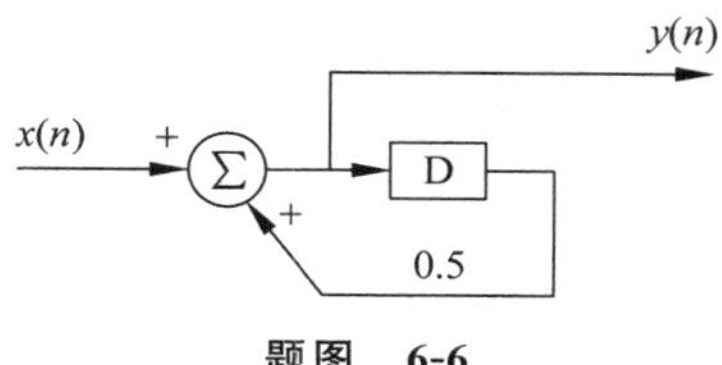

题图　6-6

上机习题

6-1　已知一个连续时间系统的微分方程为

$$\frac{\mathrm{d}^2 r(t)}{\mathrm{d}t}+\frac{9}{20}\frac{\mathrm{d}r(t)}{\mathrm{d}t}+\frac{1}{20}r(t)=\frac{\mathrm{d}e(t)}{\mathrm{d}t}+3e(t)$$

求该系统的频率响应，并用 MATLAB 绘出其幅频响应曲线和相频响应曲线。

6-2　已知一个离散时间系统的频率响应为

$$|H(\mathrm{e}^{\mathrm{j}\omega})|=\frac{1}{1-\dfrac{3}{4}\mathrm{e}^{-\mathrm{j}\omega}+\dfrac{1}{8}\mathrm{e}^{-2\mathrm{j}\omega}}$$

用 MATLAB 绘出其幅频响应曲线和相频响应曲线。

第7章

线性系统的复频域分析

在第 3 章和第 6 章分别介绍了系统的时域特性 $h(t)$ 和频域特性 $H(\mathrm{j}\omega)$ 的分析方法以及系统响应的求解方法，本章将讲述系统在复频域中的特性及分析方法。

7.1 系统的复频域特性

7.1.1 连续与离散系统的复频域特性——系统函数

1. 连续系统的系统函数

一个线性时不变连续时间系统如图 7-1 所示。$e(t)$、$r(t)$、$h(t)$ 分别表示输入激励信号、零状态响应及系统的冲激响应，则有

$$r(t)=e(t)*h(t)$$

上式左右两侧同时取拉普拉斯变换，得

$$R(s)=H(s)E(s)$$

此时图 7-1 可表示成图 7-2。因而

$$H(s)=\frac{R(s)}{E(s)}$$

这样，系统零状态响应的拉普拉斯变换与激励信号的拉普拉斯变换之比称为线性时不变连续系统的系统函数，用 $H(s)$ 表示，它与系统的冲激响应 $h(t)$ 构成拉普拉斯变换对，即

$$H(s)=\mathcal{L}[h(t)]$$

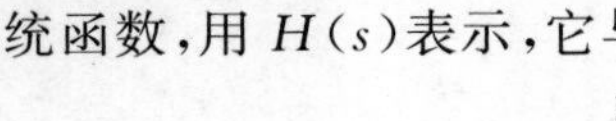

$e(t)$ → $h(t)$ → $r(t)$

图 7-1　线性时不变连续时间系统（时域）

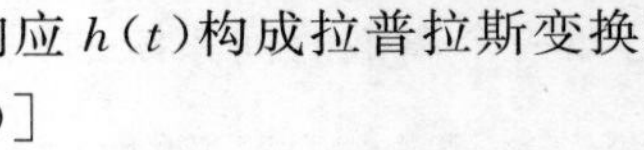

$E(s)$ → $H(s)$ → $R(s)$

图 7-2　线性时不变连续时间系统（复频域）

系统函数 $H(s)$ 所描述的是线性系统在复频域内的特性，当系统结构、输入输出位置及性质确定后，$H(s)$ 是不随激励的变化而变化的，因而其描述的是系统固有特性。在一般的网络分析中，由于激励与响应既可以是电压，也可能是电流，因此系统函数可以描述系统的阻抗、导纳、电流比或电压比（即放大倍数）。此外，若激励与响应在网络的同一端口，则系统

函数称为策动点函数(或驱动点函数),如图 7-3(a)所示;若激励与响应不在同一端口,就称为转移函数(或传输函数),如图 7-3(b)所示。显然,策动点函数只可能是阻抗或导纳;而转移函数可以是阻抗、导纳、电压比或电流比。

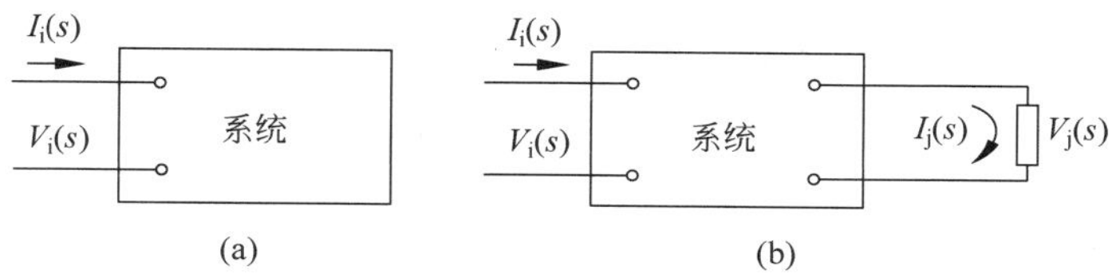

图 7-3 策动点函数与转移函数

将上述不同条件下系统函数的量纲列于表 7-1。在一般的系统分析中,对于这些量纲往往不加区分,统称为系统函数或转移函数。

表 7-1 系统函数的名称

激励与响应的位置	激 励	响 应	系统函数量纲
在同一端口(策动点函数)	电流	电压	策动点阻抗
	电压	电流	策动点导纳
不在同一端口(转移函数)	电流	电压	转移阻抗
	电压	电流	转移导纳
	电压	电压	转移电压比(电压传输函数)
	电流	电流	转移电流比(电流传输函数)

$H(s)$的求解方法可根据不同的已知条件采用不同的求解方法。

(1) 若系统的冲激响应 $h(t)$已知,则该系统的系统函数 $H(s)=\mathcal{L}[h(t)]$。

(2) 若描述系统的数学模型——微分方程已知,则首先对该微分方程两侧取单边拉普拉斯变换,则系统函数 $H(s)=\dfrac{R(s)}{E(s)}$。

(3) 若组成系统的具体电路已知,则可先列出输入输出关系方程(微积分方法),再按(2)描述方法求解。7.7.1 节将介绍电路的 s 域模型,也可由 s 域模型求解。

(4) 若描述系统的模拟框图已知,则可根据系统框图在 s 域求解系统输入输出的关系求解出 $H(s)=\dfrac{R(s)}{E(s)}$。

总之,上述各种 $H(s)$的求解方法,都是围绕其定义式与 $h(t)$的关系计算的。

例 7-1 已知连续时间系统的阶跃响应为 $g(t)=(1-\mathrm{e}^{-2t})u(t)$,求该系统的系统函数。

解 由系统阶跃响应与冲激响应的关系,得

$$h(t)=\frac{\mathrm{d}g(t)}{\mathrm{d}t}=2\mathrm{e}^{-2t}u(t)$$

则

$$H(s)=\mathcal{L}[h(t)]=\frac{2}{s+2}$$

本题也可以利用 $H(s)$定义求解,由于阶跃响应的激励是阶跃信号 $u(t)$,故

$$H(s)=\frac{\mathcal{L}[g(t)]}{\mathcal{L}[u(t)]}=\left(\frac{1}{s}-\frac{1}{s+2}\right)\Big/\frac{1}{s}=\frac{2}{s+2}$$

2. 离散系统的系统函数

与连续系统的系统函数相类似，对于线性时不变离散时间系统如图 7-4 所示。

图中，$x(n)$、$y(n)$、$h(n)$分别表示输入序列、零状态响应及系统的单位冲激响应，则有

$$y(n)=x(n)*h(n)$$

上式两边取 z 变换得

$$Y(z)=H(z)X(z)$$

此时，图 7-4 在 z 域内的表示如图 7-5 所示。

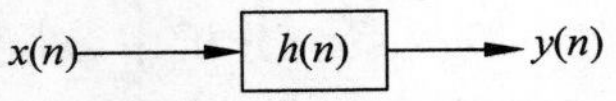

x(n) → h(n) → y(n)

图 7-4 线性时不变离散时间系统(时域表示)

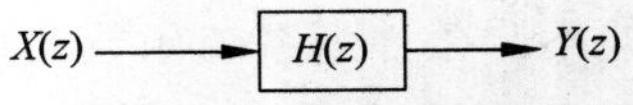

X(z) → H(z) → Y(z)

图 7-5 线性时不变离散时间系统(z 域表示)

定义

$$H(z)=\frac{Y(z)}{X(z)}$$

称 $H(z)$为线性时不变离散时间系统的系统函数，这里特别需要强调的是 $Y(z)$是系统零状态响应的 z 变换。明显可见，系统函数 $H(z)$与 $h(n)$构成 z 变换对，即

$$H(z)=\mathcal{Z}[h(n)]$$

$H(z)$描述了离散系统在 z 域内的特性，它同样反映了离散系统在复频域(z 域)内的固有特性。

与求 $H(s)$方法类似，$H(z)$也可根据不同的已知条件用不同方法求解。

(1) 若系统的单位冲激响应 $h(n)$已知，则该系统的系统函数 $H(z)=\mathcal{Z}[h(n)]$。

(2) 若系统所对应的差分方程已知，则首先对该差分方程两侧取单边 z 变换，则系统函数 $H(z)=\dfrac{Y(z)}{X(z)}$。

(3) 若系统的输入及零状态输出已知，则直接利用定义 $H(z)=\dfrac{Y(z)}{X(z)}$即可。

(4) 若组成系统的模拟框图已知，则可根据系统的框图在 z 域求解系统输入输出的关系，利用 $H(z)=\dfrac{R(z)}{E(z)}$求得。

例 7-2 求下列差分方程所描述的离散时间系统的系统函数和单位冲激响应。

$$y(n)-ay(n-1)=bx(n)$$

解 将差分方程两侧取 z 单边变换，并利用移位特性，得到

$$Y(z)-az^{-1}Y(z)-ay(-1)=bX(z)$$

令 $y(-1)=0$，得

$$H(z)=\frac{Y(z)}{X(z)}=\frac{b}{1-az^{-1}}$$

系统的单位冲激响应为

$$h(n)=\mathcal{Z}^{-1}[H(z)]=ba^{n}u(n)$$

例 7-3　离散时间系统如图 7-6 所示，求该系统对应的系统函数。

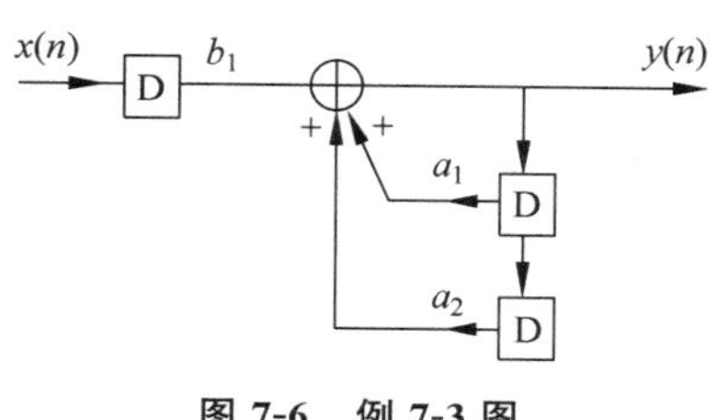

图 7-6　例 7-3 图

解　由该系统框图，其对应的差分方程可写为

$$y(n)=a_1y(n-1)+a_2y(n-2)+b_1x(n-1)$$

假设初始状态为零，差分方程两侧取 z 单边变换得

$$Y(z)=a_1z^{-1}Y(z)+a_2z^{-2}Y(z)+b_1z^{-1}X(z)$$

整理可得

$$H(z)=\frac{Y(z)}{X(z)}=\frac{b_1z^{-1}}{1-a_1z^{-1}-a_2z^{-2}}$$

7.1.2　系统的零极点与零极图

如前面所述，连续时间系统的系统函数一般可以表示成 s 的有理分式，其表达式为

$$H(s)=\frac{A(s)}{B(s)}=\frac{a_ms^m+a_{m-1}s^{m-1}+\cdots+a_0}{b_ns^n+b_{n-1}s^{n-1}+\cdots+b_0}$$

式中，系数 a_i、b_i 都是实数；m 和 n 是正整数。将其分子、分母因式分解得

$$H(s)=\frac{A(s)}{B(s)}=K\frac{(s-z_1)(s-z_2)\cdots(s-z_j)\cdots(s-z_m)}{(s-p_1)(s-p_2)\cdots(s-p_k)\cdots(s-p_n)}$$

式中，$p_1,p_2,\cdots,p_n$ 为方程 $B(s)=0$ 的根，当 $s=p_i$ 时，$H(s)$趋于无限大，称 $p_1,p_2,\cdots,p_n$ 为系统函数 $H(s)$的极点；z_i 是 $A(s)=0$ 的根，当 $s=z_i$ 时，$H(s)=0$，称 $z_1,z_2,\cdots,z_m$ 为系统的零点，系统的阶数与极点的个数相同。

若 $H(s)$有 N_1 个相同的极点 p_i，则称 p_i 为系统的 N_1 阶极点。若 $H(s)$有 N_2 个相同的零点 z_i，则称 z_i 为系统的 N_2 阶零点。

系统零极点的广义定义为使 $H(s)$为零的点称为系统的零点，使 $H(s)$为∞的点称为系统的极点。这种定义方式考虑零极点在整个 s 平面上的取值情况。$\frac{1}{H(s)}$的极点即为 $H(s)$的零点，当$\frac{1}{H(s)}$有 n 阶极点时，则 $H(s)$有 n 阶零点。

例如，若

$$H(s)=\frac{s[(s-1)^2+1]}{(s+1)^2(s^2+4)}$$

那么，它的极点位于

$$\begin{cases}p_1=-1 & (\text{二阶})\\ p_2=-2\mathrm{j} & (\text{一阶})\\ p_3=+2\mathrm{j} & (\text{一阶})\end{cases}$$

而其零点位于

$$\begin{cases}z_1=0 & (\text{一阶})\\ z_2=1+\mathrm{j} & (\text{一阶})\\ z_3=1-\mathrm{j} & (\text{一阶})\\ z_4=\infty & (\text{一阶})\end{cases}$$

将此系统函数的所有零极点绘于图 7-7 中的 s 平面内，用符号“○”表示零点，“×”表示极点，由此构成的 s 平面图称为系统的零极图。若系统在某个点处有 n 阶零点或极点，则在相应的符号处标注“(n)”，图 7-7 示出了例中系统的零极图，注意，无穷远处的零极点不在图中标注。通常，无特殊说明只在 s 有限平面内分析系统的零点和极点。由以上分析可知，若已知系统的零极点分布(零极图)，就可以写出对应的系统函数表达式，反之亦然。

同样，对于一个离散系统，它的系统函数 $H(z)$ 一般也是 z 的有理分式，将其分子多项式和分母多项式都分解为各因式乘积，即

$$H(z)=\frac{\sum_{r=0}^{M}b_r z^{-r}}{\sum_{k=0}^{N}a_k z^{-k}}=G\frac{\prod_{r=1}^{M}(1-z_r z^{-1})}{\prod_{k=1}^{N}(1-p_k z^{-1})}$$

式中，z_r 称为系统的零点；p_k 称为系统的极点。极点的个数即为离散系统的阶数。

例如，若

$$H(z)=\frac{\left(z-\frac{1}{2}\right)}{\left(z+\frac{1}{2}\right)^2\left(z^2+\frac{1}{4}\right)}$$

那么，它的极点位于

$$\begin{cases} p_1=-\frac{1}{2} & \text{(二阶)} \\ p_2=-\frac{1}{2}\mathrm{j} & \text{(一阶)} \\ p_3=+\frac{1}{2}\mathrm{j} & \text{(一阶)} \end{cases}$$

而其零点位于

$$z=\frac{1}{2}\quad\text{(一阶)}$$

将其在 z 平面内表示出来，其对应的零极图如图 7-8 所示。由前面分析可知，不同系统对应的系统函数不同，零极点分布也不相同。因此，可以借助零极点分布描述系统的特性。

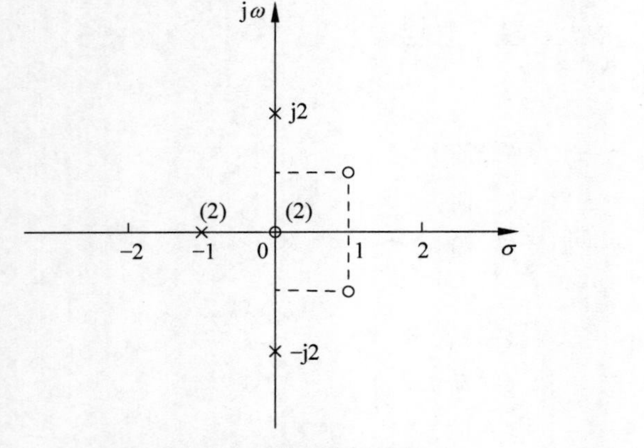

图 7-7　$H(s)$零极点图示例

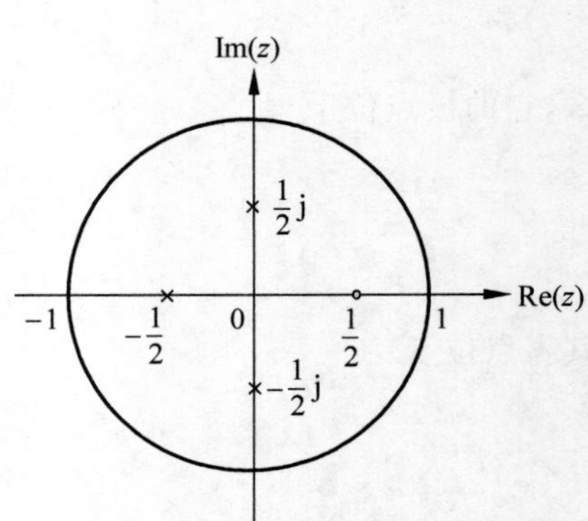

图 7-8　$H(z)$零极点图示例

7.2 系统函数零极点分布与系统时域特性的关系

7.2.1 连续系统的零极点分布与系统时域特性的关系

由于系统函数 $H(s)$ 与冲激响应 $h(t)$ 是互为拉普拉斯变换的关系，因此，只要知道 $H(s)$ 在 s 平面中零极点的分布情况，就可分析该系统的时域特性 $h(t)$ 的变化规律。

已知 n 阶线性时不变连续时间系统的系统函数为

$$H(s)=\frac{A(s)}{B(s)}=A\frac{\prod_{j=1}^{m}(s-z_j)}{\prod_{i=1}^{n}(s-p_i)}$$

式中，A 表示常系数，$m<n$。由 7.1 节可知，该系统有 m 个零点，n 个极点。

设系统的 n 个极点均为单极点，即所有极点互不相等，则可将 $H(s)$ 分解为 n 个一阶分式之和，由此求得 $h(t)$ 为

$$\begin{aligned}h(t)&=\mathcal{L}^{-1}[H(s)]=\mathcal{L}^{-1}\left[\sum_{i=0}^{n}\frac{K_i}{s-p_i}\right]\\&=\left(\sum_{i=0}^{n}K_i\mathrm{e}^{p_it}\right)u(t)\end{aligned}$$

由上式可知，$h(t)$ 的形式由极点 p_i 决定。几种典型极点分布与系统时域特性 $h(t)$ 的关系如图 7-9 所示。

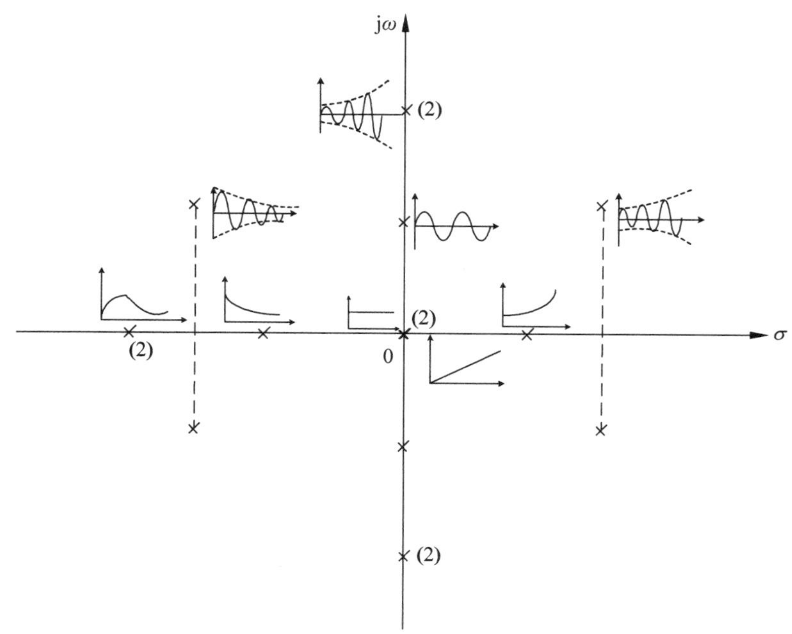

图 7-9 $H(s)$ 零极点分布与 $h(t)$ 波形的关系

由图 7-9 可以看出，若 $H(s)$ 极点落于左半平面，且对应的极点成对出现，由该对极点对应的 $h(t)$ 波形为衰减形式；落在坐标原点的一阶极点对应于 $h(t)$ 为阶跃信号。落于虚轴上的一对共轭一阶复极点对应的 $h(t)$ 为等幅振荡信号；而虚轴上的二阶极点将使 $h(t)$ 呈增幅振荡形式。若 $H(s)$ 极点落于右半平面，则 $h(t)$ 为增函数。

$H(s)$ 的极点在 s 平面的分布不同，对应系统的时域响应形式也不同，直接影响 $h(t)$ 的变化形式，而 $H(s)$ 的零点对 $h(t)$ 只影响其幅度和相位，不会改变 $h(t)$ 的变化形式。

例如，若系统函数 $H_1(s)=\dfrac{(s+\alpha)}{(s+\alpha)^2+\omega^2}(\alpha>0)$，则对应系统的时域特性可以写为

$$h_1(t)=\mathcal{L}^{-1}\left[\frac{(s+\alpha)}{(s+\alpha)^2+\omega^2}\right]=\mathrm{e}^{-\alpha t}\cos(\omega t)u(t)$$

该系统的零极点分布以及 $h_1(t)$ 波形如图 7-10 所示。

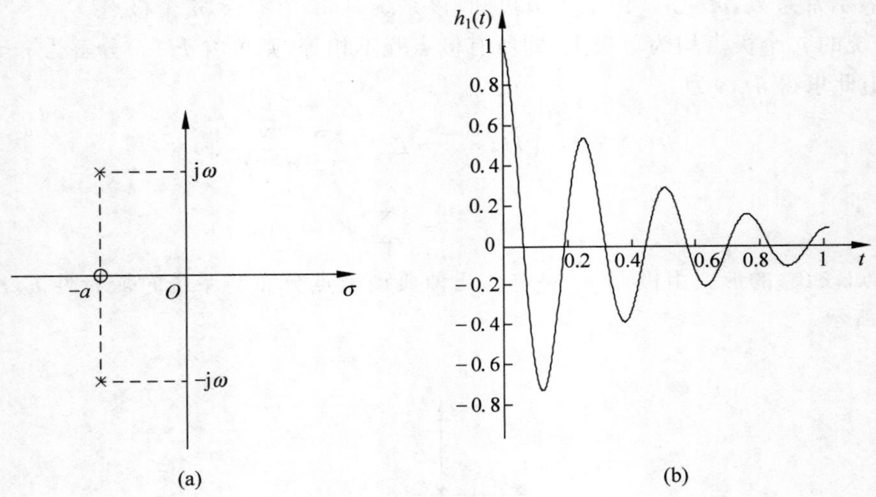

图 7-10 零极图与时域特性波形

假定保持极点不变，而改变系统的零点，如 $H_2(s)=\dfrac{s}{(s+\alpha)^2+\omega^2}$，其对应的零极图如图 7-11(a)所示，此时系统的时域特性

$$h_2(t)=\mathcal{L}^{-1}\left[\frac{s}{(s+\alpha)^2+\omega^2}\right]=\mathrm{e}^{-\alpha t}\left[\cos(\omega t)-\frac{\alpha}{\omega}\sin(\omega t)\right]$$

$$=\mathrm{e}^{-\alpha t}A\sin(\omega t+\varphi)=A\mathrm{e}^{-\alpha t}\cos\left(\omega t+\varphi-\frac{\pi}{2}\right)$$

式中，$A=\dfrac{1}{\omega}\sqrt{\omega^2+\alpha^2}$；$\varphi=-\arctan\left(\dfrac{\omega}{\alpha}\right)$。其波形如图 7-11(b)所示。

对比 $h_1(t)$ 和 $h_2(t)$ 可知，$h_2(t)$ 的幅度为 $h_1(t)$ 的 A 倍，相位增加 $\varphi-\dfrac{\pi}{2}$。由此可以说明，两个系统的极点相同，零点不同只影响系统时域特性 $h(t)$ 的幅度和相位，而对 $h(t)$ 的形状不会产生影响。

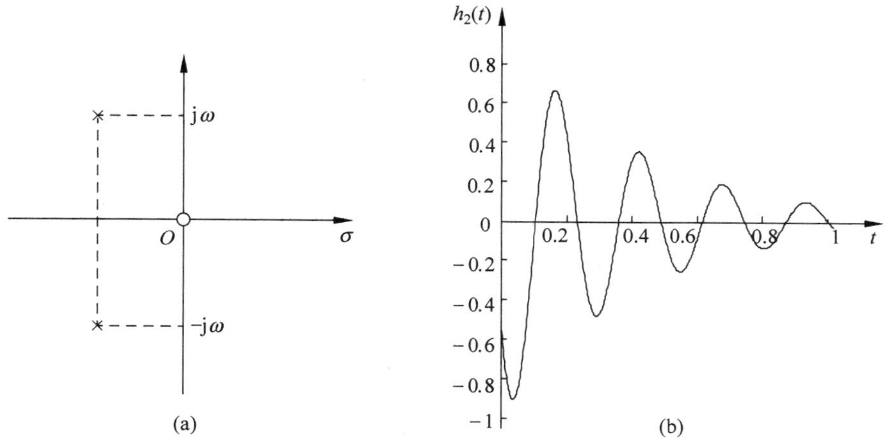

图 7-11 零极图与时域特性波形

7.2.2 离散系统的零极点分布与系统时域特性关系

与连续系统相对应，线性时不变离散系统同样可利用 $H(z)$零极点分布估计系统的时域特性 $h(n)$。假设离散系统的系统函数为

$$H(z)=\frac{\sum_{r=0}^{M}b_r z^{-r}}{\sum_{k=0}^{N}a_k z^{-k}}=G\frac{\prod_{r=1}^{M}(1-z_r z^{-1})}{\prod_{k=1}^{N}(1-p_k z^{-1})} \tag{7-1}$$

如果把 $H(z)$展成部分分式之和的形式，那么 $H(z)$每个极点将决定一项对应的时间序列。若 $N>M$，且 $H(z)$所有极点均为单极点，则 $h(n)$可表示为

$$\begin{aligned} h(n)&=\mathcal{Z}^{-1}[H(z)]=\mathcal{Z}^{-1}\left[G\frac{\prod_{r=1}^{M}(1-z_r z^{-1})}{\prod_{k=1}^{N}(1-p_k z^{-1})}\right] \\ &=\mathcal{Z}^{-1}\left[\sum_{k=1}^{N}\frac{A_k z}{z-p_k}\right]=\left(\sum_{k=1}^{N}A_k(p_k)^n\right)u(n) \end{aligned}$$

由上式可见，单位样值响应 $h(n)$的变化形式取决于 $H(z)$的极点 p_k，与连续系统一样，$H(z)$的极点决定 $h(n)$的波形特征，而零点只影响 $h(n)$的幅度与相位。图 7-12 示出了一阶极点在 z 平面的不同位置分布与 $h(n)$的关系，图中“×”表示 $H(z)$的一阶单极点或共轭极点的位置。由图 7-12 可以看出，若 $H(z)$极点落于单位圆内且为实极点，则 $h(n)$波形为衰减形式；若 $H(z)$极点落于单位圆内且为一对共轭极点，则 $h(n)$波形为衰减振荡形式；若 $H(z)$极点落在单位圆上，对应于 $h(n)$为等幅变化。若 $H(z)$极点落于单位圆外，$h(n)$则为增函数。

实际上，根据 z 变换与拉普拉斯变换之间的联系 $z=e^{sT}$，即 z-s 平面的映射关系，s 左半平面映射到 z 平面的单位圆内，s 右半平面映射到 z 平面的单位圆外，s 平面的虚轴映射为 z 平面的单位圆。上述结论就很好理解了。

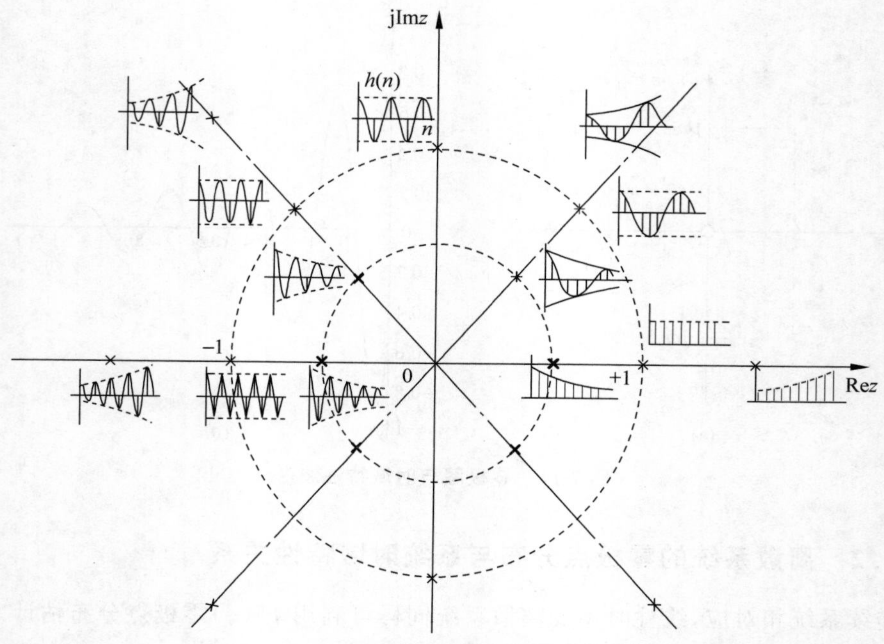

图 7-12 $H(z)$的极点位置与 $h(n)$形状的关系

7.3 零极点分布与系统频域特性关系

7.3.1 连续系统的零极点分布与频率特性关系

对于稳定系统，根据系统函数 $H(s)$零极点在 s 平面的分布，可以用几何作图法大致绘制频率特性曲线，进而分析系统的频率响应特性与零极点分布的关系。

设 N 阶系统 $H(s)$的表达式为

$$H(s)=\frac{\sum_{r=0}^{M} b_r s^r}{\sum_{k=0}^{N} a_k s^k}=K\frac{\prod_{j=1}^{M}(s-z_j)}{\prod_{i=1}^{N}(s-p_i)}$$

对于稳定系统，其频率响应可直接由 $H(s)$得到，即

$$H(\mathrm{j}\omega)=H(s)\big|_{s=\mathrm{j}\omega}=K\frac{\prod_{j=1}^{M}(\mathrm{j}\omega-z_j)}{\prod_{i=1}^{N}(\mathrm{j}\omega-p_i)} \tag{7-2}$$

容易看出，频率特性取决于零极点的分布，即取决于每个 z_j、p_i 的位置，而式(7-2)中的 K 是系数，对于频率特性的研究无关紧要。

将式(7-2)中分子分母的每一个因式用矢量形式表示，即

$$\mathrm{j}\omega-z_j=N_j\mathrm{e}^{\mathrm{j}\psi_j}$$

$$\mathrm{j}\omega-p_i=M_i\mathrm{e}^{\mathrm{j}\theta_i}$$

式中，N_j、M_i 分别表示两矢量的模；ψ_1、θ_1 分别表示它们的幅角，并将其在零极图中表示出来，如图 7-13 所示。

于是式(7-2)可以改写为

$$
\begin{aligned}
H(\mathrm{j}\omega) &= K\frac{N_1\mathrm{e}^{\mathrm{j}\psi_1}N_2\mathrm{e}^{\mathrm{j}\psi_2}\cdots N_M\mathrm{e}^{\mathrm{j}\psi_M}}{M_1\mathrm{e}^{\mathrm{j}\theta_1}M_2\mathrm{e}^{\mathrm{j}\theta_2}\cdots M_N\mathrm{e}^{\mathrm{j}\theta_N}} \\
&= K\frac{N_1N_2\cdots N_M\mathrm{e}^{\mathrm{j}(\psi_1+\psi_2+\cdots+\psi_M)}}{M_1M_2\cdots M_N\mathrm{e}^{\mathrm{j}(\theta_1+\theta_2+\cdots+\theta_N)}} \\
&= |H(\mathrm{j}\omega)|\mathrm{e}^{\mathrm{j}\varphi(\omega)}
\end{aligned}
$$

因此

$$
|H(\mathrm{j}\omega)| = K\frac{N_1N_2\cdots N_M}{M_1M_2\cdots M_N}
$$

$$
\varphi(\omega) = (\psi_1+\psi_2+\cdots+\psi_M)-(\theta_1+\theta_2+\cdots+\theta_N)
$$

当 ω 沿虚轴移动(变化)时，每个矢量的模和幅角都随之改变，即可得出幅频特性曲线和相频特性曲线。

例 7-4　求图 7-14 所示 RC 低通滤波网络的频率特性 $H(\mathrm{j}\omega)$，利用零极点分布大致确定系统的幅频特性和相频特性。

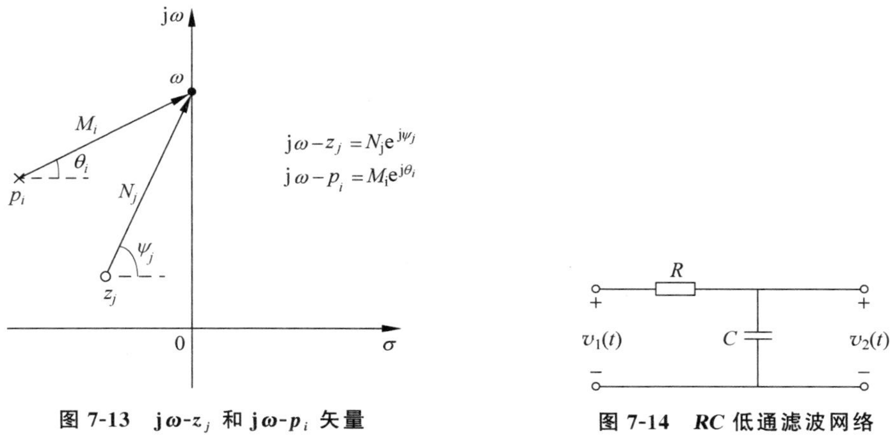

图 7-13　$\mathrm{j}\omega-z_j$ 和 $\mathrm{j}\omega-p_i$ 矢量

图 7-14　RC 低通滤波网络

解　写出系统函数

$$
H(s)=\frac{V_2(s)}{V_1(s)}=\frac{1}{RC}\cdot\frac{1}{\left(s+\frac{1}{RC}\right)}
$$

可见，系统只有一个极点，$p_1=-\frac{1}{RC}$，对应的矢量表示如图 7-15 所示。该系统为一个稳定系统，对应的 $H(\mathrm{j}\omega)$为

$$
H(\mathrm{j}\omega)=H(s)\big|_{s=\mathrm{j}\omega}=\frac{1}{RC}\cdot\frac{1}{\left(\mathrm{j}\omega+\frac{1}{RC}\right)}=\frac{1}{RC}\frac{1}{M_1\mathrm{e}^{\mathrm{j}\theta_1}}
$$

将 $\mathrm{j}\omega+\frac{1}{RC}$用矢量表示如图 7-15(b)所示。故

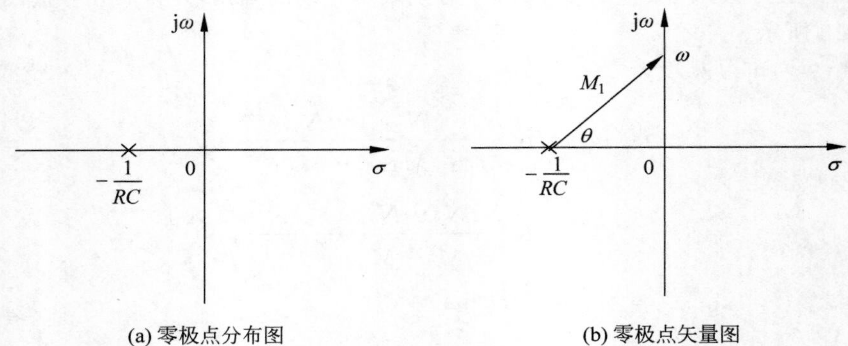

(a) 零极点分布图　　(b) 零极点矢量图

图 7-15　系统零极点分布图及矢量图

$$|H(\mathrm{j}\omega)|=\frac{1}{RC}\frac{1}{M_1}$$

$$\varphi(\omega)=-\theta_1$$

现在分析当 ω 沿虚轴变化时，$|H(\mathrm{j}\omega)|$ 和 $\varphi(\omega)$ 的变化情况。

(1) 当 $\omega=0$ 时，$M_1=\frac{1}{RC}$，$\theta=0$，$|H(\mathrm{j}\omega)|=1$，$\varphi=0$，如图 7-16(a)所示。

(2) 当 $\omega=\frac{1}{RC}$ 时，$M_1=\sqrt{2}\frac{1}{RC}$，$\theta=45°$，如图 7-16(b)所示。

(3) 当 $\omega\to\infty$ 时，$M_1\to\infty$，$\theta\to 90°$，$|H(\mathrm{j}\omega)|\to 0$，$\varphi=-90°$，如图 7-16(c)所示。

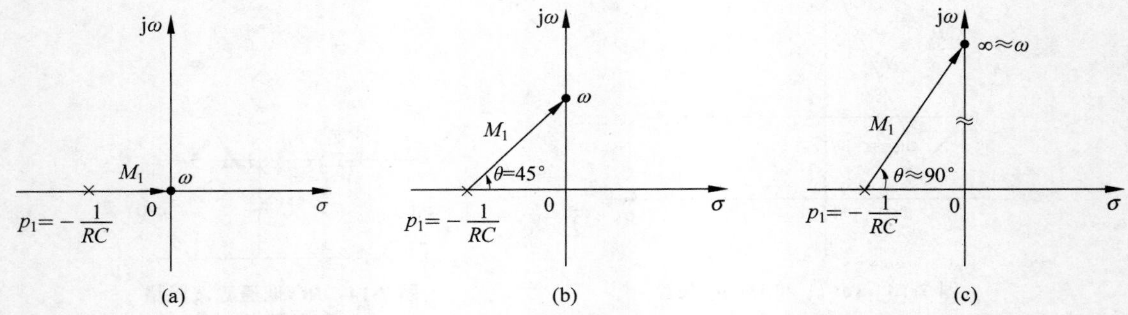

图 7-16　*RC* 低通滤波网络频响特性的几何分析法

根据上述分析可得出该系统幅频、相频随 ω 变化的情况如图 7-17 所示。由图可知，该系统呈低通特性。

实际上，当零极点分布在虚轴附近时，可使系统的幅频、相频特性有非常明显的变化。当极点越靠近虚轴，在该频率点附近幅频特性曲线会出现明显的峰值，相频特性迅速减小；当极点位于虚轴上时，幅频特性在该点取值趋于∞，相频特性趋于－90°；当零点越靠近虚轴时，在该频率点附近幅频特性曲线会出现明显的谷值，相频特性迅速增加；当零点位于虚轴上时，幅频特性最小，相频特性趋于 90°。

7.3.2　离散系统的零极点分布与频率特性的关系

同样，也可以用几何作图法分析离散系统零极点分布与其频率特性的关系。设离散系

统的系统函数为

$$H(z)=\frac{\sum_{r=0}^{M}b_r z^{-r}}{\sum_{k=0}^{N-1}a_k z^{-k}}=Az^{-(M-N)}\frac{\prod_{r=1}^{M}(z-c_r)}{\prod_{k=1}^{N}(z-d_k)} \tag{7-3}$$

对于稳定的离散系统,其频率响应可直接由 $H(z)$得到,即

$$H(e^{j\omega})=H(z)\big|_{z=e^{j\omega}}=Ae^{-j\omega(M-N)}\frac{\prod_{r=1}^{M}(e^{j\omega}-c_r)}{\prod_{k=1}^{N}(e^{j\omega}-d_k)}$$

同样,将每个因式在 z 平面上用矢量表示为

$$\boldsymbol{C_rB}=(e^{j\omega}-c_r)=|C_rB|e^{j\alpha_r}$$

$$\boldsymbol{D_kB}=(e^{j\omega}-d_k)=|D_kB|e^{j\beta_k}$$

矢量 $\boldsymbol{C_rB}$ 和 $\boldsymbol{D_kB}$ 分别代表零点 C_r 和极点 D_k 至单位圆上任意一点 $B(e^{j\omega})$的矢量,如图 7-18 所示。

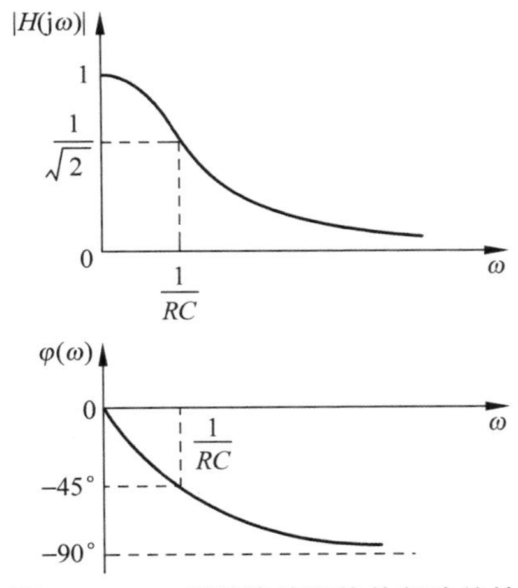

图 7-17 RC 低通滤波网络的频响特性

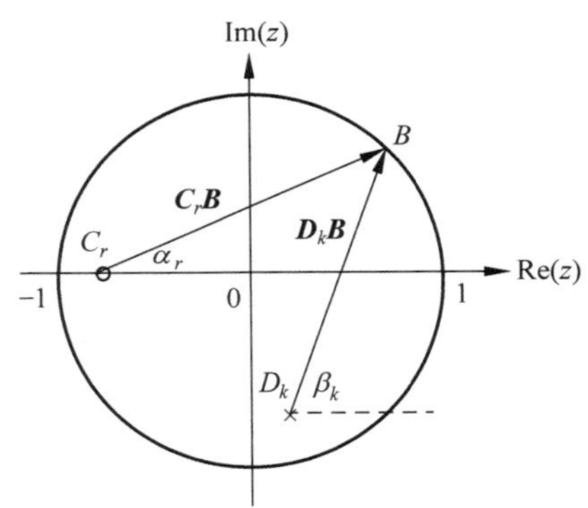

图 7-18 系统函数的零极点矢量图

于是系统的频率响应可表示为

$$H(e^{j\omega})=Ae^{-j\omega(M-N)}\frac{\prod_{r=1}^{M}|C_rB|e^{j\alpha_r}}{\prod_{k=1}^{N}|D_kB|e^{j\beta_k}}$$

其中

$$|H(e^{j\omega})|=|A|\frac{\prod_{r=1}^{M}|C_rB|}{\prod_{k=1}^{N}|D_kB|}$$

$$\phi(\omega)=\sum_{r=1}^{N}\alpha_r-\sum_{k=1}^{N}\beta_k-(M-N)\omega \tag{7-4}$$

式(7-3)中因子 $z^{-(M-N)}$ 的出现仅表明在坐标原点 $z=0$ 处有 $(M-N)$ 阶极点 $(M>N)$ 或有 $(N-M)$ 阶零点 $(M<N)$。这部分极点或零点至单位圆的距离不变，因此不影响幅频特性，仅对相频特性产生 $-(M-N)\omega$ 线性相移，即在时域引入 $(M-N)$ 步延时（或超前）位移而已。由图 7-18 可知，当 B 点从 $\omega=0$ 开始沿单位圆移动一周时，即可得到系统在一个 2π 周期内随 ω 变化的幅频和相频特性。

例 7-5 已知线性时不变离散时间稳定系统，系统函数为

$$H(z)=A\frac{(z-C_1)}{(z-D_1)(z-D_2)}$$

且 $D_2=D_1^*$，零极点分布如图 7-19 所示，试利用几何确定方法求系统的幅频特性及相频特性曲线。

解 系统是一个稳定系统，故

$$H(\mathrm{e}^{\mathrm{j}\omega})=H(z)\big|_{z=\mathrm{e}^{\mathrm{j}\omega}}=A\frac{(\mathrm{e}^{\mathrm{j}\omega}-C_1)}{(\mathrm{e}^{\mathrm{j}\omega}-D_1)(\mathrm{e}^{\mathrm{j}\omega}-D_2)}$$

将分子、分母每个因式在 z 平面用矢量表示如图 7-20 所示。

$$|H(\mathrm{e}^{\mathrm{j}\omega})|=|A|\frac{|\mathrm{e}^{\mathrm{j}\omega}-C_1|}{|\mathrm{e}^{\mathrm{j}\omega}-D_1||\mathrm{e}^{\mathrm{j}\omega}-D_2|}=|A|\frac{|C_1B|}{|D_1B||D_2B|} \tag{7-5}$$

$$\phi(\omega)=\alpha_1-\sum_{k=1}^{2}\beta_k \tag{7-6}$$

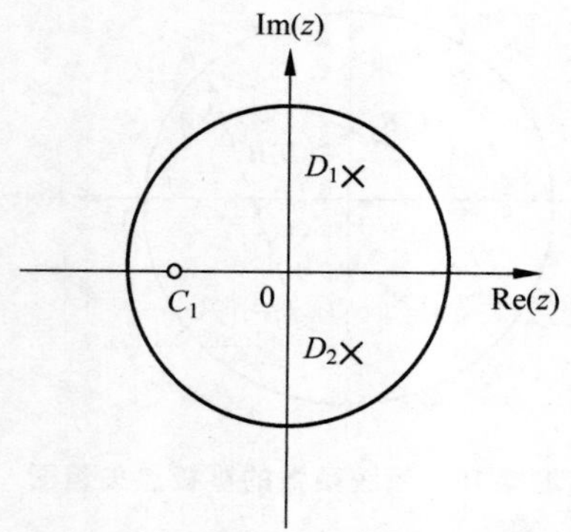

图 7-19 系统函数零极点分布图

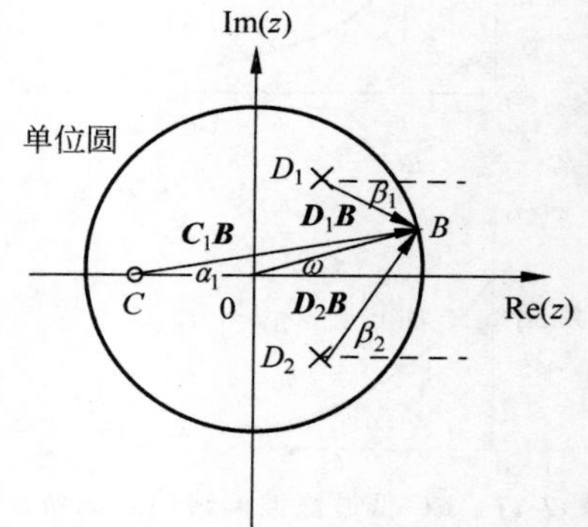

图 7-20 系统函数的零极点矢量图

从此可知，当动点 $B=\mathrm{e}^{\mathrm{j}\omega}$ 在单位圆上从 $\omega=0$ 到 $\omega=2\pi$ 连续变化时，每个矢量的大小、方向都在变化，由此可得出系统的幅频响应和相频响应变化特性，现在分析其变化过程：

(1) 当 $\omega=0$ 时，$|C_1B|$ 较大，$|D_1B|=|D_2B|$ 且较小，$|H(\mathrm{e}^{\mathrm{j}\omega})|=|A|\dfrac{|C_1B|}{|D_1B|^2}$，$\alpha_1=0$，$\beta_1=-\beta_2$，$\phi(\omega)=0$，如图 7-21(a)所示。

(2) 当 ω 从 0 逐渐增大时，$|C_1B|$ 减小，$|D_1B|$ 先减小后增大，$|D_2B|$ 先增大后减小，且 ω 经过 D_1 附近，$\boldsymbol{D_1B}$ 与 $\boldsymbol{OB}$ 在一条直线上时 $\boldsymbol{D_1B}$ 最小，变化最明显，$|H(\mathrm{e}^{\mathrm{j}\omega})|$ 出现峰值，ω 离开 D_1 附近后，$|H(\mathrm{e}^{\mathrm{j}\omega})|$ 逐渐下降，因而 $|H(\mathrm{e}^{\mathrm{j}\omega})|=|A|\dfrac{|C_1B|}{|D_1B||D_2B|}$ 先增大后减小。同时，α_1 增大，β_2 增大，β_1 先减小后增大，且 $|\beta_2|>|\beta_1|$，因而 $\phi(\omega)$ 反向增大，如图 7-21(b)所示。

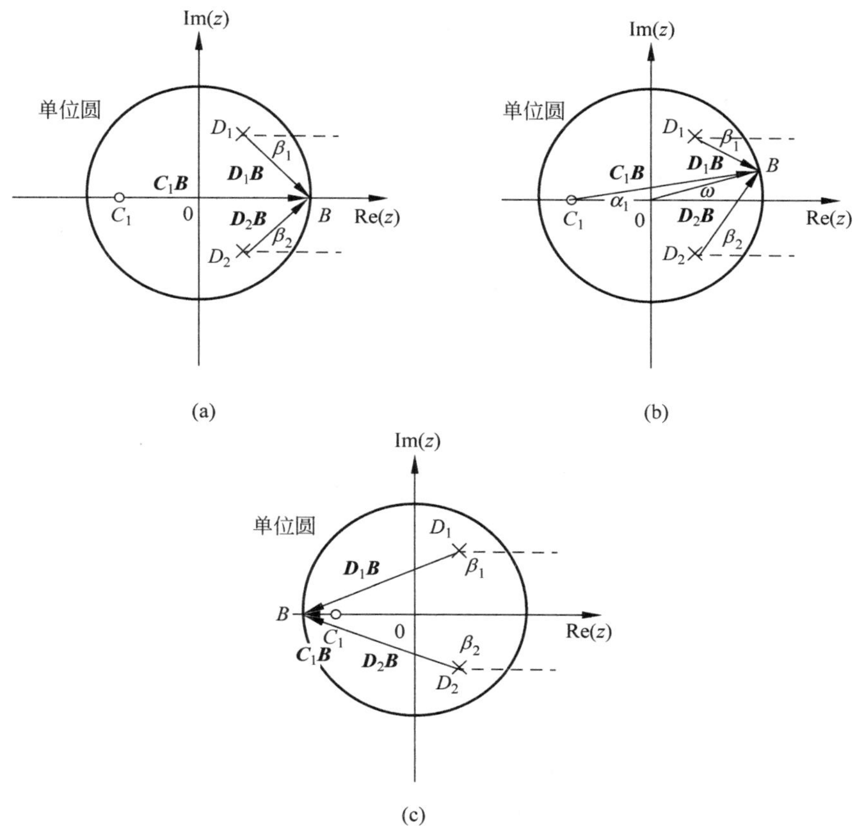

图 7-21　频率响应的几何确定法

(3) 当 $\omega=\pi$ 时，$|C_1B|$ 最小，$|D_1B|=|D_2B|$ 且较大，$|H(e^{j\omega})|=|A|\dfrac{|C_1B|}{|D_1B|^2}$ 最小，出现谷值。$\alpha_1=\pi,\beta_1=-\beta_2,\phi(\omega)=\pi$，如图 7-21(c)所示。

(4) 当 ω 从 π 到 2π 变化时，对应的幅频特性的变化关于 π 偶对称，相频特性的变化关于 π 奇对称，如图 7-22 所示，故只分析 0 到 π 的变化特性即可。

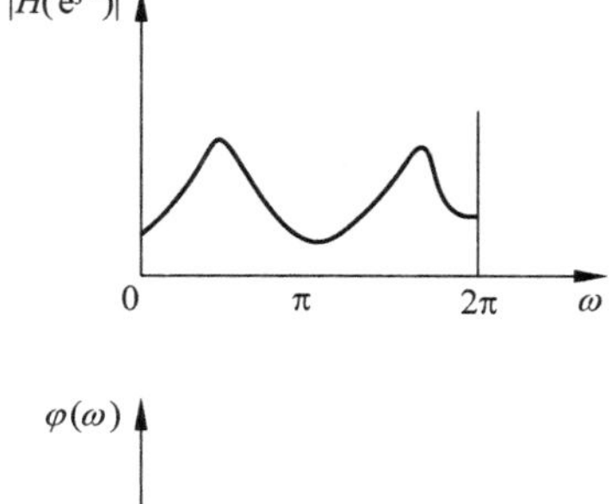

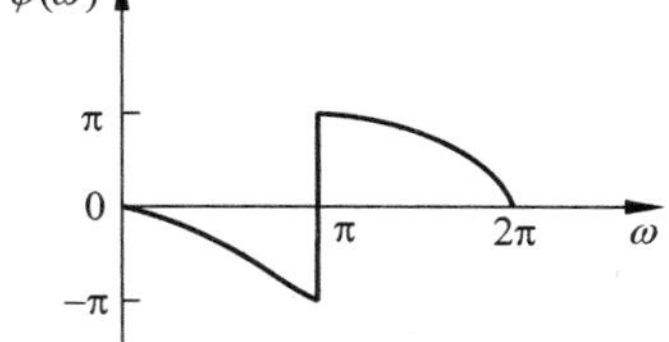

图 7-22　系统的振幅特性和相位特性

与连续系统类似，离散系统零极点位置若靠近单位圆，会使系统的幅频和相频特性有明显变化。当极点 D_k 越靠近单位圆时，$z=\mathrm{e}^{\mathrm{j}\omega}$ 在该点附近时，矢量 $\boldsymbol{D_kB}$ 越短，与 $\boldsymbol{OB}$ 在一条直线上时，$\boldsymbol{D_kB}$ 出现极小值，导致幅频特性在其附近出现峰值，当极点 D_k 处在单位圆上时，$\boldsymbol{D_kB}$ 的最小值为零，对应 D_k 点的幅频特性将出现∞，这相当于在该频率处出现无耗谐振。

零点的位置对幅频特性的影响则正好相反，零点越靠近单位圆，幅频特性响应值就越小，出现最小值。当零点在单位圆上时，该零点所在频率上幅频响应为零。

7.4 零极点分布与系统稳定性的关系

7.4.1 连续系统的稳定性

在第 2 章中已经讲过连续系统的稳定性可以利用 $h(t)$ 的收敛性来分析。因为 $H(s)$ 的零极点分布与 $h(t)$ 有对应关系，故若知道系统的极点分布，也可以在复频域内分析系统的稳定性。

(1) 稳定系统。如果 $H(s)$ 全部极点都落在 s 左半平面（不包括虚轴），此时，$h(t)$ 呈衰减形式

$$\lim_{t\to+\infty} h(t)=0$$

系统是稳定的。

(2) 不稳定系统。只要 $H(s)$ 有一个极点位于 s 右半平面，或在虚轴上有一个二阶及以上的极点，对应的 $h(t)$ 为递增函数，系统是不稳定的。

(3) 临界稳定系统。如果 $H(s)$ 有一阶极点位于 s 平面虚轴上，其他极点均位于 s 左半平面，则当 t 趋于无穷时，$h(t)$ 趋于恒定变化，此时该系统临界稳定。

例 7-6 如图 7-23 所示反馈系统，子系统的系统函数 $G(s)=\dfrac{1}{(s-1)(s+2)}$，当常数 k 满足什么条件时，系统是稳定的?

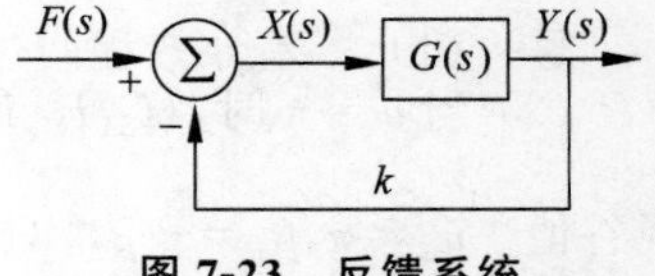

图 7-23 反馈系统

解 设加法器输出端的信号为 $X(s)$，则

$$X(s)=F(s)-kY(s)$$

系统输出信号

$$Y(s)=X(s)G(s)$$

将 $X(s)$ 代入 $Y(s)$ 得反馈系统的系统函数为

$$H(s)=\frac{Y(s)}{F(s)}=\frac{G(s)}{1+kG(s)}=\frac{1}{s^2+s-2+k}$$

$H(s)$ 的极点

$$p_{1,2}=-\frac{1}{2}\pm\sqrt{\frac{9}{4}-k}$$

当 $k=0$ 时，$p_1=-2, p_2=1$；$k=2$ 时，$p_1=-1, p_2=0$；$k=\dfrac{9}{4}$ 时，$p_1=p_2=-\dfrac{1}{2}$；$k>\dfrac{9}{4}$ 时，有共轭复根，在左半平面。因此 $k>2$ 时，系统稳定；$k=2$ 时，系统临界稳定；$k<2$ 时，系统不稳定。

7.4.2　离散系统稳定性的判定

根据离散系统零极点分布与 $h(n)$ 的关系，同样可以根据系统的极点分布，对照图 7-12 分析系统的稳定性。

(1) 稳定系统。如果 $H(z)$ 全部极点位于单位圆内，此时

$$\lim_{n \to +\infty} h(n) \to 0$$

系统稳定。

(2) 不稳定系统。只要有一个 $H(z)$ 的极点位于单位圆外，或在单位圆上只要有一个二阶及以上的极点，$h(n)$ 呈增长趋势，系统不稳定。

(3) 临界稳定系统。如果 $H(z)$ 只有一个极点落于单位圆上，且是一阶的，其他极点均落在单位圆内，此时 $h(n)$ 等幅变化，系统处于临界状态。

对于因果系统，$h(n)$ 为因果序列，它的 z 变换的收敛域包含 ∞ 点，收敛域应在某圆外区域，即 $|z|>a$。

在实际问题中经常遇到的因果系统极点全部在单位圆内，此时的收敛域应包含单位圆，即

$$\begin{cases} |z| > a\text{(收敛域)} \\ a < 1 \end{cases}$$

例 7-7　表示某离散系统的差分方程为

$$y(n) + 0.2y(n-1) - 0.24y(n-2) = x(n) + x(n-1)$$

(1) 求系统函数 $H(z)$。

(2) 讨论此离散系统 $H(z)$ 的收敛域和稳定性。

解　(1) 将差分方程两边取 z 变换，得

$$Y(z) + 0.2z^{-1}Y(z) - 0.24z^{-2}Y(z) = X(z) + z^{-1}X(z)$$

于是

$$H(z) = \frac{Y(z)}{X(z)} = \frac{1+z^{-1}}{1+0.2z^{-1}-0.24z^{-2}}$$

也可写成

$$H(z) = \frac{z(z+1)}{(z-0.4)(z+0.6)}$$

(2) $H(z)$ 的两个极点分别位于 0.4 和 -0.6，它们都在单位圆内，则此因果系统的收敛域为 $|z|>0.6$，是一个稳定的因果系统。

7.5　几种典型系统的零极点分布

7.5.1　连续全通系统、最小相移系统和最大相移系统

所谓全通是指它的幅频特性为常数，允许所有频率的信号按同样的幅度传输系数通过。如果一个系统函数的极点位于 s 平面的左半平面，零点位于 s 平面的右半平面，而且零点与

极点对于 $\mathrm{j}\omega$ 轴互为镜像，此系统具有全通特性称为全通系统或全通网络。图 7-24 示出了一个全通系统零极点分布。图中零点 z_1、z_2、z_3 分别与极点 p_1、p_2、p_3 以 $\mathrm{j}\omega$ 轴互为镜像关系，相应的矢量长度对应相等，即

$$\begin{cases} M_1 = N_{1'} \\ M_2 = N_{2'} \\ M_3 = N_{3'} \end{cases}$$

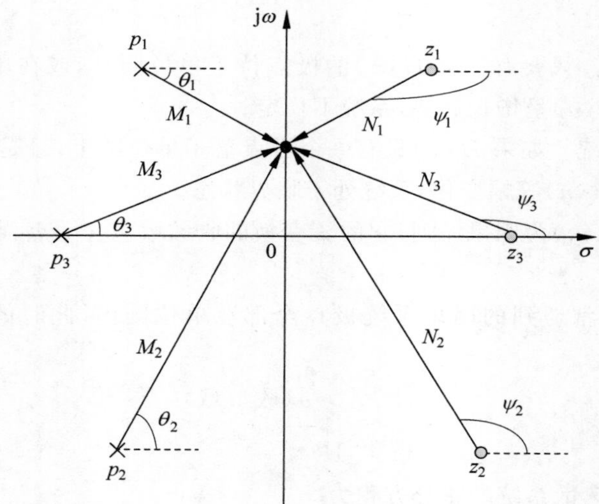

图 7-24 全通网络 s 平面零极点分布

系统频率特性表示为

$$\begin{aligned} H(\mathrm{j}\omega) &= K\frac{N_1 N_2 N_3}{M_1 M_2 M_3}\mathrm{e}^{\mathrm{j}[(\psi_1+\psi_2+\psi_3)-(\theta_1+\theta_2+\theta_3)]} \\ &= K\mathrm{e}^{\mathrm{j}[(\psi_1+\psi_2+\psi_3)-(\theta_1+\theta_2+\theta_3)]} \end{aligned}$$

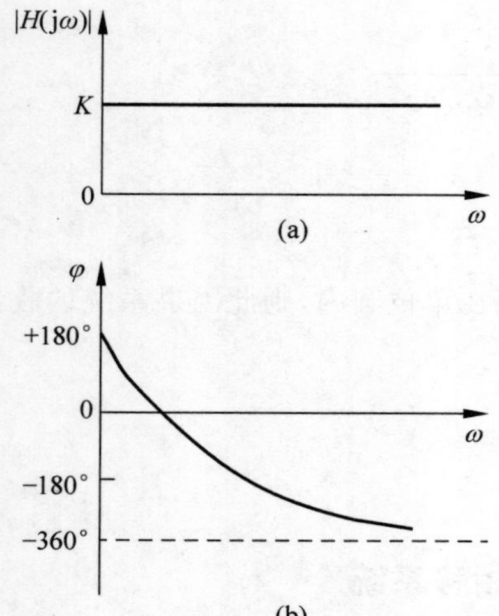

图 7-25 具有图 7-24s 域特性的全通系统幅频特性与相频特性

显然，由于 N_1、N_2、N_3 与 M_1、M_2、M_3 相消，幅频特性等于常数 K，即

$$|H(\mathrm{j}\omega)| = K$$

系统具有全通特性。再看相频特性，当 $\omega=0$ 时，$\theta_1=-\theta_2$，$\psi_1=-\psi_2$，$\theta_3=0$，$\psi_3=180°$，所以 $\varphi=180°$；当 ω 沿 $\mathrm{j}\omega$ 轴向上移动时，θ_2、θ_3 增加，ψ_2、ψ_3 减少，而且 θ_1 由负变正，ψ_1 更加变负，于是 φ 下降；而当 $\omega\to\infty$ 时，$\theta_1\approx\theta_2\approx\theta_3\approx 90°$，$\psi_1\approx-270°$，$\psi_2\approx\psi_3\approx 90°$，因而 $\varphi\to-360°$。此系统的幅频特性与相频特性曲线分别绘于图 7-25(a)和图 7-25(b)。

从以上分析不难看出，全通系统的幅频特性虽为常数，而相频特性却不受约束，因而，全通系统可以保证不影响输入信号的幅度频谱特性，只改变信号的相位频谱特性，在实际应用中常用来对信号的相位校正，如相位均衡器或移相器。

前面讲到，为使系统稳定，必须限制系统函数的极点位于左半平面，至于它的零点落于 s 的右半平面或左半平面对于系统特性又有什么影响呢？现在研究这方面的问题。

考查图 7-26(a)和图 7-26(b)两个零极点分布可以看出，它们有相同的极点 $p_{1,2}=p_{3,4}=-2\pm 2\mathrm{j}$，而两者的零点却以 $\mathrm{j}\omega$ 轴成镜像关系，$z_{1,2}=-1\pm\mathrm{j}$，$z_{3,4}=1\pm\mathrm{j}$。不难看出，对于这两种分布情况，它们的幅频响应特性是相同的。再看相位情况，当 $\omega=0$ 时，对于零点位于右半平面的图形，相应矢量构成的相位 ψ_3、ψ_4 有较大的绝对值，而零点位于左半平面时，其对应相位的绝对值 ψ_1、ψ_2 比前者小。当 $\omega\to\infty$ 时，$\psi_3\approx\psi_4\to 90°$，$\psi_1\approx\psi_2\to 90°$，因而当 ω 从 0 到 ∞ 的变化过程中，图 7-26(a)和图 7-26(b)两个系统极点对应矢量相位变化相同，而图 7-26(a)系统零点对应矢量的相位变化量要小于图 7-26(b)系统零点对应矢量的相位变化量，图 7-26(a)和图 7-26(b)对应的相频响应特性曲线如图 7-27 所示。显然，就相移(系统相位的变化量)的绝对值而言，图 7-26(a)具有最小的相移。

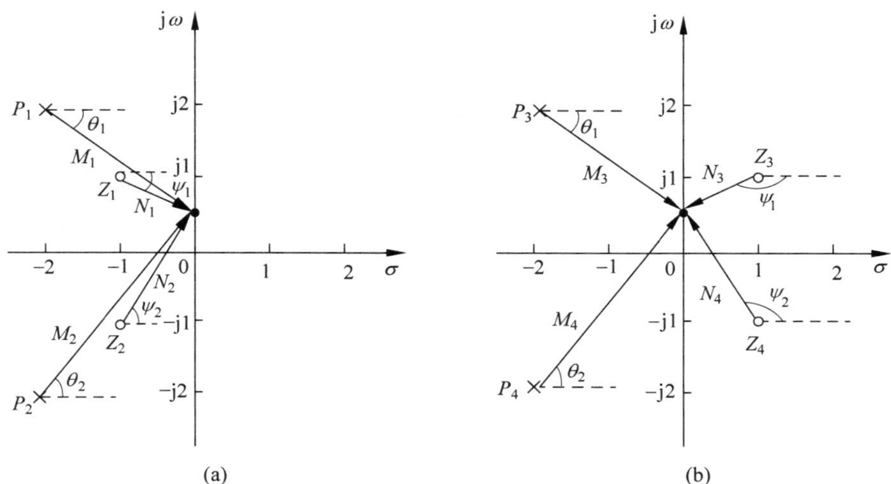

图 7-26　最小相移系统与非最小相移系统的零极点分布

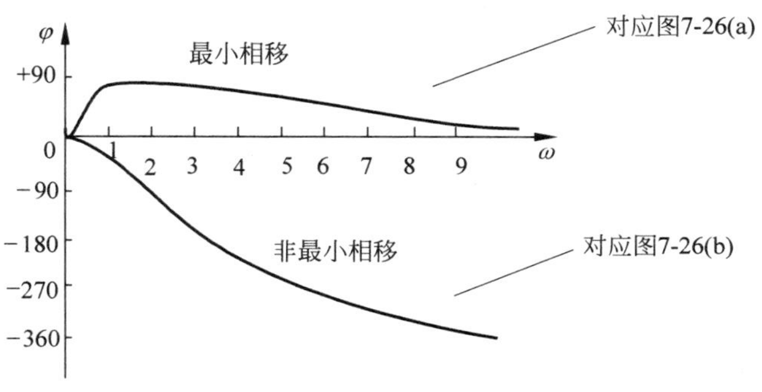

图 7-27　与图 7-26 对应的相移特性

根据上述分析，零点和极点都位于 s 左半平面或 $\mathrm{j}\omega$ 轴的系统称为最小相移系统。如果系统函数在 s 的右半平面有一个或多个零点，那么就称为非最小相移函数，这类系统称为非最小相移系统。如果系统函数的所有零点都在 s 的右半平面，所有极点都在 s 的左半平面，则该系统称为最大相移函数。

可以证明，非最小相移函数可以表示为最小相移函数与全通函数的乘积。也即非最小相移系统可代之以最小相移系统与全通系统的级联。

例 7-8 非最小相移系统零极点分布如图 7-28(a)所示，将其转化为全通系统与最小相移系统的级联。

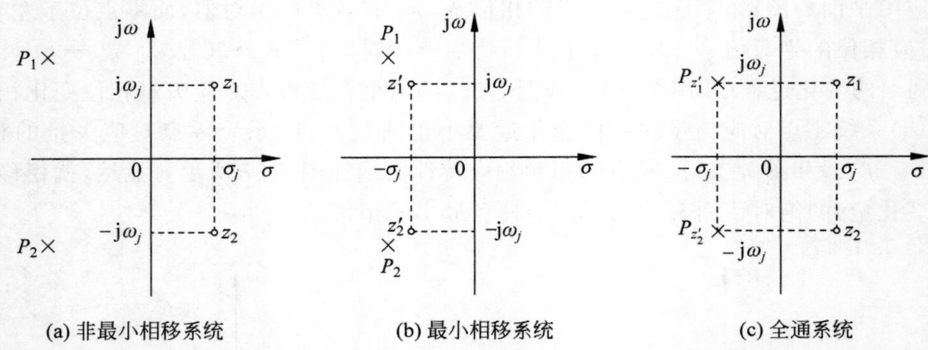

图 7-28 非最小相移系统与其对应的最小相移系统、全通系统的零极点分布图

解 该系统在右半平面的零点 $z_1=z_2^*$，极点 $p_1=p_2^*$，将 z_1、z_2 以 jω 轴位对称轴，镜像映射到左半平面一对零点 z_1'、z_2'，并在相同映射位置上补上一对极点 $p_{z_1'}$，$p_{z_2'}$，即 $z_1'=p_{z_1'}$，$z_2'=p_{z_2'}$，这样，将 s 左半平面的极点 p_1、p_2 与 z_1'、z_2'组成最小相移系统，如图 7-28(b)所示，将 $p_{z_1'}$、$p_{z_2'}$ 与 z_1、z_2 组成全通系统，如图 7-28(c)所示，该系统的系统函数可进一步写为

$$H(s)=\frac{(s-z_1)(s-z_2)}{(s-p_1)(s-p_2)}\frac{(s-z_1')(s-z_2')}{(s-p_{z_1'})(s-p_{z_2'})}=\underbrace{\frac{(s-z_1')(s-z_2')}{(s-p_1)(s-p_2)}}_{\text{最小相移系统}}\underbrace{\frac{(s-z_1)(s-z_2)}{(s-p_{z_1'})(s-p_{z_2'})}}_{\text{全通系统}}$$

7.5.2 离散最小相移系统、最大相移系统和全通系统

现在讨论离散全通系统、最小相移系统和最大相移系统的零极点分布情况。下面首先以图 7-29 所示的两个系统为例，对于系统的任一零点或极点，若落在单位圆内，其所对应的零点或极点矢量随 ω 从 0 到 2π 变化时，其相位变化量为 2π，如图 7-29(a)所示。若零点或极点位于单位圆外时，相位变化量为零，如图 7-29(b)所示。

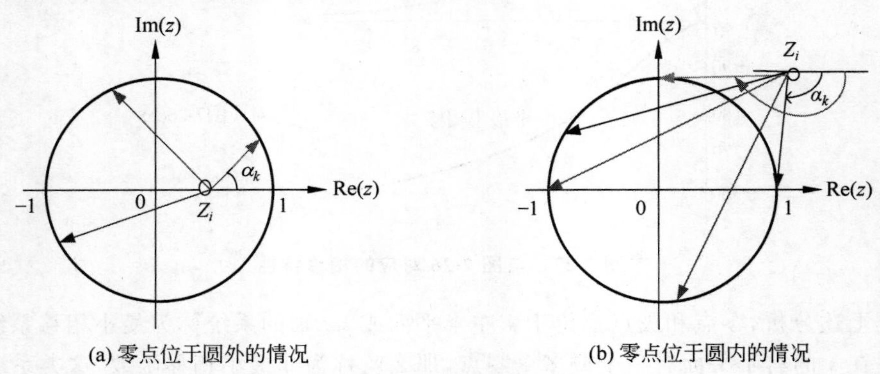

图 7-29 零极点位置与相频特性关系

如果某系统有 M 个零点，N 个极点，用 m_i、m_o 依次表示单位圆内、外零点的数目，用 p_i、p_o 表示单位圆内、外极点的数目，则有

$$M=m_i+m_o$$
$$N=p_i+p_o$$

因果稳定系统的极点全部在单位圆内，即 $p_o=0, p_i=N$，当 ω 从 0 到 2π 变化时，由式(7-4)可得系统总相位变化为

$$\begin{aligned}\Delta\phi(\omega)&=2\pi(m_i-p_i)-2\pi(M-N)\\&=2\pi m_i-2\pi M=-2\pi m_o\end{aligned}$$

因此系统的相位变化量为 $-2\pi m_o$，仅取决于单位圆外的零点的个数。若系统的全部零极点都集中在单位圆内，$m_o=0, p_o=0, \Delta\phi(\omega)=0$。此时的系统称为最小相移系统。全部零点在单位圆外部，全部极点在单位圆内，$m_i=0, p_o=0$，此时系统称为最大相移系统。如果一个系统函数的极点位于单位圆内，零点位于单位圆外，而且零点与极点对于单位圆互为镜像(即互为共轭倒数对)，如图 7-30 所示，这种系统称为全通系统。全通系统的系统函数分子、分母多项式系数相同，排序相反，即

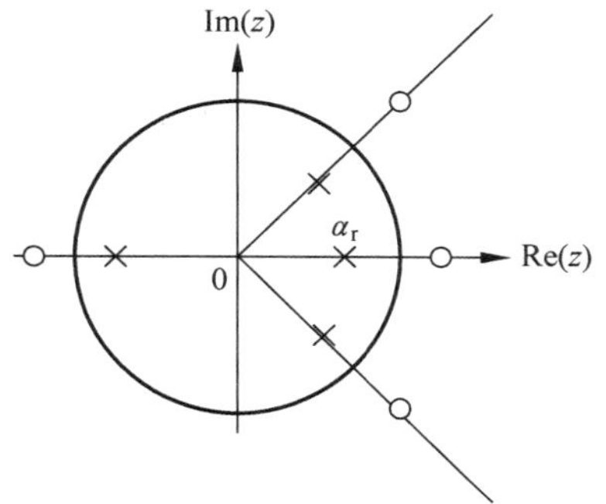

图 7-30　全通系统零极点分布

$$H_{ap}(z)=\frac{\sum_{k=0}^{N}a_k z^{-N+k}}{\sum_{k=0}^{N}a_k z^{-k}}$$

上式可进一步写为

$$\begin{aligned}H_{ap}(z)&=\frac{\sum_{k=0}^{N}a_k z^{-N+k}}{\sum_{k=0}^{N}a_k z^{-k}}=\frac{z^{-N}+a_1z^{-N+1}+a_2z^{-N+2}+\cdots+a_N}{1+a_1z^{-1}+a_2z^{-2}+\cdots+a_Nz^{-N}}\\&=z^{-N}\frac{\sum_{k=1}^{N}a_k z^{k}}{\sum_{k=1}^{N}a_k z^{-k}}=z^{-N}\frac{D(z)}{D(z^{-1})}=z^{-N}\frac{D(z)}{D^*(z)}\end{aligned}$$

因此

$$|H_{ap}(z)|=1$$

全通系统的幅频特性为常数。

另外，离散最小相移系统、最大相移系统及全通系统零极点分布可以根据 s 平面与 z 平面的映射关系，通过对应的连续系统理解。同理，对于任何非最小相移系统也可表示为一个最小相移系统和全通系统的级联，这和前面讨论的连续时间系统的特性是一致的。

7.6 系统的时域特性、频域特性与复频域特性之间的关系

7.6.1 连续系统 $h(t)$、$H(j\omega)$和 $H(s)$之间的关系

$h(t)$、$H(j\omega)$及 $H(s)$分别描述了连续系统的时域、频域与复频域特性，三者相互联系并在系统稳定的条件下，$H(s)$及 $H(j\omega)$可直接转换，三者之间的关系如图 7-31 所示。

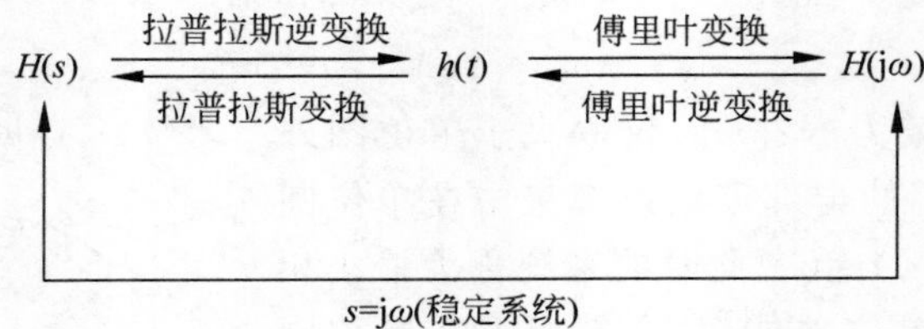

图 7-31 $h(t)$、$H(j\omega)$和 $H(s)$之间的关系

7.6.2 离散系统 $h(n)$、$H(e^{j\omega})$和 $H(z)$之间的关系

与连续系统相对应，$h(n)$、$H(e^{j\omega})$与 $H(z)$分别描述了离散系统的时域、频域和复频域特性，三者互相联系，$H(z)$与 $H(e^{j\omega})$在系统稳定的条件下可互相转换，三者之间的关系如图 7-32 所示。

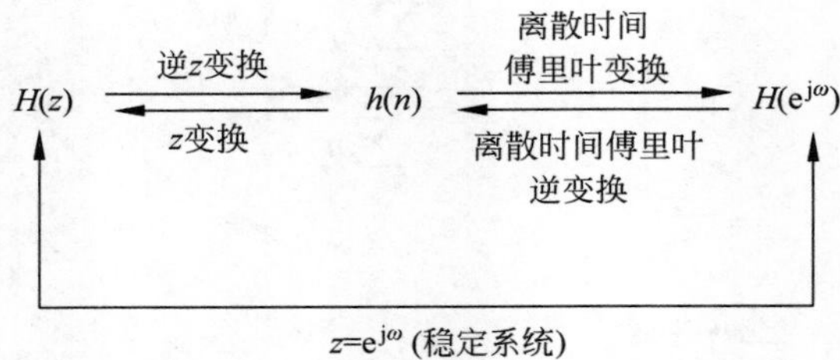

图 7-32 $h(n)$、$H(e^{j\omega})$和 $H(z)$之间的关系

7.7 系统响应的复频域求解

前面几章中讨论了线性时不变系统响应的时域求解方法和频域求解方法，本节将介绍系统响应的复频域求解方法。读者将会发现，复频域求解方法多数情况下可以在很大程度上简化求解过程，且可直接求解出系统的全响应。

7.7.1 连续时间系统响应的复频域求解方法

复频域求解方法的思路是将系统的时域数学模型或电路组成利用拉普拉斯变换转到复频域，在复频域内求解系统响应，再经拉普拉斯逆变换变回到时域。

1. 已知连续系统的数学模型——微分方程，在 s 域求解响应

设线性时不变系统的激励为 $f(t)$，响应为 $y(t)$，描述二阶系统微分方程的一般形式可写为

$$y''(t)+a_1y'(t)+a_0y(t)=b_2f''(t)+b_1f'(t)+b_0f(t) \tag{7-7}$$

假定 $f(t)$是因果信号，即 $t<0$ 时，$f(t)=0$，则

$$f(0_-)=f'(0_-)=f''(0_-)=\cdots=f^{(n-1)}(0_-)=0$$

对式(7-7)两侧取拉普拉斯变换，可得

$$\begin{aligned}&[s^2Y(s)-sy(0^-)-y'(0^-)]+a_1[sY(s)-y(0^-)]+a_0Y(s)\\&=b_2s^2F(s)+b_1sF(s)+b_0F(s)\end{aligned}$$

由此可以得到系统响应 $y(t)$的拉普拉斯变换 $Y(s)$为

$$\begin{aligned}Y(s)&=\frac{(s+a_1)y(0^-)+y'(0^-)}{s^2+a_1s+a_0}+\frac{b_2s^2+b_1s+b_0}{s^2+a_1s+a_0}F(s)\\&=Y_{zi}(s)+Y_{zs}(s)\end{aligned}$$

由上式可见，系统响应由两部分组成，两部分的分母相同，分子各不相同。一部分与系统零初始状态 $y(0^-)$，$y'(0^-)$有关，是系统的零输入响应；另一部分与激励 $F(s)$有关，是系统的零状态响应，对 $Y(s)$求拉普拉斯逆变换即可得到其对应的时域解，这个解就是系统的全响应。

$$\begin{aligned}y(t)&=\mathcal{L}^{-1}[Y(s)]\\&=\mathcal{L}^{-1}[Y_{zi}(s)]+\mathcal{L}^{-1}[Y_{zs}(s)]\\&=y_{zi}(t)+y_{zs}(t)\end{aligned}$$

例 7-9　已知线性系统的微分方程为

$$y''(t)+5y'(t)+6y(t)=3f'(t)+f(t)$$

其中

$$f(t)=e^{-t}u(t),\quad y(0^-)=1,\quad y(0^-)=2$$

求系统的零输入响应 $y_{zi}(t)$、零状态响应 $y_{zs}(t)$和完全响应 $y(t)$。

解　对系统微分方程两侧取拉普拉斯变换，得到

$$\begin{aligned}&[s^2Y(s)-sy(0^-)-y'(0^-)]+5[sY(s)-y(0^-)]+6Y(s)\\&=3sF(s)+F(s)\end{aligned}$$

由此可得输出信号 $y(t)$的拉普拉斯变换为

$$Y(s)=\underbrace{\frac{(s+5)y(0^-)+y'(0^-)}{s^2+5s+6}}_{\text{零输入}}+\underbrace{\frac{(3s+1)F(s)}{s^2+5s+6}}_{\text{零状态}}$$

对上式中的两项求解拉普拉斯逆变换，得到系统的零输入响应、零状态响应以及完全响应分别为

$$y_{zi}(t)=(5e^{-2t}-4e^{-3t})u(t)$$

$$y_{zs}(t)=(5e^{-2t}-4e^{-3t}-e^{-t})u(t)$$

$$y(t)=y_{zi}(t)+y_{zs}(t)=(10e^{-2t}-8e^{-3t}-e^{-t})u(t)$$

由例 7-9 可见，在已知系统的数学模型时，利用拉普拉斯变换既可求系统的零输入响应，又可以求系统的零状态响应，也可同时求出全响应。只需将时域中的微分方程转化为复频域(s 域)内的代数方程即可，因此求解更便捷高效。

2. 已知系统在时域中的电路组成，求解响应

用列写微分方程取拉普拉斯变换的方法求解系统响应虽然比较方便，但当网络结构复杂时，列写微分方程这一步骤就显得烦琐，本节讨论利用 s 域元件模型分析电路求解响应。

首先给出电路基本元器件在 s 域的描述模型。R、L、C 元件的时域关系为

$$v_R(t)=Ri_R(t) \tag{7-8}$$

$$v_L(t)=L\frac{\mathrm{d}i_L(t)}{\mathrm{d}t} \tag{7-9}$$

$$v_C(t)=\frac{1}{C}\int_{-\infty}^{t}i_C(\tau)\mathrm{d}t \tag{7-10}$$

将以上三式分别进行拉普拉斯变换，得

$$V_R(s)=I_R(s)\cdot R \tag{7-11}$$

$$V_L(s)=I_L(s)Ls-Li_L(0_-) \tag{7-12}$$

$$V_C(s)=I_C(s)\frac{1}{sC}+\frac{1}{s}v_C(0_-) \tag{7-13}$$

式中，$i_L(0_-)$、$v_C(0_-)$分别是流过电感支路电流及电容两端电压的初始值，将 $Li_L(0_-)$和 $\frac{1}{s}v_C(0_-)$看作等效电压源，电阻 R、电感 L 以及电容 C 在 s 域内则分别转化为阻抗 R、sL 和$\frac{1}{sC}$，则经过变换以后的方程式可以直接用来处理 s 域 $V(s)$与 $I(s)$之间的关系。对于每个关系式都可以构成一个 s 域网络模型，如图 7-33 所示。

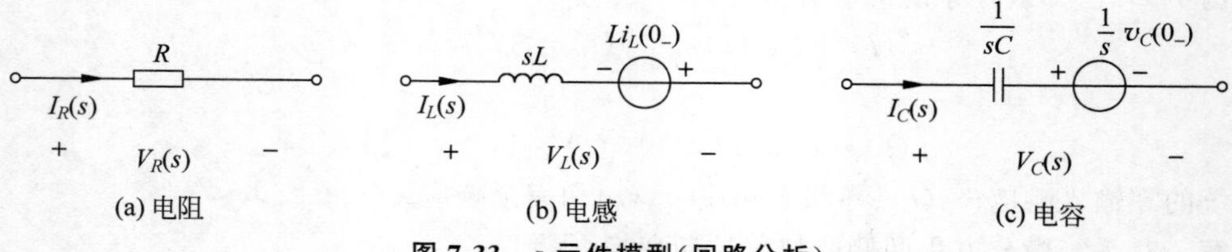

图 7-33 s 元件模型(回路分析)

然而，图 7-33 的模型并非是唯一的，还可以将式(7-11)～式(7-13)写成如下形式

$$I_R(s)=\frac{1}{R}V_R(s)$$

$$I_L(s)=\frac{1}{sL}V_L(s)+\frac{1}{s}i_L(0_-)$$

$$I_C(s)=sCV_C(s)-Cv_C(0_-)$$

与此对应的 s 域网络模型如图 7-34 所示。由图 7-33、图 7-34 可知，若电容、电感的初始电压或电流为零，则 s 域内电路结构与时域一样，只是各元器件中参数用 s 域的形式表示。

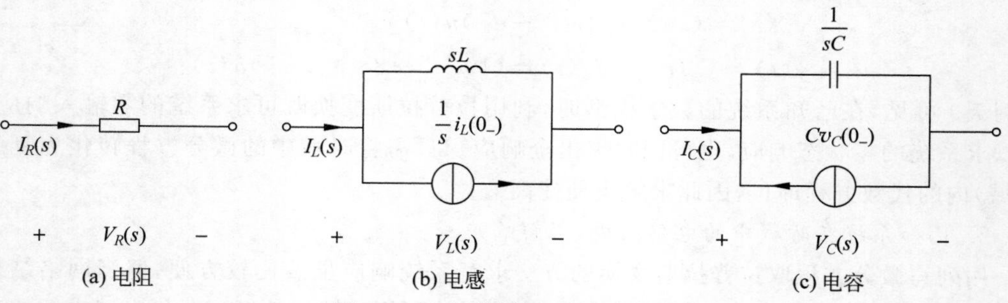

图 7-34 s 元件模型(结点分析)

把网络中每个元件都用它的 s 域模型来代替，把信号源直接转化为 s 域表达式，这样就得到系统在 s 域模型，在 s 域内同样可采用 KVL 和 KCL 分析方法求解系统响应，经拉普拉斯逆变换得到其时域解。在列写结点方程式时用图 7-34 的模型更加方便，而列写回路方程时则宜采用图 7-32 所示的模型。

例 7-10　分析图 7-35 所示的电路，已知 $i_{L1}(0^-)=0$，$i_{L2}(0^-)=0$，求流过电感 L_2 的电流 $i_{L2}(t)$。

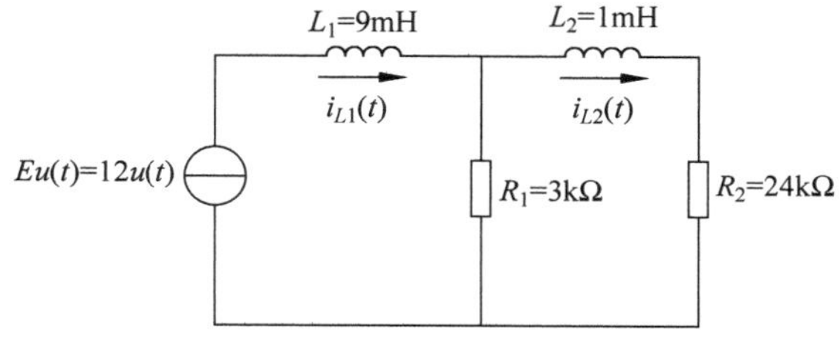

图 7-35　例 7-10 图(1)

解　因为该电路中储能元件 L_1、L_2 的初始电流 $i_{L1}(0^-)=0$，$i_{L2}(0^-)=0$，故对应的 s 域模型电路结构与时域结构相同，如图 7-36 所示。

由此可以列写电路的电流电压方程为

$$\begin{cases}(sL_1+R_1)I_{L1}(s)-R_1I_{L2}(s)=\dfrac{E}{s}\\ -R_1I_{L1}(s)+(sL_1+R_1+R_2)I_{L2}(s)=0\end{cases}$$

求解方程组，可得

$$I_{L2}(s)=\frac{\dfrac{E}{R_L}}{s\left[s^2\dfrac{L_1L_L}{R_1R_L}+s\left(\dfrac{L_1}{R_1}+\dfrac{L_1}{R_2}+\dfrac{L_L}{R_1}\right)\right]}$$

$$=\frac{0.5\times10^{-3}}{s}-\frac{10^{-3}}{s+2\times10^{+6}}+\frac{0.5\times10^{-3}}{s+4\times10^{+6}}$$

求其逆变换，可得

$$i_{L2}(t)=0.5\times10^{-3}(1-2\mathrm{e}^{-2\times10^{-6}t}+\mathrm{e}^{-4\times10^{-6}t})u(t)$$

流过电感 L_2 的电流 $i_{L2}(t)$的波形如图 7-37 所示。

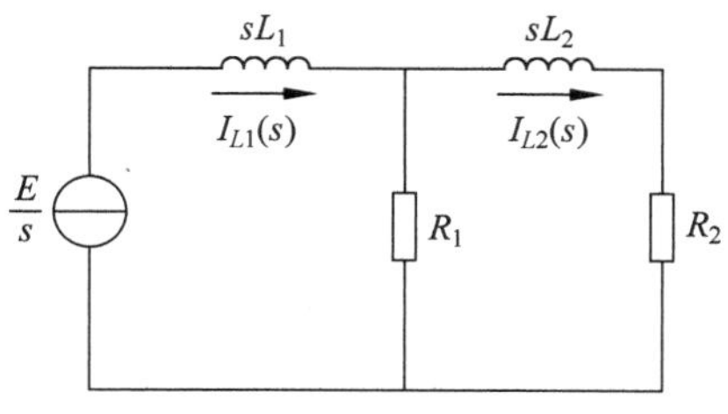

图 7-36　例 7-10 图(2)

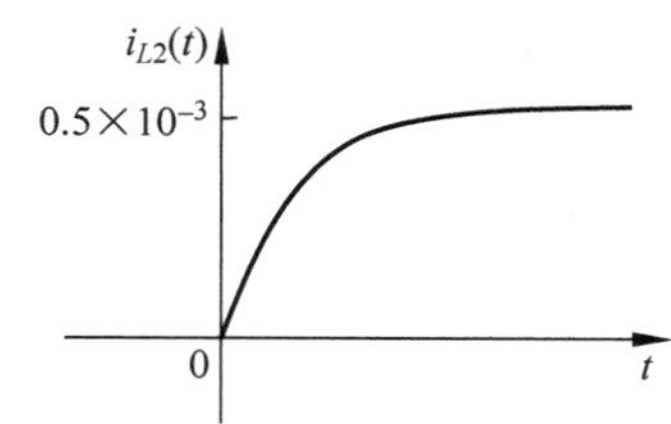

图 7-37　$i_{L2}(t)$波形图

7.7.2 离散时间系统响应的复频域求解方法

与连续系统的复频域求解方法一样，将离散系统的时域模型转化到 z 域，根据不同的已知条件，采用不同方法得到系统的全响应。

1. *已知系统的数学模型——差分方程，在 z 域求解响应*

如果已知离散系统的输入输出关系——差分方程，可将方程两侧同时取单边 z 变换，同时利用 z 变换的线性和移位特性，将其转化为代数方程，从而得到系统响应的 z 变换解析式，对其求解逆 z 变换便可得出系统的零输入、零状态和全响应。

例 7-11 已知系统差分方程的表达式为

$$y(n)-0.9y(n-1)=0.05u(n)$$

若边界条件 $y(-1)=1$，求系统的全响应。

解 系统差分方程两端取单边 z 变换，可得

$$Y(z)-0.9[z^{-1}Y(z)+y(-1)]=0.05\frac{z}{z-1}$$

由此可得

$$Y(z)=\underbrace{\frac{0.9y(-1)}{1-0.9z^{-1}}}_{\text{零输入响应}}+\underbrace{\frac{0.05z}{(1-0.9z^{-1})(z-1)}}_{\text{零状态响应}}$$

首先考虑由储能引起的零输入响应，由于 $y(-1)=1$，则

$$Y_{zi}(z)=\frac{0.9}{1-0.9z^{-1}}$$

因此

$$y_{zi}(n)=(0.9)^{n+1}u(n)$$

其次，考虑由激励引起的零状态响应为

$$Y_{zs}(z)=\frac{0.05z}{(1-0.9z^{-1})(z-1)}=\frac{-0.45}{1-0.9z^{-1}}+\frac{0.5}{1-z^{-1}}$$

所以，零状态响应为

$$y_{zs}(n)=0.5u(n)-0.45(0.9)^n u(n)$$

系统全响应 $y(n)$ 为

$$y(n)=y_{zs}(n)+y_{zi}(n)=[0.5+0.45\times(0.9)^n]u(n)$$

2. *已知离散时间系统组成框图求解响应*

如果已知离散时间系统的组成框图，可根据系统框图列写与之对应的离散时间系统差分方程，再利用 z 变换求解系统响应。

例 7-12 已知离散时间系统如图 7-38 所示。

(1) 列写系统差分方程。

(2) 若系统输入

$$x(n)=\begin{cases}(-2)^n, & n\geqslant 0\\ 0, & n<0\end{cases}$$

且 $y(0)=y(1)=0$，求系统的输出 $y(n)$。

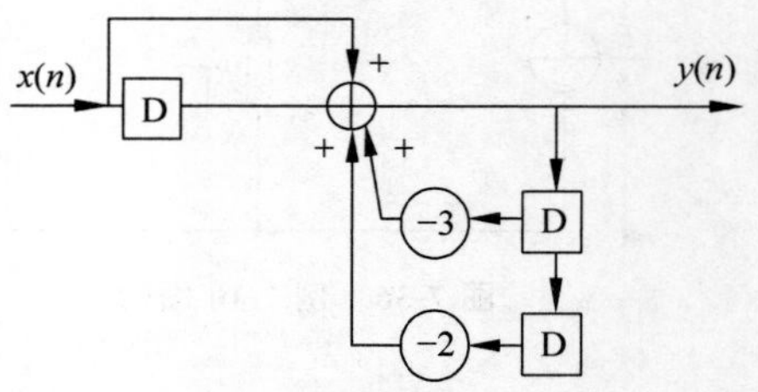

图 7-38 例 7-12 图

解　(1) 根据图 7-38，可以得到系统的差分方程为

$$y(n)+3y(n-1)+2y(n-2)=x(n)+x(n-1)$$

(2) 差分方程两侧取单边 z 变换，利用右移性质及 $x(-1)=0$，可得

$$Y(z)+3[z^{-1}Y(z)+y(-1)]+2[z^{-2}Y(z)+z^{-1}y(-1)+y(-2)]=X(z)+z^{-1}X(z)$$

因此

$$Y(z)=\underbrace{\frac{-2z^{-1}y(-1)-3y(-1)-2y(-2)}{1+3z^{-1}+2z^{-2}}}_{\text{零输入响应}}+\underbrace{\frac{z+1}{(1+3z^{-1}+2z^{-2})(z+2)}}_{\text{零状态响应}}=Y_{zi}(z)+Y_{zs}(z)$$

下面分别讨论系统的零输入响应及零状态响应。首先求零输入响应

$$Y_{zi}(z)=\frac{-2z^{-1}y(-1)-3y(-1)-2y(-2)}{1+3z^{-1}+2z^{-2}}$$

将 $y(0)=y(1)=0$ 代入原差分方程，可得

$$y(-1)=-\frac{1}{2},\quad y(-2)=\frac{5}{4}$$

代入 $Y_{zi}(z)$ 得

$$Y_{zi}(z)=\frac{-z(z-1)}{(z+2)(z+1)}=\frac{-3z}{z+2}+\frac{2z}{z+1}$$

对其取逆 z 变换，可得系统的零输入响应为

$$y_{zi}(n)=[-3(-2)^n+2(-1)^n]u(n)$$

将 $X(z)=\dfrac{z}{z+2}$ 代入零状态响应表达式可得

$$Y_{zs}(z)=\frac{z+1}{(z+2)(1+3z^{-1}+2z^{-2})}=\frac{z^2}{(z+2)^2}$$

对其取逆 z 变换，可得系统的零状态响应为

$$y_{zs}(n)=(n+1)(-2)^n u(n)$$

最后得系统的全响应为

$$y(n)=y_{zs}(n)+y_{zi}(n)=[2(-1)^n-2(-2)^n+n(-2)^n]u(n)$$

可见，无论是连续系统还是离散系统，在复频域求解系统响应就是将求解微分（差分）方程的问题转化为求解线性方程的问题，故求解过程变得更加简单。

7.8　相关的 MATLAB 函数

1. impz

功能：根据离散系统的系统函数

$$H(z)=\frac{B(z)}{A(z)}=\frac{b_0+b_1z^{-1}+\cdots+b_Mz^{-M}}{a_0+a_1z^{-1}+\cdots+a_Nz^{-N}}$$

求该系统的单位脉冲响应 $h(n)$。

调用格式：(1) `h = impz(b,a,N)`

(2) `[h,T] = impz(b,a,N)`

其中，b 为离散系统系统函数分子多项式 $B(z)$ 系数向量$[b_0,b_1,\cdots,b_M]$；a 为离散系统系

统函数分母多项式 $A(z)$ 系数向量 $[a_0,a_1,\cdots,a_N]$；N 为所需的 $h(n)$ 的长度；T 为时间序列。

需要说明的是，调用格式(1)绘图时 n 从 1 开始，调用格式(2)绘图时 n 从 0 开始。

2. freqz

功能：根据离散系统的系统函数

$$H(z)=\frac{B(z)}{A(z)}=\frac{b_0+b_1z^{-1}+\cdots+b_Mz^{-M}}{a_0+a_1z^{-1}+\cdots+a_Nz^{-N}}$$

求系统的频率响应。

调用格式：`[H,w] = freqz(b,a,N,'whole',Fs)`

其中，b、a 分别为系统函数分子、分母多项式系数向量 $[b_0,b_1,\cdots,b_M]$、$[a_0,a_1,\cdots,a_N]$；N 为频率轴的分点数，建议 N 为 2 的整次幂；w 为返回频率轴坐标向量；Fs 为取样频率，若 Fs=1，频率轴为归一化频率；whole 指定计算的频率范围(0～Fs)，默认时频率为 0～Fs/2。

3. tf2zp

功能：用来求离散时间系统系统函数

$$H(z)=\frac{B(z)}{A(z)}=\frac{b_0+b_1z^{-1}+\cdots+b_Mz^{-M}}{a_0+a_1z^{-1}+\cdots+a_Nz^{-N}}$$

的零极点和增益。

调用格式：`[z,p,k] = tf2zp(b,a)`

其中，b、a 分别为系统函数分子、分母多项式系数向量 $[b_0,b_1,\cdots,b_M]$、$[a_0,a_1,\cdots,a_N]$；z 为系统函数零点向量；p 为系统函数极点向量；k 为系统函数增益。

4. zp2tf

功能：用来在已知零极点的情况下求 B(z)、A(z)的系数。

调用格式：`[b,a] = zp2tf(z,p,k)`

其中，b、a 分别为系统函数分子、分母多项式系数向量 $[b_0,b_1,\cdots,b_M]$、$[a_0,a_1,\cdots,a_N]$；z 为系统函数零点向量；p 为系统函数极点向量；k 为系统函数增益。

习题

7-1 如题图 7-1 所示电路。

(1) 若初始无储能，信号源为 $i(t)$，输出为 $i_1(t)$，求该电路的系统函数 $H(s)$。

(2) 若初始状态以 $i_1(0)$、$v_2(0)$ 表示(都不等于零)，但 $i(t)=0$(开路)，求 $i_1(t)$(零输入响应)。

7-2 如题图 7-2 所示电路，若激励信号 $e(t)=(3\mathrm{e}^{-2t}+2\mathrm{e}^{-3t})u(t)$，求零状态响应 $v_2(t)$。

7-3 若 $H(s)$ 零极点分布如题图 7-3 所示，用几何作图法大致画出系统的幅频特性曲线并讨论它们是哪种滤波网络(低通、高通、带通、带阻)。

7-4 如题图 7-4 所示的格形网络，写出电压转移函数 $H(s)=\dfrac{V_2(s)}{V_1(s)}$。设 $C_1R_1<C_2R_2$，在 s 平面示出 $H(s)$ 的零极点分布，指出是否为全通网络。在网络参数满足什么条件下才能构成全通网络？

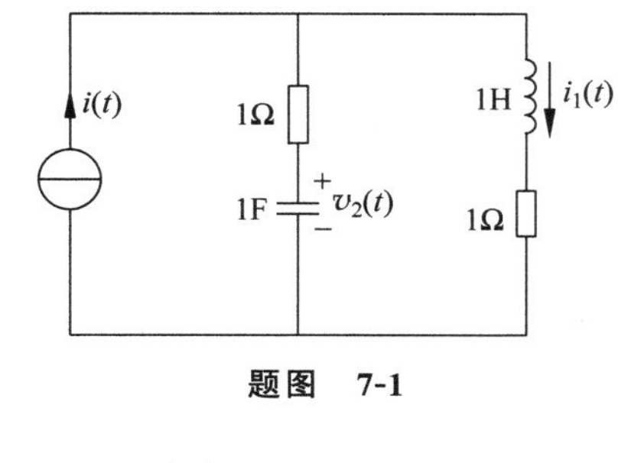

题图　7-1

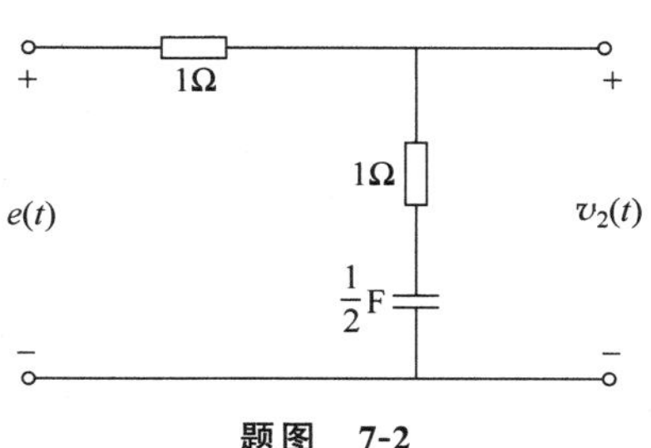

题图　7-2

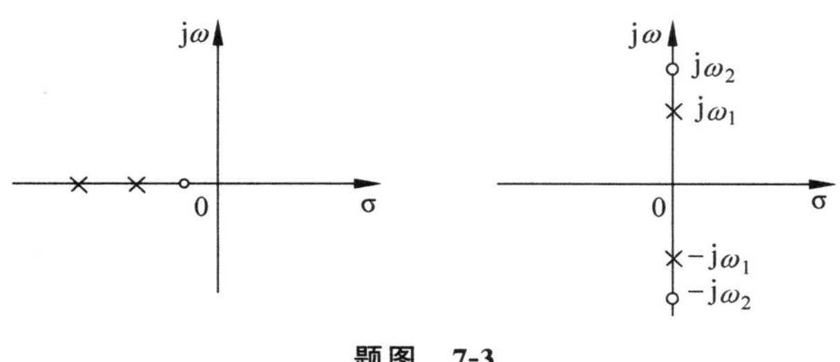

题图　7-3

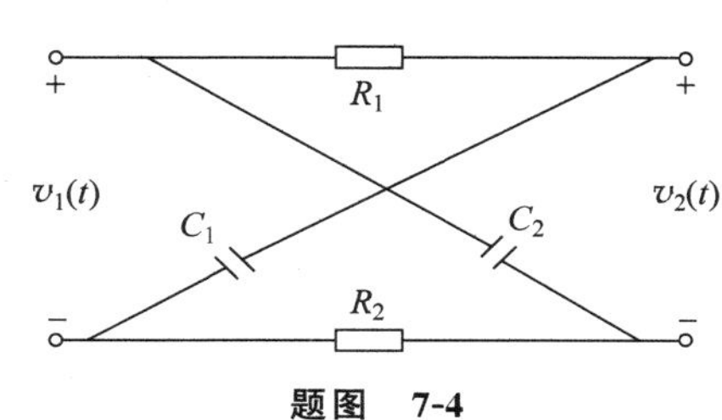

题图　7-4

7-5　题图 7-5 所示的反馈系统，回答下列各问：

（1）写出 $H(s)=\dfrac{V_2(s)}{V_1(s)}$。

（2）K 满足什么条件时系统稳定？

（3）在临界稳定的条件下，求系统冲激响应 $h(t)$。

7-6　如题图 7-6 所示的反馈系统，其中 $K=\dfrac{\beta Z(s)}{R_i}$，$\beta$、$R_i$ 以及 F 都是常数。

$$Z(s)=\frac{s}{C\left(s^2+\dfrac{G}{C}s+\dfrac{1}{LC}\right)}$$

写出系统函数 $H(s)=\dfrac{V_2(s)}{V_1(s)}$，求极点的实部等于零的条件（产生自激振荡）。讨论系统稳定、不稳定以及临界稳定的条件，在 s 平面示意绘出这三种情况下的极点分布。

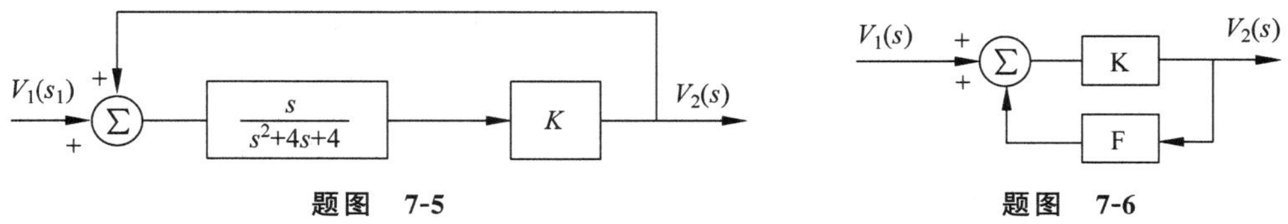

题图　7-5　　　　题图　7-6

7-7　在语音信号处理技术中，一种描述声道模型的系统函数具有如下形式

$$H(z)=\frac{1}{1-\sum_{i=1}^{p}a_i z^{-i}}$$

若取 $p=8$，试画出此声道模型的结构图。

7-8　由差分方程 $y(n)-5y(n-1)+6y(n-2)=x(n)-3x(n-2)$ 画出离散系统的结构图，求系统函数 $H(z)$ 及单位样值响应 $h(n)$，并求该系统的零极点分布，画出系统的零极图。

7-9　对于下列差分方程所表示的离散系统

$$y(n)+y(n-1)=x(n)$$

(1) 求系统函数 $H(z)$ 及单位样值响应 $h(n)$，并说明系统的稳定性。

(2) 若系统的起始状态为零，如果 $x(n)=10u(n)$，求系统的响应。

7-10　对于题图 7-10 所示的一阶离散系统($0<a<1$)，求该系统在单位阶跃序列 $u(n)$ 或复指数序列 $e^{jn\omega}u(n)$ 激励下的零状态响应。

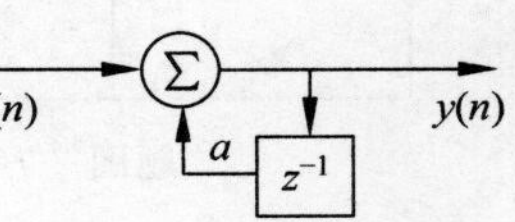

题图　7-10

7-11　已知离散系统差分方程表达式为

$$y(n)-\frac{1}{3}y(n-1)=x(n)$$

(1) 求系统函数和单位样值响应。

(2) 若系统的零状态响应为 $y(n)=3\left[\left(\frac{1}{2}\right)^n-\left(\frac{1}{3}\right)^n\right]u(n)$，求激励信号 $x(n)$。

(3) 画出系统函数的零极点分布。

(4) 粗略画出幅频响应特性曲线。

(5) 画出系统的结构框图。

7-12　已知离散系统差分方程表达式为

$$y(n)-\frac{3}{4}y(n-1)+\frac{1}{8}y(n-2)=x(n)+\frac{1}{3}x(n-1)$$

(1) 求系统函数和单位样值响应。

(2) 画出系统函数的零极点分布图。

(3) 粗略画出幅频响应特性曲线。

(4) 画出系统的结构框图。

7-13　已知离散系统差分方程表达式为

$$y(n+2)+y(n+1)-6y(n)=x(n+1)$$

该系统激励信号 $x(n)=4^n u(n)$ 且 $y(0)=0, y(1)=1$，求系统的全响应。

7-14　如题图 7-14 所示的电路，已知 $i(0^-)=2\text{A}, u_c(0^-)=2\text{V}$，试用 s 域方法求全响应 $u_c(t)$。

7-15　某系统的零极点分布如题图 7-15 所示，且 $H(0)=K=5$，试写出 $H(s)$ 的表达式。

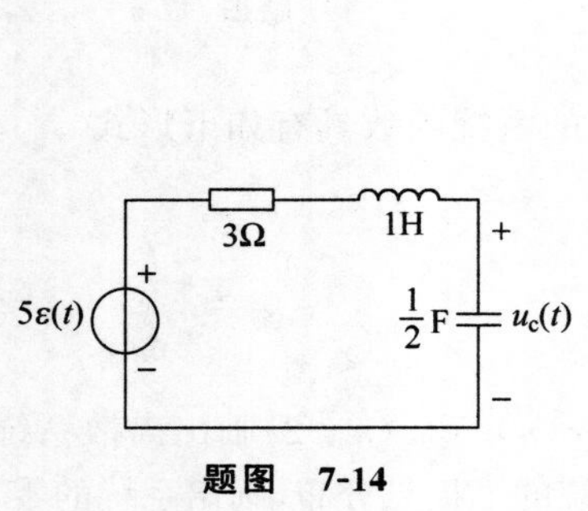

题图　7-14

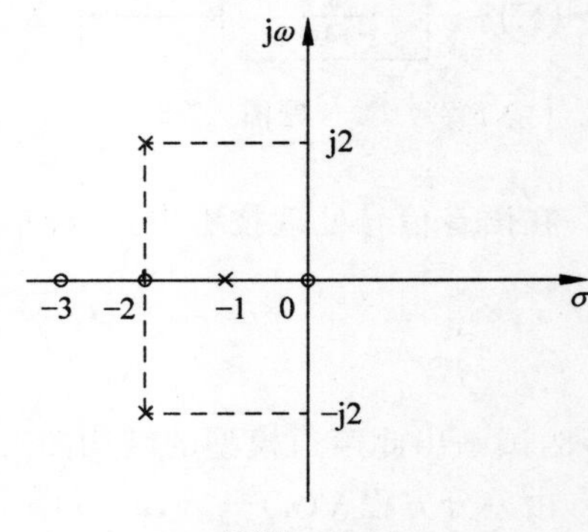

题图　7-15

7-16　如题图 7-16(a)所示的 RLC 网络,其系统函数定义为 $H(s)=Z(s)$,其零极点分布如题图 7-16(b)所示,且已知 $H(0)=K=12$,试求元件参数 R、L、C 的值。

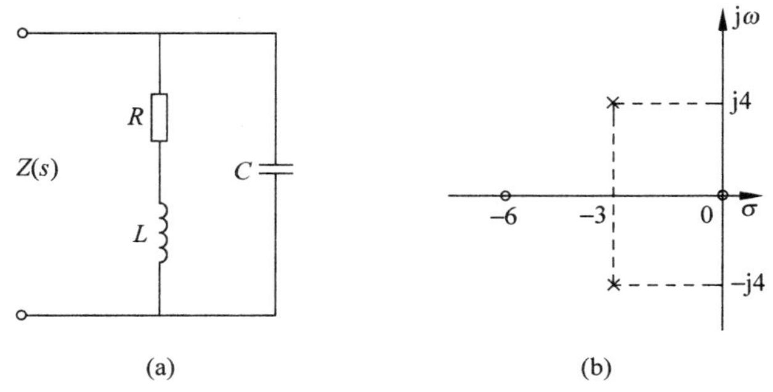

题图　7-16

7-17　设有 LTI 因果系统的微分方程为

$$y''(t)+5y'(t)+6y(t)=2f'(t)+f(t)$$

(1) 试求系统函数 $H(s)$和冲激响应 $h(t)$。

(2) 画出系统的零极点图。

(3) 判断系统的稳定性。

7-18　试判断下列系统的稳定性。

(1) $H(s)=\dfrac{s+1}{s^2+8s+6}$;

(2) $H(s)=\dfrac{3s+1}{s^3+4s^2+3s+2}$;

(3) $H(s)=\dfrac{2s+4}{(s+1)(s^2+4s+3)}$。

7-19　如题图 7-19 所示的反馈系统,为使其稳定,试确定 K 的值。

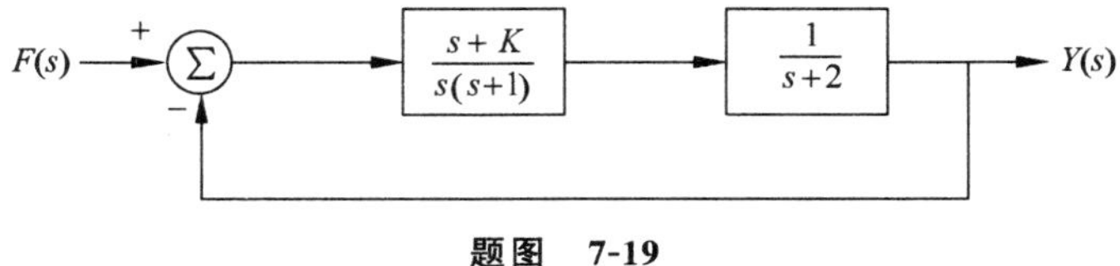

题图　7-19

上机习题

7-1　利用 MATLAB 函数,求下列因果系统的单位脉冲响应,并判断系统是否稳定。

$$H_1(z)=\frac{1}{1-1.845z^{-1}+0.850568z^{-2}}$$

$$H_2(z)=\frac{1}{1-1.85z^{-1}+0.85z^{-2}}$$

7-2　已知 $H_1(z)=\dfrac{1}{2}(1+z^{-1})$,$H_2(z)=\dfrac{1-a}{1-az^{-1}}$,$|a|<1$,$H_3(z)=H_1(z)H_2(z)$,

当 $a=\pm 0.8$ 时，比较 $H_1(z)$、$H_2(z)$、$H_3(z)$ 幅频响应，从中能得到什么结论？

7-3 画出下列因果离散时间系统的幅频特性曲线和相频特性曲线。

$$H_1(z)=\frac{0.534(1+z^{-1})(1-1.016z^{-1}+z^{-2})^2}{(1-0.683z^{-1})(1-1.4461z^{-1}+0.795z^{-2})}$$

$$H_2(z)=\frac{(1-z^{-1})^4}{(1-1.499z^{-1}+0.8482z^{-2})(1-1.5548z^{-1}+0.6493z^{-2})}$$

7-4 某因果离散时间系统的系统函数为

$$H(z)=\frac{z^2+2z+0.99}{z^2+1.55z+0.6}$$

试求出和 $H(z)$ 具有相同幅频特性的最小相位系统 $H_{\min}(z)$ 和最大相位系统 $H_{\max}(z)$。画出并比较 $H(z)$、$H_{\min}(z)$ 和 $H_{\max}(z)$ 的相频特性。

7-5 画出系统 $H(z)=\dfrac{Y(z)}{X(z)}=\dfrac{1+z^{-1}+\cdots+z^{-N+1}}{N}$ 的频率响应，分析该系统的功能。

7-6 已知 LTI 离散时间系统的零极点分布如机图 7-6 所示，其中，$p_1=0.9\mathrm{e}^{\mathrm{j}\frac{\pi}{4}}$，$p_2=0.9\mathrm{e}^{-\mathrm{j}\frac{\pi}{4}}$，试根据 zp2tf 命令求出该系统的系统函数 $H(z)$，并画出系统频率响应。

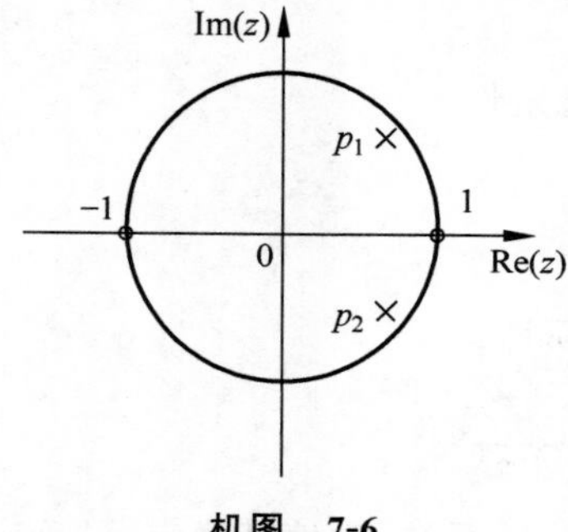

机图 7-6

第四部分　线性系统设计与实现

第8章

滤波器的设计

8.1 引言

在许多实际应用中，对信号进行分析和处理时经常会遇到一类在有用信号中混有无用信号的问题，这类信号可能与有用信号同时产生，也可能在传输过程中混入，称其为噪声。噪声信号有时大于甚至淹没有用信号，需要用滤波器消除或减弱噪声，因此滤波器的设计成为信号分析和处理中十分重要的问题。

滤波器的分类方法很多，根据处理信号是模拟信号还是数字信号，滤波器可以分为模拟滤波器和数字滤波器。在第6章中，讲解系统频域特性时，介绍了一些典型系统，包括理想低通、高通、带通、带阻滤波器，这些滤波器是根据滤波器通带频率划分的，也可以根据滤波器的线性特性分为线性滤波器及非线性滤波器等。

下面以一个实际的模拟低通滤波器为例，说明实际滤波器的技术指标及其一般设计步骤。

图8-1所示为模拟低通滤波器的幅频特性示意图，Ω_c 表示为通带截止角频率，区间 $[0,\Omega_c]$ 称为滤波器的通带，在通带内幅频响应以 $\pm\delta_1$ 的误差逼近于1，即

$$1-\delta_1 \leqslant |H_a(j\Omega)| \leqslant 1+\delta_1 \quad (|\Omega| \leqslant \Omega_c)$$

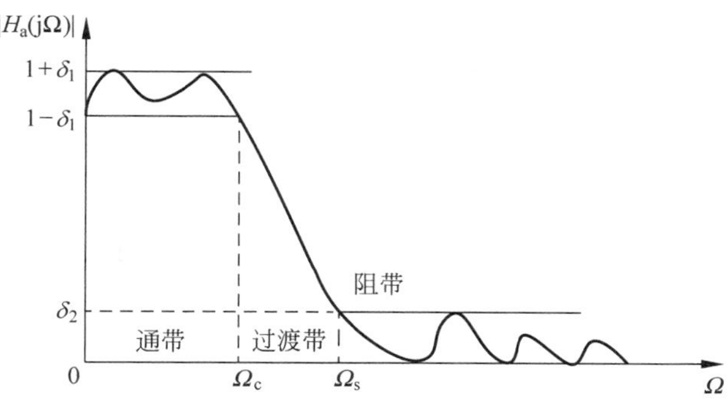

图8-1 模拟低通滤波器性能要求

式中，$\pm\delta_1$ 称为滤波器通带内的响应误差，落在通带内的信号频率分量可以认为完全通过，衰减很小；Ω_s 为阻带起始频率，$\Omega\in(\Omega_s,+\infty)$称为滤波器的阻带，在阻带内幅度响应以小于 δ_2 的误差接近于零，即

$$|H_a(j\Omega)|\leqslant\delta_2\quad|\Omega|\geqslant\Omega_s$$

式中，$\pm\delta_2$ 为滤波器的阻带误差。落在阻带内的信号分量可以近似认为完全衰减，即使滤波器有输出但对系统不会产生明显影响，可以忽略不计。对于物理可实现的滤波器 $\Omega_c\neq\Omega_s$，也就是说 Ω_c 与 Ω_s 之间有一定的宽度，这个频段称为过渡带。在这个频带内，幅度响应从通带平滑地过渡到阻带。相位特性主要受稳定性和因果性要求的限制，即要求系统函数的极点必须位于左半平面。可以看出，一个实际的低通滤波器与理想低通滤波器是有很大区别的，滤波器的频率特性越接近理想滤波器越好。

下面给出模拟滤波器的设计步骤。

(1) 根据实际需要，确定滤波器的性能指标。

(2) 寻找一满足预定性能要求的连续时间线性系统。滤波器的设计问题实际上是一个逼近过程，即用一个因果稳定的系统函数去逼近给定的性能要求，确定滤波器系数，$H(s)$或$h(t)$。

(3) 通过模拟，验证所设计的系统是否符合给定的性能要求。从而决定是否对第(2)步做出修改，以满足技术要求。

下面分别具体讨论线性时不变模拟滤波器及数字滤波器的具体设计方法。本书讲解的滤波器设计，其设计结果为 $H_a(s)$或 $H(z)$，不考虑硬件电路的实现。

8.2 基于幅度平方响应的模拟滤波器的设计

基于幅度平方响应函数的滤波器设计是根据滤波器设计指标，利用滤波器的幅度平方响应求解 $H_a(s)$。

设模拟滤波器的幅度平方响应函数为$|H_a(j\Omega)|^2$，则

$$|H_a(j\Omega)|^2=|H_a(s)H_a(-s)|_{s=j\Omega}\tag{8-1}$$

式中，$H_a(s)$是滤波器的系统函数；$H_a(j\Omega)$为滤波器的频率特性；Ω 表示模拟角频率；$|H_a(j\Omega)|$是滤波器的幅频特性。如果 $H_a(s)$有一极点或零点位于 $s=s_0$，则 $H_a(-s)$必有一相应的零点或极点位于 $s=-s_0$。当 $H_a(s)$的极点或零点位于$-a\mp jb$ 位置时，$H_a(-s)$必有一对零点或极点位于 $a\pm jb$ 的位置。应该指出，纯虚数的零点或极点必然是二阶的。在 s 平面上，上述 $H_a(s)$和 $H_a(-s)$的零极点的分布特性如图 8-2 所示。图中在 $j\Omega$ 轴上零点处所标的“2”表示零点的阶次是二阶的。

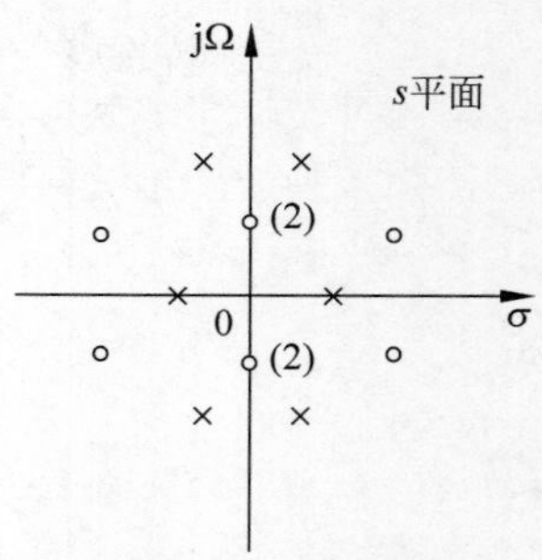

图 8-2 说明 $H_a(s)$、$H_a(-s)$ 象限对称的零极点分布

任何实际的滤波器都是稳定的，因此，极点都应落于 s 平面的左半平面，即落在 s 左半平面的极点属于 $H_a(s)$，落于右半平面的极点属于 $H_a(-s)$。

零点的分布与滤波器的相位特性有关。如滤波器具有最小相位特性，则零点都位于 s 平面左半平面。因此只要知道$|H_a(j\Omega)|^2$ 的零极点分布，即可根据设计要求得到

$H_a(s)$，从而设计出相应的滤波器。

由以上分析，给出由给定的$|H_a(\mathrm{j}\Omega)|^2$确定$H_a(s)$的方法如下。

(1) 将$\mathrm{j}\Omega=s$代入式(8-1)，转化为"s"的函数。

(2) 将得到的"s"函数的分子、分母因式分解，求出零点和极点。若要求设计最小相位滤波器，则选取s左半平面的极点和零点，组成$H_a(s)$。若$\mathrm{j}\Omega$轴上存在零点和极点，则选取其中的一半也作为$H_a(s)$的零点和极点。若所要求设计的滤波器不具有最小相位特性，则根据具体要求选取零点，但极点必须是s左半平面的全部极点。

(3) 根据所给滤波器的其他技术指标确定出增益常数。

求出零极点及增益常数后，便可得到滤波器系统函数$H_a(s)$。

例 8-1 已知$|H(\mathrm{j}\Omega)|^2=\dfrac{2+\Omega^2}{1+\Omega^4}$，求具有最小相位的滤波器$H_a(s)$。

解

$$|H(\mathrm{j}\Omega)|^2=\frac{2+\Omega^2}{1+\Omega^4}=\left.\frac{2-(\mathrm{j}\Omega)^2}{1+(\mathrm{j}\Omega)^4}\right|_{\mathrm{j}\Omega=s}$$

$$=\frac{2-s^2}{1+s^4}=\frac{(\sqrt{2}-s)(\sqrt{2}+s)}{\left(s-\frac{1+\mathrm{j}}{\sqrt{2}}\right)\left(s+\frac{1+\mathrm{j}}{\sqrt{2}}\right)\left(s-\frac{1-\mathrm{j}}{\sqrt{2}}\right)\left(s+\frac{1-\mathrm{j}}{\sqrt{2}}\right)}$$

与其对应的零极图如图 8-3 所示。

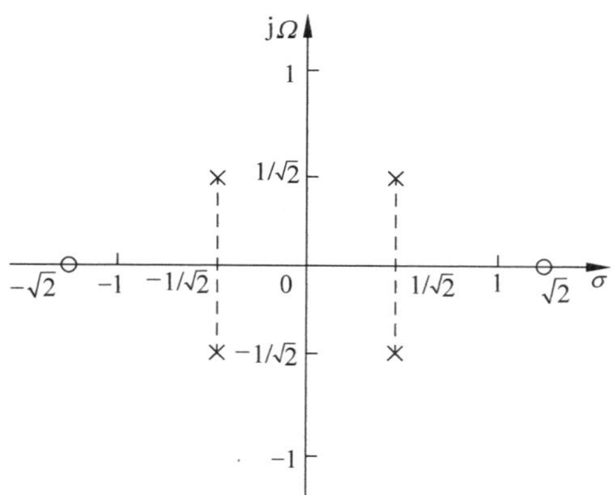

图 8-3　$|H_a(\mathrm{j}\Omega)|^2$ 的零极图

可以看出，$|H_a(\mathrm{j}\Omega)|^2$的零极点呈象限对称，取出左半平面的极点作为系统的极点，取出其中的一半零点作为系统的零点，若选择左半平面的零点，则该滤波器的系统函数为

$$H_a(s)=\frac{(\sqrt{2}+s)}{\left(s+\frac{1+\mathrm{j}}{\sqrt{2}}\right)\left(s+\frac{1-\mathrm{j}}{\sqrt{2}}\right)}$$

8.3　几种常用的模拟低通滤波器

由 8.2 节的设计方法可知，若知道模拟滤波器的幅度平方响应函数$|H_a(\mathrm{j}\Omega)|^2$，就可以确定相应的$H_a(s)$。本节介绍几种常用的模拟低通滤波器，它们的幅度平方响应函数

均已确定。

8.3.1 巴特沃斯低通滤波器

巴特沃斯模拟滤波器幅度平方响应函数为

$$|H_a(j\Omega)|^2=\frac{1}{1+\left(\frac{j\Omega}{j\Omega_c}\right)^{2N}} \tag{8-2}$$

式中，N 为整数，表示滤波器的阶数；Ω_c 为通带截止角频率，当 $\Omega=\Omega_c$，$|H_a(j\Omega)|=\frac{1}{\sqrt{2}}$，称为 3dB 截止频率。巴特沃斯滤波器在通带中有最大平坦的振幅特性，也就是说，N 阶低通滤波器在 $\Omega=0$ 处幅度平方函数的前 $2N-1$ 阶导数等于零，在阻带内的逼近是单调变化的。其幅频特性如图 8-4 所示。

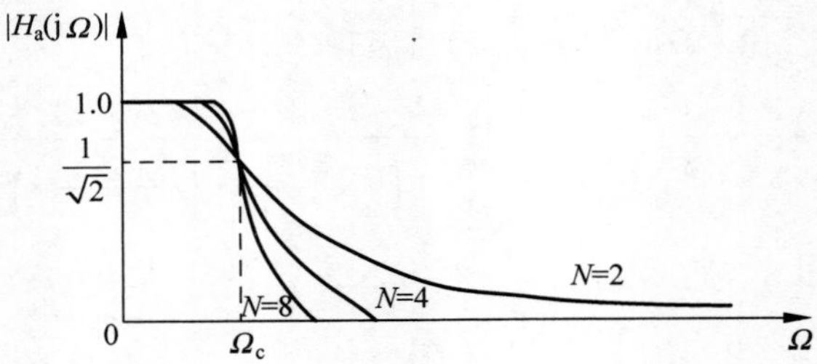

图 8-4　不同阶数的巴特沃斯滤波器的幅频特性曲线

由图可见，滤波器的特性完全由其阶数 N 决定，N 越大，滤波特性越接近于理想低通的滤波特性，但无论 N 取何值，$|H_a(j\Omega)|^2$ 在 $\Omega=\Omega_c$ 处的幅度总是 $1/\sqrt{2}$。由于

$$|H_a(j\Omega)|^2=H_a(s)H_a(-s)\,|_{s=j\Omega}=\frac{1}{\left(1+\frac{s}{j\Omega_c}\right)^{2N}}$$

式中，分子是常数，只有分母是“s”的多项式，所以巴特沃斯滤波器属于全极点设计(即 $H_a(s)$ 的零点全在 $s=\infty$处)，其极点共有 $2N$ 个，即

$$s_k=(-1)^{\frac{1}{2N}}(j\Omega_c)=\Omega_c e^{j\pi\left[\frac{1}{2}+\frac{2p-1}{2N}\right]}\quad (p=1,2,\cdots,2N)$$

它们等间隔地分布在 s 平面半径为 Ω_c 的圆上(称为巴特沃斯圆)，极点间隔为 π/N(rad)。极点关于虚轴对称，不会落在虚轴上。当 N 是奇数时，实轴上有极点；N 是偶数时，则实轴上也没有极点。取出 s 平面左半平面上的全部极点构成滤波器的系统函数 $H_a(s)$

$$H_a(s)=\frac{k_0}{\prod_{k=1}^{N}(s-s_k)}$$

式中，k_0 为归一化常数，可由 $H_a(s)$低频特性决定。

实际中已将 $H_a(s)$做成表格，如表 8-1 所示，以供查用。需要说明的是，表 8-1 中若令 $\Omega_c=1$，则对应的系统函数为归一化原形滤波器系统函数。

表 8-1　低阶次巴特沃斯滤波器的系统函数

阶　　次	系统函数 $H_a(s)$
1	$\Omega_c/s+\Omega_c$
2	$\Omega_c^2/s^2+\sqrt{2}\Omega_c s+\Omega_c^2$
3	$\Omega_c^2/s^3+2\Omega_c s^2+2\Omega_c^2 s+\Omega_c^2$
4	$\Omega_c^4/s^4+2.613\Omega_c s^3+3.414\Omega_c^2 s^2+2.613\Omega_c^3 s+\Omega_c^4$
5	$\Omega_c^5/s^5+3.236\Omega_c s^4+5.236\Omega_c^2 s^3+5.236\Omega_c^3 s^2+3.236\Omega_c^4 s+\Omega_c^5$
6	$\Omega_c^6/s^6+3.863\Omega_c s^5+7.464\Omega_c^2 s^4+9.141\Omega_c^3 s^3+7.464\Omega_c^4 s^2+3.863\Omega_c^5 s+\Omega_c^6$

8.3.2　切比雪夫低通滤波器

切比雪夫滤波器的幅频特性就具有等波纹特性。它有两种形式：幅频特性在通带内是等波纹的，在阻带内是单调的称为切比雪夫Ⅰ型滤波器；幅频特性在通带内是单调的，在阻带内是等波纹的称为切比雪夫Ⅱ型滤波器。采用何种形式切比雪夫滤波器取决于实际用途。图 8-5 和图 8-6 分别示出了滤波器阶数 N 分别为奇数和偶数时的切比雪夫Ⅰ型、Ⅱ型滤波器的频率特性。

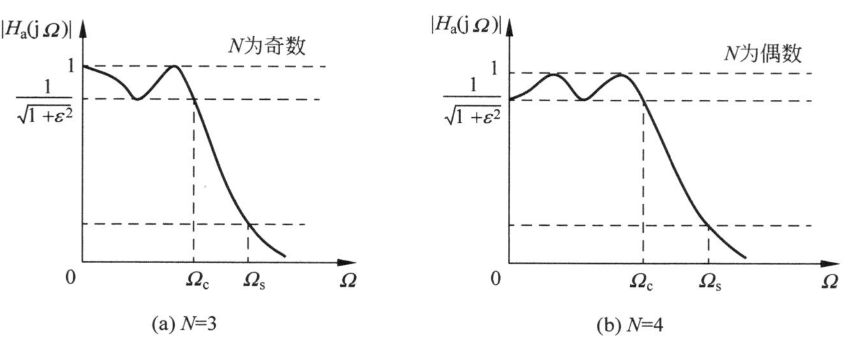

图 8-5　切比雪夫Ⅰ型滤波器的幅频特性

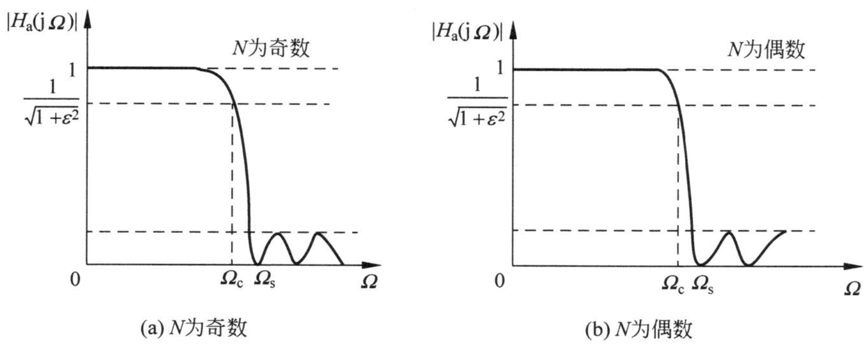

图 8-6　切比雪夫Ⅱ型滤波器的幅频特性

下面以切比雪夫Ⅰ型为例介绍其滤波特性。

1. 切比雪夫Ⅰ型滤波器的幅度平方响应函数

切比雪夫Ⅰ型低通滤波器的幅度平方函数为

$$|H_a(j\Omega)|^2=\frac{1}{1+\varepsilon^2C_N^2\left(\frac{\Omega}{\Omega_c}\right)} \tag{8-3}$$

式中，ε 是决定通带内起伏大小的波纹参数，是小于 1 的正数；$C_N\left(\frac{\Omega}{\Omega_c}\right)$为 N 阶切比雪夫多项式，N 为正整数，表示滤波器的阶次，具体表达式为

$$C_N(x)=\begin{cases}\cos(N\arccos x), & |x|\leqslant 1\\ \cosh(N\operatorname{arcosh} x), & |x|\geqslant 1\end{cases}$$

其波形如图 8-7 所示。Ω_c 是通带截止角频率，这里是指被通带波纹所限制的最高频率，而非 3dB 截止频率，切比雪夫Ⅰ型滤波器也是一个全极点滤波器，无零点。

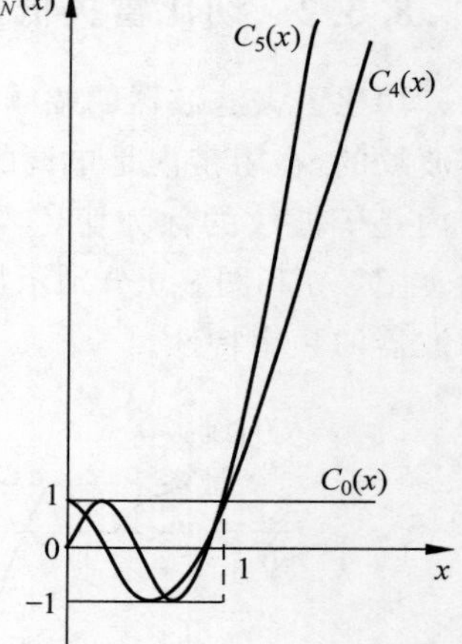

图 8-7 0 阶、4 阶、5 阶切比雪夫多项式曲线

切比雪夫Ⅰ型滤波器的滤波特性具有下列特点。

(1) 在图 8-5(a)中的例子，曲线在 $\Omega=\Omega_c$ 时通过$\frac{1}{\sqrt{1+\varepsilon^2}}$点，因此把 Ω_c 定义为切比雪夫滤波器的截止频率。

(2) 在通带内($|\Omega|\leqslant\Omega_c$)，$|H_a(j\Omega)|$在 1 和$\frac{1}{\sqrt{1+\varepsilon^2}}$之间变化，在通带外($|\Omega|>\Omega_s$)，特性呈单调下降。

(3) N 为奇数，$H_a(0)=1$；N 为偶数，$H_a(0)=\frac{1}{\sqrt{1+\varepsilon^2}}$；通带内误差分布是均匀的，所以这种逼近称为最佳一致逼近。

(4) 滤波器的相位是非线性的，所以在要求群延时为常数时不宜采用这种滤波器。

2. 切比雪夫Ⅰ型滤波器的参数确定及系统函数

切比雪夫滤波器特性有 3 个参数 ε、Ω_c、N。下面研究如何确定这 3 个参数。

为确定参数 ε，先定义通带波纹 δ(以 dB 表示)为

$$\delta=10\lg\frac{|H_a(j\Omega)|_{\max}^2}{|H_a(j\Omega)|_{\min}^2}=20\lg\frac{|H_a(j\Omega)|_{\max}}{|H_a(j\Omega)|_{\min}} \tag{8-4}$$

式中，$|H_a(j\Omega)|_{\max}$、$|H_a(j\Omega)|_{\min}$ 分别是幅度响应的最大值和最小值，且$|H_a(j\Omega)|_{\max}^2=1$，$|H_a(j\Omega)|_{\min}^2=\frac{1}{1+\varepsilon^2}$。这样，由式(8-4)便可得到

$$\delta=10\lg(1+\varepsilon^2)$$

则

$$\varepsilon^2=10^{\frac{\delta}{10}}-1$$

N 的确定可由阻带起始频率 Ω_s 处的关系得到

$$|H_a(j\Omega)|^2=\left.\frac{1}{1+\varepsilon^2C_N^2\left(\frac{\Omega}{\Omega_c}\right)}\right|_{\Omega=\Omega_s}$$

由于 $\Omega_s>\Omega_c$，即$\dfrac{\Omega_s}{\Omega_c}>1$，所以

$$C_N\left(\frac{\Omega_s}{\Omega_c}\right)=\cosh\left[N\operatorname{arcosh}\left(\frac{\Omega_s}{\Omega_c}\right)\right]=\frac{1}{\varepsilon}\sqrt{\frac{1}{|H_a(\mathrm{j}\Omega_s)|^2}-1}$$

由此可得

$$N=\frac{\operatorname{arcosh}\left[\dfrac{1}{\varepsilon}\sqrt{\dfrac{1}{|H_a(\mathrm{j}\Omega_s)|^2}-1}\right]}{\operatorname{arcosh}\left(\dfrac{\Omega_s}{\Omega_c}\right)}$$

式中，Ω_c 是切比雪夫滤波器的通带截止频率，但不是 3dB 截止频率，一般是预先给定的。3dB 截止频率 Ω_{3dB} 由下式确定

$$|H_a(\mathrm{j}\Omega_{3dB})|^2=\frac{1}{2}$$

由此可得

$$\varepsilon^2C_N^2\left(\frac{\Omega_{3dB}}{\Omega_c}\right)^2=1$$

由于$\dfrac{\Omega_{3dB}}{\Omega_c}>1$，因此

$$\Omega_{3dB}=\Omega_c\cosh\left(\frac{1}{N}\operatorname{arcosh}\left(\frac{1}{\varepsilon}\right)\right)$$

ε、Ω_c、N 数值确定后，就可求出滤波器的极点，确定 $H_a(s)$。

滤波器的极点由 $1+\varepsilon^2c_N^2\left(\dfrac{\Omega_s}{\Omega_c}\right)=0$ 决定，设 s 左半平面的极点 $s_i=\sigma_i+\mathrm{j}\Omega_i$，则可证明

$$\begin{cases}\sigma_i=-\Omega_c\sinh\xi\sin\left(\dfrac{2i-1}{2N}\pi\right)\\[2ex]\Omega_i=\Omega_c\cosh\xi\cos\left(\dfrac{2i-1}{2N}\pi\right)\end{cases}\quad(i=1,2,\cdots,N)$$

式中，$\xi=\dfrac{1}{N}\operatorname{arcosh}\left(\dfrac{1}{\varepsilon}\right)$。由此可得

$$\frac{\sigma_i^2}{\Omega_c^2\sinh^2\xi}+\frac{\Omega_i^2}{\Omega_c^2\cosh^2\xi}=1\tag{8-5}$$

因具有相同变量的双曲余弦总大于双曲正弦，所以式(8-5)是长半轴为 $\Omega_c^2\cosh^2\xi$(在虚轴上)和短轴为 $\Omega_c^2\sinh^2\xi$(在实轴上)的椭圆方程。

若令

$$b\Omega_c=\cosh\left(\frac{1}{N}\operatorname{arcosh}\frac{1}{\varepsilon}\right)\Omega_c$$

$$a\Omega_c=\sinh\left(\frac{1}{N}\operatorname{arcosh}\frac{1}{\varepsilon}\right)\Omega_c$$

经过推导，可得出确定 a、b 的公式如下

$$a=\frac{1}{2}\left(\alpha^{\frac{1}{N}}-\alpha^{-\frac{1}{N}}\right)$$

$$b=\frac{1}{2}\left(\alpha^{\frac{1}{N}}+\alpha^{-\frac{1}{N}}\right)$$

式中，$\alpha=\frac{1}{\varepsilon}+\sqrt{\frac{1}{\varepsilon^2}+1}$。因此，切比雪夫滤波器的极点是一组分布在以 $b\Omega_c$ 为长轴，$a\Omega_c$ 为短轴的椭圆上的点。

求得 $H_a(s)$左半平面的极点 s_i 后即可写出切比雪夫滤波器的系统函数为

$$H_a(s)=\frac{c}{\prod_{i=1}^{N}(s-s_i)}=\frac{1}{\sum_{i=0}^{N}a_is^i}$$

对于不同的 N，系统函数分母多项式已经制成如表 8-2 所示的表格，供设计参考。对于波纹参数不同，这种表格有多种，这里只列出 1dB、2dB、3dB 波纹时分母多项式与 N 的关系。

表 8-2　切比雪夫滤波器分母多项式的各项系数

n	a_0	a_1	a_2	a_3	a_4	a_5	a_6	a_7	a_8	a_9
1dB 波纹($\varepsilon=0.5088471$, $\varepsilon^2=0.2589254$)										
1	1.9652267									
2	1.1025103	1.0977343								
3	0.4913067	1.2384092	0.9883412							
4	0.2756276	0.7426194	1.4539248	0.9528114						
5	0.1228267	0.5805342	0.9743961	1.6888160	0.9368201					
6	0.0689069	0.3070808	0.9393461	1.2021409	1.9308256	0.9282510				
7	0.0307066	0.2136712	0.5486192	1.3575440	1.4287930	2.1760778	0.9231228			
8	0.0172267	0.1073447	0.4478257	0.8468243	1.8369024	1.6551557	2.4230264	0.9198113		
9	0.0076767	0.706048	0.2441864	0.7863109	1.2016071	2.3781188	1.8814798	2.6709468	0.9175476	
10	0.0043067	0.0344971	0.1824512	0.4553892	1.244914	1.6129856	2.9815094	2.1078524	2.9194657	0.9159320
2dB 波纹($\varepsilon=0.7647831$, $\varepsilon^2=0.5848932$)										
1	1.3075603									
2	0.6367681	0.8038164								
3	0.3268901	1.0221903	0.7378216							
4	0.2057651	0.5167981	1.2564819	0.7162150						
5	0.0817225	0.4593491	0.6934770	1.4995433	0.7064606					
6	0.0514413	0.2102706	0.7714618	0.8670149	1.7458587	0.7012257				
7	0.0204228	0.1660920	0.3825056	1.1444390	1.0392203	1.9935272	0.6978929			
8	0.0128603	0.0729373	0.3587043	0.5982214	1.5795807	1.2117121	2.2422529	0.6960646		
9	0.0051076	0.0543756	0.1684473	0.6444677	0.8568648	2.0767479	1.3837464	2.4912897	0.6946793	
10	0.0032151	0.0233347	0.1440057	0.3177560	1.0389104	1.15825287	2.6362507	1.5557424	2.7406032	0.6936904
3dB 波纹($\varepsilon=0.9976283$, $\varepsilon^2=0.9952623$)										
1	1.0023773									
2	0.7079478	0.6448996								
3	0.2505943	0.9283480	0.5972404							
4	0.1769869	0.4047679	1.1691176	0.5815799						
5	0.0626391	0.4079421	0.5488626	1.4149847	0.5744296					
6	0.0442467	0.1634299	0.6990977	0.6906098	1.6628481	0.5706976				
7	0.0156621	0.1461530	0.3000167	1.0518448	0.8314411	1.9115507	0.5684201			
8	0.0110617	0.0564813	0.3207646	0.4718990	1.4666990	0.9719473	2.1607148	0.5669476		
9	0.0039154	0.0475900	0.1313851	0.5834984	0.6789075	1.9438443	1.1122863	2.4101346	0.5659234	
10	0.0027654	0.0180313	0.1277560	0.2492043	0.9499208	0.9210659	2.4834205	1.2526467	2.6597378	0.5652218

切比雪夫Ⅱ型滤波器的幅度特性在通带内具有单调特性，而在阻带内具有等波纹特性，其幅度平方函数可表示为

$$|H_a(j\Omega)|^2=\frac{1}{1+\varepsilon^2\left[\dfrac{C_N^2(\Omega_s)}{C_N^2(\Omega_s/\Omega)}\right]^2}$$

式中，Ω_s 为阻带起始频率。可以证明，切比雪夫Ⅱ型滤波器既有极点，又有零点，零点是虚数。由于篇幅有限，这里就不做讨论了。

8.4　模拟低通滤波器设计举例

例 8-2　试设计一个巴特沃斯模拟低通滤波器，要求在通带 $0\leqslant\Omega\leqslant0.2\pi\times10^3$ rad/s 内衰减不大于 3dB，在阻带 $\Omega\geqslant0.6\pi\times10^3$ rad/s 内衰减不小于 18dB。

解　根据题目设计要求，将滤波器幅度在 $\Omega=0$ 处归一化为 1，即 $|H(j0)|=1$，用分贝表示 $20\lg|H(j0)|=0$，所设计的模拟低通滤波器的技术指标如图 8-8 所示。

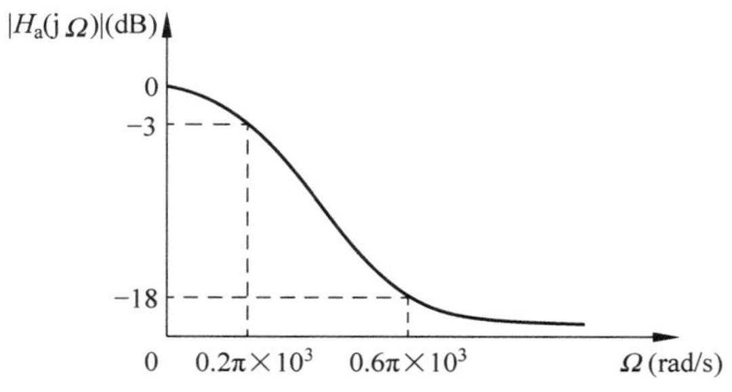

图 8-8　滤波器的性能指标示意图

因而滤波器幅频特性需要满足

$$20\lg\left|\frac{H(j0)}{H(j0.2\pi\times10^3)}\right|\leqslant3\text{dB}$$

$$20\lg\left|\frac{H(j0)}{H(j0.6\pi\times10^3)}\right|\geqslant18\text{dB}$$

即

$$20\lg|H_a(j0.2\pi\times10^3)|\geqslant-3\text{dB}$$

$$20\lg|H_a(j0.6\pi\times10^3)|\leqslant-18\text{dB}$$

巴特沃斯滤波器的幅度平方响应函数为

$$|H_a(j\Omega)|^2=\frac{1}{1+\left(\dfrac{\Omega}{\Omega_c}\right)^{2N}}$$

因而设计归结为根据给定指标来确定参数 N 和 Ω_c。将上式以 dB 表示则得

$$20\lg|H_a(j\Omega)|=-10\lg\left[1+\left(\frac{\Omega}{\Omega_c}\right)^{2N}\right]$$

将给定指标代入，得

$$-10\lg\left[1+\left(\frac{0.2\pi\times10^3}{\Omega_c}\right)^{2N}\right]\geqslant -3$$

$$-10\lg\left[1+\left(\frac{0.6\pi\times10^3}{\Omega_c}\right)^{2N}\right]\leqslant -18$$

首先考虑用等号来满足指标，于是

$$1+\left(\frac{0.2\pi\times10^3}{\Omega_c}\right)^{2N}=10^{0.3}$$

$$1+\left(\frac{0.6\pi\times10^3}{\Omega_c}\right)^{2N}=10^{1.8}$$

解以上两方程得 $N=1.8812$，N 为滤波器的阶数，只能取整数，为满足或超过给定指标，取 $N=2$，将 $N=2$ 代入上述通带条件中，得

$$\Omega_c=0.214\times10^3\,\text{rad/s}$$

通过查表 8-1 可得，$N=2$ 时的巴特沃斯滤波器的系统函数可以写为

$$H_a(s)=\frac{\Omega_c^2}{s^2+\sqrt{2}\Omega_c s+\Omega_c^2}$$

将 $\Omega_c=0.214\times10^3\,\text{rad/s}$ 代入可得

$$H_a(s)=\frac{4.5796\times10^4}{s^2+0.0302\times10^4 s+4.5796\times10^4}$$

除此之外，该系统函数也可以通过零极点分布特性计算。根据巴特沃斯低通滤波器极点分布公式

$$s_k=(-1)^{\frac{1}{2N}}(\mathrm{j}\Omega_c)=\Omega_c e^{\mathrm{j}\pi\left(\frac{1}{2}+\frac{2p-1}{2N}\right)}\quad(p=1,2,\cdots,2N)$$

取 $\Omega_c=0.214\times10^3\,\text{rad/s}$，$N=2$，解出左半 s 平面的一对极点，其坐标分别为

$$\Omega_c(\cos135^\circ\pm \mathrm{j}\sin135^\circ)=-1.5114\times10^2\pm \mathrm{j}1.5114\times10^2$$

模拟滤波器系统函数可以写为

$$H_a(s)=\frac{4.5685\times10^4}{s^2+0.0302\times10^4 s+4.5685\times10^4}$$

系数 4.5685×10^4 是根据 $s=0$ 时，$H_a(0)=1$ 而得到的。由此可以得到所设计的巴特沃斯滤波器的幅频及相频特性曲线如图 8-9 所示，由图可见，设计结果符合题目设计要求。

例 8-3 试设计一个切比雪夫Ⅰ型模拟低通滤波器，要求：

(1) 在 $\Omega\leqslant0.6498\,\text{rad/s}$ 的通带范围内，幅度特性下降不大于 1dB。

(2) 在 $\Omega\geqslant1.0191\,\text{rad/s}$ 的阻带范围内，幅度衰减不小于 15dB。

解 根据设计指标要求，所设计的模拟低通滤波器的技术指标如图 8-10 所示。滤波器幅频特性应满足

$$20\lg\left|\frac{H(\mathrm{j}0)}{H(\mathrm{j}0.6498)}\right|\leqslant 1\text{dB}$$

$$20\lg\left|\frac{H(\mathrm{j}0)}{H(\mathrm{j}1.0191)}\right|\geqslant 15\text{dB}$$

将滤波器幅度在 $\Omega=0$ 处归一化为 1，即 $|H(\mathrm{j}0)|=1$，用分贝表示 $20\lg|H(\mathrm{j}0)|=0$，则上式变为

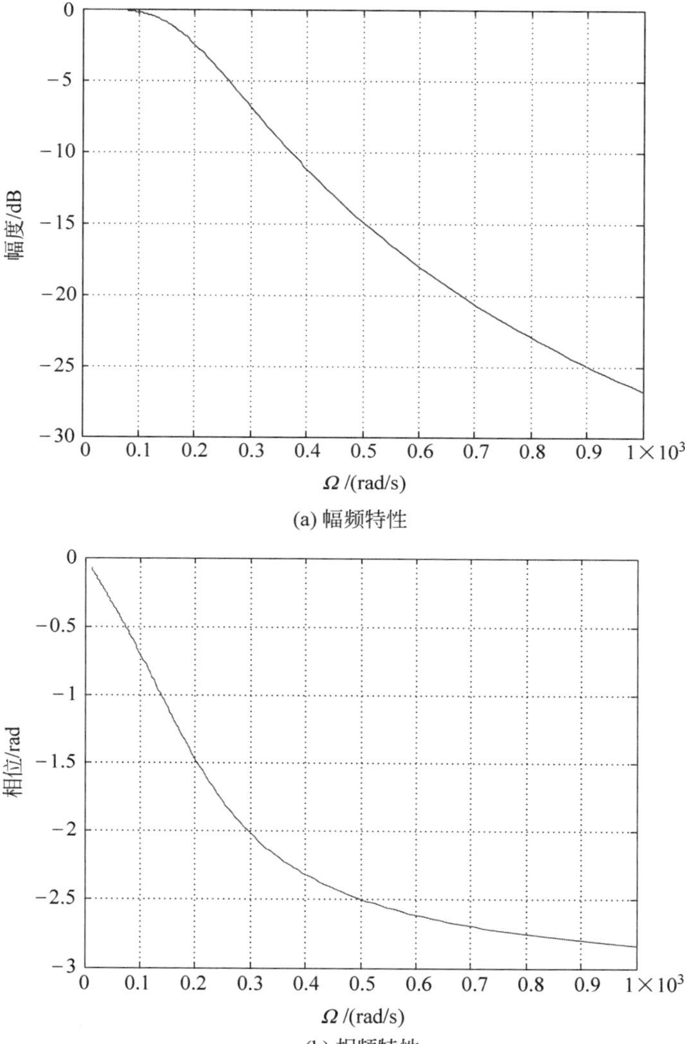

图 8-9 巴特沃斯滤波器频率响应

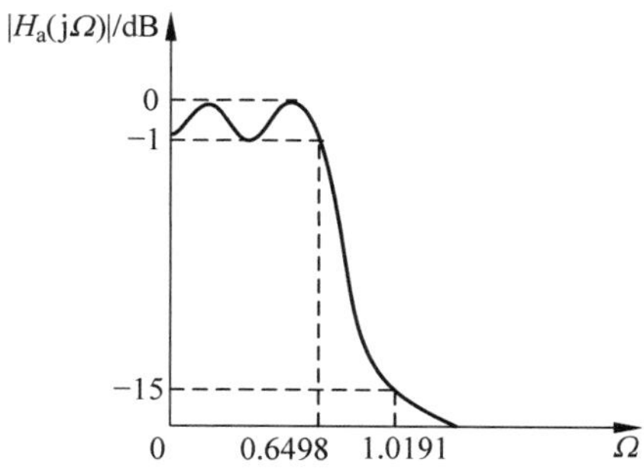

图 8-10 滤波器的性能指标示意图

$$\begin{cases}20\lg|H_a(\mathrm{j}0.6498)|\geqslant -1\mathrm{dB}\\20\lg|H_a(\mathrm{j}1.0191)|\leqslant -15\mathrm{dB}\end{cases}$$

根据切比雪夫Ⅰ型滤波器的幅度平方函数可得

$$\delta = 10\lg\frac{|H_a(\mathrm{j}\Omega)|^2_{\max}}{|H_a(\mathrm{j}\Omega)|^2_{\min}} = 0-(-1)=1$$

$$\varepsilon = \sqrt{10^{\frac{\delta}{10}}-1}=\sqrt{10^{0.1}-1}=0.50885$$

由于

$$10\lg H_a^2(\mathrm{j}\Omega_s)\leqslant -15\quad(\Omega_s=1.0191\mathrm{rad/s})$$

则滤波器阶数为

$$N\geqslant\frac{\operatorname{arcosh}\left[\frac{1}{\varepsilon}\sqrt{\frac{1}{H^2(\Omega_s)}-1}\right]}{\operatorname{arcosh}\left(\frac{\Omega_s}{\Omega_c}\right)}=\frac{\operatorname{arcosh}\left[\frac{1}{0.50885}\sqrt{10^{1.5}-1}\right]}{\operatorname{arcosh}\left(\frac{2\tan\frac{0.3\pi}{2}}{2\tan\frac{0.2\pi}{2}}\right)}\geqslant 3.10179$$

取 $N=4$,计算左半平面极点

$$\alpha=\frac{1}{\varepsilon}+\sqrt{\frac{1}{\varepsilon^2}+1}=4.1702$$

$$a=\frac{1}{2}\left(\alpha^{\frac{1}{N}}-\alpha^{-\frac{1}{N}}\right)=0.3646235$$

$$b=\frac{1}{2}\left(\alpha^{\frac{1}{N}}+\alpha^{-\frac{1}{N}}\right)=1.0644015$$

$$a\Omega_c=0.2369322,\quad b\Omega_c=0.691648$$

根据

$$\begin{cases}\sigma_i=-a\Omega_c\sin\left(\frac{2i-1}{2N}\pi\right)\\\Omega_i=b\Omega_c\cos\left(\frac{2i-1}{2N}\pi\right)\end{cases}\quad(i=1,2,3,4)$$

可得系统的极点为

$$-a\Omega_c\sin\frac{\pi}{8}\pm\mathrm{j}b\Omega_c\cos\frac{\pi}{8}=-0.0906699\pm\mathrm{j}0.6389997$$

$$-a\Omega_c\sin\frac{3\pi}{8}\pm\mathrm{j}b\Omega_c\cos\frac{3\pi}{8}=-0.2188969\pm\mathrm{j}0.2646819$$

进而可得所设计切比雪夫Ⅰ型模拟滤波器的系统函数

$$H_a(s)=\frac{C}{\prod_{i=1}^{N}(s-s_i)}=\frac{0.04381}{(s^2+0.4378s+0.1180)(s^2+0.1814s+0.4166)}$$

注意：根据阶数 $N=4$(偶数)，利用 $H_a(0)=1/\sqrt{1+\varepsilon^2}$ 确定 C，由此可得所设计的切比雪夫滤波器的幅频和相频曲线，如图 8-11 所示，由图可见，所设计的滤波器符合题目要求。

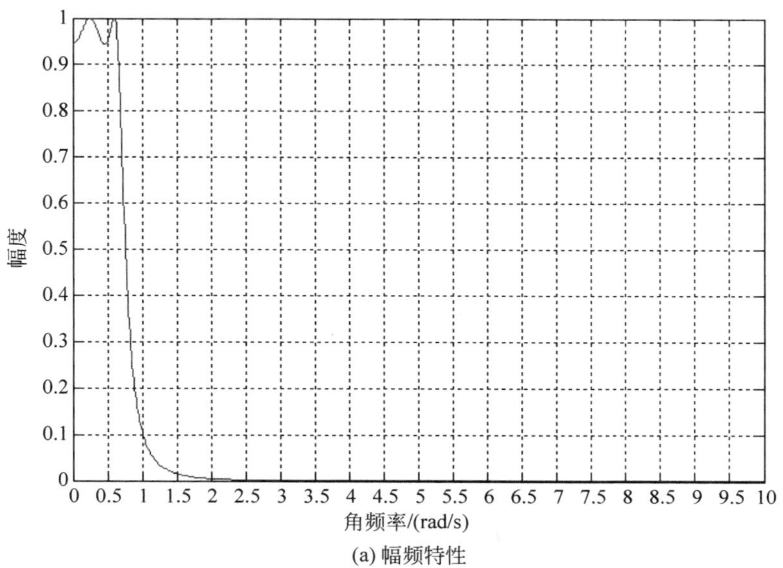

(a) 幅频特性

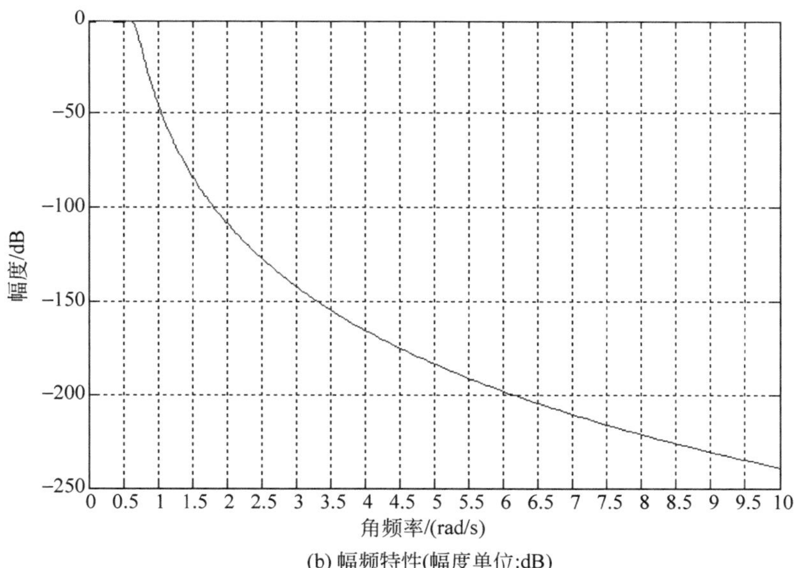

(b) 幅频特性(幅度单位:dB)

图 8-11　切比雪夫滤波器频率响应

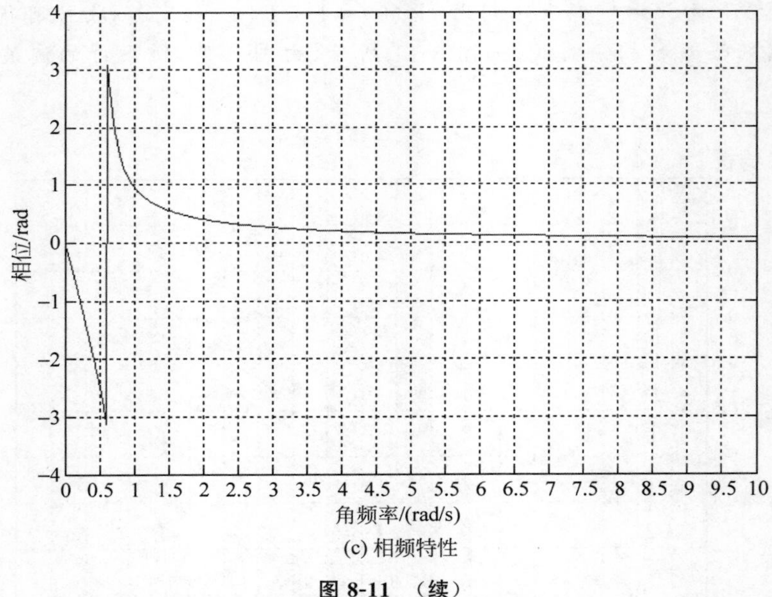

(c) 相频特性

图 8-11 （续）

8.5 数字滤波器设计

数字滤波器与模拟滤波功能相同，只是处理信号的类型和实现方法不同。数字滤波器处理的是数字信号，实现方法既可用硬件实现，也可用软件实现。数字滤波器相对模拟滤波器而言，在体积、重量、精度、稳定性、可靠性、存储功能、灵活性以及性价比等方面都具有明显的优点。

第 6 章已经介绍了几种典型的理想数字滤波器，包括低通、高通、带通和带阻等类型，由于数字滤波器的幅频特性$|H(e^{j\omega})|$是以 2π 为周期的周期函数，同时由于$|H(e^{j\omega})|$具有偶对称特性，故一般数字滤波器的幅频特性都是指数字角频率在 $\omega=0\sim\pi$ 的频率区间而言的。

与模拟滤波器特性相同，实际中使用的滤波器的幅频特性会有一定的过渡带宽，在通带或阻带内有一定的波动，如图 8-12 所示为一个实际的数字低通滤波器幅频特性，图中，ω_c 为通带截止频率，δ_1 为通带响应误差，在通带内幅度应以 $\pm\delta_1$ 的误差逼近于 1，即

$$1-\delta_1 \leqslant |H(e^{j\omega})| \leqslant 1+\delta_1 \quad (|\omega| \leqslant \omega_c)$$

式中，ω_s 为阻带起始频率；δ_2 为阻带响应误差，在阻带内幅度响应以小于 $\pm\delta_2$ 的误差接近于零，即

$$|H(e^{j\omega})| \leqslant \delta_2 \quad (\omega_s \leqslant |\omega| \leqslant \pi)$$

相频特性需要受稳定性和因果性要求的限制，即要求系统函数的极点必须位于单位圆内。

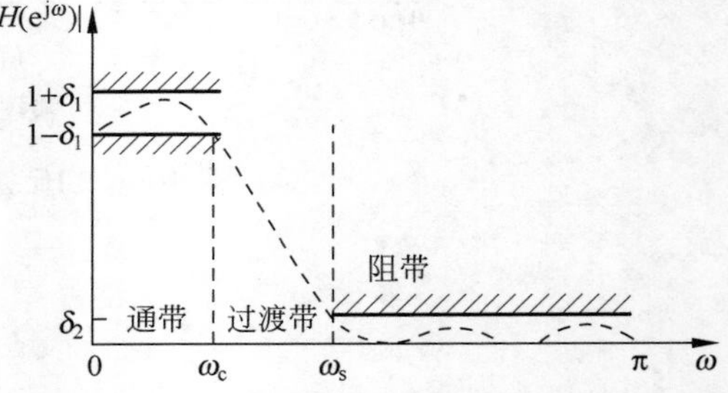

图 8-12 数字低通滤波器幅频特性

数字滤波器的设计步骤与模拟滤波器的设计步骤类似，在此不再赘述。需要说明的是，本章所讲的滤波器设计，其设计结果为

$H(z)$或$h(n)$，而非用硬件电路实现。数字滤波器根据其时域特性的不同形式可以分为无限长冲激响应数字滤波器(Infinite Impulse Response Digital Filter，IIR DF)和有限长冲激响应数字滤波器(Finite Impulse Response Digital Filter，FIR DF)，其中 IIR DF 的冲激响应$h(n)$为无限长序列，FIR DF 的冲激响应$h(n)$为有限长序列，两者的系统函数形式、结构形式完全不同，因此设计方法也不同。下面分别介绍它们的典型设计方法。

8.6 无限长冲激响应数字滤波器设计

无限长冲激响应数字滤波器可用一线性时不变离散时间系统描述，其对应的数学模型可用 N 阶差分方程描述

$$y(n)=\sum_{k=1}^{N}a_k y(n-k)+\sum_{r=0}^{M}b_r x(n-r)$$

式中，$x(n)$表示输入；$y(n)$表示输出，则滤波器的系统函数是 z^{-1} 的有理分式，即

$$H(z)=\frac{Y(z)}{X(z)}=\frac{\sum_{r=0}^{M}b_r z^{-r}}{1-\sum_{k=1}^{N}a_k z^{-k}}$$

频率响应为

$$H(\mathrm{e}^{\mathrm{j}\omega})=\frac{Y(\mathrm{e}^{\mathrm{j}\omega})}{X(\mathrm{e}^{\mathrm{j}\omega})}=\frac{\sum_{r=0}^{M}b_r \mathrm{e}^{-\mathrm{j}\omega r}}{1-\sum_{k=1}^{N}a_k \mathrm{e}^{-\mathrm{j}\omega k}}$$

无限长冲激响应数字滤波器最常用的方法是由模拟滤波器设计得到，设计过程如下。

先设计一个与数字滤波器相对应的模拟滤波器，然后将其数字化，即将 s 平面映射到 z 平面得到所需的数字滤波器。这种设计方法准确、简便，有现成的图表、公式直接利用。该方法实际上是一个由 s 平面到 z 平面的变换，这个变换应遵循两个基本原则。

(1) $H(z)$的频响应保留 $H_a(s)$频响的基本特征，也即 s 平面的虚轴 $\mathrm{j}\Omega$ 应该映射到 z 平面的单位圆上。

(2) $H_a(s)$的因果稳定性通过映射后应在所得到的 $H(z)$中保持，也即 s 平面的左半平面应该映射到 z 平面的单位内。

由模拟滤波器设计数字滤波器有 4 种方法：脉冲响应不变变换法、双线性变换法、微分-差分变换法和匹配 z 变换法。后两种方法都有一定的局限性，工程上常用的是脉冲响应不变变换法和双线性变换法，这里也只介绍这两种方法。

8.6.1 脉冲响应不变变换法

1. 基本原理

脉冲响应不变变换法是指对模拟滤波器的单位脉冲响应 $h_a(t)$进行等间隔抽样，其抽样值作为数字滤波器的单位脉冲响应 $h(n)$，即

$$h_a(nT)=h_a(t)\mid_{t=nT} \tag{8-6}$$

式中，T 为抽样间隔，为简化起见，用 $h(n)$ 表示 $h_a(nT)$。对 $h(n)$ 取 z 变换求得 $H(z)=\mathcal{Z}[h(n)]$，得到该滤波器的系统函数。

如果设模拟滤波器的系统函数具有单极点，表达式为

$$H_a(s)=\sum_{i=1}^{N}\frac{A_i}{s+s_i} \tag{8-7}$$

式中，$A_i=\lim\limits_{s\to -s_i}(s+s_i)H_a(s)$；$s_i=\sigma_i+\mathrm{j}\Omega_i$。对上式取逆变换得

$$h_a(t)=\mathcal{L}^{-1}[H_a(s)]=\left[\sum_{i=1}^{N}A_i\mathrm{e}^{-s_it}\right]u(t)$$

按照式(8-6)，对 $h_a(t)$ 抽样并取 z 变换，得到对应的数字滤波器为

$$h_a(n)=h_a(t)\mid_{t=nT}=\left[\sum_{i=1}^{N}A_i\mathrm{e}^{-s_inT}\right]u(nT)$$

$$H(z)=\sum_{n=0}^{+\infty}h_a(n)z^{-n}=\sum_{i=1}^{N}\frac{A_i}{1-\mathrm{e}^{-s_iT}z^{-1}} \tag{8-8}$$

对比式(8-7)及式(8-8)可知，当模拟滤波器的 $H_a(s)$ 具有单极点时，$H(z)$ 与 $H_a(s)$ 的极点具有对应关系，$H_a(s)$ 的极点 $s=-s_i$ 对应于 $H(z)$ 的极点 $z=\mathrm{e}^{-s_iT}$，$H_a(s)$ 的每一个部分分式可直接对应转换到 z 域，即

$$\frac{1}{s+s_i}\Rightarrow\frac{1}{1-\mathrm{e}^{-s_iT}z^{-1}}$$

由此得到相应的数字滤波器 $H(z)$。需要说明的是，$H_a(s)$ 中若有重极点，则不满足上述对应关系。

2. 稳定性分析

由时域取样定理可知，稳定的模拟滤波器所有极点应在 s 平面的左半平面内，假设极点为 $s_i=\sigma_i+\mathrm{j}\Omega_i$，则 s_i 的实部 $\sigma_i<0$，映射到数字滤波器时，对应的极点 $z=\mathrm{e}^{-s_iT}$ 的模 $|z_i|=\mathrm{e}^{\sigma_iT}<1$，在单位圆内，因而所设计的数字滤波器也是稳定的。同理，若模拟滤波器临界稳定，即 $\sigma_i=0$，在 s 平面虚轴上有一阶极点，则对应数字滤波器的极点在单位圆上，也是临界稳定，若模拟滤波器不稳定即 $\sigma_i>0$，极点在 s 平面的右半平面，则数字滤波器极点 $|z_i|>1$ 在单位圆外，系统也不稳定。

3. 逼近程度

由 $z=\mathrm{e}^{sT}$ 可知，若令 $z=\mathrm{e}^{\mathrm{j}\omega}$，$s=\mathrm{j}\Omega$，则 $\mathrm{e}^{\mathrm{j}\omega}=\mathrm{e}^{\mathrm{j}\Omega T}$，数字滤波器角频率 ω 与模拟滤波器角频率 Ω 之间存在如下关系

$$\omega=\Omega T$$

可见 ω 与 Ω 呈线性关系。

由取样定理可知，数字滤波器的频率特性 $H(\mathrm{e}^{\mathrm{j}\omega})$ 与模拟滤波器的频率特性 $H_a(\mathrm{j}\Omega)$ 之间的关系为

$$H(\mathrm{e}^{\mathrm{j}\omega})\mid_{\omega=\Omega T}=\frac{1}{T}\sum_{k=-\infty}^{+\infty}H_a(\mathrm{j}\Omega+\mathrm{j}k\Omega_1)\quad\left(\Omega_1=\frac{2\pi}{T}\right) \tag{8-9}$$

两者之间是周期延拓的关系，同时要求模拟滤波器的频率响应必须是带限的，即

$$H_a(j\Omega)=0, \quad |\Omega| \geqslant \frac{\pi}{T}=\frac{\Omega_1}{2}$$

这样才能使数字滤波器的频率响应在折叠频率以内重现模拟滤波器的频率响应，而不产生混叠失真，此时在一个周期$(-\pi,+\pi)$内

$$H(e^{j\omega})|_{\omega=\Omega T}=\frac{1}{T}H_a(j\Omega)=\frac{1}{T}H_a\left(j\frac{\omega}{T}\right) \quad (|\omega|<\pi) \tag{8-10}$$

通常情况下，模拟滤波器的频率响应都不是严格带限的，变换后就会产生周期延拓分量的频谱交叠，即产生频率响应的混叠失真，因此模拟滤波器的频率响应在折叠频率以上处衰减越大，越快，变换后频率响应混叠失真就越小。

另外，由$z=e^{sT}$可知，当$s=j\Omega$时，$z=e^{j\Omega T}=e^{j\omega}$，在$s$平面内，$s$在$j\Omega$轴上的每一段$\frac{2\pi}{T}$的虚轴都对应于$z$平面$\omega$绕单位圆一周进行周期延拓，如图8-13所示。这也从另一个角度解释了连续信号取样后其频谱会产生频谱混叠的原因。故脉冲响应不变变换法，从s平面到z平面的映射不是单值关系，如图8-13所示。

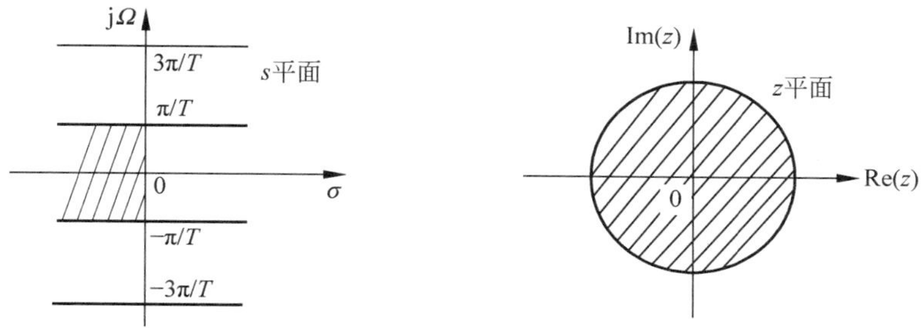

图 8-13 冲激响应不变变换法 s 平面与 z 平面映射关系

从式(8-10)看出，数字滤波器的频率响应还与抽样间隔T呈反比，如果抽样频率很高，即T很小，则滤波器增益会很大，这是不利的。因此希望数字滤波器的频率响应不随抽样频率的变化而变化，故做以下修正，令

$$h(n)=Th_a(nT)$$

则有

$$H(z)=\sum_{n=0}^{+\infty}h(n)z^{-n}=\sum_{i=1}^{N}\frac{TA_i}{1-e^{-s_iT}z^{-1}} \quad (\text{设 } H(z) \text{ 仅含单极点})$$

此时

$$H(e^{j\omega})=H_a\left(j\frac{\omega}{T}\right) \quad (|\omega|<\pi)$$

综上所述，对脉冲响应不变变换法可得以下结论。

(1) 该设计方法可以将稳定的模拟滤波器变换成稳定的数字滤波器。

(2) 模拟滤波器与数字滤波器的频率响应之间的关系为$H(e^{j\omega})=H_a\left(j\frac{\omega}{T}\right)(|\omega|<\pi)$，角频率之间呈线性变换关系$\omega=\Omega T$，这使得频率特性的形状基本上与模拟滤波器相同(如果混叠不严重)，在时域两者脉冲响应形状一致。

(3) 该设计方法是通过对模拟滤波器取样得到的，会有混叠现象发生，使频率特性高端

产生失真，因此这种方法更适用于带限的模拟滤波器，高通和带阻滤波器不宜采用脉冲响应不变法，否则要加前置滤波器，滤掉高于折叠频率以上的频率。对于低通和带通滤波器，需充分限带，阻带衰减越大，混叠效应越小。另外，当要求数字滤波器的时域特性更好的逼近相应的模拟滤波器的时域特性时，可采用这种方法。下面通过示例总结脉冲响应不变变换法设计数字滤波器的步骤。

例 8-4 用脉冲响应不变变换法设计数字巴特沃斯低通滤波器，要求在通带 $0\leqslant\omega\leqslant 0.2\pi\text{rad}$ 内幅度特性变化小于 3dB，在阻带 $0.6\pi\leqslant\omega\leqslant\pi$ 内衰减不小于 18dB，给定 $T=0.001\text{s}$。

解 按照题目要求，所设计数字滤波器的性能指标如图 8-14 所示。

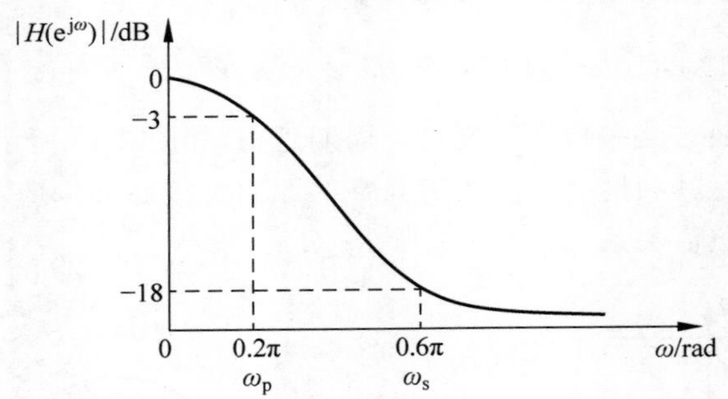

图 8-14 巴特沃斯数字低通滤波器性能指标

其中，$\omega_p=0.2\pi$，$\omega_s=0.6\pi$，数字滤波器指标应满足

$$\begin{cases}20\lg\left|\dfrac{H(e^{j0})}{H(e^{j0.2\pi})}\right|\leqslant 3\text{dB}\\[2ex] 20\lg\left|\dfrac{H(e^{j0})}{H(e^{j0.6\pi})}\right|\geqslant 18\text{dB}\end{cases}$$

将通带幅度在 $\omega=0$ 处归一化为 1，即 $|H(e^{j0})|=1$，则上两式变为

$$\begin{cases}20\lg|H(e^{j0.2\pi})|\geqslant -3\text{dB}\\ 20\lg|H(e^{j0.6\pi})|\leqslant -18\text{dB}\end{cases}\tag{8-11}$$

设计思路：先将数字滤波器技术指标利用 ω 与 Ω 以及 $H(e^{j\omega})$ 与 $H_a(j\Omega)$ 的关系转换为模拟滤波器的响应技术指标；设计模拟滤波器 $H_a(s)$；再将 $H_a(s)$ 转换为 $H(z)$。具体步骤如下。

(1) 将数字滤波器设计指标转变为模拟滤波器指标。

由脉冲响应不变法可知

$$\begin{cases}H(e^{j\omega})=H_a\left(j\dfrac{\omega}{T}\right)\\ \omega=\Omega T\end{cases}\quad -\pi\leqslant\omega\leqslant\pi$$

将以上两式代入式(8-11)，得模拟滤波器设计指标为

$$\begin{cases}20\lg|H_a(j0.2\pi/T)|\geqslant -3\text{dB}\\ 20\lg|H_a(j0.6\pi/T)|\leqslant -18\text{dB}\end{cases}\tag{8-12}$$

式中，$T=0.001\text{s}$。

(2) 设计模拟低通滤波器。

由式(8-12)可知，此模拟滤波器技术指标与8.4节中的例题相同，故不再重复计算。设计出的模拟滤波器系统函数为

$$H_a(s)=\frac{4.5685\times 10^4}{s^2+0.0302\times 10^4 s+4.5685\times 10^4}$$

(3) 将 $H_a(s)$ 转换成数字滤波器。

将 $H_a(s)$ 展成部分分式，得到该系统的极点为 $-1.51\times 10^2\pm \mathrm{j}1.5127\times 10^2$，按式(8-8)变换，求得数字滤波器的系统函数

$$H(z)=\frac{0.1243z^2+0.2486z+0.1243}{z^2-0.7856z+0.2829}$$

滤波器的频率响应为

$$H(\mathrm{e}^{\mathrm{j}\omega})=\frac{0.1243\mathrm{e}^{\mathrm{j}2\omega}+0.2486\mathrm{e}^{\mathrm{j}\omega}+0.1243}{\mathrm{e}^{\mathrm{j}2\omega}-0.7856\mathrm{e}^{\mathrm{j}\omega}+0.2829}$$

图8-15给出了滤波器的频率响应曲线。由图可见，所设计的滤波器在通带边缘(0.2π)处及在阻带边缘均恰好满足指标要求。若得出的数字滤波器并不满足指标要求，则可选用更高阶的滤波器或者调节滤波器的参数而维持阶数不变，再行试算。

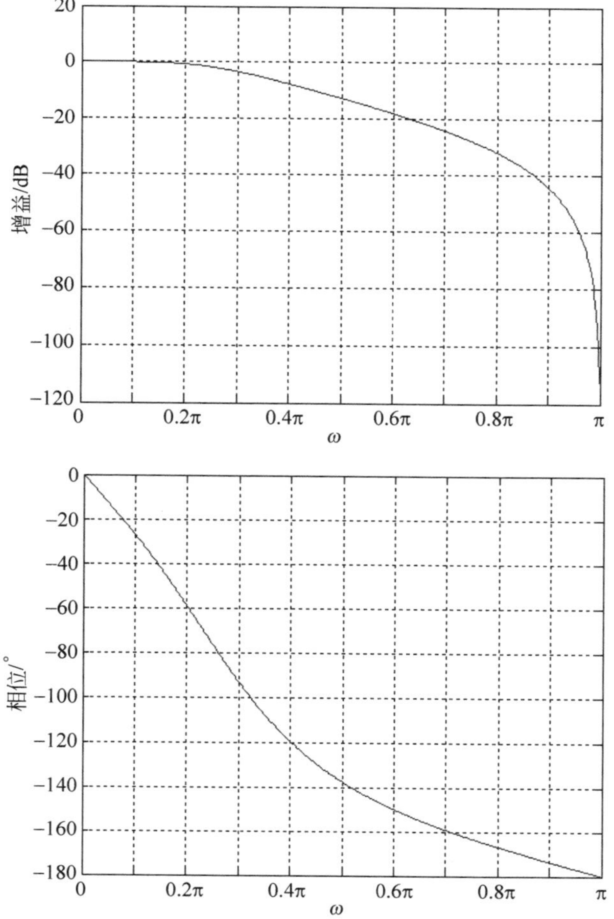

图8-15　脉冲响应不变法所设计的巴特沃斯滤波器频率响应

8.6.2 双线性变换法

1. 基本原理

双线性变换法能克服脉冲响应不变变换法中的频率响应混叠问题。该方法可以将模拟滤波器的整个Ω轴全部映射到z平面的单位圆一周,并保证两个域内的滤波器同时稳定。现在以一阶模拟滤波器设计数字滤波器为例,介绍双线性变换设计方法。

已知一阶模拟滤波器的系统函数为

$$H_a(s)=\frac{A}{s+a} \tag{8-13}$$

设输入为$x(t)$,输出为$y(t)$,对应的微分方程可以写为

$$y'(t)+ay(t)=Ax(t) \tag{8-14}$$

将$y(t)$用$y'(t)$的积分表示

$$y(t)=\int_{t_0}^{t}y'(\tau)\mathrm{d}\tau+y(t_0) \tag{8-15}$$

将式(8-15)离散化,令抽样周期为T,$t=nT$,$t_0=(n-1)T$,则式(8-15)变为

$$y(nT)-y[(n-1)T]=\frac{T}{2}\{y'(nT)+y'[(n-1)T]\} \tag{8-16}$$

同样,对式(8-14)离散化,得

$$y'(nT)=Ax(nT)-ay(nT) \tag{8-17}$$

将式(8-17)代入式(8-16)两侧取z变换,并进行简单的整理可得

$$H(z)=\frac{Y(z)}{X(z)}=\frac{A}{\dfrac{2}{T}\dfrac{1-z^{-1}}{1+z^{-1}}+a} \tag{8-18}$$

对比式(8-13)与式(8-18)可以看出,$H_a(s)$与$H(z)$形式一样,只要将$H_a(s)$中的s用下式代替

$$s=\frac{2}{T}\frac{1-z^{-1}}{1+z^{-1}} \tag{8-19}$$

即可得到$H(z)$,实现了由模拟滤波器向数字滤波器的转换。由式(8-19)还可以得出

$$z=\frac{\dfrac{2}{T}+s}{\dfrac{2}{T}-s} \tag{8-20}$$

式(8-19)和式(8-20)中,分子与分母都是变量的线性函数,故称为双线性变换法。

2. 稳定性与逼近程度

设$s=\sigma+\mathrm{j}\Omega$,则由式(8-20)可得

$$|z|=\sqrt{\frac{\left(\dfrac{2}{T}+\sigma\right)^2+\Omega^2}{\left(\dfrac{2}{T}-\sigma\right)^2+\Omega^2}}$$

这表明,当$\sigma<0$时,$|H(z)|<1$,即s域的左半平面的点映射到z平面单位圆内,也就是稳定的模拟滤波器$H_a(s)$可以变换成稳定的数字滤波器$H(z)$。

由式(8-19)可得模拟滤波器与数字滤波器的频率转换关系，即令 $s=\mathrm{j}\Omega, z=\mathrm{e}^{\mathrm{j}\omega}$，代入式(8-20)得

$$\omega=2\arctan\left(\frac{\Omega T}{2}\right) \tag{8-21}$$

或

$$\Omega=\frac{2}{T}\tan\left(\frac{\omega}{2}\right) \tag{8-22}$$

上述关系如图 8-16 所示。

由图 8-16 可知，Ω 从 $-\infty$ 到 $+\infty$ 的所有取值全部映射到 ω 从 $-\pi$ 到 $+\pi$ 的区间内，且为单值映射，即单位圆一周，因而避免了频域的混叠。由式(8-21)与式(8-22)可见，模拟角频率 Ω 与数字角频率 ω 之间是非线性关系，这种非线性关系会引起频率特性的失真。但对于在一定频段内幅频特性为常数的滤波器来说，问题并不严重，如一般低通、高通、带通、带阻，它们都要求在通带内逼近一个衰减为零的常数特性，阻带逼近衰减趋向无穷大的特性。

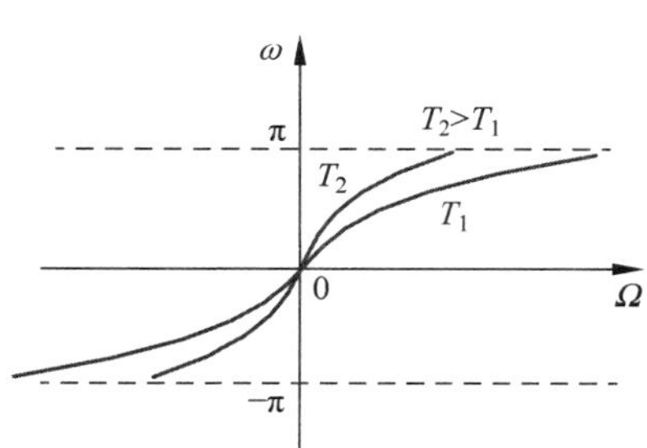

图 8-16　双线性变换的频率非线性关系

根据 Ω 与 ω 的关系可得模拟滤波器的频率响应与数字滤波器频率响应的关系，即

$$H(\mathrm{e}^{\mathrm{j}\omega})=H_{\mathrm{a}}(\mathrm{j}\Omega)\big|_{\Omega=\frac{2}{T}\tan\left(\frac{\omega}{2}\right)}=H_{\mathrm{a}}\left(\mathrm{j}\,\frac{2}{T}\tan\left(\frac{\omega}{2}\right)\right)$$

其对应的映射过程如图 8-17 所示。

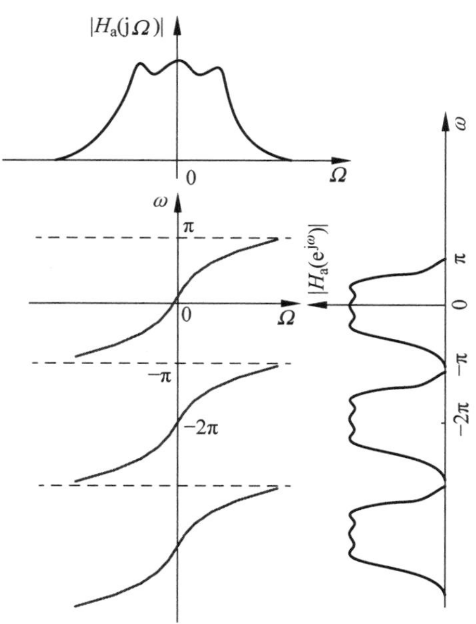

图 8-17　双线性变换频率变换关系

最后通过示例总结双线性变换法设计数字滤波器的步骤。

例 8-5　将 8.4 节中所设计的切比雪夫 Ⅰ 型模拟低通滤波器转换为数字滤波器。

(1) 首先设计与数字滤波器对应的模拟切比雪夫Ⅰ型低通滤波器。

根据 8.4 节中例题可知，所设计的切比雪夫Ⅰ型模拟低通滤波器系统函数为

$$H_{\mathrm{a}}(s)=\frac{0.04381}{(s^2+0.4378s+0.1180)(s^2+0.1814s+0.4166)}$$

(2) 将模拟低通滤波器系统函数转换为数字滤波器系统函数为

$$H(z)=H_{\mathrm{a}}(s)\Big|_{s=\frac{2(1-z^{-1})}{T(1+z^{-1})}}=\frac{0.001836(1+z^{-1})^4}{(1-1.4996z^{-1}+0.8482z^{-2})(1-1.5548z^{-1}+0.6493z^{-2})}$$

由此可得数字滤波器的频率响应如图 8-18 所示。

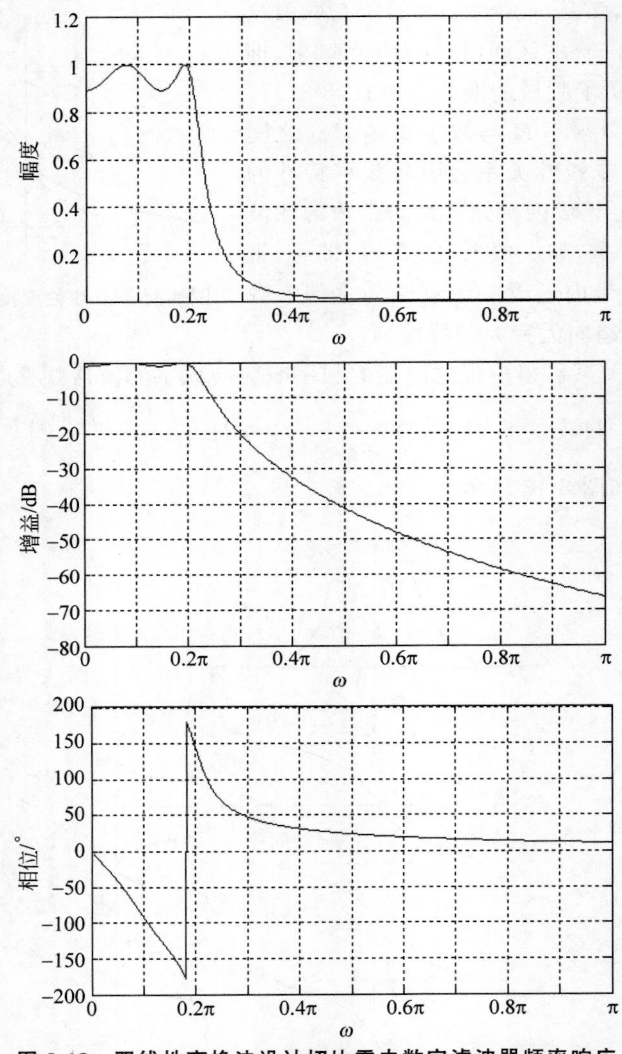

图 8-18　双线性变换法设计切比雪夫数字滤波器频率响应

由 8.6.1 节和 8.6.2 节的内容可知，在由模拟滤波器设计数字滤波器时，无论采用脉冲响应不变法还是双线性变换法，首先需要知道几个变换关系。

(1) 模拟滤波器角频率 Ω 与数字滤波器角频率 ω 之间的关系。

(2) 模拟滤波器频率特性 $|H_{\mathrm{a}}(\mathrm{j}\Omega)|$ 与数字滤波器频率特性 $|H(\mathrm{e}^{\mathrm{j}\omega})|$ 之间的关系。

（3）模拟滤波器变量 s 与数字滤波器变量 z 之间的变换关系。

根据(1)、(2)的关系，将数字滤波器的设计指标转化为模拟滤波器的指标，设计出模拟滤波器，再根据(3)用相应的变量变换关系设计出相应的数字滤波器。

需要说明的是，无论是冲激响应不变变换法还是双线性变换法，在将模拟滤波器转换为数字滤波器时，模拟滤波器不仅是低通，也可以是高通、带通或带阻。

8.6.3 由模拟低通 IIR 滤波器设计数字高通、带通和带阻滤波器

数字高通、带通、带阻滤波器的设计也同样可以采用前面介绍的冲激响应不变变换法和双线性变换法来实现。具体方法如下。

根据数字滤波器设计指标将其转化成模拟低通滤波器设计指标，再通过频率变换设计出与数字滤波器对应的模拟滤波器，然后再通过脉冲响应不变变换法或双线性变换法转换成数字滤波器。或者把由模拟低通变换得到模拟低通、高通、带通和带阻等滤波器，与用双线性变换所得到相应的数字滤波器这两个步骤合并，就可得到直接从模拟低通滤波器转换为相应的数字滤波器。

本节举例说明由模拟低通滤波器设计数字高通滤波器的步骤。

分两步完成设计，首先将模拟低通滤波器转换为模拟高通滤波器，然后再由模拟高通滤波器设计数字高通滤波器。

1. 模拟低通到模拟高通的变换

设模拟低通滤波器的系统函数为 $H_{lp}(p)$，这里，p 是模拟低通拉普拉斯变量，$p=\delta_p+\mathrm{j}\Omega_p$，$H_{hp}(\bar{s})$是所设计的模拟高通滤波器的系统函数，$\bar{s}$ 是模拟高通拉普拉斯变量，$\bar{s}=\bar{\delta}+\mathrm{j}\bar{\Omega}$，低通到高通的变量变换关系为

$$p=\frac{\Omega_{pc}\bar{\Omega}_c}{\bar{s}} \tag{8-23}$$

式中，Ω_{pc} 为模拟低通滤波器的截止角频率；$\bar{\Omega}_c$ 是与低通中 Ω_{pc} 相对应的高通滤波器的通带截止角频率。

在式(8-23)中，令 $\bar{s}=\mathrm{j}\bar{\Omega}$，$p=\mathrm{j}\Omega_p$，即得两模拟滤波器角频率间的关系如下

$$\frac{\Omega_p}{\Omega_{pc}}=-\frac{\bar{\Omega}_c}{\bar{\Omega}} \tag{8-24}$$

其关系曲线如图 8-19 所示。按照这种变换关系，模拟低通滤波器中 $\Omega_p=\Omega_{pc}$ 映射为模拟高通滤波器中 $\bar{\Omega}=\bar{\Omega}_c$，同理，$\Omega_p=-\Omega_{pc}$ 映射为 $\bar{\Omega}=\bar{\Omega}_c$，$\Omega_p=0^+$ 映射为 $\bar{\Omega}=-\infty$，$\Omega_p=0^-$ 映射为 $\bar{\Omega}=\infty$。从而将使从直流到参考频率 Ω_{pc} 的低通原型幅度响应，以相反的关系平移到从 $\bar{\Omega}_c$ 到∞的高通频带。若选 $\bar{\Omega}_c=\Omega_{pc}$，则低通的通带宽度就等于高通的阻带带宽。从低通到高通的变换结果如图 8-20 所示。

由模拟低通滤波器确定模拟高通滤波器系统函数 $H_{hp}(\bar{s})$的步骤如下。

（1）确定低通系统函数 $H_{lp}(p)$，低通截止角频率 Ω_{pc} 由高通通带起始角频率 $\bar{\Omega}_c$ 选定。

（2）在所得的低通系统函数 $H_{lp}(p)$中代入变换关系式(8-23)，得到高通系统函数 $H_{hp}(\bar{s})$

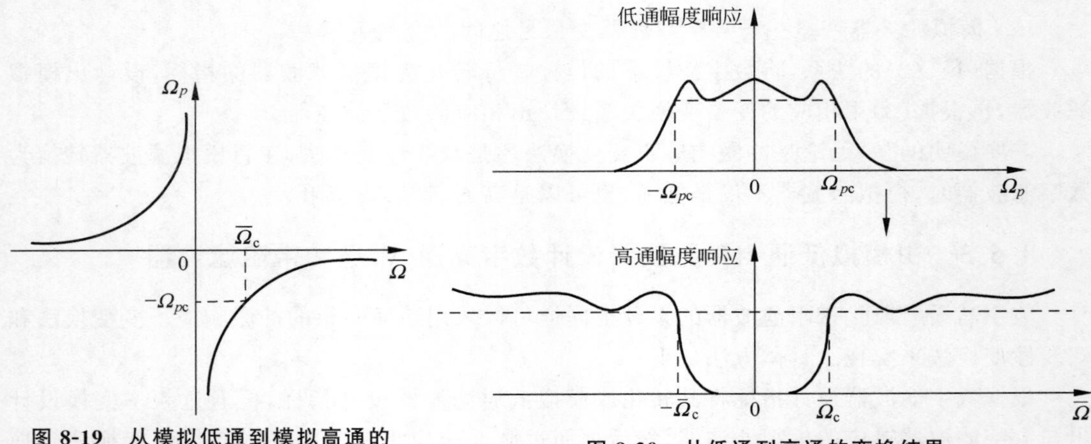

图 8-19 从模拟低通到模拟高通的频率关系

图 8-20 从低通到高通的变换结果

$$H_{hp}(\bar{s}) = H_{lp}(p)\Big|_{p=\frac{\Omega_{pc}\bar{\Omega}_c}{\bar{s}}}$$

2. 由模拟高通到数字高通滤波器设计

得到模拟高通滤波器 $H_{hp}(\bar{s})$后，可利用双线性变换法，将 $H_{hp}(\bar{s})$中的 $\bar{s}$ 进行变量替换，即可得

$$H_{hp}(z) = H_{hp}(\bar{s})\Big|_{\bar{s}=\frac{2}{T}\frac{1-z^{-1}}{1+z^{-1}}}$$

也可直接由 $H_{lp}(p)$得到 $H_{hp}(z)$，即

$$p = \frac{\Omega_{pc}\bar{\Omega}_c}{\bar{s}} = \frac{\Omega_{pc}\bar{\Omega}_c}{\frac{2}{T}\frac{1-z^{-1}}{1+z^{-1}}} = \Omega_{pc}\bar{\Omega}_c\frac{T}{2}\frac{1+z^{-1}}{1-z^{-1}} \tag{8-25}$$

根据双线性变换特性，模拟角频率与数字角频率变量间关系为

$$\bar{\Omega}_c = \frac{2}{T}\tan\frac{\omega_c}{2} = \frac{2}{T}\tan\frac{\Omega_c T}{2}$$

代入式(8-25)得 $p=\Omega_{pc}\tan\frac{\omega_c}{2}\frac{1+z^{-1}}{1-z^{-1}}$，令 $c_1=\Omega_{pc}\tan\frac{\omega_c}{2}$，则有

$$p = c_1\frac{1+z^{-1}}{1-z^{-1}} \tag{8-26}$$

因此可求得数字高通系统函数为

$$H_{hp}(z) = H_{lp}(p)\Big|_{p=c_1\frac{1+z^{-1}}{1-z^{-1}}} \tag{8-27}$$

可见，数字高通滤波器和模拟低通滤波器具有相同的极点数，这就意味着数字高通滤波器与模拟低通滤波器的阶数是相同的。

令式(8-27)中 $p=\mathrm{j}\Omega_p$，$z=\mathrm{e}^{\mathrm{j}\omega}$，代入式(8-26)，可以建立数字高通与模拟低通的频率变量的关系如下

$$\Omega_p = -c_1\cot\frac{\omega}{2}$$

将 ω 用模拟角频率表示为

$$\Omega_p = -c_1 \cot \frac{\Omega T}{2} \tag{8-28}$$

总结由模拟低通滤波器设计数字高通滤波器的步骤如下。

（1）利用式(8-28)确定模拟低通滤波器通带截止频率，并设计出模拟低通滤波器根 $H_{lp}(p)$。

（2）利用式(8-27)进行变量替换，得到数字高通滤波器的系统函数 $H(z)$。

例 8-6 要求设计一个二阶巴特沃斯数学高通滤波器，取样频率 $f_s=10\text{kHz}$，3dB 截止频率为 2kHz。

解 因为低通滤波器设计高通滤波器时，二者对应的滤波器阶数相同，根据题目要求，可直接选择二阶巴特沃斯模拟低通滤波器

$$H_{lp}(p) = \frac{\Omega_{pc}^2}{\Omega_{pc}^2 + 1.414213\Omega_{pc}p + p^2}$$

常数 c_1 为

$$c_1 = \Omega_{pc}\tan\frac{\Omega_c T}{2} = \Omega_{pc}\tan\frac{2\pi\times 2000\times\dfrac{1}{10000}}{2} = 0.72654\Omega_{pc}$$

变换关系为

$$p = 0.72654\Omega_{pc}\frac{1+z^{-1}}{1-z^{-1}}$$

根据式(8-26)，经计算可得数字高通滤波器的系统函数

$$H(z) = \frac{0.39134(1-2z^{-1}+z^{-2})}{1-0.36954z^{-1}+0.19582z^{-2}}$$

计算 $H(z)$时，Ω_{pc} 被约掉，因此实际设计中可取 $\Omega_{pc}=1$，此时 $H_{lp}(p)$可选用归一化原型滤波器形式，如果想去除归一化，只需将归一化原型滤波器系统函数中 p 换为 p/Ω_{pc} 即可。

由模拟低通设计数字带通、数字带阻滤波器对应的设计思路同前，关键是低通到带通，低通到带阻的频率转换关系不同，具体转换关系如表 8-3 所示。表中，Ω_1、Ω_3 是数字带通(带阻)滤波器的通带(阻带)起始和通带(阻带)截止角频率；Ω_2 是数字带通(带阻)滤波器的通带(阻带)几何中心角频率。

表 8-3 模拟低通设计数字高通、带通及带阻滤波的转换关系

	映射关系	频率转换关系	系统函数转换关系	阶数对应关系
低通到高通	低通幅度响应；0；Ω_{pc}；Ω_p ↓ 高通幅度响应；0；$\bar{\Omega}_c$；$\bar{\Omega}$	$\Omega_p=-c_1\cot\frac{\omega}{2}$ $\Omega_p=-c_1\cot\frac{\omega}{2}$ $\omega=\Omega T$	$H_{hp}(z)=H_{lp}(p)\Big\vert_{p=c_1\frac{1+z^{-1}}{1-z^{-1}}}$	1∶1

续表

	映射关系	频率转换关系	系统函数转换关系	阶数对应关系
低通到带通	低通幅度响应 0 B Ω_{pc} Ω_p 带通幅度响应 0 $\bar{\Omega}_1$ $\bar{\Omega}_2$ $\bar{\Omega}_3$ $\bar{\Omega}$ B	$\Omega_p=D\dfrac{E/2-\cos\omega}{\sin\Omega T}$ $\omega=\Omega T$ $D=\Omega_{pc}c\tan\left(\dfrac{\Omega_3-\Omega_1}{2}\right)T$ $E=\dfrac{2\cos\left(\dfrac{\Omega_3+\Omega_1}{2}T\right)}{\cos\left(\dfrac{\Omega_3-\Omega_1}{2}T\right)}$ $=2\cos\Omega_2 T$	$H_{bp}(z)=$ $H_{lp}(p)\Big\vert_{p=D\left(\frac{1-Ez^{-1}+z^{-2}}{1-z^{-2}}\right)}$ $D=\Omega_{pc}\tan\left(\dfrac{\Omega_3-\Omega_1}{2}\right)T$ $E=\dfrac{2\cos\left(\dfrac{\Omega_3+\Omega_1}{2}T\right)}{\cos\left(\dfrac{\Omega_3-\Omega_1}{2}T\right)}$ $=2\cos\Omega_2 T$	1∶2
低通到带阻	低通幅度响应 0 B Ω_{pc} Ω_p 带阻幅度响应 0 B $\bar{\Omega}_1$ $\bar{\Omega}_2$ $\bar{\Omega}_3$ $\bar{\Omega}$	$\Omega_p=D_1\dfrac{\sin\omega}{\cos\Omega T-\dfrac{E_1}{2}}$ $\omega=\Omega T$ $D_1=\Omega_{pc}\tan\left(\dfrac{\Omega_3-\Omega_1}{2}\right)T$ $E_1=\dfrac{2\cos\left(\dfrac{\Omega_3+\Omega_1}{2}T\right)}{\cos\left(\dfrac{\Omega_3-\Omega_1}{2}T\right)}$ $=2\cos\Omega_2 T$	$H_{bs}(z)=$ $H_{lp}(p)\Big\vert_{p=\frac{D_1(1-z^{-2})}{1-E_1z^{-1}+z^{-2}}}$ $D_1=\Omega_{pc}\tan\left(\dfrac{\Omega_3-\Omega_1}{2}\right)T$ $E_1=\dfrac{2\cos\left(\dfrac{\Omega_3+\Omega_1}{2}T\right)}{\cos\left(\dfrac{\Omega_3-\Omega_1}{2}T\right)}$ $=2\cos\Omega_2 T$	1∶2

例 8-7 设计一取样频率为 2kHz 的数字巴特沃斯带通滤波器，满足如下条件：通带为 300～400Hz，在 300Hz 和 400Hz 频率处衰减不大于 3dB；在 200Hz 和 500Hz 频率处衰减不得小于 18dB。

解 根据题目要求，所设计滤波器的性能指标如图 8-21 所示。

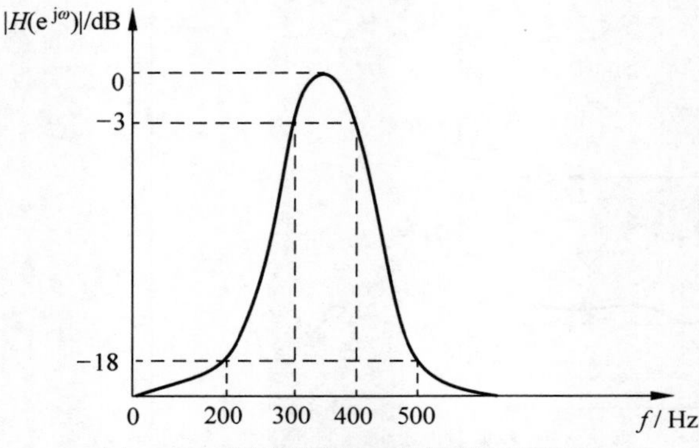

图 8-21 带通滤波器的性能指标示意图

数字带通滤波器的通带起始和通带截止角频率分别为 $\Omega_1=2\pi\times300\text{rad/s}$，$\Omega_3=2\pi\times400\text{rad/s}$，阻带截止和阻带起始角频率分别为 $\Omega_2=2\pi\times200\text{rad/s}$，$\Omega_4=2\pi\times500\text{rad/s}$。

首先利用已知的阻带起始频率和通带截止频率 Ω_2、Ω_4 确定对应的模拟低通滤波器阻带起始频率，将 Ω_2、Ω_4 分别代入

$$\Omega_p=D_1\frac{\sin\Omega T}{\cos\Omega T-\dfrac{E_1}{2}}$$

得

$$-\Omega_{ps1}=D\frac{\dfrac{E}{2}-\cos\left(2\pi\times200\times\dfrac{1}{2000}\right)}{\sin\left(2\pi\times200\times\dfrac{1}{2000}\right)}=-3.752763825\Omega_{pc}$$

$$\Omega_{ps2}=D\frac{\dfrac{E}{2}-\cos\left(2\pi\times500\times\dfrac{1}{2000}\right)}{\sin\left(2\pi\times500\times\dfrac{1}{2000}\right)}=2.902113045\Omega_{pc}$$

式中

$$D=\Omega_{pc}\cot\frac{(\Omega_3-\Omega_1)}{2}T=\Omega_{pc}\cot\left[\frac{2\pi(400-300)}{2}\right]\frac{1}{2000}=6.31375152\Omega_{pc}$$

$$E=\frac{2\cos\left[\dfrac{(\Omega_3+\Omega_1)}{2}T\right]}{\cos\left[\dfrac{(\Omega_3-\Omega_1)}{2}T\right]}=\frac{2\cos(0.35\pi)}{\cos(0.05\pi)}=0.91929910$$

由计算得知，$|\Omega_{ps2}|<|\Omega_{ps1}|$，说明 Ω_{ps2} 对应的频率特性衰减度更大，更容易满足 18dB 的衰减要求，故选用 Ω_{ps2} 作为模拟低通的阻带起始频率，求得对应通带衰减特性小于 3dB 的 Ω_p(通带截止频率)

$$\Omega_p=D\frac{\dfrac{E}{2}-\cos\left(2\pi\times400\times\dfrac{1}{2000}\right)}{\sin\left(2\pi\times400\times\dfrac{1}{2000}\right)}=1.000000014\Omega_{pc}$$

将 Ω_p 及 Ω_{ps2} 作为模拟低通滤波器的两个频率指标，利用巴特沃斯型幅度平方响应，$\Omega=0$ 处，归一化幅频特性为 0dB，有

$$\begin{cases}-10\lg\left[1+\left(\dfrac{\Omega_{ps}}{\Omega_{pc}}\right)^{2N}\right]\leqslant-18\text{dB}\\-10\lg\left[1+\left(\dfrac{\Omega_p}{\Omega_{pc}}\right)^{2N}\right]\geqslant-3\text{dB}\end{cases}$$

以上两式取等号可解出 $N=2$，通过查表可得出其对应的系统函数为

$$H_{1p}(p)=\frac{\Omega_{pc}^2}{p^2+\sqrt{2}\Omega_{pc}p+\Omega_{pc}^2}$$

利用式(8-40)可得到所需的数字带通滤波器为

$$H(z)=\frac{0.020083(1-z^{-2})^2}{(1-1.63682z^{-1}+2.237607z^{-2}-1.307115z^{-3}+0.64135z^{-4})}$$

可见，该滤波器是一个含有 4 个极点的四阶系统。

例 8-8 取样频率 f_s 为 100kHz，要求设计一个二阶巴特沃斯数字带阻滤波器，其 3dB 边带频率分别为 12.5kHz、22.5kHz。

解 根据题目要求，所设计数字带阻滤波器的性能指标如图 8-22 所示。

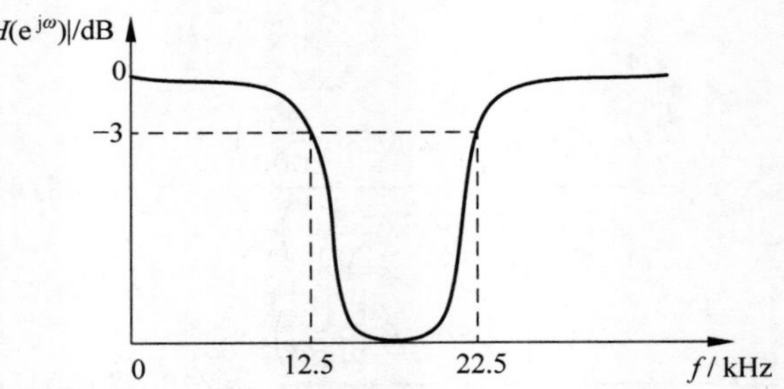

图 8-22 数字带阻滤波器性能指标示意图

由于要求设计的是二阶数字巴特沃斯带阻滤波器，根据模拟低通到数字带阻的转换关系，可以选择一阶模拟巴特沃斯低通滤波器 $H_{1p}(p)=\dfrac{\Omega_{pc}}{\Omega_{pc}+p}$。根据设计条件，

$$\Omega_1=2\pi\times12.5\text{rad/s},\quad \Omega_3=2\pi\times22.5\text{rad/s}$$

计算带阻变换中所需各常数

$$D_1=\Omega_{pc}\tan\left(\frac{\Omega_3-\Omega_1}{2}\right)T=\Omega_{pc}\tan\left[\frac{2\pi(22.5-12.5)}{2}\times\frac{1}{100}\right]=0.3249\Omega_{pc}$$

$$E_1=\Omega_{pc}\frac{2\cos\left[\dfrac{(\Omega_3+\Omega_1)T}{2}\right]}{\cos\left[\dfrac{(\Omega_3-\Omega_1)T}{2}\right]}=\Omega_{pc}\frac{2\cos\left[\dfrac{2\pi(22.5+12.5)}{2}\times\dfrac{1}{100}\right]}{\cos\left[\dfrac{2\pi(22.5-12.5)}{2}\times\dfrac{1}{100}\right]}=0.9547\Omega_{pc}$$

由表 8-3 中低通与带通之间系统函数的转换公式，并对 $H_{1p}(p)$式进行变换，即得所求系统函数

$$H(z)=\frac{0.75477(1-0.9547z^{-1}+z^{-2})}{1-0.7205z^{-1}+0.5095z^{-2}}$$

所设计的巴特沃斯带阻滤波器频率响应如图 8-23 所示。由图可以看出，所设计的滤波器符合题目要求。

需要说明的是，IIR 数字滤波器还有其他设计方法，如在 z 平面直接设计 IIR 数字滤波器，给出闭合形式的表达式，或者以所希望的滤波器响应作为依据，直接在 z 平面上通过多次选定极点和零点的位置，以逼近所希望的滤波器的响应。再如利用最优化技术设计参数，选定极点和零点在 z 平面上的合适位置，在某种最优化准则意义上逼近所希望的响应。但一般不能得到滤波器系数（即零极点位置）作为给定响应的闭合形式函数表达式。优化设计法需要大量的迭代运算，这种设计法实际上也是 IIR 滤波器的直接设计。

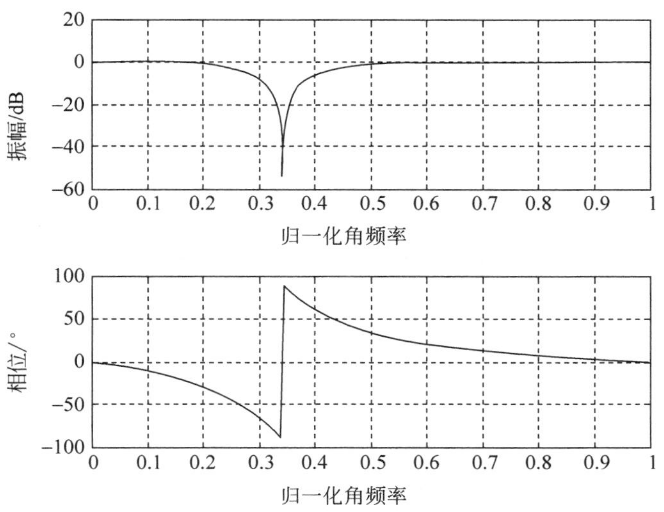

图 8-23 巴特沃斯带阻滤波器频率响应

8.7 有限长冲激响应数字滤波器设计

无限长冲激响应(IIR)数字滤波器的优点是可以利用模拟滤波器设计的结果，而模拟滤波器的设计有对应的图表和设计公式可用，方便简单，但是其设计只保证幅频响应，难以兼顾相频特性，相频特性往往为非线性的，需要采用相位补偿网络进行校正。另外，IIR 数字滤波器由于其冲激响应是无限长的而无法用 FFT 实现。当需要系统具有线性相位特性时，如图像处理以及数据传输都要求具有线性相位特性，这时 IIR 数字滤波器就不能满足需要。有限冲激响应(FIR)数字滤波器可以做到具有严格的线性相位，同时又可以具有任意的幅频特性，也便于 FFT 实现。本节将介绍 FIR 数字滤波器的典型设计方法。

8.7.1 具有线性相位的 FIR 数字滤波器

在讲解 FIR 数字滤波器设计方法之前，先来介绍 FIR 数字滤波器的一些特点。

1. FIR 数字滤波器的特点

根据 $h(n)$ 为有限长序列这一特点，当其满足一定的对称关系时，对应的滤波器具有线性相位特性，这种对称性包括偶对称和奇对称，即

偶对称

$$h(n)=h(N-1-n) \quad (0 \leqslant n \leqslant N-1)$$

奇对称

$$h(n)=-h(N-1-n) \quad (0 \leqslant n \leqslant N-1)$$

不难看出，冲激响应序列 $h(n)$ 以 $n=\dfrac{N-1}{2}$ 为偶或奇对称中心，其中 N 既可为偶数又可为奇数，如图 8-24 所示，上述特性是 FIR 数字滤波器具有线性相位的充要条件。另外，当 N 为奇数偶对称时，$h\left(\dfrac{N-1}{2}\right) \neq 0$，$N$ 为奇数奇对称时，$h\left(\dfrac{N-1}{2}\right)=0$。

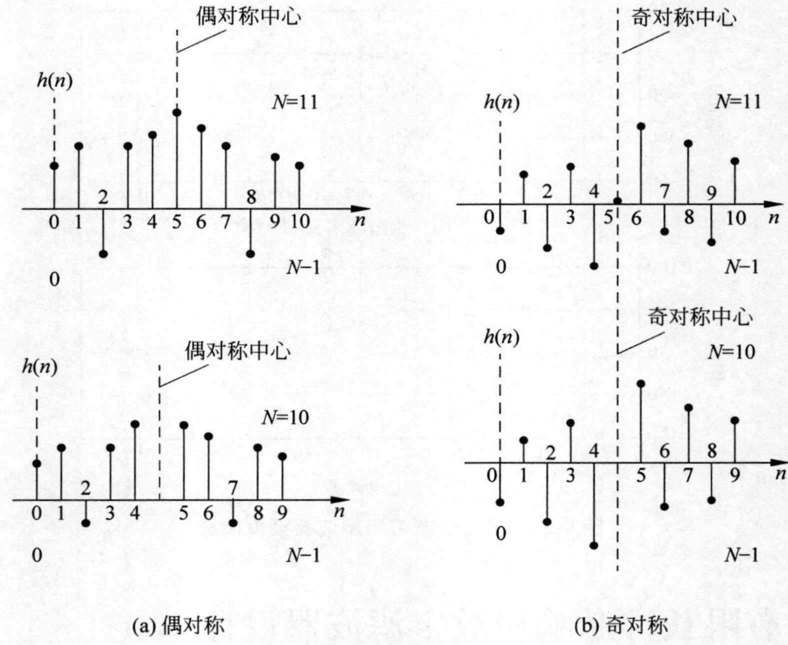

图 8-24　FIR 数字滤波器单位脉冲取样响应

2. 满足对称条件下的 FIR 数字滤波器的频率特性分析

下面分析 $h(n)$为奇对称和偶对称情况下的 FIR 数字滤波器的频率特性。

1) $h(n)$为偶对称，N 为奇数

$$\begin{aligned}H(\mathrm{e}^{\mathrm{j}\omega}) &= \sum_{n=0}^{N-1} h(n)\mathrm{e}^{-\mathrm{j}\omega n} \\ &= \sum_{n=0}^{\frac{(N-3)}{2}} h(n)\mathrm{e}^{-\mathrm{j}\omega n} + h\left(\frac{N-1}{2}\right)\mathrm{e}^{-\mathrm{j}\omega\left(\frac{N-1}{2}\right)} + \sum_{n=\frac{N+1}{2}}^{N-1} h(n)\mathrm{e}^{-\mathrm{j}\omega n}\end{aligned}$$

对上式第三项做变量代换，令 $m=N-1-n$，则

$$H(\mathrm{e}^{\mathrm{j}\omega}) = \sum_{n=0}^{\frac{(N-3)}{2}} h(n)\mathrm{e}^{-\mathrm{j}\omega n} + h\left(\frac{N-1}{2}\right)\mathrm{e}^{-\mathrm{j}\omega\left(\frac{N-1}{2}\right)} + \sum_{m=0}^{\frac{(N-3)}{2}} h(N-1-m)\mathrm{e}^{-\mathrm{j}\omega(N-1-m)} \tag{8-29}$$

利用

$$h(n) = h(N-1-n)$$

上式第三项将 m 换为 n，并将第一项与第三项合并整理可得

$$\begin{aligned}H(\mathrm{e}^{\mathrm{j}\omega}) &= \mathrm{e}^{-\mathrm{j}\omega\left(\frac{N-1}{2}\right)} \left\{\sum_{n=1}^{\frac{N-3}{2}} 2h(n)\cos\left[\omega\left(\frac{N-1}{2}-n\right)\right] + h\left(\frac{N-1}{2}\right)\right\} \\ &= \mathrm{e}^{-\mathrm{j}\omega\left(\frac{N-1}{2}\right)} \left[\sum_{m=1}^{\frac{N-3}{2}} 2h\left(\frac{N-1}{2}-m\right)\cos(\omega m) + h\left(\frac{N-1}{2}\right)\right]\end{aligned}$$

其中，$m=\dfrac{N-1}{2}-n$，且令

$$a(m)=\begin{cases}h\left(\dfrac{N-1}{2}\right) & (m=0)\\ 2h\left[\dfrac{(N-1)}{2}-m\right] & \left(m=1,2,\cdots,\dfrac{N-1}{2}\right)\end{cases}$$

则 $H(\mathrm{e}^{\mathrm{j}\omega})$可以写成

$$H(\mathrm{e}^{\mathrm{j}\omega})=\mathrm{e}^{-\mathrm{j}\omega\frac{(N-1)}{2}}\left[\sum_{m=0}^{\frac{(N-1)}{2}}a(m)\cos(\omega m)\right]$$

则滤波器的幅频和相频分别为

$$\begin{cases}H(\omega)=\displaystyle\sum_{n=0}^{\frac{N-1}{2}}a(n)\cos(\omega n)\\ \theta(\omega)=-\dfrac{N-1}{2}\omega\end{cases}\tag{8-30}$$

这表明当 $h(n)$满足偶对称条件，FIR 滤波器具有线性相位，而且延时常数 $\tau=\dfrac{N-1}{2}$。由式(8-30)可以看出，$H(\omega)$是 ω 的实函数，且在 $\omega=0,\pi,2\pi$ 处具有偶对称特性，随着 $a(n)$或 $h(n)$的取值不同，可以逼近各种类型的幅频特性。

这里需要说明的是，$H(\omega)$的取值有正有负，因此并不是严格意义上的幅频特性。当其取为正值时，对应相位为$-\dfrac{N-1}{2}\omega$，当其取为负值时，对应有一个附加相位 π 或$-\pi$，此时相位应为$-\dfrac{N-1}{2}\omega\pm\pi$，这两种情况都不会对滤波器的线性相位特性产生影响。

2) $h(n)$为偶对称，N 为偶数

此种情况与 N 为奇数时的区别是没有 $h\left(\dfrac{N-1}{2}\right)$这一项，因而式(8-29)的频率特性简化为

$$H(\mathrm{e}^{\mathrm{j}\omega})=\mathrm{e}^{-\mathrm{j}\omega\frac{N-1}{2}}\left\{\sum_{n=0}^{\frac{N}{2}-1}2h(n)\cos\left[\omega\left(\frac{N}{2}-n-\frac{1}{2}\right)\right]\right\}$$

设 $m=\dfrac{N}{2}-n$，且令

$$b(m)=2h\left(\frac{N}{2}-m\right)\quad\left(m=1,2,\cdots,\frac{N}{2}\right)$$

则 $H(\mathrm{e}^{\mathrm{j}\omega})$写为

$$H(\mathrm{e}^{\mathrm{j}\omega})=\mathrm{e}^{-\mathrm{j}\omega\frac{N-1}{2}}\left\{\sum_{n=0}^{\frac{N}{2}}b(n)\cos\left[\omega\left(n-\frac{1}{2}\right)\right]\right\}$$

因此，$H(\omega)$和 $\varphi(\omega)$分别为

$$\begin{cases}H(\omega)=\displaystyle\sum_{n=0}^{\frac{N}{2}}b(n)\cos\left[\omega\left(n-\frac{1}{2}\right)\right]\\ \theta(\omega)=-\dfrac{N-1}{2}\omega\end{cases}$$

$\theta(\omega)$依然是ω的线性函数，说明 FIR 数字滤波器具有线性相位特性，延时常数$\tau=\frac{N-1}{2}$已不是整数，$H(\omega)$的特性仍是ω的实函数，在$\omega=0.2\pi$处具有偶对称特性，在$\omega=\pi$处具有奇对称特性，且$\omega=\pi$时，$H(\pi)=0$。这表明，这种特性的 FIR 滤波器不能实现在$\omega=\pi$处不为零的高通、带阻等类型的数字滤波器。

3) $h(n)$为奇对称，N为奇数

频率特性与偶对称相类似，只不过此时$h\left(\frac{N-1}{2}\right)=0$，$h(n)$的前后部分相差一个负号，在此不再详细推导，直接给出结果。

$$H(e^{j\omega})=\sum_{n=0}^{\frac{N-1}{2}-1}h(n)e^{-j\omega n}+\sum_{n=\frac{N+1}{2}}^{N-1}h(n)e^{-j\omega n}$$

$$=e^{-j\omega\frac{N-1}{2}}e^{j\frac{\pi}{2}}\left\{\sum_{m=1}^{\frac{N-1}{2}}c(m)\sin(\omega m)\right\}$$

其中

$$c(m)=2h\left(\frac{N-1}{2}-m\right)\quad\left(m=1,2,\cdots,\frac{N-1}{2}\right)$$

此时，$H(\omega)$和$\varphi(\omega)$分别为

$$\begin{cases}H(\omega)=\sum_{m=1}^{\frac{N-1}{2}}c(m)\sin(\omega m)\\ \varphi(\omega)=-\frac{N-1}{2}\omega+\frac{\pi}{2}\end{cases}$$

相对于偶对称的情况，此处$\varphi(\omega)$有$\pi/2$的起始相移，输入信号所有的频率分量通过该滤波器将产生$\pi/2$的相移，然后再做滤波。此时延时常数$\tau=\frac{N-1}{2}$。$H(\omega)$的特性在$\omega=0,\pi,2\pi$处具有奇对称特性，在这些点处，$H(\omega)=0$。因而这种特性的 FIR 滤波器具有带通滤波特性。

4) $h(n)$为奇对称，N为偶数

把第 3)种情况的$H(e^{j\omega})$的求和上限改为$\frac{N}{2}-1$，则

$$H(e^{j\omega})=\sum_{n=0}^{(N/2)-1}h(n)e^{-j\omega n}+\sum_{n=N/2}^{N-1}h(n)e^{-j\omega n}$$
$$=e^{j\left(\left(\frac{\pi}{2}\right)-\frac{N-1}{2}\omega\right)}\left\{\sum_{m=1}^{N/2}d(m)\sin\left[\omega\left(m-\frac{1}{2}\right)\right]\right\}$$

其中

$$d(m)=2h\left(\frac{N}{2}-m\right)\quad\left(m=1,2,\cdots,\frac{N}{2}\right)$$

此时，$H(\omega)$和$\varphi(\omega)$分别为

$$\begin{cases} H(\omega)=\displaystyle\sum_{m=1}^{N/2} d(m)\sin\left[\omega\left(m-\frac{1}{2}\right)\right] \\ \varphi(\omega)=-\dfrac{N-1}{2}\omega+\dfrac{\pi}{2} \end{cases}$$

与第 3)种情况一样，滤波器具有固定的 90°相移，延时常数 $\tau=\dfrac{N-1}{2}$。$H(\omega)$的特性在 $\omega=0, 2\pi$ 处具有奇对称特性，且 $H(0)=0$。因此这种滤波器无法实现低通、带阻滤波器。

综上所述，$h(n)$只要满足偶对称或奇对称条件，它的相频特性就是线性的，而且延时常数 $\tau=\dfrac{N-1}{2}$，在 $h(n)$为奇对称的情况，滤波器有固定的 90°相移，这在微分器、希尔伯特变换器(90°移相器)及信号正交处理中特别有用。表 8-4 示出了 4 种线性相位 FIR 滤波器的滤波特性。

表 8-4　4 种线性相位 FIR 滤波特性

$h(n)$偶对称 $h(n)=h(N-1-n)$ $H(e^{j\omega})=H(\omega)e^{-j\tau\omega}$ $\tau=\dfrac{N-1}{2}$ 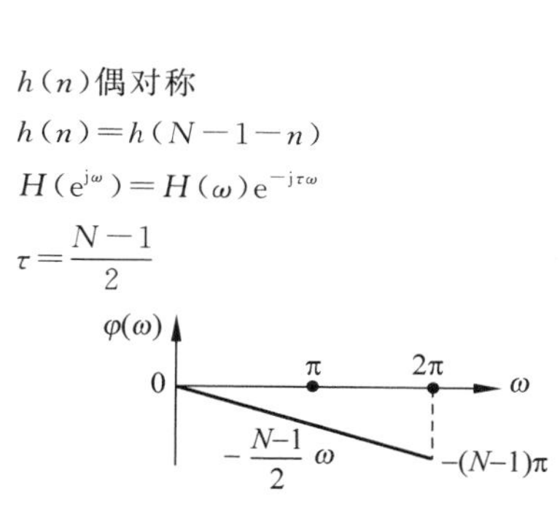 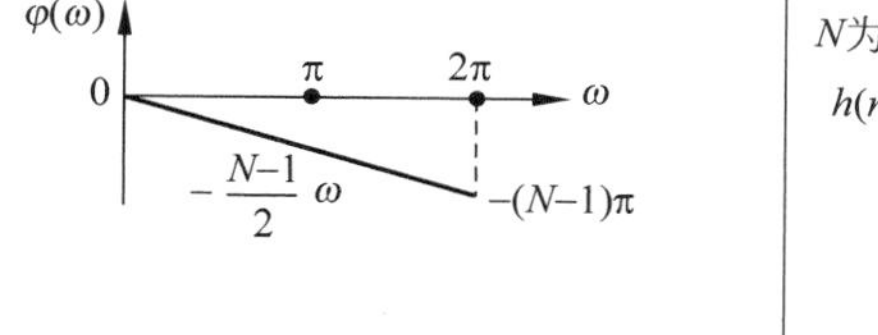	N为奇数 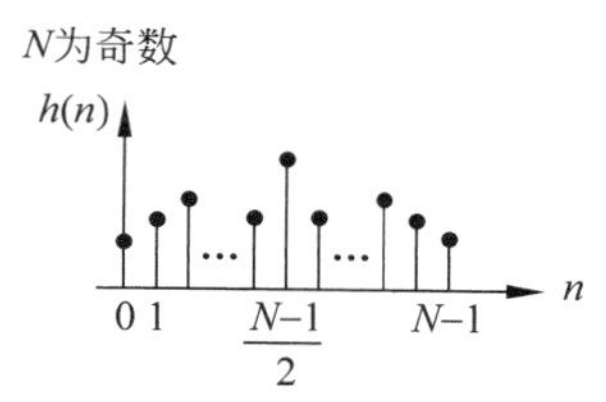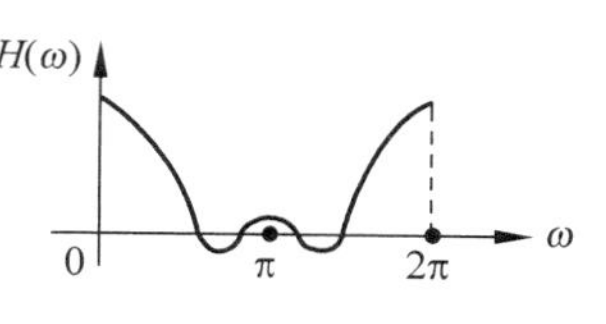
	N为偶数 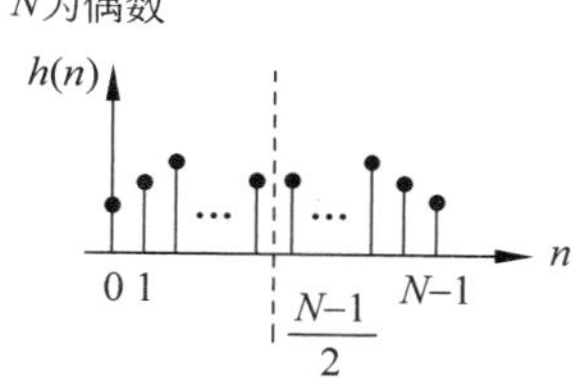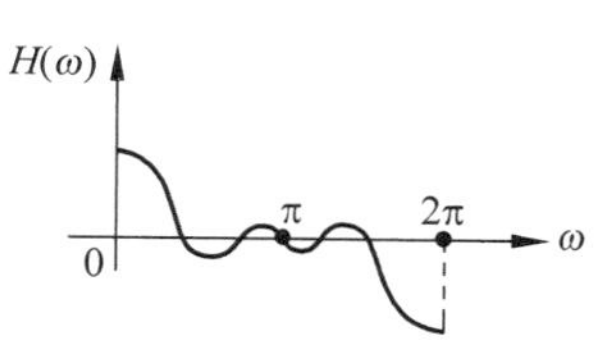
$h(n)$奇对称 $h(n)=-h(N-1-n)$ $H(e^{j\omega})=H(\omega)e^{j(\pi/2-\tau\omega)}$ $\tau=\dfrac{N-1}{2}$ 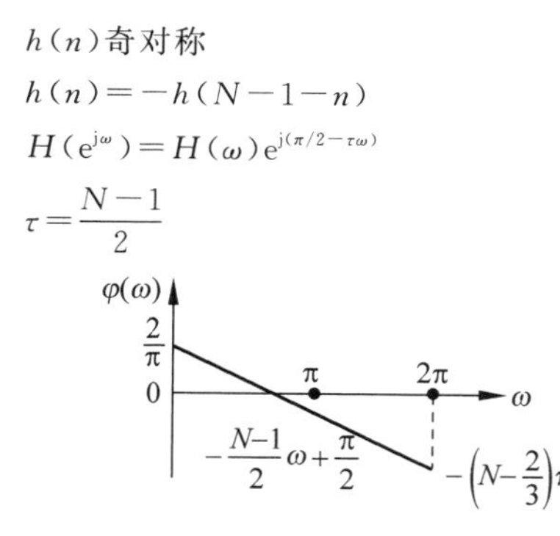	N为奇数 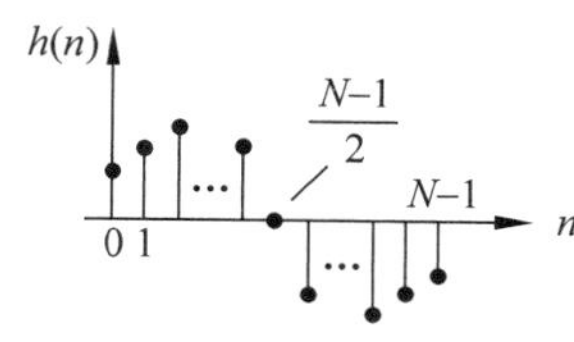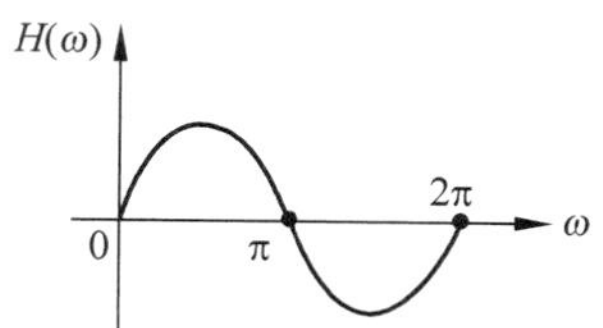
	N为偶数 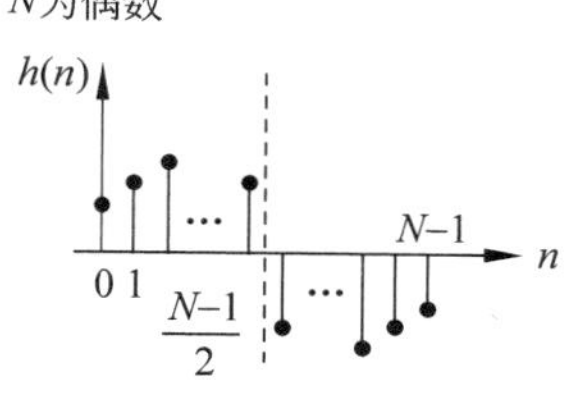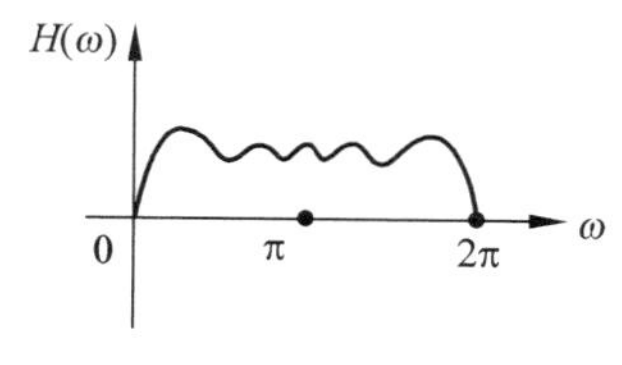

线性相位 FIR 数字滤波器的设计任务就是在保证线性相位条件下，即 $\varphi(\omega)=-\tau\omega$ 或 $\varphi(\omega)=-\tau\omega+\pi/2$，设计 $H(\omega)$使其与要求的频率特性在选定的逼近准则下具有最小误差。

8.7.2 FIR 数字滤波器的窗函数设计法

1. 设计原理

窗函数设计法是在时间域内用有限长冲激响应逼近理想滤波器的无限长冲激响应的方法实现对 FIR 数字滤波器的设计。如果要求设计的 FIR 数字滤波器频率特性为 $H_{\mathrm{d}}(\mathrm{e}^{\mathrm{j}\omega})$，

$$H_{\mathrm{d}}(\mathrm{e}^{\mathrm{j}\omega})=\begin{cases}1, & |\omega|\leqslant\omega_{\mathrm{c}}\\ 0, & \omega_{\mathrm{c}}\leqslant|\omega|\leqslant\pi\end{cases}$$

很显然，要设计的这个滤波器是个理想低通滤波器，对应的冲激响应为

$$h_{\mathrm{d}}(n)=\frac{1}{2\pi}\int_{-\pi}^{+\pi}H_{\mathrm{d}}(\mathrm{e}^{\mathrm{j}\omega})\mathrm{e}^{\mathrm{j}\omega n}\mathrm{d}\omega=\frac{\sin(\omega_{\mathrm{c}}n)}{\pi n}=\frac{\omega_{\mathrm{c}}}{\pi}\mathrm{Sa}(\omega_{\mathrm{c}}n)$$

$h(n)$是无限长序列，因此是非因果的、物理不可实现的。为此需要寻找一个因果的有限长序列 $h(n)$逼近 $h_{\mathrm{d}}(n)$，最简单且最常用的方法是通过截取 $h_{\mathrm{d}}(n)$来获得 $h(n)$，即

$$h(n)=h_{\mathrm{d}}(n)R_N(n) \tag{8-31}$$

式中，$R_N(n)$为长度为 N 的矩形窗函数，$n=-\frac{N}{2},\cdots,0,1,\cdots,\frac{N}{2}-1$，$N$ 越大，$h(n)$越接近 $h_{\mathrm{d}}(n)$。

将 $h(n)$向右平移$\frac{N}{2}$，得到 $h'(n)=h\left(n-\frac{N}{2}\right)$，以保证 $h'(n)$是因果序列，对应的滤波器物理可实现。由于这种设计方法是选取某一窗函数对 $h_{\mathrm{d}}(n)$进行截断得到 $h(n)$，所以该设计方法称为窗函数设计法。

下面给出一个例子说明窗函数设计法的具体过程。设计一个截止频率为 ω_{c} 的线性相位理想低通滤波器。

设所要设计的低通滤波器频率特性为

$$H_{\mathrm{d}}(\mathrm{e}^{\mathrm{j}\omega})=\begin{cases}\mathrm{e}^{-\mathrm{j}\omega\alpha}, & |\omega|\leqslant\omega_{\mathrm{c}}\\ 0, & \omega_{\mathrm{c}}\leqslant|\omega|\leqslant\pi\end{cases}$$

式中，α 是相移常数，如图 8-25 所示。

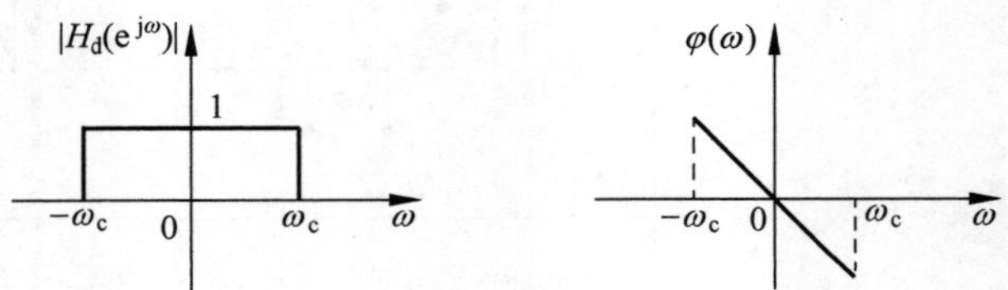

图 8-25 理想低通滤波器频率响应

首先求出所设计的滤波器的时域特性

$$\begin{aligned}h_{\mathrm{d}}(n)&=\frac{1}{2\pi}\int_{-\pi}^{+\pi}H_{\mathrm{d}}(\mathrm{e}^{\mathrm{j}\omega})\mathrm{e}^{\mathrm{j}\omega n}\mathrm{d}\omega\\&=\frac{1}{2\pi}\int_{-\omega_{\mathrm{c}}}^{\omega_{\mathrm{c}}}\mathrm{e}^{-\mathrm{j}\omega\alpha}\mathrm{e}^{\mathrm{j}\omega n}\mathrm{d}\omega=\frac{\sin(\omega_{\mathrm{c}}(n-\alpha))}{\pi(n-\alpha)}=\frac{\omega_{\mathrm{c}}}{\pi}\mathrm{Sa}(\omega_{\mathrm{c}}(n-\alpha))\end{aligned} \tag{8-32}$$

$h_d(n)$是一个中心位于α的无限长序列，由于序列的中心在α处，故无须再将$h_d(n)$移位，直接用矩形窗以α为中心截断，即

$$h(n)=h_d(n)R_N(n)$$

$$R_N(n)=\begin{cases}1, & 0\leqslant n\leqslant N-1\\ 0, & \text{其他}\end{cases}$$

则

$$h(n)=\begin{cases}h_d(n), & 0\leqslant n\leqslant N-1\\ 0, & \text{其他}\end{cases}$$

用$h(n)$近似代替$h_d(n)$即为所需设计的滤波器，图8-26给出了$h_d(n)$和$h(n)$的波形，设$\alpha=\dfrac{N-1}{2}$（N为奇数）。可以看出，$h_d(n)$是无限长、非因果的。截断后得到的$h(n)$是长度为N、以α为中心的偶对称的因果序列。由8.7.1节分析可知，$h(n)$所对应的滤波器具有线性相位特性。

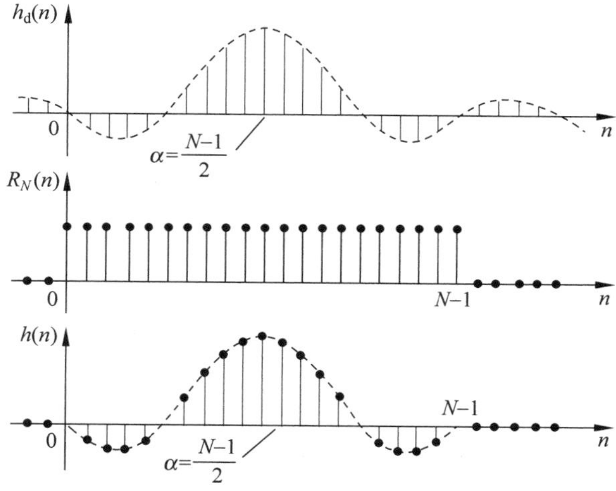

图8-26 矩形窗对$h_d(n)$的截断

图8-27分别给出了$\alpha=\dfrac{N-1}{2}$，$N=51,101$，$\omega_c=0.5\pi$时所设计滤波器的幅频响应曲线。由图可见，与理想滤波器相比，通带会产生一定的过渡带，阻带也有振荡，且滤波器的滤波器特性与N有关，N越大，过渡带越窄，通带越平坦，但阻带的振荡更明显。

2. 加窗截断的影响

由图8-28可知，所设计的滤波器$h(n)$与实际要求的滤波器$h_d(n)$在时域及频域内会带来误差，时域误差可直接由$\varepsilon(t)=h_d(n)-h(n)$得到。频域误差则需要求解$h(n)$的频率响应。根据$h(n)=h_d(n)R_N(n)$，并当$H_d(e^{j\omega})=H_d(\omega)e^{-j\alpha\omega}$时可得

$$\begin{aligned}H(e^{j\omega})&=\frac{1}{2\pi}[H_d(e^{j\omega})*W_R(e^{j\omega})]=\frac{1}{2\pi}\int_{-\pi}^{\pi}H_d(\theta)e^{-j\theta\alpha}W_R(\omega-\theta)e^{-j(\omega-\theta)\alpha}d\theta\\&=\left[\frac{1}{2\pi}\int_{-\pi}^{\pi}H_d(\theta)W_R(\omega-\theta)d\theta\right]e^{-j\omega\alpha}\\&=H(\omega)e^{-j\omega\alpha}\end{aligned}$$

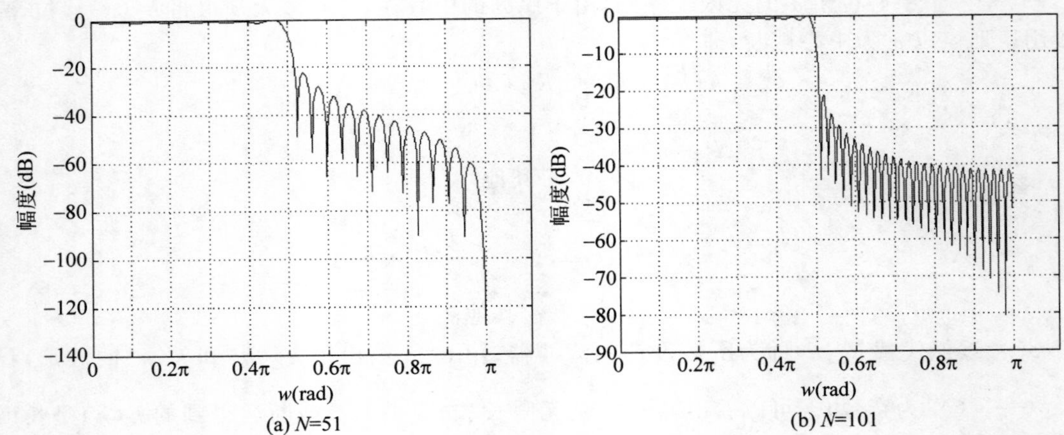

图 8-27 窗函数法设计滤波器的幅频特性曲线

式中，$W_R(e^{j\omega})$是$R_N(n)$的 DTFT，且

$$W_R(e^{j\omega})=\sum_{n=0}^{N-1}e^{-j\omega n}=\frac{\sin\left(\frac{N\omega}{2}\right)}{\sin\left(\frac{\omega}{2}\right)}e^{-j\omega\left(\frac{N-1}{2}\right)}=W_R(\omega)e^{-j\omega\left(\frac{N-1}{2}\right)}$$

$H(\omega)$是所需设计滤波器的幅频响应$H_d(\omega)$与窗函数频谱$W_R(\omega)$的卷积，即

$$H(\omega)=\frac{1}{2\pi}\int_{-\pi}^{\pi}H_d(\theta)W_R(\omega-\theta)d\theta$$

这一卷积过程及结果表示如图 8-28 所示。

(1) 当$\omega=0$时，$H(\omega)$是$H_d(\theta)$与$W_R(\theta)$两函数乘积的积分，也就是$W_R(\theta)$在$\theta=-\omega_c$到$\theta=\omega_c$一段内的积分面积，设为$H(0)$。

(2) 当$\omega=\omega_c-\frac{2\pi}{N}$时，$W_R(\omega-\theta)$的全部主瓣在$H_d(\theta)$的通带$|\omega|<\omega_c$之内，同时$W_R(\omega-\theta)$的右侧第一个副瓣(负的最大值)恰好全部移出通带，卷积结果获得最大值，即$H\left(\omega_c-\frac{2\pi}{N}\right)$为最大，频率响应$H(\omega)$出现正肩峰。

(3) 当$\omega=\omega_c$时，$H_d(\theta)$正好与$W_R(\omega-\theta)$的一半重叠，因此$H(\omega_c)/H(0)=0.5$。

(4) 当$\omega=\omega_c+\frac{2\pi}{N}$时，$W_R(\omega-\theta)$的全部主瓣恰好全部移出$H_d(\theta)$的通带$|\omega|<\omega_c$之外，此时$W_R(\omega-\theta)$左侧的第一副瓣在通带内且是一个负的最大值，因此在该点形成最大的负肩峰。

(5) 当$\omega>\omega_c+\frac{2\pi}{N}$时，随着$\omega$的增加，$W_R(\omega-\theta)$的左边副瓣的起伏部分将扫过通带，且值越来越小，卷积值也将随$W_R(\omega-\theta)$的副瓣在通带内面积的变化而变化，故$H(\omega)$将围绕着零值而波动。当ω由$\omega_c-\frac{2\pi}{N}$向通带内减少时，$W_R(\omega-\theta)$的右边副瓣将进入$H_d(\theta)$的通带，右副瓣的起伏造成$H(\omega)$值将围绕$H(0)$的值而摆动。

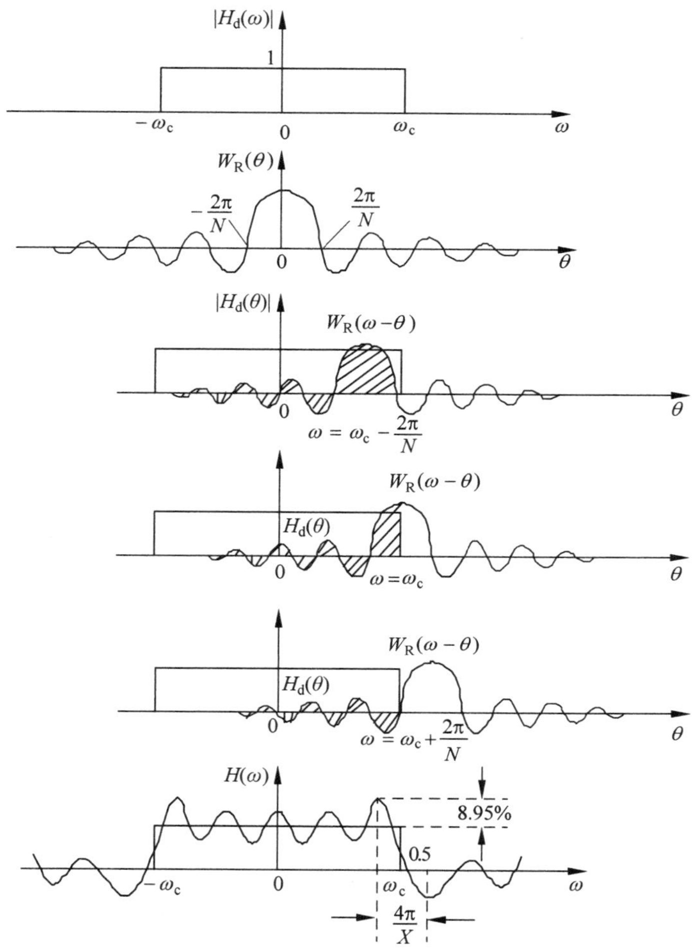

图 8-28　加窗截断对理想低通滤波器幅频特性的影响

根据上述对 $h(n)$频率特性的分析，可以总结加窗截断处理后对原理想低通滤波器频率特性的影响如下。

(1) 在 $\omega=\omega_c$ 附近形成过渡带，过渡带的宽度定义为正负肩峰的间距，它与窗函数主瓣宽度 $4\pi/N$ 相等。

(2) 在截止频率 ω_c 的两边 $\omega_c\pm\frac{2\pi}{N}$的位置，$H(\omega)$出现最大的肩峰值，肩峰的两侧形成起伏振荡，其振荡幅度取决于副瓣的相对幅度，而振荡的多少则取决于副瓣的多少。

(3) 增加截取长度 N，可以改变窗主瓣宽度和副瓣幅度，由第 3 章可知，窗主瓣宽度与副瓣幅度是一对矛盾，主瓣越宽，副瓣幅度越小，反之越大。但是不能改变主瓣与副瓣的相对比值，这个相对比例是由$\frac{\sin(x)}{x}$决定的，或者说只由窗函数的形状来决定。因此，当截取长度 N 增加时，只会减少过渡带宽度，起伏振荡变密，而不会改变肩峰的相对值(为 8.95%)，这就是吉布斯(Gibbs)现象。

(4) 进入阻带的负峰值将影响阻带的衰减特性，对于矩形窗，阻带最大负峰比零值超过

8.95%,使阻带最小衰减只有 21dB,一般情况下,此数值远远不能满足阻带内衰减的要求。

(5) 由以上分析可知,窗函数的频率响应特性,即主瓣宽度、副瓣幅度对滤波器的设计结果会有直接影响,故在实际设计中可根据需要选择不同的窗函数。如对滤波器的过渡带要求较高,则可选择主瓣窄的窗函数;若对阻带衰减要求高,则可选择副瓣小的窗函数。一旦窗函数选定,就可以选择不同的窗函数宽度,检验所设计的滤波器通带、阻带是否满足设计要求,直到满足为止。

最后对窗函数法设计 FIR 数字滤波器的步骤总结如下。

(1) 根据给定要求的频率响应函数 $H_d(e^{j\omega})$,求出相应的单位脉冲响应 $h_d(n)$。

(2) 根据设计要求,选择合适的窗函数 $w(n)$及窗宽 N,各种窗函数的特性如表 8-5 所示。

(3) 利用所选窗函数对滤波器截断得 $h(n)=h_d(n)w(n)$,这里需要说明一点的是当 $h_d(n)$关于纵轴对称时,要对 $h_d(n)$进行对称截取,使截取后的序列含有原信号主要能量,截取后平移至$(0,N-1)$区间内,以保证截取后的序列是因果序列。

(4) 计算 $H(e^{j\omega})=\text{DTFT}[h(n)]$,检验各项指标。若不满足,则重新选择窗函数或改变窗的宽度。

当要求设计的 $H_d(e^{j\omega})$比较复杂,难以用 $h_d(n)=\dfrac{1}{2\pi}\displaystyle\int_{-\pi}^{\pi}H_d(e^{j\omega})e^{-j\omega n}\,d\omega$ 计算 $h_d(n)$ 时,可以对 $h_d(e^{j\omega})$ 进行 M 点均匀抽样,用 IDFT 计算出 $h_M(n)$,即

$$h_M(n)=\frac{1}{M}\sum_{k=0}^{M-1}H_d(e^{j\frac{2\pi k}{M}})e^{j\frac{2\pi k}{M}n}$$

由频域取样定理可知,$h_M(n)$与 $h_d(n)$的关系为

$$h_M(n)=\sum_{r=-\infty}^{+\infty}h_d(n+rM)$$

即 $h_M(n)$是 $h_d(n)$以 M 为周期进行周期延拓而得,为保证不混叠,M 应足够大。实际上,对于稳定系统,$h_d(n)$随 n 的增加逐渐衰减,一般只要 M 足够大,即 $M\gg N$ 就足够了,此时取出一个周期的 $h_M(n)$即为所设计的 FIR 数字滤波器。

窗函数法设计简单实用,但缺点是过渡带及边界频率不易控制,通常需要反复计算。

典型窗函数的频率特性如表 8-5 所示。

表 8-5 典型窗函数的频率特性

窗函数	窗频谱性能指标		加窗后滤波器性能指标	
	副瓣峰值/dB	主瓣宽度	过渡带宽 $\Delta\omega$	阻带最小衰减/dB
矩形窗	−13	$2\times\frac{2\pi}{N}$	$\frac{1.8\pi}{N}$	−21
巴特利特	−25	$4\times\frac{2\pi}{N}$	$3.05\times\frac{2\pi}{N}$	−25
汉宁窗	−31	$4\times\frac{2\pi}{N}$	$3.1\times\frac{2\pi}{N}$	−44
海明窗	−41	$4\times\frac{2\pi}{N}$	$3.3\times\frac{2\pi}{N}$	−53
布拉克曼窗	−57	$6\times\frac{2\pi}{N}$	$5.5\times\frac{2\pi}{N}$	−74

例 8-9　用窗函数法设计一个线性相位数字低通滤波器。给定技术指标如下。

通带允许起伏 $\leqslant 1\text{dB}$　$0 \leqslant \omega \leqslant 0.3\pi$

阻带衰减 $\geqslant 50\text{dB}$　$0.5\pi \leqslant \omega \leqslant \pi$

解　所设计数字低通滤波器性能指标如图 8-29 所示。

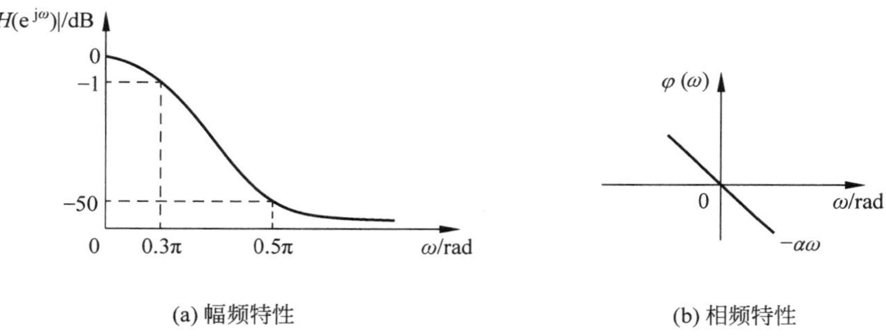

(a) 幅频特性　　(b) 相频特性

图 8-29　数字低通滤波器性能指标

首先需将该滤波器看作是一个理想低通滤波器的逼近，理想低通滤波器的截止频率取为

$$\omega_c = \frac{1}{2}(\omega_p + \omega_s) = \frac{1}{2}(0.3\pi + 0.5\pi) = 0.4\pi$$

(1) 按式(8-33)求得

$$h_d(n) = \frac{\sin 0.4\pi(n-\alpha)}{\pi(n-\alpha)}$$

式中：$h_d(n)$是关于 α 的偶对称序列。

(2) 确定窗函数形状及滤波器长度。由于阻带衰减大于 50dB，查表 8-5 可知，选海明窗，由表 8-5 可以看出，此时滤波器的过渡带宽为

$$\Delta\omega = 3.3\frac{2\pi}{N}$$

由此可得

$$N = 3.3 \times \frac{2\pi}{0.5\pi - 0.3\pi} = 33$$

进而

$$\alpha = \frac{N-1}{2} = 16$$

(3) 由第 3 章知，海明窗的表达式 $w(n) = 0.54 - 0.46\cos\left(\frac{2n\pi}{N-1}\right)R_N(n)$，则所设计的滤波器单位样值响应为

$$h(n) = h_d(n)w(n) = \frac{\sin 0.4\pi(n-16)}{\pi(n-16)} \cdot \left[0.54 - 0.46\cos\left(\frac{n\pi}{16}\right)\right] \quad (0 \leqslant n \leqslant 32)$$

(4) $h(n)$是序列长度 N 为奇数的偶对称序列，根据前面 FIR 数字滤波器时域对称特性及其对应的频域特性，由式(8-30)可得所设计的滤波器频率响应为

$$H(e^{j\omega}) = \sum_{m=0}^{\frac{N-1}{2}-1} \frac{2\sin\left[\omega_c\left(m-\dfrac{N-1}{2}\right)\right]}{\pi\left(m-\dfrac{N-1}{2}\right)} \cdot \cos\left\{\left[\omega\left(m-\dfrac{N-1}{2}\right)\right]+\frac{\omega_c}{\pi}\right\} e^{-j\omega\frac{N-1}{2}}$$

此时滤波器的频率特性如图 8-30 所示。

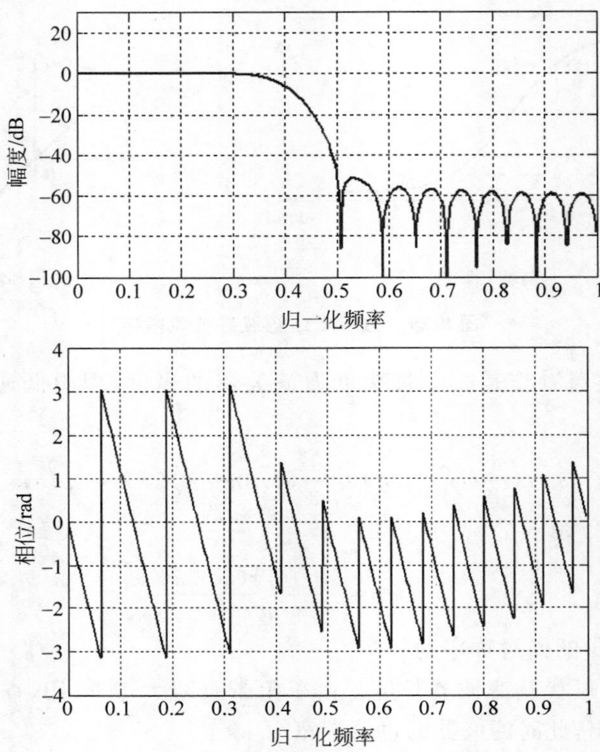

图 8-30　低通滤波器的频率响应特性

本节介绍的低通 FIR 数字滤波器的窗函数设计法同样可以用来设计数字高通、带通或带阻滤波器，此时，只需根据响应滤波器的通带范围改变计算 $h_d(n)$ 的积分上下限，重新计算 $h_d(n)$，再加窗截断即可。

8.7.3　频率取样设计法

1. 设计原理

窗函数法是在时域内完成 FIR 数字滤波器设计的，通过用有限长 $h(n)$ 逼近理想的 $h_d(n)$，得到频率响应 $H(e^{j\omega})$ 逼近于理想滤波器的频响 $H_d(e^{j\omega})$。本节介绍的频率取样设计方法则是从频域出发，对 $H_d(e^{j\omega})$ 在一个周期内均匀取样，再通过内插的方法得到所设计的 FIR 数字滤波器，即

$$H_d(e^{j\omega})\big|_{\omega=\frac{2\pi k}{N}} = H_d(k) \quad (k=0,1,\cdots,N-1;\ 0 \leqslant \omega \leqslant 2\pi)$$

由第 3 章频域取样内插公式可直接由 $H_d(k)$ 得到所需设计的数字滤波器 $H_d(z)$ 或 $H_d(e^{j\omega})$，即

$$\begin{cases} H_d(z) = \dfrac{(1-z^{-N})}{N}\displaystyle\sum_{k=0}^{N-1}\dfrac{H_d(k)}{1-W_N^{-k}z^{-1}} \\ H_d(e^{j\omega}) = \displaystyle\sum_{k=0}^{N-1}H_d(k)\Phi\left(\omega-\dfrac{2\pi}{N}\right) \end{cases} \tag{8-33}$$

式中，$\Phi(\omega)$为内插函数，即

$$\Phi(\omega)=\frac{1}{N}\frac{\sin\frac{N}{2}\omega}{\sin\frac{\omega}{2}}e^{-j\frac{N-1}{2}\omega}$$

第 3 章已经详细分析过，在各频率取样点 $\omega_k=\dfrac{2\pi}{N}k$ 上，$H(e^{j\omega_k})=H_d(e^{j\omega_k})$，即实际设计出的滤波器与所要求设计的滤波器频率响应数值完全相等。但是在取样点之间的频率响应则是各抽样点的加权内插函数的叠加而形成的，因此会产生逼近误差，误差大小一方面取决于所要设计的滤波器频率响应曲线形状，理想频率响应特性变化越平缓，则内插值越接近理想值，逼近误差越小。反之，如果取样点之间的理想频率响应特性变换越陡，则内插值与理想值的误差越大。因此在不连续点附近将会出现肩峰与起伏。另一方面也与取样点个数有关，取样点数越多，即取样频率越高，误差越小。

2. 频率取样的两种方法

频率取样法设计滤波器的基本依据是对滤波器频域响应在一个周期$(0,2\pi)$内或在 z 平面单位圆上等间隔取样。根据取样点的起始位置不同，可分为Ⅰ型频率取样和Ⅱ型频率取样两种形式。

1）Ⅰ型频率取样

第一个频率取样点从 $\omega=0$ 开始的取样称为Ⅰ型频率取样，即

$$H(k)=H_d(e^{j\omega})\Big|_{\omega=\frac{2\pi}{N}k} \quad (k=0,1,\cdots,N-1)$$

对应的频率取样点 $f_k=\dfrac{\omega_k}{2\pi}=\dfrac{k}{N}(k=0,1,\cdots,N-1)$，它相当于计算 N 点 DFT 所用的 N 个频率取样点。另外，若在 z 平面表示取样过程，则 $H(k)=H_d(z)\Big|_{z=e^{j\frac{2\pi}{N}k}}(k=0,1,\cdots,N-1)$。用数字角频率表示Ⅰ型取样，起始取样点则在 $\omega=0$ 处，对应于 z 平面相当于单位圆上 $z=e^{j\omega}\big|_{\omega=0}=1$ 处，N 既可以为偶数，也可以为奇数。

2）Ⅱ型频率取样

第一个频率取样点从 $\omega=\dfrac{\pi}{N}$开始，称为Ⅱ型频率取样，Ⅱ型频率取样值

$$H(k)=H_d(e^{j\omega})\Big|_{\omega=\frac{2\pi\left(k+\frac{1}{2}\right)}{N}}=H_d(z)\Big|_{z=e^{j\frac{2\pi}{N}\left(k+\frac{1}{2}\right)}} \quad (k=0,1,\cdots,N-1) \tag{8-34}$$

频率取样点 $f_k=\dfrac{k+\frac{1}{2}}{N}$，第一个取样点在 $f_0=\dfrac{1}{2N}$，即 $z=e^{j\frac{2\pi}{2N}}=e^{j\frac{\pi}{N}}$。Ⅱ型取样亦分为偶数点和奇数点两种情况，图 8-31 给出了 z 平面上两种取样方式的示意图。

3. 线性相位的约束

如果要求设计的滤波器需满足线性相位特性，则其抽样值 $H(k)$的幅度和相位一定要

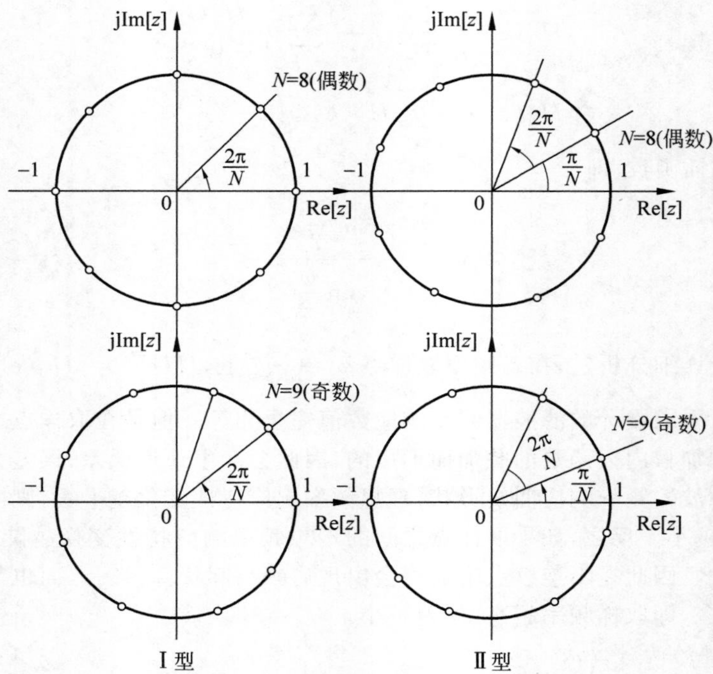

图 8-31　z 平面单位圆上均匀取样的四种情况

满足前面讨论的线性相位约束条件。

例如，当长度为 N 的 $h(n)$ 为实数且偶对称时，$H(\mathrm{e}^{\mathrm{j}\omega})=H(\omega)\mathrm{e}^{\mathrm{j}\varphi(\omega)}$ 必须满足下列条件：

$$\varphi(\omega)=-\frac{N-1}{2}\omega \tag{8-35}$$

当 N 为奇数时，$H(\omega)$ 具有偶对称，有

$$H(\omega)=\begin{cases}H(2\pi-\omega), & N\text{ 为奇数}\\ -H(2\pi-\omega), & N\text{ 为偶数}\end{cases} \tag{8-36}$$

如果取样值 $H(k)=H(\mathrm{e}^{\mathrm{j}\frac{2\pi k}{N}})$ 用幅值 H_k 与相角 θ_k 表示，则为

$$H(k)=H(\mathrm{e}^{\mathrm{j}\omega})\Big|_{\omega=\frac{2\pi}{N}k}=H_k\mathrm{e}^{\mathrm{j}\theta_k}\quad (k=0,1,\cdots,(N-1))$$

由式(8-35)可知，θ_k 必须为

$$\theta_k=-\left(\frac{N-1}{2}\right)\frac{2\pi}{N}k=-k\pi\left(1-\frac{1}{N}\right)$$

由式(8-36)可得到

$$H_k=H(\omega)\Big|_{\omega=\frac{2\pi}{N}k}=H(2\pi-\omega)\Big|_{\omega=\frac{2\pi}{N}k}=H(\omega)\Big|_{\omega=\frac{2\pi}{N}(N-k)}=H_{N-k}$$

同理，当 N 为偶数时，H_k 应满足奇对称条件，即

$$H_k=-H_{N-k}$$

利用上述的对称特性，可以简化线性相位 FIR 数字滤波器设计中的频率响应特性的计算量。同样，对于 $h(n)$ 为奇对称的实序列，也可以得出 H_k 和 θ_k 需要满足的特性。

4. FIR 数字滤波器的频率响应

将上述两种取样方式分别代入式(8-33)，Ⅰ型频率取样时的频率响应为

$$H(e^{j\omega})=\frac{1}{N}e^{-j\frac{N-1}{2}\omega}\sum_{k=0}^{N-1}H(k)e^{-j\frac{k\pi}{N}}\frac{\sin\frac{N\omega}{2}}{\sin\left(\frac{\omega}{2}-\frac{\pi k}{N}\right)} \tag{8-37}$$

Ⅱ 型频率取样时的频率响应为

$$H(e^{j\omega})=e^{-j\omega\frac{N-1}{2}}\frac{\cos\left(\frac{\omega N}{2}\right)}{N}\left\{\sum_{k=0}^{N-1}\frac{H(k)e^{-j\frac{\pi}{N}\left(k+\frac{1}{2}\right)}}{j\sin\left[\frac{\omega}{2}-\frac{\pi}{N}\left(k+\frac{1}{2}\right)\right]}\right\}$$

在线性相位滤波器的情况下，频率特性取样点 $H(k)$可表示为

$$H(k)=|H(k)|e^{j\theta(k)}\quad(k=0,1,\cdots,N-1) \tag{8-38}$$

当 $h(n)$为实数时，$H(k)=H^*(N-k)$，由此得出

$$\begin{cases}|H(k)|=|H(N-k)|\\ \theta(k)=-\theta(N-k)\end{cases}$$

也即 $H(k)$的模$|H(k)|$以 $k=N/2$ 为对称中心呈偶对称，$H(k)$的相角 $\theta(k)$以 $k=N/2$ 为对称中心呈奇对称。再利用线性相位条件 $\varphi(\omega)=-\frac{N-1}{2}\omega$ 可进一步得到Ⅰ型和Ⅱ型频率响应表达式如式(8-39)～式(8-42)所示(详细推导过程略)。

对于频率取样Ⅰ型，当 N 为奇数时，线性相位滤波器设计公式为

$$H(e^{j\omega})=e^{-j\omega\frac{N-1}{2}}\left\{\frac{|H(0)|\sin\left(\frac{\omega N}{2}\right)}{N\sin\frac{\omega}{2}}+\sum_{k=0}^{\frac{N-1}{2}}\frac{|H(k)|}{N}\left[\frac{\sin\left[N\left(\frac{\omega}{2}-k\frac{\pi}{N}\right)\right]}{\sin\left(\frac{\omega}{2}-k\frac{\pi}{N}\right)}+\frac{\sin\left[N\left(\frac{\omega}{2}+k\frac{\pi}{N}\right)\right]}{\sin\left(\frac{\omega}{2}+k\frac{\pi}{N}\right)}\right]\right. \tag{8-39}$$

当 N 为偶数时，线性相位滤波器设计公式为

$$H(e^{j\omega})=e^{-j\omega\frac{N-1}{2}}\left\{\frac{|H(0)|\sin\left(\frac{\omega N}{2}\right)}{N\sin\frac{\omega}{2}}+\sum_{k=0}^{\frac{N}{2}-1}\frac{|H(k)|}{N}\left[\frac{\sin\left[N\left(\frac{\omega}{2}-k\frac{\pi}{N}\right)\right]}{\sin\left(\frac{\omega}{2}-k\frac{\pi}{N}\right)}+\frac{\sin\left[N\left(\frac{\omega}{2}+k\frac{\pi}{N}\right)\right]}{\sin\left(\frac{\omega}{2}+k\frac{\pi}{N}\right)}\right]\right. \tag{8-40}$$

对于频率取样Ⅱ型，当 N 为奇数时，线性相位滤波器设计公式为

$$H(e^{j\omega})=e^{-j\omega\frac{N-1}{2}}\left\{\frac{H\left(\frac{N-1}{2}\right)\cos\left(\frac{\omega N}{2}\right)}{N\cos\left(\frac{\omega}{2}\right)}+\sum_{k=0}^{\frac{N-3}{2}}\frac{|H(k)|}{N}\left[\frac{\sin\left\{N\left[\frac{\omega}{2}-\frac{\pi}{N}\left(k+\frac{1}{2}\right)\right]\right\}}{\sin\left[\frac{\omega}{2}-\frac{\pi}{N}\left(k+\frac{1}{2}\right)\right]}+\frac{\sin\left\{N\left[\frac{\omega}{2}+\frac{\pi}{N}\left(k+\frac{1}{2}\right)\right]\right\}}{\sin\left[\frac{\omega}{2}+\frac{\pi}{N}\left(k+\frac{1}{2}\right)\right]}\right]\right\} \tag{8-41}$$

当 N 为偶数时，线性相位滤波器设计公式为

$$H(\mathrm{e}^{\mathrm{j}\omega})=\mathrm{e}^{-\mathrm{j}\omega\frac{N-1}{2}}\left\{\sum_{k=0}^{\frac{N}{2}-1}\frac{|H(k)|}{N}\left[\frac{\sin\left\{N\left[\frac{\omega}{2}-\frac{\pi}{N}\left(k+\frac{1}{2}\right)\right]\right\}}{\sin\left[\frac{\omega}{2}-\frac{\pi}{N}\left(k+\frac{1}{2}\right)\right]}+\frac{\sin\left\{N\left[\frac{\omega}{2}+\frac{\pi}{N}\left(k+\frac{1}{2}\right)\right]\right\}}{\sin\left[\frac{\omega}{2}+\frac{\pi}{N}\left(k+\frac{1}{2}\right)\right]}\right]\right\} \tag{8-42}$$

从式(8-39)～式(8-42)可以看出，实际计算过程只需在$[0,\pi]$区间内取 $N/2$ 或 $(N+1)/2$ 个频率点即可，计算量节省近一半。式(8-39)～式(8-42)都可以在最优化设计线性相位 FIR 数字滤波器中使用。N 选偶数还是奇数，用Ⅰ型还是Ⅱ型设计等问题要由读者选择，并且主要取决于待设计的滤波器。

例 8-10 设计一数字低通滤波器，其理想幅频特性如下：

$$|H_{\mathrm{d}}(\mathrm{e}^{\mathrm{j}\omega})|=\begin{cases}1, & 0\leqslant\omega\leqslant\omega_{\mathrm{c}}\\0, & 其他\end{cases}$$

并已知 $\omega_{\mathrm{c}}=0.5\pi$，取样点数为奇数，$N=33$，要求滤波器具有线性相位特性。

解 图 8-32(a)表示指标要求的矩形幅频特性，并画出以 $N=33$ 进行取样所得的 $H(k)$序列(用粗黑点表示)。理想低通滤波器特性曲线是对称于 $\omega=0$ 的，一个周期内取 $N=33$ 个点，表明在$[-\pi,+\pi]$内共取 33 个点。因此按以Ⅰ型取样方式，在 $\omega=0$ 处取一个点 $H(0)=1$，在 $\omega=0$ 左右各取 16 个点。根据线性相位特性要求，只需选用 $0\leqslant\omega\leqslant\pi$ 区间内的 17 个取样点即可，截止频率 $\omega_{\mathrm{c}}=0.5\pi$ 处在 $\omega=16\pi/33$ 和 $17\pi/33$ 之间。

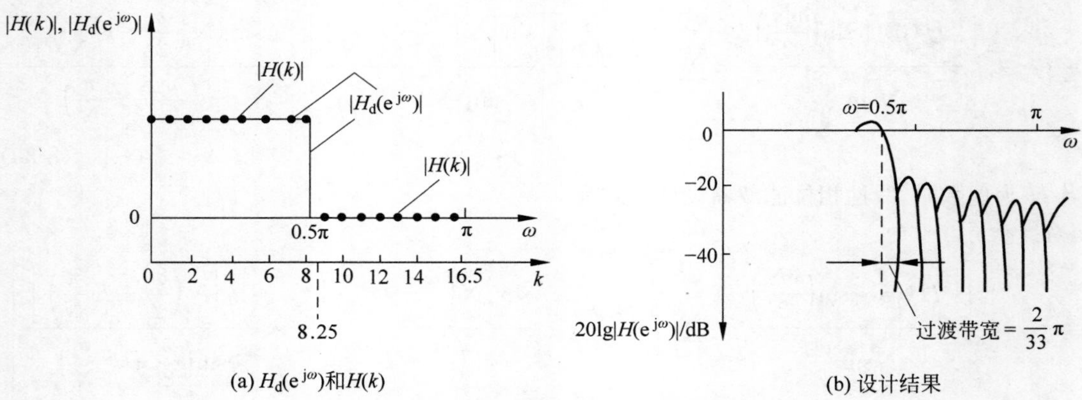

图 8-32 频率取样法设计低通滤波器

按Ⅰ型频率取样方式设计，$N=33$ 时，$[0,\pi]$区间内的取样点为

$$|H(k)|=\begin{cases}1, & 0\leqslant k\leqslant 8\\0, & 9\leqslant k\leqslant 16\end{cases}$$

将这些取样点值代入式(8-40)，即有

$$H(\mathrm{e}^{\mathrm{j}\omega})=\mathrm{e}^{-\mathrm{j}16\omega}\left\{\frac{\sin\left(\frac{33}{2}\omega\right)}{33\sin\left(\frac{\omega}{2}\right)}+\sum_{k=1}^{8}\left[\frac{\sin\left[33\left(\frac{\omega}{2}-\frac{k\pi}{33}\right)\right]}{33\sin\left(\frac{\omega}{2}-\frac{k\pi}{33}\right)}+\frac{\sin\left[33\left(\frac{\omega}{2}+\frac{k\pi}{33}\right)\right]}{33\sin\left(\frac{\omega}{2}+\frac{k\pi}{33}\right)}\right]\right\}$$

按此式计算的 $20\lg|H(e^{j\omega})|$ 的结果如图 8-34(b)所示。在阻带内的取样点值为"0"处衰减是无限的。由图可见，在 $16\pi/33 \sim 18\pi/33$ 之间产生了一个过渡区。但是第一副瓣衰减略小于 20dB，衰减较小，滤波效果不会很理想。

为改善滤波器滤波特性，满足指标要求，可在通带和阻带间的交界处增加一个或几个既不等于 0 也不等于 1 的取样值。例如，设取样点 $k=9$ 处的取样值为 $|H(9)|=0.5$，则得到如图 8-33 所示的结果。这相当于把指标要求的频率响应曲线边缘处圆滑了一些，降低了矩形衰减特性的要求。由图可见，这时过渡带加宽了一倍左右，最小阻带衰减却显著加大了。这种做法是牺牲了过渡带指标要求，换取了阻带特性的改善。

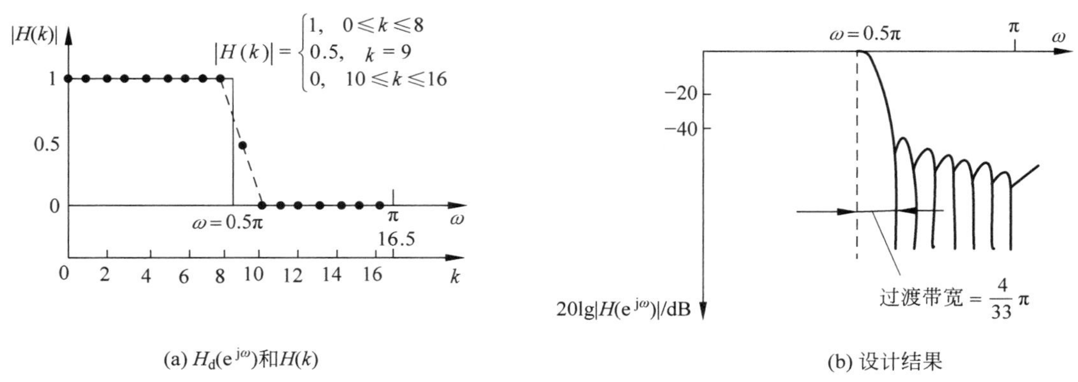

图 8-33 增加过渡带取样非零值及其影响

如果还要得到进一步阻带衰减，可再添上第二个既不等于 1 也不等于 0 的取样。若此时 N 保持不变，则使过渡区又加宽一倍，但得到了更大的阻带衰减。如果不允许增大过渡带宽，而又希望阻带衰减量的指标得到改善，则必须采用既插入非零值，又增多取样点数 N 的办法。然而 N 值增大，计算量必然增大，这就是改善滤波器性能所付出的代价。关于如何在通带与阻带之间增加非零取样点值的问题在此不再讲解，有兴趣的读者可以参考相关文献。

5. IIR 与 FIR 数字滤波器的比较

(1) IIR 滤波器系统函数的极点可位于单位圆内的任何地方，所以可用较低的阶数获得较好滤波特性，所需存储单元少，效率高，但以相位的非线性为代价。

FIR 滤波器可以得到严格的线性相位，因为极点固定在原点，所以只能用较高的阶数达到更好的滤波特性。对于同样的滤波器设计指标，FIR 滤波器所要求的阶数比 IIR 滤波器高 5～10 倍，因此成本较高，信号延时也较大。

如果按相同的滤波特性和相同的线性相位要求来说，则 IIR 滤波器必须加全通网络进行相位校正，同样要大大增加阶数和复杂性。

(2) FIR 滤波器可以用非递归方法实现，有限精度的计算不会产生振荡。IIR 滤波器必须采用递归结构来配置极点，因此要考虑稳定性，注意极点是否位于单位圆外，另外有限字长效应有时会产生寄生振荡。

FIR 滤波器可以用 FFT 算法，在相同的阶数下，运算速度可以快得多。

(3) IIR 滤波器可借助模拟滤波器的结果。一般都有有效的封闭形式设计公式可供准确计算，计算工作量比较小，对计算工具要求不高。

FIR 滤波器没有现成的设计公式。窗函数法仅仅可以给出窗函数的计算公式,但计算通带、阻带衰减无显式表达式。其他大多数设计的方法都需要借助计算机辅助设计。

此外,IIR 滤波器设计法主要是设计规格化的、频率特性为分段常数的滤波器。而 FIR 滤波器则易于适应某些特殊应用,如构成微分器和积分器,或用于 Butterworth、Chebyshev 等逼近不可能达到预定指标的情况,例如由于某些原因要求三角形振幅响应等。

8.8 相关的 MATLAB 函数

与本章相关的 MATLAB 函数如下所述。

1. buttord

功能:该函数用来求解巴特沃斯滤波器的阶数及截止频率。

调用格式:(1) [N.Wn] = buttord(Wp, Ws, Rp,Rs)

(2) [N.Wn] = buttord(Wp, Ws, Rp,Rs,'s')

其中,Wp、Ws 分别是通带和阻带的截止频率(归一化频率),对于低通和高通滤波器,它们是标量,对带通和带阻滤波器,它们是 1×2 的向量;Rp、Rs 分别是通带和阻带的衰减(单位为 dB);N 为求出的响应低通滤波器的阶数;Wn 为 3dB 频率。

格式(1)对应数字滤波器;格式(2)对应模拟滤波器,各变量含义与(1)相同。

2. buttap

功能:该函数用来设计模拟低通原型滤波器。

调用格式:[z,p,k] = buttap(N)

其中,N 为欲设计的低通原型滤波器的阶次;z、p、k 分别为设计出的滤波器系统函数的极点、零点及增益。

3. lp2lp, lp2hp, lp2bp, lp2hs

功能:以上 4 个函数分别将模拟低通原型滤波器转换成实际的低通、高通、带通及带阻滤波器。

调用格式:(1) [B,A] = lp2lp(b,a,Wo)

(2) [B,A] = lp2hp(b,a,Wo)

(3) [B,A] = lp2bp(b,a,Wo,Bw)

(4) [B,A] = lp2bs(b,a,Wo, Bw)

其中,b、a 分别是模拟低通原型滤波器系统函数分子、分母多项式的系数向量;B、A 分别为转换后系统函数的分子、分母多项式的系数向量;Wo:格式(1)、(2)中的 Wo 为低通或高通滤波器的截止角频率,格式(3)、(4)中的 Wo 为带通或带阻滤波器的中心角频率;Bw 为带通或带阻滤波器的带宽。

4. bilinear

功能:双线性变换法由模拟滤波器设计数字滤波器。

调用格式:[Bz,Az] = bilinear(B,A,Fs)

其中,B、A 分别为模拟滤波器系统函数 $H(s)=\dfrac{B(s)}{A(s)}=\dfrac{b_0+b_1s+\cdots+b_Ms^M}{a_0+a_1s+\cdots+a_Ns^N}$分子、分母多项式的系数向量$[b_0,b_1,\cdots,b_M]$、$[a_0,a_1,\cdots,a_N]$;Bz、Az 分别为数字滤波器系统函数

$H(z)=\frac{B(z)}{A(z)}=\frac{b_0+b_1z^{-1}+\cdots+b_Mz^{-M}}{a_0+a_1z^{-1}+\cdots+a_Nz^{-N}}$分子、分母多项式的系数向量$[b_0,b_1,\cdots,b_M]$、$[a_0,a_1,\cdots,a_N]$；Fs为抽样频率。

5. butter

功能：用来直接设计巴特沃斯滤波器，实际上把buttord、buttap、lp2lp及bilinear等文件都包含进去了，使设计更简洁。

调用格式：
```
(1) [B,A] = butter(N,Wn)
(2) [B,A] = butter(N,Wn,'high')
(3) [B,A] = butter(N,Wn,'stop')
(4) [B,A] = butter(N,Wn,'s')
```

其中，B、A分别为数字滤波器系统函数$H(z)=\frac{B(z)}{A(z)}=\frac{b_0+b_1z^{-1}+\cdots+b_Mz^{-M}}{a_0+a_1z^{-1}+\cdots+a_Nz^{-N}}$分子、分母多项式的系数向量$[b_0,b_1,\cdots,b_M]$、$[a_0,a_1,\cdots,a_N]$；Wn为通带截止频率(归一化)。

(1) 若Wn为标量，则格式(1)用来设计低通数字滤波器。

(2) 若Wn为1×2向量，则格式(1)用来设计数字带通滤波器。

(3) 格式(1)～(3)用来设计数字滤波器，格式(4)设计模拟滤波器。

(4) 格式(2)、(3)分别设计高通和带阻滤波器。

6. cheb1ord

功能：用来求切比雪夫滤波器的阶次。

调用格式：
```
(1) [N, Wn] = cheb1ord(Wp, Ws, Rp, Rs)
(2) [N, Wn] = cheb1ord(Wp, Ws, Rp, Rs,'s')
```

其中，Wp为Ⅰ型滤波器通带截止角频率；Ws为Ⅰ型滤波器阻带起始角频率；Rp为通带内的最大衰减分贝数；Rs为阻带内的最小衰减分贝数；N为Ⅰ型滤波器的阶数；Wn为Ⅰ型滤波器的截止角频率。

格式(1)设计切比雪夫Ⅰ型数字滤波器；格式(2)设计切比雪夫Ⅰ型模拟滤波器。

7. cheby1

功能：用来直接设计数字切比雪夫Ⅰ型滤波器。

调用格式：
```
(1) [B,A] = cheby1(N,R,Wn)
(2) [B,A] = cheby1(N,R,Wn,'high')
(3) [B,A] = cheby1(N,R,Wn,'stop')
```

其中，N为所设计滤波器的阶数；R为所设计滤波器通带内的峰-峰值；Wn为所设计滤波器的截止角频率。

(1) 若Wn为一个标量，则设计低通滤波器。

(2) 若Wn为1×2的向量，则设计一个带通滤波器。

(3) 格式(2)、(3)分别用来设计数字切比雪夫Ⅰ型高通、带阻滤波器。

8. impinvar

功能：用冲激响应不变法实现从模拟到数字的转换。

调用格式：
```
[Bz,Az] = impinvar(B,A,Fs)
```

其中，B、A 分别为模拟滤波器系统函数 $H(s)=\dfrac{B(s)}{A(s)}=\dfrac{b_0+b_1s+\cdots+b_Ms^M}{a_0+a_1s+\cdots+a_Ns^N}$的分子、分母多项式系数向量$[b_0,b_1,\cdots,b_M]$、$[a_0,a_1,\cdots,a_N]$；Fs 为取样频率；Bz、Az 分别为用脉冲响应不变法所设计的数字滤波器系统函数 $H(z)=\dfrac{B(z)}{A(z)}=\dfrac{b_0+b_1z^{-1}+\cdots+b_Mz^{-M}}{a_0+a_1z^{-1}+\cdots+a_Nz^{-N}}$分子、分母多项式系数向量$[b_0,b_1,\cdots,b_M]$、$[a_0,a_1,\cdots,a_N]$。

9. fir1

功能：用来用窗函数法设计 FIR 数字滤波器。

调用格式：
```
(1) h = fir1(N,Wn)
(2) h = fir1(N,Wn,'high')
(3) h = fir1(N,Wn,'stop')
```

其中，N 为滤波器的阶次，因此滤波器的长度为 N+1；Wn 为通带截止频率(归一化)；h 为所设计的滤波器的系数向量。

对于格式(1)，如果 Wn 为一标量，可设计低通滤波器，若 Wn 为 1×2 的向量，则设计带通滤波器。格式(2)设计高通滤波器。格式(3)设计带阻滤波器。若不知道窗函数的类型，则 fir1 会自动选择汉明窗。

10. fir2

功能：设计具有任意幅频响应的 FIR 数字滤波器。

调用格式为：`h = fir2(N,F,M)`

其中，F 为频率向量(归一化)；M 为与 F 相对应的所希望的幅频响应；h 为设计出的滤波器系数。

习题

8-1　设 $h_a(t)$表示一模拟滤波器的冲激响应

$$h_a(t)=\begin{cases}e^{-0.9t}, & t\geqslant 0\\ 0, & t<0\end{cases}$$

用脉冲响应不变变换法，由此模拟滤波器设计数字滤波器，确定系统函数 $H(z)$，并把 T 作为参数，证明对于 T 为任何值时，数字滤波器是稳定的，并说明此数字滤波器近似为低通滤波器还是高通滤波器？

8-2　题图 8-2 表示一数字滤波器的频率响应。

(1) 确定采用脉冲响应不变变换法映射成数字频率响应的模拟频率响应，并作图。

(2) 当采用双线性变换法时画出映射成此数字频率响应特性的模拟频率响应。

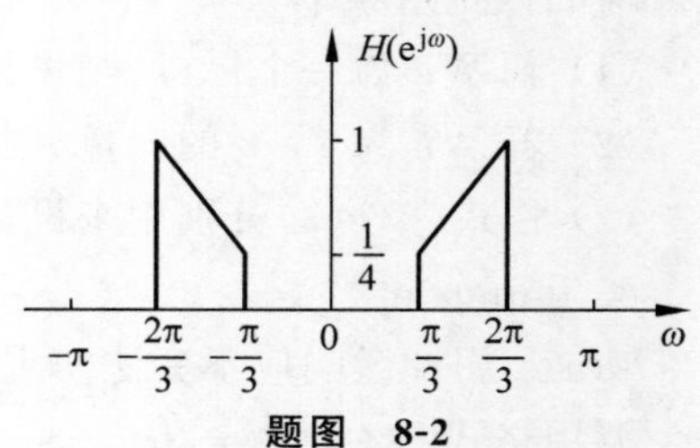

题图 8-2

8-3　需要设计一数字低通滤波器，通带内幅度特性在低于 $\omega=0.2613\pi$ 的频率上维持在 0.75dB 内，阻带内在 $\omega=0.4018\pi$ 和 π 之间的频率上衰减至少为 20dB。按上述指标要求用脉冲响应不变变换法设计巴特沃斯数字滤波器。

8-4　利用冲激响应不变变换法将下述高通模拟滤波器的传输函数转换成相应数字滤波器的传输函数，其中 $\Omega_s=10\text{rad/s}$，并画出数字滤波器的频率响应。

$$H(s)=\frac{s^2}{s^2+s+1}$$

8-5　利用双线性变换法重新做 8-4 题，并对转换的数字滤波器的频率响应进行比较。

8-6　分别利用冲激响应不变变换法求如下所述的数字滤波器所对应的模拟滤波器，其中 $T=4$。

$$H(z)=\frac{4z}{z-\mathrm{e}^{-0.4}}-\frac{z}{z-\mathrm{e}^{-0.8}}$$

8-7　若模拟滤波器的传输函数为

$$H(s)=\frac{1}{(s^2+0.76723s+1.33863)(s+0.76722)}$$

分别利用冲激响应不变变换法和双线性变换法将其转换为相应的数字滤波器传输函数（$\Omega_s=12\text{rad/s}$），并比较其转换后的频率响应。

8-8　某信号 $y(t)=x(t)+n(t)$，其中 $x(t)$ 是频率在 2～3.5kHz 的有用信号，$n(t)$ 是频率在 0～1kHz 的噪声信号。若按抽样频率 $f_s=8\text{kHz}$ 对信号 $y(t)$ 进行抽样，得到离散信号 $y(n)$。设计能滤除 $y(n)$ 中噪声信号的 IIR 数字滤波器，给出该 IIR 数字滤波器的设计指标，并写出主要设计步骤。

8-9　试分别利用巴特沃斯和切比雪夫滤波器，设计满足下列性能指标的模拟低通滤波器。

$$\begin{cases}0.8\leqslant|H_a(\mathrm{j}\Omega)|\leqslant1, & 0\leqslant\Omega\leqslant5\text{rad/s}\\ |H_a(\mathrm{j}\Omega)|\leqslant0.1, & \Omega\geqslant10\text{rad/s}\end{cases}$$

8-10　利用冲激响应不变变换法设计满足下列指标的巴特沃斯数字低通滤波器，设抽样间隔为 T。$\omega_p=0.3\pi$，$\omega_c=0.7\pi$，通带衰减小于 1dB，阻带衰减大于 20dB。

8-11　利用冲激响应不变法设计满足下列指标的巴特沃斯数字带通滤波器，设抽样间隔为 T。$\omega_{p1}=0.45\pi$，$\omega_{p2}=0.55\pi$，$\omega_{s1}=0.4\pi$，$\omega_{s1}=0.6\pi$，通带衰减小于 3dB，阻带衰减大于 15dB。

8-12　利用双线性变换法重做 8-11 题。

8-13　利用切比雪夫Ⅰ型滤波器重做 8-11 题。

8-14　已知 8 阶Ⅰ型线性相位 FIR 数字滤波器的部分零点是 $z_1=2$，$z_2=\mathrm{j}0.5$，$z_3=-\mathrm{j}$。

（1）试确定该滤波器的其他零点。

（2）设 $h(0)=1$，求出该滤波器的系统函数 $H(z)$。

8-15　试用矩形窗函数设计线性相位 FIR 低通数字滤波器，其在 $-\pi\leqslant\omega\leqslant\pi$ 内的频率响应为

$$H_d(\mathrm{e}^{\mathrm{j}\omega})=\begin{cases}\mathrm{e}^{-\mathrm{j}3\omega}, & |\omega|<\pi/2\\ 0, & \text{其他}\end{cases}$$

（1）确定滤波器的阶数 M。

(2) 求滤波器单位脉冲响应 $h(n)$ 的表达式。

(3) 求滤波器系统函数 $H(z)$。

8-16 设 $H(s)=\frac{3}{(s+1)(s+3)}$ 用冲激响应不变变换法和双线性变换法，将上述模拟系统函数转变为数字系统函数 $H(z)$，采样周期 $T=0.5$。

8-17 一个数字滤波器的系统函数为

$$H(z)=\frac{2}{1-0.5z^{-1}}-\frac{1}{1-0.25z^{-1}}$$

如果该滤波器用双线性变换法设计，$T=2$，求相应的模拟滤波器系统函数。

8-18 FIR 滤波器的单位脉冲响应 $h(n)$ 为：

(1) $h(n)=\{1,2,4,2,1\}$；

(2) $h(n)=\{1,2,4,3,2\}$；

(3) $h(n)=\{1,-2,2,-1\}$；

(4) $h(n)=\{-1,-2,2,1\}$。

试分别画出响应的 $h(n)$，并判断是否为线性相位 FIR 滤波器。如果是，说明是哪一类线性相位滤波器，并写出它们的相位函数。

8-19 一个数字滤波器的脉冲响应为 $h(n)(0\leqslant n\leqslant N-1)$，且 $h(n)$ 为实序列，其 N 点离散傅里叶变换为 $H(k)$。

(1) 证明：若 $h(n)$ 满足 $h(n)=h(N-1-n)$，且 N 为偶数，则 $H\left(\frac{N}{2}\right)=0$。

(2) 证明：若 $h(n)$ 满足 $h(n)=-h(N-1-n)$，则 $H(0)=0$。

上机习题

8-1 人体心电图采样信号在测量过程中往往受到工业高频干扰，所以，必须经过低通滤波处理后才能作为判断心脏功能的有用信息。下面的序列就是一个实际心电图信号采样序列样本 $x(n)$，其中存在高频干扰，将其作为输入信号，滤除其中的干扰成分。

$$x(n)=\left\{\begin{array}{cccccccccc}-4, & -2, & 0, & -4, & -6, & -4, & -2, & -4, & -6, & -6,\\ -4, & -4, & -6, & -6, & -2, & 6, & 12, & 8, & 0, & -16,\\ -38, & -60, & -84, & -90, & -66, & -32, & -4, & -2, & -4, & 8,\\ 12, & 12, & 10, & 6, & 6, & 6, & 4, & 0, & 0, & 0,\\ 0, & 0, & -2, & -4, & 0, & 0, & 0, & -2, & -2, & 0,\\ 0, & -2, & -2, & -2, & -2, & 0 & & & & \end{array}\right\}$$

(1) 用双线性变换法设计一个巴特沃斯低通 IIR 数字滤波器。设计参数为：在低通频带内频率低于 0.2π 时，最大衰减小于 1dB；在阻带内 $[0.3\pi,\pi]$ 频率区间上，最小衰减大于 15dB。

(2) 以 0.02π 为采样间隔，画出数字滤波器在频率区间 $[0,\pi/2]$ 上的幅频响应特性曲线。

(3) 用所设计的滤波器对实际心电图信号采样序列进行滤波处理，并分别画出滤波前后的心电图信号波形图，观察总结滤波作用与效果。

8-2　用升余弦窗设计线性相位低通 FIR 数字滤波器，具体要求如下。

(1) 截止频率 $w_c=\frac{\pi}{4}$，窗口长度 $N=15,33$。要求在两种窗口长度情况下，分别求出 $h(n)$，画出相应的幅频特性和相频特性曲线，观察 3dB 和 20dB 带宽。分析窗口长度 N 对滤波特性的影响。

(2) $N=33, w_c=\frac{\pi}{4}$，分别用矩形窗和升余弦窗两种窗函数设计线性相位低通滤波器，绘制相应的幅频特性曲线，观察 3dB 和 20dB 带宽以及阻带最小衰减，比较两种窗函数对滤波特性的影响。

8-3　产生一个角频率为 0.2π、长度为 516 的正弦序列和一个白噪声序列，设计一个 FIR 数字滤波器 $h(n)$，利用下述方法实现对输入信号的滤波。

(1) 用线性卷积计算滤波器的输出。

(2) 用圆周卷积计算滤波器的输出。

(3) 用 FFT(圆周卷积定理)计算滤波器的输出。

(4) 产生一个点数远远大于 FIR 数字滤波器阶数的带有白噪声的序列，用重叠相加法实现对输入信号的滤波。

(5) 比较直接计算线性卷积和用圆周卷积定理实现滤波的运算时间并对其结果进行分析。

(6) 比较直接计算线性卷积和用重叠相加法实现滤波的运算时间并对其结果进行分析。

8-4　用窗函数法设计高通 FIR 数字滤波器

$$H_d(e^{j\omega})=\begin{cases}e^{-j\omega M/2}, & \omega_c\leqslant|\omega|\leqslant\pi\\ 0, & 0\leqslant|\omega|\leqslant\omega_c\end{cases}$$

式中，$\omega_c=0.5\pi$；$M=24$。分别选用矩形窗和升余弦窗设计，画出所设计滤波器的幅频及相频特性曲线。

8-5　用双线性变换法设计一个一阶巴特沃斯低通滤波器，要求 3dB 截止频率为 $\omega_c=0.2\pi$。

8-6　用矩形窗设计一个线性相位低通滤波器，已知

$$H_d(e^{j\omega})=\begin{cases}e^{-j\omega\alpha}, & 0\leqslant|\omega|\leqslant\omega_c\\ 0, & \omega_c\leqslant|\omega|\leqslant\pi\end{cases}$$

(1) 求出 $h(n)$ 的表达式，确定 α 与 N 的关系。

(2) 若改用升余弦窗设计，求出 $h(n)$ 的表达式。

8-7　用窗函数设计一个 FIR 线性相位低通数字滤波器，已知 $\omega_c=0.5\pi, M=21$，求出 $h(n)$ 并画出 $20\lg|H(e^{j\omega})|$ 的曲线。

第9章

数字滤波器实现

第 8 章讲解滤波器设计，就是根据设计指标得到相应的滤波器 $H(z)$或 $h(n)$。本章将介绍如何将 $H(z)$或 $h(n)$所描述的输入输出运算关系，通过结构图的形式表达出来，在此基础上可通过硬件或软件编程实现滤波。

由于无限长冲激响应(IIR)滤波器与有限长冲激响应(FIR)滤波器的数学模型(系统函数或差分方程)不同，所以实现它们的结构也不同，下面将分别加以讨论。

9.1　IIR 数字滤波器的各种典型实现结构

9.1.1　直接Ⅰ型结构

IIR 数字滤波器的系统函数形式为

$$H(z)=\frac{Y(z)}{X(z)}=\frac{\sum_{r=0}^{M}b_r z^{-r}}{1-\sum_{k=1}^{N}a_k z^{-k}} \tag{9-1}$$

表示这一系统输入输出关系的 N 阶差分方程为

$$y(n)=\sum_{k=1}^{N}a_k y(n-k)+\sum_{r=0}^{M}b_r x(n-r)$$

由差分方程可见，$y(n)$由两部分相加构成：第一部分 $\sum_{r=0}^{M}b_r x(n-r)$ 是一个对输入 $x(n)$ 的 M 个延迟单元 z^{-1}(这里习惯用 z 域的 z^{-1} 表示时域延时单元“D”)，每节延时抽头后加权取和；第二部分 $\sum_{k=1}^{N}a_k y(n-k)$ 是一个对 $y(n)$ 的延时链结构，每节延时抽头后加权取和，是一个反馈结构，这种结构称为直接Ⅰ型结构，如图 9-1 所示。由图可看出，滤波器总的结构是由上面讨论的两部分级联组成：第一部分实现零点；第二部分实现极点，共需 $N+M$ 个延时单元。

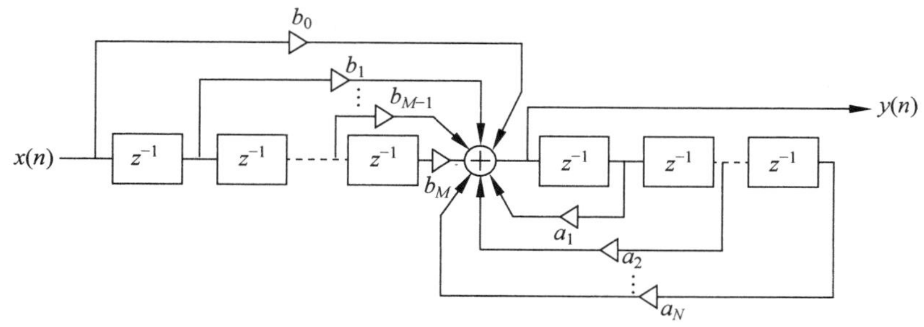

图 9-1　直接Ⅰ型结构方框图(注：z^{-1} 表示 z 域的延时单元，与时域延时单元"D"对应)

9.1.2　直接Ⅱ型结构

引入一个中间变量 $W(z)$将式(9-1)改写成(当 $M=N$ 时)

$$H(z)=\frac{Y(z)}{X(z)}=\frac{Y(z)}{W(z)}\cdot\frac{W(z)}{X(z)}=\frac{1}{1-\sum_{k=1}^{N}a_k z^{-k}}\sum_{r=0}^{N}b_r z^{-r}$$

设

$$H_1(z)=\frac{W(z)}{X(z)}=\frac{1}{1-\sum_{k=1}^{N}a_k z^{-k}}$$

$$H_2(z)=\frac{Y(z)}{W(z)}=\sum_{r=0}^{N}b_k z^{-r}$$

则

$$Y(z)=H_1(z)H_2(z)$$

这样可以将原系统理解为由 $H_1(z)$和 $H_2(z)$两个子系统的级联，其中，$H_1(z)$的输入是 $X(z)$，输出是 $W(z)$，且 $W(z)=X(z)-\sum_{k=1}^{N}a_k z^{-k}X(z)$；$H_2(z)$的输入是 $W(z)$，输出是 $Y(z)$，且 $Y(z)=\sum_{r=0}^{N}b_r z^{-r}W(z)$，分别将 $X(z)$、$W(z)$ 和 $Y(z)$ 之间的关系用结构图表示出来，即得到直接Ⅱ型结构，如图 9-2 所示。

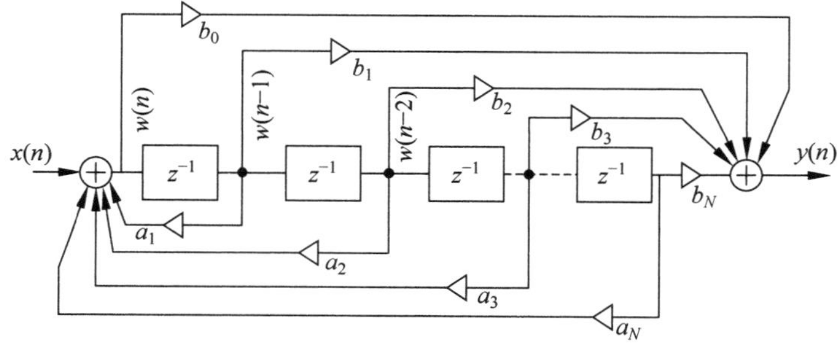

图 9-2　直接Ⅱ型结构

图 9-2 称为直接Ⅱ型结构。这种结构对于 N 阶差分方程只需 N 个延时单元,比直接Ⅰ型要少。它可以节省存储单元(软件实现),或节省寄存器(硬件实现)。但是无论直接Ⅰ型还是直接Ⅱ型,其共同的缺点是系数 a_k、b_k 对滤波器的性能控制作用不明显,也就是 a_k、b_k 的变化将使系统所有零极点同时变动,势必引起滤波器频率响应的改变,因此调整困难。此外,这种结构极点对系数的变换过于灵敏,从而使系统频率响应对系数的变化过于灵敏,也就是对有限精度(有限字长)运算过于灵敏,容易出现不稳定或产生较大误差。所以,直接型结构多用于实现一、二阶滤波器。

9.1.3 级联型结构

将滤波器的系统函数 $H(z)$分子、分母多项式进行因式分解,整理后用多个实系数二阶因子形式表示,即

$$H(z)=\prod_{i=1}^{L}\frac{1+\beta_{1i}z^{-1}+\beta_{2i}z^{-2}}{1-\alpha_{1i}z^{-1}-\alpha_{2i}z^{-2}}=A\prod_{i=1}^{L}H_i(z)$$

这样,滤波器可用 L 个二阶子系统级联构成,L 表示$\dfrac{N+1}{2}$中最大整数,这些二阶子系统也称为二阶基本节。若每个二阶基本节 $H_i(z)$用如图 9-3 所示的直接Ⅱ型结构来实现,则其整个结构图如图 9-4 所示。

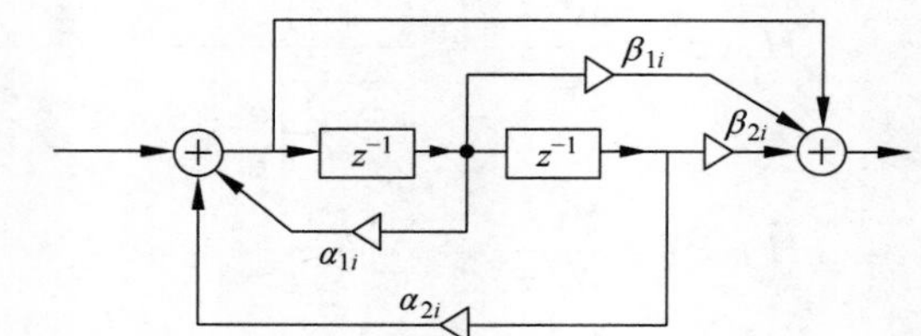

图 9-3 IIR 滤波器级联结构的单级形式

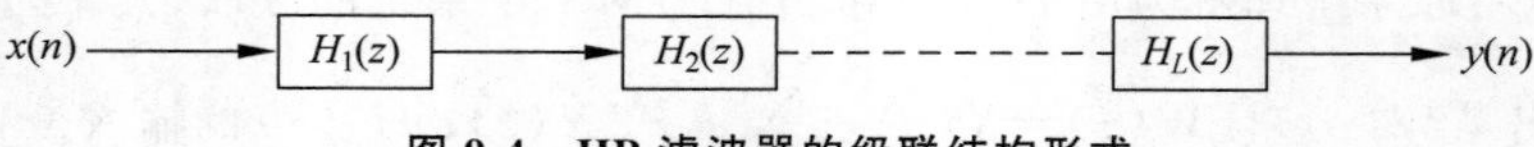

图 9-4 IIR 滤波器的级联结构形式

级联型结构的特点是调整系数 β_{1i}、β_{2i} 就能单独调整滤波器的第 i 对零点,而不影响其他零、极点。同样调整系数 α_{1i}、α_{2i} 就能单独调整滤波器的第 i 对极点,而不影响其他零、极点,所以这种结构便于准确实现滤波器零、极点,因此便于调整滤波器频率响应性能。

级联型结构分子、分母的任一因子可配成一个二阶基本节,而且其级联次序可以任意改变。因此,对于有限字长运算来说,可通过改变级联次序获得较为理想的运算精度。

9.1.4 并联型结构

将 IIR 滤波器的系统函数 $H(z)$展成部分分式之和的形式,就得到并联型的 IIR 数字滤波器的基本结构,即

$$H(z)=\sum_{k=1}^{N_1}\frac{A_k}{1-g_kz^{-1}}+\sum_{i=1}^{N_2}\frac{\gamma_{0,i}+\gamma_{1,i}z^{-1}}{(1-\alpha_{1i}z^{-1}-\alpha_{2i}z^{-2})}+\sum_{j=0}^{M-N}G_jz^{-j} \tag{9-2}$$

式中,$N=N_1+2N_2$。

当 $M<N$ 时，式(9-2)不包含 $\sum_{j=0}^{M-N} G_j z^{-j}$，如果 $M=N$，则 $\sum_{j=0}^{M-N} G_j z^{-j}$ 变成 G_0 一项。式(9-2)说明，滤波器是由 N_1 个一阶系统、N_2 个二阶系统，以及延时加权单元并联而成的，每个一阶或二阶子系统可用直接Ⅱ型实现，如图 9-5 所示。整个滤波器结构实现如图 9-6 所示。

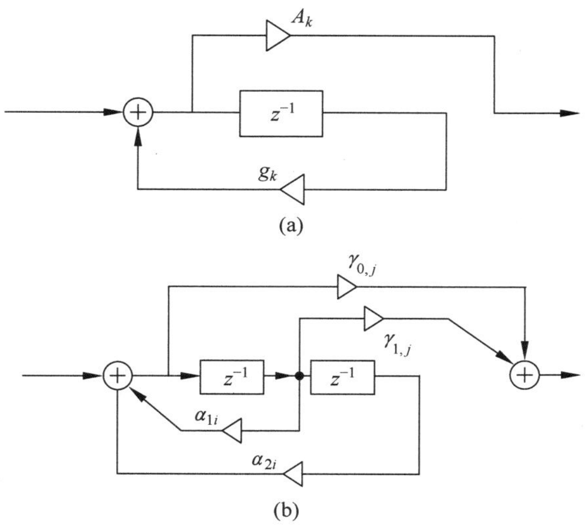

图 9-5　并联型单级典型结构

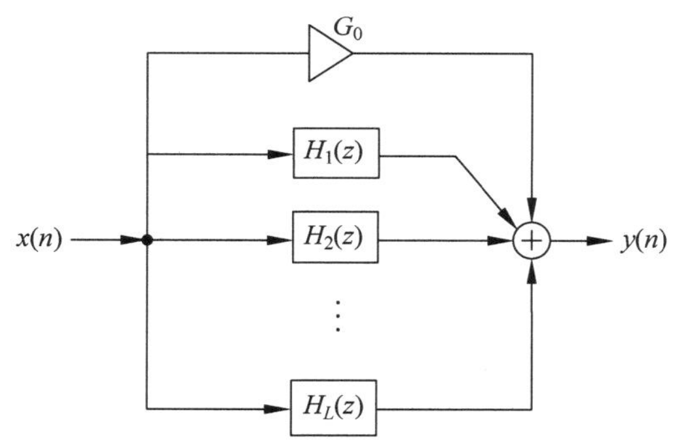

图 9-6　并联型结构($M=N$)

并联型结构可以通过调整 α_{1i}、α_{2i} 的办法来调整系统某一对极点的位置，但是不能像级联型那样单独调整零点的位置，因此在要求准确传输零点的场合下，宜采用级联型结构。此外，在并联型结构中，各并联基本节的误差互相没有影响，所以一般来说比级联型的误差要小一些。并联型结构在运算速度上要比级联型结构更快。

除了以上三种基本结构外，在保持输入到输出的传输关系不变的情况下，还有一些其他的结构，这取决于线性信号流图理论中的多种运算处理方法。

9.1.5　IIR 数字滤波器各种典型结构的应用实例

1. 直接Ⅰ型结构应用实例——周期序列产生器

设序列的周期为 D，在 $\delta(n)$ 作用下，每隔 D 点序列值重复一次，可以表示为

$$h(n)=\{b_0,b_1,\cdots,b_{D-1},b_0,b_1,\cdots,b_{D-1},\cdots\}$$

图 9-7 所示为 $D=4$ 时的周期序列示意图。

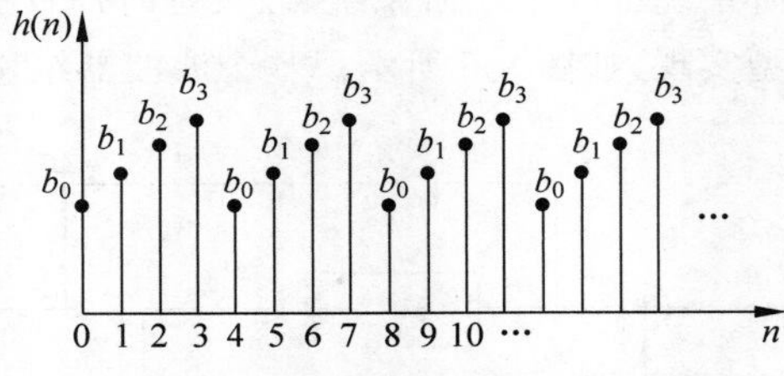

图 9-7　周期为 4 的离散周期信号

设从 0 开始的第一个周期序列用 $h_1(n)$表示，则序列 $h(n)$可以表示为

$$h(n)=h_1(n)+h_1(n-D)+h_1(n-2D)+\cdots$$

与其对应的 z 变换 $H(z)$为

$$H(z)=H_1(z)[1+z^{-D}+\cdots]=\frac{b_0+b_1z^{-1}+b_2z^{-2}+\cdots+b_{D-1}z^{-(D-1)}}{1-z^{-D}}$$

考虑图 9-7 的情况，此时 $D=4$，得

$$h_1(n)=b_0\delta(n)+b_1\delta(n-1)+b_2\delta(n-2)+b_3\delta(n-3)$$

则

$$H_1(z)=b_0+b_1z^{-1}+b_2z^{-2}+b_3z^{-3}$$

进一步得

$$H(z)=\frac{b_0+b_1z^{-1}+b_2z^{-2}+b_3z^{-3}}{1-z^{-4}}$$

可见这是一个 IIR 数字滤波器，其结构图如图 9-8 所示。上式可进一步写为

$$H(z)(1-z^{-4})=b_0+b_1z^{-1}+b_2z^{-2}+b_3z^{-3}$$

取逆变换可得相应的差分方程为

$$h(n)=h(n-4)+b_0\delta(n)+b_1\delta(n-1)+b_2\delta(n-2)+b_3\delta(n-3)$$

因此可以通过下述的过程产生周期 $D=4$ 的周期序列。

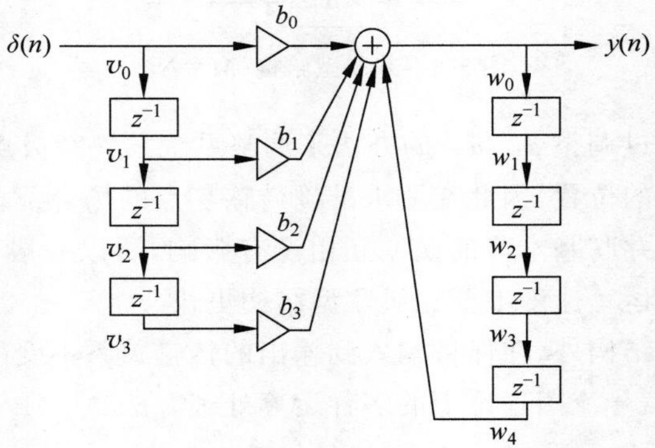

图 9-8　周期信号产生器的 IIR 数字滤波器的直接 I 型结构

首先初始化在一个周期内的值 $h(n)$，即

$$h(0)=b_0,\quad h(1)=b_1,\quad h(2)=b_2,\quad h(3)=b_3$$

其次，利用下述的迭代过程产生序列，即

$$h(n)=h(n-4)\quad(n\geqslant 4)$$

与上述结构图所对应的周期信号产生过程如表 9-1 所示。

表 9-1　周期信号产生过程

n	v_0	v_1	v_2	v_3	w_0	w_1	w_2	w_3	w_4	$y=w_0$
0	1	0	0	0	b_0	0	0	0	0	b_0
1	0	1	0	0	b_1	b_0	0	0	0	b_1
2	0	0	1	0	b_2	b_1	b_0	0	0	b_2
3	0	0	0	1	b_3	b_2	b_1	b_0	0	b_3
4	0	0	0	0	b_0	b_3	b_2	b_1	b_0	b_0
5	0	0	0	0	b_1	b_0	b_3	b_2	b_1	b_1
6	0	0	0	0	b_2	b_1	b_0	b_3	b_2	b_2
7	0	0	0	0	b_3	b_2	b_1	b_0	b_3	b_3
8	0	0	0	0	b_0	b_3	b_2	b_1	b_0	b_0

2. 直接Ⅱ型结构应用实例——正弦序列产生器

在激励 $\delta(n)$的作用下，产生所需频率为 ω_0 的正弦序列。所设计正弦序列产生器的单位脉冲响应表达式可以写为

$$h(n)=R^n\sin(\omega_0 n)u(n)\quad(0<R\leqslant 1)\tag{9-3}$$

由式(9-3)可以看出，由于 $0<R\leqslant 1$，该信号的幅度是指数衰减的，当 $R=1$ 时，为等幅的正弦信号。与其对应的 z 变换 $H(z)$为

$$H(z)=\frac{R(\sin\omega_0)z^{-1}}{1-2R(\cos\omega_0)z^{-1}+R^2z^{-2}}\tag{9-4}$$

这同样是一个 IIR 数字滤波器，其结构图如图 9-9 所示，当激励 $\delta(n)$加入后，系统输出即为所需类型的信号。

同理，可以设计频率为 f_0 的因果余弦序列，此时序列产生器的单位脉冲响应表达式可以写为

$$h(n)=R^n\cos(\omega_0 n)u(n)\quad(0<R\leqslant 1)\tag{9-5}$$

与其对应的 z 变换 $H(z)$为

$$H(z)=\frac{1-R(\cos\omega_0)z^{-1}}{1-2R(\cos\omega_0)z^{-1}+R^2z^{-2}}\tag{9-6}$$

具体实现结构如图 9-10 所示。

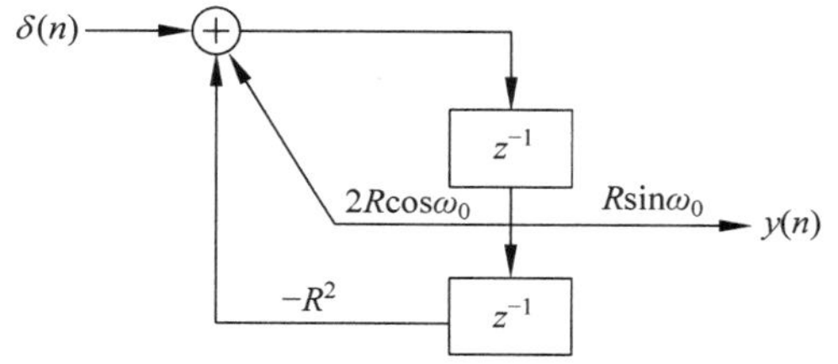

图 9-9　数字正弦信号产生器

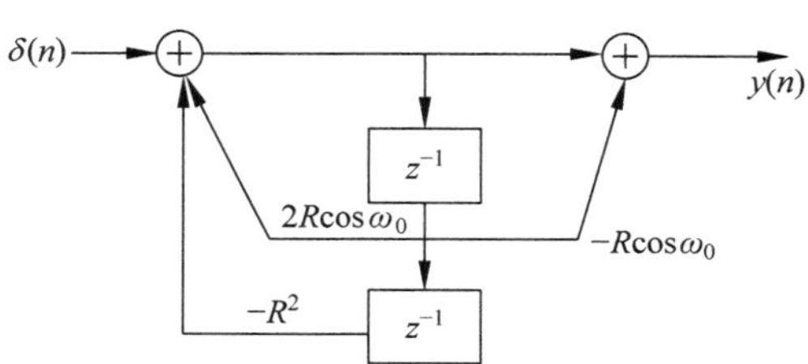

图 9-10　数字余弦信号产生器

3. 并联型结构应用实例——双音多频电话数字按键产生器

双音多频电话数字按键是一个双音多频(Dual-Tone Multi-Frequency,DTMF)收发系统,每一个按键发出的声音由两个正弦信号组成,如图 9-11 所示。每个音频对$[\omega_L,\omega_H]$代表唯一的数字键或符号,分配给按键区不同数字和符号的频率是国际认可的标准。按键键盘中,与行对应的 4 个频率为低频分量,与列对应的 4 个频率为高频分量。当采样率为$f_s=8\text{kHz}$,则相应的数字频率分别为$\omega_L=2\pi f_L/f_s$,$\omega_H=2\pi f_H/f_s$。

由此可知,每一个数字按键信号产生器由两个余弦信号发生器并联而成,其单位脉冲响应$h(n)$为

$$h(n)=\cos(\omega_L n)+\cos(\omega_H n) \tag{9-7}$$

系统函数为

$$H(z)=\frac{1-[\cos(\omega_L)]z^{-1}}{1-2\cos(\omega_L)z^{-1}+z^{-2}}+\frac{1-[\cos(\omega_H)]z^{-1}}{1-2\cos(\omega_H)z^{-1}+z^{-2}}$$

据此可画出 DTMF 数字按键产生器的并联型结构,如图 9-12 所示。

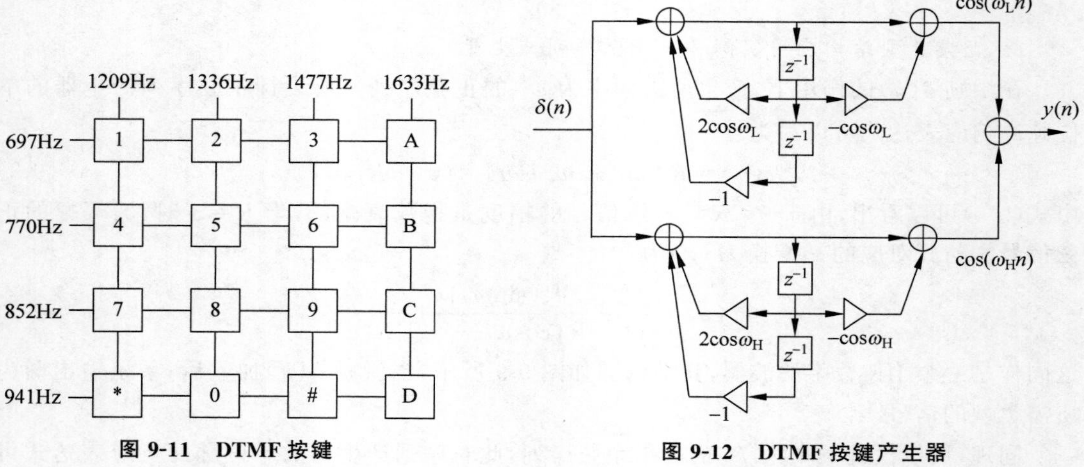

图 9-11 DTMF 按键　　　　图 9-12 DTMF 按键产生器

9.2 FIR 数字滤波器的各种典型实现结构

实现 FIR 数字滤波器的典型结构包括直接型结构、级联型结构、线性相位型结构和频率取样型结构等。

9.2.1 直接型结构

FIR 数字滤波器的$h(n)$是一个有限长序列,其系统函数为

$$H(z)=\sum_{n=0}^{N-1}h(n)z^{-n}$$

对应的差分方程为

$$y(n)=\sum_{k=0}^{N-1}h(k)x(n-k)$$

实际上，上述差分方程就是输入 $x(n)$ 与 $h(n)$ 的卷积和，根据此方程将 $x(n)$ 与 $y(n)$ 的运算关系用结构图描述出来即为 FIR 数字滤波器的直接型结构，如图 9-13 所示。直接型结构有时也称为卷积型结构。

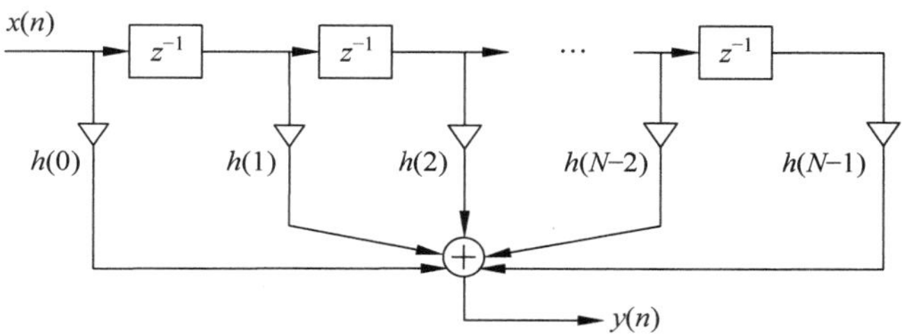

图 9-13　FIR 滤波器的直接型结构

9.2.2　级联型结构

将滤波器系统函数 $H(z)$ 分解为实系数的一阶和二阶因子的乘积形式

$$H(z)=\prod_{k=1}^{M_1}(\beta_{0k}+\beta_{1k}z^{-1}+\beta_{2k}z^{-2})$$

式中，若 $\beta_{2k}=0$，二阶因式即为一阶因式。每一个因式用一个直接型结构描述并进行串联，从而可得级联型结构，如图 9-14 所示。

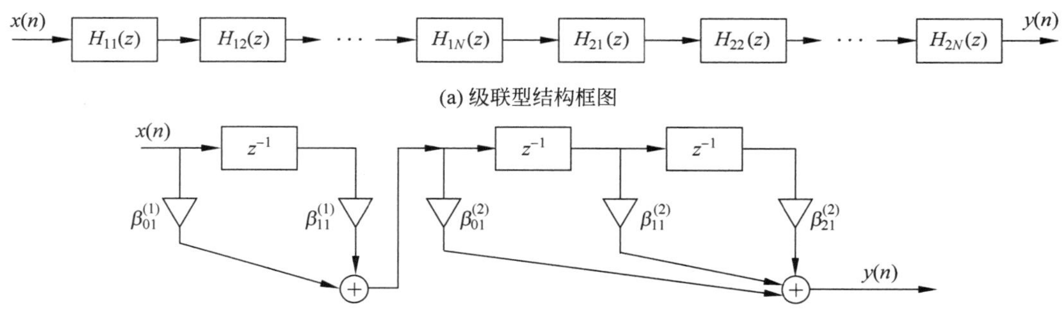

(a) 级联型结构框图

(b) 级联型具体结构

图 9-14　FIR 滤波器级联型结构

这种结构每一节控制一对零点，因此在需要控制传输零点时，可以采用此形式。但是这种结构所需要系数 $\beta_{ik}(i=0,1,2;\ k=0,1,\cdots,N/2)$ 比卷积型系数要多，因此所需的乘法次数也比卷积型要多。

9.2.3　线性相位型结构

如果 FIR 数字滤波器的时域特性 $h(n)$ 满足奇对称或偶对称时，则此时具有线性相位特性。据此，可实现其线性相位结构。

设 $h(n)=\pm h(N-1-n)$，满足对称性。当 N 为偶数时，其系统函数为

$$H(z)=\sum_{n=0}^{\frac{N}{2}-1}h(n)\left[z^{-n}\pm z^{-(N-1-n)}\right] \tag{9-8}$$

当 N 为奇数时，系统函数为

$$H(z)=\sum_{n=0}^{\frac{N-1}{2}-1} h(n)\left[z^{-n} \pm z^{-(N-1-n)}\right]+h\left(\frac{N-1}{2}\right) z^{-\left(\frac{N-1}{2}\right)} \tag{9-9}$$

在式(9-8)与式(9-9)中，方括号内的加号(+)表示 $h(n)$为偶对称，减号(−)表示 $h(n)$为奇对称。$h(n)$为奇对称时，必有 $h\left(\frac{N-1}{2}\right)=0$，图 9-15 给出了 N 为奇数和偶数时的线性相位型结构图。

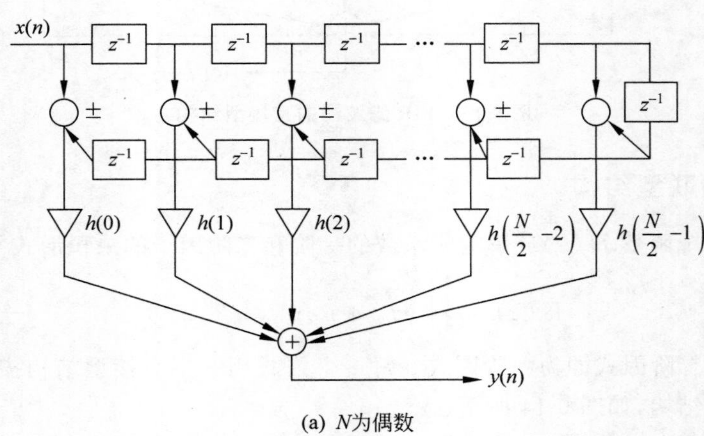

(a) N为偶数

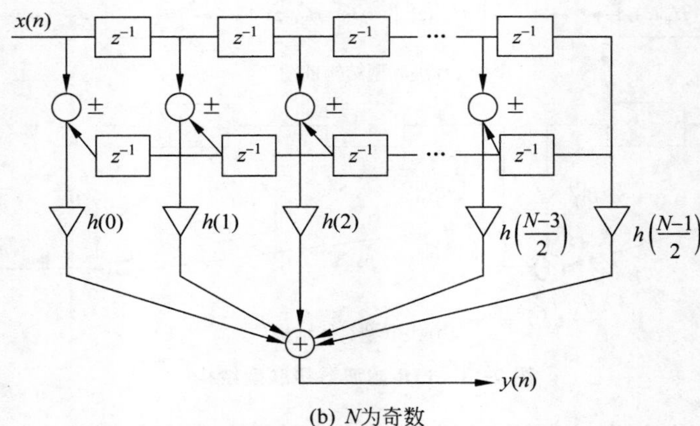

(b) N为奇数

图 9-15 线性相位 FIR 滤波器结构

由结构图可以看出，线性相位 FIR 滤波器只利用了 $h(n)$的一半数据，比一般直接型结构可以节省一半数量的乘法次数，因此节省了存储单元。

9.2.4 频率取样型结构

由频率取样定理可知，滤波器的系统函数可由其在单位圆上的等间隔取样值来描述，即

$$H(z)=\left(1-z^{-N}\right) \frac{1}{N} \sum_{k=0}^{N-1} \frac{H(k)}{1-W_N^{-k} z^{-1}}=H_1(z) H_2(z)$$

上述表达式为 FIR 滤波器提供了另外一种实现结构，这种结构由两个子系统级联组成，一

个子系统是$(1-z^{-N})$，为一个 FIR 系统；另一个子系统是$\sum_{k=0}^{N-1}\frac{H(k)}{1-W_N^{-k}z^{-1}}$，它由 N 个一阶 IIR 子系统并联而成。整个系统的结构如图 9-16 所示。

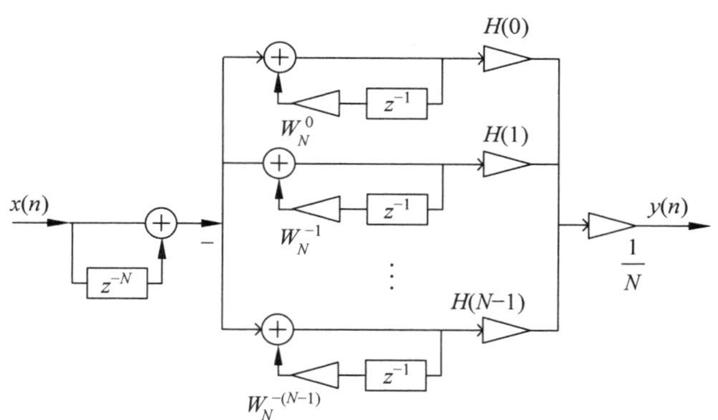

图 9-16　FIR 滤波器的频率取样型结构

频率取样型结构的特点是它的系数 $H(k)$就是在 $\omega_k=2\pi k/N$ 处的响应，因此控制滤波器的频率响应很方便。但是结构中所乘的系数 $H(k)$及 W_N^{-k} 都是复数，增加了乘法次数和存储量。子系统$(1-z^{-N})$的零点为 W_N^{-k}，而 IIR 子系统的极点正好也是在 $z=W_N^{-k}$ 上，即位于单位圆上。这样，当系统量化时，这些极点可能会移动，如果移动到 z 平面单位圆外，系统就不稳定了。

为了克服系数量化后可能出现不稳定的缺点，可以将频率取样结构进行修正，即将所有零、极点都移动到单位圆内某一靠近单位圆、半径为 r 的圆上(r 小于或近似等于 1)，这时

$$H(z)=\frac{1-r^Nz^{-N}}{N}\sum_{k=0}^{N-1}\frac{H_r(k)}{1-rW_N^{-k}z^{-1}}$$

$H_r(k)$为新取样点上的抽样值，即

$$H_r(k)=H(z)\mid_{z=rW_N^{-k}}=H(rW_N^{-k})$$

当 $r\approx1$ 时，有

$$H_r(k)\approx H(k),\quad H(z)=\frac{1-r^Nz^{-N}}{N}\sum_{k=0}^{N-1}\frac{H(k)}{1-rW_N^{-k}z^{-1}}$$

对上式一阶系统中的每对共轭对称的复极点合并成一个二阶系统，使每个分式中多项式系数均为实数，即

$$\begin{aligned}H_k(k)&\approx\frac{H(k)}{1-rW_N^{-k}z^{-1}}+\frac{H(N-k)}{1-rW_N^{-(N-k)}z^{-1}}\\&=\frac{2\mid H(k)\mid\{[\cos\theta(k)]-rz^{-1}\cos[\theta(k)-(2\pi k/N)]\}}{1-2rz^{-1}\cos(2\pi k/N)+r^2z^{-2}}\end{aligned}$$

此时，该子系统的直接Ⅱ型结构如图 9-17 所示。

因此，可得改进后的频率取样型结构如图 9-18(a)所示，其中 $k=0$ 时对应的 $H_0(z)$是一个一阶实系数因式，N 为偶数时，对应 $H_{\frac{N}{2}}(z)$也是一个一阶实系数因式，其结构如图 9-18(b)所示。

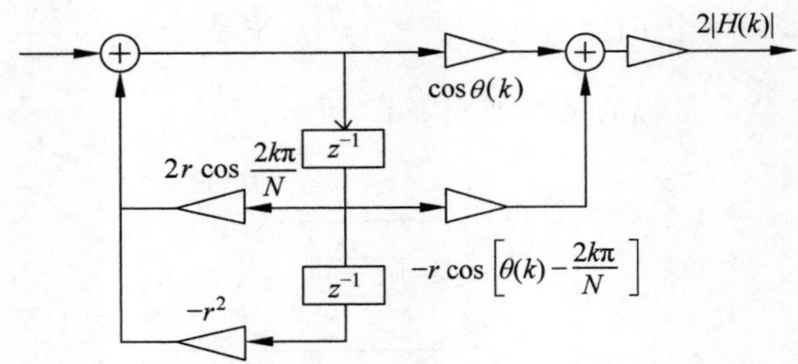

图 9-17 利用复数极点实现二阶部分频率取样结构

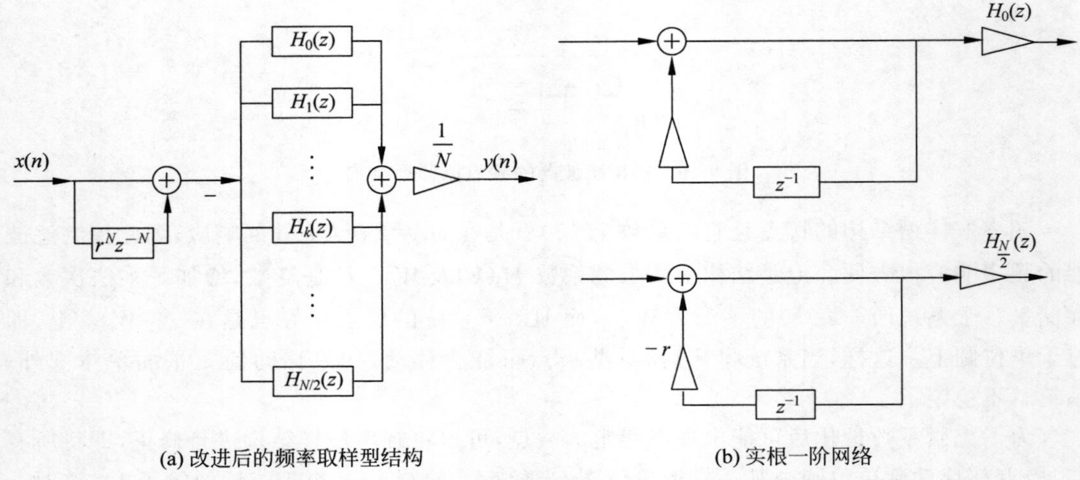

(a) 改进后的频率取样型结构　　(b) 实根一阶网络

图 9-18 改进后的频率取样型结构与实根一阶网络

9.2.5 FIR 数字滤波器各种典型结构的应用实例

直接型结构应用实例——杂波对消器

杂波对消器在雷达信号处理中用于动目标显示滤波器。它利用运动目标回波和静止杂波在频谱上的区别,可有效地抑制位于零频附近的杂波而提取目标信号。

图 9-19 给出了非递归式一次对消器的结构和幅频特性,相应的差分方程为

$$y(n)=x(n)-x(n-1)$$

其对应的幅频响应为

$$|H(\mathrm{e}^{\mathrm{j}\omega})|=2\sin(\omega/2)$$

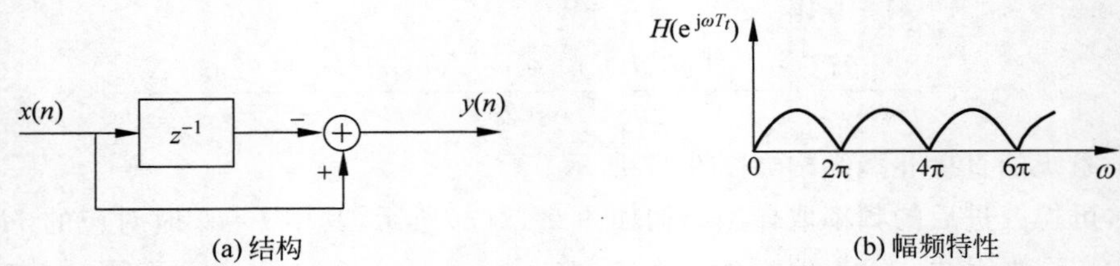

(a) 结构　　(b) 幅频特性

图 9-19 非递归式一次对消器

一次对消器的结构简单，暂态过程短。但从其幅频特性可以看出，它在 $\omega=0$ 附近的抑制缺口较窄，抑制能力较差。而且由于幅频特性为正弦形曲线，因而对不同的多普勒频率的灵敏度相差较大。为了改善幅频特性，可以将多级一次对消器级联起来。图 9-20 给出二次对消器的结构和幅频特性。

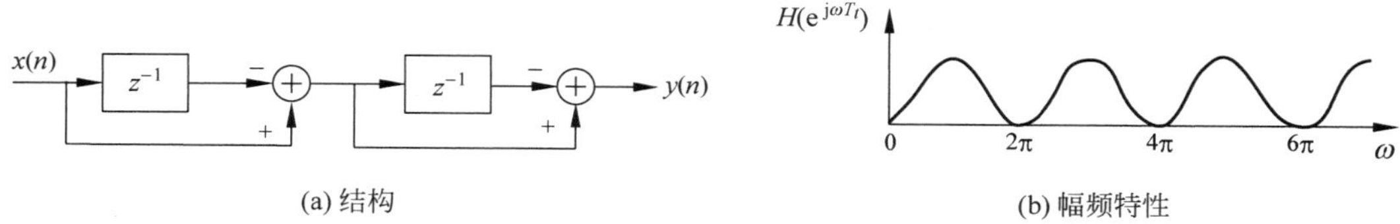

(a) 结构　　(b) 幅频特性

图 9-20　非递归式二次对消器

与其对应的差分方程为

$$y(n)=x(n)-2x(n-1)+x(n-2)$$

幅频响应为

$$|H(e^{j\omega})|=4\sin^2(\omega/2)$$

由二次对消器幅频特性可以看出，相对于一次对消器，二次对消器幅频特性在 $\omega=0$ 附近的杂波抑制凹口比较宽，对于一些功率谱较宽的杂波，滤波器总的抑制性能将会得到改善。

类似地，可以将 N 级一次对消器级联起来，得出如图 9-21 所示的结构，相应的差分方程为

$$y(n)=\sum_{k=0}^{N}a_k x(n-k) \tag{9-10}$$

其中

$$a_k=(-1)^k C_N^k$$

幅频响应为

$$|H(e^{j\omega})|=2^N\sin^N(\omega/2)$$

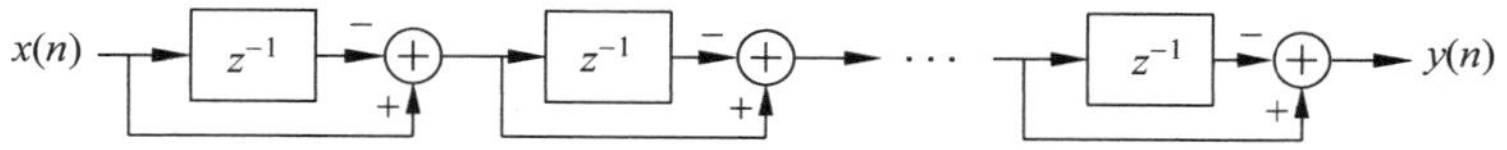

图 9-21　非递归式 N 次对消器结构

采用 N 级一次对消器级联的方法虽然可以改善幅频特性的抑制缺口，但这样得出的 $\sin^N(x)$形成的幅频响应仍不均匀，因此仍存在着对不同的多普勒频率变化敏感的问题。为了进一步克服这一缺陷，可以采用如图 9-22 所示的结构等效地实现式(9-10)所对应的差

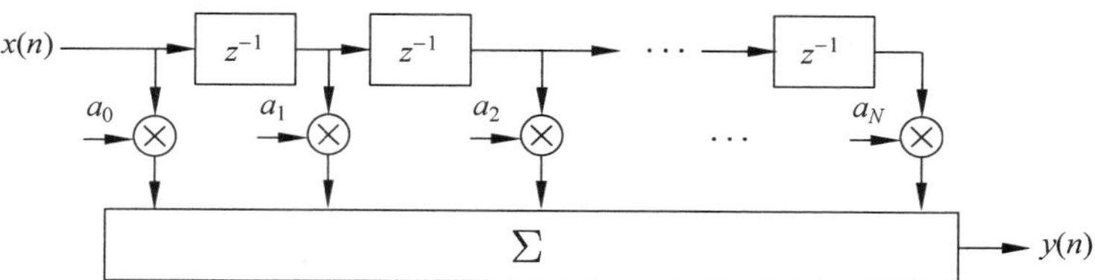

图 9-22　非递归式 N 次对消器的等效结构

分方程，然后通过适当地选择系数 a_k 来进一步改善幅频响应。例如，对于五脉冲对消器（即 $N=4$），若令 $a_1=a_5$，$a_0=a_4$，则相应的幅频响应为

$$|H(e^{j\omega})|=a_2+a_1\cos\omega+2a_0\cos\omega$$

适当地选择 a_0、a_1 和 a_2 即可获得较好的幅频响应。

习题

9-1 已知某系统的系统函数为

$$H(z)=\frac{z^3}{(z-0.4)(z^2-0.6z+0.25)}$$

试分别画出该系统直接Ⅰ型、级联型和并联型结构。

9-2 某离散 LTI 系统的结构流图如题图 9-2 所示，试写出该系统的差分方程和系统函数。

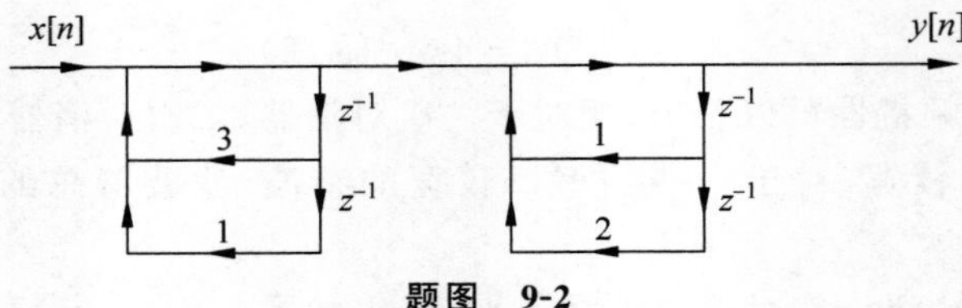

题图 9-2

9-3 已知 FIR 数字滤波器的系统函数为

$$H(z)=(1+z^{-1})(1-2z^{-1}+2z^{-2})$$

试分别画出直接型和级联型结构。

9-4 已知某六阶线性相位 FIR 数字滤波器的单位脉冲响应 $h(n)=\{2,3,5,0,-5,-3,-2\}$。试画出该 FIR 数字滤波器的线性相位型和直接型结构。

9-5 求题图 9-5 中各系统的单位脉冲响应。

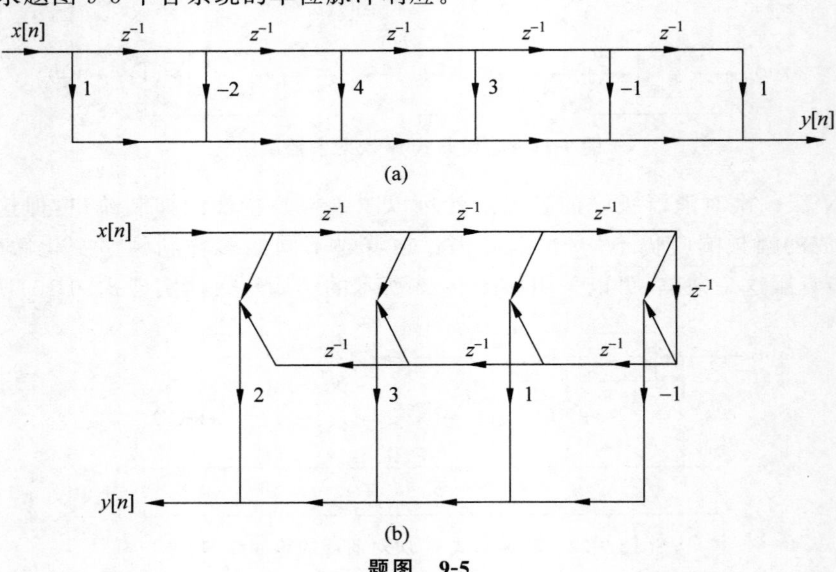

题图 9-5

9-6 已知某 IIR 数字滤波器的系统函数为

$$H(z)=\frac{0.5}{(1-0.6z^{-1})(1-0.5z^{-1})}$$

试分别画出该系统级联型和并联型结构。

9-7 已知某离散 LTI 系统的差分方程为

$$y(n)=0.8y(n-1)+x(n)$$

试给出该系统的系统函数,并画出其对应的直接Ⅰ型结构。

9-8 某四阶 IIR 数字滤波器的系统函数为

$$H(z)=\frac{0.0112z^{4}+0.0225z^{2}+0.0112}{z^{4}+1.7542z^{2}+0.8176}$$

试画出其对应的直接Ⅱ型结构。

9-9 设一因果时不变系统可以用下面的差分方程来描述

$$y(n)=4y(n-1)-3y(n-2)+2x(n)-2x(n-1)+2x(n-2)$$

试分别画出该系统的直接Ⅰ型、直接Ⅱ型、级联型和并联型结构。

9-10 设系统的系统函数为

$$H(z)=\frac{(1+3z^{-1})(1-1.414z^{-1}+z^{-2})}{(1-0.5z^{-1})(1+0.9z^{-1}+0.81z^{-2})}$$

试画出各种可能的级联型结构。

9-11 分别用直接型和级联型结构实现系统函数

$$H(z)=(1-2z^{-1})(1-1.732z^{-1}+z^{-2})$$

第五部分　信号分析与处理技术应用概述

第10章

数字信号处理技术应用

前面的内容主要介绍了信号与系统的基本理论及分析方法。本章将给出一些具体的应用领域和相关实例，如数字音响效果的产生、信号的去噪与增强、数字滤波器在雷达及通信信号处理中的应用等。通过对这些应用实例的分析求解，使读者拓展知识面的同时，进一步体会信号与系统相关理论在解决实际问题中所凸显的重要作用，彰显其强大的生命力。

10.1 数字音响效果

数字音响效果主要包括延迟、回声、混响、梳状滤波、立体声、失真、压缩、扩展及均衡等。上述音响效果可以应用于音乐制作、舞台演出及家庭影院等方面。

10.1.1 回声信号产生器

声波在传播过程中，碰到大的反射面(如建筑物的墙壁、大山等)将会发生反射，这种反射声波称为回声。如果在山谷里面对悬崖大声呼喊，声音就会传到悬崖再反射回来，形成回声。倘若声音是从悬崖的不同部分反射回来的，则可以听到多个回声。

有关回声的应用领域非常广泛。例如，人们不仅可以通过声呐装置利用回声探测海深、冰山的距离和敌方潜艇的方位，还可以在地质勘探中，通过引爆炸药，利用探头接收到地下不同层间界面反射回来的声波来探测地下油矿。而在建筑设计方面，也必须考虑回声效应。这是因为，在封闭的空间里产生声音后，声波就在四壁上不断反射，即使在声源停止辐射后，声音还要持续一段时间，这种现象叫作混响。混响时间太长，就会干扰有用声音。但是若混响时间太短，则给人以单调、不丰满的感觉。因此，设计师们须采取必要的措施，以获得适量的混响来提高室内的音质。例如在设计音乐厅时，可通过设计厅堂的内部形状、结构、吸声及隔声效果等，获得合理的混响时间，才能让观众感受到厚重雄浑、丰富饱满的音乐效果。另外，在音乐制作过程中，为了使录制的音乐更接近于音乐厅中的效果，人们还可以在录音完成之后再通过技术手段加上声学特性，即采用数字信号处理的方式，增加一些回声或者混响音效。下面着重阐述这些音效的生成过程。

1. 单回声信号产生器

回声可以用原信号的延迟单元来实现,将原声音信号与其延迟 R 个周期后的信号进行线性组合,即可得到单回声信号,与其对应的数学模型为

$$y(n)=x(n)+\alpha x(n-R) \quad (|\alpha|<1)$$

式中,$x(n)$表示原声音信号;α 表示衰减系数;R 取整数。相应的系统函数可表示为

$$H(z)=1+\alpha z^{-R}$$

可见,单回声系统可以通过一个 FIR 数字滤波器来实现,其结构和单位脉冲响应如图 10-1 所示,系统的零点为 $z_{0k}=(\alpha)^{\frac{1}{R}}\mathrm{e}^{\mathrm{j}\frac{(2k+1)\pi}{R}}$ $(k=0,1,\cdots,R-1)$,极点为 $z_{\mathrm{p}}=0$,且为 R 重极点。

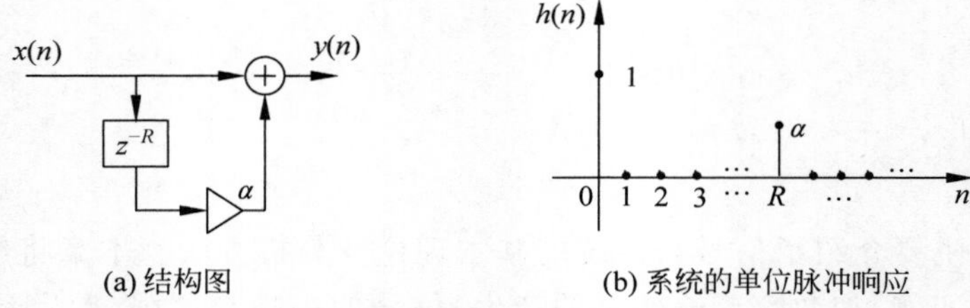

(a) 结构图 (b) 系统的单位脉冲响应

图 10-1 数字回声处理器的结构图及时域特性

该系统的幅频特性及零极点分布如图 10-2 所示,这种滤波器也称为梳状滤波器,为了简化起见,图中取 $R=4$。

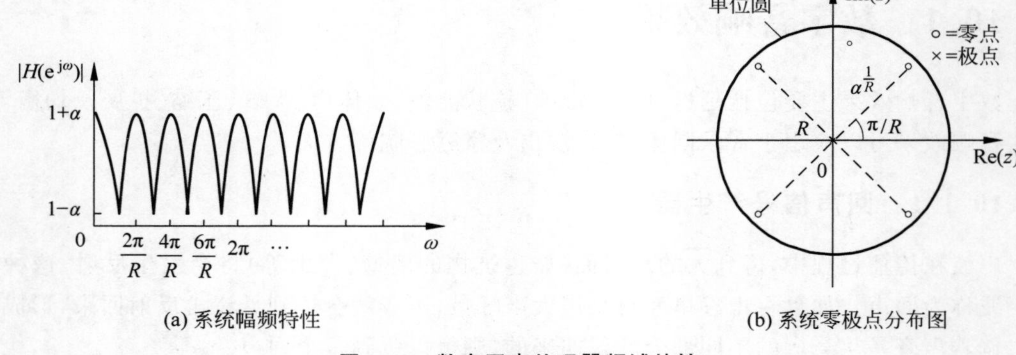

(a) 系统幅频特性 (b) 系统零极点分布图

图 10-2 数字回声处理器频域特性

2. 多回声信号产生器

根据单回声产生原理,间隔为 R 的多个回声产生器可以用多阶 FIR 数字滤波器实现,原声音 $x(n)$与其分别延迟 R 个单元,$2R$ 个单元,$\cdots$,$(N-1)R$ 个单元后的信号线性组合即可得到 N 重回声后的时域信号 $y(n)$,其数学模型为

$$y(n)=x(n)+\alpha x(n-R)+\alpha^{2}x(n-2R)+\cdots+\alpha^{N-1}x(n-(N-1)R) \quad (|\alpha|<1)$$

系统函数为

$$H(z)=1+\alpha z^{-R}+\alpha^{2}z^{-2R}+\cdots+\alpha^{N-1}z^{-(N-1)R}$$
$$=\frac{1-\alpha^{N}z^{-NR}}{1-\alpha z^{-R}}$$

例如,考虑 $N=4$ 时的三回声信号产生器,此时系统的单位脉冲响应为

$$h(n)=\delta(n)+\alpha\delta(n-R)+\alpha^2\delta(n-2R)+\alpha^3\delta(n-3R)$$

与之相应的系统函数为

$$H(z)=1+\alpha z^{-R}+\alpha^2 z^{-2R}+\alpha^3 z^{-3R}=\frac{1-\alpha^4 z^{-4R}}{1-\alpha z^{-R}}$$

则其零点为

$$z_{0k}=(\alpha)^{\frac{1}{R}}\mathrm{e}^{\frac{\mathrm{j}2k\pi}{4R}}\quad(k=0,1,\cdots,4R-1)$$

极点为

$$z_{\mathrm{p}}=0$$

且极点为$(N-1)R=12$重极点，同时还有下列R个单极点，即

$$z_{\mathrm{p}k}=(\alpha)^{\frac{1}{R}}\mathrm{e}^{\frac{\mathrm{j}2k\pi}{R}}\quad(k=0,1,\cdots,R-1)$$

该系统的结构、单位脉冲响应、幅频特性及零、极点分布分别如图10-3(a)～(d)所示，此例中取$\alpha=0.7,R=4$。需要说明的是，由于$z=\alpha^{\frac{1}{R}}$、$z=\alpha^{\frac{1}{R}}\mathrm{e}^{\mathrm{j}\frac{\pi}{2}}$、$z=\alpha^{\frac{1}{R}}\mathrm{e}^{\mathrm{j}\pi}$、$z=\alpha^{\frac{1}{R}}\mathrm{e}^{\mathrm{j}\frac{3\pi}{2}}$既是该系统函数的零点，也是其极点，故在这几个点处零、极点互相对消，在图中用⊗表示。

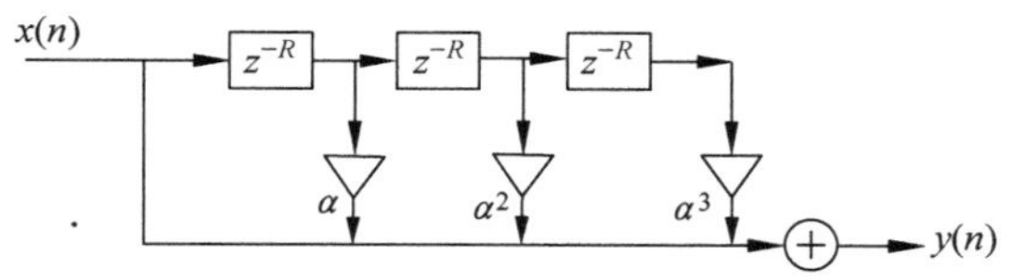

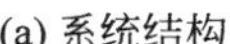

(a) 系统结构

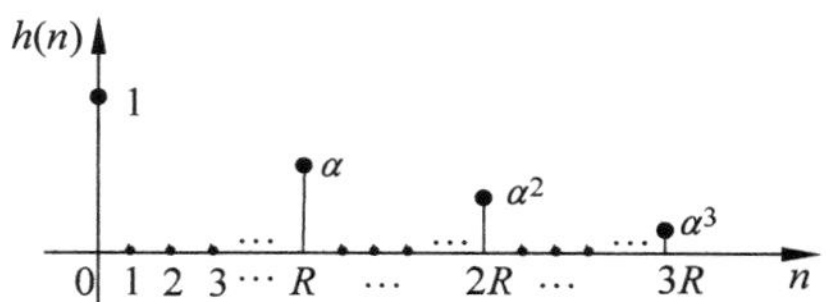

(b) 系统的单位脉冲响应

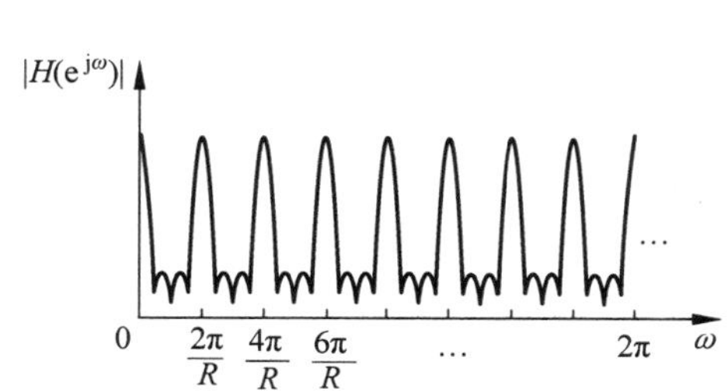

(c) 系统幅频特性

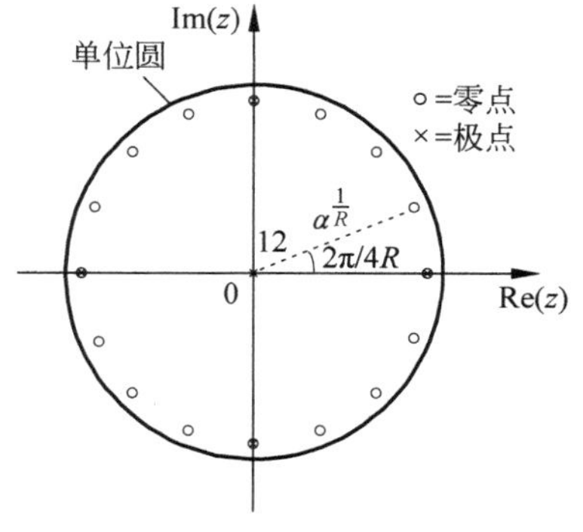

(d) 系统零、极点分布

图10-3 回声信号产生器结构、单位脉冲响应、幅频特性及零、极点分布

3. 回荡器

回荡器由无限多个回声信号之和组成，此时原声音信号$x(n)$与回荡器输出声音信号$y(n)$可以表示为

$$y(n)=x(n)+\alpha x(n-R)+\alpha^2 x(n-2R)+\alpha^3 x(n-3R)+\cdots$$

系统函数为

$$H(z)=1+\alpha z^{-R}+\alpha^2\alpha^{-2R}+\alpha^3 z^{-3R}+\cdots=\frac{1}{1-\alpha z^{-R}}$$

其零点为

$$z=0$$

该极点为 R 重零点。同时，极点为

$$z_{p_k}=(\alpha)^{\frac{1}{R}}e^{\frac{j2k\pi}{R}}\quad(k=0,1,\cdots,R-1)$$

这实际上是一个 IIR 数字滤波器，该系统的结构及单位脉冲响应如图 10-4 所示。

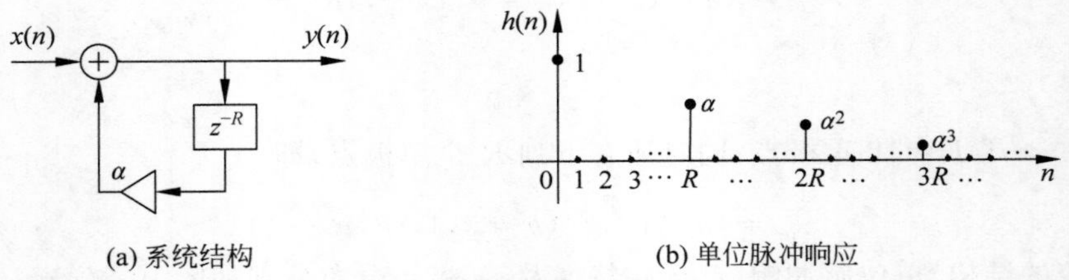

(a) 系统结构　　(b) 单位脉冲响应

图 10-4　回荡器结构与单位脉冲响应

该系统的幅频特性及零、极点分布如图 10-5 所示。这是一个梳状滤波器，为了说明问题，此图中取 $R=8$。

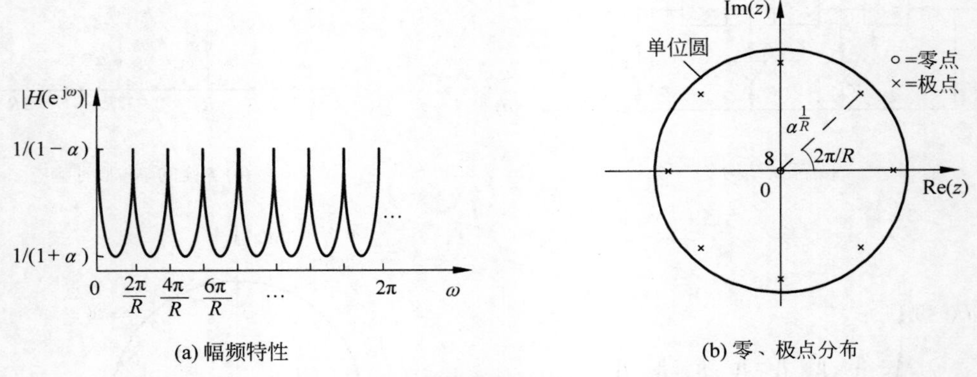

(a) 幅频特性　　(b) 零、极点分布

图 10-5　回荡器幅频特性及零、极点分布

4. 全通混响器

上面所示的滤波器均为梳状滤波器结构，实际上它们无法满足音乐处理的要求。首先是因为这种滤波器的幅频特性不是常数，对不同频率的声音谐波响应不均匀；其次是这种回声太单调，每秒的回声数目太少会导致声音的颤动，通过实际测试知，需要每秒约 1000 个回声才能没有颤动地反射声音。为了生成一种真实的混响，可采用全通结构的混响器，即

$$H(z)=\frac{\alpha+z^{-R}}{1+\alpha z^{-R}}\quad(|\alpha|<1)$$

该系统的结构、单位脉冲响应、幅频特性，以及零、极点分布如图 10-6 所示。

图 10-7 给出了一种由四个无限长冲激响应回声发生器并联和两个全通混响器的级联组成的自然回声混响器方案，通过调整每一段的延时（调节 R_i）并乘以常量 α_i，可以达到令人满意的声音混响，重现了如在音乐厅这样一个特定封闭空间所产生的声音。

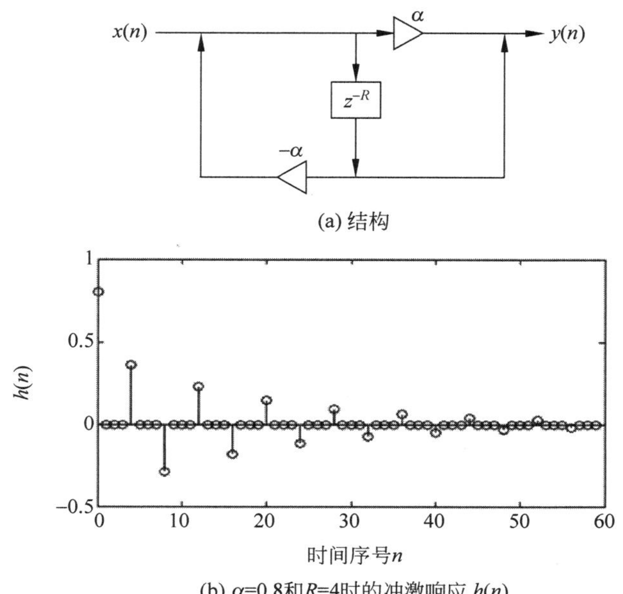

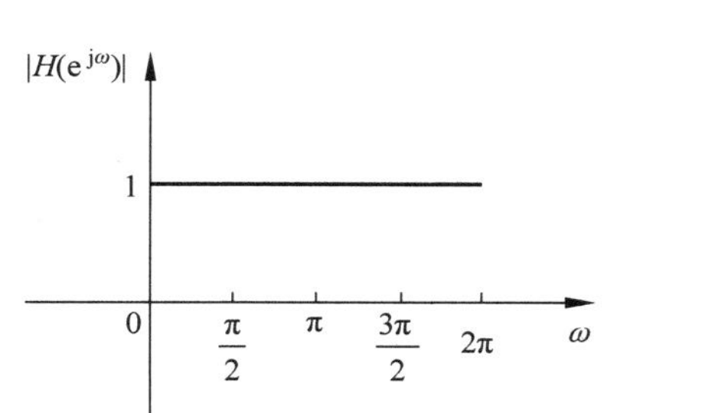

(c) 一个周期内的幅频响应

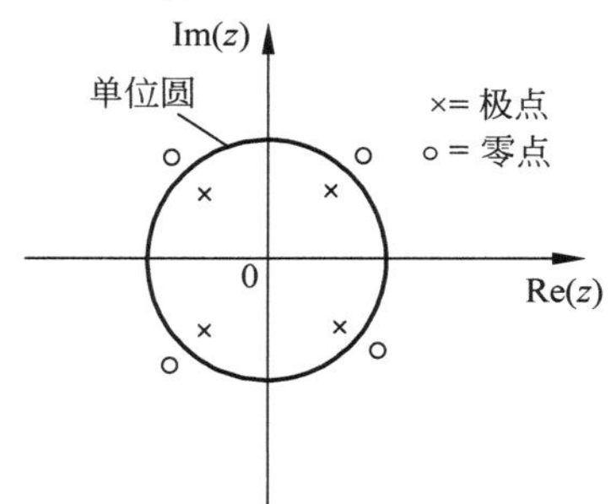

(d) 零、极点分布

图 10-6 全通混响器

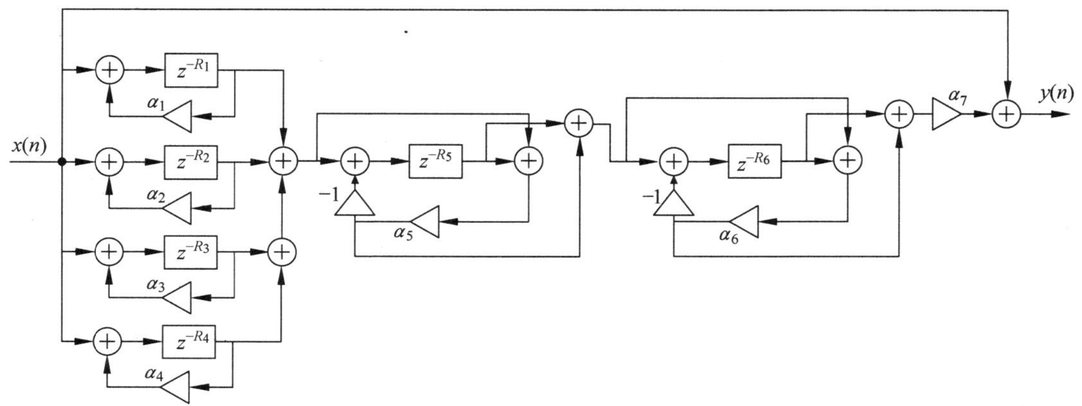

图 10-7 一种自然声音混响器方案

10.1.2 音乐信号均衡器

把分别录制的各种乐器或歌手的声音进行混合时，通常要由音乐工程师修改它们的频率响应。方法是让原始信号通过一个均衡器，其作用是使这些声音在混合信号中充分表现。通过峰值化 1.5kHz～3kHz 内的中间频率分量，并通过对该频率范围外的分量提供“提升”或“消减”，以修改低音-颤音关系。常用一阶和二阶参数可调的滤波器级联实现这个功能。滤波器结构选择的主要原则之一是调整方便，最好是调一个参数只影响一个应用指标，而且可调参数要少。

1. 一阶均衡器

参数可调的一阶均衡器的结构如图 10-8 所示。其中，图 10-8(a)输入到两个输出端的传递函数分别为

$$H_{\mathrm{HP}}(z)=0.5[1+A_1(z)]$$

$$H_{\mathrm{LP}}(z)=0.5[1-A_1(z)]$$

式中，$A_1(z)=\dfrac{\alpha-z^{-1}}{1-\alpha z^{-1}}(|\alpha|<1)$，它是一个全通系统。

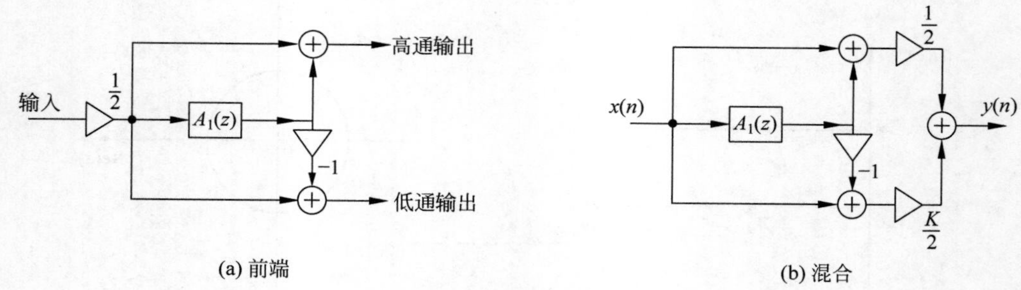

图 10-8 一阶均衡器结构

若把低频输出乘以 $K(K>0)$和高频输出相加，就得到低频均衡滤波器，与其对应的传递函数为

$$\begin{aligned}G_1(z)&=0.5K[1-A_1(z)]+0.5[1+A_1(z)]\\&=0.5(K+1)+0.5(1-K)A_1(z)\end{aligned}$$

选取一定的 α 和 K 值，即可得到频率响应曲线。不同的 α 和 K 大于或小于 1 时所对应的频率响应曲线如图 10-9 所示。

因此，可以根据需要，设置可调的电位器来提高低频的增益或高频的增益，以达到均衡的目的。

2. 二阶均衡器

二阶均衡器也可以采用图 10-8 所示的结构，不同点在于将 $A_1(z)$用下面的函数 $A_2(z)$代替，即

$$A_2(z)=\frac{\alpha-\beta(1+\alpha)z^{-1}+z^{-2}}{1-\beta(1+\alpha)z^{-1}+\alpha z^{-2}}\quad(|\alpha|<1)$$

$A_2(z)$可以用图 10-10(a)所示的级联格状结构实现，利用图 10-10(b)所示二阶均衡器的结构，其对应的传输函数 $G_2(z)$为

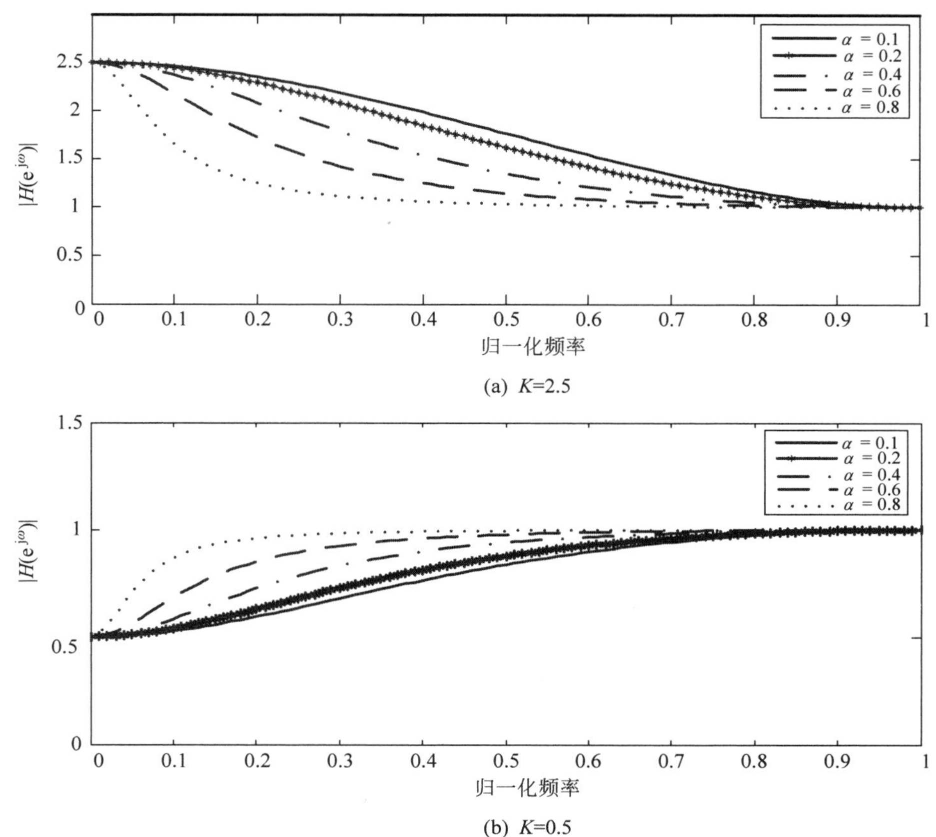

(a) K=2.5

(b) K=0.5

图 10-9 一阶均衡滤波器频率响应曲线

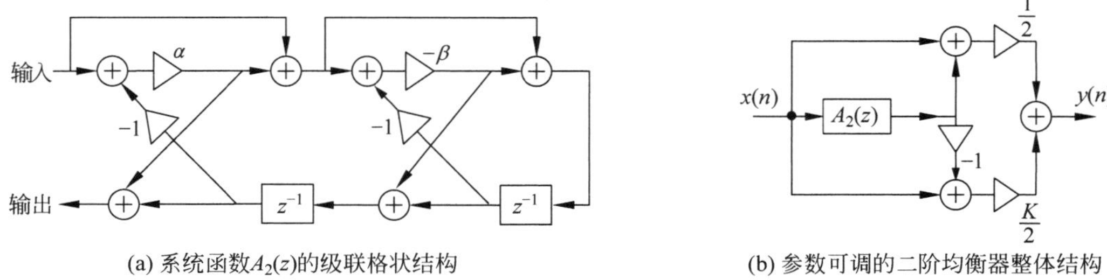

(a) 系统函数$A_2(z)$的级联格状结构

(b) 参数可调的二阶均衡器整体结构

图 10-10 参数可调的二阶均衡器

$$G_2(z)=\frac{K}{2}[1-A_2(z)]+\frac{1}{2}[1+A_2(z)]$$

式中，K 是一个正的常数。

二阶均衡器中有 K、α 和 β 三个可调参数，分别对应于调节均衡器频率响应的幅度、带宽和中心频率。上述参数取不同值时所对应的频率响应曲线如图 10-11 所示。

3. 高阶均衡器

图 10-12(a)示出了用所给出的标称频率响应参数的一个一阶和三个二阶均衡器级联的

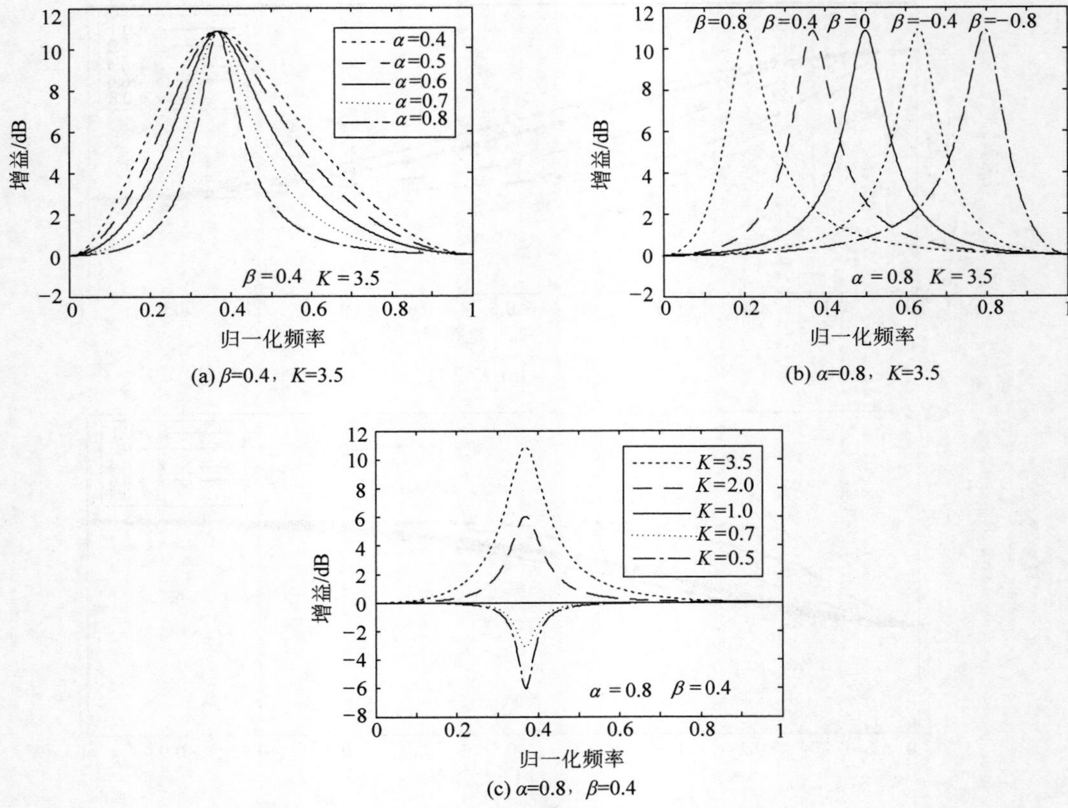

(a) β=0.4，K=3.5　　(b) α=0.8，K=3.5

(c) α=0.8，β=0.4

图 10-11　二阶均衡滤波器频率特性曲线

结构图。图 10-12(b)给出了其对应的频率响应。在实际均衡器的设计过程中，往往不建议用更高阶的均衡器，而更趋向于使用若干低阶均衡器的级联。具有可调增益响应的图形均衡器，可以用能从外部控制每个结点最大增益值的一阶和二阶均衡器的级联来构造。

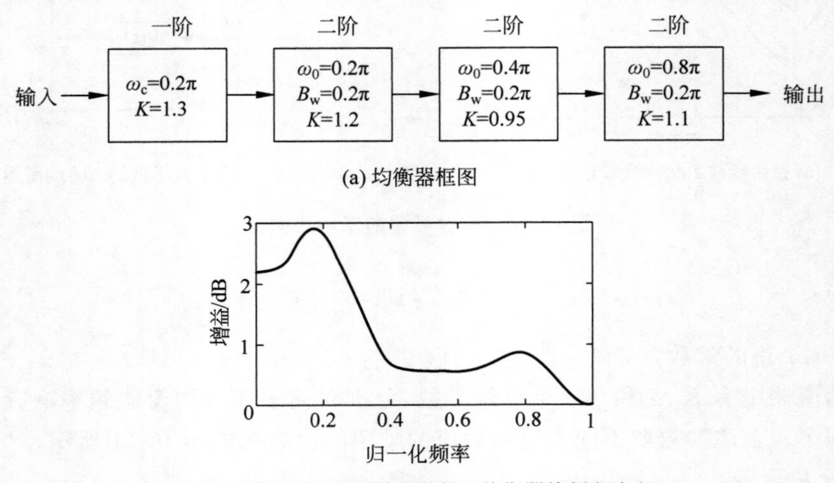

(a) 均衡器框图

(b) 对于各部分显示的参数值，均衡器的频率响应

图 10-12　一个一阶和三个二阶均衡器级联的结构及频率响应

10.2 信号的去噪与增强

信号的去噪与增强是信号处理领域的常见问题之一。所谓的去噪，即从含噪的混合信号中去除噪声，提取有用信号。通常，含噪的混合信号 $x(n)$表示为

$$x(n)=s(n)+v(n)$$

式中，$s(n)$表示有用信号；$v(n)$表示噪声信号。在不同的应用领域中，噪声信号 $v(n)$的类型有所不同。例如，在测量领域中，典型的噪声信号有如下几种。

(1) 高斯白噪声。通常为背景噪声。

(2) 周期干扰信号。如心电图测量过程中的 60Hz 的干扰信号。

(3) 低频噪声。如雷达杂波信号。

为了从混合信号中去除噪声信号，通常的做法是使 $x(n)$通过一个适当的滤波器 $h(n)$，此滤波器的作用就是在不失真地提取有用信号的同时，滤除噪声信号。需要注意的是，当有用信号与噪声信号的频谱不重叠时，通过设计合适的滤波器很容易去除噪声；但当有重叠时，无论如何设计滤波器，其输出在滤除噪声的同时，总会对有用信号有所失真。

10.2.1 直流信号提取

若混合信号 $x(n)$是由直流信号和零均值高斯白噪声组成的，其中直流信号就是所要提取的有用信号。此时，$x(n)$可表示为

$$x(n)=s(n)+v(n) \tag{10-1}$$

式中，$s(n)$为直流信号；$v(n)$为零均值高斯白噪声信号。

由于直流信号的频率为 0Hz，而高斯白噪声的频率成分遍布整个频率轴，因此，只需设计一个低通滤波器，就可以提取直流信号，滤除高斯白噪声信号。而且，要求所设计的低通滤波器的带宽越小越好，这样，对噪声的抑制效果就会越好。

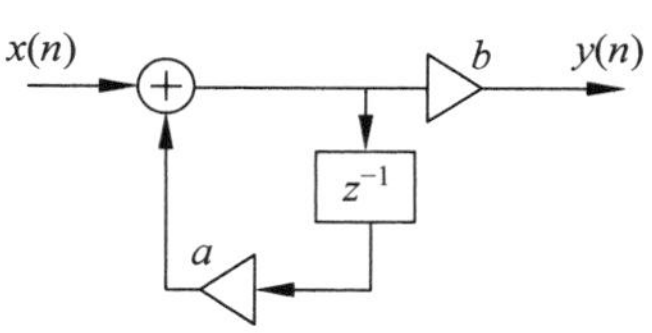

图 10-13 一阶 IIR 滤波器结构

例如，可利用一阶 IIR 滤波器从式(10-1)所示的含噪接收信号 $x(n)$中提取直流信号 $s(n)$。其中，一阶 IIR 滤波器的结构如图 10-13 所示。

由图 10-13 可知，滤波器的系统函数为

$$H(z)=\frac{b}{1-az^{-1}} \tag{10-2}$$

式中，$0<a<1$；b 为待定常数。此滤波器的频响函数为

$$H(e^{j\omega})=\frac{b}{1-ae^{-j\omega}}$$

由于要提取直流信号，所以应满足

$$|H(e^{j\omega})|_{\omega=0}=1$$

也即

$$H(z)|_{z=1}=1$$

代入式(10-2)中可得

$$b=1-a$$

因此,所选取的低通滤波器为

$$H(z)=\frac{1-a}{1-az^{-1}}$$

同时,滤波器的3dB带宽 ω_c 应满足

$$|H(e^{j\omega})|^2_{\omega=\omega_c}=\frac{b^2}{1-2a\cos\omega_c+a^2}=\frac{1}{2}$$

将 $b=1-a$ 代入上式得

$$\cos\omega_c=1-(1-a)^2/2a$$

可以证明,当 $a\rightarrow 1$,此时利用 $\cos x\approx 1-x^2/2$ 可得

$$\omega_c\approx 1-a$$

由此可见,当 $a\rightarrow 1$ 时,有

$$\omega_c\rightarrow 0$$

此时,滤波器为窄带滤波器,更能有效地滤除噪声。

图10-14和图10-15分别给出了 $a=0.9$、$a=0.98$ 时的各波形图。图中,虚线(---)表示混合信号 $x(n)$,实线(—)表示滤波器的输出信号 $y(n)$,直流信号为 $s(n)=1$。由图10-14(c)和

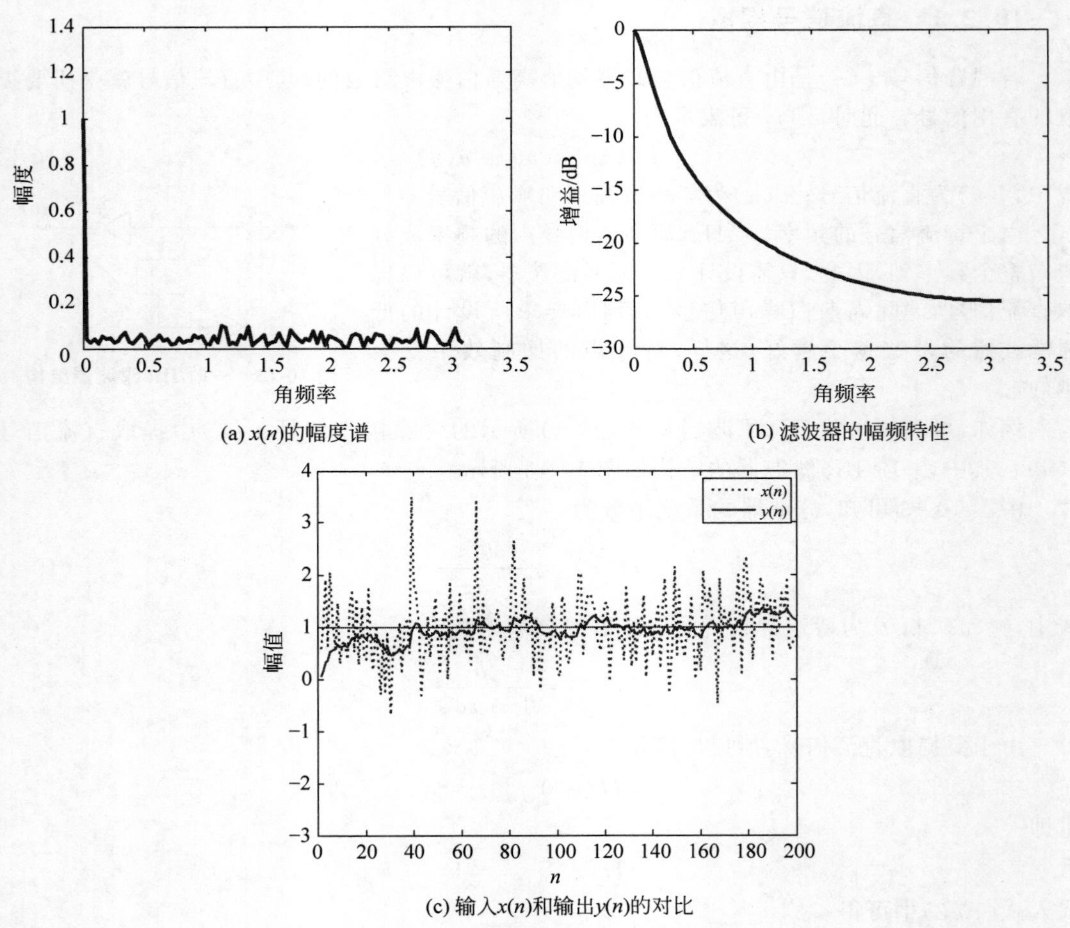

(a) $x(n)$的幅度谱

(b) 滤波器的幅频特性

(c) 输入$x(n)$和输出$y(n)$的对比

图10-14 $a=0.9$ 时的各波形图

图 10-15(c)对比可以看出，当 $a=0.98$ 时，输出波形 $y(n)$ 更接近于直流信号 $s(n)$，此时，滤波器滤除噪声的性能更强。

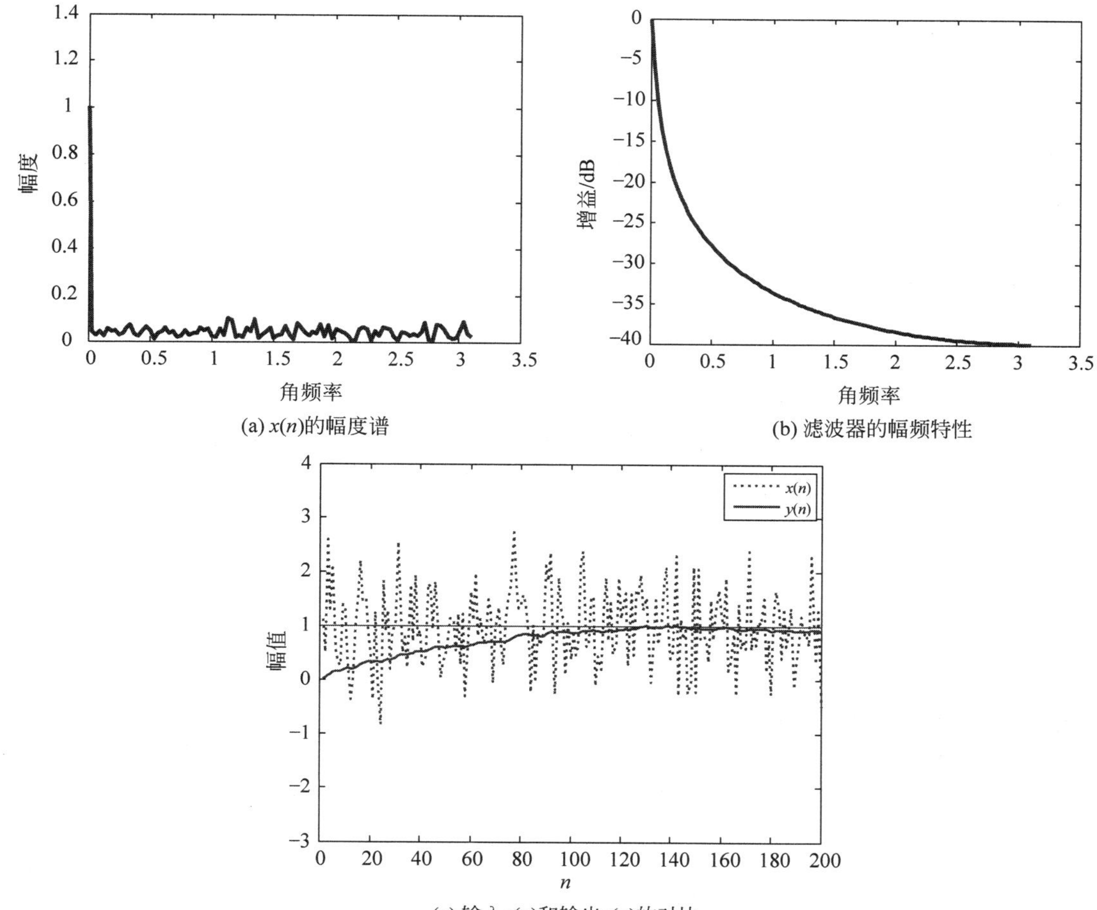

(a) $x(n)$的幅度谱

(b) 滤波器的幅频特性

(c) 输入$x(n)$和输出$y(n)$的对比

图 10-15　$a=0.98$ 时的各波形图

10.2.2　高频信号提取

若混合信号 $x(n)$是由高频信号和零均值高斯白噪声组成的，其中高频信号就是所要提取的有用信号。此时，$x(n)$可表示为

$$x(n)=s(n)+v(n)=(-1)^n s+v(n) \tag{10-3}$$

式中，s 为一个常数，$(-1)^n s$ 为高频信号；$v(n)$为零均值高斯白噪声信号。

对于如式(10-3)所示的混合信号，只需设计一个高通滤波器就可以提取高频信号，滤除高斯白噪声信号。

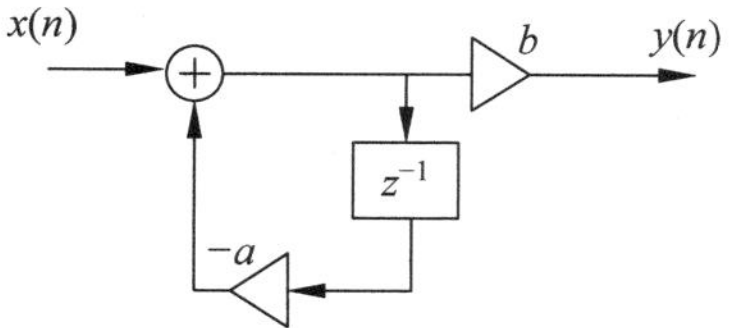

图 10-16　一阶 IIR 滤波器结构

例如，可设计如图 10-16 所示的一阶 IIR DF，从式(10-3)所示的含噪接收信号 $x(n)$中提取高频信号$(-1)^n s$。

滤波器的系统函数为

$$H(z)=\frac{b}{1+az^{-1}} \tag{10-4}$$

式中，$0<a<1$；b 为待定常数。此滤波器的频响函数为

$$H(\mathrm{e}^{\mathrm{j}\omega})=\frac{b}{1+a\mathrm{e}^{-\mathrm{j}\omega}}$$

由于要提取直流信号，所以应满足

$$|H(\mathrm{e}^{\mathrm{j}\omega})|_{\omega=\pi}=1$$

也即

$$H(z)|_{z=-1}=1$$

代入式(10-4)可得

$$b=1-a$$

因此，所选取的高通滤波器为

$$H(z)=\frac{1-a}{1+az^{-1}}$$

图 10-17(a)～(d)分别给出了一阶 IIR 高通滤波器的输入信号 $x(n)$的幅度谱、滤波器的幅频响应曲线以及 $x(n)$和 $y(n)$的时域波形，由图 10-17(d)可以看出，混合信号 $x(n)$经过此高通滤波器之后，有效地提取了高频信号，滤除了高斯白噪声信号。

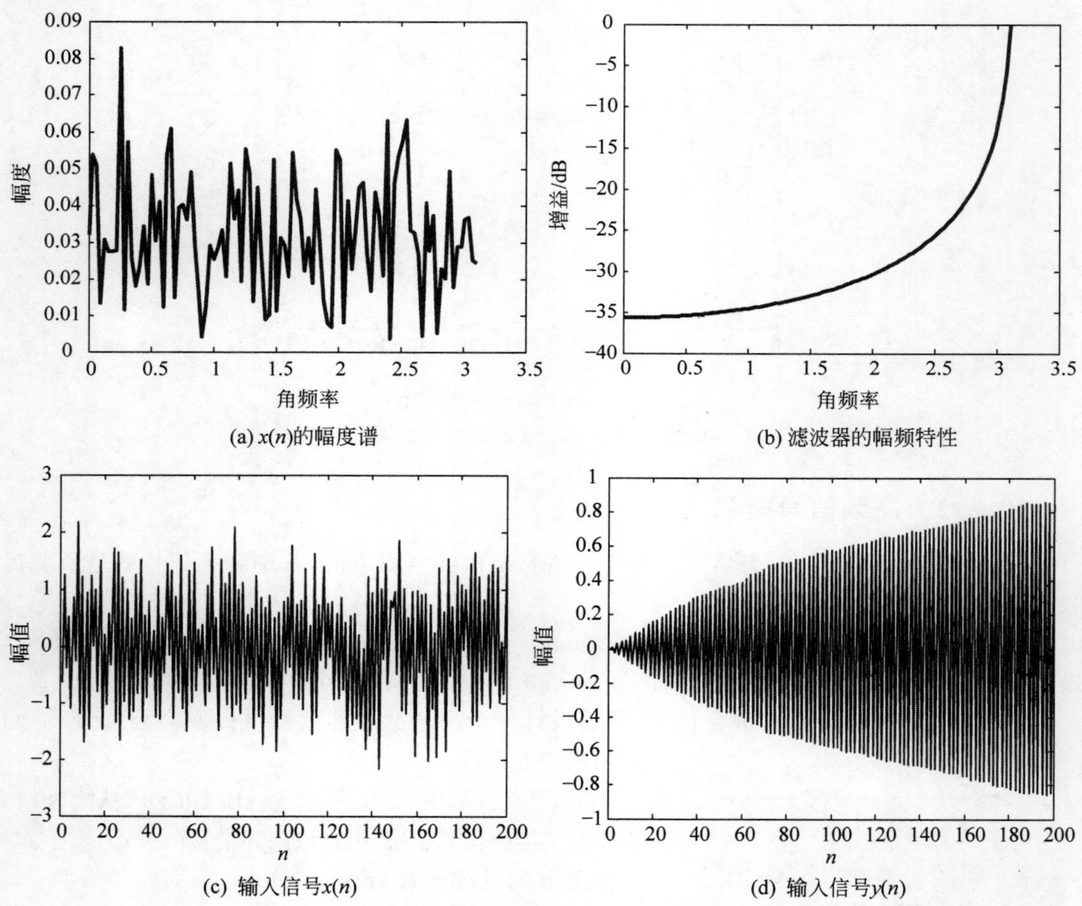

图 10-17 高通滤波器的各波形图

10.2.3 周期噪声信号的滤除

若信号 $x(n)$是由有用信号和周期噪声信号组成的，则此时需要用一个合适的陷波器(notch filter)来滤除周期噪声信号。这是因为，周期噪声的频谱仅在各次谐波如 ω_1，$2\omega_1$，$3\omega_1$…点处有值，如图 10-18(a)所示，因此，则需要一个陷波器将这些谐波点处的频谱"挖掉"，从而在滤除噪声的同时，对信号频谱的损伤最小，如图 10-18(b)所示。

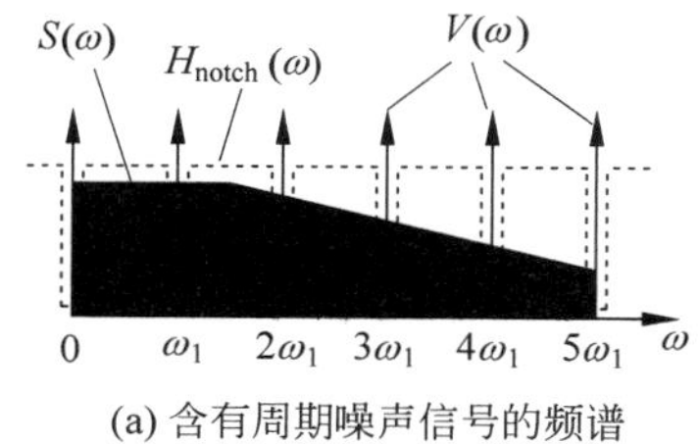

(a) 含有周期噪声信号的频谱

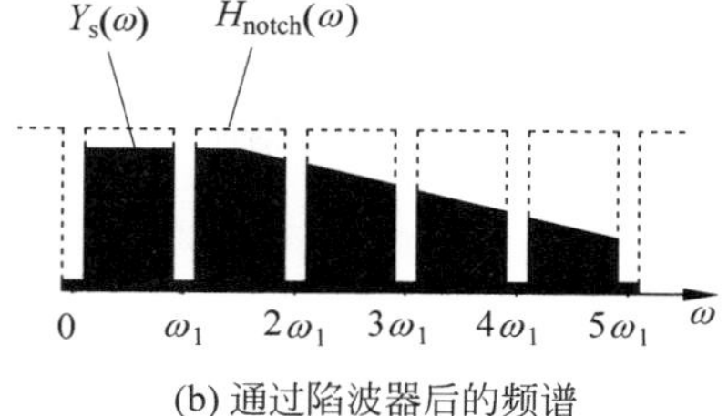

(b) 通过陷波器后的频谱

图 10-18 陷波器陷波前后的频谱

下面给出(谐波)多阶陷波器(multi-notch filter)的系统函数，为

$$H_{\text{multi-notch}}(z)=b\frac{N(z)}{N(\rho^{-1}z)}=b\frac{1-z^{-D}}{1-az^{-D}}$$

式中

$$b=\frac{1+a}{2}$$

图 10-19 给出了 $D=10$ 的多阶陷波器幅度平方响应。

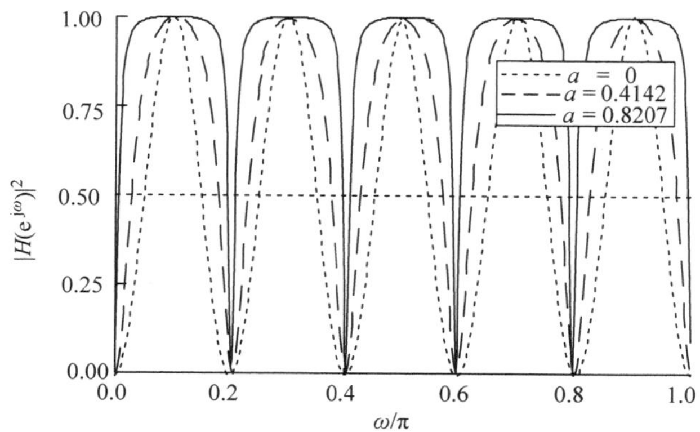

图 10-19 $D=10$ 的多阶陷波器幅度平方响应

人体心电图信号中经常含有 60Hz 的干扰信号，其可用数学表达式表示为

$$x(n)=s(n)+v(n)$$

式中，$s(n)$为无噪声干扰的心电图(Electrocardiogram，ECG)信号；$v(n)$为 60Hz 的干扰信号。

可选用下面的滤波器

$$H(z)=0.99687\frac{1-1.85955z^{-1}+z^{-2}}{1-1.85373z^{-1}+0.99374z^{-2}}$$

即可滤波 60Hz 的干扰信号。图 10-20(a)～(d)分别给出了含噪的心电图信号、60Hz 陷波器的幅频响应、滤波后的心电图信号及无噪声的心电图信号波形。由图 10-20 可以看出，经过陷波器陷波后，有效地滤除了噪声信号。

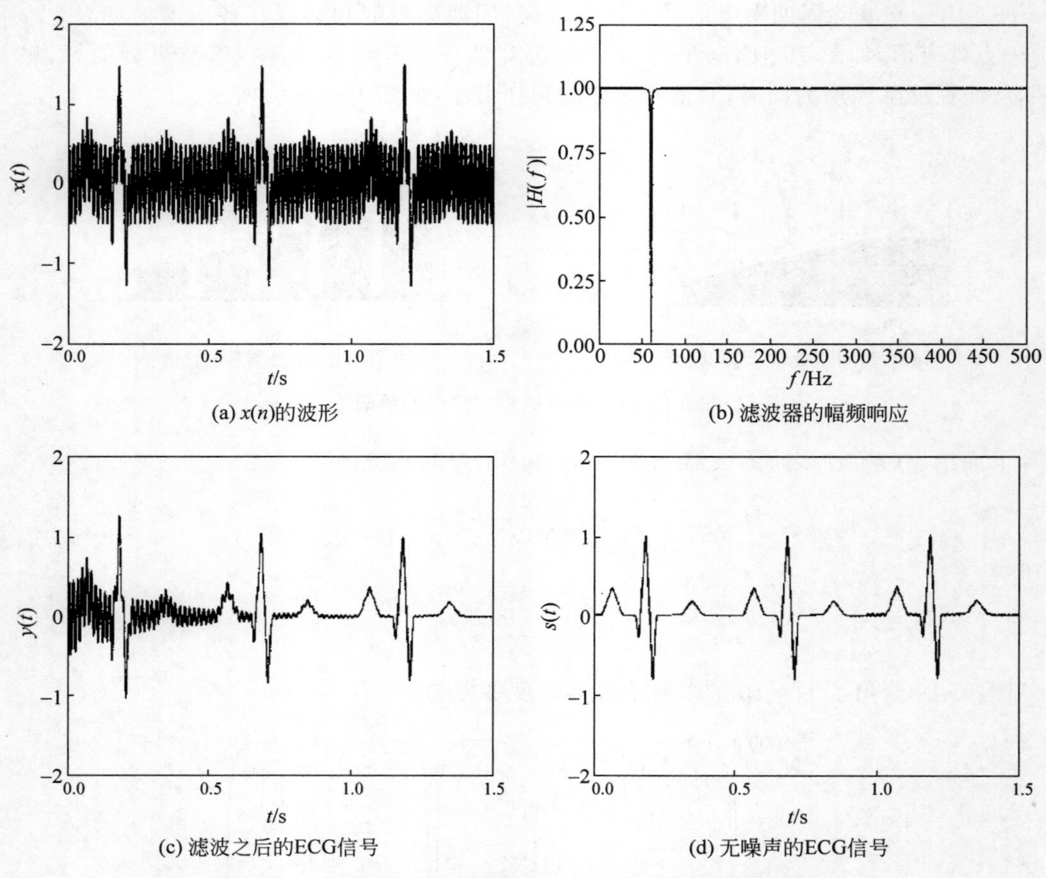

图 10-20 利用陷波器对心电图中 60Hz 的干扰信号进行滤波

10.2.4 周期有用信号的提取

与周期噪声信号的滤除过程相反，若混合信号 $x(n)$ 是由周期有用信号和噪声信号组成的，则此时需要选取一个合适的梳状滤波器(comb filter)来提取周期有用信号的直流及各次谐波分量，如图 10-21(a)所示，因此，需要一个梳状滤波器将这些谐波点处的频谱“取出”，从而可以最大限度地滤除噪声，如图 10-21(b)所示。

下面给出(谐波)多阶梳状滤波器(multi-comb filter)的系统函数，为

$$H_{\text{multi-comb}}(z)=b\,\frac{1+z^{-D}}{1-az^{-D}}$$

式中，$b=\dfrac{1-a}{2}$。图 10-22 给出了 $D=10$ 的多阶梳状滤波器幅度平方响应。

由图 10-19 和图 10-22 不难看出，一个理想的同阶数陷波器与梳状滤波器之和是一个全通滤波器。即有

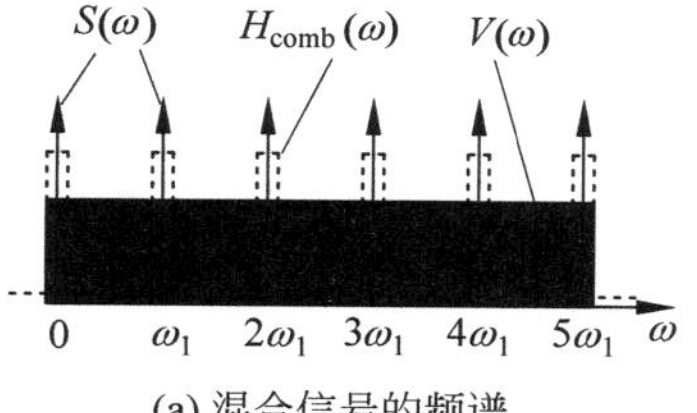

(a) 混合信号的频谱

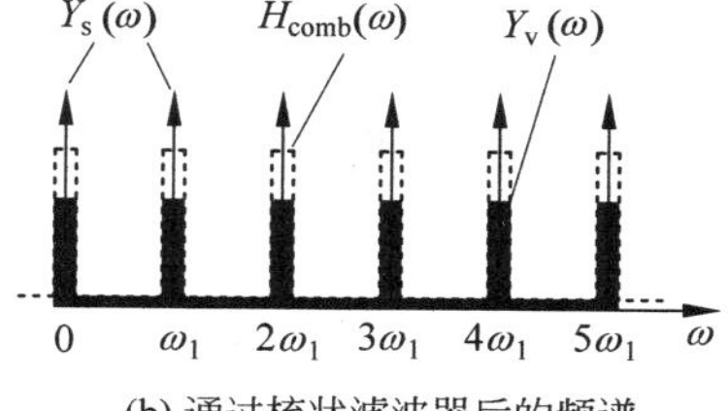

(b) 通过梳状滤波器后的频谱

图 10-21　梳状滤波前、后的频谱

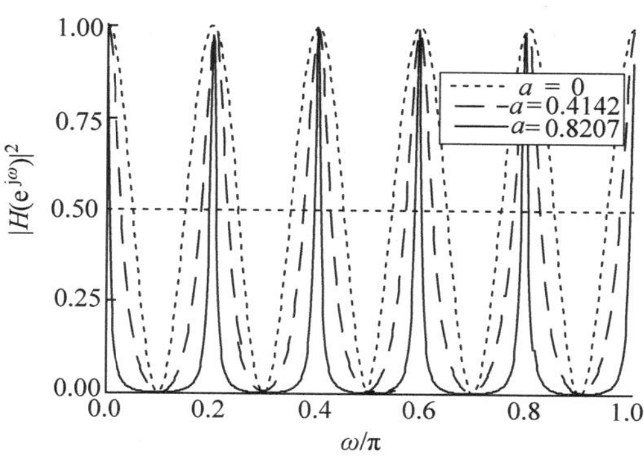

图 10-22　$D=10$ 的多阶梳状滤波器幅度平方响应

$$
\begin{aligned}
H_{\text{notch}}(z)+H_{\text{comb}}(z) &= \frac{1+a}{2}\frac{1-z^{-D}}{1-az^{-D}}+\frac{1-a}{2}\frac{1+z^{-D}}{1-az^{-D}} \\
&= \frac{\dfrac{1+a}{2}-\dfrac{1+a}{2}z^{-D}+\dfrac{1-a}{2}+\dfrac{1-a}{2}z^{-D}}{1-az^{-D}} \\
&= \frac{1-az^{-D}}{1-az^{-D}} \\
&= 1
\end{aligned}
$$

图 10-23 给出了用 $D=50$ 时的梳状滤波器提取周期信号的过程。其中梳状滤波器的系统函数为

$$
H_{\text{comb}}(z)=0.0305\,\frac{1+z^{-50}}{1-0.9391z^{-50}}
$$

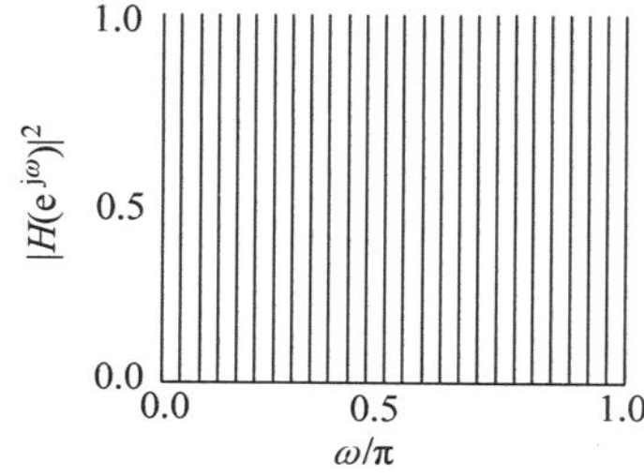

(a) 梳状滤波器的幅度平方响应

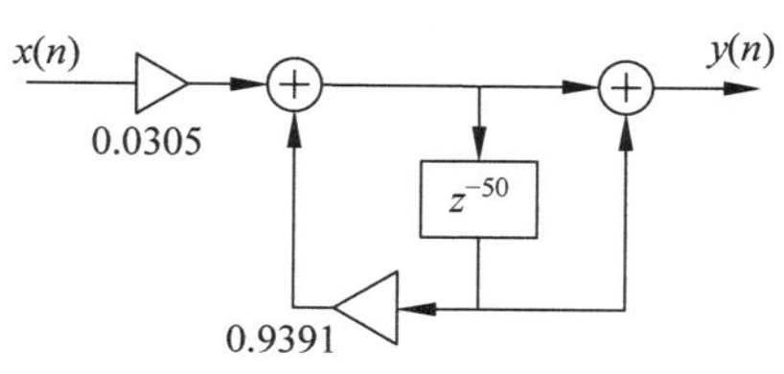

(b) 梳状滤波器实现结构

图 10-23　梳状滤波器的特性

梳状滤波器的幅度平方响应和实现结构分别如图 10-23(a)、(b)所示。图 10-24(a)、(b)分别给出了梳状滤波器滤波前、后的信号波形。由图 10-24 可以看出，混合信号 $x(n)$（含有周期为 $T=50\text{s}$ 的三角波信号和零均值高斯白噪声）经过梳状滤波器后，有效地提取了周期三角波信号，滤除了高斯噪声。

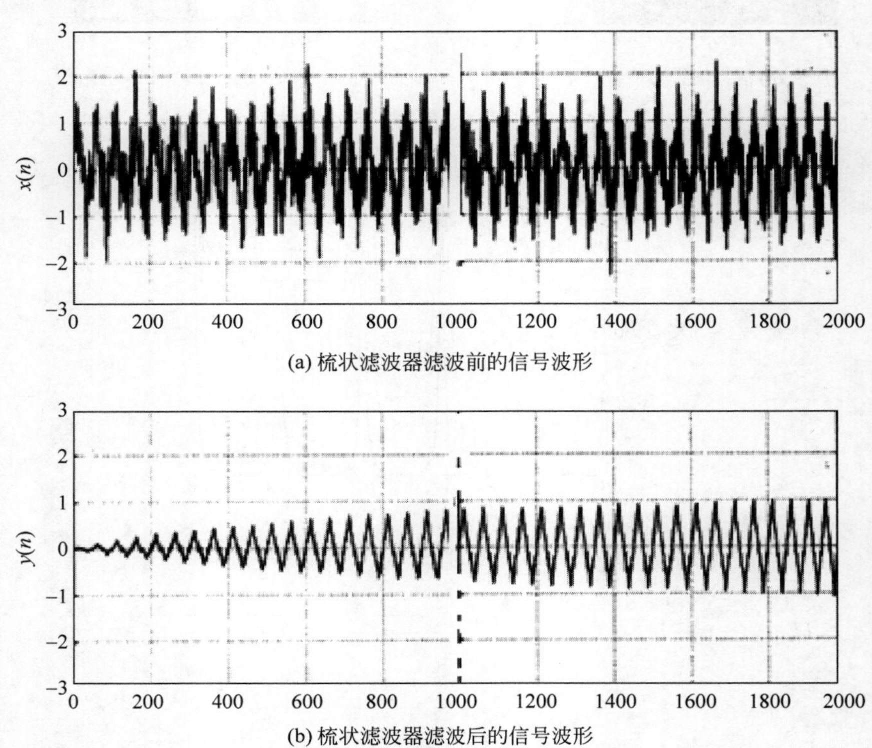

(a) 梳状滤波器滤波前的信号波形

(b) 梳状滤波器滤波后的信号波形

图 10-24　梳状滤波器滤波前、后的信号波形

10.3　数字滤波器在雷达信号处理中的应用

雷达是通过发射电磁波信号在接收机接收回波信号，通过对回波信号的分析和处理，检测是否有目标存在。在对回波信号分析和处理时，常用的方法有二进制积累、门限检测、目标测距和侧向等。

10.3.1　FIR 数字滤波器的应用

从时域上来说，积累是将连续 N 个重复周期同一距离单元的视频回波信号叠加起来（或加权叠加）。因此积累器实现脉冲串积累离不开延迟线。每个单元的延迟时间是雷达的重复周期。

二进制积累器也称为双门限检测器，是指接收机的输出首先和预先设置的第一门限相比较，如果输出超过第一门限，量化器输出一个脉冲，记为“1”，否则不输出脉冲，记为“0”，使待检测信号变为“0/1”信号，如图 10-25(a)所示。将距离单元超过第一门限值的量化脉冲送到计数器，将实时的“0/1”信号和前面 $N-1$ 次扫描时存储的信号按相应距离单元相加，如

果在 N 个重复周期中有 K 个以上的量化脉冲加到计数器，则判决为有目标，这个 K/N 值常称为第二门限，二进制积累器的组成如图 10-25(b)所示。

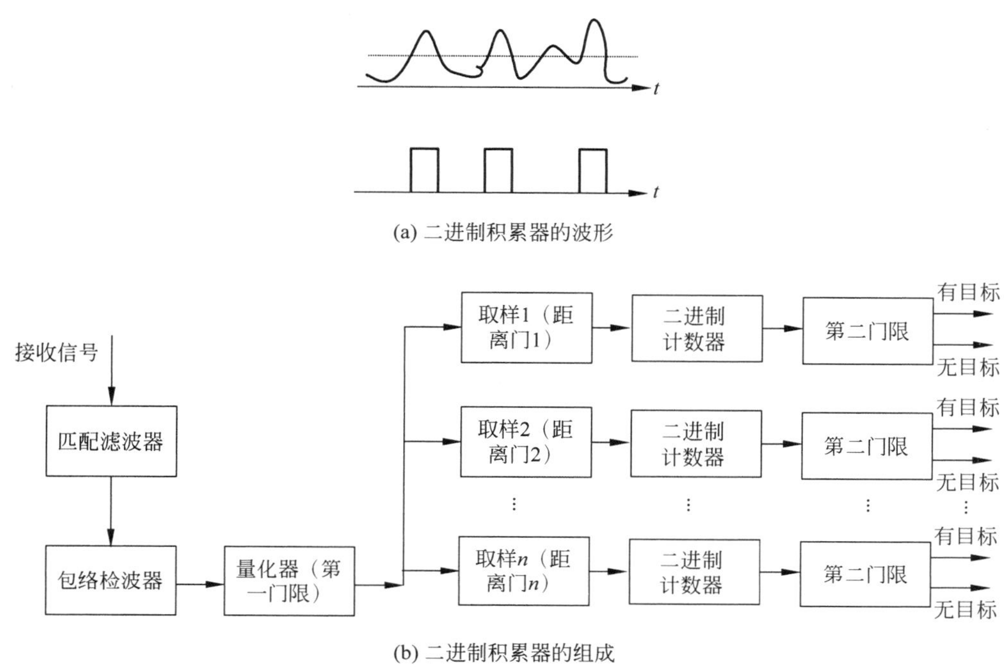

图 10-25　二进制积累器波形和组成

用多节延迟线组成的滑窗检测器可用在二进制积累器中。回波信号经第一门限检测后变为"0/1"信号，如果天线波束扫过目标时收到的回波数为 N，则相应的滑窗检测器由 $(N-1)$个延迟单元组成，每个单元的延迟时间为重复周期 T_r，"0/1"信号送到滑窗检测器进行 N 次扫描信号的求和运算再送至第二门限检测，由于将 N 次"0/1"信号求和而不是正常的量化数字信号求和。这种滑窗设备比较简单，其组成原理如图 10-26 所示，其结构是 FIR 数字滤波器结构。

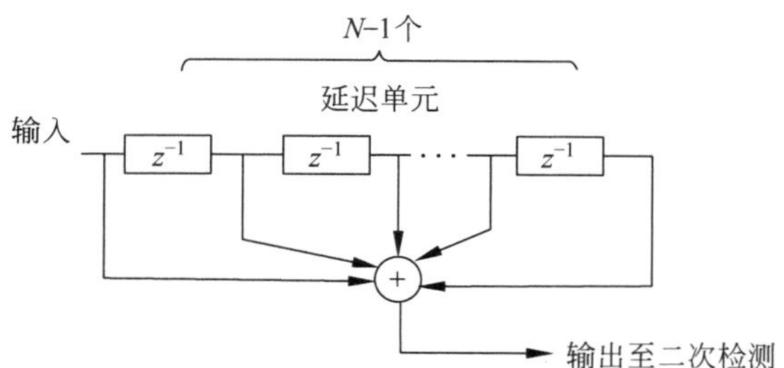

图 10-26　二进制滑窗检测器的组成原理

10.3.2　IIR 数字滤波器的应用

延迟线反馈积累器

二进制积累器需要较大的延迟(或较大量的存储设备)。一个简化的办法是用单根延迟时间等于脉冲重复周期的延迟线组成反馈积累器，这个积累器的结构是 IIR 数字滤波器结构。下面介绍两种方案，即单回路积累器和双回路积累器。

1）单回路积累器

在单回路积累器中，每次新的回波和积累器中过去各次扫描回波的和相加形成新的积累值。这种积累是一种加权积累，如果处理好还可能带来积累增益，因为一般雷达天线扫描时，所收到目标回波串的振幅被天线波束形状所调制。脉冲串按距离单元区分，先进行加权后积累，加权的规律是按每个脉冲的振幅或其平方值进行。单回路积累器的结构如图 10-27(a)所示，其延迟线的迟延时间等于脉冲重复周期，由此可以得到单回路积累器的输出信号 $y(n)$ 与输入信号 $x(n)$ 的关系，写为

$$y(n)=x(n)+\beta_1 y(n-1)$$

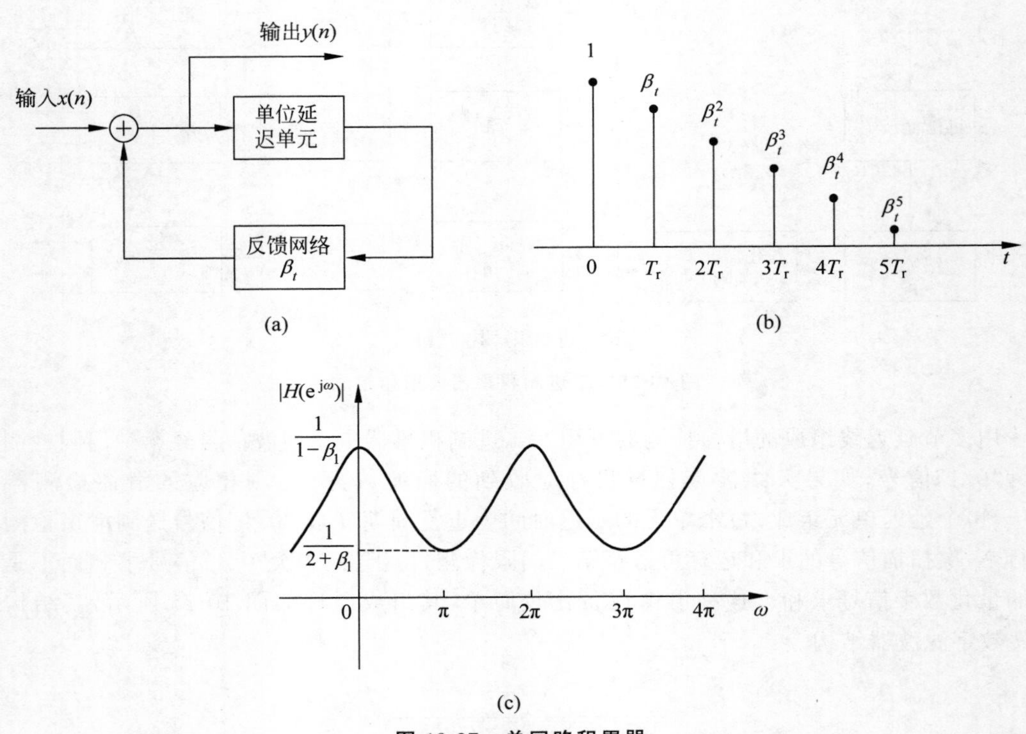

图 10-27　单回路积累器

单回路积累器的幅度加权特性可由其冲激响应 $h(n)=\beta_1^n u(n)$（见图 10-27(b)）得到，在输出端出现的时间为 $0, T_r, 2T_r$ 等，具有不同的振幅值 $1, \beta_1, \beta_1^2, \beta_1^3$ 等。β_1 为反馈网络的增益。为保证系统稳定，该值应小于 1。

采用 z 变换，可方便地求出积累器的系统函数

$$H(z)=\frac{Y(z)}{X(z)}=\frac{1}{1-\beta_1 z^{-1}}$$

该系统为单极点系统是一个一阶 IIR 数字滤波器，它在 z 平面 β_1 处有一极点。由于 $z=e^{sT_r}$，因此，当将 $s=j\omega$ 代入系统函数 $H(z)$ 时即可求出积累器的频率特性，即

$$H(e^{j\omega})=\frac{e^{j\omega T_r}}{e^{j\omega T_r}-\beta_1}$$

则

$$|H(e^{j\omega})| = \frac{1}{[1+\beta_1^2 - 2\beta_1\cos\omega T_r]^{1/2}}$$

其幅频特性如图 10-27(c)所示。

为了得到最佳性能的积累器,通常冲激响应的形状用高斯函数来近似,此时积累器的加权也是高斯型的。单回路积累器的加权函数为指数型,与高斯形相差甚远,双回路积累器是改进的途径之一。

2) 双回路积累器

双回路积累器由两个单回路积累器级联而成的,其结构如图 10-28(a)所示,回路增益为 β_2,对应的系统函数为

$$H_2(z) = \frac{1}{(1-\beta_2 z^{-1})^2}$$

双级积累器级联时,频率特性为两个网络频率特性的乘积,而其冲激响应则为两级脉冲响应的卷积(见图 10-28(b)),冲激响应为在 $0, T_r, 2T_r$ 中的输出分别表示为 $1, 2\beta_2, 3\beta_2^2 \cdots$ 等,其包络形状由 β_2 决定,接近于高斯函数。它在 z 平面 β_2 处有一个双重极点,是一个双极点的 IIR 数字滤波器,其频率特性为单回路频率特性的平方。

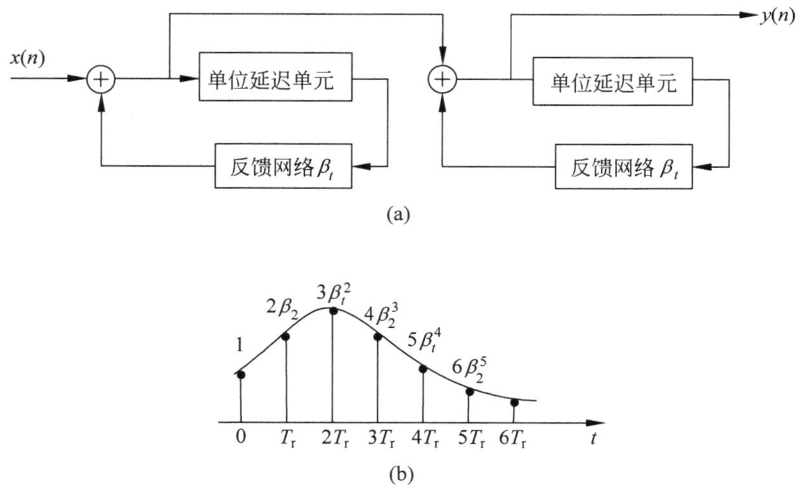

(a)

(b)

图 10-28 双回路积累器

10.4 数字滤波器在通信信号处理中的应用

在数字通信系统中,数字信息可以通过载波基本特征(例如幅度、频率和相位)的变化进行传送。在一个物理信道中,依靠发射端集成的滤波器实现,该滤波器能够将数字信息映射为适合于信道传输的脉冲波形,故称为脉冲成型滤波器。实际上,脉冲成型滤波器的使用在通信信道中起了非常重要的作用,它可以有效消除频谱泄漏,降低信道带宽,并且可以消除相邻符号间的干扰。

升余弦滤波器是通信系统中最常用的脉冲成型滤波器之一,它常被用于传输信号的开

始和结束部分，由于这些部分易受多径失真干扰的影响，因此升余弦滤波器的成型特性能够帮助降低相邻符号间干扰。滚降系数为$\alpha(0\leqslant\alpha\leqslant1)$的升余弦滤波器的冲激响应为

$$h(t)=\frac{\sin\frac{\pi}{T_s}\left(t+\frac{T_s}{2}\right)}{\frac{\pi}{T_s}\left(t+\frac{T_s}{2}\right)}+\frac{\sin\frac{\pi}{T_s}\left(t-\frac{T_s}{2}\right)}{\frac{\pi}{T_s}\left(t-\frac{T_s}{2}\right)}=\mathrm{Sa}\left(\frac{\pi}{T_s}\left(t+\frac{T_s}{2}\right)\right)+\mathrm{Sa}\left(\frac{\pi}{T_s}\left(t-\frac{T_s}{2}\right)\right)$$

整理可得

$$h(t)=\frac{4}{\pi}\left(\frac{\cos\pi t/T_s}{1-4t^2/T_s^2}\right)$$

可以看出，$h(t)$的“拖尾”幅度随t^2下降，衰减快。实际通信系统中，该滤波器也可以用数字系统实现，其对应的表达式可以写为

$$h(n)=\frac{4}{\pi}\left(\frac{\cos\pi n}{1-4n^2}\right)$$

对$h(n)$进行傅里叶变换，可得$h(n)$的频谱函数为

$$H(\mathrm{e}^{\mathrm{j}\omega})=\begin{cases}2\cos\frac{\omega}{2}, & |\omega|\leqslant\pi\\ 0, & |\omega|>\pi\end{cases}$$

$h(n)$的频谱限制在$[-\pi,\pi]$内，呈余弦滤波特性。

用升余弦滤波器生成所要传送的符号，具体过程如图10-29所示。由图10-29可以看出，脉冲成型滤波器的最大幅度产生于符号周期的中部，而传送信号周期的开始和结束部分被衰减了，因此，通过提供保护间隔来衰减多径反射的信号可以减小符间干扰。同时，来自连续符号的脉冲相互混叠，每个脉冲的峰值对应于下一个脉冲的过零点，所以符间干扰也被降至最小。

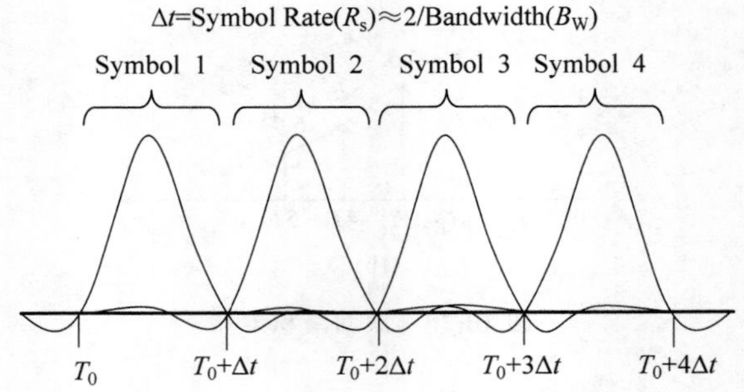

图 10-29 升余弦滤波器生成传送符号的过程

10.5 相关的 MATLAB 函数

1. iircomb

功能：梳状滤波器。

调用格式：`[num,den] = iircomb(n,bw)`

或

```
[num,den] = iircomb(n,bw,ab)
```

或

```
[num,den] = iircomb(…,'type')
```

其中，n为滤波器阶数(必须为正整数)；bw为滤波器带宽(默认为−3dB带宽)；ab为设定的幅度响应带宽；type为滤波器类型(notch，peak)；num为系统函数$H(z)=\frac{B(z)}{A(z)}=\frac{b_0+b_1z^{-1}+\cdots+b_Mz^{-M}}{a_0+a_1z^{-1}+\cdots+a_Nz^{-N}}$分子多项式的系数向量$[b_0,b_1,\cdots,b_M]$；den为系统函数$H(z)=\frac{B(z)}{A(z)}=\frac{b_0+b_1z^{-1}+\cdots+b_Mz^{-M}}{a_0+a_1z^{-1}+\cdots+a_Nz^{-N}}$分母多项式的系数向量$[a_0,a_1,\cdots,a_N]$。

2. iirnotch：

功能：陷波器。

调用格式：`[num,den] = iirnotch(w0,bw)`

或

```
[num,den] = iirnotch(w0,bw,ab)
```

其中，w0为“谷底”角频率；bw为滤波器带宽(默认为−3dB带宽)；ab为设定的幅度响应带宽；num为系统函数$H(z)=\frac{B(z)}{A(z)}=\frac{b_0+b_1z^{-1}+\cdots+b_Mz^{-M}}{a_0+a_1z^{-1}+\cdots+a_Nz^{-N}}$分子多项式的系数向量$[b_0,b_1,\cdots,b_M]$；den为系统函数$H(z)=\frac{B(z)}{A(z)}=\frac{b_0+b_1z^{-1}+\cdots+b_Mz^{-M}}{a_0+a_1z^{-1}+\cdots+a_Nz^{-N}}$分母多项式的系数向量$[a_0,a_1,\cdots,a_N]$。

第六部分　随机信号分析与处理概述

第11章

随机信号的时频域分析

任何可以用确定的数学关系描述的信号称为确定信号。与确定信号相反，不能用确定的数学关系描述的信号称为随机信号。以时间为参量的随机信号随时间作无规律、随机性的变化。如某条路上每天 24 小时行驶的车辆数目的变化，语声信号、音乐信号、电视信号，在通信系统中传输的数字码流和介入到系统中的干扰和噪声等，这类信号的变化具有随机性，即不确定性。这次观察的结果与上次观察的结果可能完全不同。因此，要分析此类信号与噪声和干扰的内在规律性，只有找出它们的统计特征；另外，它们均为时间函数，即它们随机性变化是表现在时间进程中的，所以在数学上，人们用统计学的方法建立了随机信号的数学模型——随机过程。

11.1 随机过程的基本概念

11.1.1 随机过程的定义

用一个具体的随机试验实例来建立随机过程的概念。例如，用示波器来观察记录某个接收机输出的噪声电压波形。假定在接收机输入端没有信号，但由于接收机内部元件如电阻、晶体管等会发热产生热噪声，经过放大后，在输出端会有电压输出。假定在第一次观测中示波器观测记录到的一条波形为 $x_1(t)$，在第二次观测中记录到的是 $x_2(t)$，第三次观测中记录的是 $x_3(t)$……每次观测记录到的波形都是不相同的，而在某次观测中究竟会记录到一条什么样的波形，事先不能预知，由所有可能的结果 $x_1(t)$，$x_2(t)$，$x_3(t)$…构成了 $X(t)$。

对于某个时刻 t_1，$x_1(t_1)$，$x_2(t_1)$，…，取值各不相同，$X(t_1)$的可能取值是 $x_1(t)$，$x_2(t)$，$x_3(t)$…，所以 $X(t_1)$是一个随机变量。同理，在 $t=t_k$ 时，$X(t_k)$也是一个随机变量，可见 $X(t)$是由许多随机变量构成的。这是一个典型的随机过程模型，如图 11-1 所示。

对噪声电压信号做一次观测相当于做一次随机试验，每次试验所得到的观测记录结果 $x_i(t)$是一个确定的函数，称为样本函数，所有这些样本函数的全体构成了随机过程 $X(t)$。在每次试验前，尽管不能预知 $X(t)$究竟取哪一个样本函数，但经过大量重复的观测，是可以确定它的统计规律的，即究竟以多大的概率取其中某一个样本函数。这是对随机过程的直观解释，下面给出严格的定义。

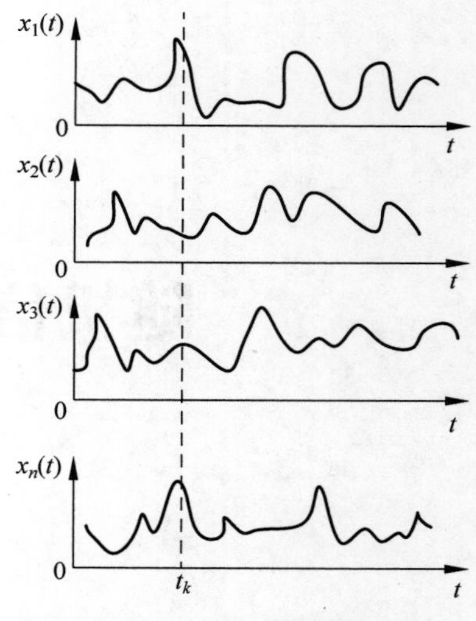

图 11-1 随机过程模型

定义 1（随机过程是以样本空间为函数的概率空间）：设随机试验的样本空间 $S=\{e_i\}$，对于空间的每一个样本 $e_i\in S$，总有一个时间函数 $x(t,e_i)$ 与之对应 $(t\in T)$。对于空间的所有样本 $e\in S$，可有一族时间函数 $X(t,e)$ 与其对应，这族时间函数称为随机过程(Stochastic Process)，记为 $\{X(t,e),t\in T,e\in S\}$，简记为 $\{X(t),t\in T\}$。

从以上定义可以看出，随机过程是一组样本函数的集合。

对于某次试验结果 e_i，随机过程 $X(t)$ 对应于某个样本函数 $x(t,e_i)$，它是时间 t 的一个确定函数，为了便于区别，通常用大写字母表示随机过程，如 $X(t)$、$Y(t)$、$Z(t)$，用小写字母表示样本函数，如 $x(t)$、$y(t)$、$z(t)$ 等。

定义 2（随机过程是随时间参变量变化的一族随机变量）：设有一个过程 $X(t)$，若对于每一个固定的时刻 $t_j(j=1,2,\cdots)$，$X(t_j)$ 是一个随机变量，则称为 $X(t)$ 随机过程。

以上定义是把随机过程看作是一组随时间而变化的随机变量。

上述两种定义实质上是一致的，相互起补充作用。在实际观测时，通常采用定义 1，应用试验方法观测各个样本函数，观测次数越多，所得到的样本数目也越多，也就越能掌握这个过程的统计规律。在进行理论分析时，通常采用定义 2，把随机过程看作多维随机变量的推广，时间分割越细，维数越大，对过程的统计描述也越全面，并且可以把概率论中多维随机变量的理论作为随机过程分析的理论基础。

这两个定义的物理意义在于，对于一个随机过程 $X(t,e)$：

(1) 固定样本 e_i，则 $X(t,e_i)$ 就是随机过程的一次实现，或称为随机过程的一个样本函数或样本曲线，记为 $x_i(t)$。

(2) 固定时间 t_i，则 $X(t_i,e)$ 就是一个随机变量。

所以，随机过程是随机变量的推广：随机变量是状态观察的结果，随机过程是过程观察的结果；对于随机过程采样得到随机变量。

11.1.2 随机过程的分类

随机过程的分类方法很多，按状态和时间是连续还是离散可以把随机过程分为以下四类。

(1) 连续型随机过程。时间和状态都是连续的随机过程。过程的状态是一个连续型的随机变量，各样本函数也是时间 t 的一个连续函数，例如接收机噪声等。

(2) 连续随机序列。时间离散而状态连续的随机过程。例如随机相位信号时连续时间的随机相位信号经过抽样后得到的，但过程的状态是连续型随机变量。

(3) 离散型随机过程。时间连续而状态离散的随机过程。例如脉冲宽度随机变化的一组 0-1 脉冲信号。

(4) 离散随机序列。时间和状态都是离散的随机过程。如电话交换机在每一分钟接到的电话呼叫次数。

此外,按随机过程的概率分布又可分为高斯过程、瑞利过程、马尔可夫过程、泊松过程及维纳过程等;也可按随机过程统计特性有无平稳性分为平稳过程和非平稳随机过程;还可按随机过程在频域的带宽分为宽带随机过程和窄带随机过程、白噪声随机过程和色噪声随机过程等。

11.2 随机过程的统计特性

虽然随机过程的变化过程是不确定的,但在这不确定的变换过程中仍包含有规律性的因素,这种规律性通过统计大量的样本后呈现出来,也就是说随机过程是存在某些统计规律的。随机过程的统计规律是通过它的概率分布或数字特征加以表述的。

11.2.1 随机过程的概率分布

1. 一维概率分布

设 $X(t)$表示一个随机过程,则在任意一个时刻 t_1,$X(t_1)$是一维随机变量。定义随机过程 $X(t)$的一维概率分布函数为

$$F_X(x_1,t_1)=P\{X(t_1)\leqslant x_1\} \tag{11-1}$$

它表示随机过程 $X(t)$在 t_1 时刻的状态 $X(t_1)$取值小于 x_1 的概率。对于不同的时刻 t,随机变量 $X(t)$是不同的,因而相应地也有不同的分布函数,因此,随机过程的一维分布不仅是实数 x 的函数,而且也是时间 t 的函数。

如果 $F_X(x,t)$对 x 的偏导数存在,则称

$$f_X(x,t)=\frac{\partial F(x,t)}{\partial x} \tag{11-2}$$

为随机过程 $X(t)$的一维概率密度函数。

一维分布函数或概率密度描绘了随机过程在各个孤立时刻的统计特性,但是不能反映随机过程在不同时刻的状态之间的联系,因此要更好地描述随机过程需要引入更高维的概率分布。

例 11-1 已知随机过程 $X(t)=A\cos\omega_0 t$,其中 ω_0 为常数,随机变量 A 服从标准高斯分布,求 $t=0,2\pi/3\omega_0,\pi/2\omega_0$ 三个时刻 $X(t)$的一维概率密度。

解 当 $t=0$ 时,$X(0)=A$,由于 A 是均值为零、方差为 1 的标准高斯分布,所以

$$f_X(x,0)=\frac{1}{\sqrt{2\pi}}\mathrm{e}^{-\frac{x^2}{2}}$$

当 $t=\dfrac{2\pi}{3\omega_0}$时,有

$$X\left(\frac{\pi}{3\omega_0}\right)=-\frac{1}{2}A$$

根据一维变换公式,所以有

$$f_x\left(x,\frac{2\pi}{3\omega_0}\right)=f_A(a)\mid J\mid_{A=-2X}$$

由于$|J|=2$,所以

$$f_x\left(x,\frac{2\pi}{3\omega_0}\right)=\sqrt{\frac{2}{\pi}}\exp(-2x^2)$$

同理可得,当$t=\dfrac{\pi}{2\omega_0}$时,有

$$X\left(\frac{\pi}{2\omega_0}\right)=0,\text{而 } F_{X\left(\frac{\pi}{2\omega_0}\right)}(x)=P\{X\leqslant x\}=\begin{cases}0, & x<0\\ 1 & x\geqslant 0\end{cases}=u(x)$$

故$f_x\left(x,\dfrac{\pi}{2\omega_0}\right)=F'_{X\left(\frac{\pi}{2\omega_0}\right)}(x)=u'(x)=\delta(x)$。

2. 二维概率分布和多维概率分布

为描绘随机过程在任意两个时刻t_1和t_2状态之间的联系,可以引入二维随机变量$(X(t_1),X(t_2))$的分布函数,记为

$$F_X(x_1,x_2;t_1,t_2)=P\{X(t_1)\leqslant x_1,X(t_2)\leqslant x_2\} \tag{11-3}$$

则称其为随机过程$X(t)$的二维分布函数。如果$F_X(x_1,x_2;t_1,t_2)$对x_1、x_2的偏导数存在,则定义

$$f_X(x_1,x_2;t_1,t_2)=\frac{\partial^2 F_X(x_1,x_2;t_1,t_2)}{\partial x_1\partial x_2} \tag{11-4}$$

为随机过程$X(t)$的二维概率密度。

在一般情况下用一维、二维分布函数描述随机过程的完整统计特性是极不充分的,通常需要在足够多的时间上考虑随机过程的多维分布函数。$X(t)$的n维分布函数被定义为

$$\begin{aligned}&F_X(x_1,x_2,\cdots,x_n;\ t_1,t_2,\cdots,t_n)\\&=P[X(t_1)\leqslant x_1,X(t_2)\leqslant x_2,\cdots,X(t_n)\leqslant x_n]\end{aligned} \tag{11-5}$$

如果存在

$$f_X(x_1,x_2,\cdots,x_n;\ t_1,t_2,\cdots,t_n)=\frac{\partial^n F_X(x_1,x_2,\cdots,x_n)}{\partial x_1\partial x_2\cdots\partial x_n} \tag{11-6}$$

则称其为$X(t)$的n维概率密度函数。

n维分布可以描述任意n个时刻状态之间的统计规律,比一维、二维含有更多的$X(t)$的统计信息。显然,n越大,用n维分布函数或n维概率密度函数去描述$X(t)$的统计特性就越充分,对随机过程的描述也更趋完善。一般来说,要完全描述一个过程的统计特性,应该$n\to\infty$,但实际上无法获得随机过程的无穷维的概率分布,在工程应用上,通常只考虑它的二维概率分布就够了。

11.2.2 随机过程的数字特征

在许多场合,除关心随机过程的n维分布外,还需要关心随机过程的数字特征,比如,随机过程的数学期望、方差及相关函数等。随机过程的数字特征一般不是常数,而是时间t(或n)的函数,因此随机过程的数字特征也常称为矩函数。

1. 数学期望(一阶原点矩)

随机过程$X(t)$在任意时刻t是一个一维随机变量$X(t)$,该一维随机变量的数学期望与方差即为随机过程$X(t)$在该时刻的期望与方差。随着时间的变化,即可获得一个期望或

方差的时间函数。

随机过程 $X(t)$的数学期望是一个确定的时间函数，定义为

$$m_X(t)=E[X(t)]=\int_{-\infty}^{+\infty}xf_X(x,t)\mathrm{d}x \tag{11-7}$$

数学期望又称为统计均值，是对随机过程 $X(t)$中多有样本函数在时间 t 的所有取值进行概率加权平均，它反映了样本函数统计意义下的平均变化规律。

如果随机过程是接收机输出端的噪声电压，这时数学期望 $m_X(t)$就是此噪声电压的瞬时统计平均值。

2. 方差(二阶中心矩)

随机过程的方差也是一个确定的时间函数，定义为

$$\sigma_X^2(t)=E\{[X(t)-m_x(t)]^2\} \tag{11-8}$$

方差通常记为 $D_X(t)$，随机过程的方差也是时间 t 的函数，由方差的定义可以看出，方差是非负函数。

方差还可以表示为

$$\sigma_X^2(t)=E[X^2(t)]-m_X^2(t) \tag{11-9}$$

均值与方差的物理意义：假定 $X(t)$表示单位电阻($R=1$)上两端的噪声电压，且假定噪声电压的均值 $m_X(t)=m_X$ 为常数，那么均值 m_X 代表噪声电压中直流分量。$X(t)-m_X$ 代表噪声电影的交流分量；$[X(t)-m_X]^2/1$ 代表消耗在单位电阻上瞬时交流功率；而方差 $\sigma_X^2(t)=E\{[X(t)-m_X(t)]^2\}$表示消耗在单位电阻上瞬时交流功率的统计平均值，$m_X^2/1$ 表示消耗在单位电阻上的总的平均功率。

3. 自相关函数(在两个不同时刻的相关程度)

均值和方差是描述随机过程在各个孤立时刻统计特征的重要数字特性。例如，图 11-2 中的两个随机过程均值和方差大致相同，但 $Y(t)$随时间变化较为剧烈，各个不同时刻状态之间的相关性较弱；而 $X(t)$随时间变化较为缓慢，两个不同时刻状态之间的相关性较强。为衡量随机过程任意两个时刻上获得的随机变量的统计相关特性时，常用相关函数和协方差函数来表示。

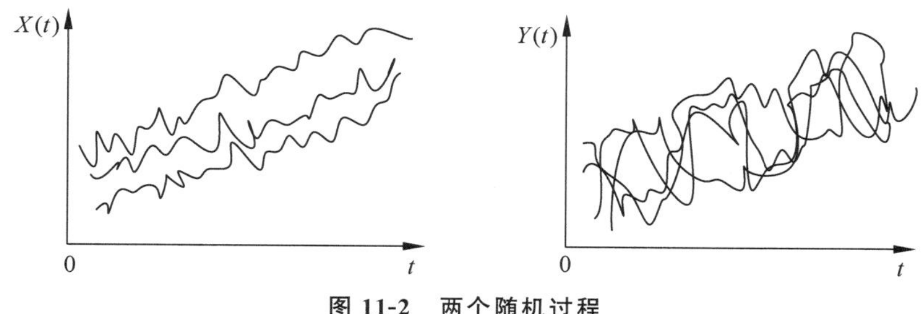

图 11-2　两个随机过程

设$\{X(t),t\in T\}$是一个随机过程，$X(t_1)$和 $X(t_2)$是此随机过程在参数 t_1、t_2 时的状态，则它们之间的二阶混合原点矩称为随机过程的自相关函数。即

$$R_X(t_1,t_2)=E[X(t_1)\cdot X(t_2)]=\int_{-\infty}^{+\infty}\int_{-\infty}^{+\infty}x_1x_2f_X(x_1,x_2;t_1,t_2)\mathrm{d}x_1\mathrm{d}x_2 \tag{11-10}$$

当 $t_1=t_2=t$ 时，有

$$R_X(t,t)=E[X^2(t)]$$

因此

$$R_X(t,t)=\sigma_X^2(t)+m_X^2(t) \tag{11-11}$$

4. 自协方差函数(在两个不同时刻对均值的偏离程度)

设$\{X(t),t\in T\}$是一个随机过程,$X(t_1)$和$X(t_2)$是此随机过程在参数t_1、t_2时的状态,则它们之间的二阶混合中心矩称为随机过程的自协方差函数。

$$C_X(t_1,t_2)=E\{[X(t_1)-m_X(t_1)][X(t_2)-m_X(t_2)]\} \tag{11-12}$$

自相关函数与自协方差函数之间的关系为

$$C_X(t_1,t_2)=R_X(t_1,t_2)-m_X(t_1)m_X(t_2) \tag{11-13}$$

当$t=t_1=t_2$时,$C_X(t,t)$即为方差函数。

如果$C_X(t_1,t_2)=0$,则称$X(t_1)$和$X(t_2)$是不相关的。如果$R_X(t_1,t_2)=0$,则称$X(t_1)$和$X(t_2)$是相互正交的。不相关和正交也是随机过程的两个重要概念。

如果

$$f_x(x_1,x_2;t_1,t_2)=f_x(x_1,t_1)f_x(x_2,t_2)$$

则称随机过程在t_1和t_2时刻的状态是相互独立的。

11.3 平稳随机过程

随机过程可分为平稳和非平稳两大类。平稳过程是指其统计特性不随时间推移而变化的随机过程。

11.3.1 严平稳随机过程

1. 定义

随机过程$X(t)$的任意n维概率密度函数与时间起点无关,也就是说,如果对于任意的n和τ,满足

$$\begin{aligned}&f_X(x_1,x_2,\cdots,x_n;t_1,t_2,\cdots,t_n)\\&=f_X(x_1,x_2,\cdots,x_n;t_1+\tau,t_2+\tau,\cdots,t_n+\tau)\end{aligned} \tag{11-14}$$

则称$X(t)$为严平稳随机过程(或狭义平稳过程)。

严平稳随机过程的统计特性是时间起点的平移不影响它的统计特性,即$X(t)$与$X(t+\tau)$具有相同的统计特性。例如,测量电阻热噪声的统计特性,由于它是平稳过程,因此在任何时刻测试都能得到相同的结果。因此,讨论平稳随机过程的实际意义在于平稳过程可使分析大为简化。

2. 性质

(1) 严平稳随机过程$X(t)$的一维概率密度及数字特征与时间t无关。

依据严平稳随机过程的定义,且令$\Delta t=-t_1$,可得

$$f_X(x_1;t_1)=f_X(x_1;t_1+\Delta t)=f_X(x_1;0)=f_X(x_1) \tag{11-15}$$

严平稳随机过程的均值和方差分别为

$$E[X(t)]=\int_{-\infty}^{+\infty}xf_X(x)\mathrm{d}x=m_X \tag{11-16}$$

$$D[X(t)]=\int_{-\infty}^{+\infty}[x-m_X]^2f_X(x)\mathrm{d}x=\sigma_X^2 \tag{11-17}$$

由此可见，严平稳随机过程的均值和方差是与时间无关的常数。

（2）严平稳随机过程 $X(t)$ 的二维概率密度及数字特征只与两个时刻 t_1、t_2 之间的间隔 $\tau=t_2-t_1$ 有关，与时间起点 t_1 及终点 t_2 无关，即

$$f_X(x_1,x_2;t_1,t_2)=f_X(x_1,x_2;t_2-t_1)=f_X(x_1,x_2;\tau) \tag{11-18}$$

严平稳随机过程的自相关函数和自协方差函数分别为

$$R_X(t_1,t_2)=\int_{-\infty}^{+\infty}\int_{-\infty}^{+\infty}x_1x_2f_X(x_1,x_2;\tau)\mathrm{d}x_1\mathrm{d}x_2=R_X(\tau) \tag{11-19}$$

$$C_X(t_1,t_2)=R_X(t_1,t_2)-m_X(t_1)m_X(t_2)=R_X(\tau)-m_X^2=C_X(\tau) \tag{11-20}$$

因此，严平稳随机过程的自相关函数及自协方差函数只与时间间隔有关。

11.3.2 宽平稳随机过程

在许多工程技术问题中，很难应用严平稳随机过程，因为其定义过于严格，需要考虑任意 n 维的平稳过程。因此在实际应用中，常常仅在相关理论（一阶矩和二阶矩）的范围内讨论问题，即宽平稳随机过程，又称为广义平稳过程。

1. 定义

如果随机过程 $X(t)$ 的均值为常数，自相关函数只与 $\tau=t_2-t_1$ 有关，即

$$E[X(t)]=m_X(t)=m_X \tag{11-21}$$

$$R_X(t_1,t_2)=R_X(t_2-t_1)=R_X(\tau) \tag{11-22}$$

且

$$E[X^2(t)]<\infty \tag{11-23}$$

则称随机过程 $X(t)$ 为宽平稳随机过程。

严平稳的随机过程必然是宽平稳的，但宽平稳的随机过程不一定是严平稳的。

平稳随机过程是随机过程中非常重要的过程之一，它具有许多突出的特性，并且提供了一类分析问题的方法。通信系统中的信号及噪声，大多数可视为平稳的随机过程。因此，研究平稳随机过程具有很大的实际意义。本书以后内容默认平稳过程为宽平稳过程。

例 11-2　设随机过程 $X(t)=a\cos(\omega_0t+\Phi)$，式中 a、ω_0 皆为常数，随机变量 Φ 服从 $(0,2\pi)$ 上的均匀分布。判断 $X(t)$ 是否为宽平稳随机过程。

解　由题意可知，随机变量 Φ 的概率密度为

$$f_\Phi(\varphi)=\begin{cases}\dfrac{1}{2\pi}, & 0<\varphi<2\pi\\ 0, & \text{其他}\end{cases}$$

根据定义式求得过程 $X(t)$ 的均值、自相关函数和均方值分别为

$$m_X(t)=E[X(t)]=\int_{-\infty}^{+\infty}x(t)f_\Phi(\varphi)\mathrm{d}\varphi=\int_0^{2\pi}a\cos(\omega_0t+\varphi)\frac{1}{2\pi}\mathrm{d}\varphi=0$$

$$\begin{aligned}R_X(t_1,t_2)&=R_X(t,t+\tau)=E[X(t)X(t+\tau)]\\&=E[a\cos(\omega_0t+\Phi)a\cos(\omega_0(t+\tau)+\Phi)]\\&=\frac{a^2}{2}E[\cos\omega_0\tau+\cos(2\omega_0t+\omega_0\tau+2\Phi)]\\&=\frac{a^2}{2}\left[\cos\omega_0\tau+\int_0^{2\pi}\cos(2\omega_0t+\omega_0\tau+2\varphi)\cdot\frac{1}{2\pi}\mathrm{d}\varphi\right]\\&=\frac{a^2}{2}\cos\omega_0\tau=R_X(\tau)\end{aligned}$$

$$E[X^2(t)]=R_X(t,t)=R_X(0)=\frac{a^2}{2}<+\infty$$

以上可知，随机过程 $X(t)$的均值为0(常数)，自相关函数仅与时间间隔 τ 有关，均方值为 $a^2/2$(有限)，故随机过程 $X(t)$是宽平稳随机过程。

可以证明：仅当随机变量 Φ 服从$(0,2\pi)$或$(-\pi,\pi)$上的均匀分布时，随机过程 $X(t)=a\cos(\omega_0 t+\Phi)$才是宽平稳随机过程。

例 11-3 设随机过程 $X(t)=tY$，其中 Y 服从均值为零、方差为1的标准正态分布，试判断它的平稳性。

解

$$m_X(t)=E[X(t)]=E[tY]=tE[Y]=0$$

$$R_X(t_1,t_2)=E[X(t_1)X(t_2)]=t_1t_2E[Y^2]=t_1t_2$$

由于相关函数与 t_1 和 t_2 的取值有关，所以，$X(t)$不是平稳的。

2. 平稳随机过程自相关函数的性质

(1) 实平稳随机过程的自相关函数是偶函数。

$$R_X(\tau)=R_X(-\tau) \tag{11-24}$$

(2) 平稳过程 $X(t)$的自相关函数 $R_X(\tau)$的最大点在 $\tau=0$ 处。

$$R_X(0)\geqslant|R_X(\tau)| \tag{11-25}$$

(3) 周期平稳过程 $X(t)=X(t+T)$的自相关函数也是周期函数。

$$R_X(\tau+T)=R_X(\tau) \tag{11-26}$$

(4) 若随机过程 $X(t)$中不含周期分量，那么平稳过程的自相关函数满足

$$\lim_{\tau\to\infty}R_X(\tau)=R_X(\infty)=m_X^2 \tag{11-27}$$

从物理概念上理解，随着 τ 的增大，$X(t)$与 $X(t+T)$的相关性逐渐减弱，当 $\tau\to\infty$时，$X(t)$与 $X(t+T)$变为两个相互独立的随机变量，所以

$$\lim_{\tau\to\infty}R_X(\tau)=\lim_{\tau\to\infty}E\{X(t)X(t+\tau)\}=\lim_{\tau\to\infty}E\{X(t)\}E\{X(t+\tau)\}=m_X^2 \tag{11-28}$$

(5) 若平稳过程含有平均分量(均值)m_X，则相关函数也将会含有平均分量 m_X^2，即

$$R_X(\tau)=C_X(\tau)+m_X^2 \tag{11-29}$$

当平稳过程不含有任何周期分量时，其在 $\tau=0$ 时的方差为

$$\sigma_X^2=C_X(0)=R_X(0)-R_X(\infty)=R_X(0)-m_X^2 \tag{11-30}$$

根据以上特性，可以画出一条典型的自相关函数的曲线，如图 11-3 所示。

例 11-4 已知平稳随机过程 $X(t)$的自相关函数为

$$R_X(\tau)=\frac{4}{1+5\tau^2}+36$$

求 $X(t)$的均值和方差。

解 由平稳随机过程自相关函数的性质可知

$$m_X^2=R_X(\infty)=36\Rightarrow m_X=\pm\sqrt{R_X(\infty)}=\pm 6$$

$$\sigma_X^2=R_X(0)-R_X(\infty)=40-36=4$$

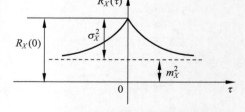

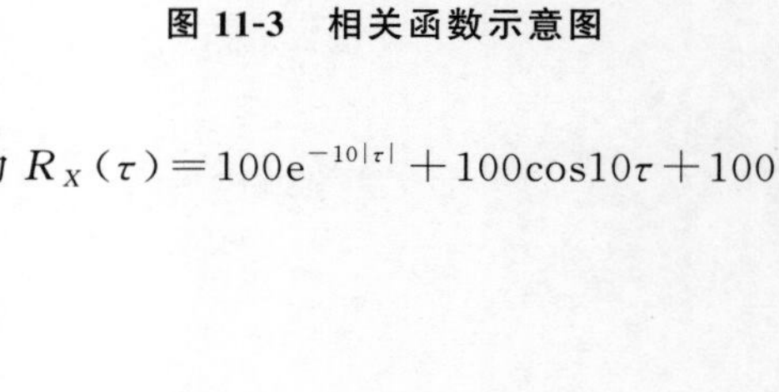

图 11-3 相关函数示意图

例 11-5 平稳随机过程 $X(t)$的自相关函数为 $R_X(\tau)=100e^{-10|\tau|}+100\cos 10\tau+100$，

求 $X(t)$的均值、均方值和方差。

解　将 $R_X(\tau)$分解成周期与非周期两部分，即

$$R_X(\tau)=100\cos10\tau+(100\mathrm{e}^{-10|\tau|}+100)=R_{X_1}(\tau)+R_{X_2}(\tau)$$

则 $X(t)=X_1(t)+X_2(t)$，且 $X_1(t)$与 $X_2(t)$相互独立。$R_{X_1}(\tau)=100\cos10\tau$ 是周期分量 $X_1(t)$的自相关函数，此分量的均值 $m_{X_1}=0$。$R_{X_2}(\tau)=100\mathrm{e}^{-10|\tau|}+100$ 是非周期分量 $X_2(t)$的自相关函数，可得

$$m_{X_2}^2=R_{X_2}(\infty)=100\Rightarrow m_{X_2}=\pm\sqrt{R_{X_2}(\infty)}=\pm10$$

则

$$m_X=m_{X_1}+m_{X_2}=\pm10$$

$$E[X^2(t)]=R_X(0)=300$$

$$\sigma_X^2=R_X(0)-m_X^2=200$$

即随机过程 $X(t)$的均值为±10，均方值为 300，方差为 200。

11.3.3　平稳随机过程的相关系数和相关时间

1. 相关系数

相关系数是对平稳随机过程的协方差函数作归一化处理，即

$$r_X(\tau)=\frac{C_X(\tau)}{\sigma_X^2}=\frac{R_X(\tau)-m_X^2}{\sigma_X^2} \tag{11-31}$$

显然，$|r_X(\tau)|\leqslant1$，$r_X(\tau)$可以为正值或负值，$r_X(\tau)=0$ 表示线性不相关，$|r_X(\tau)|=1$ 表示最强的线性相关。

2. 自相关时间

对于非周期随机过程 $X(t)$，随着 τ 的增大，$X(t)$与 $X(t+\tau)$的相关程度将减弱。当 $\tau\to\infty$时，$r_X(\tau)\to0$，此时的 $X(t)$与 $X(t+\tau)$不再相关。实际上，当 τ 大到一定程度时，$r_X(\tau)$就已经很小了，此时，$X(t)$与 $X(t+\tau)$可认为已不相关。因此，常常定义一个时间 τ_0，当 $\tau>\tau_0$ 时，就认为 $X(t)$与 $X(t+\tau)$不相关，把这个时间 τ_0 称为相关时间。

对于不含高频分量的平稳过程，用 $r_X(\tau)$的一半来定义其相关时间 τ_0，即

$$\tau_0=\int_0^\infty r_X(\tau)\mathrm{d}\tau \tag{11-32}$$

在工程上也常用自相关系数由最大值 $r_X(0)=1$ 下降到 $r_X(\tau)=0.05$ 所经历的时间间隔定义相关时间 τ_0，即

$$|r_X(\tau)|=0.05 \tag{11-33}$$

相关系数和相关时间都可用于描述随机过程中不同时刻之间的关联程度。相关时间的定义如图 11-4 所示。

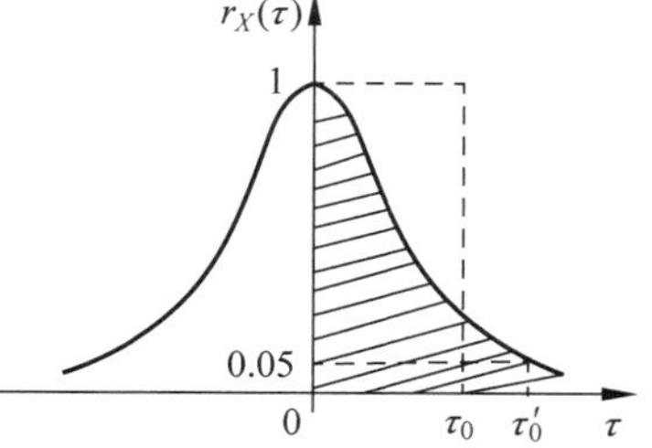

图 11-4　相关时间的定义

11.4　各态历经过程

按照所学过的求解平稳随机过程的统计特性(即数学期望、自相关函数等)，需要预先确定 $X(t)$的一族样本函数和一维、二维概率密度函数，这实际上是不易办到的。因此，自然希

望通过对一个样本函数长时间的观测，以得到这个过程的数字特征，那么这种方式是否可行呢？

从一组数量相当大的信号样本中采出同一时刻 t 的值，随机信号在 t 时刻则为一个随机变量，而从信号样本中采出的那些值就是这个随机变量的一个样本集合。随机信号的统计特性是根据这些样本集合来确定的，这种统计方法称为集平均。

以随机信号的某一个样本为例，它在不同时刻的取值常常也是随机的。把这些取值看成样本集合，也能得到一种统计特性，这种统计方法称为时间平均。

一般来说，同一信号用集平均和时间平均得到的统计特性是不相同的。但一个随机过程，如果其时间平均的统计特性随着样本长度增大而以越来越大的概率接近它的集平均统计特性，就称该随机过程是遍历的或是各态历经的。

辛钦证明：在一定条件下，平稳随机过程的时间平均与集平均在均方意义下相等。

定义：若宽平稳随机过程 $X(t)$满足

$$m_X = E[X(t)] = \lim_{T\to\infty} \frac{1}{2T}\int_{-T}^{T} X(t)\mathrm{d}t = \overline{X(t)} \tag{11-34}$$

$$R_X(\tau) = \lim_{T\to\infty} \frac{1}{2T}\int_{-T}^{T} X(t)X(t+\tau)\mathrm{d}t = \overline{X(t)X(t+\tau)} \tag{11-35}$$

则称 $X(t)$为广义各态历经过程。

一般来说，在一个随机过程中，不同样本函数的时间平均值是不一定相同的，而集平均则是一定的。因此，一般的随机过程的时间平均不等于集平均，只有平稳随机过程才有可能是各态历经的。即**各态历经的随机过程一定是平稳的，而平稳的随机过程则需要满足一定的条件才是各态历经的**。

意义：随机过程中的任一次实现都经历了随机过程的所有可能状态。求解各种统计平均时，无须做无限多次考察，只要获得一次考察，用一次实现的时间平均值代替过程的统计平均即可。

例 11-6 连续时间随机相位信号 $X(t)=A\cos(\omega_0 t+\Phi)$，式中 A、ω_0 皆为常数，随机变量 Φ 服从$(0,2\pi)$上的均匀分布，判断 $X(t)$是否为各态历经过程。

解 $m_X(t) = E[X(t)] = \int_{-\infty}^{+\infty} x(t) f_\Phi(\varphi)\mathrm{d}\varphi = \int_0^{2\pi} a\cos(\omega_0 t+\varphi)\frac{1}{2\pi}\mathrm{d}\varphi = 0$

$$\begin{aligned}
R_X(t,t+\tau) &= E[X(t)X(t+\tau)] \\
&= E[A\cos(\omega_0 t+\Phi)A\cos(\omega_0(t+\tau)+\Phi)] \\
&= \frac{A^2}{2}E[\cos\omega_0\tau + \cos(2\omega_0 t+\omega_0\tau+2\Phi)] \\
&= \frac{A^2}{2}\left[\cos\omega_0\tau + \int_0^{2\pi}\cos(2\omega_0 t+\omega_0\tau+2\varphi)\cdot\frac{1}{2\pi}\mathrm{d}\varphi\right] \\
&= \frac{A^2}{2}\cos\omega_0\tau
\end{aligned}$$

$$\bar{m}_X = \lim_{T\to\infty}\frac{1}{2T}\int_{-T}^{T} A\cos(\omega_0 t+\Phi)\mathrm{d}t = 0$$

$$\begin{aligned}\bar{R}_X(\tau)&=\lim_{T\to\infty}\frac{1}{2T}\int_{-T}^{T}A\cos(\omega_0(t+\tau)+\Phi)A\cos(\omega_0 t+\Phi)\mathrm{d}t\\&=\frac{A^2}{2}\lim_{T\to\infty}\frac{1}{2T}\int_{-T}^{T}[\cos(2\omega_0 t+\omega_0\tau+2\Phi)+\cos\omega_0\tau]\mathrm{d}t\\&=\frac{A^2}{2}\cos\omega_0\tau\end{aligned}$$

可见，时间平均等于统计平均，时间相关函数等于统计相关函数，随机相位信号是各态历经过程。

11.5　高斯随机过程

中心极限定理已证明，大量独立的、均匀微小的随机变量之和近似地服从高斯分布。高斯分布是在实际应用中最常遇到的、最重要的分布。高斯过程（正态随机过程）在自然界和工程技术中应用十分广泛，通信和电子设备中出现的许多现象，如通信系统中常见的电阻热噪声、电子管或晶体管的散弹噪声及许多积极干扰和消极干扰，都可以近似为高斯过程。另外，只有高斯过程的统计特性最简便，故常用作噪声的理论模型。

11.5.1　高斯过程的概念

1. 定义

若随机过程 $X(t)$ 的任意 n 维分布均服从高斯分布，则称它为高斯过程或正态过程。

2. 高斯过程 $X(t)$ 的 n 维概率密度

$$f_X(x_1,x_2,\cdots,x_n;t_1,t_2,\cdots,t_n)=\frac{1}{(2\pi)^{n/2}\,|\boldsymbol{C}|^{1/2}}\times\exp\left[-\frac{(x-\boldsymbol{M}_X)^{\mathrm{T}}\boldsymbol{C}^{-1}(x-\boldsymbol{M}_X)}{2}\right]\tag{11-36}$$

式中，$\boldsymbol{M}_X$ 是 n 维期望矢量；$\boldsymbol{C}$ 是协方差矩阵。

$$\boldsymbol{M}_X=\begin{bmatrix}E[X(t_1)]\\\vdots\\E[X(t_n)]\end{bmatrix}=\begin{bmatrix}m_X(t_1)\\\vdots\\m_X(t_n)\end{bmatrix}_{n\times1},\quad \boldsymbol{C}=\begin{bmatrix}C_{11}&C_{12}&\cdots&C_{1n}\\C_{21}&C_{22}&\cdots&C_{2n}\\\vdots&\vdots&\ddots&\vdots\\C_{n1}&C_{n2}&\cdots&C_{nn}\end{bmatrix}_{n\times n}$$

$$\begin{aligned}C_{ik}&=C_X(t_i,t_k)=E\{[X(t_i)-m_X(t_i)][X(t_k)-m_X(t_k)]\}\\&=R_X(t_i,t_k)-m_X(t_i)m_X(t_k)\end{aligned}\tag{11-37}$$

从定义式中可看出，高斯过程的 n 维分布完全由均值矢量 $\boldsymbol{M}_X$ 与协方差矩阵 $\boldsymbol{C}$ 所确定，且有关时间 $(t_1,t_2,\cdots,t_n)$ 的因素全部包含在 $\boldsymbol{M}_X$ 和 $\boldsymbol{C}$ 中。

3. 平稳高斯过程

若高斯过程 $X(t)$ 的数学期望是常数，自相关函数只与时间差值 τ 有关，即满足

$$\begin{cases}m_X(t)=m_X\\R_X(t_i,t_k)=R_X(\tau_{k-i}),\quad \tau_{k-i}=t_k-t_i\quad(i,k=1,2,\cdots,n)\\E[X^2(t)]=R_X(0)<\infty\end{cases}\tag{11-38}$$

11.5.2 高斯过程的重要性质

1. 高斯过程的宽平稳与严平稳等价

证明 在高斯过程 n 维概率密度中,与时间有关的两个参数 $\boldsymbol{M}_X$ 和 $\boldsymbol{C}$。因为高斯过程宽平稳,所以其均值矢量 $\boldsymbol{M}_X=[m_X,m_X,\cdots,m_X]^{\mathrm{T}}$ 为常数矢量,矩阵 $\boldsymbol{C}$ 中的每一个元素 C_{ik} 仅取决于时间差 $\tau_1,\tau_2,\cdots,\tau_{n-1}$,而与时间的起点无关,即

$$C_{ik}=C(t_i,t_k)=R(\tau_{k-i})-m_X^2 \quad (i,k=1,2,\cdots,n) \tag{11-39}$$

因此,宽平稳高斯过程的 n 维概率密度仅仅是时间差的函数。有

$$f_X(x_1,x_2,\cdots,x_n;t_1,t_2,\cdots,t_n)=f_X(x_1,x_2,\cdots,x_n;\tau_1,\tau_2,\cdots,\tau_{n-1}) \tag{11-40}$$

当高斯过程 $X(t)$的 n 维概率密度的取样点 $X_1,X_2,\cdots,X_n$ 在时间轴上作任意 Δt 平移后,由于时间差 $\tau'_{k-i}=(t_k+\Delta t)-(t_i+\Delta t)=t_k-t_i=\tau_{k-i}$ 不随时间平移 Δt 变化,所以过程 $X(t)$的 n 维概率密度也不随时间平移 Δt 变化。根据严平稳定义可知,满足上述条件的过程是严平稳的。

2. 如果高斯过程在不同时刻的取值是不相关的,则它们也是统计独立的

证明 设高斯过程 $X(t)$的 n 个不同时刻 $t_1,t_2,\cdots,t_n$ 的状态为 $X(t_1),X(t_2),\cdots,X(t_n)$。由高斯过程定义可知,它们都是高斯变量。

当所有状态不相关时,协方差矩阵

$$\boldsymbol{C}=\begin{bmatrix}\sigma_X^2(t_1) & 0 & \cdots & 0\\ 0 & \sigma_X^2(t_2) & \cdots & 0\\ \vdots & \vdots & \ddots & \vdots\\ 0 & 0 & \cdots & \sigma_X^2(t_n)\end{bmatrix}_{n\times n}$$

代入 n 维概率密度表达式,并展开得

$$\begin{aligned}&f_X(x_1,x_2,\cdots,x_n;t_1,t_2,\cdots,t_n)\\&=\frac{1}{(2\pi)^{n/2}\sigma_X(t_1)\sigma_X(t_2)\cdots\sigma_X(t_n)}\exp\left[-\frac{1}{2}\sum_{i=1}^{n}\frac{(x_i-m_X(t_i))^2}{\sigma_X^2(t_i)}\right]\\&=\prod_{i=1}^{n}\frac{1}{\sqrt{2\pi}\sigma_X(t_i)}\exp\left[-\frac{1}{2}\frac{(x_i-m_X(t_i))^2}{\sigma_X^2(t_i)}\right]\\&=f_X(x_1;t_1)f_X(x_2;t_2)\cdots f_X(x_n;t_n)\end{aligned} \tag{11-41}$$

在 $C_{ik}=0(i\neq k)$时,n 维概率密度等于 n 个一维概率密度的乘积,满足独立条件,因此,对于高斯过程,不同时刻状态间的互不相关与独立是等价的。

11.6 随机过程的频域分析

11.6.1 实随机过程的功率谱密度

本小节首先给出能量信号和功率信号的定义。

(1) 能量信号:能量有限的信号。

(2) 功率信号:能量无限,但功率有限的信号。

傅里叶变换给出了确定信号时域和频域的关系,那么为什么随机过程在频率域中要讨

论功率谱密度,而不讨论傅里叶变换呢?主要原因如下。

(1) 对于随机过程来说,它由许许多多个样本函数来构成,所以无法求其傅里叶变换,可以说,随机过程不存在傅里叶变换。

(2) 随机过程属于功率信号而不属于能量信号,所以讨论功率谱密度。

首先考虑随机过程对应于样本空间中元素 e 的样本函数 $x(t)$,取其部分信号定义为

$$x_T(t)=\begin{cases}x(t), & |t|\leqslant T\\ 0, & |t|>T\end{cases} \tag{11-42}$$

则 $x_T(t)$的频谱密度为

$$X_T(\omega,e)=\int_{-T}^{T}x_T(t)\mathrm{e}^{-\mathrm{j}\omega t}\mathrm{d}t \tag{11-43}$$

$x(t)$的平均功率为

$$W=\lim_{T\to\infty}\frac{1}{2T}\int_{-T}^{T}|x_T(t)|^2\mathrm{d}t \tag{11-44}$$

根据帕塞伐尔定理

$$\int_{-\infty}^{+\infty}|y(t)|^2\mathrm{d}t=\frac{1}{2\pi}\int_{-\infty}^{+\infty}|Y(\omega)|^2\mathrm{d}\omega \tag{11-45}$$

可得

$$W=\lim_{T\to\infty}\frac{1}{2T}\frac{1}{2\pi}\int_{-T}^{T}|X_T(\omega,e)|^2\mathrm{d}\omega=\frac{1}{2\pi}\int_{-\infty}^{+\infty}\left[\lim_{T\to\infty}\frac{1}{2T}|X_T(\omega,e)|^2\right]\mathrm{d}\omega \tag{11-46}$$

所谓信号的功率谱密度函数具有以下特征。

(1) 当在整个频率范围内对它进行积分后,可以获得信号的总功率。

(2) 它描述了各个不同频率上功率分布情况。

$\lim\limits_{T\to\infty}\frac{1}{2T}|X_T(\omega,e)|^2$ 恰好具备了这两条特征。它表示随机过程的一个样本函数 $x(t)$ 在单位频带内消耗在 1Ω 电阻上的平均功率。因此其被称为样本函数 $x(t)$的功率谱密度函数,即

$$G_X(\omega,e)=\lim_{T\to\infty}\frac{1}{2T}|X_T(\omega,e)|^2 \tag{11-47}$$

随机过程 $X(t)$由多个样本函数组成,其中某一次随机试验都是功率信号,其功率谱密度可以用式(11-47)表示,但它不能作为随机过程的功率谱密度。随机过程的功率谱密度可以看作是对所有样本函数的功率谱密度的统计平均(即数学期望),即

$$G_X(\omega)=E[G_X(\omega,e)]=\lim_{T\to\infty}\frac{1}{2T}E[|X_T(\omega,e)|^2] \tag{11-48}$$

随机过程 $X(t)$的功率谱密度 $G_X(\omega)$是一个统计平均量,它具有单位频带上功率的因素,表示随机过程 $X(t)$在单位频带内消耗在 1Ω 电阻上的平均功率。

随机过程 $X(t)$的平均功率为

$$P=\frac{1}{2\pi}\int_{-\infty}^{+\infty}G_X(\omega)\mathrm{d}\omega=R_X(0) \tag{11-49}$$

11.6.2 维纳-辛钦定理

对于确定信号 $s(t)$,信号 $s(t)$与其频谱 $S(\omega)$成傅里叶变换对的关系。

通过对于随机信号 $X(t)$，相关函数 $R_X(\tau)$ 是从时间角度描述过程统计规律的，而功率谱密度 $G_X(\omega)$ 是从频率角度对过程的统计规律进行描述的，二者之间互为傅里叶变换，即**维纳-辛钦定理**。

证明 将

$$X_T(\omega)=\int_{-\infty}^{+\infty}x_T(t)\mathrm{e}^{-\mathrm{j}\omega t}\mathrm{d}t=\int_{-T}^{T}x_T(t)\mathrm{e}^{-\mathrm{j}\omega t}\mathrm{d}t$$

代入

$$G_X(\omega)=\lim_{T\to\infty}\frac{1}{2T}E[\mid X_T(\omega,e)\mid^2]$$

得

$$\begin{aligned}G_X(\omega)&=E\left[\lim_{T\to\infty}\frac{1}{2T}\int_{-T}^{T}\int_{-T}^{T}x_T^*(t_1)x_T(t_2)\mathrm{e}^{-\mathrm{j}\omega(t_2-t_1)}\mathrm{d}t_1\mathrm{d}t_2\right]\\&=\lim_{T\to\infty}\frac{1}{2T}\int_{-T}^{T}\int_{-T}^{T}E[x_T^*(t_1)x_T(t_2)]\mathrm{e}^{-\mathrm{j}\omega(t_2-t_1)}\mathrm{d}t_1\mathrm{d}t_2\\&=\lim_{T\to\infty}\frac{1}{2T}\int_{-T}^{T}\int_{-T}^{T}R_X(t_2-t_1)\mathrm{e}^{-\mathrm{j}\omega(t_2-t_1)}\mathrm{d}t_1\mathrm{d}t_2\end{aligned}$$

令 $\tau=t_2-t_1$，则

$$\begin{aligned}&\frac{1}{2T}\int_{-T}^{T}\int_{-T}^{T}R_X(\tau)\mathrm{e}^{-\mathrm{j}\omega\tau}\mathrm{d}t_1\mathrm{d}t_2\\&=\frac{1}{2T}\left[\int_0^{2T}R_X(\tau)\mathrm{e}^{-\mathrm{j}\omega\tau}\mathrm{d}\tau\int_{-T}^{T-\tau}\mathrm{d}t_1+\int_{-2T}^{0}R_X(\tau)\mathrm{e}^{-\mathrm{j}\omega\tau}\mathrm{d}\tau\int_{T-\tau}^{T}\mathrm{d}t_1\right]\\&=\frac{1}{2T}\left[\int_0^{2T}(2T-\tau)R_X(\tau)\mathrm{e}^{-\mathrm{j}\omega\tau}\mathrm{d}\tau\int_{-2T}^{0}(2T+\tau)R_X(\tau)\mathrm{e}^{-\mathrm{j}\omega\tau}\mathrm{d}\tau\right]\\&=\int_{-2T}^{2T}\left(1-\frac{\mid\tau\mid}{2T}\right)R_X(\tau)\mathrm{e}^{-\mathrm{j}\omega\tau}\mathrm{d}\tau\end{aligned}$$

所以

$$\begin{aligned}G_X(\omega)&=\lim_{T\to\infty}\frac{1}{2T}\int_{-T}^{T}\int_{-T}^{T}R_X(t_2-t_1)\mathrm{e}^{-\mathrm{j}\omega(t_2-t_1)}\mathrm{d}t_1\mathrm{d}t_2\\&=\lim_{T\to\infty}\int_{-2T}^{2T}\left(1-\frac{\mid\tau\mid}{2T}\right)R_X(\tau)\mathrm{e}^{-\mathrm{j}\omega\tau}\mathrm{d}\tau\\&=\int_{-\infty}^{+\infty}R_X(\tau)\mathrm{e}^{-\mathrm{j}\omega\tau}\mathrm{d}\tau\end{aligned}\tag{11-50}$$

平稳随机过程的功率谱密度就是其相关函数的傅里叶变换。所以

$$R_X(\tau)=\frac{1}{2\pi}\int_{-\infty}^{+\infty}G_X(\omega)\mathrm{e}^{\mathrm{j}\omega\tau}\mathrm{d}\omega\tag{11-51}$$

式(11-50)和式(11-51)为平稳随机过程的功率谱密度和自相关函数之间的关系，被称为**维纳-辛钦定理**。

维纳-辛钦定理成立的条件是

$$\int_{-\infty}^{+\infty}\mid R_X(\tau)\mid\mathrm{d}\tau<\infty\tag{11-52}$$

$$\int_{-\infty}^{+\infty}G_X(\omega)\mathrm{d}\omega<\infty\tag{11-53}$$

例 11-7　已知随机相位过程 $X(t)=A\cos(\omega_0 t+\Phi)$，式中 A、ω_0 皆为实常数，随机变量 Φ 服从$(0,2\pi)$上的均匀分布。可证其为平稳过程，且自相关函数为 $R_X(\tau)=\frac{A^2}{2}\cos(\omega_0\tau)$，求 $X(t)$的功率谱密度 $G_X(\omega)$。

解　$R_X(\tau)$含有周期分量，引入 δ 函数可得

$$G_X(\omega)=\frac{A^2}{4}\int_{-\infty}^{+\infty}(\mathrm{e}^{\mathrm{j}\omega_0\tau}+\mathrm{e}^{-\mathrm{j}\omega_0\tau})\mathrm{e}^{-\mathrm{j}\omega\tau}\mathrm{d}\tau=\frac{A^2\pi}{2}[\delta(\omega-\omega_0)+\delta(\omega+\omega_0)]$$

表示 $X(t)$的功率谱密度为在$\pm\omega_0$ 处的 δ 函数，功率集中在$\pm\omega_0$ 处。

11.6.3　功率谱密度的性质

性质 1　功率谱密度非负，满足

$$G_X(\omega)\geqslant 0 \tag{11-54}$$

性质 2　功率谱密度是 ω 的实函数，满足

$$G_X^*(\omega)=G_X(\omega) \tag{11-55}$$

性质 3　功率谱密度是 ω 的偶函数，满足

$$G_X(\omega)=G_X(-\omega) \tag{11-56}$$

性质 4　平稳随机过程的功率谱密度可积，满足

$$\int_{-\infty}^{+\infty}G_X(\omega)\mathrm{d}\omega<\infty \tag{11-57}$$

性质 5　若平稳过程的功率谱密度可以表示为有理函数形式

$$G_X(\omega)=G_0\frac{\omega^{2m}+a_{2m-2}\omega^{2m-2}+\cdots+a_0}{\omega^{2n}+b_{2n-2}\omega^{2n-2}+\cdots+b_0} \tag{11-58}$$

要求上式满足：

(1) $G_0>0$。

(2) 有理式的分母无实数根(即在实数轴上无极点)，且 $n>m$。

例 11-8　利用功率谱密度的性质，判断下列函数哪些可能成为平稳过程的功率谱密度。

(1) $f_1(\omega)=\cos3\omega$；

(2) $f_2(\omega)=\frac{1}{(\omega-1)^2+2}$；

(3) $f_3(\omega)=\frac{\omega^2+1}{\omega^4+5\omega^2+6}$；

(4) $f_4(\omega)=\frac{\omega^2+4}{\omega^4-4\omega^2+3}$。

解　只有 $f_3(\omega)$可能，因为 $f_1(\omega)<0$，$f_2(\omega)$非偶，$f_4(\omega)$在实数轴上有极点。

第12章

随机信号通过线性系统的分析

在电子技术中，通常需要将信号经过一系列的变换才能提取到有用的信息。变换可以看作为信号通过系统，所以随机过程的变换就是分析随机过程通过系统后的响应。系统一般分为线性系统（如线性放大器、线性滤波器等）和非线性系统（如检波器、限幅器、调制器等）两大类，因此随机过程的变换也分为线性变换和非线性变换两大类。本章仅限于对线性系统的分析。

本章要讨论的问题如下。

(1) 随机信号通过线性系统后其统计特征是否发生变化。

(2) 如何由输入随机信号的统计特征来确定输出随机信号的统计特征（时域及频域）。

(3) 输入的随机信号与输出的随机信号有什么样的统计关系（时域及频域）。

12.1　随机信号通过线性系统

随机过程通过线性系统分析的中心问题是：给定系统的输入函数和线性系统的特性，求输出函数，由于输入是随机过程，所以输出也是随机过程；对于随机过程，一般很难给出确切的函数形式，因此，通常只分析随机过程通过线性系统后输出的概率分布特性和某些数字特征。线性系统既可以用冲激响应描述，也可以用系统传递函数描述，因此，随机过程通过线性系统的常用分析方法也有两种：冲激响应法和频谱法。

12.1.1　冲激响应法

1. 系统的输出

随机过程通过线性系统的分析，完全是建立在确定信号通过线性系统的分析基础之上的，是对确定信号分析的推广。

设线性系统的冲激响应为 $h(t)$，输入随机过程为 $X(t)$，输出为 $Y(t)$，如图 12-1 所示。

线性系统的响应 $Y(t)$ 等于输入信号 $X(t)$ 与系统的单位冲激响应 $h(t)$ 的卷积，且 $Y(t)$ 也是随机信号，即

$$Y(t)=X(t)*h(t)=\int_{-\infty}^{+\infty}X(t-u)h(u)\mathrm{d}u=\int_{-\infty}^{+\infty}X(u)h(t-u)\mathrm{d}u \tag{12-1}$$

2. 系统输出的统计特性

1）均值

已知输入随机信号的均值，则系统输出的均值为

$$m_Y(t)=E[Y(t)]=E\left[\int_{-\infty}^{+\infty}h(u)X(t-u)\mathrm{d}u\right]$$

$$=\int_{-\infty}^{+\infty}h(u)E[X(t-u)]\mathrm{d}u=h(t)*m_X(t) \tag{12-2}$$

式(12-2)表明：若把 $E[X(t)]$加到一个具有单位冲激响应 $h(t)$的连续系统的输入端，则其输出的就是 $E[Y(t)]$，如图 12-2 所示。

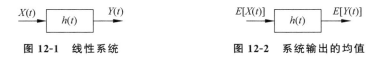

图 12-1　线性系统　　　　**图 12-2　系统输出的均值**

2）自相关函数

已知输入随机信号的自相关函数 $R_X(t_1,t_2)$，求线性系统输出信号的自相关函数 $R_Y(t_1,t_2)$，即

$$R_Y(t_1,t_2)=E[Y(t_1)Y(t_2)]$$

$$=E\left[\int_{-\infty}^{+\infty}h(u)X(t_1-u)\mathrm{d}u\int_{-\infty}^{+\infty}h(v)X(t_2-v)\mathrm{d}v\right]$$

$$=\int_{-\infty}^{+\infty}\int_{-\infty}^{+\infty}E[X(t_1-u)X(t_2-v)]h(u)h(v)\mathrm{d}u\mathrm{d}v$$

$$=\int_{-\infty}^{+\infty}\int_{-\infty}^{+\infty}R_X(t_1-u,t_2-v)h(u)h(v)\mathrm{d}u\mathrm{d}v$$

$$=h(t_1)*h(t_2)*R_X(t_1,t_2) \tag{12-3}$$

3. 系统输入和输出之间的互相关函数

系统输入和输出之间的互相关函数 $R_{XY}(t_1,t_2)$与 $R_{YX}(t_1,t_2)$为

$$R_{XY}(t_1,t_2)=E[X(t_1)Y(t_2)]=E\left[X(t_1)\int_{-\infty}^{+\infty}h(u)X(t_2-u)\mathrm{d}u\right]$$

$$=\int_{-\infty}^{+\infty}h(u)E[X(t_1)X(t_2-u)\mathrm{d}u]=\int_{-\infty}^{+\infty}h(u)R_X(t_1,t_2-u)\mathrm{d}u$$

$$=R_X(t_1,t_2)*h(t_2) \tag{12-4}$$

同理可得

$$R_{YX}(t_1,t_2)=R_X(t_1,t_2)*h(t_1) \tag{12-5}$$

比较 $R_X(t_1,t_2)$、$R_Y(t_1,t_2)$、$R_{XY}(t_1,t_2)$与 $R_{YX}(t_1,t_2)$，则有

$$R_Y(t_1,t_2)=h(t_1)*R_{XY}(t_1,t_2)=h(t_2)*R_{YX}(t_1,t_2) \tag{12-6}$$

系统输入与输出之间的相关函数关系如图 12-3 所示。

$R_X(t_1,t_2)$ → $h(t_1)$ → $R_{YX}(t_1,t_2)$ → $h(t_2)$ → $R_Y(t_1,t_2)$

$R_X(t_1,t_2)$ → $h(t_2)$ → $R_{XY}(t_1,t_2)$ → $h(t_1)$ → $R_Y(t_1,t_2)$

图 12-3　系统输入与输出之间的相关函数关系

12.1.2 物理可实现系统输出的统计特性

当输入的平稳随机信号 $X(t)$在 $t=-\infty$时刻开始就一直作用于系统输入端，称为输入的是双侧信号。若系统为物理可实现系统，即满足 $h(t)=0(t<0)$，则

$$Y(t)=X(t)*h(t)=\int_0^{\infty}h(u)X(t-u)\mathrm{d}u \tag{12-7}$$

性质 1 若输入 $X(t)$是宽平稳的，则系统输出 $Y(t)$也是宽平稳的。

证明 若 $X(t)$宽平稳，则有

$$\begin{cases}E[X(t)]=m_X(\text{常数})\\R_X(t_1,t_2)=R_X(\tau),\tau=t_2-t_1\\R_X(0)=E[X^2(t)]<\infty\end{cases} \tag{12-8}$$

① $E[Y(t)]=\int_0^{\infty}h(u)E[X(t-u)]\mathrm{d}u=m_X\int_0^{\infty}h(u)\mathrm{d}u=m_Y$—— 常数 (12-9)

②
$$\begin{aligned}R_Y(t_1,t_2)&=\int_0^{\infty}\int_0^{\infty}h(u)h(v)R_X(t_2-t_1-v+u)\mathrm{d}u\mathrm{d}v\\&=\int_0^{\infty}\int_0^{\infty}h(u)h(v)R_X(\tau-v+u)\mathrm{d}u\mathrm{d}v\\&=R_Y(\tau)=R_X(\tau)*h(\tau)*h(-\tau)\end{aligned} \tag{12-10}$$

③ $E[Y^2(t)]<\infty$ (12-11)

④ $R_{XY}(t_1,t_2)=\int_0^{\infty}h(u)R_X(\tau-u)\mathrm{d}u=R_X(\tau)*h(\tau)=R_{XY}(\tau)$ (12-12)

⑤ $R_{YX}(t_1,t_2)=\int_0^{\infty}h(u)R_X(\tau+u)\mathrm{d}u=R_X(\tau)*h(-\tau)=R_{YX}(\tau)$ (12-13)

因此，输出 $Y(t)$是宽平稳过程，平稳随机过程通过线性系统自相关函数的关系如图 12-4 所示。

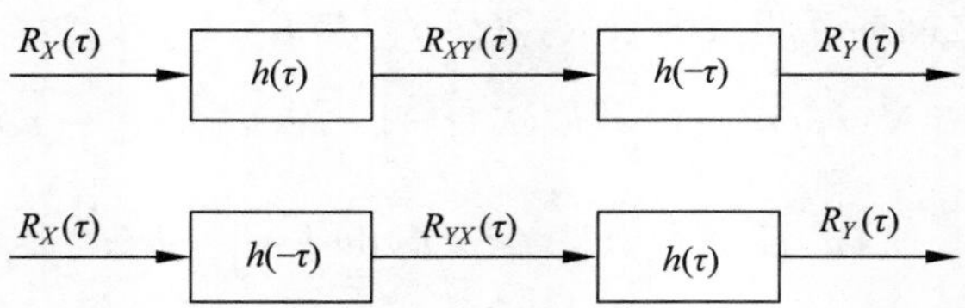

图 12-4 平稳随机过程通过线性系统自相关函数关系

性质 2 若输入 $X(t)$是严平稳的，则系统输出 $Y(t)$也是严平稳的。

性质 3 若输入 $X(t)$是宽各态历经的，则输出 $Y(t)$也是宽各态历经的。

12.1.3 频域法

若研究的系统是实系统，输入信号 $X(t)$是宽平稳过程，输出信号 $Y(t)$也宽平稳，且 $Y(t)$与 $X(t)$联合平稳。因此，可直接利用维纳-辛钦公式及傅里叶变换对进行转换。

1. 系统输出的均值

利用傅里叶变换

$$H(\omega)=\int_{-\infty}^{+\infty}h(t)\mathrm{e}^{-\mathrm{j}\omega t}\mathrm{d}t$$

可得

$$m_Y = m_X \int_0^{\infty} h(u)\mathrm{d}u = m_X H(0) \tag{12-14}$$

式中，$H(0)$代表线性系统传输函数在零频率时的取值。

2. 系统输出的功率谱密度

对 $R_Y(\tau)=R_X(\tau)*h(\tau)*h(-\tau)$两边取傅里叶变换，有

$$G_Y(\omega)=G_X(\omega)H(\omega)H(-\omega) \tag{12-15}$$

式中，$H(\omega)$是系统的传递函数。

由于 $h(t)$是实函数，$H(-\omega)=H^*(\omega)$，则

$$G_Y(\omega)=H(\omega)H^*(\omega)G_X(\omega)=|H(\omega)|^2 G_X(\omega) \tag{12-16}$$

式中，$|H(\omega)|^2$ 称为系统的功率传递函数。上式表明，系统输出信号的功率谱密度不仅与输入信号的功率谱密度有关，还与系统的幅频特性$|H(\omega)|$有关。反之

$$|H(\omega)|=\sqrt{\frac{G_Y(\omega)}{G_X(\omega)}} \tag{12-17}$$

3. 系统输入输出的互功率谱密度

对 $R_{XY}(\tau)=R_X(\tau)*h(\tau)$及 $R_{YX}(\tau)=R_X(\tau)*h(-\tau)$两边进行维纳-辛钦变换，有

$$G_{XY}(\omega)=H(\omega)G_X(\omega) \tag{12-18}$$

$$G_{YX}(\omega)=H(-\omega)G_X(\omega) \tag{12-19}$$

4. 系统输出的平均功率

系统输出信号的平均功率可表示为

$$P_Y=\frac{1}{2\pi}\int_{-\infty}^{+\infty} G_Y(\omega)\mathrm{d}\omega=\frac{1}{2\pi}\int_{-\infty}^{+\infty} G_X(\omega)|H(\omega)|^2\mathrm{d}\omega \tag{12-20}$$

或

$$P_Y=E[Y^2(t)]=\int_0^{\infty}\int_0^{\infty} h(u)h(v)R_X(u-v)\mathrm{d}u\mathrm{d}v \tag{12-21}$$

12.2　白噪声通过线性系统的分析

12.2.1　白噪声

1. 白噪声的定义

若平稳过程 $N(t)$的均值为零，功率谱密度函数在整个频率域($-\infty<\omega<+\infty$)上均匀分布，满足

$$G_N(\omega)=\frac{N_0}{2} \tag{12-22}$$

式中，N_0 为正常实数，则称此过程为白噪声过程，简称为白噪声。

“白”是借用了光学中“白光”这一术语。因为白光的光谱包含了所有可见光的频率分量，分布在整个频率轴上。任意的非白噪声被定义为色噪声。

(1) 有色光：只包括可见光的部分频率。

(2) 色噪声：只包括部分频率。

2. 白噪声的自相关函数

利用维纳-辛钦定理,可得到白噪声 $N(t)$的自相关函数为

$$R_N(\tau)=\frac{1}{2\pi}\int_{-\infty}^{+\infty}\frac{N_0}{2}\mathrm{e}^{\mathrm{j}\omega\tau}\mathrm{d}\omega=\frac{N_0}{2}\frac{1}{2\pi}\int_{-\infty}^{+\infty}1\cdot\mathrm{e}^{\mathrm{j}\omega\tau}\mathrm{d}\omega=\frac{N_0}{2}\delta(\tau) \tag{12-23}$$

式(12-23)说明,白噪声的自相关函数是一个面积等于功率谱密度的 δ 函数。白噪声的功率谱密度和自相关函数如图 12-5 所示。

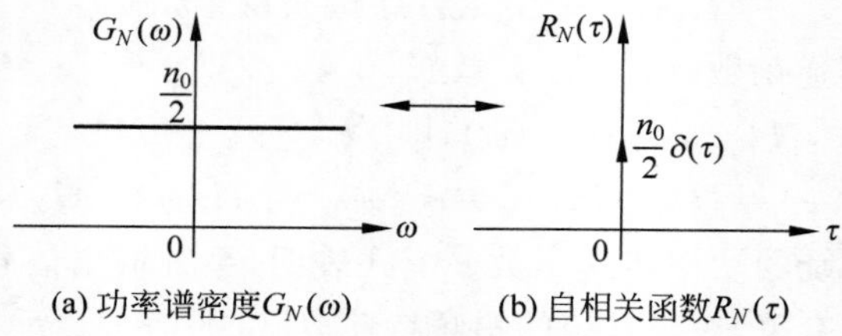

(a) 功率谱密度$G_N(\omega)$ (b) 自相关函数$R_N(\tau)$

图 12-5 理想白噪声

3. 白噪声的自相关系数

$$\rho_N(\tau)=\frac{R_N(\tau)}{R_N(0)}=\begin{cases}1, & \tau=0\\0, & \tau\neq 0\end{cases} \tag{12-24}$$

4. 白噪声的特点

1) 理想化的数学模型

(1) 由白噪声的自相关系数可见,白噪声在任何两个相邻时刻的状态,只要不是同一时刻都是不相关的。因此,在时域中白噪声的样本函数变化极快。然而任何实际的过程,无论样本函数变化多快,紧连着的两个时刻的状态总存在一定的关联性,自相关函数可能是一个 δ 函数。

(2) 由于定义下的白噪声模型的功率谱无限宽,因此其平均功率就无限大。然而,物理上存在的任何随机过程,其平均功率总是有限的。

因此,在这样定义下的白噪声只是一种理想化的数学模型,在物理上是不存在的。尽管如此,由于白噪声在数学上具有处理简单、方便的优点,所以它在随机过程的理论研究及实际应用中仍占有特别重要的地位。

2) 数学上有很好的运算性质

由于白噪声的功率谱密度是常数,自相关函数是一个冲激函数,所以,将它作为噪声与信号一起分析处理,运算起来非常方便。

3) 是大多数重要噪声的模型

经过验证,大自然中许多重要的噪声过程,因此功率谱近似于常数,确实可以用白噪声来近似。

4) 白噪声可以替代实际应用中的宽带噪声

在实际工作中,任何一个系统的带宽总是有限的。当噪声通过某一系统时,只要它在比吸纳后频带宽得多的范围内,都具有近似均匀的功率谱密度,这个噪声就可以被当作白噪声来处理,而且不会带来很大的误差。因此,电子设备中出现的各种起伏过程,大多数都可以认为是白噪声。如电阻热噪声、晶体管的散弹噪声等,在相当宽的频率范围内都具有均匀的

功率谱密度，所以可以把它们看成是白噪声。

5）高斯白噪声

如果白噪声取值的概率分布服从高斯分布，则称为高斯白噪声。高斯白噪声在任意两相邻时刻的状态是相互独立的，且可以证明，高斯白噪声具有各态历经性。

5．限带白噪声

1）定义

平稳随机过程 $X(t)$均值为零，功率谱密度在有限频率范围内均匀分布，在此范围外为零，则称此过程为限带白噪声。

2）分类

限带白噪声分为低通限带白噪声和带通限带白噪声。

（1）低通限带白噪声。

若随机过程 $X(t)$的功率谱密度满足

$$G_X(\omega)=\begin{cases}G_0, & |\omega|\leqslant \Omega/2\\ 0, & |\omega|>\Omega/2\end{cases} \tag{12-25}$$

则称此过程为低通限带白噪声。

将白噪声通过一个理想低通滤波器，便可产生出低通限带白噪声，如图 12-6 所示，其自相关函数为

$$R(\tau)=\frac{1}{2\pi}\int_{-\infty}^{+\infty}G_X(\omega)\mathrm{e}^{\mathrm{j}\omega\tau}\mathrm{d}\omega=\frac{1}{2\pi}\int_{-\Omega/2}^{\Omega/2}G_0\mathrm{e}^{\mathrm{j}\omega\tau}\mathrm{d}\omega=\frac{\Omega G_0}{2\pi}\,\frac{\sin(\Omega\tau/2)}{(\Omega\tau/2)} \tag{12-26}$$

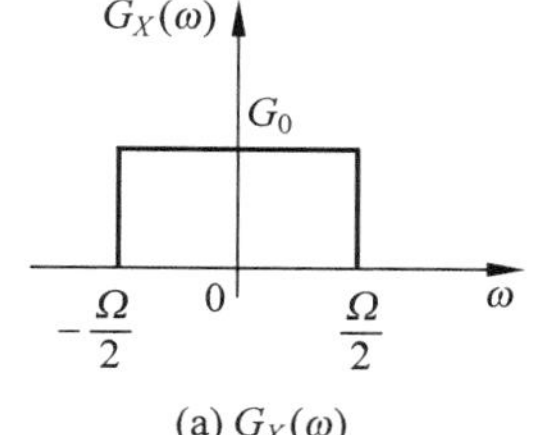

(a) $G_X(\omega)$

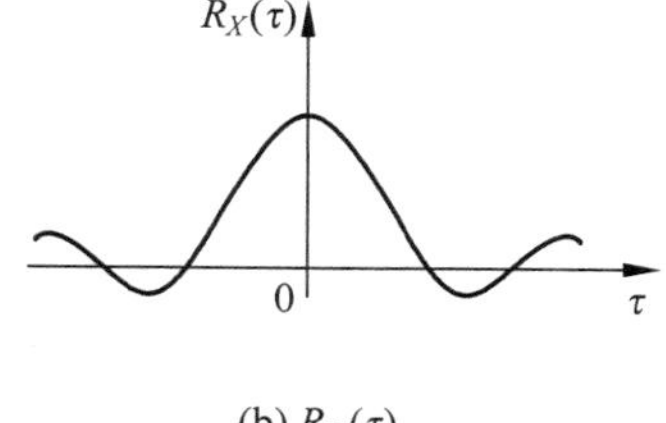

(b) $R_X(\tau)$

图 12-6　低通限带白噪声

（2）带通限带白噪声。

白噪声通过理想矩形的带通滤波器或理想带通信道，其输出的噪声为带通白噪声，如图 12-7 所示。

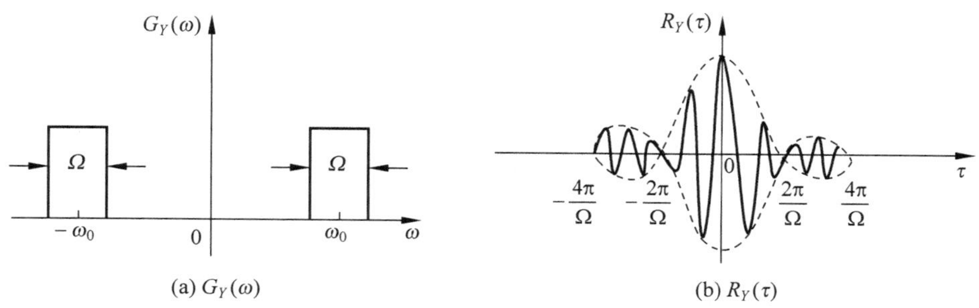

(a) $G_Y(\omega)$　　(b) $R_Y(\tau)$

图 12-7　带通限带白噪声

带通限带白噪声的功率谱密度为

$$G_X(\omega)=\begin{cases}G_0, & \omega_0-\Omega/2\leqslant|\omega|\leqslant\omega_0+\Omega/2\\ 0, & \text{其他}\end{cases} \tag{12-27}$$

应用维纳-辛钦定理，它的自相关函数为

$$\begin{aligned}R(\tau)&=\frac{1}{2\pi}\int_{-\infty}^{+\infty}G_X(\omega)\mathrm{e}^{\mathrm{j}\omega\tau}\mathrm{d}\omega=\frac{\Omega G_0}{\pi}\frac{\sin(\Omega\tau/2)}{(\Omega\tau/2)}\cos\omega_0\tau\\&=2R_X(\tau)\cos\omega_0\tau\end{aligned} \tag{12-28}$$

12.2.2 白噪声通过线性系统

设输入白噪声的功率谱密度为

$$G_X(\omega)=\frac{N_0}{2}\quad(-\infty<\omega+\infty) \tag{12-29}$$

1. 输出信号的功率谱密度

白噪声通过线性系统后输出信号的功率谱密度为

$$G_Y(\omega)=G_X(\omega)\mid H(\omega)\mid^2=\frac{N_0}{2}\mid H(\omega)\mid^2\quad(-\infty<\omega<+\infty) \tag{12-30}$$

式(12-30)表明，白噪声通过线性系统后，输出信号的功率谱密度完全由系统频率特性 $H(\omega)$(选择性)所决定，不再保持常数 N_0。因此说，白噪声通过线性系统后输出的不再是白噪声。

2. 输出信号的自相关函数

$$R_Y(\tau)=\frac{1}{2\pi}\int_{-\infty}^{+\infty}\frac{N_0}{2}\mid H(\omega)\mid^2\mathrm{e}^{\mathrm{j}\omega\tau}\mathrm{d}\omega=\frac{1}{2\pi}\int_0^{\infty}N_0\mid H(\omega)\mid^2\cos\omega\tau\mathrm{d}\omega \tag{12-31}$$

$$\begin{aligned}R_Y(\tau)&=\frac{N_0}{2}\delta(\tau)*h(\tau)*h(-\tau)=\frac{N_0}{2}h(\tau)*h(-\tau)\\&=\frac{N_0}{2}\int_0^{\infty}h(u)h(u+\tau)\mathrm{d}u\end{aligned} \tag{12-32}$$

3. 输出信号的平均功率

$$P_Y=R_Y(0)=\frac{N_0}{2\pi}\int_0^{\infty}\mid H(\omega)\mid^2\mathrm{d}\omega=\frac{N_0}{2}\int_0^{\infty}h^2(u)\mathrm{d}u \tag{12-33}$$

12.2.3 等效噪声带宽

若在保持平均功率 $R_Y(0)$不变的条件下，把输出功率谱密度等效成一定带宽内为均匀的功率谱密度。若等效的功率谱密度的高度为$|H(0)|^2$，则这个带宽就定义为等效噪声带宽 $\Delta\omega_e$。

(1) 对于低通系统，用等效噪声带宽 $\Delta\omega_e$ 表示的等效功率传输函数为

$$\mid H_e(\omega)\mid^2=\begin{cases}\mid H(0)\mid^2, & \mid\omega\mid\leqslant\Delta\omega_e\\ 0, & \mid\omega\mid>\Delta\omega_e\end{cases} \tag{12-34}$$

等效后系统输出的平均功率为

$$R_Y(0)=\frac{1}{2\pi}\int_{-\infty}^{+\infty}\frac{N_0}{2}\mid H_e(\omega)\mid^2\mathrm{d}\omega$$

$$=\frac{N_0\Delta\omega_e}{2\pi}|H(0)|^2 \tag{12-35}$$

已知

$$R_Y(0)=\frac{N_0}{4\pi}\int_{-\infty}^{+\infty}|H(\omega)|^2\mathrm{d}\omega \tag{12-36}$$

可得

$$\frac{N_0\Delta\omega_e}{2\pi}|H(0)|^2=\frac{N_0}{4\pi}\int_{-\infty}^{+\infty}|H(\omega)|^2\mathrm{d}\omega$$

$$\Delta\omega_e=\frac{1}{2}\int_{-\infty}^{+\infty}\frac{|H(\omega)|^2}{|H(0)|^2}\mathrm{d}\omega \tag{12-37}$$

又因$|H(\omega)|^2$是偶函数，有

$$\Delta\omega_e=\int_0^{\infty}\frac{|H(\omega)|^2}{|H(0)|^2}\mathrm{d}\omega \tag{12-38}$$

(2) 若系统是以ω_0为中心频率的带通系统，且功率传输函数单峰的峰值发生在$|H(\omega_0)|^2$处。用等效噪声带宽$\Delta\omega_e$表示的等效功率传输函数为

$$|H_e(\omega)|^2=\begin{cases}|H(\omega_0)|^2, & \omega_0-\frac{\Delta\omega_e}{2}<|\omega|<\omega_0+\frac{\Delta\omega_e}{2}\\ 0, & \text{其他}\end{cases} \tag{12-39}$$

等效后系统输出的平均功率为

$$\begin{aligned}R_Y(0)&=\frac{1}{2\pi}\int_{-\infty}^{+\infty}\frac{N_0}{2}|H_e(\omega)|^2\mathrm{d}\omega\\&=\frac{N_0\Delta\omega_e}{2\pi}|H(\omega_0)|^2\end{aligned} \tag{12-40}$$

已知等效前系统输出的平均功率为

$$R_Y(0)=\frac{N_0}{4\pi}\int_{-\infty}^{+\infty}|H(\omega)|^2\mathrm{d}\omega=\frac{N_0}{2\pi}\int_0^{+\infty}|H(\omega)|^2\mathrm{d}\omega \tag{12-41}$$

则有

$$\frac{N_0}{2\pi}\int_0^{\infty}|H(\omega)|^2\mathrm{d}\omega=\frac{N_0\Delta\omega_e}{2\pi}|H(\omega_0)|^2$$

$$\Delta\omega_e=\int_0^{\infty}\frac{|H(\omega)|^2}{|H(\omega_0)|^2}\mathrm{d}\omega \tag{12-42}$$

等效噪声带宽是用来描述系统对信号频率的选择性，并且只与系统参量有关。

在一般的线性系统中，通常用3dB带宽$\Delta\omega$来表示系统对输入确定信号频谱的选择性；而等效噪声带宽$\Delta\omega_e$则用来描述系统对输入白噪声功率谱的选择性。它们都仅由系统本身的参数决定。

12.2.4　白噪声通过理想线性系统

理想系统的等效噪声带宽与系统带宽是相等的。为了讨论方便，就用$\Delta\omega$来代替$\Delta\omega_e$。

1. 白噪声通过理想低通系统

理想低通线性系统具有如下的单边幅频特性

$$|H(\omega)|=\begin{cases}A, & 0\leqslant\omega\leqslant\dfrac{\Delta\omega}{2}\\0, & 其他\end{cases}\tag{12-43}$$

白噪声过程 $N(t)$的单边功率谱密度为 $G_N(\omega)=N_0$，则它通过理想低通系统后，系统输出随机过程 $Y(t)$的单边功率谱为

$$G_Y(\omega)=G_N(\omega)\,|H(\omega)|^2=N_0A^2\quad\left(0\leqslant\omega\leqslant\frac{\Delta\omega}{2}\right)\tag{12-44}$$

系统输出 $Y(t)$的自相关函数为

$$R_Y(\tau)=\frac{A^2N_0\Delta\omega}{4\pi}\,\frac{\sin(\tau\Delta\omega/2)}{\tau\Delta\omega/2}\tag{12-45}$$

输出平均功率为

$$R_Y(0)=\frac{A^2N_0\Delta\omega}{4\pi}\tag{12-46}$$

输出相关系数为

$$r_Y(\tau)=\frac{C_Y(\tau)}{\sigma_Y^2}=\frac{R_Y(\tau)-R_Y(\infty)}{R_Y(0)-R_Y(\infty)}=\frac{R_Y(\tau)}{R_Y(0)}=\frac{\sin(\tau\Delta\omega/2)}{\tau\Delta\omega/2}\tag{12-47}$$

输出相关时间为

$$\tau_0=\int_0^\infty r_Y(\tau)\mathrm{d}\tau=\int_0^\infty\frac{\sin(\tau\Delta\omega/2)}{\tau\Delta\omega/2}\mathrm{d}\tau=\frac{\pi}{\Delta\omega}=\frac{1}{2\Delta f}\tag{12-48}$$

由上述结果可得，白噪声通过低通系统后：功率谱宽度变窄；平均功率由无限变为有限；相关性由不相关变为相关，相关时间与系统带宽成反比。

2. 白噪声通过理想带通系统

理想带通系统的单边幅频特性为

$$|H(\omega)|=\begin{cases}A, & |\omega-\omega_0|\leqslant\dfrac{\Delta\omega}{2}\\0, & 其他\end{cases}\tag{12-49}$$

输出随机过程 $Y(t)$的单边功率谱为

$$G_Y(\omega)=G_N(\omega)\,|H(\omega)|^2=N_0A^2\quad|\omega-\omega_0|\leqslant\frac{\Delta\omega}{2}\tag{12-50}$$

系统输出 $Y(t)$的自相关函数为

$$R_Y(\tau)=\frac{A^2N_0\Delta\omega}{2\pi}\cdot\frac{\sin(\tau\Delta\omega/2)}{\tau\Delta\omega/2}\cdot\cos\omega_0\tau=a(\tau)\cos\omega_0\tau\tag{12-51}$$

说明：(1) 若 $\Delta\omega\ll\omega_0$，即理想带通系统的中心频率远大于系统的带宽，则称这样的系统为窄带系统。此时，输出的随机信号也是窄带随机信号。

(2) 已知 $R_Y(\tau)=\dfrac{A^2N_0\Delta\omega}{2\pi}\dfrac{\sin(\tau\Delta\omega/2)}{\tau\Delta\omega/2}\cos\omega_0\tau=a(\tau)\cos\omega_0\tau$，其中 $a(\tau)$只包含 $\tau\Delta\omega$ 的成分。当满足 $\Delta\omega\ll\omega_0$ 时，$a(\tau)$与 $\cos\omega_0\tau$ 相比，$a(\tau)$是 τ 的慢变化函数，而 $\cos\omega_0\tau$ 则是 τ 的快变化函数。

(3) 当 $\omega_0=0$ 时，则有 $R_Y(\tau)=a(\tau)$，此式与前面推导出的低通系统输出相关函数是一样的。

输出随机过程的平均功率为

$$R_Y(0)=\frac{A^2N_0\Delta\omega}{2\pi} \tag{12-52}$$

相关系数为

$$\begin{aligned} r_Y(\tau)&=\frac{C_Y(\tau)}{\sigma_Y^2}=\frac{R_Y(\tau)-R_Y(\infty)}{R_Y(0)-R_Y(\infty)} \\ &=\frac{R_Y(\tau)}{R_Y(0)}=\frac{\sin(\tau\Delta\omega/2)}{\tau\Delta\omega/2}\cdot\cos\omega_0\tau \end{aligned} \tag{12-53}$$

相关时间(带通系统的相关时间是由相关系数的慢变部分定义的)为

$$\tau_0=\int_0^\infty\frac{\sin(\tau\Delta\omega/2)}{\tau\Delta\omega/2}\mathrm{d}\tau=\frac{\pi}{\Delta\omega}=\frac{1}{2\Delta f} \tag{12-54}$$

从上述结果可看出,带通系统与低通系统的分析相似。

3. 白噪声通过实际线性系统

下面以幅频特性接近高斯曲线的带通系统为例,来分析带通系统输出的功率和起伏变化。高斯频率特性的表示式为

$$|H(\omega)|=A\mathrm{e}^{\frac{(\omega-\omega_0)^2}{2\beta^2}} \tag{12-55}$$

式中,β 是与系统带宽有关的量。

当输入随机信号 $N(t)$ 是具有单边功率谱的白噪声时,输出随机信号的单边功率谱为

$$G_Y(\omega)=G_N(\omega)|H(\omega)|^2=N_0A^2\mathrm{e}^{\frac{(\omega-\omega_0)^2}{\beta^2}} \tag{12-56}$$

输出自相关函数为

$$R_Y(\tau)=\frac{A^2N_0\beta}{2\sqrt{\pi}}\mathrm{e}^{-\frac{\beta^2\tau^2}{4}}\cos\omega_0\tau \tag{12-57}$$

输出随机过程的平均功率为

$$R_Y(0)=\frac{A^2N_0\Delta\omega}{2\sqrt{\pi}}\beta \tag{12-58}$$

相关系数

$$r_Y(\tau)=\mathrm{e}^{-\frac{\beta^2\tau^2}{4}}\cos\omega_0\tau \tag{12-59}$$

等效噪声带宽为

$$\Delta\omega_\mathrm{e}=\int_0^\infty\frac{|H(\omega)|^2}{|H(\omega_0)|^2}\mathrm{d}\omega=\sqrt{\pi}\beta \tag{12-60}$$

相关时间为

$$\tau_0=\int_0^\infty\mathrm{e}^{-\frac{\beta^2\tau^2}{4}}\mathrm{d}\tau=\frac{\sqrt{\pi}}{\beta} \tag{12-61}$$

此处所得相关时间与带宽成反比,该结果与理想带通系统相同。不同之处是输出自相关函数的包络是高斯曲线,功率谱也是高斯曲线。

12.3 最佳接收理论

接收机为了从无干扰背景中分离出信号，有效的方法之一是滤波，要解决的问题是求系统的最佳滤波特性。从数量上衡量滤波特性是否“最佳”所用的标准叫作滤波准则，这种准则的建立必须从所研究问题的实际出发。

12.3.1 匹配滤波理论

1. 最大信噪比准则

最大信噪比准则系指输出信号在某一时刻 t_0 的瞬时功率对噪声平均功率之比达到最大。

1）确定信噪比表达式

线性滤波器输入端加入信号与噪声的混合波形，即

$$X(t)=N(t)+S(t) \tag{12-62}$$

式中，$S(t)$为信号，其频谱为 $S(\omega)$；$N(t)$为白噪声，即零均值平稳随机过程。功率谱密度为

$$G_N(\omega)=\frac{N_0}{2},\quad R_N(\tau)=\frac{N_0}{2}\delta(\tau)$$

线性滤波器的传输函数为 $H(\omega)$。

由于线性滤波器满足叠加原理，因此输出信号可表示为

$$Y(t)=S_0(t)+N_0(t) \tag{12-63}$$

式中

$$S_0(t)=\frac{1}{2\pi}\int_{-\infty}^{+\infty}S(\omega)H(\omega)\mathrm{e}^{\mathrm{j}\omega t}\mathrm{d}\omega\quad（信号电压） \tag{12-64}$$

$$\begin{aligned}N_{\text{out}}&=\frac{1}{2\pi}\int_{-\infty}^{+\infty}G_N(\omega)\mid H(\omega)\mid^2\mathrm{d}\omega\\&=\frac{N_0}{4\pi}\int_{-\infty}^{+\infty}\mid H(\omega)\mid^2\mathrm{d}\omega\quad（噪声功率）\end{aligned} \tag{12-65}$$

某一时刻 t_0，线性滤波器输出信号瞬时功率与噪声平均功率之比为

$$r_0=\frac{输出信号瞬时功率}{输出噪声平均功率}=\frac{\mid S_0(t_0)\mid^2}{N_{\text{out}}} \tag{12-66}$$

$$=\frac{\left|\dfrac{1}{2\pi}\displaystyle\int_{-\infty}^{+\infty}S(\omega)H(\omega)\mathrm{e}^{\mathrm{j}\omega t_0}\mathrm{d}\omega\right|^2}{\dfrac{N_0}{4\pi}\displaystyle\int_{-\infty}^{+\infty}\mid H(\omega)\mid^2\mathrm{d}\omega} \tag{12-67}$$

由于 $S(\omega)$已知，求 r_0 最大的问题归结为求 $H(\omega)$使 r_0 最大。

2）以最大信噪比准则求 $H(\omega)$

这个求解过程是利用 Schwartz 不等式来实现的。

Schwartz 不等式

$$\int_{-\infty}^{+\infty} |P(\omega)|^2 d\omega \cdot \int_{-\infty}^{+\infty} |Q(\omega)|^2 d\omega \geqslant \left| \int_{-\infty}^{+\infty} P(\omega)Q(\omega) d\omega \right|^2 \tag{12-68}$$

且 $Q(\omega)=cP^*(\omega)$时等号成立。因此，确定 $H(\omega)$，即

$$r_0 = \frac{\left| \frac{1}{2}\int_{-\infty}^{+\infty} S(\omega)H(\omega)e^{j\omega t_0} d\omega \right|^2}{\frac{N_0}{4\pi}\int_{-\infty}^{+\infty} |H(\omega)|^2 d\omega} \tag{12-69}$$

令 $Q(\omega)=H(\omega)$，$P(\omega)=S(\omega)e^{j\omega t_0}$，则

$$\begin{aligned} r_0 &\leqslant \frac{\frac{1}{4\pi^2}\int_{-\infty}^{+\infty} |H(\omega)|^2 d\omega \cdot \int_{-\infty}^{+\infty} |S(\omega)|^2 d\omega}{\frac{N_0}{4\pi}\int_{-\infty}^{+\infty} |H(\omega)|^2 d\omega} \\ &= \frac{\frac{1}{2\pi}\int_{-\infty}^{+\infty} |S(\omega)|^2 d\omega}{\frac{N_0}{2}} \\ &= \frac{E}{N_0/2} \end{aligned} \tag{12-70}$$

欲使 $r_{0\max}=\frac{E}{N_0/2}$，则

$$H(\omega)=cS^*(\omega)e^{-j\omega t_0} \tag{12-71}$$

$$h(t)=\frac{1}{2\pi}\int_{-\infty}^{+\infty} |H(\omega)| e^{j\omega t} d\omega \tag{12-72}$$

$$\begin{aligned} &= \frac{1}{2\pi}\int_{-\infty}^{+\infty} cS^*(\omega)e^{-j\omega t_0}e^{j\omega t} d\omega \\ &= c\int_{-\infty}^{+\infty} \left[\frac{1}{2\pi}\int_{-\infty}^{+\infty} e^{j\omega(\tau-t_0+t)} d\omega\right] S(\tau)d\tau \\ &= c\int_{-\infty}^{+\infty} \delta(\tau-t_0+t)S(\tau)d\tau \end{aligned} \tag{12-73}$$

$$h(t)=cS(t_0-t) \tag{12-74}$$

2. 匹配滤波器的性质

性质 1　在所有线性滤波器中，匹配滤波器的输出端可以给出最大瞬时的信噪比，即

$$r_{0\max}=\frac{E}{N_0/2} \tag{12-75}$$

匹配滤波器输出端的最大瞬时信噪比与信号能量及噪声功率密度有关，与输入信号形状和噪声分布规律无关。所以，白噪声的功率谱密度相同时，无论输入什么形状的信号形式，只要滤波器与信号相匹配，则信噪比 $r_{0\max}$ 就相等。

增加信号的能量是使匹配滤波器输出瞬时信噪比提高的根本途径。

性质 2　匹配滤波器的幅频特性与信号的幅频特性一致，即

$$|H(\omega)|=c\,|S(\omega)| \tag{12-76}$$

匹配滤波器的相频特性与信号的相位相反并有一附加项，即

$$\varphi(\omega) = -[\varphi_s(\omega) + \omega t_0] \tag{12-77}$$

$r_{0\max}$ 的物理含义如下。

（1）幅频特性。由于输入白噪声频谱是均匀分布的，通过滤波器以后，形成了不均匀的频谱，与均匀频谱相比较，减弱了噪声，相对增加了信噪比。

（2）相频特性。由于匹配滤波器的相频特性与信号的相频特性完全相反，所以这部分的相位完全可以抵消。

$$\begin{aligned} S_0(t) &= \frac{1}{2\pi}\int_{-\infty}^{+\infty} S(\omega)H(\omega)\mathrm{e}^{\mathrm{j}\omega t}\mathrm{d}\omega \\ &= \frac{1}{2\pi}\int_{-\infty}^{+\infty} c \mid S(\omega) \mid^2 \mathrm{e}^{\mathrm{j}\omega(t-t_0)}\mathrm{d}\omega \end{aligned} \tag{12-78}$$

若变积分为求和形式，则

$$\begin{aligned} S_0(t) &= \frac{1}{2\pi}\sum_{k=-\infty}^{+\infty} c \mid S(\omega) \mid^2 \mathrm{e}^{\mathrm{j}\omega_k(t-t_0)}\Delta\omega \\ &= \sum_{k=-\infty}^{+\infty} \frac{c\,\Delta\omega}{2\pi} \mid S(\omega) \mid^2 \mathrm{e}^{\mathrm{j}\omega_k(t-t_0)} \end{aligned} \tag{12-79}$$

当 $t=t_0$ 时，相位完全一致，所以 $S_0(t_0)$ 的模可以取得最大值。当 $t\neq t_0$ 时，由于各分量的相位不相同且取向不一致，合成矢量的模不可能达到最大值。

由于噪声的各频率的相伴是随机的，各瞬时状态杂乱，所以滤波器的相频特性对噪声无影响。

性质 3 t_0 的选择必须在输入信号全部结束之后。

$$h(t) = 0,\ t < 0 \quad (\text{物理可实现的条件}) \tag{12-80}$$

$$h(t) = \begin{cases} cS(t_0 - t), & 0 \leqslant t \leqslant t_0 \\ 0, & t_0 < t < 0 \end{cases} \quad (h(t)\ \text{在}\ 0 \sim t_0\ \text{之间}) \tag{12-81}$$

通常选择 t_0 在信号结束之后，以充分利用信号的能量。

物理意义较为明显：若信号未全部输入滤波器，则滤波器无法获得全部信号能量。

性质 4 匹配滤波器的输出信号在形式上与输入信号的自相关函数相同。

若信号 $S(t)$ 通过匹配滤波器输出

$$\begin{aligned} S_0(t) &= \int_{-\infty}^{+\infty} h(\tau)S(t-\tau)\mathrm{d}\tau \\ &= \int_{-\infty}^{+\infty} cS(t_0-\tau)S(t-\tau)\mathrm{d}\tau \\ &= \int_{-\infty}^{+\infty} cS(u)S(u+t-t_0)\mathrm{d}u \\ &= R_s(t-t_0) \end{aligned} \tag{12-82}$$

所以，匹配滤波器可以看作计算输入信号自相关函数的相关器。换而言之，匹配滤波器可用相关接收的方法实现。

当 $t=t_0$ 时

$$S_{0\max}(t_0) = \int_{-\infty}^{+\infty} cS^2(u)\mathrm{d}u = cE \tag{12-83}$$

性质 5 匹配滤波器的噪声输出功率

$$P=\frac{N_0}{2}\frac{1}{2\pi}\int_{-\infty}^{+\infty}|H(\omega)|^2\mathrm{d}\omega$$

$$=\frac{c^2N_0}{4\pi}\int_{-\infty}^{+\infty}|S^*(\omega)\mathrm{e}^{-\mathrm{j}\omega t_0}|^2\mathrm{d}\omega$$

$$=\frac{c^2N_0}{4\pi}\int_{-\infty}^{+\infty}|S^*(\omega)|^2\mathrm{d}\omega$$

$$=c^2\frac{N_0E}{2} \tag{12-84}$$

性质 6 匹配滤波器只对 $S(t)$信号的时间函数(波形)匹配,与 $S(t)$的幅度大小和延迟无关。

设信号 $S(t)$的频谱为 $S(\omega)$,则匹配滤波器的传输特性为

$$H(\omega)=cS^*(\omega)\mathrm{e}^{-\mathrm{j}\omega t_0} \tag{12-85}$$

若 $S_1(t)=aS(t-\tau)$(幅度改变,时间延迟),则

$$S_1(\omega)=aS(\omega)\mathrm{e}^{-\mathrm{j}\omega\tau} \tag{12-86}$$

与 $S_1(t)$相匹配的滤波器应为

$$H_1(\omega)=cS_1^*(\omega)\mathrm{e}^{-\mathrm{j}\omega t_0'}$$

$$=caS^*(\omega)\mathrm{e}^{\mathrm{j}\omega\tau}\mathrm{e}^{-\mathrm{j}\omega t_0'}$$

$$=caS^*(\omega)\mathrm{e}^{-\mathrm{j}\omega t_0}\mathrm{e}^{-\mathrm{j}\omega[t_0'-(t_0+\tau)]}$$

$$=aH(\omega)\mathrm{e}^{-\mathrm{j}\omega[t_0'-(t_0+\tau)]} \tag{12-87}$$

若 $t_0'=t_0+\tau$,当观测时间为 t_0'时

$$H_1(\omega)=aH(\omega) \tag{12-88}$$

说明两个匹配滤波器之间除了一个表示放大量的常数 a 之外,传输函数完全一致。故 $S(\omega)$仍然对 $S_1(t)$信号匹配,只是最大信噪比出现的时刻平移了 τ。

12.3.2 维纳滤波理论

1. 均方准则

维纳线性滤波理论是在均方误差最小的准则下的线性滤波问题。

设滤波器输入端收到的信号为 $s(t)$和随机噪声 $n(t)$混合波形的随机函数 $x(t)$。通过滤波器后,输出端为 $y(t)$。$y(t)$和信号 $s(t)$会产生一定的偏差,即系统误差为

$$\varepsilon(t)=y(t)-s(t) \tag{12-89}$$

由于 $\varepsilon(t)$为随机函数,因此只能用输出函数与信号的均方误差来衡量滤波器的质量,即

$$\bar{\varepsilon}^2(t)=\overline{[y(t)-s(t)]^2}=\lim_{T\to\infty}\frac{1}{2T}\int_{-T}^{T}[y(t)-s(t)]^2\mathrm{d}t \tag{12-90}$$

上述表达式一般条件为:平稳随机过程,且具有各态历经性,故时间平均与统计平均是等效的。

这种滤波器,希望 $\bar{\varepsilon}^2(t)$越小越好。在均方误差最小准则下使 $\bar{\varepsilon}^2(t)$最小的线性滤波器,被称为维纳滤波器。

维纳滤波器应用在需要从噪声中分出的有用消息是整个信号，而不是信号的某一个或某几个参量。

2. 维纳滤波器的传输特性

若 $X(t)$通过系统 $h(t)$输出为 $Y(t)$。若理想要求为 $Y_0(t)$，最小均方误差准则表述为

$$Y(t)=\int_{-\infty}^{+\infty}h(\tau)X(t-\tau)\mathrm{d}\tau \tag{12-91}$$

$$\begin{aligned}\bar{\varepsilon}^2(t)&=E[Y(t)-Y_0(t)]^2\\&=E\left[\int_{-\infty}^{+\infty}h(\tau)X(t-\tau)\mathrm{d}\tau-Y_0(t)\right]^2\end{aligned} \tag{12-92}$$

传输函数

$$G_X(\omega)H(\omega)=G_{XY_0}(\omega)\rightarrow H(\omega)=\frac{G_{XY_0}(\omega)}{G_X(\omega)} \tag{12-93}$$

若 $X(t)=S(t)+N(t)$且 $S(t)$与 $N(t)$相互统计独立，协方差为零，$N(t)$为零均值。

$$R_{SN}(\tau)=R_{NS}(\tau)=0 \tag{12-94}$$

$$\begin{aligned}R_X(\tau)&=E\{[S(t)+N(t)][S(t+\tau)+N(t+\tau)]\}\\&=R_S(\tau)+R_N(\tau)+R_{SN}(\tau)+R_{NS}(\tau)\\&=R_S(\tau)+R_N(\tau)\end{aligned} \tag{12-95}$$

所以

$$H(\omega)=\frac{G_{XY_0}(\omega)}{G_S(\omega)+G_N(\omega)} \tag{12-96}$$

若 $Y_0(t)=S(t)$，则

$$\begin{aligned}R_{XY_0}(\tau)&=E\{[S(t)+N(t)]S(t+\tau)\}\\&=R_S(\tau)+R_{NS}(\tau)\\&=R_S(\tau)\end{aligned} \tag{12-97}$$

$$G_{XY_0}(\omega)=G_S(\omega) \tag{12-98}$$

所以

$$H(\omega)=\frac{G_S(\omega)}{G_S(\omega)+G_N(\omega)} \tag{12-99}$$

第13章

窄带随机过程

通信、电子、雷达、控制等信息传输系统及传输的信号均满足窄带条件：中心频率 ω_0 远大于谱宽 $\Delta\omega$，即 $\omega_0 \gg \Delta\omega$。这类信号和系统分别称为窄带信号和窄带系统。具有频率选择性的，工作在高频或中频的无线电系统，多数都是窄带系统。

一个随机信号的功率谱密度，只要分布在高频载波 ω_0 附近的一个窄带范围 $\Delta\omega$ 内，在此范围以外为零，即满足 $\Delta\omega \ll \omega_0$，则称为窄带随机信号或窄带随机过程。在信息传输系统中，特别是接收机中经常遇到的随机信号都是窄带随机信号，例如常规脉冲雷达，工作频率通常在 GHz 量级，而它的带宽一般都在 MHz 量级。因此，窄带随机信号是雷达、通信等电子系统中常见的随机信号。由于在窄带随机信号分析中需要用到希尔伯特变换、随机过程的解析形式及随机过程的复数表示法，因此，本章首要介绍这些方法，然后再将这些方法应用到窄带随机信号的分析中去。

13.1 希尔伯特变换及性质

13.1.1 希尔伯特变换

希尔伯特(Hilbert)变换是信号处理中常用的一种变换，是分析窄带信号的一种很好的数学工具。

设有实信号 $x(t)$，它的希尔伯特变换记作 $\hat{x}(t)$或 $H[x(t)]$，并定义为

$$\hat{x}(t) = H[x(t)] = \frac{1}{\pi}\int_{-\infty}^{+\infty} \frac{x(\tau)}{t-\tau}\mathrm{d}\tau \tag{13-1}$$

用 $\tau = t + \tau'$代入式(13-1)进行变量替换，可得到式(13-1)的等效形式为

$$\hat{x}(t) = -\frac{1}{\pi}\int_{-\infty}^{+\infty} \frac{x(t+\tau')}{\tau'}\mathrm{d}\tau' \tag{13-2}$$

也可得

$$\hat{x}(t) = \frac{1}{\pi}\int_{-\infty}^{+\infty} \frac{x(t-\tau')}{\tau'}\mathrm{d}\tau' \tag{13-3}$$

希尔伯特逆变换为

$$x(t)=H^{-1}[\hat{x}(t)]=-\frac{1}{\pi}\int_{-\infty}^{+\infty}\frac{\hat{x}(\tau)}{t-\tau}\mathrm{d}\tau \tag{13-4}$$

经变量替换后得

$$x(t)=-\frac{1}{\pi}\int_{-\infty}^{+\infty}\frac{\hat{x}(t-\tau)}{\tau}\mathrm{d}\tau=\frac{1}{\pi}\int_{-\infty}^{+\infty}\frac{\hat{x}(t+\tau)}{\tau}\mathrm{d}\tau \tag{13-5}$$

13.1.2 希尔伯特变换的性质

(1) 希尔伯特变换相当于一个 90°的理想移相器(正交滤波器)。

从定义可以看出,希尔伯特变换是 $x(t)$和$\frac{1}{\pi t}$的卷积,即

$$\hat{x}(t)=x(t)*\frac{1}{\pi t} \tag{13-6}$$

于是,可以将 $\hat{x}(t)$看作是将 $x(t)$通过一个具有冲激响应为 $h(t)=\frac{1}{\pi t}$的线性滤波器的输出,如图 13-1 所示。

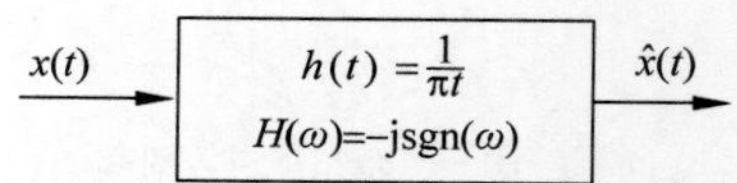

图 13-1 希尔伯特变换

由冲激响应可得系统的传输函数为

$$H(\omega)=-\mathrm{j}\operatorname{sgn}(\omega) \tag{13-7}$$

式中,$\operatorname{sgn}(\omega)$为符号函数,其表达式为

$$\operatorname{sgn}(\omega)=\begin{cases}1, & \omega\geqslant 0\\ -1, & \omega<0\end{cases} \tag{13-8}$$

可得滤波器的传输函数为

$$H(\omega)=\begin{cases}-\mathrm{j}, & \omega\geqslant 0\\ \mathrm{j}, & \omega<0\end{cases} \tag{13-9}$$

即

$$|H(\omega)|=1$$
$$\varphi(\omega)=\begin{cases}-\frac{\pi}{2}, & \omega\geqslant 0\\ \frac{\pi}{2}, & \omega<0\end{cases} \tag{13-10}$$

式(13-10)表明,希尔伯特变换相当于一个 90°的理想移相器。

由上述分析可得,$\hat{x}(t)$的傅里叶变换 $\hat{X}(\omega)$为

$$\hat{X}(\omega)=X(\omega)[-\mathrm{j}\operatorname{sgn}(\omega)]=-\mathrm{j}\operatorname{sgn}(\omega)X(\omega) \tag{13-11}$$

(2) $\hat{x}(t)$的希尔伯特变换为$-x(t)$,即

$$H[\hat{x}(t)]=-x(t)$$

若对 $x(t)$进行两次希尔伯特变换,则相当于信号 $x(t)$通过两个级联的 $h(t)$网络,即

$$\hat{\hat{x}}(t)=H[\hat{x}(t)]=\hat{x}(t)*\frac{1}{\pi\cdot t}=x(t)*\frac{1}{\pi\cdot t}*\frac{1}{\pi\cdot t} \tag{13-12}$$

$$\hat{\hat{x}}(\omega)=\hat{X}(\omega)[-\mathrm{j}\operatorname{sgn}(\omega)]=X(\omega)[-\mathrm{j}\operatorname{sgn}(\omega)][-\mathrm{j}\operatorname{sgn}(\omega)]=-X(\omega) \tag{13-13}$$

从而得到时域关系为

$$\hat{\hat{x}}(t)=H\{H[x(t)]\}=-x(t) \tag{13-14}$$

所以两次希尔伯特变换将信号 $x(t)$ 翻转了 180°，相当于一个反相器。

(3) 若 $y(t)=v(t)*x(t)$，则 $y(t)$ 的希尔伯特变换为

$$\hat{y}(t)=v(t)*\hat{x}(t)=\hat{v}(t)*x(t) \tag{13-15}$$

(4) $x(t)$ 与 $\hat{x}(t)$ 的能量及平均功率相等，即

$$\int_{-\infty}^{+\infty}x^2(t)\mathrm{d}t=\int_{-\infty}^{+\infty}\hat{x}^2(t)\mathrm{d}t \tag{13-16}$$

$$\lim_{T\to\infty}\frac{1}{2T}\int_{-T}^{T}x^2(t)\mathrm{d}t=\lim_{T\to\infty}\frac{1}{2T}\int_{-T}^{T}\hat{x}^2(t)\mathrm{d}t \tag{13-17}$$

此性质说明希尔伯特变换只改变信号的相位，不会改变信号的能量和功率。

(5) 设具有有限带宽 $\Delta\omega$ 的信号 $a(t)$ 的傅里叶变换为 $A(\omega)$，假定 $\omega_0>\Delta\omega/2$，则有

$$H[a(t)\cos\omega_0 t]=a(t)\sin\omega_0 t \tag{13-18}$$

$$H[a(t)\sin\omega_0 t]=-a(t)\cos\omega_0 t \tag{13-19}$$

设 $A(t)$ 与 $\varphi(t)$ 为低频信号，则

$$H[A(t)\cos(\omega_0 t+\varphi(t))]=A(t)\sin[\omega_0 t+\varphi(t)] \tag{13-20}$$

$$H[A(t)\sin(\omega_0 t+\varphi(t))]=-A(t)\cos[\omega_0 t+\varphi(t)] \tag{13-21}$$

13.2　随机过程的解析形式及性质

13.2.1　解析信号

由实信号 $x(t)$ 作为复信号 $z(t)$ 的实部，$x(t)$ 的希尔伯特变换 $\hat{x}(t)$ 作为复信号 $z(t)$ 的虚部，即

$$z(t)=x(t)+\mathrm{j}\hat{x}(t) \tag{13-22}$$

这样构成的复信号 $z(t)$ 称为解析信号。

设 $x(t)$ 频谱为 $X(\omega)$，并已知 $\hat{x}(t)$ 的频谱为 $\hat{X}(\omega)=-\mathrm{j}\,\mathrm{sgn}(\omega)X(\omega)$，则可得复信号 $z(t)$ 的频谱为

$$\begin{aligned}Z(\omega)&=X(\omega)+\mathrm{sgn}(\omega)X(\omega)\\&=\begin{cases}2X(\omega), & \omega\geqslant 0\\ 0, & \omega<0\end{cases}\end{aligned} \tag{13-23}$$

13.2.2　复随机变量

若 X 和 Y 分别是实随机变量，则定义 Z 为复随机变量

$$Z=X+\mathrm{j}Y \tag{13-24}$$

复随机变量的数字特征如下。

(1) 数学期望。

$$m_Z=E[Z]=m_X+\mathrm{j}m_Y\quad（复数） \tag{13-25}$$

(2) 方差。

$$\sigma_Z^2=D[Z]=E[|Z-m_Z|^2]=D[X]+D[Y]\quad（实数） \tag{13-26}$$

(3) 互相关矩。

若有两个复随机变量 $Z_1=X_1+\mathrm{j}Y_1,Z_2=X_2+\mathrm{j}Y_2$,则它们的互相关矩为

$$R_{Z_1Z_2}=E[Z_1^*Z_2]=(R_{X_1X_2}+R_{Y_1Y_2})+\mathrm{j}(R_{X_1Y_2}-R_{Y_1X_2}) \tag{13-27}$$

(4) 互协方差。

$$C_{Z_1Z_2}=E[(Z_1-m_{Z_1})^*(Z_2-m_{Z_2})] \tag{13-28}$$

(5) 互相独立、互不相关、互相正交。

两个复随机变量互相独立需满足

$$f_{X_1Y_1X_2Y_2}(x_1,y_1,x_2,y_2)=f_{X_1Y_1}(x_1,y_1)\cdot f_{X_2Y_2}(x_2,y_2) \tag{13-29}$$

两个复随机变量互不相关需满足

$$C_{Z_1Z_2}=E[(Z_1-m_{Z_1})^*(Z_2-m_{Z_2})]=0 \tag{13-30}$$

$$R_{Z_1Z_2}=E[Z_1^*Z_2]=E[Z_1^*]E[Z_2] \tag{13-31}$$

两个复随机变量互相正交需满足

$$R_{Z_1Z_2}=E[Z_1^*Z_2]=0 \tag{13-32}$$

13.2.3 复随机过程

若 $X(t)$和 $Y(t)$为实随机过程,则 $Z(t)=X(t)+\mathrm{j}Y(t)$为复随机过程。

复随机过程的数字特征如下。

(1) 数学期望。

$$E[Z(t)]=m_X(t)+\mathrm{j}m_Y(t)=m_Z(t)\quad(\text{复时间函数}) \tag{13-33}$$

(2) 方差。

$$E[|Z(t)-m_Z(t)|^2]=D[X(t)]+D[Y(t)]=\sigma_Z^2(t)\quad(\text{实函数}) \tag{13-34}$$

(3) 自相关函数。

$$R_Z(t,t+\tau)=E[Z^*(t)Z(t+\tau)] \tag{13-35}$$

(4) 自协方差函数。

$$C_Z(t,t+\tau)=E\{[Z(t)-m_Z(t)]^*[Z(t+\tau)-m_Z(t+\tau)]\} \tag{13-36}$$

当 $\tau=0$ 时,有

$$R_Z(t,t)=E[Z^*(t)Z(t)]=E[|Z(t)|^2] \tag{13-37}$$

$$C_Z(t,t)=E[|Z(t)-m_Z(t)|^2]=\sigma_Z^2(t) \tag{13-38}$$

由实随机过程广义平稳的定义可直接类推出复随机过程广义平稳的条件,若复随机过程 $Z(t)$满足以下条件

$$E[Z(t)]=m_Z\quad(\text{复常数}) \tag{13-39}$$

$$R_Z(\tau)=E[Z^*(t)Z(t+\tau)] \tag{13-40}$$

$$E[|Z(t)|^2]<\infty \tag{13-41}$$

则称 $Z(t)$为广义平稳复随机过程。

(5) 互相关和互协方差函数。

$$R_{Z_1Z_2}(t,t+\tau)=E[Z_1^*(t)Z_2(t+\tau)] \tag{13-42}$$

$$C_{Z_1Z_2}(t,t+\tau)=E\{[Z_1(t)-m_{Z_1}(t)]^*[Z_2(t+\tau)-m_{Z_2}(t+\tau)]\} \tag{13-43}$$

若 $C_{Z_1Z_2}(t,t+\tau)=0$,则称 $Z_1(t)$和 $Z_2(t)$互不相关,若 $R_{Z_1Z_2}(t,t+\tau)=0$,则称 $Z_1(t)$

和 $Z_2(t)$互相正交，若两个复随机过程各自平稳且联合平稳，则有

$$R_{Z_1Z_2}(t,t+\tau)=R_{Z_1Z_2}(\tau) \tag{13-44}$$

$$C_{Z_1Z_2}(t,t+\tau)=C_{Z_1Z_2}(\tau) \tag{13-45}$$

(6) 功率谱密度。

平稳复随机过程的功率谱密度仍定义为自相关函数的傅里叶变换，即

$$S_Z(\omega)=\int_{-\infty}^{+\infty}R_Z(\tau)e^{-j\omega\tau}d\tau \tag{13-46}$$

$$R_Z(\tau)=\frac{1}{2\pi}\int_{-\infty}^{+\infty}S_Z(\omega)e^{j\omega\tau}d\omega \tag{13-47}$$

两个联合平稳的复随机过程的互功率谱密度与互相关函数也是一个傅里叶变换对。

13.2.4　随机过程的解析形式

1. 定义

由实随机过程 $X(t)$作为复随机过程 $Z(t)$的实部，$X(t)$的希尔伯特变换 $\hat{X}(t)$作为 $Z(t)$的虚部，也可记为 $\widetilde{X}(t)$，即

$$Z(t)=\widetilde{X}(t)=X(t)+j\hat{X}(t) \tag{13-48}$$

这样构成的复随机过程 $Z(t)$为解析随机过程。其中

$$\hat{X}(t)=X(t)*\frac{1}{\pi t} \tag{13-49}$$

称为 $X(t)$的希尔伯特变换。

由于希尔伯特变换的线性性质，$1/\pi t$ 可以看作一线性系统的冲激响应。因此，$\hat{X}(t)$可以看作在输入 $X(t)$时线性系统 $h(t)$的输出，如图 13-2 所示。

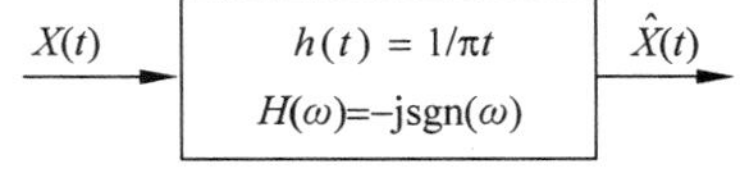

图 13-2　随机过程的希尔伯特变换

2. 随机过程解析形式的性质

由于希尔伯特变换是一种线性变换，所以随机信号通过线性系统的结论可以直接应用。

(1) 若 $X(t)$为宽平稳过程，则 $\hat{X}(t)$也是宽平稳过程，且 $X(t)$与 $\hat{X}(t)$联合宽平稳。

(2) 实随机过程 $X(t)$和 $\hat{X}(t)$具有相同的自相关函数和功率谱密度。

证明　依据线性系统的结论，可知

$$G_{\hat{X}}(\omega)=G_X(\omega)\mid H(\omega)\mid^2 \tag{13-50}$$

$$\mid H(\omega)\mid=\mid -j\text{sgn}(\omega)\mid=1 \tag{13-51}$$

因此

$$G_{\hat{X}}(\omega)=G_X(\omega)\Rightarrow R_{\hat{X}}(\tau)=R_X(\tau) \tag{13-52}$$

(3) $X(t)$与 $\hat{X}(t)$的互相关函数等于 $X(t)$自相关函数的希尔伯特变换。

根据线性系统输入输出随机信号之间互相关函数的性质，有

$$R_{X\hat{X}}(\tau)=E[X(t)\hat{X}(t+\tau)]=R_X(\tau)*h(\tau)=R_X(\tau)*\frac{1}{\pi\tau}=\hat{R}_X(\tau) \tag{13-53}$$

$$R_{X\hat{X}}(\tau)=E[\hat{X}(t)X(t+\tau)]=R_X(\tau)*h(-\tau)$$

$$=-R_X(\tau)*\frac{1}{\pi\tau}=-\hat{R}_X(\tau) \tag{13-54}$$

因此

$$R_{X\hat{X}}(\tau)=\hat{R}_X(\tau),\quad R_{\hat{X}X}(\tau)=-\hat{R}_X(\tau),\quad R_{X\hat{X}}(\tau)=-R_{\hat{X}X}(\tau) \tag{13-55}$$

(4) $X(t)$与$\hat{X}(t)$的互相关函数是τ的奇函数。

证明 由于

$$R_{X\hat{X}}(-\tau)=R_X(-\tau)*h(-\tau) \tag{13-56}$$

且$R_X(\tau)$是偶函数,则

$$R_{X\hat{X}}(-\tau)=R_X(-\tau)*\left(-\frac{1}{\pi\tau}\right)=-\hat{R}_X(\tau)=-R_{X\hat{X}}(\tau) \tag{13-57}$$

同理可得

$$R_{\hat{X}X}(-\tau)=-R_{\hat{X}X}(\tau) \tag{13-58}$$

(5) 随机过程$X(t)$与$\hat{X}(t)$在任何同一时刻的两个状态正交。

证明 因为$R_{X\hat{X}}(\tau)$、$R_{\hat{X}X}(\tau)$是τ的奇函数,所以当$\tau=0$时,有

$$R_{X\hat{X}}(0)=0 \tag{13-59}$$

$$R_{\hat{X}X}(0)=0 \tag{13-60}$$

式(13-60)说明,随机过程$X(t)$与$\hat{X}(t)$在任何同一时刻的两个状态正交。

(6) 解析过程的功率谱面密度只存在于正频域。

证明 解析过程$\widetilde{X}(t)$的自相关函数为

$$\begin{aligned}R_{\widetilde{X}}(\tau)&=E[\widetilde{X}^*(t)\widetilde{X}(t+\tau)]\\&=E\{[X(t)-\mathrm{j}\hat{X}(t)][X(t+\tau)+\mathrm{j}\hat{X}(t+\tau)]\}\\&=R_X(\tau)+R_{\hat{X}}(\tau)+\mathrm{j}[R_{X\hat{X}}(\tau)-R_{\hat{X}X}(\tau)]\end{aligned} \tag{13-61}$$

因为$R_X(\tau)=R_{\hat{X}}(\tau)$,$R_{X\hat{X}}(\tau)=-R_{\hat{X}X}(\tau)=\hat{R}_X(\tau)$,所以

$$R_{\widetilde{X}}(\tau)=2[R_X(\tau)+\mathrm{j}\hat{R}_X(\tau)]=2\widetilde{R}_X(\tau) \tag{13-62}$$

对式(13-62)两边同时进行维纳-辛钦变换,可得解析过程$\widetilde{X}(t)$的功率谱密度为

$$\begin{aligned}\widetilde{G}_X(\omega)&=2\{G_X(\omega)+\mathrm{j}[-\mathrm{j}\,\mathrm{sgn}(\omega)G_X(\omega)]\}\\&=2[G_X(\omega)+\mathrm{sgn}(\omega)G_X(\omega)]\\&=\begin{cases}4G_X(\omega), & \omega\geqslant 0\\ 0, & \omega<0\end{cases}\end{aligned} \tag{13-63}$$

式(13-63)说明,解析过程的功率谱密度只存在于正频域,即它是单边带的功率谱密度。其强度等于原实过程功率谱密度强度的4倍,如图13-3所示。

同理可以证得

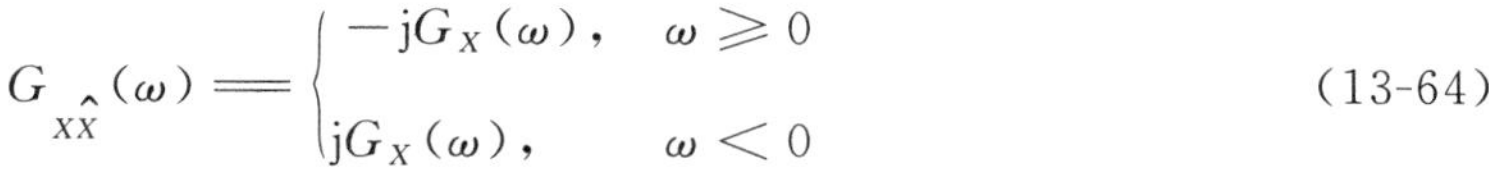

$$G_{X\hat{X}}(\omega)=\begin{cases}-\mathrm{j}G_X(\omega), & \omega\geqslant 0\\ \mathrm{j}G_X(\omega), & \omega<0\end{cases}\tag{13-64}$$

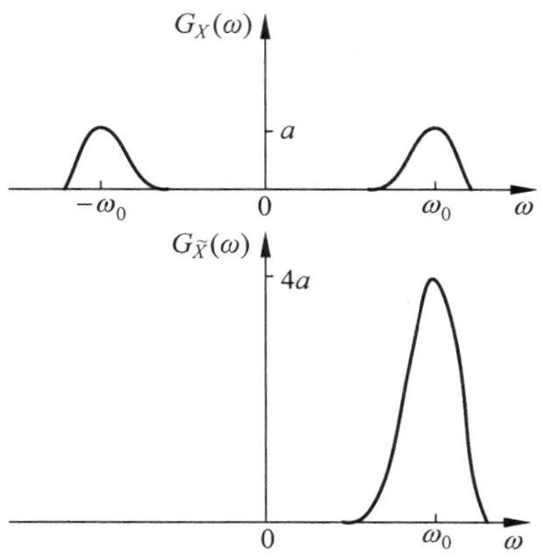

图 13-3　解析过程的功率谱

13.3　窄带随机过程

13.3.1　窄带随机过程的表达式

在雷达、通信等电子系统中，通常是用一个宽带随机信号来激励一个窄带滤波器，在滤波器输出端得到的即是一个窄带随机信号，其输出的某个样本函数接近于一个正弦波，但此正弦波的幅度和相位都在作缓慢的随机变化，窄带系统示意图如图 13-4 所示。

图 13-4　窄带系统示意图

窄带随机过程的一个样本函数就是一个高频窄带信号，因此，一个典型的确定性窄带信号可表示为

$$x(t)=a(t)\cos[\omega_0 t+\varphi(t)]\tag{13-65}$$

式中，$a(t)$为幅度调制或包络调制信号；$\varphi(t)$为相位调制信号，它们相对于载频 ω_0 而言都是慢变化的。

对于窄带随机信号，由于它的每一个样本函数都具有式(13-65)的形式，所以所有的样本函数构成的窄带随机过程可以表示为

$$X(t)=A(t)\cos[\omega_0 t+\Phi(t)]\tag{13-66}$$

式中，$A(t)$是窄带过程的包络；$\Phi(t)$是窄带过程的相位。它们都是随机过程，而且它们相对 ω_0 是慢变随机过程。

将 $X(t)=A(t)\cos[\omega_0 t+\Phi(t)]$展开，得

$$X(t)=A(t)\cos\omega_0 t\cos\Phi(t)-A(t)\sin\omega_0 t\sin\Phi(t)\tag{13-67}$$

令 $A_{\mathrm{C}}(t)=A(t)\cos\Phi(t)$，$A_{\mathrm{S}}(t)=A(t)\sin\Phi(t)$，则有

$$X(t)=A_C(t)\cos\omega_0 t-A_S(t)\sin\omega_0 t \tag{13-68}$$

这是窄带过程常用的表示形式。可得

$$A(t)=\sqrt{A_C^2(t)+A_S^2(t)} \tag{13-69}$$

$$\Phi(t)=\arctan\frac{A_S(t)}{A_C(t)} \tag{13-70}$$

可见，窄带随机过程 $X(t)$的包络 $A(t)$、相位 $\Phi(t)$完全可由 $A_C(t)$、$A_S(t)$确定，且 $A_C(t)$、$A_S(t)$是一对在几何上正交的分量。

13.3.2 窄带随机过程的统计分析

假设 $X(t)$是任意的宽平稳、数学期望为零的实窄带随机过程。已知窄带过程的包络和相位相对于 ω_0 都是慢变化过程，则很明显 $A_C(t)$、$A_S(t)$相对于 ω_0 为慢变部分。经过上面的分析可知，$A_C(t)$、$A_S(t)$包含了窄带随机过程 $X(t)$的所有随机因素。因此，下面讨论窄带随机过程 $X(t)$的统计特性，主要讨论 $A_C(t)$、$A_S(t)$的统计特性及它们与随机过程 $X(t)$之间的统计关系。

已知 $X(t)=A_C(t)\cos\omega_0 t-A_S(t)\sin\omega_0 t$，根据希尔伯特变换性质有

$$\hat{X}(t)=A_C(t)\sin\omega_0 t+A_S(t)\cos\omega_0 t$$

由上两式可得

$$A_C(t)=X(t)\cos\omega_0 t+\hat{X}(t)\sin\omega_0 t \tag{13-71}$$

$$A_S(t)=-X(t)\sin\omega_0 t+\hat{X}(t)\cos\omega_0 t \tag{13-72}$$

可见，$A_C(t)$、$A_S(t)$可以看作 $X(t)$和 $\hat{X}(t)$经过线性变换后的结果。

若窄带随机过程 $X(t)$是零均值平稳的实过程，其功率谱密度如图 13-5 所示，满足 $\omega_0\geqslant\Delta\omega$，则$A_C(t)$、$A_S(t)$具有下列性质。

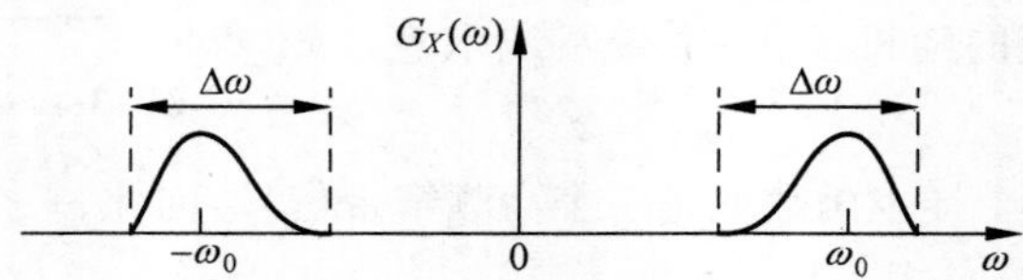

图 13-5 窄带随机过程功率谱密度

(1) 若 $X(t)$是均值为 0 的平稳实过程，则 $A_C(t)$、$A_S(t)$也是均值为 0 的平稳实过程。

$$E[X(t)]=0\Rightarrow E[\hat{X}(t)]=0 \tag{13-73}$$

因此

$$E[A_C(t)]=E[A_S(t)]=0 \tag{13-74}$$

(2) $A_C(t)$、$A_S(t)$的自相关函数。

① $A_C(t)$、$A_S(t)$各自平稳，它们的自相关函数为

$$R_{A_C}(\tau)=R_{A_S}(\tau)=R_X(\tau)\cos\omega_0\tau+\hat{R}_X(\tau)\sin\omega_0\tau \tag{13-75}$$

证明

$$R_{A_S}(\tau)=E\{A_S(t)A_S(t+\tau)\}$$

$$=E\{[\hat{X}(t)\cos\omega_0 t - X(t)\sin\omega_0 t][\hat{X}(t+\tau)\cos\omega_0(t+\tau) - X(t+\tau)\sin\omega_0(t+\tau)]\}$$

$$=R_{\hat{X}}(\tau)\cos\omega_0 t\cos\omega_0(t+\tau) + R_X(\tau)\sin\omega_0 t\sin\omega_0(t+\tau) -$$

$$R_{X\hat{X}}(\tau)\cos\omega_0 t\sin\omega_0(t+\tau) - R_{\hat{X}X}(\tau)\sin\omega_0 t\cos\omega_0(t+\tau)$$

因为

$$R_X(\tau)=R_{\hat{X}}(\tau)$$

$$R_{X\hat{X}}(\tau)=-R_{\hat{X}X}(\tau)=\hat{R}_X(\tau)$$

所以

$$R_{A_S}(\tau)=R_X(\tau)\cos\omega_0\tau+\hat{R}_X(\tau)\sin\omega_0\tau$$

同理可得

$$R_{A_C}(\tau)=R_X(\tau)\cos\omega_0\tau+\hat{R}_X(\tau)\sin\omega_0\tau \tag{13-76}$$

② 当 $\tau=0$ 时，有

$$R_{A_C}(0)=R_{A_S}(0)=R_X(0) \tag{13-77}$$

即

$$E[A_C^2(t)]=E[A_S^2(t)]=E[X^2(t)] \tag{13-78}$$

表示 $A_C(t)$、$A_S(t)$与 $X(t)$具有相同的平均功率。

由于都是零均值，三者的方差相同，即

$$\sigma_{A_C}^2=\sigma_{A_S}^2=\sigma_X^2 \tag{13-79}$$

(3) $A_C(t)$、$A_S(t)$的功率谱密度

$$G_{A_C}(\omega)=G_{A_S}(\omega)=L_P[G_X(\omega-\omega_0)+G_X(\omega+\omega_0)] \tag{13-80}$$

式中，$L_P[\cdot]$表示低通滤波器，说明 $A_C(t)$和 $A_S(t)$都是低频限带过程。

(4) $A_C(t)$、$A_S(t)$的互相关函数。

① $A_C(t)$、$A_S(t)$联合平稳，它们的互相关函数为

$$R_{A_CA_S}(\tau)=-R_X(\tau)\sin\omega_0\tau+\hat{R}_X(\tau)\cos\omega_0\tau \tag{13-81}$$

$$R_{A_SA_C}(\tau)=R_X(\tau)\sin\omega_0\tau-\hat{R}_X(\tau)\cos\omega_0\tau \tag{13-82}$$

$$R_{A_CA_S}(\tau)=-R_{A_SA_C}(\tau) \tag{13-83}$$

② $R_{A_CA_S}(\tau)$、$R_{A_SA_C}(\tau)$是关于 τ 的奇函数。

$$R_{A_CA_S}(\tau)=-R_{A_SA_C}(-\tau) \tag{13-84}$$

$$R_{A_SA_C}(\tau)=-R_{A_CA_S}(-\tau) \tag{13-85}$$

③ 当 $\tau=0$ 时，有

$$R_{A_CA_S}(0)=0 \tag{13-86}$$

说明随机过程 $A_C(t)$、$A_S(t)$在同一时刻的两个状态之间是相互正交的。

因为 $A_C(t)$、$A_S(t)$的均值皆为零，所以当 $\tau=0$ 时，有

$$C_{A_CA_S}(0)=0 \tag{13-87}$$

说明随机过程 $A_C(t)$，$A_S(t)$在同一时刻的两个状态之间是不相关的。

(5) $A_C(t)$、$A_S(t)$的互功率谱密度。

① 功率谱密度 $G_X(\omega)$ 相对于中心频率 ω_0 非偶对称时，互功率谱密度为

$$G_{A_C A_S}(\omega)=-G_{A_S A_C}(\omega)=-\mathrm{j}L_P[G_X(\omega+\omega_0)-G_X(\omega-\omega_0)] \tag{13-88}$$

② 若窄带过程 $X(t)$ 的功率谱密度 $G_X(\omega)$ 是关于 ω_0 偶对称的，则有

$$G_{A_C A_S}(\omega)=0 \tag{13-89}$$

对任意 τ

$$R_{A_C A_S}(\tau)=0 \tag{13-90}$$

所以

$$R_X(\tau)=R_{A_C}(\tau)\cos\omega_0\tau=R_{A_S}(\tau)\cos\omega_0\tau \tag{13-91}$$

说明当 $X(t)$ 具有对称于 ω_0 的功率谱密度时，随机过程 $A_C(t)$、$A_S(t)$ 正交，即随机过程正交。由于 $A_C(t)$、$A_S(t)$ 的均值为 0，当 $X(t)$ 具有对称于 ω_0 的功率谱密度时，两个随机过程 $A_C(t)$、$A_S(t)$ 互不相关。

(6) 窄带随机过程 $X(t)$ 的自相关函数

$$R_X(\tau)=R_{A_C}(\tau)\cos\omega_0\tau-R_{A_C A_S}(\tau)\sin\omega_0\tau \tag{13-92}$$

证明 $X(t)=A_C(t)\cos\omega_0 t-A_S(t)\sin\omega_0 t$

$$\begin{aligned}R_X(\tau)&=E\{X(t)X(t+\tau)\}\\&=E\{[A_C(t)\cos\omega_0 t-A_S(t)\sin\omega_0 t][A_C(t+\tau)\cos\omega_0(t+\tau)-\\&\quad A_S(t+\tau)\sin\omega_0(t+\tau)]\}\\&=R_{A_C}(\tau)\cos\omega_0 t\cos\omega_0(t+\tau)+R_{A_S}(\tau)\sin\omega_0 t\sin\omega_0(t+\tau)-\\&\quad R_{A_C A_S}(\tau)\cos\omega_0 t\sin\omega_0(t+\tau)-R_{A_S A_C}(\tau)\sin\omega_0 t\cos\omega_0(t+\tau)\end{aligned}$$

因为

$$R_{A_C}(\tau)=R_{A_S}(\tau),\quad R_{A_C A_S}(\tau)=-R_{A_S A_C}(\tau)$$

所以

$$R_X(\tau)=R_{A_C}(\tau)\cos\omega_0\tau-R_{A_C A_S}(\tau)\sin\omega_0\tau$$

13.4 窄带高斯过程包络与相位的分布

在本节的讨论中，假定窄带高斯过程 $X(t)$ 的均值为零，方差为 σ^2，功率谱相对于中心频率 ω_0 是对称的。

13.4.1 窄带高斯过程的包络和相位的一维概率分布

已知窄带过程的一般表达式为

$$X(t)=A(t)\cos[\omega_0 t+\Phi(t)]=A_C(t)\cos\omega_0 t-A_S(t)\sin\omega_0 t \tag{13-93}$$

由 13.3 节的讨论可知，$A_C(t)$ 和 $A_S(t)$ 可以看作 $X(t)$ 和 $\hat{X}(t)$ 经过线性变换后的结果，即

$$A_C(t)=X(t)\cos\omega_0 t+\hat{X}(t)\sin\omega_0 t \tag{13-94}$$

$$A_S(t)=-X(t)\sin\omega_0 t+\hat{X}(t)\cos\omega_0 t \tag{13-95}$$

因此，$X(t)$ 若为高斯过程，则 $A_C(t)$ 和 $A_S(t)$ 也应为高斯过程，并且都具有零均值和方差 σ^2。

又根据上节的讨论，$A_C(t)$和$A_S(t)$在同一时刻是互不相关的，又因二者是高斯过程，根据高斯过程的性质，它们在同一时刻也是互相独立的。

设A_{Ct}和A_{St}分别表示$A_C(t)$和$A_S(t)$在t时刻的取值，则其联合概率密度为

$$\begin{aligned} f_{A_{Ct}A_{St}}(a_{Ct},a_{St}) &= f_{A_{Ct}}(a_{Ct}) \cdot f_{A_{St}}(a_{St}) \\ &= \frac{1}{2\pi\sigma^2}\exp\left[-\frac{a_{Ct}^2+a_{St}^2}{2\sigma^2}\right] \end{aligned} \tag{13-96}$$

又

$$A_C(t)=A(t)\cos\Phi(t),\quad A_S(t)=A(t)\sin\Phi(t)$$

设A_t和ϕ_t分别为包络$A(t)$和相位$\Phi(t)$在t时刻的取值，则$A(t)$和$\Phi(t)$的一维联合概率密度为

$$f_{A_t\phi_t}(a_t,\phi_t)=|J|f_{A_{Ct}A_{St}}(a_{Ct},a_{St}) \tag{13-97}$$

由于

$$\begin{cases} A_{Ct}=A_t\cos\phi_t, \\ A_{St}=A_t\sin\phi_t, \end{cases} \quad 0\leqslant A_t<\infty,\quad 0\leqslant\phi_t<2\pi$$

可得

$$\begin{aligned} f_{A_t\phi_t}(a_t,\varphi_t) &= |J|f_{A_{Ct}A_{St}}(a_{Ct},a_{St})=a_t f_{A_{Ct}A_{St}}(a_{Ct},a_{St}) \\ &= \frac{a_t}{2\pi\sigma^2}\exp\left[-\frac{a_t^2}{2\sigma^2}\right]\quad (a_t\geqslant 0,0\leqslant\varphi_t<2\pi) \end{aligned} \tag{13-98}$$

由此得包络的一维概率密度为

$$f_A(a_t)=\int_0^{2\pi}f_{A_t\phi_t}(a_t,\phi_t)\mathrm{d}\phi_t=\frac{a_t}{\sigma^2}\exp\left(-\frac{a_t^2}{2\sigma^2}\right)\quad (a_t\geqslant 0) \tag{13-99}$$

称它为瑞利分布。

相位的一维概率密度为

$$f_\phi(\varphi_t)=\int_0^{\infty}f_{A_t\phi_t}(a_i,\phi_t)\mathrm{d}a_t=\frac{1}{2\pi}\quad (0\leqslant\varphi_t<2\pi) \tag{13-100}$$

可见，相位$\Phi(t)$的一维概率密度为$(0,2\pi)$上的均匀分布。

从上述分析可以看出

$$f_{A_t\phi_t}(a_t,\phi_t)=f_{A_t}(a_t)\cdot f_{\phi_t}(\phi_t) \tag{13-101}$$

这说明，在同一时刻窄带高斯过程的包络和相位是互相独立的随机变量。

13.4.2　窄带高斯过程包络和相位的二维概率分布

求包络和相位的二维概率密度的步骤如下：先求出四维概率密度$f_{A_CA_S}(a_{C1},a_{S1},a_{C2},a_{S2})$，然后转换为$f_{A\phi}(a_1,\phi_1,a_2,\phi_2)$，最后再推导出$f_A(a_1,a_2)$和$f_\phi(\phi_1,\phi_2)$。

经过推导可得

$$f_{A\phi}(a_1,\phi_1,a_2,\phi_2)\neq f_A(a_1,a_2)f_\phi(\phi_1,\phi_2) \tag{13-102}$$

由此可以看出，窄带随机过程的包络$A(t)$和相位$\Phi(t)$彼此不是独立的。

13.5 窄带高斯过程包络平方的概率分布

在许多实际系统中，常在高频窄带滤波器的输出端接入一平方律检波器，在平方律检波器输出端得到 $X(t)$包络的平方 $A^2(t)$，如图 13-6 所示。

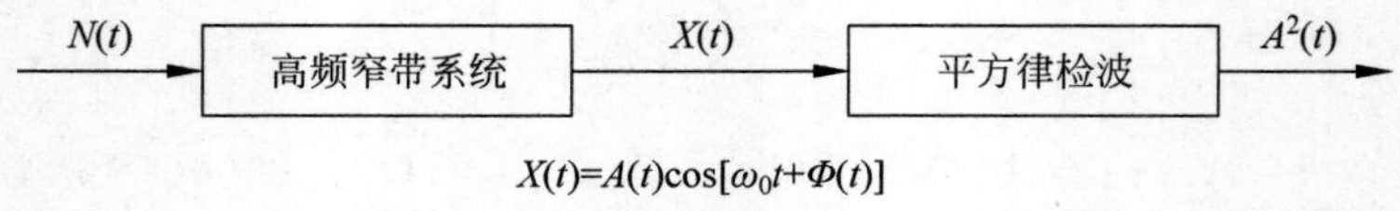

图 13-6 平方律检波器

若窄带高斯过程通过平方律检波器，其输出是包络的平方，即为

$$U(t)=A^2(t) \quad (U\geqslant 0, A\geqslant 0) \tag{13-103}$$

根据前面的讨论，可知窄带高斯过程的包络服从瑞利分布，即

$$f_A(a_1)=\frac{a_t}{\sigma^2}\exp\left(-\frac{a_t^2}{2\sigma^2}\right) \quad (a_t\geqslant 0) \tag{13-104}$$

设 U_t 表示 $U(t)$在 t 时刻状态，通过函数变换可求得 u_t 的概率密度。已知 $A_t=\sqrt{U_t}$，则 U_t 的概率密度为

$$\begin{aligned} f_{U_t}(u_t) &= |J|\, f_A(a_t) \\ &= \left|\frac{\mathrm{d}a_t}{\mathrm{d}u_t}\right| f_A(\sqrt{u_t}) \\ &= \frac{1}{2\sigma^2}\exp\left(-\frac{u_t}{2\sigma^2}\right) \quad (u_t\geqslant 0) \end{aligned} \tag{13-105}$$

上式表明，窄带高斯过程的包络平方为指数分布。

习题答案

第 2 章

2-1～2-3 （略）

2-4 （1）$f(-t_0)$ （2）$f(t_0)$ （3）e^2-2 （4）$\frac{\pi}{6}+\frac{1}{2}$

2-5 选（4）

2-6 （1）$\frac{1}{\alpha}(1-e^{-\alpha t})u(t)$ （2）$\cos(\omega t+45°)$

（3）$\frac{\alpha\sin(t)-\cos(t)+e^{-\alpha t}}{\alpha^2+1}u(t)$

2-7 （1）$tu(t)-2(t-1)u(t-1)+(t-2)u(t-2)$

（2）$(t-2)u(t-2)-2(t-3)u(t-3)+(t-4)u(t-4)$

2-8 $u(t+6)-u(t+4)+u(t-4)-u(t-6)$

2-9 （a）$f_1(t+2)+f_1(t-2)$

（b）$u(-t)+(2-e^{-t})u(t)$

2-10 （1）$\frac{1-0.5^{n+1}}{1-0.5}u(n)=2(1-0.5^{n+1})u(n)$

（2）$\begin{cases}0 & (n<0)\\ 2^{n+1}-1 & (0\leqslant n\leqslant N-1)\\ 2^N-1 & (n\geqslant N)\end{cases}$

（3）$\begin{cases}0 & (n<0)\\ 2^{n+1}-1 & (0\leqslant n\leqslant N-1)\\ 2^N-2^{n-(N-1)} & (n\geqslant N)\end{cases}$

（4）$\delta(n+1)$

（5）$\left(\frac{1}{2}\right)^{n-1}u(n-3)$

2-11 (1) $\{\underset{n=0}{\underset{\uparrow}{1}},4,10,12,9\}$

(2) $\{\underset{n=0}{\underset{\uparrow}{1}},2,3,4,3,2,1\}$

2-12 $\tilde{x}_3(n)=\{\cdots 6,1,2,3,4,5\cdots\}$

2-13 (略)

2-14 $\{5,6,1,2,3,4\}$

2-15 (1) $\{0.25,1,2,2.5,2,1,0.25\}$

(2) $\{2.25,2,2.25,2.5\}$

(3) $\{0.25,1,2,2.5,2,1,0.25,0,0,0\}$

(4) $N\geqslant 7$

第 3 章

3-1 三角形式的傅里叶级数的系数为

$$a_0=0$$

$$a_n=0\ (n=1,2,\cdots)$$

$$b_n=\begin{cases}0 & (n=2,4,\cdots)\\ \dfrac{2E}{n\pi} & (n=1,3,\cdots)\end{cases}$$

三角形式的傅里叶级数为

$$f(t)=\frac{2E}{\pi}\left[\sin(\omega_1 t)+\frac{1}{3}\sin(3\omega_1 t)+\frac{1}{5}\sin(5\omega_1 t)+\cdots\right],\quad \omega_1=\frac{2\pi}{T}$$

指数形式傅里叶级数的系数为

$$b_n=\begin{cases}0 & (n=0,2,4,\cdots)\\ -\mathrm{j}\dfrac{E}{n\pi} & (n=\pm 1,\pm 3,\pm 5\cdots)\end{cases}$$

指数形式的傅里叶级数为

$$f(t)=-\mathrm{j}\frac{E}{\pi}\mathrm{e}^{\mathrm{j}\omega_1 t}+\mathrm{j}\frac{E}{\pi}\mathrm{e}^{-\mathrm{j}\omega_1 t}-\mathrm{j}\frac{E}{3\pi}\mathrm{e}^{\mathrm{j}3\omega_1 t}+\mathrm{j}\frac{E}{3\pi}\mathrm{e}^{-\mathrm{j}3\omega_1 t}-\cdots$$

3-2 三角形式的傅里叶级数的系数为

$$a_0=\frac{E}{2}$$

$$b_n=0$$

$$a_n=\begin{cases}0 & (n=2,4\cdots)\\ -\dfrac{4E}{(n\pi)^2} & (n=1,3,\cdots)\end{cases}$$

三角形式的傅里叶级数为

$$f(t)=-\frac{4E}{\pi^2}\left[\cos(\omega_1 t)+\frac{1}{3^2}\cos(3\omega_1 t)+\frac{1}{5^2}\cos(5\omega_1 t)+\cdots\right],\quad \omega_1=\frac{2\pi}{T}$$

指数形式傅里叶级数的系数为

$$F_n=\begin{cases}\dfrac{E}{2}, & n=0\\ 0, & n=2,4,\cdots\\ -\dfrac{2E}{(n\pi)^2}, & n=\pm1,\pm3,\pm5,\cdots\end{cases}$$

指数形式的傅里叶级数为

$$f(t)=\frac{E}{2}-\frac{2E}{\pi^2}e^{j\omega_1 t}-\frac{2E}{\pi^2}e^{-j\omega_1 t}-\frac{2E}{9\pi^2}e^{j3\omega_1 t}-\frac{2E}{9\pi^2}e^{-j3\omega_1 t}-\cdots$$

3-3　$\dfrac{E\tau}{2}\left[\mathrm{Sa}\left(\dfrac{\omega\tau}{2}-\dfrac{\pi}{2}\right)+\mathrm{Sa}\left(\dfrac{\omega\tau}{2}+\dfrac{\pi}{2}\right)\right]=\dfrac{2E\tau\cos\left(\dfrac{\omega\tau}{2}\right)}{\pi\left[1-\left(\dfrac{\omega\tau}{\pi}\right)^2\right]}$

3-4　(a) $F(\omega)=j\dfrac{2E}{\omega}\left[\cos\left(\dfrac{\omega T}{2}\right)-\mathrm{Sa}\left(\dfrac{\omega T}{2}\right)\right]$ $(F(0)=0)$

(b) $F(\omega)=\dfrac{E\omega_1}{\omega_1^2-\omega^2}(1-e^{-j\omega T})=j\dfrac{2E\omega_1}{\omega_1^2-\omega^2}\sin\left(\dfrac{\omega T}{2}\right)e^{-j\frac{\omega T}{2}}$

$F(\omega_1)=\dfrac{ET}{2j}$ $\left(\omega_1=\dfrac{2\pi}{T}\right)$

3-5　$-\dfrac{2A}{\pi t}\sin\left(\dfrac{\omega_0 t}{2}\right)$

3-6　$F_2(\omega)=F_1(-\omega)e^{-j\omega t_0}$

3-7　(1) $\dfrac{1}{2\pi}e^{j\omega_0 t}$　　(2) $\dfrac{\omega_0}{\pi}\mathrm{Sa}(\omega_0 t)$

3-8　$2jE\tau\sin\left(\dfrac{\omega\tau}{2}\right)\mathrm{Sa}\left(\dfrac{\omega\tau}{2}\right)$

3-9　$\dfrac{\tau_1}{4}\left\{\mathrm{Sa}^2\left[\dfrac{(\omega-\omega_0)\tau_1}{4}\right]+\mathrm{Sa}^2\left[\dfrac{(\omega+\omega_0)\tau_1}{4}\right]\right\}$

3-10　$\dfrac{8E}{\omega^2(\tau-\tau_1)}\sin\left(\dfrac{\omega(\tau+\tau_1)}{4}\right)\sin\left(\dfrac{\omega(\tau-\tau_1)}{4}\right)$

3-11　(1) $\dfrac{1}{2}j\dfrac{dF\left(\dfrac{\omega}{2}\right)}{d\omega}$　　(2) $-F\left(-\dfrac{\omega}{2}\right)+\dfrac{j}{2}\dfrac{dF\left(-\dfrac{\omega}{2}\right)}{d\omega}$

(3) $F(-\omega)e^{-j\omega}$　　(4) $\dfrac{1}{2}F\left(\dfrac{\omega}{2}\right)e^{-j\frac{5}{2}\omega}$

3-12　(1)(略)　　(2) $E_1E_2\tau_1\tau_2\mathrm{Sa}\left(\dfrac{\omega\tau_1}{2}\right)\mathrm{Sa}\left(\dfrac{\omega\tau_2}{2}\right)$

3-13　(略)

3-14　(1) $\dfrac{100}{\pi},\dfrac{\pi}{100}$　　(2) $\dfrac{200}{\pi},\dfrac{\pi}{200}$

3-15　(1) $\dfrac{1}{3000}$

(2) 梯形以 6000π 为周期进行周期重复，梯形幅度为$\frac{3}{2}$

3-16 (1) $e^{-j3\omega}$　　(2) $1+\cos\omega$

(3) $\frac{1}{1-ae^{-j\omega}}$　　(4) $\frac{1}{1-e^{-j\omega}}(e^{j3\omega}+e^{-j4\omega})$

3-17 $N\tilde{x}(-n)$

3-18 $\widetilde{X}_2(k)=\begin{cases}2\widetilde{X}_1\left(\frac{k}{2}\right) & (k\text{ 为偶数})\\ 0 & (k\text{ 为奇数})\end{cases}$

3-19 (1) $X(k)=\{0,2-2j,0,2+2j\}$　　(2) $X(k)=\{0,4,0,0\}$

(3) $X(k)=1$　　(4) $X(k)=W_N^{kn_0}$

(5) $X(k)=\{4,0,0,0\}$　　(6) $X(k)=\{1,1,1,1\}$

(7) $X(k)=\frac{1}{1-aW_N^k}$

3-20 $\Delta f=9.766\text{Hz}$

3-21 (略)

3-22 (1) $x(n)=\{3,0.2929+0.7071j,1-j,1.7071+0.7071j,$
$0,1.7071-1.7071j,1+j,0.2929-0.7071j\}$

(2) $y(n)=x((n+4))_8R_8(n)$

3-23 图(d)

3-24 (1) 0.2s　　(2) 0.04μs　　(3) 5×10^6

第 4 章

4-1 (1) $\frac{\alpha}{s(s+\alpha)}$　　(2) $\frac{2s+1}{s^2+1}$

(3) $\frac{1}{(s+2)^2}$　　(4) $\frac{2}{(s+1)^2+4}$

(5) $\frac{1}{s+\beta}-\frac{s+\beta}{(s+\beta)^2+\alpha^2}$　　(6) $2-\frac{3}{s+7}$

(7) $\frac{(s+2)e^{-(s-1)}}{(s+1)^2}$

4-2 (1) $\frac{e^{-2(s+1)}}{s+1}$　　(2) $\frac{e^{-2s}}{s+1}$　　(3) $\frac{e^2}{s+1}$

4-3 (1) e^{-t}　　(2) $\frac{4}{3}\left(1-e^{-\frac{3}{2}t}\right)$

(3) $\frac{1}{5}[1-\cos(\sqrt{5}t)]$　　(4) $\sin(t)+\delta(t)$

(5) $e^{-t}(t^2-t+1)-e^{-2t}$　　(6) $\frac{1}{4}[1-\cos(t-1)]u(t-1)$

4-4 (1) $\frac{z}{z-\frac{1}{2}}\left(|z|>\frac{1}{2}\right)$　　(2) $\frac{z}{z-3}\ (|z|>3)$

(3) $\dfrac{1-\left(\frac{1}{2}z^{-1}\right)^{10}}{1-\frac{1}{2}z^{-1}}$ $(|z|>0)$

(4) $\dfrac{z(12z-5)}{(2z-1)(3z-1)}$ $\left(|z|>\frac{1}{2}\right)$

(5) $1-\frac{1}{8}z^{-3}(|z|>0)$

4-5　(1) $\delta(n)+2\delta(n+1)-2\delta(n-2)$　(2) $-a^n u(-n-1)$

4-6　(1) $\left[4\left(-\frac{1}{2}\right)^n-3\left(-\frac{1}{4}\right)^n\right]u(n)$

(2) $n6^{n-1}u(n)$

(3) $\delta(n)-\cos\left(\frac{n\pi}{2}\right)u(n)$

4-7　(略)

4-8　(1) $x(0)=1, x(\infty)$不存在　(2) $x(0)=1$，$x(\infty)=0$

4-9　(1) $\dfrac{1-a^n}{1-a}u(n)$　(2) $\dfrac{1-a^{n+1}}{1-a}u(n)-\dfrac{1-a^{n+1-N}}{1-a}u(n-N)$

4-10　$1(|z|\geqslant 0)$

第 5 章

5-1　(1) 线性、时不变、因果　(2) 线性、时变、因果

(3) 线性、时变、非因果　(4) 非线性、时不变、因果

5-2　(1) 非线性、时不变　(2) 线性、时变

5-3　$r_2(t)=\delta(t)-\alpha e^{-\alpha t}u(t)$

5-4　(1) $r_{zi}(t)=(2e^{-t}-e^{-3t})u(t), r_{zs}(t)=\left(\frac{1}{3}-\frac{1}{2}e^{-t}+\frac{1}{6}e^{-3t}\right)u(t)$，

$r(t)=r_{zi}(t)+r_{zs}(t)$

(2) $r_{zi}(t)=(4t+1)e^{-2t}u(t), r_{zs}(t)=[-(t+2)e^{-2t}+2e^{-t}]u(t)$，

$r(t)=r_{zi}(t)+r_{zs}(t)$

5-5　(1) $h(t)=2\delta(t)-6e^{-3t}u(t)$

$g(t)=2e^{-3t}u(t)$

(2) $h(t)=e^{-\frac{1}{2}t}\left[\cos\left(\frac{\sqrt{3}}{2}t\right)+\frac{1}{\sqrt{3}}\sin\left(\frac{\sqrt{3}}{2}t\right)\right]u(t)$

$g(t)=\left\{e^{-\frac{1}{2}t}\left[-\cos\left(\frac{\sqrt{3}}{2}t\right)+\frac{1}{\sqrt{3}}\sin\left(\frac{\sqrt{3}}{2}t\right)\right]+1\right\}u(t)$

5-6　$\dfrac{du_c(t)}{dt}+u_c(t)=0.5e(t), h(t)=0.5e^{-t}u(t), g(t)=0.5(1-e^{-t})u(t)$

5-7　(a) $b_0y(n)+b_1y(n-1)=a_0x(n)+a_1x(n-1)$

(b) $y(n)-b_1y(n-1)-b_2y(n-2)=a_0x(n)+a_1x(n-1)$

5-8　$\frac{13}{9}(-2)^n+\frac{1}{3}n-\frac{4}{9}$

5-9 $\left(-\frac{3}{4}n-\frac{9}{16}\right)(-1)^n+\frac{9}{16}(3^n)$

5-10 $y(n)=\frac{1}{2}\sin(n)+\frac{1}{2}\tan(1)\cos(n)-\frac{1}{2}\tan(1)\left[\cos\left(\frac{n\pi}{2}\right)\right]$

$=\frac{1}{2(1+\cos(2))}\left[\sin(n)+\sin(n+2)-\sin(2)\cos\left(\frac{n\pi}{2}\right)\right]$

5-11 $y_{zi}(n)=\left(\frac{1}{2}(-1)^n-2^n\right)u(n),\ y_{zs}(n)=\left(\frac{1}{6}(-1)^n+\frac{4}{3}2^n-\frac{1}{2}\right)u(n)$

5-12 (1) $h(n)=(-2)^{n-1}u(n-1)$ (2) $h(n)=0.5[1+(-1)^n]u(n)$

5-13 (a) $h(n)=\left(\frac{1}{3}\right)^n u(n)$

(b) $h(n)=(2)^n\cos\left(\frac{n\pi}{2}\right)u(n)$

5-14 (1) $\{\underset{\substack{\uparrow\\0}}{1},3,4,3,1\}$ (2) $\{\underset{\substack{\uparrow\\0}}{1},2,1,1,2\}$

(3) $\frac{\beta^{n+1}-\alpha^{n+1}}{\beta-\alpha}u(n)$ (4) $\delta(n-2)$

5-15 (1) $2^n[u(n)-u(n-4)]-2^{n-2}[u(n-2)-u(n-6)]$

(2) $\frac{1-0.5^{n+1}}{1-0.5}u(n)-\frac{1-0.5^{n-4}}{1-0.5}u(n-5)$

5-16 $\frac{1-0.8^{n+1}}{1-0.8}u(n)-\frac{1-0.8^{n-2}}{1-0.8}u(n-3)$

第 6 章

6-1 $r(t)=(e^{-2t}-e^{-3t})u(t)$

6-2 $r(t)=\frac{1}{\sqrt{2}}\sin(t-45°)+\frac{1}{\sqrt{10}}\sin(3t-72°)$

6-3 对两种信号的响应均为 $\mathrm{Sa}[\omega_c(t-t_0)]$

6-4 (1) $v_2(t)=\frac{1}{\pi}[\mathrm{Si}(t-t_0-T)-\mathrm{Si}(t-t_0)]$

(2) $v_2(t)=\mathrm{Sa}\left[\frac{1}{2}(t-t_0-T)\right]-\mathrm{Sa}\left[\frac{1}{2}(t-t_0)\right]$

6-5 $H(e^{j\omega})=e^{-j\frac{3}{2}\omega}\cos\left(\frac{\omega}{2}\right)\cos(\omega)$

6-6 $|H(e^{j\omega})|=\frac{1}{\sqrt{1.25-\cos(\omega)}}$

$\varphi(\omega)=\omega-\arctan\left(\frac{\sin(\omega)}{\cos(\omega)-0.5}\right)$

$y(n)=-0.5^n u(n)+2u(n)$

第 7 章

7-1 (1) $H(s)=\frac{s+1}{(s+1)^2}=\frac{1}{s+1}$

(2) $i_1(t)=[v_2(0)-i_1(0)]te^{-t}+i_1(0)\cdot e^{-t}$

7-2　$v_2(t)=2e^{-t}+\frac{1}{2}e^{-3t}$

7-3　高通；先带通，再带阻

7-4　$H(s)=\dfrac{s^2-\dfrac{1}{R_1C_1R_2C_2}}{\left(s+\dfrac{1}{R_1C_1}\right)\left(s+\dfrac{1}{R_2C_2}\right)}$，$R_1C_1=R_2C_2$ 时构成全通网络

7-5　(1) $H(s)=\dfrac{Ks}{s^2+(4-K)s+4}$

(2) $K\leqslant 4$

(3) $h(t)=2\cos(2t)u(t)$

7-6　$H(s)=\dfrac{\beta}{CR_1}\left[\dfrac{s}{s^2+\left(\dfrac{G}{C}-\dfrac{\beta F}{R_iC}\right)s+\dfrac{1}{LC}}\right]$，当 $G=\dfrac{\beta F}{R_i}$时，极点的实部为零

7-7　(略)

7-8　$H(z)=\dfrac{z^2-3}{z^2-5z+6}$，$h(n)=-\dfrac{1}{2}\delta(n)-\dfrac{1}{2}\cdot 2^nu(n)+2\cdot 3^nu(n)$

7-9　(1) $H(z)=\dfrac{z}{z+1}$，$h(n)=(-1)^nu(n)$

(2) $y(n)=5\cdot[1+(-1)^n]u(n)$

7-10　在 $u(n)$作用下，$y(n)=\dfrac{a}{a-1}a^nu(n)-\dfrac{1}{a-1}u(n)$

在 $e^{j\omega n}u(n)$作用下，$y(n)=\dfrac{a}{a-e^{j\omega}}a^nu(n)-\dfrac{e^{j\omega}}{a-e^{j\omega}}e^{j\omega n}u(n)$

上两式，右边第一项为瞬态响应，第二项为稳态响应

7-11　(1) $H(z)=\dfrac{z}{z-\dfrac{1}{3}}\left(|z|>\dfrac{1}{3}\right)$，$h(n)=\left(\dfrac{1}{3}\right)^nu(n)$

(2) $x(n)=\left(\dfrac{1}{2}\right)^nu(n-1)$

(3) 零点为 $z=0$；极点为 $z=\dfrac{1}{3}$

(4) 低通特性，最大值为 1.5，最小值为 0.75

(5) (略)

7-12　(1) $h(n)=\left[\dfrac{10}{3}\cdot\left(\dfrac{1}{2}\right)^n-\dfrac{7}{3}\cdot\left(\dfrac{1}{4}\right)^n\right]u(n)$

(2) 零点为 $z_1=0,z_2=-\dfrac{1}{3}$；极点为 $z_1=\dfrac{1}{4},z_2=\dfrac{1}{2}$

(3) 低通特性，最大值为$\dfrac{32}{9}$，最小值为$\dfrac{16}{45}$

(4) (略)

7-13 （略）

7-14 $u_c(t)=(5-2e^{-t}-e^{-2t})u(t)$

7-15 $H(s)=\dfrac{5s(s^2+5s+6)}{(s+1)(s^2+4s+8)}$

7-16 $R=12\Omega$；$L=2\text{H}$；$C=\dfrac{1}{50}\text{F}$

7-17 （1）$h(t)=(-3e^{-2t}+5e^{-3t})u(t)$

（2）极点为 $s_1=-2, s_2=-3$

（3）稳定

7-18 （1）稳定　　（2）不稳定　　（3）稳定

7-19 当 $0<K<9$ 时稳定

第 8 章

8-1 $H(z)=\dfrac{1}{1-e^{-0.9T}z^{-1}}$；当 $e^{-0.9T}<1$ 时，数字滤波器稳定，可近似为低通滤波器

8-2 （1）$H_a(j\Omega)=H(e^{j\omega})\Big|_{\Omega=\frac{\omega}{T}}$；$\Omega_1=\dfrac{\pi}{3T}$，$\Omega_2=\dfrac{2\pi}{3T}$

（2）$H_a(j\Omega)=H(e^{j\omega})\Big|_{\Omega=\frac{2}{T}\tan\frac{\omega}{2}}$；$\Omega_1=\dfrac{2\sqrt{3}}{3T}$，$\Omega_2=\dfrac{2\sqrt{3}}{T}$

8-3 （略）

8-4 $H(z)=\dfrac{-0.5298z^{-1}+0.3352z^{-2}}{1-1.2498z^{-1}+0.5335z^{-2}}$

8-5 $H(z)=\dfrac{0.7078-1.4156z^{-1}+0.7078z^{-2}}{1-1.2759z^{-1}+0.5553z^{-2}}$

8-6 $H(s)=\dfrac{4}{s+0.1}-\dfrac{1}{s+0.2}$

8-7 冲激响应不变法：

$$H(z)=\frac{0.0535z^{-1}+0.041z^{-2}}{1-2.0452z^{-1}+1.59z^{-2}-0.4478z^{-3}}$$

双线性变换法：

$$H(z)=\frac{0.0116+0.0347z^{-1}+0.0347z^{-2}+0.0116z^{-3}}{1-2.0708z^{-1}+1.6244z^{-2}-0.4587z^{-3}}$$

8-8 高通滤波器的截止频率分别为 $\omega_1=0.25\pi$，$\omega_2=0.5\pi$；设计步骤略

8-9～8-13 （略）

8-14 （1）$+\dfrac{1}{2}$，j2，−j0.5，−j2，j

（2）$H(z)=z^8-\dfrac{5}{2}z^7+\dfrac{25}{4}z^6-\dfrac{105}{8}z^5+\dfrac{21}{2}z^4-\dfrac{105}{8}z^3+\dfrac{25}{4}z^2-\dfrac{5}{2}z+1$

8-15 （1）$M=6$

（2）$h(n)=\{-0.1148\quad 0\quad 0.3443\quad 0.5409\quad 0.3443\quad 0\quad -0.1148\}$

（3）略

8-16　$H(z)=\frac{3}{2}\left[\frac{1}{1-e^{-\frac{1}{2}}z^{-1}}-\frac{1}{1-e^{-\frac{3}{2}}z^{-1}}\right]$

8-17　$H_a(s)=\frac{8s^2+16s+8}{15s^2+14s+3}$

8-18　（1）是，Ⅰ类，$\varphi(\omega)=-2\omega$

（2）不是

（3）是，Ⅳ类，$\varphi(\omega)=-\frac{3}{2}\omega+\frac{\pi}{2}$

（4）是，Ⅳ类，$\varphi(\omega)=-\frac{3}{2}\omega+\frac{\pi}{2}$

8-19　（略）

第 9 章

9-1　（略）

9-2　$H(z)=\frac{1}{(1-3z^{-1}-z^{-2})(1-z^{-1}-2z^{-2})}$；

$y(n)=x(n)+4y(n-1)-7y(n-3)-2y(n-4)$

9-3　（略）

9-4　（略）

9-5　$h(n)=\{1,-2,4,3,-1,1\}$；$h(n)=\{2,3,1,-1,-1,1,3,2\}$

9-6～9-11　（略）

参 考 文 献

[1] 王世一.数字信号处理[M].6版.北京：北京理工大学出版社,2012.
[2] Sophocles J O. Introduction to Signal Processing[M].北京：清华大学出版社,2003.
[3] 程佩青.数字信号处理教程[M].4版.北京：清华大学出版社,2013.
[4] 丁玉美,高西全.数字信号处理[M].2版.西安：西安电子科技大学出版社,2001.
[5] 吉培荣,李海军,邹红波.信号分析与处理[M].北京：机械工业出版社,2015.
[6] 芮坤生,潘孟贤,丁志中.信号分析与处理[M].北京：高等教育出版社,2003.
[7] 姜建国,曹建中,高玉明.信号与系统分析基础[M].北京：清华大学出版社,2005.
[8] 姜常珍.信号分析与处理[M].天津：天津大学出版社,2000.
[9] 吴京.信号分析与处理[M].北京：电子工业出版社,2008.
[10] 胡广书.数字信号处理——理论、算法与实现[M].北京：清华大学出版社,1997.
[11] 郑君里,应启珩,杨为理.信号与系统引论[M].北京：高等教育出版社,2009.
[12] 丁鹭飞,耿富录.雷达原理[M].西安：电子工业大学出版社,2002.
[13] 丁鹭飞,张平.雷达系统[M].西安：西北电讯工程学院出版社,1984.
[14] 毛士艺,张瑞生,徐伟武.脉冲多普勒雷达[M].北京：国防工业出版社,1990.
[15] 马存宝,张天伟,李红娟,等.民航通信导航与雷达[M].西安：西北工业大学出版社,2004.
[16] 管致中,夏恭恪,孟桥.信号与线性系统[M].5版.北京：高等教育出版社,2011.
[17] 吴大正,杨林耀,张永瑞,等.信号与线性系统分析[M].4版.北京：高等教育出版社,2005.
[18] 余成波,陶红艳.信号与系统[M].2版.北京：清华大学出版社,2007.
[19] 邢丽冬,潘双来.信号与线性系统[M].2版.北京：清华大学出版社,2012.
[20] 陈后金,胡健,薛健.信号与系统[M].2版.北京：清华大学出版社；北京交通大学出版社,2005.